A+U

本书获评住房和城乡建设部“十四五”规划教材
住房城乡建设部土建类学科专业“十三五”规划教材
A+U 高等学校建筑学与城乡规划专业教材

建筑师

职业体系与业务基础

姜涌　编著

中国建筑工业出版社

图书在版编目（CIP）数据

建筑师职业体系与业务基础 / 姜涌编著. —北京：中国建筑工业出版社，2021.6（2024.6重印）
住房城乡建设部土建类学科专业“十三五”规划教材 A+U 高等学校建筑学与城乡规划专业教材
ISBN 978-7-112-26122-2

Ⅰ. ①建… Ⅱ. ①姜… Ⅲ. ①建筑学－高等学校－教材 Ⅳ. ① TU

中国版本图书馆 CIP 数据核字（2021）第 079226 号

责任编辑：王　惠　徐　冉
责任校对：芦欣甜

为了更好地支持相应课程的教学，我们向采用本书作为教材的教师提供课件，有需要者可与出版社联系。
建工书院：https://edu.cabplink.com
邮箱：jckj@cabp.com.cn　电话：（010）58337285

住房城乡建设部土建类学科专业“十三五”规划教材
A+U 高等学校建筑学与城乡规划专业教材
建筑师职业体系与业务基础
姜涌　编著
*
中国建筑工业出版社出版、发行（北京海淀三里河路 9 号）
各地新华书店、建筑书店经销
北京建筑工业印刷厂制版
建工社（河北）印刷有限公司印刷
*
开本：787 毫米 × 1092 毫米　1/16　印张：20¾　字数：534 千字
2021 年 7 月第一版　2024 年 6 月第三次印刷
定价：**49.00** 元（赠教师课件）
ISBN 978-7-112-26122-2
（37703）

序言 Foreword

自从人类定居以来就产生了建筑物，也就有了建筑工程的设计者、施工者、组织管理者，也就有了人类文明的辉煌的纪念碑。现代建筑师制度是英国工业革命后社会分工和专业人士负责制的结果，得到多个国际组织和国际建协的认可，逐步形成了当今世界通行的建筑工程组织模式。其核心就是满足近现代城市聚居形态下建筑控制和城市发展的需求，适应建筑物商品化、经济性的要求，实现在日益复杂的技术、经济、社会条件下建筑资产的良性化，提高社会福祉。于是在建设方和施工方之间，应运而生了第三方——建筑师，作为建设方的专业顾问和代理人，帮助建设方实现施工前的精准定义（设计），施工过程的全程监督，同时帮助政府和社会实现建筑工程合规的监督（满足法规要求和报批程序），从而获得了政府的建筑市场的垄断授权，形成了注册建筑师特许设计制度，并以此为基础形成了职业建筑师的教育制度和专业学位。

我国从近代开始就逐步接触了西方的建筑师体制、民国时期基本同步导入了现代建筑师制度。中华人民共和国成立后因计划经济模式一度停止，直到改革开放后的 1990 年代才逐步恢复建筑师的职业教育和考试制度，但是国际通行的建筑师制度还没有完全实施，建筑师的工地监管职能被切分、设计为中国独特的监理制度。

进入 21 世纪以来，随着我国深化改革和“一带一路”的建设，大家日益发现设计作为建设的先导和灵魂、建筑师作为建筑工程的技术统筹者和管理统合者的重要作用，并在国际合作、援外工程中得到实践和验证，提出了全过程工程咨询、建筑师负责制的改革方向，以促进行业高质量发展和建筑品质的提升和改革开放的深入进行。

目前我国的建筑师和设计单位还是以工程设计咨询为核心产品、以施工图的交付为主要工作成果，距离国际上公认的职业建筑师、建筑学服务还有不少差距。职业建筑师的策划、设计、采购、督造的全过程服务被分割为投资咨询、工程勘察、工程设计、造价咨询、招标代理、施工监理、项目管理等多个独立的职业，划分为城市规划、建筑设计、室内设计、景观设计、夜景照明设计、幕墙设计、市政与公共事业设计等多个专业与专项设计咨询，非专业的建设方在低频度、高价值、大规模的建设过程中，不得不脱离本业组建管理团队对各个职业和专业设计咨询进行统合管理，学习大量的工程建设的知识和程序，劳神费力，社会整体效益不高。建筑师负责制就是按照国际通行的规则，由建筑师领衔的技术团队为建设方提供全程、全面的专业服务，统合设计咨询，执行招标采购，监管施工安装，为建设方提供完整、合格的建筑物产品，并获取相应的设计咨询、造价咨询、施工监理、项目管理、统筹协调等费用，实现责任、权利的统一和行业高质量发展。

按照社会分工和专业发展的方向，建筑学作为建筑工程的总体和龙头专业，其核心就是为社会提供满足技术法规要求，满足建设方的项目需求，适用、经济、绿色、美观的建筑产品。建筑师作为建筑学专业负责人，也就同时成为建筑工程的技术团队负责人、统合人，建设方的技术顾问和管理代理人，政府建筑工程监管的具体执行人。建筑师的技术团队，不仅包括了建筑师、结构工程师、设备工程师、电气工程师，还应包括造价工程师、监理工程师、项目管理人员，涵盖设计、工程、造价、项目管理几条技术主线，实现对建筑工程全面、全程的管理。

在响应行业需求、推进建筑师负责制的改革创新中，建筑师们急需扩展设计之外的能力和知识体系，从对图纸负责扩展到对最终建筑物负责，从对专业技术负责扩展到对工程的技术经济性负责，从对设计负责扩展到对设计、招采、合同管理的全过程负责。这其中不仅涉及知识和能力的拓展，也包括对职业和社会责任的理解深化，还要在项目的实际操作中做好质量、投资、进度的管理和风险控制，因此对整个建筑设计咨询行业来说既是巨大的机遇也是重大的挑战。

本书的作者基于国内外设计实践的经验，以及从十多年前就开始的建筑师职业相关的研究和教学，近年来参与的政府、行业组织的多个相关课题的研究和政策建议，将多年来相关研究成果汇总，是一次完整的、系统化的梳理，相信会对建筑师负责制的改革、建筑师职业的发展提供一个很好的学习和参考资料。中国建筑学会作为建筑师的专业团体，笔者作为设计企业和行业组织的老兵，在中国建筑学会的建筑师负责制制度研究和住房和城乡建设部的相关政策研究中彼此有过多次探讨和交流，因此欣然作序推荐。期待同行们在实践中关注本书探讨的职业问题和思考，也期待更多的专家、学者加入到相关的研究和探讨中，共同促进行业的发展和繁荣！

中国建筑学会理事长　修龙

2021 年 2 月于北京

前言　Preface

建筑师是一个古老的职业，建筑和城市更是人类文明历史的见证。笔者大学学习建筑学，一直以为现代建筑师源自西方文艺复兴挥斥方遒的艺术巨人们，现代建筑学源于西方文艺复兴的透视法开始的学科诞生，建筑学是科学与艺术的结合，这也是至今仍然鼓舞无数学子投身建筑学的信念。记得笔者在建筑历史与理论的硕士研究阶段，开始发现有国外书籍介绍建筑师起源于英国，到国外留学、工作才发现国外的建筑师就是建筑领域的工程师和律师，光鲜的建筑外表之下是无数轮探讨、磨合、计算、管理。尤其在中外合作设计项目，中外建筑师和建筑观的巨大差异引人深思。于是开始有意识地收集相关信息和资料，回国后高校担任建筑师职业基础和设计院实习教学的需要，并在国内接触到不同背景的建筑师和设计实践，笔者开始系统地整理相关资料，尝试进行梳理，并于 2004 年开始将研究成果以论文、著作的方式逐步与业内分享。

在一批与笔者有类似经历的学长、同学的鼓励和支持下，2008 年，笔者受中国勘察设计协会委托，主持了 2010 年全国建筑师继续教育必修教材《职业建筑师业务指导手册》的编写和培训工作。当时业界大家的共识是，职业建筑师制度、建筑师从设计到招采、再到施工监督的全程服务，是国际通行的建筑师服务标准，在中国相关法规政策调整后，也应该是中国建筑师的标准和中国设计走向世界的必由之路。但是何时能有这样的机会，大家其实并不太看好。毕竟，中国国内改革开放初期开始逐步固化的五方责任主体建设模式，以及由此形成的相关生态、巨大的规模和飞快的建设速度，都使得建筑师疲于应对。

笔者感受到的转机出现在几年后：2015 年中共中央城市工作会议召开，上海建筑界的同行来北京问询和学习国外的建筑师制度，上海推出了建筑师负责制的试点；2016 年笔者作为专家全程参与了中国建筑学会组织的建筑师负责制制度研究并参与了住房和城乡建设部的建筑师负责制指导意见研究；2017 年国务院办公厅推出《关于促进建筑业持续健康发展的意见》，住房和城乡建设部也推出了建筑师负责制、全过程工程咨询等的指导意见；2020 年笔者更是在参与了上海、厦门、雄安的建筑师负责制试点政策研究和建议之后，全力加入到北京市建筑师负责制试点的政策研究和实施推进工作中。一个强调设计的主导作用、强调建筑师的社会责任和技术管控要求的行业氛围开始逐步形成。另一方面，建设方对建筑师全程服务的能力和的担忧和既有路径的依赖，建筑师出于对政策法规、自身能力、风险意识等方面的敏感，都急需相关的知识普及和推广。

在这一系列的研究、建言、推广的过程中，笔者也逐步完善了对建筑师职业制度的认识，从刚开始的对建筑师职业历史的关注，扩展到国际上建筑师执业标准、执业实践的对比研究，加上建造工艺与方法的工业化研究、设计与施工结合的案例与方法的研究，又结合国内设计实践开始建筑学服务的标准化、模块化、数字化的方法研究，再到参与政策建言后又开始梳理政府监管、技术法规与建筑师职业的关系。总之，从一个个人的趣味点开始，逐步开始拼图和积木游戏，最后尝试搭建一个建筑师职业及其学问的系统大厦。

笔者能力及视野所及，国内外对这种研究不多，尝试对建筑师知识体系、能力结构、外部条件、历史发展进行系统阐释的更少。因此，回过头来，既有对自己思考、搭建的结构体系的满足感、自豪感，也有对其是否完整妥帖的不安感。总之，以拙著付梓作为对一直关爱的学长、同仁们的感谢，也作为自己对建筑师职业问题的思考总结供同行们斧正，同时抛砖引玉，期待更多的大方之家的指导，期待中国建筑师的全程化、国际化的成功！

作者

2020 年 2 月于北京清华园

目录

Contents

第 1 章　建筑物，建筑学，建筑师——建筑及其生产方式、生产关系

第 2 章　建筑师职业的历史与职业定位

第 3 章　建筑师职业教育体系与资格认定

第 4 章　建筑市场的政府监管

第 5 章　建筑师服务流程

第 6 章 建筑师的项目管理

第 7 章 建筑师的经营与组织管理

Chapter1

第1章 Building，Architecture，Architect 建筑物，建筑学，建筑师

——建筑及其生产方式、生产关系

1.1 建筑学的研究框架

建筑业是一个横跨第二产业和第三产业的国民经济支柱产业，既包括建筑材料的生产、现场的施工和安装，也包括设计咨询、工程管理等相关服务。人类在认识和改造自然的过程中，先有人工建造的建筑物（building），逐步产生了建造活动的社会分工和职业的建筑师（architect），然后逐步总结提升有关于建造的科学和技术的总结，形成了职业化培养方式和教育体系——建筑学（architecture）。任何关于建筑学、建筑师的研究，都必须回归到其根本——建筑物上，建筑师、建筑生产方式和生产关系的出现，只是且必然是为了建筑物的品质的提升和整个产业的发展。建筑业作为一个规模巨大、就业广泛、政府管制严格的产业，与社会和经济的发展息息相关。因此，回归建筑师的职业本源，展现建筑师赖以成长和施展的建筑业的整体面貌和广阔天地，培养建筑师的国际视野、职业道德、专业技能，就是建筑师职业教育的根本。

建筑业作为一个产业或商品体系，其研究可划分为四个层面：

（1）商品本身——建筑物。作为人居环境的物质基础和人居环境的大众消费品的特性。

（2）工程技术层面——生产力。是指作为建筑体系物质基础的建筑技术、材料、设备及其物化形态的建筑功能、建筑类型，以及建筑生产的建造、装配工艺等。

（3）管理制度层面——生产关系。是指政府、业主、设计者和营造商之间的社会分工、行业运作机制、政府监管等的制度安排和契约关系，包括建筑管理制度、市政管理制度、建筑师制度、建筑生产主体的合同关系工程交付模式等，反映了建造活动中的生产关系，建造活动中参与主体的相互关系的总和。

（4）精神观念层面——上层建筑。是指作为建筑体系的建筑风格、建筑理论、建筑思想以及社会性的建筑文化理论、建筑价值观念、审美趣味等。

狭义的建筑业主要包括建筑产品的生产活动，即施工业（construction）；广义的建筑业则涵盖了建筑产品的生产以及与建筑生产有关的所有服务内容，包括规划、勘察、设计、建筑材料与成品及半成品的生产、施工及安装，建成环境的运营、维护及管理，以及相关的咨询和中介服务等（图 1-1）。

本书的研究主要集中在建筑物的生产方式和建筑物的生产关系上。即以建成环境的性能表现为目标，协调在社会分工下参建各方的生产关系，提升建筑物的生产效率和品质。

图 1-1　建筑学和建筑师研究的框架

1.2 建筑物及其评价标准

1.2.1 建筑物的外延

在重力、阳光、雨雪、风土、严寒酷暑、自然灾害、生物侵扰等一系列自然环境条件之下，为了满足人体基本的生理要求和居住的舒适性，需要形成或创造一个介于人与自然之间的环境调节域和缓冲域，因此在人体的毛发和肌肤之外，需要外着服装盔甲，自然或人工搭建的遮蔽物和藏身所，如自然洞穴、建筑物、村镇城市等。建筑物就是通过人与自然环境（物质、能量、信息）之间的可调控界面（隔绝与交流），形成一个适宜居住生活的人工微环境——建筑物。建筑物包裹的室内环境、广义的建筑物——室外环境、聚落和城市环境，构成了一个以人为中心的渐次扩大的生态圈和环境域：人（皮肤）→服装→建筑（栖居所）→城市→自然环境（图 1-2）。

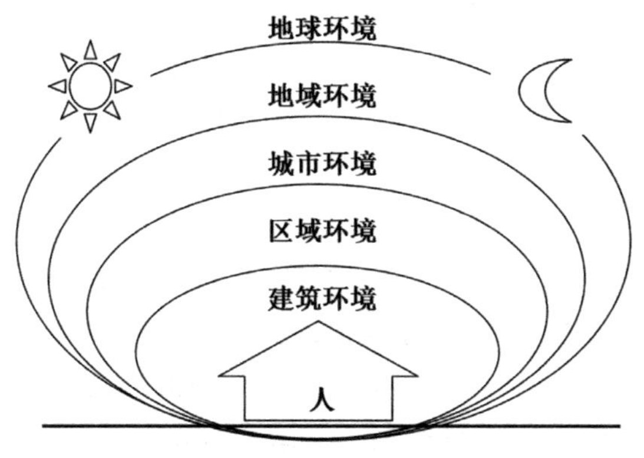

图 1-2　人、建筑、环境之间的关系

广义的建筑物是指所有人工改造自然的、具有空间性质的固化成果，即所有建设活动的结果，一般包括房屋、构筑物、桥梁道路、堤岸港口等土木工程，工农业生产设施等产业建筑。狭义的建筑物仅指房屋类建筑物及其附属设施。

英国《施工（设计和管理）条例》2007（*The Construction（Design and Management）Regulations*）法规在第二条解释中提到建筑物是指任何木材、石材、金属或钢筋混凝土结构，铁路、码头、港口、内河通航、隧道、高架桥、自来水厂、水库、管道或电缆、下水道、储气罐、道路、机场、泻湖、水坝、墙、沉箱结构、塔、吊架、保持或改变任何自然环境特征及固定植物的结构。1947 年英国城乡规划法（*The Planning Act*）首次对发展（开发）做出定义：发展（开发）指地表层下，以及地面和地面上空所进行的建设、工程作业、开矿或其他作业，或与建筑和土地相关的各种材料和功能使用的变化。根据这个定义，基本上人类所有的建设活动，或与土地和建筑相关联的功能变化全包括在内。

中国香港《建筑物条例》（*Building Ordinance-Cap.123*）规定：建筑物（building）包括任何居住用或公共建筑物、或经建造或改装作公众娱乐用途的建筑物、拱门、桥梁、经改装或建造以用作贮存石油产品的洞穴、烟囱、厨房、牛棚、船坞、工厂、车房、飞机库、围板、厕所、茅棚、办公室、贮油装置、码头、遮蔽处、店铺、马厩、楼梯、墙壁、仓库、货运码头、工场或塔、海堤、防波堤、突堤、埠头、经改装或建造以供任何用途的洞穴或地下空间，包括相关的隧道、通道及竖井通道、塔架或其他相类的用以承托架空缆车设施的构筑物，以及建筑事务监督并被公告宣布为建筑物的其他构筑物的全部或任何部分。建筑工程（building works）包括任何种类的建筑物建造工程、地盘平整工程、土地勘测、基础工程、修葺、拆卸、改动、加建，以及各类建筑作业，亦包括排水工程。

日本的《建筑基准法》规定：建筑物是指在土地上固定的人造物中具有屋顶、墙或柱的构造物，以及附属的围墙、大门等设施，以及地下或地上高架设置的有办公、商店、仓库等功能的设施。其他人工构筑物则不属于建筑物范畴。

我国的《建筑法》和其后发布的《建设工程质量管理条例》用了“建筑工程”“建设工程”两个不同的术语描述的建筑物的范围。建筑工程是为新建、改建或扩建建筑物及其附属构筑物所进行的规划、勘察设计、施工及竣工等各项技术工作和完成的工程实体，以及与其配套的线路、管道、设备设施的安装工程。建设工程是指土木工程、建筑工程、线路管道和设备安装工程及装修工程。建设工程与国际上广义的建筑含义相对应；建筑工程一般仅指民用的房屋类型的建筑物和构筑物。本书聚焦于房屋建筑工程，且为了便于对应建筑学，因此采用建筑工程一词。

1.2.2　建筑物的评价标准

大约在公元前 27 年，古罗马建筑师维特鲁威

（Vitruvius）在《建筑十书》中提出了建筑的三原则：坚固（firmitas）、适用（utilitas）和美观（venustas）。1624年，英国的亨利·沃顿（Henry Wotton）爵士在翻译和诠释维特鲁威的原则时指出："美好的建筑有三大条件：坚固（firmness）、适用（commodity）和愉悦（delight）。"前两个条件都和建筑物自身的特性有关，第三个条件则属于美感的范畴，其中包括许多个人的判断。两千多年来，这三项原则一直是衡量建筑物优劣的普遍准则。我国建筑界以"适用、经济、绿色、美观"的八字建筑方针来说明社会对建筑物的普遍要求和标准（注1）。

18世纪英国工业革命后的经济发展和城市产业人口的急剧膨胀，使城市及城市建筑成为近代商业社会生产和交换的容器，这不但催生了像股票交易所、火车站、工厂、工人住宅等新型的建筑形态，而且以市场等价交换为原则的建筑商品性得到重视，追求经济利益最大化使得为王公贵族服务的别墅、宫殿与为下等阶层服务的高密度、低造价集合住宅具有相同的经济价值，建筑物作为商品的建造成本的"经济性"原则第一次出现在建筑的特质中。

在19世纪的新古典主义时期，以巴黎美术学院为代表的学院派建筑教育体系，将建筑物之上的空间和样式构图、装饰作为建筑学的主要目标，被总结为Architecture = Building + Decoration，即建筑艺术（建筑学）就是房屋（建筑物）加上装饰，建筑中蕴含着既相互矛盾又相互依存的技术性、经济性和艺术性、精神性，建筑设计及建造服务根据建筑性质及业主对象的不同而有不同的设计原则和样式的组合，建筑的商品价值也随之有一套完整的社会评价和传播系统。中国和日本的建筑学的导入和建筑教育的发轫恰好在这一时期。

20世纪二三十年代的德国包豪斯教育，以及现代主义建筑思想，则是通过赋予建筑物经济、机能、自由形式以及社会文化的象征意义，通过强调建筑物现实的物理和数学性质、建造和生活的逻辑，引发了设计思想和建筑样式的革命。20世纪末，建构（Tectonics）作为试图整合建筑与建造、建筑艺术与技术的概念和手段被人为创造和兴起，建筑师重新着眼于在建造过程中传统工匠性的直觉思考和材料感悟，以期开拓建筑学的领域。中国古代建筑研究的奠基人梁思成先生，在经历了"营造学社"的古代工匠技法和规则的研究之后，于1945年创立清华大学建筑系时，提出以"营建"代替"建筑"的系名，以强调古代营建传统和现代主义的精髓。

1972年罗马俱乐部对人类增长极限的悲观预测、1973年与1978年的两次世界石油危机、环境污染的后果的深刻教训，到可持续发展概念的提出和生态科技的兴起，直至1997年京都会议上发达国家对地球环境责任的共同承诺，环境友好、资源的循环利用、节约能源和防止污染等议题成为全球关注的焦点。1987年联合国《我们共同的未来》报告，提出人类要想继续生存和发展，就必须改变目前的发展方式，走可持续发展的道路。即，既满足当代人的需要，又不对后代人满足其需要的能力构成危害的发展，包括能源消费的削减和有效利用、新能源的开发利用、减少排放和污染、提升室内外环境的健康性与舒适性等。建筑物及其建材的生产、建造和使用，其总能耗占人类全部能耗的近50%，建筑业对环境和能耗具有着重大的影响，因此绿色建筑、零能耗建筑等的探索开始兴起。

建筑物造成的室内环境也对人的健康也有巨大的影响，建筑的评价标准应该回归到人造物的根本——人的健康上。世界卫生组织（WHO）认为健康是指"生理、心理及社会适应三方面全部良好的一种状况，而不仅指没有生病或者体质健壮"。人的一生约有90%的时间是在建筑物的室内环境中度过的，人类的许多疾病及精神健康都与生活环境有着密切联系，同时室内环境质量也极大地影响着使用者的工作效率。WELL标准（*The WELL Building Standard*）是全球较早关注建筑使用者的健康和福祉的建筑评价标准，分为空气、水、营养、照明、健身、精神和舒适度共 7 个部分、105 个分项，建立起人体常见疾病及生理系统与建筑环境之间的内在联系，健康建筑成为建筑评价的重要指标。

建筑物作为人类使用环境，需要满足以下三个方面的要求：

（1）基本性能（宜居功能）。满足建筑作为人与自然的中介层与缓冲层的基本功能的适用性，包括：

① 适用性：满足室内人居环境的基本和特殊的性能要求；

② 坚固性：保证结构的牢固性、抗震性和耐久使用；

③ 健康性：对人体健康的无害性，感官的愉悦性，私密性与安全感。

（2）支撑性能（次生要求）。满足建筑物的基本功能时衍生出的其他支撑性的要求，包括：

① 安全性：防火、绝热、隔声、防盗防侵害；

② 维护性：耐久性，耐候性，耐污性，易于清洁、更换；

③ 加工性：易于加工和建造，工序的可逆性，技术的适用性与经济性，工艺的精度；

④ 环境资源性：大量生产和使用的资源可能性，环境友好性，材料和造价的经济性。

（3）衍生性能（象征功能）。由建筑物的实体（整体和细部）、构法（结构逻辑和连接装配过程）、空间（外围环境和室内）的感官性所诱发的建筑学的衍生功能，包括：

① 审美性：视觉效果，形式的美观愉悦，技艺材料的表现性；

② 创新性：日常逻辑的颠覆与陌生化；

③ 符号象征性：文化传播的媒介与象征。

参考：美国建筑师学会（AIA）对建筑材料性能的定义和评价

① 结构适用性：受力特性等；

② 防火安全性：防火，防烟，有毒性，可燃性等；

③ 可居住性（宜居性）：热工特性，声学特性，防水性，光学特性，卫生，舒适，安全等；

④ 耐久性：抗磨损，防腐蚀，涂层粘合性，尺寸稳定性等；

⑤ 可维护性：涂层的兼容性，锯齿和小孔的修补性，耐化学品及涂抹刻画的破坏等；

⑥ 环境影响：生产中的资源消费，生命周期成本等；

⑦ 经济成本：安装成本，维修成本等；

⑧ 美学价值：视觉效果，色彩选择的多样性，可定制生产等（注 2）。

19 世纪末西方建筑体系传播到中国以来，1920 ~ 1930 年代在南京、上海的建设中，中国第一代建筑师以美国的学院派、折中主义手法创造了中国“固有形式”的古代官式建筑样式的繁盛，体现了雄伟壮丽的古典主义中的民族国家意志；1949 年中华人民共和国成立之后，全面学习苏联，提出“民族的形式，社会主义的内容”的方向，建筑师聚焦在建筑外形的对古代官式建筑的模仿；1950 年代后期，在我国计划经济体制下的国家重工业化建设中，为了防止政府工程过分追求效果、节约国家投资，批判“复古主义、形式主义”，提出了“适用，经济，在可能的条件下注意美观”的建筑方针；1958 年在国庆十大建筑的设计建造中，发起了集体创作、多方案综合的设计群众运动，提出“中国的社会主义的建筑新风格”，又重新回到关注建筑外形的“中而新”的造型上；1980 年代的改革开放中，提出了“建筑工业化”建筑业发展方向和样式现代化的“现代的民族风格”的主张，建筑师的焦点还在“繁荣建筑创作”的民族风格的“神似与形似”上，“文脉”“古都风貌”等还是在房屋加装饰的地域性、民族性造型中徘徊；1990 年代末为抵御经济危机而开启的房地产开发热潮，建筑的商品化、国外建筑师的建设参与，极大地扩展了建筑学的视野；2016 年针对当前一些城市存在的建筑贪大、媚洋、求怪等问题，我国再次明确提出建筑“适用、经济、绿色、美观”

的八字方针。在市场经济条件下，通过建筑许可审批等政府规制手段可以部分调节，但是建筑物作为业主投资的项目和使用者消费的商品，其特性、要求主要是由投资者、使用者或最终业主的需求和审美偏好决定的，是市场需求和社会集体无意识的集中体现和纪念碑。特别值得注意的是，中国建筑师的鲍扎学院派教育渊源、早期薄弱经济基础下的集中于政府建筑的实践、中华人民共和国成立后建筑师仅限于设计的碎片化执业，使得风格、造型、创意、艺术等一直占据着建筑学界的主流话语，建筑的技术、工艺、经济、管理等没有得到充分的重视（图1-3）。

（a）

（b）

（c）

（d）

（e）

（f）

图 1-3　中国建筑界的话题建筑（一）

（a）国家博物馆与人民英雄纪念碑；（b）人民大会堂；（c）北京站；（d）中国美术馆；（e）国家图书馆；（f）北京西站

（g）

（h）

图 1-3　中国建筑界的话题建筑（二）
（g）国家体育场“鸟巢”；（h）国家游泳中心“水立方”

1.3　建筑生产力

1.3.1　建筑的工艺与技术——建筑学

建筑学（architecture），是指设计和建造建筑物的艺术与科学，或者说关于建造的方法、过程、结果的科学技术体系。建构（tectonics）与建筑学（architecture）有着共同的词源，tectonic 源自希腊语 tektonikos，原型为 tektōn 即 builder，建造者。英文 construct 的词源是拉丁语 construere，指 con-“同、结合”与 struere“堆起”，即组合、连接和堆积，是古代乃至现代的基本建造方法。汉语的“建”，从聿，本义为立朝律，引申为建立、创设“筑”，古字“築”，捣也，捣土使坚实，本意是板筑土墙。“构”字本作“冓”，像木构屋架的形态，本义是架木造屋；“营”是形声字，从宫，本义是四周垒土而居。建筑，营建，构筑等汉字都是从土木工程的筑土、架木两种主要的构筑方式引申而来。

古代的建造工艺和技术，在近代科学发展之后，尤其是 18 世纪以蒸汽为动力、19 世纪以电力为动力的第一次、第二次工业革命后，产生了一系列重要的科技分工，奠定了今天科学技术的基本轮廓。西方的工程（engineering）一词起源于军事领域，主要是防御工事、筑城、攻城器械等，其设计和建造者就是工程师（engineer）。最早的工程师就是建造和操作战争机械、设计进攻和防御工事的人，即工兵。18 世纪英国出版的百科全书中将工程师定义为“一个在军事艺术上运用数学知识，在纸上或地上描绘各种各样的事实以及进攻与防守工作的专家”。1747 年在法国巴黎成立了授予工程学位的工程学校，1802 年成立的美国西点军校是美国第一所工程学校。18 世纪晚期的英国出现了民用工程师（civil engineer），是指与军人分开的民用工程的土木工程师。在建筑领域，出现了土木工程师、测量工程师、建筑师，随着给排水技术、电力等在建筑中的应用，建筑、结构、设备（给排水与采暖通风）、电气（强电、弱电、智能化）、测量（包括勘测、工料测量、经济测算）、项目管理等学科及其专业人才集合在一起，共同实现了建筑物的性能（图 1-4）（注 3）。

建筑物的环境调节作用、建筑性能的实现方式主要就通过被动隔绝与主动调控手段来实现：

① 主动方式立足于选择和改造，有环境的主动选择（场地规划、风水择地）和采用设备改造环境（如生火取暖照明，暖气空调设备、照明设备、给排水系统、通信系统等）等方式；

② 被动方式立足于防止和阻隔，即在现有环境下的优化。如冬季工作环境的保证，选择温暖地域居住（候鸟迁徙、冬眠）、采用空气调节装置（动

图 1-4 传统建筑的构法：版筑、堆砌、层积、组构、编织、包裹

物的热量生产、恒温装置）、阻隔或利用自然环境（自然界的树巢、山洞等遮蔽物以实现保温、通风散热）。

实现建筑性能的方式可以分为环境、设备、材料、构造四种：

（1）环境方式——通过选择定居的地域和环境来满足人性化环境的需求。如动物和人的迁徙，住宅的坐北朝南和四周环抱；也包括对环境的时间和季节的选择，如根据节气的春种秋收、人的暑假和寒假、动物的冬眠等。相关的学科主要有区域和城市规划。

（2）设备方式——通过附加的设备器材、利用人力、电力等方式创造人性化的环境。目前常用的建筑设备包括电力、电信、照明、给水排水、供暖、通风、空调、消防、智能化等。相关的学科有建筑设备工程、给排水工程、环境与热能工程等。

（3）材料方式——通过采用具有某种物理或化学性能的材料或材料的复合来实现建筑的性能要求，满足人性化环境的需求。常用的复合方式有纤维增强（钢筋混凝土、玻璃纤维增强水泥和塑料等）、积层强化[聚氯乙烯金属积层板（钢塑板、铝塑板）、木材合板、镀锌钢板、搪瓷钢板等]、粒子分散强化、骨架增强等。相关的学科有材料学、结构学、岩土工程学、环境工程学等。

（4）构造方式（组合方式）——通过对已有材料（包括复合材料）的选择和组合，综合发挥各种材料的功能，克服某些单一材料的缺陷，同时有效地控制成本和施工难度。相关的学科有材料学、结构学、建筑学等。

建筑物是由建筑材料加上构筑方法（构法）而结合成的整体，建筑物的物质基础和设计依据是天然或人工的建筑材料，目标是宜居的建筑性能。建筑性能是由材料性能、连接加工性能（施工、加工性能）、设备调控性能共同复合构成和强化的，建筑物的质量也是由材料和部品质量、构造设计质量、装配和施工质量来共同实现的。即：

人居环境 = 自然环境（地域、季节）+ 建筑环境（材料、组合、调控）

建筑性能 = 环境性能（地域、聚落）+ 材料性能（材料、结构）+ 组合性能（加工、连接）+ 调控性能（设备系统）

建筑质量 = 材料和部品质量 + 构造设计质量 + 装配和施工质量 + 运营维护质量

建筑学作为研究建筑物建造的学问，依赖环境、材料、热能等工程学科提供的环境和材料、设备的性能；同时由于结构工程师、设备和电气工程师等的分离，建筑师掌握的技术手段只有构造（组合）方式，在其他专业工程师的协助下，采用采购、集成的方式将适宜的材料、产品组合来实现建筑物的性能。由于建筑物的规模和投资巨大，资金和技术的投入密度不高，大多采用适宜技术和低成本材料，现场作业为主的生产方式远比工业生产效率和质量控制水平低下，建设过程参与主体众多影响因素众多，因此建筑业整体的科技和效率进步缓慢。由于建筑物对社会安全、健康、经济、就业、城市环境等影响巨大，实行事前审批、事中监管、事后验收的全过程政府管制，成为国民经济的支柱产业。

1.3.2　建筑设计与艺术

建筑学（architecture）是建造建筑物的技术和科学，起源于建筑师（architect）一词，起源于希腊语“arkhitektōn”，其中前缀“arkhi-”表示“主要的”，“tektōn”（builder）表示“建造者”，合起来就是主要工匠的意思，与欧洲中世纪建造活动负责人、工匠头领的“master builder”、我国古代称工匠头领为“大匠”“栋梁”的含义基本相同。建筑的设计者和建造者、画家、雕塑家都被认为是一项手工技艺的工匠，与纺织、制鞋、马具和造车等没有本质的区别。

建筑学中重要的设计、艺术概念，是在欧洲文艺复兴后期逐步确立并脱离了工匠技艺的特性。建筑设计首次发展成为一门特殊的学问是在 16 世纪文艺复兴时期的意大利。有学者认为第一个可以称得上是建筑师的人应该是 16 世纪的帕拉第奥（Palladio），其一生主要精力都在为威尼斯贵族设计宫殿和乡村别墅，不依赖于国家或赞助人，并为适应不同的客户需求采用不同的材料。英语的“architect”一词第一次出现在《牛津英语词典》（*Oxford English Dictionary*）里，是源于 1563 年约翰 • 舒特（John Shute）出版的《建筑的首要及主要基础》（*The First and Chief Groundes of Architecture*）中。约翰 · 舒特是第一个称自己为建筑师的英国人（注 4）。

艺术（art）源自拉丁语的 artis，意指艺术、技术、才能，指进行一系列行动所使用的原则和方法。欧洲古典文化中从古希腊的柏拉图学园开始到中世纪的现代大学起源，代表最高学术成就和知识体系的六艺指的也是文学、修辞、逻辑、数学、几何、天文，建筑、绘画、雕塑等属于手工业者的劳动技艺，与木匠、石匠、羊毛工匠、制鞋工匠没有本质的区别。直到文艺复兴时期建筑学（设计）才从施工建造中逐步独立出来，建筑师成为编制设计图纸的专门人才，16 世纪意大利的迪赛诺学院才第一次将建筑学、绘画和雕塑中的设计（design）提升为认识世界的方式和主观创造，三者才成为独立的职业和高尚的学问和自由艺术。

16 世纪初，欧洲手工艺行会开始没落，伴随着文艺复兴的崛起，建筑教育开始从行会大匠师的实践派建筑师中分离，有了专门为从事建筑教育开办画室来培养专职人员。欧洲第一所真正意义的美术学院是美第奇家族的柯西莫一世（Cosimo I Medicis）于 1563 年创办的迪赛诺艺术学院（Accademia delle Arti del Disegno），标志着艺术教育从师徒传授迈入学院式的教学绘画课程，从此建筑同绘画、雕塑被并列为三大艺术。其中“disegno”意为“制图”“素描”，即现代设计“design”一词的来源，因此可以说设计的概念来源于此。在迪赛诺（disegno）体系中，开始强调个人的设计理念，建筑师开始尝试通过制图来表达自己的设计思想，而不仅仅是施工的依据。阿尔伯蒂在《建筑论》也提到，“建筑师不仅仅是一个拥有技术的工匠，而是需要受过良好教育的通识艺术家。”从文艺复兴开始，建筑学开始从一门石匠行会中的职业技术性学科向学院教育转化，不同于大多数中世纪的建筑师都是工匠出身，此时的建筑师开始奉行由柏拉图所定义的“七艺”的通识教育（七门自由艺术（septem artes liberals），包括辩证、修辞、文学的“三科”和算术、几何、音乐、天文的“四学”），开始回归古希腊神话中的既通晓艺术又掌握技术的“全才建筑师”。

17 世纪以法国为代表的新古典主义将建筑学的研究和教育体系化，并将建筑、绘画、雕塑三大艺术形式归类于美术（fine arts，beaux-arts），指引起美感的方式，是有意识地生产或排列声音、颜色、形状、动作或其他成分的产物，尤指用绘画或雕塑方式产生的漂亮的作品。法国作为近代欧洲最成功的民族国家，是通过绘画、雕塑、建筑等美术来塑造官方样式，强化对民族国家和政治权威的认同。因此“传统的艺术美育是对已成为艺术品权威的欣赏和崇拜”。传统艺术中的美育，就变成对已经成为艺术品的高高在上的、权威的、超越常人的成果的欣赏和崇拜。因此，国家通过官方的艺术教育和评选机构，宣传标准的、精致的技巧、权威的阐释。

20 世纪以来的现代艺术观念则从艺术再现与被再现对象之间的关系出发，从美术转化为非日常逻辑的陌生化和对传统及权威的批判性、启示性，强调对人的独立、自由精神的唤醒而非是对古典主义时期某种主观标准、美丽形式和权威的服从。

因此，今天的设计是指根据一定的目的和要求，预先制定方法、图样等，是以图表等形式表达的系统的方法和计划；可以把任何人造物活动的计划技术和计划过程理解为设计，是一连串的判断与决定，是计划的图示表达。

工业设计（Industrial Design，简称为 ID 设计），指以工学、美学、经济学为基础对工业产品进行设计，包括造型设计、机械设计、电路设计、环境规划、建筑设计、室内设计、平面设计、广告设计、动画设计、展示设计等。美国工业设计协会（Industrial Designers Society of America，IDSA）认为，工业设计是一项专门的服务性工作，为使用者和生产者双方的利益而对产品和产品系列的外形、功能和使用价值进行优选。国际工业设计协会理事会（International Council of Societies of Industrial Design，ICSID）给工业设计的定义是：就批量生产的工业产品而言，凭借训练、技术知识、经验、视觉及心理感受，而赋予产品材料、结构、构造、形态、色彩、表面加工、装饰以新的品质和规格。工业设计是一种创造性的活动，其目的是为物品、过程、服务以及它们在整个生命周期中构成的系统建立起多方面的品质。

建筑设计（Architectural Design）是指建筑物在建造之前，按照使用者的要求，将性能、空间、造型等一系列目标转化为图纸和文件表达的专业指标，作为建造实施的依据和验收的标准，使建成的建筑物充分满足使用者和社会所期望的各种要求及用途。

建筑学（Architecture）、建筑艺术作为工业设计和工艺品艺术的特征主要有：

（1）功能性。建筑物作为人与自然的媒介，其产生的根源是人居环境的实用机能与适用性。

（2）技术工艺性。建造的技艺，即其使用材料、连接方式、组合形态，是建筑实现功能的物质基础，也是展现建筑物的耐用、坚固、精美的表达手段，也是建筑学创新的源泉。

（3）生产性，经济性。建筑物的需求导向、项目特性和巨大规模，导致对质量、进度、造价的关注，也就是既有资源条件下解决方案的功能适用性、效果愉悦性、安全可靠性、技术可行性、工艺操作性。

（4）批判性，象征性。建筑物作为规模庞大、坚固耐久的工程，除了实现使用功能外也是建造者的纪念碑，是社会文化展现和传承的重要工具，也是人类宇宙认知与重构的重要方式，具有文化与地位的象征与隐喻性，在现代商品社会里是社会集体无意识的时尚的展现手段之一。

建筑学、工业设计艺术的核心是如何优美地建造实现，而非优美的形式。建筑师的职责主要是漂亮地盖房子，而非盖漂亮的房子。从实现方式上看，所有创新都是微创新，都是整合创新，是在集成现有产品和技术成果的基础上的整合、优化。

建筑设计及其展示出来的工艺性，是以实用的功能性和客户价值为导向的图形化、空间化的计划，以展现材料、手段、结果的实用性、愉悦性、技术感（技术炫耀，展现实现方式的技巧和精准）。建筑学是指研究设计与建造建筑物的一门学科，建筑设计作为工业设计的一个门类，是面向特定的目标、在有限资源条件下、实现价值最大化的一套完整的建造计划，是建筑物的虚拟建造。

西方近代建筑学引入中国之前，中文一直用“营造”一词来描述房屋的建造之类的活动。今天广泛使用的“建筑”一词源于日文。日本在 19 世纪明治维新后积极引进西方技术和制度，英文的 architecture 在日本有两种汉字翻译：“造家（术）”和“建筑（学）”。“造家”一词是从“造船学”一词的翻译演化而来，当时日本将“naval-architecture”译作“造船学”，于是将“architecture”称为“造家学”。1862 年日本首次将 architecture 译成“建筑学”，将 architect 译成“建筑术的学者”。“造家术”则于 1864 年开始出现于日本。著名的东京帝国大学授业的课程先是用“建筑学”一词，1874 年将“建筑学”改为了“造家术”。日本的建筑史学家伊东忠太在 1894 年发表文章《architecture 的本意及其翻译，希望更新我们的造家学学会》，指出 architecture 的语源来自希腊，有绘画雕刻等美术和桥梁船舰等工艺两方面的含义，而“造家术”仅有后者的意思，不能涵盖整个 architecture 的意义，所以应该翻译为“建筑学”。由于日本多灾的自然环境塑造了日本重视技术的传统，所以应努力在建筑学中增加艺术性的分量。1897 年“造家学会”改为建筑学会，“造家学”改为“建筑学”，帝国大学工学科的造家学科改为建筑学科，同时相应地在课程中加入了美学，并推行学院式教育体系。自此，“建筑”一词在日本代替了“造家” 而获得广泛使用。我国在 1902 年制定 的《钦定京师大学堂章程》最早正式引用了 “建筑”一词。目前汉语中的建筑一词，沿用至今，并涵盖了建筑物（building）、建筑业（construction）和建筑学（architecture）的三重含义。

1.4　建筑生产关系

1.4.1　建筑生产的三方及合同关系

建造活动（建筑工程）是伴随着人类的，甚至动物的栖居行为而产生的蔽护空间的构筑活动。在人类的历史中，最初的建筑只是自然材料的简单利用、加工和组合。新石器时代以后，人类依照自己的形象创造了神也随之创造了诸神的居所——圣殿，以及人类死骸和灵魂的居所——墓地，同时也发展出不同的空间使用功能和建造物类型。对建造物及其形式、建造方法的非物质化关注和精神的象征化就形成了最初的建筑艺术观念。人类的建造活动也在技术进步和社会分工的细化下日益精美和宏大。在工业革命后商品生产和大众消费的时代里，建造活动形成了由大规模工业化生产、供货体系所支撑的，由现代化的组织管理体系下的协同作业所完成的，大量供给、大量消费、大众品味和价值体系所认可的社会化产品的生产过程，可以称之为建筑生产（Architectural Manufacture），并形成了经济和社会发展的支柱性产业和社会分工中的第二产业——建筑业（Construction Industry），以及为建筑业提供设计咨询、教育培训、运营管理、金融保险、行政管理等服务的第三产业。

在现代的建筑业的生产过程中，业主（建设方）、建筑师（设计咨询方）、承包商（施工方）的三方构成了建筑生产体系的基本生产关系，保持着在信息不对称的建筑市场中的均衡。在建筑工程中，业主（建设方）作为项目的发起人（起造人）、建筑物终身的持有者，对建筑项目的质量安全负有首要责任，业主通过代理合同和采购合同将其首要责任转移给设计咨询方（建筑师）和施工安装方（承包商），以及物业运营维护商（运维方），形成各自在合同范围内的主体责任。在工程项目实施阶段，主要是设计咨询和施工安装两个主体分别对设计和施工负有主要责任。

业主与建筑师的代理合同关系，业主与承包商的采购、承包合同关系。建筑师作为专业技术人员和业主利益的代理人，在业主要求的环境品质和限定的资源条件下，界定建筑的性能目标，确定技术经济指标与产品性能参数，创造性地整合各种技术方案和空间安排，通过施工图纸与技术规格书（specifications，又译作规范、产品规格、建造细则等），向施工者准确传达并监督、协调其实施过程，以满足业主对空间环境的品质、造价、进度等的要求（图 1-5）。

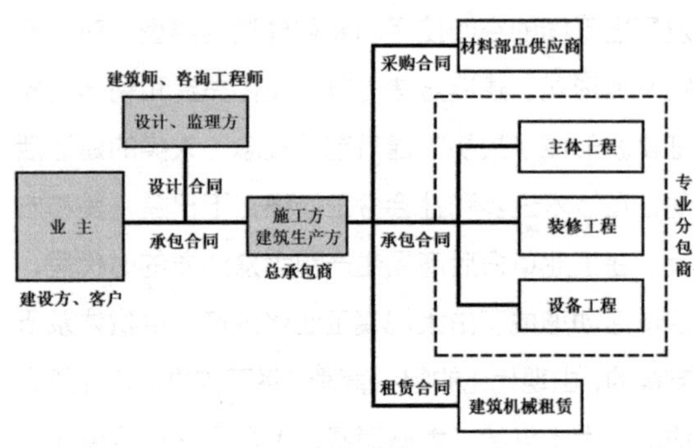

图 1-5 建筑生产的三方关系

在现代的建筑生产过程中，业主与建筑师的代理合同关系，业主与承包商的采购、承包合同关系体现了不同的合同关系和风险分配方式：

（1）业主与承包商是承包合同关系(Procurement Contract，又称工程采购合同）。承包合同的一方承诺完成合同要求，另一方则以对方完成的结果为依据支付相应的工程采购价格（price）。合同双方是以合同的标的或标的的预期为基础的等价交换和标的让渡，即建筑物的采购。从合同形式上来说，工程承包合同包含了承揽合同（工程管理）、买卖合同（材料产品采购）、雇佣合同（劳务分包）、租赁合同（建机租赁），主体是承揽合同，即承包方（承揽人）按照业主（定作人）的要求完成工作，交付工作成果并取得报酬的合同。合同以完成特定的工作成果为目标，不关注工作过程；承包人以自己的设备、技术、劳力等，自行管理完成工作任务，独立承担完成合同约定的质量、安全、进度、成本等责任，并对过程中的风险、损失自行负责；这种关系具有基于信任的人身属性，不得擅自将承包的工作交给第三人，同时对经过业主同意的分包负连带责任；需要业主的协作，提供必要的条件和资料等。

（2）建筑师与承包商没有合同关系，但是建筑师作为业主的委托代理，在建造过程中代为进行专业化的合同管理［Contract Administration，注意不是工程管理的管理（Management）］，即建筑师只是对承包商的行为进行监督和验收，不对工程的实施方式与成果的质量、安全、工期、成本负责，也不减轻或转移承包商应负的责任；同时，建筑师作为行业专家（Professional），作为公共利益的代言人和政府监管的助手，行使技术的协调、裁定职能。建筑师作为第三方，出现在原先的业主-承包商的两方关系中，是建筑业发展的产物，是消除业主在专业技术领域信息不对称和弱势地位的一种努力，也是建筑行业政府监管与行业组织管理相结合的产物，是现代职业建筑师存在的根源（图 1-6、图 1-7）。

建筑生产的阶段	业主	建筑师	承包商	政府主管部门
规划，策划 Planning	・项目开发的目标及构想 ・市场调研与机会研究 ・开发全过程的计划制定 ・投资计划及可行性研究 ・项目组织及资金的筹措 ・设计、咨询业者的选用	・城市规划与区域规划 ・城市设计 ・修建性详细规划 ・概念性建筑设计方案		・项目立项管理 ・土地与建设用地管理 ・城市规划管理（总体规划，分区规划，控制性详细规划，用地规划条件）
设计 Design 包括： ・方案设计 Schematic Design ・初步设计 Design Development ・施工图（生产）设计 Construction Drawings	・项目的定位与产品策划 ・设计任务书及委托书的制定 ・设计内容及图纸的确认 ・设计费用支出及设计资料的验收	・设计条件的确认 ・设计计划（组织、时间、成本） ・方案、扩初、施工图设计的完成 ・各阶段建筑设计报审及修改 ・材料及厂商的建议 ・优化设计的研讨 ・工程概预算的制定 ・与行政部门及居民沟通的协助		・城市规划管理 ・建筑物的行政审查（规划、消防、人防、绿化、交通、环保、卫生、文物保护、防灾等） ・设计质量审查与管理 ・设计招投标管理 ・公示与居民协商管理
工程招投标 Bidding	・施工者的选定 ・监理者的选定 ・施工及监理计划的接收 ・工程造价预算及标书的接收 ・总造价及施工者的确定 ・施工合同的签订	*招投标图纸资料的完成 *图纸资料的解释与答疑 *工程造价预算的审定 *施工计划的审定 *施工技术及优化工艺的技术核定 *施工合同签定的技术咨询	・施工预算的制定 ・分包与采购的计划与管理 ・施工计划的研讨 ・技术优化与材料、厂商的提案 ・施工合同的签订	・工程招投标管理 ・施工许可管理
施工 Construction	・材料和专业厂商的认定 ・设计变更、洽商的确认和同意 ・竣工建筑的接收和检验 ・工程费用的支付	・设计说明及技术交底 *设计及施工监理 *施工图纸及施工计划的确认 *工艺技术的质量管理 *设计变更及现场洽商的作成 *竣工检查的实施 *参与竣工交接	・综合施工图纸的消化和补充 ・施工计划制定 ・材料和专业厂商的配合 ・工程施工 ・工地安全管理 ・设计变更及洽商的对应 ・设备安装及调试 ・验收与整改 ・竣工交接，竣工图纸与手册	・施工许可管理 ・安全生产、文明施工管理 ・质量监督与验收
运营及维护 Running	・使用初期问题的检查 ・运营维护管理 ・维护改修计划制定及委托 ・更新、重建技术制订与委托	*使用后问题的检查及问题处理指示 *使用后评估与回访 （・维修改建设计） （*维修改修监理）	・使用后问题的调查与处理 （・维修改修施工）	・城市规划管理 ・消防安全管理 ・防震减灾管理

・注：设计及监理业务中*的部分为国外建筑师的职责范围内、而在我国建筑师职责外的业务。

图 1-6　建筑生产过程及建筑师等各参建方职责

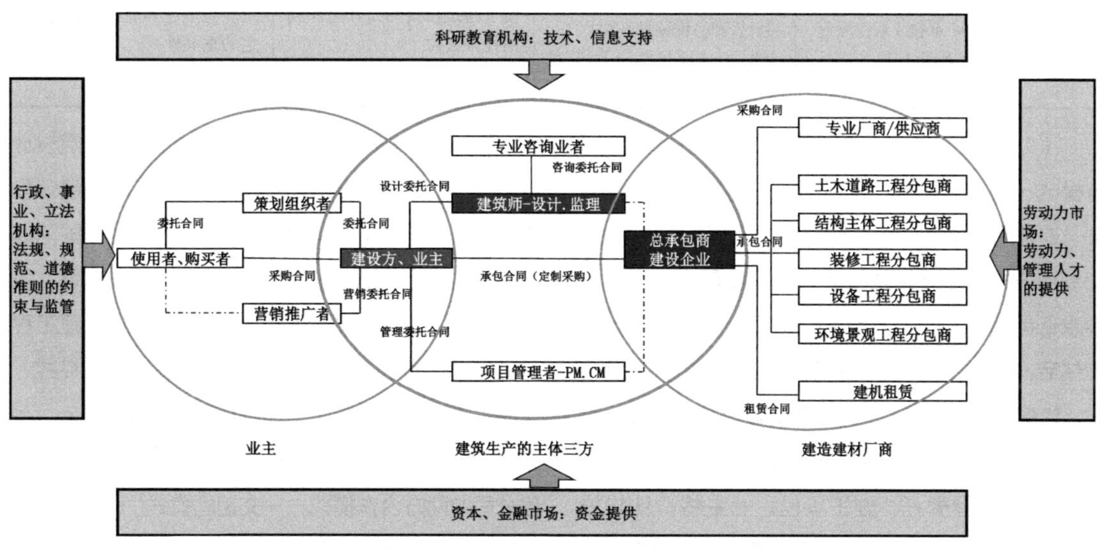

图 1-7　建筑生产中各方关系网络

在建筑设计服务领域，业主与建筑师的合同方式有四种常见方式（表 1-1）：

建筑工程的不同生产组织方式与合同交付模式 表 1-1

分类	工作方式 / 交付模式	概要	优点	缺点
业主直营制（DM、OB制。一方模式）	投资、设计和施工的直接运营	业主自行进行项目策划、设计、招采、施工管理，直接向各咨询方、专业厂商发包并监管整个建设工程，承担项目建设风险。 大型房地产企业的开发项目和军事建设工程等	投资、设计、施工管理的一贯和全产业链的介入使得项目的控制性好，能充分体现投资意图，保障利益的最大化。特别适用于标准化程度高、重复建设量大的项目	业主需要庞大的机构、全产业链的配套和各专业人员，管理和运营成本巨大，不利于专业化
设计、施工分离制（职业建筑师标准模式、DBB制。三方模式）	定额承包/Lump Sum Contract 单价总量/Unit Price Contractor 实费清算 /Cost + Fee 总额封顶、差额奖励/GMP	策划、设计与施工分阶段由不同的设计者、施工者根据要求完成，业主负责项目的协调与管理。在设计文件基本完成的基础上，以时间和费用的总量固定、实际费用清算、差额补偿或赔偿等方式控制总成本。 建筑生产中最常用的方式	依据建筑生产流程的自然分段。根据不同项目要求采用不同的方式可规避风险。各阶段的招投标评价较容易，对应的企业明确、专业化程度高，并可互相监督和分阶段调控。是目前最为广泛应用的建筑生产模式	要求各阶段的完成度和交接性高。各阶段的承接会有重复浪费和矛盾，业主需要对各阶段进行持续监控，各阶段目标与项目总目标的协调工作量大。不利于发挥各专业的综合优势
设计、施工一贯制(DB制。二方模式）	设计施工一体 / Design and Build 交钥匙模式 / Turnkey EPC/ Engineering Procurement Construction 工程总承包 / Packaged Deal Contractor	策划和协调、控制由业主完成，建筑设计和生产由一家企业统筹完成。业主对建筑生产实际过程基本不介入。 建筑师产生之前的传统的大匠领衔的建造方式，工业、交通、市政等个性要求低、性能指标明确、依赖施工企业工艺与技术能力的项目常用方式	业主的管理负担和风险最小。各阶段的招投标、磨合成本小。可交叉作业以节约时间和金钱成本。容易发挥大型建设企业的技术综合优势、管理优势和资源整合能力	要求承包企业有设计施工及管理的专业人才和技术、控制实力，承包企业的风险大。缺乏业主及第三方监督与控制，承包企业的利益可能会优于业主的利益，不适于一般房屋建筑工程
项目管理制（PM、CM制。四方模式）	PM 作为独立代理人（as Agency） PM 作为咨询方的一员（as Advisor） PM 承包（承担风险，at Risk）	工程全过程的专业咨询师、项目管理人（PM、CM）代理业主完成，并在全程协调与控制。有委托代理和风险承包两种方式，亦可提供业主代建、设计管理咨询等服务方式。 大型复杂项目的合同方式之一	业主业务量小，专业技术要求低。专业的项目经理使生产全程目标统一、协调一致。便于建筑投资的公开化和利用社会资源	项目经理的专业水准和诚信要求高。需要传统建筑生产三方之外的第四方的额外费用。与上述其他方式具有一定的重叠性

（1）业主直营。业主与设计、施工一体化的单方模式——直营模式，适用于业主自身专业团队齐全，或采用标准化设计、工业化生产、产品销售的工业制造方式生产规格性能明确、重复量大、个性化要求低的建筑物，如大量重复建设的集合住宅、独栋住宅、宿舍楼、标准厂房等。目前我国的开发商模式、代建模式、政府工务局或政府投资工程建设中心模式均属于这种以业主为核心和项目统合人的模式。

（2）设计委托、施工承包。业主将设计与施工分离的三方合作模式——标准模式、古典模式，Design-Bid-Build（DBB）模式。适合于建筑设计要求复杂、艺术性要求高的建筑生产，这是建筑物生产实践中最为普遍、适用范围最广、也是国际通行的模式，是现代职业建筑师产生的基础环境。目前我国改革方向的建筑师负责制模式、全过程工程咨询模式、援外工程的设计加管理（D+M）模式，均属于将设计咨询方作为项目统合人的模式。

（3）设计与施工一体化的总承包、业主与总承包公司的两方合作模式——交钥匙模式(Turnkey)、EPC（Engineering Procurement Construction,

即设计—采购—施工总承包）等模式，适用于建筑艺术性、个性要求不高，而建筑的功能性和工艺性要求高的建筑生产，在建筑师职业产生之前的建筑施工普遍采用类似于此的模式，也是工业建筑生产的标准模式类型——其设计的主要内容为工程设计（Engineering）而非建筑学设计（Architecture）。由于业主不提供设计和过程监控而仅对工程成果进行检验，业主可以有效地转移责任给总承包企业，在政府投资的市政工程、工业建筑、交通建筑中应用较广。这类模式需要承包商很高的综合管理和资源整合能力，但总承包企业中的设计部门往往听令于施工部门、往往按照施工的要求变更、简化设计，不适用于建筑学要求高的建筑类型。目前我国推行的工程总承包模式 EPC 就属于以施工方来统合的模式。

（4）独立的项目管理方的四方模式——PM（Project Management）、CM（Construction Management）、FM（Facility Management）等模式，适用于对建筑物要求复杂、规模巨大、业主需求等要素不明确、需要全寿命周期的管理的项目，项目管理方独立于业主、设计方、施工方，可以采用代理或承包的合同关系（图 1-8）。

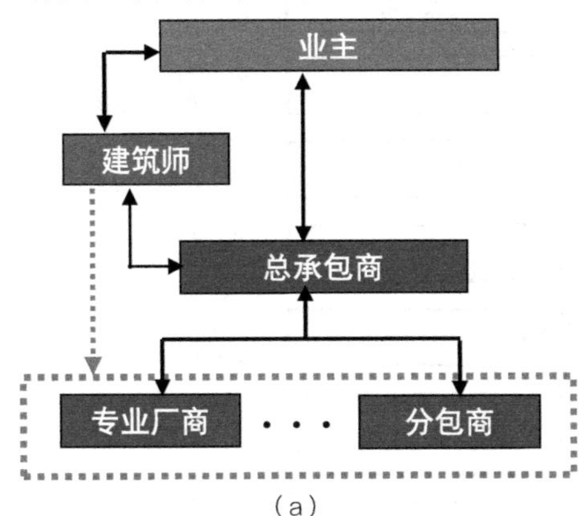

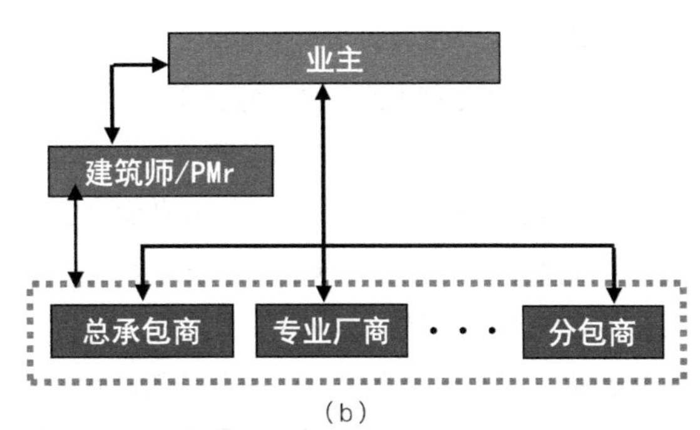

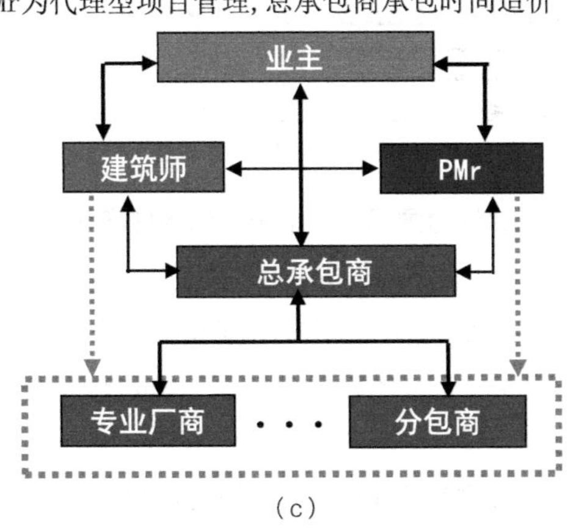

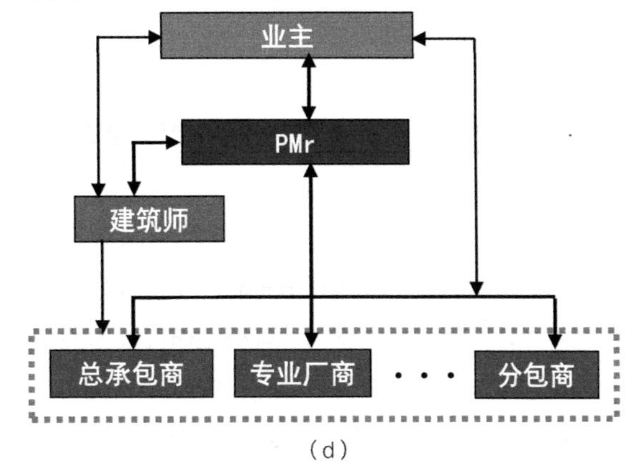

图 1-8　项目管理者或全过程工程咨询师（Project Manager，PM）的多种项目参与方式

（a）传统 / 一般方式，建筑师与业主、承包商的三方关系；

（b）建筑师 / 项目管理（PMr）型——项目管理者与建筑师合一，建筑师参与建造的全过程管理；

（c）项目管理（PMr）代理型——项目管理者与建筑师分设，只是在一般的建造三方中加入一个项目管理者作为业主的专业顾问，帮助业主和建筑师协调，不承担项目的工期、造价、质量风险；

（d）项目管理（PMr）总承包型——项目管理者作为整个项目的设计、咨询总包，承担项目的工期、造价、质量的管理责任本书以建筑生产实践中最为普遍、适用范围最广，也是国际通行的模式二（标准模式、古典模式）为基础编写，这也是现代职业建筑师制度产生的基本环境和现代化建筑生产的基础关系。

特别值得注意的是，作为业主、承包商、建筑师的传统建筑业三方的建筑师，通常并不是指一个人或建筑学一个专业，而是指以建筑师为核心、并由建筑师统合的专业设计咨询团队，是建筑项目的设计咨询方或技术顾问方。在横向上包括建筑、结构、设备、电气、经济（造价）、室内、景观、照明、规划、策划、投资咨询、招标代理、幕墙等所有相关的专业、专项设计咨询，在纵向上涵盖了投资决策、规划、策划、设计、招标投标、施工监造、运营维护等建筑物全生命周期的全过程。一般是一个以主导专业（房屋建筑中的建筑学、工业建筑中的工艺学、土木工程中的结构学为主导专业或龙头专业）的设计负责人（专业设计总师）为主导的、多专业多层次的专业技术人员团队。专业设计总师作为项目负责人承担项目建筑师的责任，其他各专业、各层级技术人员作为建筑师的代表向其负责，服务于整个项目。各国建筑师学会合同中的建筑师、FIDIC 合同的咨询工程师都是这个角色。在设计企业与业主签订合同时，建筑师就是合同签订的企业或者其指定的该项目的负责人。

1.4.2 建筑物全生命周期与建筑学服务

建筑工程全生命周期是指工程项目从开始创建到报废的全部过程，包括决策立项（也称为投资决策阶段，分为项目建议书、可行性研究报告两阶段）、前期准备（编制设计文件，完成工程咨询）、建设实施（招标采购，施工，竣工）到使用维护（运营使用，改造更新，拆除报废）四个阶段。也可把建筑的全生命周期概括为城市规划—建筑策划—建筑设计—建筑施工—使用运营—改造拆除等六个阶段。建筑物的全生命周期可以概括性地分为项目决策—项目实施—项目运行三大阶段。其中，实施阶段（建筑物的生产阶段）又可以分为规划策划—设计咨询—施工安装三个阶段（图 1-9、图 1-10）。

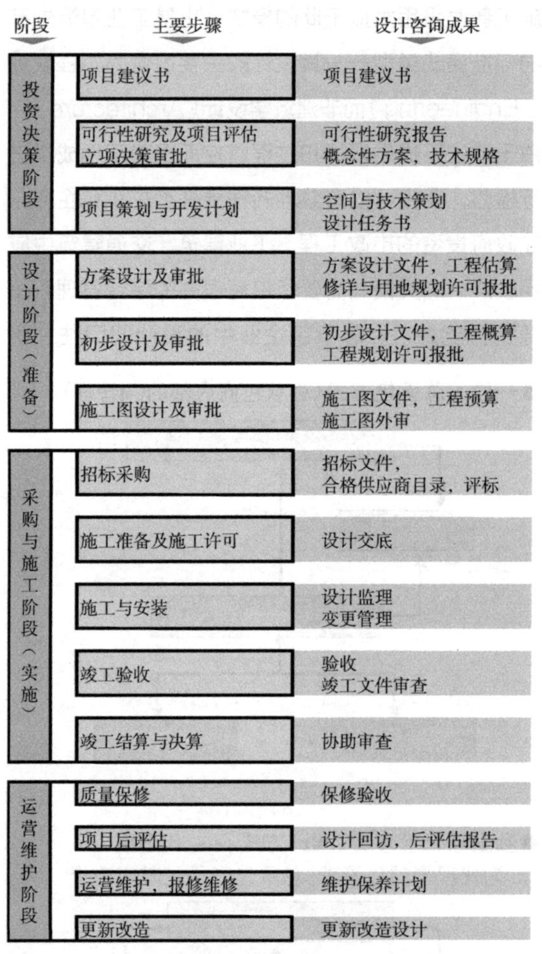

图 1-9 建筑工程全生命周期各个阶段：投资决策—设计（准备）—采购与施工（实施）—运营维护

建筑业作为国民经济最重要的支柱产业（我国近十年建筑业总产值占国内生产总值 GDP 的 1/4 以上），横跨两大产业：第二产业的建材生产、安装施工，以及第三产业的顾问咨询、工程设计、建设管理服务。

世界贸易组织（WTO）按跨国界交易的交易特征，将建筑学与工程设计及管理的贸易归属为服务贸易。建筑服务贸易属 WTO 的《服务贸易总协定》（GATS）调整的范畴。GATS 将服务贸易分为 12 个大类，155 个部门，建筑业是其中的一大类，分为施工及相关的工程服务（Construction and Related Engineering Services）和建筑学及工程设计服务（Architecture and Engineering Services）。WTO将建筑学与工程设计服务视为专业服务，其主要指由具有资质的建筑师、工程师所提供的专业服务，并不包含工程实体的施工建造及与此相关的工程方面的经济活动。

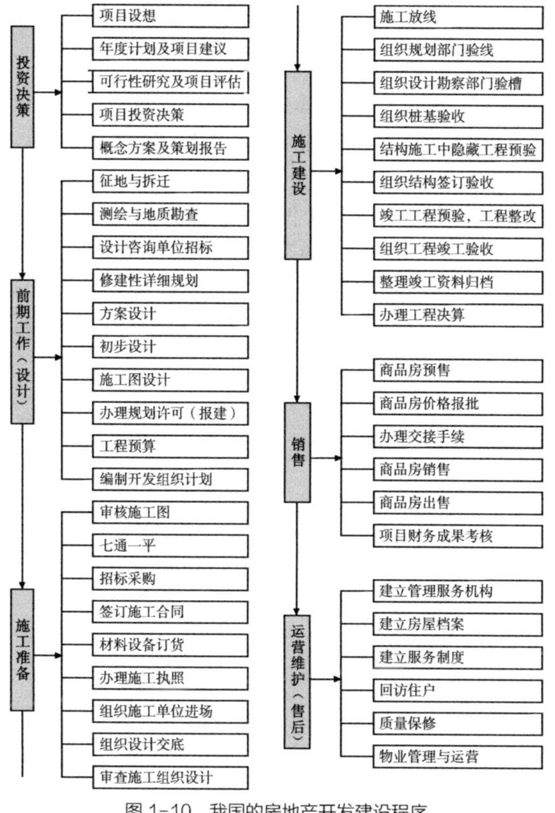

图 1-10 我国的房地产开发建设程序

建筑学与工程设计服务被WTO列入商业服务部门下属的专业服务分部门，共分为4个服务分项：

（1）建筑学服务，建筑设计服务（Architecture Services）。建筑设计服务涵盖所有类型的建筑设计服务（除了那些低于城市规划和景观建筑服务的几类），它们是：① 咨询和预设计的建筑设计服务（86711）；② 建筑设计服务（86712）；③ 合同管理服务（86713）；④ 建筑设计和合同管理结合服务（86714）；⑤ 其他建筑设计服务（86719）。

（2）工程设计服务（Engineering Services）。工程设计服务涵盖所有工程活动（除了综合工程服务），它们是：① 顾问和咨询工程服务（86721）；② 基础施工及建筑结构的工程设计服务（86722）；③ 建筑物的机械和电气安装工程设计服务（86723）；④ 土木工程建设工程设计服务（86724）；⑤ 工业过程和生产工程设计服务（86725）；⑥ 工程设计服务等（86726）；⑦ 其他在施工和安装阶段的工程服务（86727）；⑧ 其他工程服务（86729）。

（3）综合工程服务（Integrated Engineering Services）。包括：① 交通基础设施"交钥匙"工程（turnkey projects）综合工程服务（86731）；② 供水和卫生设施"交钥匙"工程和项目管理综合服务（86732）；③ 建筑制造"交钥匙"工程综合工程服务（86733）；④ 其他"交钥匙"工程综合工程服务。

（4）城市规划与景观设计服务（Urban Planning and Landscape Architecture Service）。包括：①城市规划（urban planning）服务（86741）；② 景观建筑（landscape architectural）服务（86742）。

联合国有关重要产品分类暂行版（Provisional Central Product Classification，暂行版CPC）规定，建筑学服务（CPC 8671）包括建筑的咨询和设计前服务（CPC 86711）、建筑设计服务（CPC 86712）、合同管理服务（CPC 86713）、建筑设计及合同管理综合服务（CPC 86714）、其他建筑服务（CPC 86715）。具体内容为：

（1）咨询和设计前期服务。涉及新、旧建筑及其有关事项的技术咨询、研究和提出建议服务。具体内容包括建设项目投资地点、效益和发展前景可行性研究，以及居住建筑居住环境、气候条件、投资费用和场地选择等可行性研究；同时提出建设方案，工程进度、质量和费用控制方案；并对影响项目设计和建设的问题提出解决方案。

（2）建筑设计服务。建筑设计服务主要包括方案设计服务、扩大设计服务和最终设计服务三部分：

方案设计服务：确定项目的基本性质，明确环境、功能和空间要求，费用预算限额和进度计划，以及绘制能够反映建筑项目性质与特点的场地平面，建筑方案平、立、剖面图。

扩大设计服务：根据方案设计确定的场地平面，建筑平、立、剖面图，进一步确定结构方案，选择建筑材料，确定设备、电气配置系统以及概预算等，对设计思想进行更明确的表达。

最终设计服务：设计图纸和文件深度能够满足招标书和建设的要求，以及招标时向委托人提供专家建议。

（3）合同管理服务。在建设阶段向委托人提供技术咨询和管理服务，以保证建设的建筑物与最终设计图纸和说明书一致。具体包括现场管理，施工监督检查，质量、进度和费用控制，向承包商颁发费用支付证明等。

（4）建筑设计和合同管理组合服务。建筑师同时提供咨询、设计前期服务、建筑设计服务和项目合同管理服务，同时也可包括建设后期评价和修正工作。

（5）其他建筑服务。需要建筑师经验的一切其他服务（注5）。

本章注释

注1：沙凯逊．建筑设计质量评价：国际经验的启示[J]．建筑经济，2004（04）：80-83.

注2：[美]约瑟夫·A·德莫金．美国建筑师协会（AIA）：建筑师职业实务手册[M]．第13版．葛文倩，等，译．北京：机械工业出版社，2005.

注3：吴启迪．中国工程师史[M]．上海：同济大学出版社，2017.

注4：郑红彬．近代在华英国建筑师研究（1840-1949）[D]．北京：清华大学，2014.

注5：修璐．加入WTO对我国建筑设计影响的分析与思考[J]．建筑学报，2001（12）：45-46.

Chapter2

第2章 建筑师职业的历史与职业定位

History of Architect's Profession

2.1 西方建筑师的职业历史

2.1.1 古代的建筑师

建筑的出现应该是人类生活由狩猎和穴居向农业和定居转变——新石器革命的产物，据推断发生在公元前 10000 年左右，而最古老的建筑遗构则存在于小亚细亚与叙利亚沙漠接壤的地区（位于目前约旦的杰里科 Gerico 地区），建造于公元前 8000 年左右。早期的房屋作为实用的遮蔽所多以材料和结构的特性为基础，呈圆形，在此基础上逐步发展出纪念性建筑——神庙和陵墓。神殿的形式应该来自上帝的指示，并且接收指示的必须是人间神圣权力的代表。这通常都是指国王。国王都把尺寸等作为机密，他们亲自确定神庙的尺度并发动建设，建立起符合国王想象和宗教礼制的神庙。

古埃及的统一王朝始于公元前 3100 年左右。古埃及的主要建筑遗迹是神和亡灵的居所——神殿与陵墓，其形制虽说来源于天子——世俗国王的神圣感应和象征性的构图，但其建筑形体则毫无例外地起源于实际使用的住宅——帐篷、茅草屋等。在古埃及语言中没有“建筑师”一词，主管建设项目的人不仅要设计，而且要管理和安排所有的主要公共工程。他们官方的称呼是“大匠”“匠师”（maser builder）和“劳工的管理者”（overseer of works），即主要是负责建造的组织工作和建造技术的实现，如采石、运输、树立雕像等重大技术，设计思想、建筑样式等基本是沿袭传统和依据神启。古埃及完全用石头建造的第一个墓地群——公元前 2600 余年（第三王朝时期）孟菲斯城边的多塞尔王墓区阶梯金字塔的总构思、设计和施工都出自王宫建筑师、大祭司、宰相伊姆荷太普（Imhotep）之手。他是埃及有记载的最早的建筑师，其因在文学、天文学、魔法和医学方面的聪明才智而被尊崇。他发明了阶梯金字塔，是埃及巨石金字塔的开山之作，引领了一场从砖木建筑向石材建筑的转变和高度专业化的工艺技巧的提升。传统的晒干或烘干的土坯砖和木材易于加工、运输和使用，而石材很难挖采、加工、运输安装，但由于石头金字塔的纪念性和永恒感，反而因其巨大的加工难度成为国王追求永生的必由之路。

古埃及神圣伟大的公众工程是通过一个选举出来的建筑师团来完成的，而不是直接强制他们隐姓埋名。埃及的建筑和计算的主神是 Seshat，她掌管建筑、书写和阅览。她有时候被科学之神 Thot 或者工艺之神 Ptah 代替，Imhotep 是 Ptah 主要的礼仪官。传说 Imhotep 从神明那里弄来了《神庙建筑之书》，国王和祭司在进行每个官方的重要工程时都要参考。建筑行业的教育是与僧侣阶层紧密联系的，官方建筑的形式都是模式化和很少变化的，建筑师们都是知识渊博、受人尊敬，并和国王等关系密切的人，同时家族内部代代相传的商业机密促使一个家族持续地从事建筑业。迄今发现的最长的建筑师系谱是始自伟大的 Imhotep 的父亲 Kanofer、一直延续到公元前 5 世纪 Khnumibre 结束的、长达 25 代的建筑师家族系谱。另一位于公元前 470 年在古埃及建筑中留下印记与家谱的建筑师是赫内姆 - 伊布 - 拉（Henem-Ib-Re）。

在埃及，这类纪念建筑有着非凡社会影响的文明里，帝国首席建筑师的地位显然处在政府的顶尖层次里。有时候他们甚至是“一人之下，万人之上”。Imhotep 是这样描述自己的：“下埃及之王的首相、上埃及之王的总理、王宫的管理者、显赫的贵族、拥有太阳名义的大祭司——Imhotep。”埃及王后哈特谢普苏特的御用建筑师 Senmut 在国王前炙手可热，除了是担任“王后所有工程的建筑师”外，还是“国王女儿的主要护卫者……王宫的管理者……私人居所的掌管人”等。

建筑师的工作范围包括了官方的纪念性建筑、城市总体规划、住宅设计等，考古也发现埃及工人居住区都是整体规划的，遵循神庙设计里所秉持的原则。建筑师为设计的建筑物一般要准备一个平面图和一组概括的立面图，遵循轴对称原理，并用红色的方格网进行规划和定位，但透视图没有被发现。建筑师同时使用模数系统和几何体系，模数通常来自设计的建筑的主要尺寸，几何体系则依赖正方形和某些特定的三角形等简单图形。重要建筑的图纸是由芦管笔写在纸草纸和羊皮上的，一般的则用泥板、木板、石灰石板等记录。设计的工具有直尺、直角尺和三角板。设计完成后的下一步就是把图纸转变为现实，建筑师通常会介入建筑材料运输和日常施工现场管理，“劳工的管理者（overseers of works——译者）”的暗示他们可能亲自监督并可能偶有工头助手（注 1）（图 2-1、图 2-2）。

（a）

（b）

（c）

图 2-1　古埃及金字塔

（a）法国卢浮宫收藏的伊姆荷太普（Imhotep）雕像；（b）塞加拉的左塞尔阶梯金字塔（公元前2667年）；（c）开罗的胡夫金字塔（公元前2570年）

（a）

（b）

图 2-2　古埃及神庙

（a）古埃及神庙建筑（伊斯纳神庙）；（b）古埃及法老以神庙（砖石）作为贡品向太阳神献祭的壁画（伊斯纳神庙）

2.1.2　古希腊、古罗马的建筑师

古希腊建筑活动大致发端于公元前 7 世纪和公元前 6 世纪之间，主要在爱琴海地区和半岛上的科林斯城邦。希波战争之后，雅典城邦崛起，进行了包括雅典卫城系列在内的庞大公共工程。亚历山大大帝出现后，在他庞大的征服地区，新的城市到处拔地而起，老的城镇也因人口膨胀而进行一系列工程来翻新和扩大。在接下来三百年的希腊化时代里，在原来传统的神庙、金库、剧院、体育场和装配间的基础上，新出现了图书馆、高贵的陵墓、诸如得洛斯岛上多柱式大厅那样的商业交易中心、浴室、柱廊、整齐的广场和列柱的大道、像著名的雅典风之塔之类的钟塔、温室和其他港口建筑。

古希腊历史学家希罗多德在公元前 5 世纪首次使用了“architekton”（即现代建筑师 architect），既指现代意义上的建筑师，也指工程师们，还有人用这个词指代攻城器械和船只的设计者。古希腊的建筑师、工程师和城市规划师没有显著的区别。建筑师的职责超越了设计公共和私人建筑，古罗马的维特鲁威认为建筑师的工作内容被划分为三个分支："建筑学的主要内容是三项：建造房屋；制作日晷；制造机械。……公共建筑物的分类有三种：第一是防御用的；第二是宗教用的；第三则是实用的（港口、剧场、广场、浴场等）。"大部分希腊城市的规划者都是职业建筑师，并发明了棋盘法或方格法的城市规划与设计方法。

在希腊化时代流传的一份"七位最伟大的建筑师"的名单上，Daedalus 作为一个传奇的英雄建筑师荣登榜首。希腊神话中最著名的建筑师 Daedalus（第德勒斯，代达罗斯，也在英语中用来指能工巧匠，如同中文的鲁班），传说中的建筑师和雕刻家，是锯子、斧子、铅垂线的发明者，曾为克里特国王建造迷宫用来供养人身牛头怪物弥诺陶洛斯（Minotaur），据他说平面的灵感来自埃及王的陵墓。

在神庙这样的公共建筑工程中往往会设置建设委员会（building commission），委员会由神庙管理者、有责任心的自由民等组成，他们从最初的设计步骤到最后的细节完成都参与工程管理。委员会第一个任务就是和建筑师合作，以做出既符合当时审美观又不超过预算的设计来。建筑师和委员会在建筑设计方案达成一致后就一起去招标。实际操作时会将工程分成不同的部分，不会都给同一个承包商。每部分的招标都是从传令官到市场上大声公示开始，然后建筑师和委员会考察应标商，把合同给最出色的一家。建筑师列出每一样工作并详细说明，再由承包商负责雇佣劳工和购买合同中注明的建筑材料。每份合同都有一位担保人以其经济能力和社会名望担保。由于没有哪里明确提到他们有收益，所以担保人大概是以履行公民义务的方式参与公共工程的建设工作。建设委员会接下来的任务就是执行合同并负责专项资金的公账。

建筑师统领着一个由工匠和专家组成的大军，通过对石料的加工和组装，创造了古希腊的建筑奇迹：使用的材料有大理石、青铜、象牙、黄金、乌木和柏木；需要来加工这些材料的工匠有木工、铸工、青铜工、泥瓦匠、染工、镀金工、象牙雕刻工、画匠、镶嵌工、车床工；提供和运输这些材料的人有商人、海上的水手和领航员，以及陆地上的驾车员和驱赶运输牛马的人，还有捻绳工、织工、皮革工、筑路工、采石工和矿工。

建筑业整体上来说是上层社会的专利。往往是本家族里人受到父亲或兄长影响而成为建筑师的。从已知的不少案例来看，潜在的建筑师一般从建筑相关的某门艺术或者工艺学起。尽管有非常多的实践机会，然而却没有一位希腊建筑师获得类似古埃及 Imhotep 那样的崇高地位。

尽管希腊的制图术在很多方面都非常出色，但却没有一张建筑图纸保存到今天。有学者就此认为希腊建筑师从未对所设计的建筑制作过平面图或者立面图，严格意义上说，他们只是首席木匠（master carpenter），而不是首席设计师（master-designer）（图 2-3）。

图 2-3 古希腊雅典神庙

公元前 1 世纪晚期的罗马建筑师和作家维特鲁威在《建筑十书》引用了很多希腊案例，从侧面说明了始于古希腊的经典设计作图惯例：平面、立面和透视。在教育立志成为建筑师的学生时，他把绘图作为主课，并强调"熟练的手头功夫"。

古罗马的建筑无论从功能还是象征意义来说都是艺术的主宰（mistress of art），建筑师这一职业在古罗马时代毫无疑问意义重大且影响深远。人们通常期望一名受过充分训练的罗马建筑师应当同时在建造、水利工程、勘测和规划方面有所建树，维特鲁威则称之为“这般伟大的职业‘学科’”。相反的是，大量著名的罗马建筑物——诸如大角斗场、万神庙和卡拉卡拉浴场——却没有建筑师的记录。

古罗马最著名的建筑师是公元 1 世纪的维特鲁威（*Marcus Vitruvius Pollio*），并完成了第一部系统的建筑理论著作《建筑十书》（*De architectura libri decem*），明确了建筑的坚固（firmitas）、适用（utilitas）和美观（venustas）的三大原则。1624 年，英国的亨利 • 沃顿（Henry Wotton）爵士在翻译和诠释维特鲁威的原则时指出：“美好的建筑有三大条件：坚固（firmness）、实用（commodity）和愉悦（delight）。”这三项原则一直是衡量建筑物优劣的普遍准则（注 2）。

维特鲁威认为建筑师是“伟大的职业”，只有从小受过良好教育，接受过艺术和科学的训练，并能到达建筑艺术顶端的人才能要求成为一名建筑师。建筑师需要很多方面的知识，因为所有工作是否完成都要经过他的判断。这些知识是实践和理论的基础。实践是规律性训练的延续，在其中需要依照图纸将各种材料经过人工处理以完成工作。理论则是将实际产物用比例来解释和证明的能力。建筑师必须聪慧而且有责任感。这些素质缺一不可。“建筑师应具备多学科的知识和种种技艺。……建筑师既要有天赋的才能，还要有钻研学问的本领。……因此建筑师应当擅长文笔，熟习制图，精通几何学，深悉各种历史，勤听哲学，理解音乐，对于医学并非茫然无知，通晓法律学家的论述，具有天文学或天体理论的知识。”（注 3）

维特鲁威还直接叙述了绘图室里所做的工作：表达方式包括这些：平面、立面和透视图。平面图是用尺规以一定的方式描绘出建筑的轮廓。立面图则是通过画出建筑的外表面以显示建筑完成后的样子。透视图则是一种同时表现立面和侧面的绘图方法，所有平行线交汇于一点。……建筑师必须有文采以便记录有用的工作信息。他的绘图能力须保证随时根据要求画出建筑的阴影……用算术计算出总的造价和尺寸；但最困难的是，设计需要用几何的方法和规律。从中我们可以看出，平面、立面以及包含阴影的渲染图需要提供给甲方，也许模型提交也很普遍。这些都是古罗马建筑活动所必需的。

维特鲁威还记述了古希腊的法律要求，“建筑师担任公共工程的建造是要提出用多少造价来完成它。当把预算书提交官员以后，在竣工以前要用它的财产作为抵押。在竣工之际，造价与提出的相符时，要按照决议授予名誉。如果预算增加，在工程上多花费预算的四分之一以下时，由国库支给弥补，不受任何罚款。如在工程上多花费四分之一以上时，就要从他的财产中强取至竣工时所用的款项。……希望在罗马人之间不仅对于公共建筑物而且对于私有建筑物也制定出这样的法律吧！业务不熟练的人们不受惩罚就不会自强，贤明的人们可以用非常精湛的学识无所犹豫地从事建筑，业主不致被拖到必须花费他们更多财产的浪费里。……建筑师本身唯恐受到罚款，愈益勤勉，考虑不浪费的方法来实施，……”，由此促进业主投资的积极性和确保其利益。

在维特鲁威之后，公元 1 ~ 2 世纪的古罗马建筑师 Apollosorus 据说来自叙利亚的大马士革，他把希腊化风格带到了罗马城，并成为图拉真的御用建筑师和工程师。在罗马，Apollosorus 设计了图拉真广场以及巨大的木屋架巴西利卡 Upia（以图拉真的家族姓氏命名），也可能包括至今可见的用砖外包的混凝土结构市场。

到了罗马帝国后期，建筑行业持续繁荣，君士坦丁大帝在位期间（公元 306 ~ 337 年），因为大兴土木而建筑师一度短缺。政府不得不下令建筑师和几乎所有与建筑及装饰相关的工匠们都被免除公共劳役，以让他们有更多的时间钻研手艺并传授给自己的儿子们。已知的罗马帝国 5 世纪的建筑师 Anthemius 是圣索菲亚大教堂的设计者（图 2-4）。

图 2-4 古罗马万神庙的穹顶是半球形，跨度和顶端高度达 142 英尺（43.3 m），穹顶中心是 27 英尺的采光洞口

2.1.3 中世纪的匠师

在古希腊和古罗马的辉煌城市文明之后的欧洲中世纪（Medieval Ages 或 Middle Times，也称之为 Dark Ages，公元 5 ~ 15 世纪。此说法源于意大利文艺复兴学者把欧洲历史分为古希腊古罗马时期、中世纪黑暗时期、文艺复兴的现代时期（Modern Age）三个阶段），农业技术的发展、人口的迅速增长、以宗教中心为核心的作为经济与贸易核心的城市的兴起，都为欧洲的建筑发展提供了深厚的基础，砖石结构也逐渐取代木构成为城堡、教堂和贵族府第的主要结构形式。

中世纪拥挤的城市和大型化的建筑、多样化的建设投资者带来了大量的建设和丰富多样的建筑类型，也为建造者们在传统的坚固、适用、愉悦之外提出了一个全新的建筑学的命题：建筑物如何为世俗生活服务，如何在有限的城市空间中安置大量的人口，即功能的人性化和有效性（古代的建筑多为神灵服务，仅供少量的祭司进入使用）、空间的经济性、材料的资源性等。由于建筑变得越来越复杂和工地越来越难以管理，专职人员的出现成为必然。古希腊建筑师（Architect）的称呼在 7 世纪以后就很少使用了，11 世纪下半叶类似现代建筑师职业的建造主持人（匠师，Master Builder）的地位被确立，12 世纪著名项目的建造主持人被频繁提及，“如果没有高贵的匠师就不可能有高贵的建筑物”，伟大的建筑需要全面的人才，出资人的一个重要任务就是挑选建造主持人；同时出资人与建筑师的关系是建立在清晰、明确的文本基础上，合同在 13 世纪已经流行起来。出资人与建筑师的紧密合作也在建筑物中得以物化保存，一些著名的建筑师还被主教在教堂中铭刻姓名、半身像，并将墓室建在教堂之内以志纪念，如巴黎圣母院的建筑师让·德·谢尔（Jean de Chelles）。

中世纪的艺术家和手工业者没有区别，不同的职业只是根据其所使用的材料来区分。建筑师首先都是一名石匠技工和工坊的主管，同时他们也都不是简单的工匠，而是作为学识丰富的智人、科学家和建筑工程的设计和施工管理者，他们居于业主（出资人）和石匠等工匠之间，按照业主或出资人的要求制定方案，绘制图纸或制作模型，与业主和施工人员沟通，管理工地，指导施工，并定期付给工人工钱，以保证工程顺利完成。由于建筑的主体为石材，因此石匠是建筑工地的中坚，而建筑师也常常以石匠的代表和总负责人，即“大匠”“大师”“匠师”（master craftsman, master builder, master mason, master）的名称和角色出现，统领各工种工匠团队，是现代建筑师与承建商角色的综合，是营造现场的技术负责人和营建工头。一个地区的石匠行会条例里写道："如果一位建造师答应建造一幢建筑，并绘制出了工程应该遵照的图纸，他就不应该再对此做出修改。然而，为了确保建筑物日后不再面临消减和诋毁，他还必须顺应领主、城邦或国家对此的要求。"建筑师通过绘制图纸（说服出资人用的效果图和指导施工的图纸）、制作模型（木材及纸浆混合制成）、制造石材、加工模板等来指导工程。为了满足日益增高的哥特式教堂的建造要求，建筑师们还发明并完善了起重机和脚手架，使用平衡锤、滑轮、可移动脚手架、螺旋式梯子等极大地提升了效能。13 世纪左右，建造技术已经变得过分复杂以至于无法被直观地掌握，建筑图纸和用以指导施工的、完整而细节丰富的图纸也开始出现。各个国家也开始统一度衡量，几何学的发展也使得行业认识到"没有科学（指基于几何学的理性的建筑理论）支持的艺术（指建造的实践技术）什么也不是"。同一时期，建筑行业从世代相传转向学徒制，行业的技艺开始通过教育和书籍流传。但是，建筑师行会并不打算把他们的行业机密泄露给外人，"任何工匠、匠师或是见习都不得教授任何人如何从平面图中获取建筑立面——无论他是何种身份，只要不是我们这行的一员又从未从事过匠人的工作。"

建筑师的作用得到了公认，但也让出资人很难控制名声在外的建筑师的专注和投入，往往通过合同来明确工作范围，并约束建筑师全心全意地投入到建造工作，如明确的驻场服务要求和同时期禁止服务于其他业主。同时，也会因为建筑的形态双方发生争执。建筑师的控制权也引发了一些出资人的不满。有的传教士就曾抱怨，"那些主持的工匠，手里拿着量尺，戴着手套指挥别人干这干那，自己什么也不干，拿的报酬却是最多的"（注 4）。

在中世纪，建筑从业者被称为工匠。公元 11 世纪以前，工匠的培养多半靠家传，到了 11 世纪，工匠行会（Craft Guilds）出现并兴起。行会的作用是控制建造的质量和数量，减少行业竞争，并向学徒提供全面的训练，学徒们在行会的作坊（Workshop）内接收训练。到了 12 世纪下半叶，建筑工匠已经有很细的分工，有石工师傅、石雕匠、木工匠、铁匠、砌石匠、水管匠、玻璃匠等。中世纪有一种被称为包贺特（Bauhuette）的组织，是在建造哥特大教堂期间，由工地上的工人、石匠和艺术家所组成的施工组织。各类工匠和艺术家在统一、和谐的气氛下共同担负建造宏伟建筑的责任。包贺特在组织施工的同时也起到训练匠人的作用。包贺特训练匠人的模式后来成为 20 世纪包豪斯教学结构的原型（注 5）。

除了这种口传心授的教育方式外，中世纪也出现了一些记录探讨建筑设计方面的书籍。例如法国康布雷（Cambrai）的石匠维拉德・德・赫纳克特（Villard de Honnecourt）绘制的《建筑手册》，被认为是中世纪围绕建筑学问题并具备说教目的的唯一一部手抄书籍。此书以图式的方式向人们介绍砖石工艺、木工工艺和构造原理，以及建造程序和艺术实践知识（注 6）（图 2-5～图 2-8）。

图 2-5　西欧中世纪以大匠为中心的建筑施工人员，包括石匠、采石匠、砌筑匠、工程管理员、石雕匠、木工匠、铁匠、水管匠、玻璃匠、屋顶匠、小工。手持图稿、角尺和圆规的石匠工头起着建筑师的作用

（a）　　　　　　（b）

图 2-6　建筑师画像

（a）13 世纪的建筑师于格斯 · 里贝尔吉耶（Hugh Libergier）位于兰斯大教堂（Rheims Cathedral）墓碑上的画像，碑文写道：长眠于此的匠师里贝尔吉耶（Master Hugh Libergier），他于 1229 年开始建造此教堂，逝世于 1267 年。画像中的建筑模型、量尺、圆规是建筑师的必备工具，身披长袍显示他的上层社会的地位；（b）建筑师与出资人在工地指导工匠施工的画像，出资人与建筑师的平等位置说明两者相互信任的关系和对项目的双重指挥

图 2-8　中世纪的建筑细部图纸及建筑师的绘图工作

图 2-7　15 世纪绘画中描绘的主教、贵族、使徒、神甫等共同建造教堂和使用工具的情形。包括屋顶、施工、玻璃安装、砌筑抹灰等工序

2.1.4　文艺复兴的建筑师和建筑学的独立

文艺复兴是指 14 ~ 16 世纪在意大利诞生而后扩展到欧洲国家的文化运动，在知识、文化、社会生活和政治生活等各个方面都引起变革，发挥了衔接中世纪和近代西方社会的作用。“文艺复兴”的概念在 14 ~ 16 世纪时被意大利的人文主义学者所使用，认为文艺在希腊、罗马古典时代曾高度繁荣，但在中世纪“黑暗时代”却衰败湮没，直到 14 世纪后才获得再生与复兴，因此称为 " 文艺复兴 "。因此，西方文明可以被简单地划分为三大阶段：希腊罗马的古典文明，中世纪的基督教文明，文艺复兴以来的近现代文明。恩格斯就曾高度评价“文艺复兴”在历史上的积极作用，“这是一次人类从来没有经历过的最伟大的、进步的变革，是一个需要巨人而且产生了巨人——在思维能力、热情和性格方面，在多才多艺和学识渊博方面的巨人的时代。”《弗莱彻建筑史》（第 20 版）将意大利文艺复兴运动可大致分为以下四个时期：文艺复兴初期（15 世纪），文艺复兴盛期与手法主义时期（16 世纪），巴洛克和洛可可时期（17 ~ 18 世纪），新古典主义时期（18 世纪中期~ 19 世纪初期）。

在 14 世纪城市经济繁荣的意大利，最先出现了对天主教文化的反抗，厌恶天主教的神权地位及其虚伪的禁欲主义，借助复兴古代希腊、罗马文化的形式来表达自己的文化主张。从古希腊、古罗马的艺术中汲取源泉的文艺复兴风格取代了中世纪几百年的哥特式传统，呈现出革命性的变化。哥特式建筑以砖石建筑为基础，利用尖形拱券技术创造性地提升了建筑的高度和内部空间，并形成了一种基于技术的风格和审美标准。文艺复兴则是相反地完全打破了风格与技术之间的联系，采用一些抽象的美学概念将秩序和美观置于首位，抄袭古代遗迹的形式，并回归到古代静态的构图和沉稳的表现，完全抛弃了中世纪的技术成就和新风格，在这方面也可以说是一次真正的倒退。

文艺复兴诞生于 15 世纪的意大利佛罗伦萨，16 世纪起传遍意大利并以罗马为中心，同时开始传入欧洲其他国家。伯鲁乃列斯基等建筑界文艺复兴奠基人以罗马城的古代遗迹为师，提倡规则、对称、比例等普遍法则。正如阿尔伯蒂在《论建筑》中对于“美”下了明确定义：“美是一个物体内部所有部分之间的充分而合理的和谐。因而，没有什么可以增加的，没有什么可以减少的，也没有什么可以替换的。”而要达到这一和谐，则须使用几何形体与数学比例对建筑的形象加以控制。文艺复兴的建筑呈现出规则秩序的特征：规则的平面布局和直角连接，不规则的平面、钝角锐角均被摈弃；立面的门窗洞口必须规则匀称，尺寸相同且高度一致，摒弃哥特式根据采光、室内空间和结构条件的自由开洞；平面和立面上要严格对称，并在中央轴线上开门；尺寸的比例关系要模数化，并在比例数字上体现和谐关系；装饰上采用源于古代的柱式、穹顶、几何图案等装饰语言。

伯鲁乃列斯基（Filippo Brunelleschi，1377-1446）是文艺复兴建筑风格形成的先驱，也是文艺复兴初期最重要的建筑师之一。他在罗马长驻十余年，研习了古罗马时期建筑遗迹和雕刻，并影响了一批文艺复兴的建筑师前往罗马研修。对这些建筑师而言，古罗马建筑的遗存成为一种教育手段以及汇编新的样式集的资源。但是他们渴望重新发现古代杰出而非常精巧的建造方法以及它们和谐的比例，在研究罗马的废墟时具备技术专家和数学家的双重身份，他们希望了解罗马建筑艺术的原则，而非仅仅仿制。

安德里亚·帕拉第奥的《建筑四书》（*The Four Books on Architecture*）于 1570 年在威尼斯出版。帕拉第奥基于维特鲁威的理论，解释了理论和实践怎样限定了建筑师的职业，还包括了 20 个已实施的别墅和 7 个帕拉第奥不期望建造的项目的平面和立面，反映出文艺复兴构成理论的基本原理及和谐比例的理论在尺寸平面和立面中的应用。

15 世纪中期，阿尔伯蒂（Leone Battista Alberti，1404-1472）表达了他与维特鲁威的共鸣：“建筑师并非木匠或工匠……这些手工匠人们对建筑师而言不过是工具（instrument），而建筑师有能力通过肯定而优秀的技巧和方法完成他的创作。……为了具备这样的能力，他必须对这最高贵和奇妙的学科拥有贯穿全局的洞察力。”阿尔伯蒂认为建筑是一个具备人文教育和数学几何学专业知识的人士的职业。1485 年出版的阿尔伯蒂的《论建筑》（*De Re Edificatoria*）是意大利文艺复兴时期最重要的理论著作。全书模仿维特鲁威的《建筑十书》的体例，分成十个章节。《建筑十书》被认为是对于维特鲁威所在时期与之前时期的总结，而《论建筑》则是阿尔伯蒂对于自己所处时代建筑艺术发展方向的展望。

在此基础上，文艺复兴也将建筑从一门实践经验的集合上升为一门科学：需要掌握绘画、透视、几何、数学等基础；了解古代柱式及线脚元素；掌握工程设计要求和总体布局；综合考虑场地、卫生、城市规划、经济、景观等。中世纪的教堂的建造者是石匠、木匠、泥瓦匠，文艺复兴让他们掌握更为丰富的知识，要求他们建造更为复杂的工程，并将他们看成是艺术家，并成为一种新的职业——建筑师。建筑师也被要求为具有工匠的建造实践能力和人文精神、艺术水准、科学技术的集大成者。建筑师作为一个独立的职业从普通工匠中分化出来，以伯鲁乃列斯基、达·芬奇、米开朗琪罗、帕拉第奥等为代表的近代建筑师，在艺术保护人制度（patronage）下，建筑师以透视技法和画室制度（建筑师个人的师徒设计团队）为核心，初步形成了独立于传统工匠的艺术家式的建筑师行业。

这时期的建筑师、画家等艺术家的职业地位也发生了变化，他们是高水平的专门人才，独立于中世纪的行会，不再局限于一个城市。建筑学的主要任务是用图、模型或其他方式表达要建造的建筑物的准确尺寸，在施工前必须对所有设计问题作出决定，建筑师不再是建造者而是仅完成编制设计的工作；在设计的过程中，建筑师需要考虑建筑外形的全部因素，其顺序为：均衡（单体与整体的美学关系而与尺度无关）—韵律（准确的尺度关系）—物质因素（质感、色彩、硬度、耐久性等）。建筑学也不同于任何手工劳动，她开始属于自由艺术（科学和文学）的一种，16 世纪的意大利迪赛诺学院正式开始了系统的设计教育（参见建筑师职业教育章节）（注 7）。

16 世纪初，手工艺行会开始没落，伴随着文艺复兴的崛起，建筑教育开始从行会大匠师的实践派建筑师中分离，有了专门为从事建筑教育开办画室来培养专职人员。欧洲第一所真正意义的美术学院是美第奇家族的柯西莫一世（Cosimo I Medicis）于 1563 年创办的迪赛诺艺术学院（Accademia delle Arti del Disegno），标志着艺术教育从师徒传授迈入学院式的教学绘画课程，建筑同绘画、雕塑被并列为三大艺术。其中“disegno”意为“制图”“素描”，即现代设计“design”一词的来源。在迪赛诺体系中，开始强调个人的设计理念，建筑师开始尝试通过制图来表达自己的设计思想，而不仅仅是施工的依据。阿尔伯蒂在《建筑论》也提到，“他认为建筑师不仅仅是一个拥有技术的工匠，而是需要受过良好教育的通识艺术家”。从文艺复兴开始，建筑学开始从一门石匠行会中的职业技术性学科向学院教育转化，不同于大多数中世纪的建筑师都是工匠出身，此时的建筑师开始奉行由柏拉图所定义的“七艺”的通识教育，开始回归古希腊神话中的既通晓艺术又掌握技术的“全才建筑师”。

与中世纪行会的手工作坊所强调的在施工现场设计、培训不同，意大利开始出现大量的艺术家建筑师（artist-architect），这种文艺复兴时的以画室（atelier，画室、工作室、图房）为依托的工作室制度，使得建筑教育开始同工程实践相分离，成为之后巴黎美术学院工作室制度的原型。在同业主和施工者的沟通交流方面，从主要依靠口述和模型的沟通方式转为主要通过绘制图纸来完成。并在随后的 16 世纪中期，就开始建立完整的基于平、立、剖面图等标准制图的施工体系。

文艺复兴将建筑、绘画、雕塑等艺术和科学结合起来，建筑制图和理论研究的侧重也使得建造的实践经验、材料技术逻辑变得不那么重要了。早期的建筑大师如伯鲁乃列斯基、米开朗琪罗都是出身于金匠，具有丰富的绘画、雕塑功底和装饰的实践经验。阿尔伯蒂则是从贵族的理论研究切入建筑师职业，缺乏实践经验，也不接触工地，他依靠授权委托工匠来指挥工程，但他的作品也属于文艺复兴初期最优秀、最新颖的作品之列。因此，基于构图规则和装饰手法的形式语言也开始逐步脱离了原有的材料、技术的建造逻辑，可以说是后来古典主义时期建筑、绘画、雕塑成为艺术三门类和形式构图滥觞的嚆矢。

现代意义上的“architect”这一词汇可以追溯到 16 世纪中叶，其法语是“architecte”，意大利语是“architetto”。它们都起源于希腊语“arkhitektōn”，其中“arkhi”意思是主要的，tektōn 的意思是建造者。建筑设计首次发展成为一门特殊的学问是在文艺复兴时期的意大利。此前，建筑的设计者并没有与画家或雕塑家那样成为一种被认可的职业。以现代建筑师方式执业方式来看，第一个可以称得上是建筑师的人应该是 16 世纪的帕拉第奥（Palladio），其一生主要精力都花费在为威尼斯贵族设计宫殿和乡村别墅上。他之所以可以称之为现代意义上的建筑师，还有一点就是其为适应不同的客户需求曾试验采用一系列不同的材料。与前人相比，16 世纪建筑师拥有更多的业务，而且不依赖于朝廷或赞助人，也没有被要求监督建造。英语的“architect”一词第一次出现在《牛津英语词典》里，是源于 1563 年约翰 · 舒特（John Shute）出版的《建筑的首要及主要基础》（*The First and Chief Groundes of Architecture*）。约翰 · 舒特是第一个称自己为建筑师的英国人（注 8）（图 2-9 ~ 图 2-15）。

图 2-9　佛罗伦萨主教堂穹顶

伯鲁乃列斯基可谓文艺复兴建筑风格的开创者与先驱，佛罗伦萨主教堂穹顶是其基于建筑结构的探索以及致力于回归古典建筑形式的代表作。为解决穹顶结构问题，伯鲁乃列斯基借鉴了哥特建筑的骨架券的处理方式，穹顶的外观并非万神庙穹顶的半球形形式，而是仿照哥特建筑的两圆心的矢形，以减轻对于支撑墙体的侧推力，其结构主要由大理石砌成的 8 道主肋与 16 道次肋组成。这 24 根肋，交汇于穹顶顶端八边形的环，环上压采光亭，形成了穹顶的主要支撑。在竖向的肋之间通过水平砌九道同心环形的券连成一个整体

图 2-11　阿尔伯蒂完成的佛罗伦萨圣母堂（S.Maria Novella）立面设计。原是一座罗马风 - 哥特式教堂，阿尔伯蒂所作的主立面以白色与绿色大理石组合而成，是佛罗伦萨建筑一大特色。教堂在立面上使用窝卷联系中厅与侧廊，使之构成统一的整体。这是最早使用这一手法的教堂之一，这一手法在文艺复兴末期逐渐发展成巴洛克建筑的标志性手法

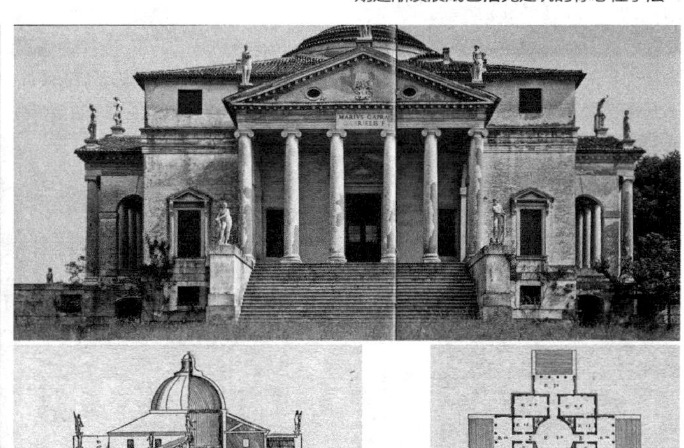

图 2-10　帕拉第奥（左图）的别墅设计（右图），被认为是为个人客户服务的建筑师原型

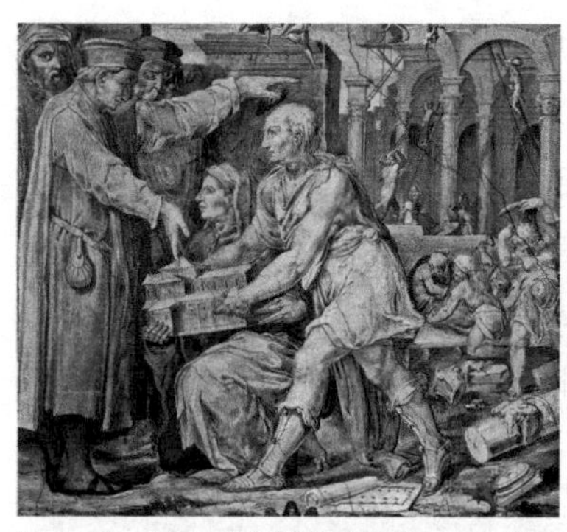

图 2-12　左图：佛罗伦萨维希奥宫中瓦萨里的一幅壁画，描述伯鲁乃列斯基向老科姆·德·美第奇展示圣洛伦佐教堂的模型。为了在竞标中获胜并得到建筑出资人的认可，建筑师必须制作精美的模型来展现。右图：佛罗伦萨主教堂的伯鲁乃列斯基墓地雕像

图 2-13　米开朗琪罗设计的佛罗伦萨美第齐府邸

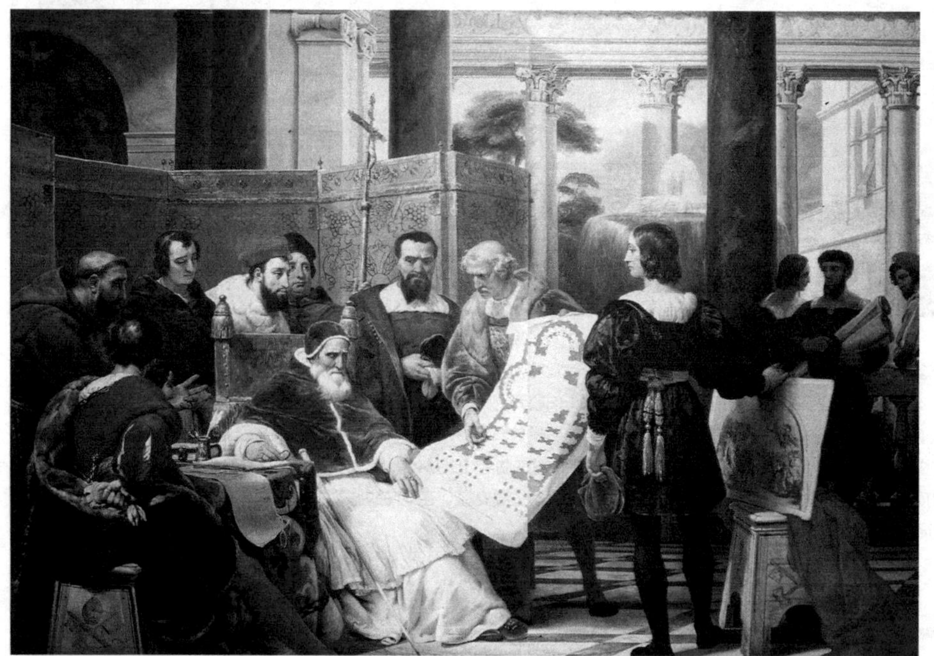

图 2-14　法国卢浮宫的天花板装饰画，是反映教皇与罗马圣彼得教堂的三位设计者交流的想象画作：1510 年代左右米开朗琪罗、伯拉孟特、拉斐尔正就罗马圣彼得教堂的平面向教皇尤利亚二世做说明

图 2-15　绘画表现米开朗琪罗正在圣彼得大教堂的模型前向教皇保罗四世做介绍的情形（左图）；彼得大教堂外景（中图）及教堂内景（右图）

2.1.5　法国新古典主义和巴黎美术学院

以复兴古希腊、古罗马艺术为旗号的古典主义艺术，早在 17 世纪的法国就已出现，一直延续到 19 世纪初叶，成为欧洲文学艺术的主要思潮。所谓古典主义，就是以古希腊、古罗马的文学艺术为典范而得名。到了 18 世纪中叶，随着庞贝城的发掘、德国学者温克尔曼美学思想的传播，人们对古典主义的兴趣逐渐加强，古典主义又重新复兴起来，故称新古典主义。

以复兴古希腊、古罗马艺术为旗号的古典主义艺术，形成并繁盛于 17 世纪的法国（路易十四时代），随后扩展到欧洲其他国家，是君主政体民族国家开始建立并形成的一套君主专制政治的产物。其特点是崇尚古希腊、古罗马的艺术形式和题材、主张绝对王权的中央集权、崇尚理性和严格的艺术规范和标准。欧洲古典主义时期建筑学的范围被缩小成为与绘画、雕塑并列的艺术的一个门类，建筑学等于房屋的装饰艺术，这一方面确立了建筑师和建筑学在社会中的认同和重要地位，另一方面也极大地消减了古代建筑师职业的丰富性和职业性，建筑师成为以空间和形式的整合、构图为主的官方艺术家。

此前建筑师的培养方式一般分为两种：中世纪开始的行会教育，以及文艺复兴的莱奥纳尔多 • 芬奇学院（Academic Leonardi Vinci）的建筑教育。将建筑作为艺术的一个门类并服务于国家和上层社会，其集大成者和系统化的传承传播机构，就是各国在古典主义时期的艺术学院：1671 年成立的法国皇家建筑学院，1768 年成立的英国皇家学院，1799 年成立的柏林建筑学院等。现代的建筑师教育的系统方式，被公认为是巴黎美术学院创立的。

17 世纪，法国路易十四时期，国家作为艺术家的经济后盾和艺术保护人（patron），采取了保护和支持艺术家的政策——国家保护人制度（patronage），创建了服务于中央集权的学术机构——“皇家科学院”，为会员提供终身养老金，保障会员的工作要求和社会荣誉。同时，科学院的会员是其附属教育机构的教授，并且是正式展览会的评审委员。科学院通过国家支持保护、专业教育、社会价值舆论导向（评选）而拥有强大的力量，把握着法国的艺术界，并主导着国家象征主义的建筑样式。1635 年法国路易十三时代成立的法兰西学院，下设多个学院涵盖学术与艺术各个领域，包括 1648 年成立的法国皇家绘画和雕塑学院（The Royal Academy of Painting and Sculpture）；1671 年成立了皇家科学院分院——皇家建筑学院（The Royal Academy of Architecture），开设了附属学校，成为欧洲最早培养建筑师的教育机构，形成了法国的学校书本教育和校外学徒实习（在校外的建筑师的事务所里辅助完成实际项目）相结合的“工作室（画室）教育体系”（Atelier System）。1789 年法国大革命后，1793 年了皇家科学院被废除，改为学士院（Institute）。学士院由自然科学、道德政治学、美术和文学三个部分组成，建筑师属于美术和文学部门，附属的建筑教育机构为建筑专门学校（Ecole special del’ Architecture）。拿破仑 • 波拿巴在法国君主制恢复之后将建筑、绘画、雕塑这几个专门学校在名称上合为一体，并首次冠以“美术（Beaux-Arts）”之名。1819 年建筑、绘画和雕塑两所学校正式合为一所美术学院，并融入皇家美术学院（Ecole Royale des Beaux-Arts）的体制内。位于巴黎的巴黎美术学院（Ecole des Beaux-Arts in Paris，1819-1968，即布扎、鲍扎、学院派）为皇家美术学院的总院，其他城市的美术学院为分院。巴黎美术学院促成了当时建筑学说的系统化，整合形成了早期的正规建筑教育体系。为了学习纯正的古典建筑，早在 1666 年，法兰西学院的罗马教学点——罗马法兰西学院成立，以便学生考察古典遗址杰作并完成最后的建筑设计，此后形成了巴黎美术学院罗马奖的教学模式，1702 年皇家建筑学院正式创立了“罗马大奖赛”（Grand Prix de Rome）。巴黎美术学院即学院派的教育体

图 2-16 巴黎美术学院的法国古典主义时期的代表作品——卢浮宫

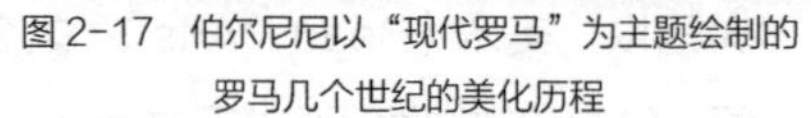

图 2-17 伯尔尼尼以“现代罗马”为主题绘制的罗马几个世纪的美化历程

图 2-18 朱尔·阿杜安·芒萨尔与他设计的巴黎残废军人院的大穹顶

系和成果，从1819 年成立直至 1968 年教育大改革被分割成几个学校为止，引领法国建筑界 150 年，同时也对其他国家的建筑教育产生了深远的影响（图 2-16 ~图 2-18）。

2.1.6 英国现代职业建筑师的诞生

现代意义的职业化的建筑师成形于 18 世纪末至 19 世纪初的英国。在西方以石材为主的建筑文明和都市文明（或整个西方文明）中，职业建筑师产生之前的建设，特别是公共建筑和豪华建筑，是由业主（国家、行政长官、富商、僧侣）和艺术家共同完成的，而普通的民居则是由工匠直接完成。贵族、富商作为艺术家和建筑师的保护人决定了城市雕塑、空间雕塑、纪念碑的审美要求和设计内涵。

在 18 世纪末至 19 世纪初的英国，议会制度的发展带来贵族制度的破产和艺术保护人的消亡，以自由经济契约为主要人际约束手段取代了传统的属地、族群、身份的等级关系，国家不得不通过立法和行政许可干预建筑业，以保证公共利益；资本主义的发展和城市的扩张带来了利基的建设投资，建筑的类型由教堂、府第转变为展厅、交易所、车站和城市住宅，城市和建筑的视觉艺术性、纪念性让位于建筑物的商品性和技术经济性；在施工上，企业型的营建总承包商逐步取代传统的匠师主导的施工工匠团队，在以技术主导的契约和执行中占据越来越重要的地位，同时设计者必须通过图纸和文件精确定义建筑物、选择检验材料，以防止承包商的偷工减料、不当获利；建筑师和建筑设计逐渐从雕塑师和形式装饰转化为工程师和技术经济问题，建筑设计由艺术转化为一种兜售样式和代理业主管理项目的职业。这样，社会管理的法治化、建筑需求的商品化、建筑生产关系的契约化、建筑设计职能的代理化和项目管理化，如何保证建筑投资人的合法权益和消除信息不对称的侵害，成为建筑师诞生和职业确立时必须面对的主要问题。

工业革命后的经济飞速发展，到 18 世纪下半叶，新的思想和经济变革因素开始动摇建立在专制农耕社会体系上的审美趣味，工商业的持续繁荣使得社会中产阶级持续扩大，中产阶级独特的口味也在逐步出现。先前受过良好教育并与建筑师有着相同审美趣味的贵族业主们，被新兴的中产阶级“外行”所代替（Welby Pugin 在 1836 年愤怒地说：“对比 14、15 世纪贵族们的建筑和当代类似的房子，我们可以看到审美的沦落。”）。新古典主义使人们开始关注历史传统，从罗马到希腊，甚至到非古典主义的哥特风和东方情调。在这些背景下，建筑师需要在透视表现图上花的工夫越来越多，向业主们阐述想法，“兜售各种建筑风格”。19 世纪国民教育的普及和建筑新闻业的崛起，公众比过去更广泛地参与到建筑设计中。国家大型建筑设计竞赛成了公众的焦点，如 1835 年国会大厦、1856 年白厅市政府和 1866 ~ 1867 年法院。约翰·罗斯金（John Ruskin）在 1849 年出版了《建筑七灯》（*Seven Lamps of Architecture*）和 1853 年出版了《威尼斯的石头》（*Stones of Venice*），主张回归自然、复兴哥特风格，代表了那个时代的艺术品位和大众对美的关注。

工业革命后的经济发展和城市产业人口的急剧膨胀，使城市及城市建筑成为近代商业社会生产和交换的容器，以市场等价交换为原则的建筑的商品性得到重视，追求经济利益最大化使得为贵族和富翁服务的别墅、公馆不如为工人阶层服务的高密度、低造价的集合住宅，后者成为批量生产、大量供给的产品，并可获得更高的收益。因此，在满足基本建筑性能要求和最低限度的法规条件下的最节约、最经济的住宅和工厂建筑被大量建造，建筑的“经济性”原则第一次出现在建筑的特质中。1800 ~ 1830 年期间，英国人口从 900 万激增到 1400 万，导致了强劲的住宅需求，一系列规模庞大的建筑投机行为被催生而出。当时社会上出现了一种新的总承包商模式（the general contractor），他们自己雇用所需的工匠并购买材料，投资方只需一次性付款即可获得所要的建筑物，这种方式颠覆了传统上业主自行购买材料、分包给各种工匠协作完成的模式（即业主雇工自营模式）。由于在总承包的工程中施工工艺水平和积极性都不高，所以详细的设计和说明变得不可或缺，并从合同文本中独立出来成为成果和成本的定义文件。这同样也使得各个阶段的专业而详细的图纸及说明变得越来越重要。这种总承包商的出现使得设计成为一种经济行为，深度冲击了业主、设计师与工匠在历史上长期形成的关系。18 世纪中后期的英国也出现了建设工程招标、投标。

在 1788 年，被称为现代建筑师之父的约翰·索恩爵士描述了建筑师职业责任的定义：“建筑师的任务是做出设计及评估、指导工程并给各部分估价。他是业主和工程技术人员的媒介。他的权力来自业主的信任，要对失误负责。他还要保证工人的报酬不会超出预算。既然建筑师有这些责任，那么他怎么能和建筑商、承包商站在一起呢？”现代职业建筑师本质是为了维护业主利益、克服建筑市场信息不对称而产生的专业顾问和代理人，通过设计详细定义业主所需的建筑，通过招标确定承包商并监督施工建造。

1760～1870年，西方国家大都完成了第一次工业革命，社会发展进入了工业化时代。建筑材料和建筑技术随之也发生了巨大的变化。1740年，钟表匠邦亚曼·亨茨曼发明了坩埚炼钢法。1784年，工程师亨利·柯特发明了搅拌炼铁炉和精锻法，解决了熟铁生产的技术问题。1824年，英国利兹城的泥水匠约瑟夫·阿斯普丁用石灰石和黏土的混合物烧成一种水硬性的胶凝材料，取名为波特兰水泥。18世纪，英国的冶金技术取得了明显进步，钢铁的炼制技术得到了极大的提升，作为一种建筑材料得到人们的重视，并将其作为一种主要的结构构件来使用。桥梁和早期的工业建筑成为钢铁作为一种建筑材料最早发挥其力学特点的载体。与此同时，水泥作为近代建筑业的重要材料，在这一时期也得到了发展。世界博览会作为先进科技展示的舞台，在西方发达资本主义国家中举行。1851年伦敦建造的“水晶宫”和1889年法国巴黎建成的埃菲尔铁塔的成功，成为西方建筑技术更新的重要标志物而存在，宣布了建筑技术革命时代的到来。另一方面，建筑师的业务范围在快速拓展，火车站、专科医院、办公楼和工厂等前所未有的建筑类型纷纷出现，同时采光、供暖和给水排水的技术日新月异，促使建筑行业内的技术不断分化、细化，技术、机械及其操控工程师成为建筑工程中重要的力量。

从12世纪起，工程师就是机械（engins）的设计者和实现者。工程师（engineer）的词根是拉丁文的“Ingenium”，有特性、才智和巧妙的发明三种意思。工程师的古法语是“Engignios”，指“有发明才智的人”。工程师一词源于军队，特指最初出现在军队中专门负责具有技术含量的工作的人员，即工兵。18世纪末欧洲城市开始兴建民用的道路、灯塔、卫生及供水系统等土木工程，从事设计和施工指导的依然是隶属于军队的工程师。英国的工业革命之后，由于机械技术的突破和蒸汽机的应用，促进了采煤、纺织、机械制造、化工等行业的巨大发展，与此对应产生了一批从事这方面工作的专业技术人才，他们以自己掌握的技能为生存手段，在经济上受制于雇主，继承了工程师的军队传统，形成了工程师伦理中忠于雇主的重要准则。19世纪末，由于工程师人数的增加、民主自由平等思想的广泛传播，工程师的责任意识逐步觉醒，工程师通过成立维护自身合法权益的工程师组织，强调了忠诚于雇主之外的社会责任。

建筑师是建筑业的工程师。现代职业建筑师的起源不是艺术家，也不是传统工匠和匠师，而是有专业知识的绅士，即有教养的知识分子、科学家与工程师。在18世纪最后几十年里，许多原来涵盖在建筑师范围内的行业渐次分离出去。在17、18世纪的英国，“测绘师”一词几乎与“建筑师”等同。英国著名的建筑师克里斯托弗·雷恩爵士（Sir Christopher Wren，1632-1723）是一个优秀的数学家和天文学家，于1669年被任命为皇家工程署测绘总监（Surveyor-General），被称为“国王测绘师（The King’s Surveyor）”。1755年《建筑法案》（*the Building Act*）出台后，独立的测绘行业开始成型，在1792年测绘师俱乐部（the Surveyors’ Club）成立时，其会员基本上都是建筑师和建筑测绘师，直到1869年测绘师协会（the Surveyors’ Institute）成立，建筑师与测量师的职业才算得到区分。1930年，测绘师协会改称为“特许测绘师学会”（Institution of Chartered Surveyors，简称ICS），1946年成为皇家学会一员，改称为“皇家特许测绘师学会”（Royal Institution of Chartered Surveyors，RICS）。土木工程业的情况也类似，1771年土木工程师工会（the Society of Civil Engineers）成立，1818年英国土木工程师协会（The Institution of Civil Engineers，ICE）成立，并于1828年受到皇家宪章特许，使得土木工程正式得到认可，成为一个职业。ICE是世界上历史最悠久的专业工程机构，早于英国建筑师协会。欧洲五国工程师协会于1913年在比利时成立了国际咨询工程师联合会

(Fédération Internationale Des Ingénieurs-Conseils，FIDIC，菲迪克)，以坚持高水平的道德和职业标准为目标。1957 年，FIDIC 以英国土木工程学会 ICE 的合同为蓝本，首次出版了标准的土木工程施工合同条件（通称红皮书），经过不断修订，成为被国际组织广为承认的国际工程标准的合同条件。FIDIC 的合同条件在不断修订中也吸收了美国建筑师学会 AIA 合同的很多内容。目前，国际建筑师协会 UIA 正在筹划采用 FIDIC《业主 / 咨询工程师标准服务协议书》(*Client/Consulant Model Services Agreement*，通称 FIDIC 白皮书）作为国际建协的建筑师服务合同通用版本。

英国的建筑师俱乐部（the Architects' Club）于1791年成立。世界上第一个建筑师职业团体——英国建筑师学会（the Institute of British Architects in London，IBA）1834 年在伦敦成立。1837 年学会得到威廉四世的敕许书获得国家的正式批准，1866 年由维多利亚女王授予"皇家"头衔，正式成为英国皇家建筑师学会（Royal Institute of British Architects，RIBA）。英国皇家建筑师学会的宗旨是"推动建筑的发展，促进相关学科的提高，建立统一的行业标准"。要成为正式协会会员，需"至少在民用建筑领域以主创的身份从业七年"。

1860 年 RIBA 就出版了建筑师服务合同。1872 年，RIBA 在职业行为准则的《签约条件》(*Conditions of Engagement*）部分中对建筑师的职责和权力进行了明确的限定，对建筑师在建筑设计方面需要提供的全面服务描述如下："接受业主的指导，准备设计方案；通过所需工程量的立方数或其他做出恰当的估价；提交建造申请或其他许可证，以及城市规划、细则或其他许可；绘制施工图、施工说明书或其他细节，如从一个独立的估料师那里获取工程量预算清单所必需的细节，或以招标建造为目的的投标者推荐及合同准备细节；提名并指导咨询顾问（如果有的话）准备并提供给承包商使用；两套所有图纸、施工说明书和其他一些细节，以及恰当进行工程所需的进一步细节；提供《签约条件》中规定的一般监督；发放付款许可；以及验证账目……。"从中可以看出除了设计工作所需的确定程序外，建筑师还需承担以下职责：制定工程大致预算；为招标提供建议；准备合同；指导咨询；现场监督；颁发付款许可；确定账目（注 9）。

RIBA 试图建立统一收费标准。1845 年，一个特别委员会提出建议，认为收费比例定在 5% 是合理的。然而这个建议约束力不强，Charles Barry 爵士在获得国会大厦的设计委托时，财政部就不顾业界反对，坚持只给 3% 的设计费。后来到了1862 年，协会出版了《建筑实践和建筑师收费》(*Professional Practice and Charges of Architects*)，才使得这一观念深入人心，且最终到了一战后，这一比例提高到了 6%。

根据 1925 年出版的《中国建筑师与营造者汇编》，可知当时更为详细的普遍收费标准："在上海英国建筑师在从事设计和监造建筑工作时通常的收费标准是：西式建筑收取建筑总造价的 7%；中式建筑 5%；堆栈和厂房建筑 6%。除上述收费方式外，上海大多数英国建筑师遵循 RIBA 制定的收费标准和条件。具体如下：

（1）收费比例

第一条——接受业主的指导，为其准备设计草图，并通过立方数为其提供大致的造价估算；或以估算为目的绘制设计图并制定建造说明，征集投标，建议投标且准备合同，选择并指导咨询，提供一份设计图和建造说明给承包商，以及其他为顺利实施工程所需的细节，上文界定的一般监督，颁发支付证明，通过并认证账目。为新工程提供以上服务的收费是按照工程总造价的百分比进行收取的，具体如下：

① 如果合同或订单超过 £2000，收取 6%；

② 如果合同或订单低于 £2000，收取 10%。在工程花费 £100 的情况下，收取 6%；在工程花费 £2000 的情况下，根据工程的特殊性适当收取。

第二条——在对现有建筑进行改建或加建的情况下，收取更高的比例，但是不超过第一条中同样花费的新建工程的收费比例的两倍。

第三条——如果工程以配件、设备、装饰、复杂细部或复杂的构造设计为主要特点，则根据具体情况收取特殊费用，这同样适用于家具设计。

……

（2）结构工程师

（结构工程师的）这些费用由客户承担，不包含在建筑师费用之内。计算的费用是相当大的，有时包含在材料的花费中，其他时候是由客户通过建筑师支付。如果是使用钢筋混凝土或钢框架结构相当多的办公建筑，实际总共的职业费用（包含建筑师的和工程师的）总共约占建筑造价的 8.5%。”

与国内目前设计院全专业总收费不同，国际上建筑师收费标准为建筑单专业的收费，其他各专业工程师收费分别根据工程造价的比例计算。总收费是建筑、结构、设备、机电、造价等各专业收费的总和。例如，对于全钢筋混凝土结构或全钢框架结构的办公类建筑，结构部分的花费所占比例是从精装建筑全部工程造价的四分之一到低廉建造建筑全部工程造价的三分之一不等。

RIBA 同样关注设计竞赛管理的问题，并在 1838 年设立一个委员会来应对，不过收效甚微。利物浦的一个业主委员会试图将哈维·朗斯代尔·埃尔梅斯的获胜方案和圣乔治厅以及立法院的设计糅合起来，而乔治·吉尔伯特·司各特设计的白厅方案则被外交大臣帕默斯顿根据外交形势从哥特式改成了意大利式。只在 1903 年的时候，RIBA 控制旗下的成员有选择地参加竞赛，到了 1938 年，才真正把整个行业的竞赛都纳入到统一管理中来。

1862 年 RIBA 设立了考试委员会，并于 1863 年开始了首届自由参加的建筑考试，到 1887 年时，RIBA 已经把考试系统分为三个级别——初级、中级和高级，前两个是自愿参加的，最后一个则是想获得准成员资格的人必须参加的。

到了 19 世纪中期，RIBA 实际上还只代表了行业中 9% 的从业者，缺乏法律保护和内部团结。在整个 19 世纪里，建筑设计职业化的理念不断受到质疑，这种质疑甚至来自行业内部。罗斯金在《建筑七灯》里说，“空想的独立建筑师行业只是一个摩登谬论”，后来又于 1865 年在协会内部表达了“希望看到建筑师与雕塑家联合的行业，而非与工程师联合”的愿望。他以及司各特认为“症结”在于建筑设计的本质是给结构装饰的艺术。工业化的挑战使得一部分建筑师选择采取“历史倒退”的方式去应对，发起了工艺美术运动（the Arts and Crafts Movement）。1886 年集结成了工艺美术协会，并认为建筑应回归到中世纪的手工传统中，应回归到使用者与建造者的密切关系中。而 1851 年伦敦水晶宫的建成昭示了建筑非装饰的、工业化时代的新的法则和可能性。

RIBA 的入会强制考试制度，也引起了业内人士的反对，这些人浪漫地相信建筑设计是艺术，是一种难以言状的能力，无法准确定义，更不能用考试来衡量。在 1891 年 70 余位业界名人在《泰晤士报》上发表致 RIBA 主席和委员会的公开信，强调学生的“艺术品质（建筑师的关键品质）”不能“用考试来衡量，这样得来的学位是荒谬的，既是对公众的误导，又会将学生带向错误的目标”。1892 年 Norman Shaw 和 Thomas Jackson 编纂的相关论文集《建筑：职业还是艺术》（*Architecture: A Profession or an Art*）进一步捍卫了这类观点。

在 20 世纪初，职业化之战（建筑师是职业还是艺术，是工程师还是雕塑家?）已经基本结束，RIBA 的会员多达 15000 人。1931 年和 1938 年两份《建筑师注册法案》（*Architect's Registration Act*）被英国国会通过，明确了注册建筑师制度，并授予建筑师建筑工程设计的垄断权（图 2-19）。

在美国，1884 年成立了西部建筑师学会 WAA，1857年成立了美国建筑师学会 AIA（The American Institute of Architects）。AIA 最早在 1888 年就已

(b)　(c)

图 2-19　英国和法国近代博览会建筑

(a) 英国伦敦的水晶宫，1851 年。体现了现代社会发展带来的城市居住和技术应用问题，而其内在的经济性和功能性的合目的性促使了建筑学观念的演化；(b) 巴黎的埃菲尔铁塔；(c) 巴黎博览会机械馆，1889 年

经推出了第一个标准建筑合同文件，明确了建造各方的权利和义务。1897 年伊利诺伊州率先通过了建筑师注册法，全美各州的立法完成是在 1951 年（注 10）。

由于鸦片战争带来的我国殖民地和租界的影响，中国香港、上海、广州等地同时出现了大量的商业化建筑浪潮，开展了对建筑师制度的探索，由于原有经济基础薄弱、建设量较少，传统的工匠体系影响力很小，建筑体系改革的羁绊较少。中国香港于 1903 年、早于英国 30 年左右正式开始实施注册建筑师制度（图 2-20 ~ 图 2-22）。

综上所述，英国现代职业建筑师产生的要素有：① 风格之争；需要熟悉历史和样式的画家提供样式选择来满足各种业主的需求；社会分工细化，与工程师、测量师等行业分化。② 材料和工程科学的发展，构造方式和建造实践要求日趋复杂；建筑作为商品的技术经济性、健康安全合规性的要求日益复杂。③ 建筑承包业（building contract）的发展和业主

图 2-20 1867 年 AIA 大会成员合影

图 2-21 1905 年法国巴黎某建筑工作室内景
（Atelier of Jean-Louis Pascal，Paris，成立于 1866 年）

图 2-22 1938 年美国建筑师赖特和他的学徒在一起工作

的需求的背离，行业信息不对称致使代理业主利益的丧失，需要诚信的业主代理来管理整个建筑过程。④ 市民社会、契约社会的建筑商品化和交易平等化，建筑的商品化带来了大量的建造活动和城市化、建筑高密度，产生卫生、防灾等各种问题，政府不得不通过技术法规、行政许可的方式监管建筑市场，政府通过委托专业人士监管设计、建造质量以满足建筑技术法规的要求，业主也需要第三方专业人士代理制衡营造方的需求。因此，现代职业建筑师的登场，具有三重鲜明的身份：① 咨询工程师，解决设计定义和全程管理问题；② 业主专业顾问和代理人，代理建筑行政许可和监管承包商的施工，以实现业主利益最大化；③ 政府监管助手，保证工程项目满足技术法规的要求，保障建筑物的安全、健康。

1900 年在巴黎召开国际建筑师会议（International Congress of Architects，ICA）就以职业化的注册资格的社会承认和推广作为目标，1911 年的罗马大会上通过了要求各国制定建筑师注册法规的决议。

第二次世界大战后，继承了 20 世纪初的国际建筑师会议的精神，国际建筑师协会（Union Internationale des Architectes，简称 UIA，英文为 International Union of Architects，中文简称“国际建协”）于 1948 年在瑞士洛桑成立，在国际上代表建筑师行业，以推动建筑和城市规划的发展，同时确定建筑师的职能、促进建筑教育、建立职业规范、保护建筑师的权利和地位等为目标，建筑师及其从事的建筑设计行业正是顺应社会发展的需求，以组织起来的行业力量促成了建筑设计和城市规划等建筑师职业服务的规范化，并获得社会的普遍承认和尊重。

国际建协要求其成员：

（1）以最高的职业道德和规范，赢得和保持公众对建筑师诚实和能力的信任；

（2）强调与质量、可持续性发展、文化和社会价值相关的建筑的作用和功能以及与公众的关系；

（3）通过重建遭到毁坏的城市和乡村，更有效地改善人类居住条件。

1999 年国际建筑师协会（UIA）北京第 21 届代表大会通过的《国际建筑师协会关于建筑实践中职业主义的推荐国际标准认同书》（*Recommended Guidelines for the UIA Accord On Recommended International Standards of Professionalism in Architectural Practice*），包含了“关于建筑教育评估的政策推荐导则”“关于建筑实践经验、培训和实习的政策推荐导则”“关于注册、执照、证书的政策推荐导则”“关于道德和行为标准的政策推荐导则”“关于继续职业发展的政策推荐导则”“关于在东道主国家建筑实践的政策推荐导则”“关于知识产权和版权的政策推荐导则”，标志着职业建筑师具有了国际通行的职业标准，是建筑师职业体系建设的一个里程碑。

20 世纪 70 年代以后，在西方国家反垄断运动中，职业建筑师的非价格竞争被打破，建筑师的社会公正和技术伦理执行者的角色被削弱，建筑师作为技术服务者加入到价格等自由市场竞争的环境中。在建筑日益复杂化和建筑需求多样化的今天，建筑生产关系中的传统三方——业主、建筑师、承包商都在日益复杂的技术条件下不断分工细化：

（1）业主从建筑物的使用者逐步分化为开发商、投资商、销售商、最终用户等多种角色，承担了需求确认、产品策划、投资决策、建设推进等功能；

（2）承包商包含了分包商、供应商、建机租赁商、人力资源供应商等，承包商的核心能力变为融资、质量安全管理、项目管理、分包采购等；

（3）传统建筑师的角色除了建筑师及其结构工程师、设备工程师以外，还包含了室内、景观、照明、幕墙、智能化、专用设备等专业设计团队和专业化的咨询顾问，以加强对质量、造价、工期、项目管理、施工方法等方面的管理、协调能力。建筑师作为业主顾问、咨询统合人、合规性审查人、项目管理人的身份得到强调，但是建筑师除了建筑设计之外的业务内容被建造顾问、造价顾问、项目管理顾问等工程咨询业者分担。

工程项目的复杂化和质量、成本、时间的限制日趋严格，传统建筑师作为业主代理和技术统合者的职业地位受到了挑战，业主、承包商、其他咨询业者都有可能利用自身优势与项目的契合度，取代建筑师的项目技术统合地位，产生了业主开发自营统合、工程总承包（EPC）、项目管理（PM）或全过程工程咨询等方式，使得建筑生产的过程更加精密和整体化，多元化的建筑价值和消费需求更加得到满足（图 2-23）。

2.2　中国建筑师的职业历史

2.2.1　中国古代建筑制度

《韩非子·五蠹》载：“上古之世，人民少而禽兽

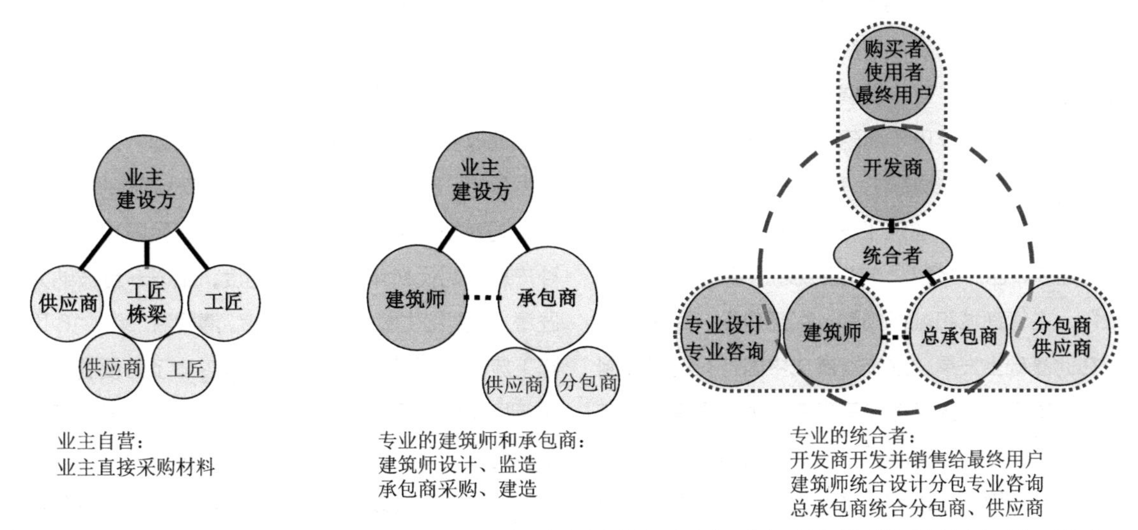

图 2-23　建筑工程交付模式的变化和建筑工程统合者的需求：各参建主体的职责变化，并在日益专业细分的建筑活动中形成一个技术、风险、管理的统合者的需求，这个角色可以是业主（古代雇工建造方式、现代超级开发商模式）、建筑师（国际通行的建筑师模式 DBB、咨询工程师项目管理模式 PM）、承包商（DB、EPC 模式）

众，人民不胜禽兽虫蛇。有圣人作，构木为巢以避群害，而民悦之，使王天下，号曰有巢氏。”有巢氏是中国古代神话中发明巢居的英雄，也称“大巢氏”。有巢氏教人构木为巢，从此人民才由穴居到巢居，后来才延伸到了平地上筑木为屋。

在我国古代，提供居住环境和精神信仰的城市和建筑也是国家和文明的标志。“国之大事，在祀与戎。”（《左传·成公十三年》，即国家大事在于祭祀和战争）建筑物和城市，尤其是官式建筑与都城，都是体现宇宙秩序和国家礼制的一部分。建筑是起居生活和诸多礼仪活动的场所，是最基本的物质消费品和环境背景；建筑以庞大的空间体量和艺术形象，给人以深刻的感受，也是与生活关联密切的精神消费品；再加上建筑需要耗费大量的人力物力，自身构成触目的社会财富；建筑可以存在几十年、几百年，能相对稳定、持久地发挥效用，具有标志等级名分、维护等级制度的重要作用。因此，通过建筑物来建立尊卑贵贱的等级秩序，官方建筑作为国家的建筑营造行为，更具有重要的典型示范作用，体现形制、等级、古制等。民间建筑在官方建筑气势恢宏的示范作用下，也成为礼制等级控制的衍生品。

随着社会的进步，建筑上出现了分工和等级制度，匠人所负责的建筑工作大都属于官营建筑范围，匠人是专门为王室及政府服务的建筑工匠。各朝代在此基础上发展，逐步发展成为中国特有的工官制度。“工”字最早见于商朝的甲骨卜辞中，是当时管理工匠的官吏。殷周时，有司空、司工之职。《周礼》中记载了有关建筑工程的官职，如“封人”，主管建造城邑；“遗人”，主管规划道路、市场；“量人”，主管都城和城邑规划、军营建设。后来各朝代在此基础上发展，逐步发展成中国特有的工官制度。自周至汉，国家的最高工官称为“司空”。秦至西汉，称为“将作少府”，专管建造宫殿、城廓、陵墓等。东汉以后改称“将作大匠”，不仅主管土木工程，并负责园林绿化。隋代开始在中央政府设立“工部”，用以掌管全国的土木建筑工程和屯田、水利、山泽、舟车、仪仗、军械等各种工务，其职务范围比“将作”广泛得多。下设“将作寺”，以大匠主管营建。唐代工部尚书只负责城池的建设，设专有少府监和将作监管土木工程。古代营造技术以木工为主，都料匠应是从木工中分离出来的专业，负责主持全部工程的设计，指挥、分配、调整各工种的工作，职责类似近代建筑师。唐代柳宗元著《梓人传》，叙述了都料匠杨某之事。宋工部尚书职掌内容有所扩大。以后明清两朝均不设将作监，而在工部设营缮司，负责朝廷各项工程的营建（注 11）。

在以农业经济为主的古代中国，由于受经济基础薄弱的限制和季节的影响，大部分工匠是以农事为主，以建筑为辅。官式建筑的雇工营造中的工匠是指官匠，即服役于官府的工匠。“匠”是指有专门技术的工人，他们被政府用户籍固定下来，以便到官府手工业作坊服役。中国古代的官匠是国家管理的“户”，建筑工匠也属于此类。官匠劳动的产品不上市流通，其目的是供统治者及官僚机构的需要，不计成本，不求利润。秦汉之后，工官、工匠（匠役）、民役形成了官家建设的组织形式。工官代表着权力和业主的结合，而工匠、民役是劳动者，工匠则是技术中坚。唐代中期以前，官府利用权力强行把所需要的工匠征调到官办作坊中劳动，官匠劳动要受工官的严格管理和监督。自唐代中期开始到宋代，商品生产得到空前的发展，官匠管理制度也因此改变，实行纳费代役和雇工劳动。元代创立了世袭的“匠户”制度，政府加强了对工匠的控制，把全国有技能的工匠分别编入官匠、民匠和军匠三种户籍。明代初年继承元代制度，工匠一旦被纳为匠籍，就要终生服役，不得脱籍。清顺治二年（1645年）废除了匠籍制度，实际上是废止了劳役制，而实行雇工制。匠户纳银由官府代雇工匠，匠户可不亲身到役，从而产生了专门以建筑技艺为生的建筑工匠。这类工匠以包工的形式承揽工程，一般在自然形成的聚集地点等候招雇，当面议定工价后，便随雇主到建筑工地做工。官营工业中使用的劳动者多是由雇佣而来，工价由政府定出（注 12）。国家建筑工程的督办由“因工而设，事竣撤销”的“总理工程处”管理，由钦派承修大臣及勘估大臣办理。其中，承修大臣负责组织建筑工程的规划设计，并委官董役，招商承包，实施营建，下设总司监督、监督、监修等官员，还设置样式房和算房，分别负责勘察设计和经费核算；勘估大臣则负责工程的经济核算，查估所需工料钱粮数额，造册上报，钦准后转咨承修大臣按预算编制支领经费董修。建筑营造商往往号称“木厂”或“官木厂”，平时各木厂通常仅有掌柜、坐柜（管业务）、作公（管事务）、书写先生及木工、瓦工头等十多人。承包国家建筑工程后，才从承修大臣下属机构支领钱粮，临期招雇专职匠人与民夫，数量规模视各厂商经营能力及承包工程大小而各有差别。此外，部分建筑材料也由各承包厂商负责备办。至此，中国古代强迫工匠入官局服徭役的制度终于瓦解，注籍官匠户获得了解放，改由私营厂商承包招雇（注 13）（图 2-24）。

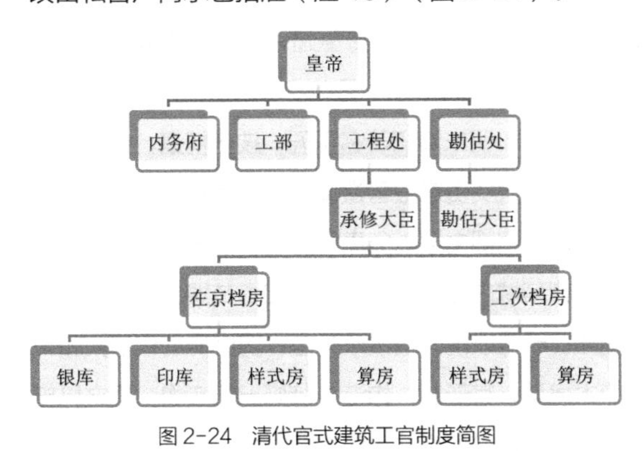

图 2-24　清代官式建筑工官制度简图

因此，古代的建筑工程其实一直是按业主自营方式进行的，采用计划、设计、施工及管理集中于自身的雇工营造模式。一般官方工程的建设程序包括申请、审批、查估、施工、监修、验收、保固等步骤。由于雇工营造的费用实报实销，常常会导致工人“磨工”的情况发生，建筑成本很难控制；另外，官式建筑大都规模宏大，结构复杂。因此，官式建筑雇工营造的生产模式，其设计、施工的运作有一套独立的系统，建筑工程的主管部门将作监或工部代表皇帝和官府行使业主权力，征用或雇用工匠进行建造，一切费用由国库开支，在工程建造过程中积累了丰富的建筑营造估料、算料及劳动定额方面的经验以控制开支。《考工记》中就对工程预算与施工控制作了文字记录。宋代《营造法式》、清工部《工程做法则例》更可以看作是古代的工料定额。古代各王朝制定的建筑制度做法、工料定额一类的建筑法规：上起《考工记》，经宋代《营造法式》、明代《工部厂库须知》，以迄清代的《工程做法则例》《圆明园工程做法则例》等书。《工程做法则例》的“工限”部分明文提到的工匠名称有石匠、木匠、锯匠、瓦匠、窑匠、画匠等 25 种，说明了当时的工种分工情况和专业化程度。

中国古代工匠的祖师爷首推鲁班（公输班）和工垂。工垂处于黄帝时期（约公元前 3000 年），垂可能是从发明或改善准绳的事功得名。鲁班（公元前 500 年），姓公输，名班，又称公输子、公输盘、班输、鲁般。鲁班生活在春秋末期到战国初期的鲁国，手艺巧夺天工，木工用的手工工具，如锯、钻、刨子、铲子、曲尺、墨斗、木鹊、云梯等，据传说都是鲁班发明的。我国的土木工匠们都尊称他为祖师。

最早的官书是春秋时齐国人所作的《考工记》，从其中的《匠人》篇中可以看出建筑工匠是负责下列工作的：① 用水测法测量城市用地的水平高程；② 用日影和北极星测定城市建筑物的方向；③ 规划和建设城市；④ 建造宫室建筑；⑤ 划分郊甸田亩并建造沟洫；⑥ 建设仓囤等储藏建筑。

唐代柳宗元著《梓人传》叙述了都料匠杨某之事。古代营造技术以木工为主，都料匠应是从木工中分离出来的专业，负责主持全部工程的设计，指挥、分配、调整各工种的工作，职责类似近代建筑师。“所职，寻引、规矩、绳墨，家不居砻斫(lónɡ zhuó)之器。问其能，曰：‘吾善度材，视栋宇之制，高深圆方短长之宜，吾指使而群工役焉。舍我，众莫能就一宇。故食于官府，吾受禄三倍；作于私家，吾收其直太半焉。’……继而叹曰：彼将舍其手艺，专其心智，而能知体要者欤！吾闻劳心者役人，劳力者役于人。彼其劳心者欤！能者用而智者谋，彼其智者欤！是足为佐天子，相天下法矣。物莫近乎此也。”（图 2-25）

图 2-25 中国古书中描绘的建筑营造现场

喻皓是北宋初年的都料匠（掌管设计、施工的木工），长期从事建筑实践，并把历代工匠和本人的经验编著成《木经》三卷，促进了当时建筑技术的交流和提高，对后来建筑技术的发展产生了很大的影响。

李诫（？-1110）于北宋哲宗元右七年（1092年）被调到东京任将作监主簿，受政府之命编写一部建筑工程施工和标准化的法典《营造法式》。该书于元符三年（1100 年）定稿，在徽宗崇宁二年（1103 年）由政府颁行全国。《营造法式》是我国古代一部最全面的建筑手册，为当时宫廷官府建筑的制度材料和劳动日定额等制定了完整的规范，其中运用基本模数进行设计、安排工料等，使复杂的建筑工程可以在短时间内完成。清工部《工程做法则例》则对官式建筑列举了 27 种范例，对应用上的等级差别、做工用料都作出具体规定。这种定型化的建筑方法对汇集工匠经验、加快施工进度、节省建筑成本有着显著的作用。

蒯祥（1398-1481），中国明代吴县香山（今江苏苏州婿口）人，知名建筑工匠，香山帮匠人的鼻祖。原来是名木匠，以工艺精巧卓绝著称，有“蒯鲁班”之称号，后任工部侍郎，永乐十五年（1417 年）负责建造北京宫殿。负责建造的主要工程有北京皇宫前三殿，明十三陵的长陵、献陵、裕陵，北京西苑（今北海、中海、南海）殿宇，隆福寺等。还负责设计和组织施工了作为宫廷正门的承天门（即现在的天安门，1421 年竣工）。后来皇宫的皇极、中极、建极三大殿遭受火灾，明正统年间（1436 ~ 1449 年）他又负责主持重建，就是现在故宫的太和殿、中和殿和保和殿（图 2-26）。

梁九，明末清初著名工匠，技艺精湛，曾任职于工部，多次负责宫殿营造事务。清代初年宫廷内的重要建筑工程都由梁九负责营造。康熙三十四年（1695年）紫禁城内主要殿堂——太和殿焚毁，由梁九主持重建。动工以前，他按十分之一的比例制作了太和殿的木模型，其形制、构造、装修一如实物，据之以施工，当时被誉为绝技。他重建的太和殿保存至今。

清宫廷建筑的设计、施工与预算由“样房”和“算房”承担；“样式雷”的雷氏是晚清时代著名的建筑世家，长期担任“样式房”（相当于皇家建筑设计研究院）的“掌案”，负责设计承建了许多大型的皇家工程项目，例如承德避暑山庄、故宫、颐和园、天坛、圆明园、北海、中南海、清东陵、清西陵等。

建筑设计的方式，远在春秋战国时期已用图画表示，汉朝初期已使用图样。公元 7 世纪初，隋朝政府按官府所定式样，将百分之一比例尺的图样

图 2-26　蒯祥与他主持的工程

和木制模型颁发各地以利建造。以图样和模型相结合，在三维空间内表现设计意图，这种传统方式一直延续到清代末。

宋徽宗于崇宁三年（1104 年）建立画学（太学之一，不同于画院，相当于法国的巴黎美术学院）。《宋史 • 选举志》："画学之业，曰佛道、曰人物、曰山水、曰鸟兽、曰花竹、曰屋木。" 画学的六个专业中就有"屋木"——建筑专业，被誉为"世界上最早的美术学院"。《清明上河图》的作者张择端便供职于徽宗画院，他擅长界画、舟车、人物、市街。

清宫廷建筑的设计、施工与预算由"样房"和"算房"承担，采用图纸和模型的方式设计和展示建筑。用木做的叫"模"，用竹做的叫"范"，用泥做的叫"型"，供人模范的式样和效法的标准为"样"。"烫样"是指按照实物比例缩小，用草纸板、秫秸、油蜡和木料等材料加工制作的模型。所用的纸张多为元书纸、麻呈文纸、高丽纸和东昌纸。木头则多用质地松软、较易加工的红松与白松之类。制作烫样的胶粘剂主要是水胶。制作烫样的工具除簇刀、剪子、毛笔、腊板等简单工具外，还有特制的小型烙铁，以便熨烫成型，因而名为"烫样"。

在体现建筑意图和工程要求上，以"画样"（设计图纸）的功用最大，既用于奏呈御览，更是实际施工中必不可少的工程语言。凡是文字无以申说或难以明了的，都要绘以画样，确保营建时严密贯彻设计意图。按照工程的设计施工程序，画样大体可分为以下几类：① 测绘图，如风水地势、山向点穴、既有建筑测绘图等；② 规划图，如陵寝地盘全图、规模丈尺全图、平子合溜丈尺全图等；③ 单体建筑设计与施工设计图，如地宫券座地盘样、地宫券座立样、地宫大槽刨槽均深尺寸样、地宫安活地盘线墩抄平掸线样等；④ 装修陈设图，如佛皂、五供、石碑、龙凤石、幔帐壁衣等细部详图；⑤ 施工组织设计图，如各段分修地盘画样；⑥ 施工进程图，如各陵寝工程的已做、现做活计图、竣工图等；⑦ 设计变更图，如拟改式样图、续改式样图等。画样的表现则务求实用，以明晰表达设计意图并利于阅图和绘制便捷为原则，方法也十分灵活多样（图2-27）。

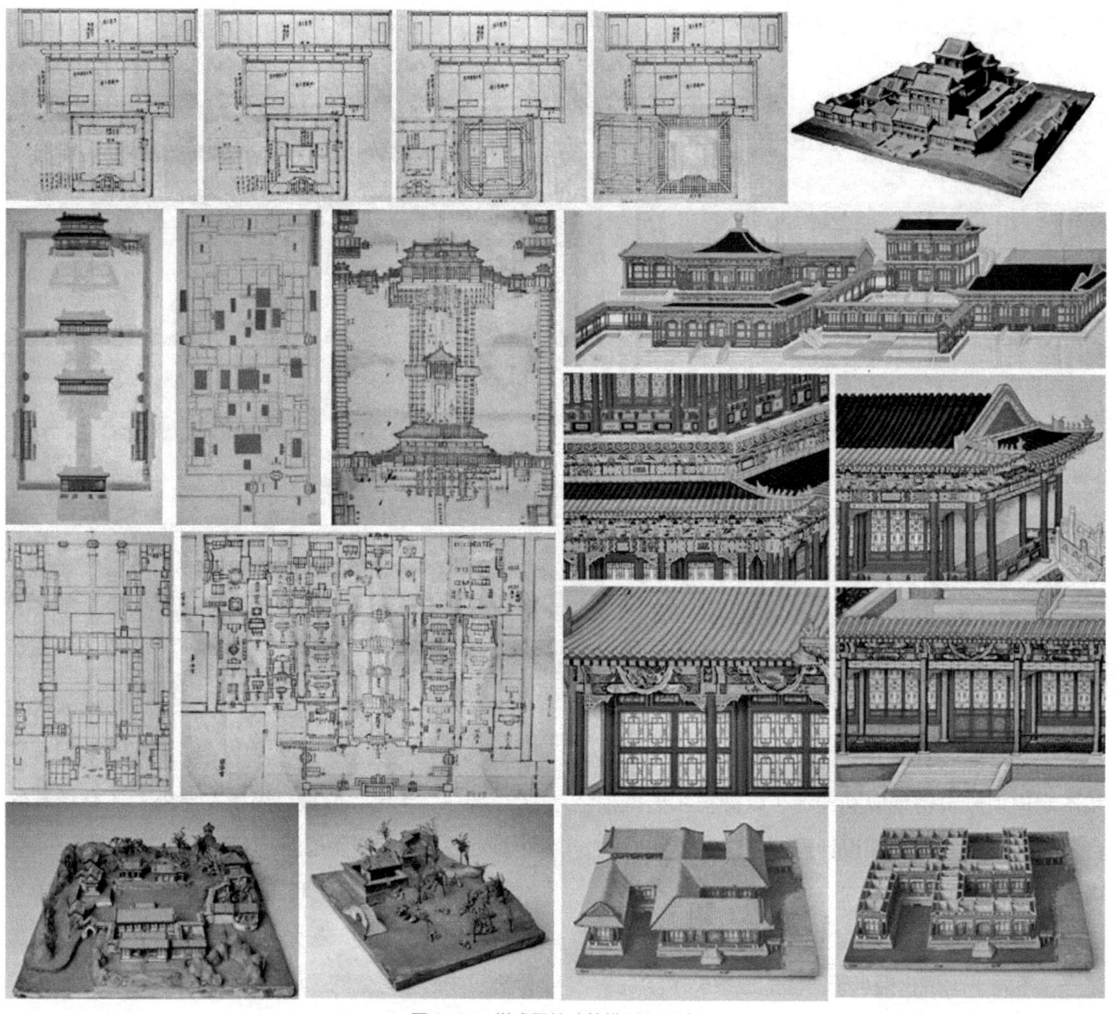

图2-27 样式雷的建筑模型和画稿

综上所述，中国传统的建筑营建体系是以业主（官府或私人）为主导，以雇佣大匠、栋梁为核心的实报实销的雇工营建体系。因此建造活动中只有业主／委托人和承包商／施工者两方，而无作为第三方的职业建筑师的存在。在这种没有第三方作为技术监管存在和技术、专业信息严重不对称的情况下，业主很难把握建造的时间进度和造价成本，也没有合同约定来防止工匠磨工，因此在官方业主中就专门雇佣专业技术工匠入官形成工程部、营缮部以克服专业知识和信息的障碍，实现建造计划、设计、监管，同时制定了专门的控制造价规范，以便政府预算和成本控制。宋《营造法式》和清工部《工程做法则例》可以说是这种规范的集大成者，而李诫、样式雷等则是工程官员的代表。与官方充裕的人才和政治资源相比，民间的营建活动则处在业主相对无法精确控制的工匠卖方市场，这也是中国传统建筑形制单一而加工繁复的制度化的产物。中国古代历史上承担房屋设计和建造工作的是被称为“匠人”或“梓人”的民间营造手工业者，技艺传承主要通过“师传父授”的方式进行。传统营建体系和传授模式延续了上千年的时间，到清朝才有“样房”和“算房”来负责出具图样、估料和预算等建筑师应做的具体工作。

2.2.2 中国近代城市建筑管理制度及建筑师

1）现代建筑制度的导入与外国建筑师的实践

传统中国的建筑活动中，国家的官式建筑始终处于主导地位，尤其是通过对样式（平面和立面形式）的等级规定，以及为了方便建造的过程和造价管理的各种法式规范，使得官制建筑非常标准化、等级化，民间营建更是只能在官式定制的基础上完成工匠性的细化和落地，因此一直没有样式设计的需求。鸦片战争后，西方技术和管理的导入，特别是半殖民地、租借地的示范作用，使得封建国家对建筑的控制日渐衰弱，新功能、新材料、新技术的涌现突破了原有的官方规制，因此出现不同的业主基于功能和偏好对建筑形式、材料、技术的自由选择，基于市场经济、平等竞争中的匿名的、契约关系的自由买卖，废除了等级、名分的约束，促进了建筑的商品化和营建行业的分工，如同工业革命后的英国，建筑师、承包商（营造厂）的分工得以固化，传统工匠也失去了建筑营造的主导权，成为只能依照建筑师和结构工程师的设计进行施工的营建者，社会分工的地位逐渐下降。特别是 1920 ~ 1930 年代随着大量留学归来的建筑师回国创业和发展教育，现代建筑学在中国逐渐确立。同时，学习西方的城市管理制度使得建筑师作为建筑建造过程中的业主代理、行业监督的作用也日益明确，并被政府作为建筑市场管理的重要力量得以确认。而基于西方建筑师制度的营建制度的确立，发挥了建筑师在技术上对承建人起到监管作用，使得传统的营造业得以改革和规范化，保证了城市和建筑的良性资产化（注 14）。

近代以来中国建筑发展的历史，很大程度上是与在华活动的外籍建筑师密切相关的。早期的传教活动，为封闭、落后的中国带来了近现代的建筑技术和管理方法，很多英国教会的建筑都是由传教士作为业余建筑师设计建造的，他们自己担任建筑师、测绘师和承包商的角色。早期多以外廊式殖民地式样的建筑为主。1842 年《南京条约》开放通商口岸后，19 世纪中叶外籍建筑师来到中国，承担教会学校及教会医院、教堂、圣教书局、领事馆等设计任务。

1685 年，中国最早的官方外贸机构——广州十三行开设。1840 年 8 月，香港岛沦为英国殖民地。中国最早的英国建筑师出现在香港。而早期来香港的英国建筑师主要分为三类：① 军队建筑师，他们以皇家工兵（Royal Engineer）的身份跟随英国军队而来，进而驻扎香港，开始主要从事军事建筑工程，并负责早期香港的公共建筑工程。② 政府建筑师，他们随着香港英国殖民政府的成立，受英国政府派遣到香港从事城市规划和基础设施建设相关事务的，多以量地官（Surveyor General）及其下属等身份出现。③ 私人建筑师，他们或由英国商人雇佣、或自主到香港寻找机会。

《南京条约》正式签订后，1843 年 6 月，香港政府在《皇家宪章》下正式成立第一届立法与行政委员会。按照条约规定，香港所有的土地都被英国政府租赁。为了对香港的土地进行有序的地籍测绘、登记、管理，并遵循英国此前进行殖民地开发的经验，1844 年，香港成立量地官署（Surveyor General's Office）。1883 年，香港工务司署成立，取代量地官署，统领土地、交通工程、城市规划及屋宇事宜。

出于安全及卫生方面的考虑，香港早在 1856 年即颁布《建筑与卫生条例》（*An Ordinance for Buildings and Nuisances*），对建筑活动进行规范管理控制。1903 年颁布的《公共卫生和建筑条例》（*Public Health And Buildings Ordinance*），其相关章节规定："凡姓名出现在香港政府自 1903 年公布的授权建筑师名单中的建筑师被称为授权建筑师（Authorised Architect，本文简称为 AA）。"而只有授权建筑师才可以从事建筑设计等业务。1903 年公布的授权建筑师共有 33 人，其中有 30 位英国人、1 位葡萄牙人、2 位中国人。

香港建筑师注册登记制度的施行有效地规范了建筑市场，保证了建筑设计的质量，还对其他地区相似制度的制定施行提供了范本。其在制定过程中正值英国国内关于建筑师注册的争论不断的时期。建筑师注册制度能够在香港顺利实施主要是因为来自当时香港的建筑职业群体的阻力较小，这使得香港建筑师注册的实施早于英国本国近三十年时间（注 15）。

1843 年 12 月，上海英租界划定；1863 年 9 月，上海英租界和美租界合并为公共租界；至 1899 年，租界面积扩展到 33503 亩。上海自 1843 年开埠后，迅速发展为当时的经济中心，当时租借地制度使之与西方的建筑管理制度和建筑师制度迅速接轨。1869 年，上海公共租界当局的工部局公布了第三次《土地章程》，规定："欲新建建筑新屋之，呈送建筑全图、分图，以便董事会前往查勘。"1901 年和 1903 年工部局分别颁布了中式房屋章程和西式房屋章程，规定新建房屋必须就按照建筑章程设计，业主提出建筑执照申请时，必须呈报设计图纸，经过工部局审查合格后，才能发给施工执照。房屋章程的发布，标志着上海租界内的房屋建设沿用了英美等国的建筑法规管理和行政审查制度，结束了新建房屋无章可循的历史（注 16）。

1880 年代前后，外国受过专业训练的建筑师和工程师才逐渐在上海等地活跃起来，同时一批外国建筑事务所也开始在中国开辟市场。外国设计机构（洋行、工部局工务局）成为这期间主要的建筑实践团队，而中国近代建筑从业人员也开始在外国设计机构（洋行、洋地产公司）工作，投身建筑行业。当时的洋行采用现代职业建筑师模式，完成业主委托的从全套设计到施工（监工）的流程。其中的建筑设计部门，被称为"打样间"或"图房"。1920 年代中期前，打样间都设在洋行内，1920 年代后期随着中国人建筑师留学归来开始设立独立的建筑师事务所。外国建筑师中著名的有：

（1）何士（Harry H. Hussey，1881-1934），出生于加拿大。在芝加哥大学毕业后，正式成为一个专业建筑师。他在 1911 参与基督教青年协会的建筑项目，喜爱中国传统文化和建筑。后被洛克菲勒基金会选中，设计并监造了北京协和医学院一期规划和建筑设计。

（2）墨 菲（Henry Killam Murphy，1877-1954）。毕业于美国耶鲁大学，1906 年在纽约开始正式执业，并服务于多家事务所。1913 年，墨菲来到中国主持设计雅礼中学，开启了其在中国的建筑活动。主要作品有北京燕京大学的规划和建筑设计、清华校园的总体规划和主体建筑设计。墨菲认为，最具有中国传统建筑特色的建筑构件之一便是琉璃瓦装饰的曲面屋顶。墨菲在全国各地先后主持设计了福建协和大学、长沙湘雅医学院、金陵女子大学、岭南大学建筑群等（图 2-28）。

外籍建筑师事务所多为合伙制，合伙经营的事务所则是以建筑师合伙人为主创，最常见的职员配置包括建筑师、工程监理、助理、学徒工等。当时著名的外国事务所有：

（a）

（b）

（c）

图 2-28 近代中国古典样式建筑
（a）北京协和医学院；（b）清华大学；（c）北京大学

（1）玛礼逊洋行（Morrison & Gratton）。主持人玛礼逊（G J. Morrison）曾在 1870 年代主持设计了中国第一条铁路淞沪铁路。1885 年，玛礼逊与当时上海建筑师中为数不多的英国皇家建筑师学会（RIBA）会员格兰顿（F M. Gratton）组建玛礼逊洋行。1889 年，另一位出生于印度的英国建筑师斯科特（Walter Scott）成为第三位合伙人，事务所改名为 Morrison，Gratton & Scott。

（2）公和洋行（Palmer & Turner）。公和洋行 1868 年由英国建筑师威廉 · 赛尔维（William Salway）在香港创立，1880 年代，建筑师卡文 · 巴马（Clement Palmer）、结构工程师亚瑟 · 丹拿（Arthur Turner）相继成为合伙人。1895 年，卡文 · 巴马和亚瑟 · 丹拿两人被授予英国皇家建筑师学会（RIBA）会员资格，事务所也以他俩的名字重新命名为 Palmer & Turner Architects and Surveyors。1912 年，在上海开设的分部后转为总部，是当时上海最具实力的建筑事务所，设计了汇丰银行上海分行、海关大楼、沙逊大厦等一批重要和大型工程。

（3）茂旦洋行（Murphy&. Dana Architects）。1908 年耶鲁大学毕业生墨菲（Murphy）与丹纳（Richard Henry Dana）合伙在纽约开办事务所。墨菲在清华建成的“四大建筑”——罗斯福纪念体育馆（1917 年）、科学馆（1917 年）、图书馆（1919 年）和大礼堂（1922 年）成为我国近代学校建筑的典范。以此为契机，他又获得多所美国基督教会大学的校园规划设计的委托，如沪江大学（1915 年）、福建协和大学（1918 年）、金陵女子大学（1919 年）、燕京大学（1920 年）、厦门大学（1921 年）等。

（4）邬达克洋行（Hudec，L.E.）。1925 年邬达克在上海开设了自己的设计事务所，设计了国际饭店（1926 年）、慕尔堂（1929 年）、邬达克自宅（1931 年）、上海德国礼拜堂（1932 年）、大光明大戏院（1933 年）等诸多作品，是当时上海最重要的建筑师之一。从 1930 年代开始，邬达克的作品明显转向装饰艺术风格（Art Deco）和现代式，如大光明电影院和国际饭店（注 17）（图 2-29）。

图 2-29　上海外滩建筑

2）中国建筑师的本土实践与中国的建筑师制度

1911 年底广东军政府工务部的成立标志着城市建设被纳入制度管理，“建筑申告”制度开始出现。1918 年，广州市市政公所成立。为加强市内建筑的管理，市政公所颁布《广州市市政公所临时取缔建筑章程》，初步确立市内建筑报建规则，但对设计人无特殊要求，工匠绘图直到 1923 年仍然得到工务局的认可。1924 年 1 月广州市工务局颁布《广州市新订取缔建筑章程》，对市区建筑的管理和技术作出更全面的规范。在“领照办法”中，“绘图人”与“承建人”第一次并列出现在报建条例中。1930 年新的《广州市新订取缔建筑章程》在报建条例上仍然维持 1924 年制定的“业主”—“绘图人”—“承建人”三方体系，对“绘图人”资格尚无明确的规定。1930 年 1 月，广州市工务局拟定的《建筑工程师登记章程》（十九条）正式颁布，该章程确认了市内从事建筑设计和绘制图样的建筑工程师和土木工程师必须向工务局登记注册，方可执业。该章程有关建筑工程师参与报建事项的规定涉及建筑承包商的既有利益，遭到建筑业同业公会的激烈反对，建筑业同业公会以“垄断专利”为由要求停止执行章程规定，政府被迫终止。但是后来报建数量大幅增加促使工务局及市政府坚定了强化技术管理的决心，1932 年广州市工务局颁布《广州市修正取缔建筑章程》，要求“凡承建人具图呈报时，图内须备载下列各项事项：工程师员姓名住址及注册号数……”。这是广东近代历史中，建筑工程师第一次以独立的、非承建人雇请的“绘图人”身份参与到报建业务之中，并且具有与承建人平等的合同地位，在技术上对承建人起监管作用，在本质上却是对传统营造业的制度性变革，从而全面引导传统营造业向近代建筑业过渡。工务部门通过报建发照制度，终于确立起近代建筑业体制，即业主—工程师员—承建人，从而确立起建筑质量监督机制。工务局通过行政许可、市场准入管控了承建人、建筑师。但是建筑师垄断报批遭到营造业的猛烈反对，《广州市修正取缔建筑章程》不得不于同年年底停止执行（注 18）。

1928 年 7 月南京国民政府公布的《上海市特别市暂行建筑规则》将建筑请照人明确为设计人。1927 年 12 月公布实行的《上海特别市建筑师、工程师登记章程》中规定，须领有依据该章程规定颁发的“证书”者，才可接收市内一切建筑工程事业之委托，并准“所绘各项建筑图样向工务局请领营造执照”。这些规则的出台，将“设计人”明确为领有“证书”的建筑师、工程师。关于营造执照有明确的规定：

“第四条、凡具有下列情形之一者，均应于兴工二千日前向工务局请领营造执照：（甲）、起造新建筑物；（乙）、楼房、平房拆修或被火毁过高度之半，而须重新接造者；（丙）、改造或更动有关载重、火警出路、光线卫生等部份者；（丁）、改造或拆修门面、墙垣、屋面等有碍路线或交通者。

第五条、凡请领营造执照须随呈图样两份，如遇重要工程须附呈计算书一份。”

上海市工务局制定的《建筑规则》几乎是 1927 年以前上海自治时期所有相关章程的集大成者，1927 年以前的建筑管理机制中的执照制度、执照收费标准、建筑技术章程、违章处罚机制、建筑安全质量管理、公共卫生防火等，在第一稿的《建筑规则》中都得到了体现。

1930 年 8 月 16 日，上海市工务局进一步颁布《上海市建筑师、工程师呈报开业规则》强调：“建筑师、工程师应俟领到开业证明书后方得接受市内一切建筑工程事宜之委托。”但是直到 1935 年，上海领有“证书”的建筑师才 299 人，说明当时城市规定“一切”建筑物大小规模建造都须通过建筑师办理的不切实际（注 19）。

1927 年国民政府在南京成立时，设置土地局和工务局，负责管理土地征收和城市规划、建设活动。建筑活动中涉及两次行政许可：建筑执照和使用执照，分别是在施工前和竣工使用前颁发的。工务局的重要职能就是制定建筑规则、审批建筑设计图纸、核发建筑许可证。1929 年制定了《首都计划》，作为官方的城市规划。1935 年颁布了《南京市建筑规则》，对在南京的房屋建设实施统一的管理。1938 年颁布了《建筑法》，此为近代中国第一部由中央政府制定、施行范围广及全国的建筑管理规范，反映出国民政府对建筑活动进行法制化管理的努力，直接影响到中国近现代建筑专业的形成。该法正式确立了建筑师证照制度的实施，从此全中国建筑物兴建时，只有经过领有国家发给证照的建筑师签证，才能申请核发建筑执照。

1928 年国民政府工商部发布《工业技师登记暂行条例》，1929 年国民政府正式颁布《技师登记法》，1944 年内政部又在《建筑法》的基础上进一步制定了《建筑师管理规则》，1947 年又颁布修订过的《技师法》。《建筑师管理规则》规定，“建筑师以曾经经济部登记并领有证书之建筑科或土木科技师技副为限”（即建筑师和土木类工程师均可称为建筑师并开展建筑设计业务），同时明确了建筑师行业管理的内容，还首次以政府法规的形式确立了建筑设计收费标准。第三章“执业与收费”之第二十三条规定，“建筑师受委托办理事件，得与委托人约定收取百分之四至百分之九之公费，但仅涉及绘图而不监工时，其取费率应减百分之二”。至此，近代对于建筑师专业的建制正式宣告完成，并以国家法规形式赋予从事这一职业者“建筑师”的正式名称。建筑师的业务内容是涵盖建设全过程的设计、监理等全部工作内容，包括绘制方案图、施工图，工程监理，拟定承建合同，发放付款证明等。值得注意的是，当时的建筑设计、监工一般包括建筑、结构、设备三个主要方面，建筑师的设计费按照涵盖的工程内容计取，然后可以事务所内部完成全部设计或者委托信任的专业公司分包完成。设计收费标准可以理解为各个专业对其专业工程总造价的收费比例（注 20）。

1929 年 3 月颁布的《北平特别市公私建筑取缔规则》《北平特别市建筑工程师执业取缔规则》，明确了我国近代城市及建筑管理中的建筑师负责的制度。

“第一条，北平特别市为取缔市内不良建筑以图安全起见，依照公私建筑取缔规则第五条规定所定建筑工程师执业取缔规则，由工务局执行之。第二条，凡在本特别市区城内承受委托办理土木建筑工程上所有设计、制图、估算、监工、审定等事之建筑工程师均应遵照本规则赴工务局注册，方得执行业务。无论建筑师或土木工程师均称之曰建筑工程师。”

注册建筑工程师的执业资格考核，共分为甲、乙、丙三级。甲等建筑工程师的资格是教育背景或实践经验的两项之一：“（一）在国内外大学或高等专门学校建筑科毕业或土木工程科毕业兼习建筑，并且得有毕业文凭并确有经验二年以上者；（二）主办建筑工程事物七年以上，著有成绩且能设计制图者。”（注 21）

由于发展需要，留学归来及国内培养的“工程类”专业学生开始猛增。在众多的土木工程出身的学生中，有不少投身于建筑设计业，如沈琪（毕业于北洋武备学堂铁路科）、杨锡镠（毕业于南洋大学土木工程科）、黄元吉（毕业于南洋路矿学校土木科）和过养默（毕业于唐山工业专门学校土木科后到美国康乃尔大学土木工程系读硕士）等。但是他们终归是少数，中国近代职业建筑师的主流是第一批归国的留洋建筑学学生，又恰逢国民政府定都南京，北伐战争结束，国民政府关注建设与发展，政局稳定，建设量大增，中国建筑师的大量实践使得建筑师的职业地位得以最终确立。

民国时期中国人建筑师事务所从创办时间上看可分为三期：

（1）20 世纪初主要由学徒出身的建筑师开办的。如 1917 年“周惠南打样间”设计，其主持人周惠南（1872-1931）曾在英国业广地产公司供职，纯粹学徒出身。1915 年创办“华信建筑公司”后改称“华信建筑事务所”的杨润玉曾任英国爱尔德洋行“助理建筑师”。

（2）1920 ~ 1930 年代主要由归国留学生创办的一批事务所，集中于上海，极少数设于京、宁、穗等其他大城市。这些设计机构与国际接轨，运作机制较为正规，并出现了像“基泰”“华盖”等规模大、作品多、影响广的著名事务所。“基泰”与“华盖”两家，堪称大型设计机构。其中“基泰”曾在京、津、沪、宁、渝、穆、港等各大城市开设分支机构；而“华盖”亦曾于沪、宁、贵、昆等地设有分所；“兴业建筑事务所”较上述二者稍小一些，但也曾于沪、宁以及成都等地设置机构，雇员皆为十数人至数十人不等。中大型事务所从业人员较多，包括有合伙建筑师、项目经理、项目设计师、绘图员、工地主任、行政幕僚、经济管理等。例如基泰工程司的关颂声主跑业务，朱彬负责管理财务和投资，杨廷宝为主创建筑师，杨宽麟负责结构设计，常亲临工地查看，并与项目建筑师（关颂声、朱彬、杨廷宝）合作。华盖建筑事务所的赵深因有多年执业经验，主要负责对外承接业务并管理财务；陈植也负责对外承接业务，并兼管内务；童寯有着实践和教学的经验，主要负责设计及技术，主持图房设计工作。

此类事务所主要有：基泰工程司（关颂声于1920年创办，之后朱彬、杨廷宝、杨廷宝加入成为合伙人）、东南建筑公司（过养默、吕彦直、黄锡霖于1921年合办）、彦记建筑事务所（吕彦直、黄檀甫于1925年合办）、华盖建筑事务所（赵深、陈植、童寯于1933年合办）、兴业建筑师事务所（徐敬直、李惠伯、杨润钧于1933年合办）、新华建筑工程公司（李鸿儒于1924年自办）、庄俊建筑师事务所（1925年）、李锦沛建筑师事务所（1927年）、范文照设计事务所（1927年）、杨锡镠建筑师事务所（1929年）、董大酉建筑师事务所（1930年）等。

（3）抗战期间及战后由中国自办高等建筑教育之毕业生创办的事务所。如张开济、费康、张玉泉合办的“大地建筑师事务所”（1941年），以及稍晚由张开济自办的“伟成建筑师事务所”，徐尚志、戴念慈成立的“怡信工程公司”，毛梓尧、方鉴泉、李衍庆等成立的“树华建筑师事务所”，唐璞的“天工建筑师事务所”，杜汝俭、何伯憩、郭尚德的“正平建筑师事务所”等（注22）。

1925年南京中山陵及1926年广州中山纪念堂的建筑设计竞赛，不仅直接催生了中国人建筑师在国内设计市场的登场，而且也开中国人设计“中国古式”于现代建筑之先河，并随南京、上海的政府建筑的“中国固有之形式”迅速成为长期控制中国建筑界的主流样式

吕彦直，清光绪二十年（1894年）出生于天津，1911年考入清华学堂（今清华大学前身）留美预备部读书。1913年毕业庚款公费派赴美国留学，入康奈尔大学，先攻读电气专业，后改学建筑，5年后毕业。毕业前后，曾作为美国亨利·墨菲（HenryK·Murphy）的助手，参加金陵女子大学（今南京师范大学）和燕京大学（今北京大学）校舍的规划、设计，同时描绘整理了北京故宫大量建筑图案。1921年回国，在上海过养默、黄锡霖开设的东南建筑公司供职，从事建筑设计；后与人合资经营真裕建筑公司，不久在上海开设彦记建筑事务所，是中国早期由中国建筑师开办的事务所之一。

1925年5月，孙中山先生葬事筹备处向海内外建筑师和美术家悬奖征求陵墓建筑设计图案。9月，吕彦直的方案在40多种设计方案评选中荣获首奖并定为实施方案。梁思成先生评价说，“中山陵虽西式成分较重，然实为近代国人设计以古代式样应用于新建筑之嚆矢，适足于象征我民族复兴之始也”。1927年5月，由他主持设计的广州中山纪念堂和纪念碑，在28份中外建筑师应征设计方案中再夺魁首。业主广州中山纪念堂、纪念碑建筑管理委员会同时专聘林克明为工程顾问，“负责审核设计和监理工程”，定期向建委会报告。在短短4年中，吕彦直除承担中山陵、广州中山纪念堂与纪念碑的设计工作以外，还承担了议定分部工程项目、造价、招标、选材定样、修改图样、施工进度管理等工作，相当于承担了现代职业建筑师的设计、招标、合同管理的全部工作。在中山陵主体工程施工中，他不顾个人安危，跋涉于沪宁之间，并长期住宿山上，督促施工。为确保工程质量，选料、监工，一丝不苟。终因积劳成疾，于1929年3月18日在上海不治逝世，年仅36岁（图2-30、图2-31）。

图 2-30　南京中山陵

图 2-31　广州中山纪念堂

1901 年上海建筑界人士成立了上海工程师和建筑师协会（Shanghai Society of Engineers and Architects），52 名参加者中有 9 位建筑师，并没有中国建筑师，但这是中国本土成立的第一个职业建筑师的组织。

1912 年詹天佑于广州创立了中华工程师会，1918 年在美国纽约成立了中国工程学会，1931 年中华工程师学会和中国工程学会合并为中国工程师学会，创始年定位 1912 年，合并后共有会员 2169 人。

1927 年，上海市建筑师学会成立，并于 1928 年更名为中国建筑师学会。至 1933 年，中国建筑师学会有成员 55 名，其中归国留学生 41 人，占总数 74.5%，涉足建筑教育事业的会员有 18 人，占比 32.7%。庄俊、李锦沛、董大酉、范文照、陆谦受等著名建筑师曾任该会历届会长。

中国建筑师学会的主要活动包括学术经验交流、举行建筑展览、仲裁建筑纠纷、推举宣传中国建筑师、提倡应用建筑材料等。① 创办会刊，宣传建筑学及其教育。会刊《中国建筑》以“融合东西建筑学之特长，以发扬吾国建筑物固有之色彩”为主要使命，从 1932 年 11 月创刊到 1937 年 4 月终刊，共发行四卷 54 期，自 1935 年第三卷第二期起，辟专号集中介绍建筑师事务所的作品，扩大了中国建筑师的知名度和影响力；② 制定行业规范和标准，1928 年 6 月制定了《中国建筑师学会章程》《建筑师业务规则》以及《中国建筑师学会公守诫约》等行业规范；③ 提供工程案件诉讼咨询、房屋估价咨询等服务；④ 进行行业保护，《中国建筑》着重于对华资设计机构作品的介绍，发生建筑事故后对同行业人员的保护，以及对涉及行业利益方面的政府工作提出质询和建议；⑤ 举办职业教育、学术交流与展览会等，来促进业务和学术水平的提高。中国建筑师学会于 1933 ~ 1946 年与上海沪江大学商学院合办建筑系，设为两年制夜校，主要招收在建筑事务所中工作的在职人员，以培养能独立工作的建筑师为目标。此事由中国建筑师学会会员负责，他们制定了具体而规范的教学计划与课程安排，并担任主要授课教师，为培养中国建筑学专业人才作出了贡献。

中国建筑师学会作为近代中国建筑师的第一个职业行会组织，制定了建筑师业务规则等一系列行业标准和准则，对建筑师承揽业务的收费标准和收费方式作出详尽的规定，参见 7.3.3 建筑师收费章节（图 2-32、图 2-33）。

图 2-32　中国建筑师学会 1933 年会全员合影

3）中国营建制度的现代化

1843 年上海开埠后，尤其是租借地的繁荣和人口的迅速增长，导致建设量大增。本土的建筑工匠

（a） （b） （c） （d）

图 2-33 1920 ~ 1930 年代中国固有式建筑
（a）、（b）南京中央博物院，梁思成追求的中国木构古典复兴——宋辽木构的收分与起翘，雄浑大气；
（c）广州市政府；（d）南京民国政府外交部

和施工团队得以迅速发展。1880 年上海的第一家营造厂——杨瑞泰营造厂诞生，至 1930 年代后期，上海有营造厂千余家，著名的有杨瑞泰营造厂、顾兰记营造厂、江裕记营造厂、余洪记营造厂、姚新记营造厂等。由于竞争激烈，各家技术提高很快，并逐步适应了招投标的制度和现代建筑材料和工艺，中国人的营造厂成为上海建筑市场的主力。近代上海建筑业后期规模最大的是新仁记营造厂，承包了包括沙逊大厦（1926 年）、百老汇大厦（1933 年）等地标性建筑的施工（注 23）。

鸦片战争后随着租界的建立，由于西方建筑制度的引入，业主、建筑师及营造商（施工单位）三方需要协调彼此关系及各自利益的保障，从而促使建筑契约化的形成。西方建筑技术和建造模式的传入，租界中西人建造房屋所用的招标承包模式使中国人在遭受政治经济上剥削的同时，也看到了西方先进的建造管理体系及科学的建筑技术。招标承包制的建造方式避免了传统雇工营造中“磨工”现象的发生，节省工程费用的同时也缩短了工期。与招标承包制相适应，出现了新的社会分工，现代意义上的建筑师悄然出现，估价、监理等服务性行业兴起。租界内的工程建造模式及其管理体系、建造标准等，对租界外的城市及地区的行业管理规则起了很大的示范作用，各地大规模的建设相继开始采用招标承包的建造模式。

这种模式主要是：业主委托建筑师完成设计和请照手续、招标，营造厂投标、中标、提供押金和有经济实力的商号的担保，之后双方签订合同及业务说明等，将双方的职责、利益、权利以契约的形式确定下来。这些合同内容涉及完工期限、延期罚款、工程质量监督、工程质量保证、业主分期支付工程造价、施工现场邻近房屋保护、施工现场安全事故职责，以及完工现场清扫等。

建筑业的施工采用招投标制度选择合适的营造厂施工。投标评分分为硬标和软标两种，硬标为最低价中标法，软标为综合评价法。南京中山陵一期工程，建筑师吕彦直对上海姚新记营造厂情有独钟，力排众议，多次邀请并说服姚新记最终中标工程（注 24）。

1930 年，上海营造业陶桂林、杜彦耿、汤景贤等 30 余人发起，于 1931 年 2 月正式成立了本土的，以施工企业、材料供货商、工匠等为主体的上海市建筑协会，提出西方建筑材料和建筑体系的输入是“专务变本，自弃国粹”，导致“自绝民生”。因此该协会提出了“建筑技术之革进，国货材料之提倡，职工教育之实施，工场制度之改良”的协会宗旨，并“盼营造家、建筑师、工程师、监工员及建筑材料商等踊跃参加”。主要活动有：

（1）创办杂志。上海市建筑协会于 1932 年创刊机关杂志《建筑月报》。1932 年 11 月至于 1937 年 4 月，共出版 6 卷 46 期，主要是积极介绍新的建筑技术、材料和建筑文化，以及推介国产建筑材料。

（2）举办职业教育“正基夜校”，培养精通技术的营造人才。

（3）推广新技术，统一学术名词，促进国产建筑材料发展。

（4）促进业界不同专业人员间的交流。曾积极联络中国建筑师学会、中国工程师学会、中国营造学社等，促进上海的营造家、建筑师、工程师的团结，掌握新技术，与洋商竞争。

在施工环节，1920、1930 年代，中国营造厂已逐渐取代外国建筑公司的主导地位，成为中国近代建筑师事务所的合作主体，在技术上已经完全有能力胜任钢筋混凝土框架结构、钢框架结构、大跨结构等建筑工程的施工，业务范围还扩大到其他重要城市，如北京、南京、武汉、广州等地（图 2-34）。

图 2-34　中国建筑学会的《中国建筑》（左图）和上海市建筑协会的《建筑月报》（右图）两本机关杂志

2.2.3　中华人民共和国的建筑师制度

1950 年代中国建筑学会在北京成立，成为新中国建筑行业的管理组织。它既非自由职业的第三方协调、监管力量，也非本土建造业的业界组织，而是半官方的行政管理机构。特别值得注意的是，在 1950 年代开始的计划经济管理方式，建筑师、业主、施工方都是国家计划管理的建筑业运行体系中的一环和国营单位，建筑师体系消失了，后来成立的建筑师分会只能作为建筑学会的下级分支机构，从“学”到“业”体现了西方制度传播的过程，与西方近代建筑师职业和建筑师学会主导创立的建筑学教育、考试制度等从“业”到“学”的关系，恰好是颠倒的关系。

1993 年 11 月，中国共产党的十四届三中全会决定建立社会主义市场经济体制。在会议通过的

《中共中央关于建立社会主义市场经济体制若干问题的决定》中指出，“要制订各种职业的资格标准和录用标准。实行学历文凭和职业资格两种证书制度”。

1994年，建设部和人事部颁布了《建设部、人事部关于建立注册建筑师制度及有关工作的通知》，确定了在中国实行注册建筑师制度，同时成立了全国注册建筑师管理委员会。1994年，全国注册建筑师管理委员会（NABAR）成立。建筑学专业学位的教育认证也随即展开。

1995年9月，国务院《注册建筑师条例》出台。1996年10月，建设部《注册建筑师条例实施细则》颁布，标志着注册建筑师制度在我国的正式实施。1996年4月建设部成立了执业资格注册中心，第一批注册建筑师于1997年开始执业。

2001年建设部出台了《工程勘察资质分级标准》《工程设计资质分级标准》《建设工程勘察设计企业资质管理规定》，根据相关规定，取得资格证书的人员，应当受聘于中国境内的一个（且只能是一个）建设工程勘察、设计、施工、监理、招标代理、造价咨询、施工图审查、城乡规划编制等单位，经注册后方可从事相应的执业活动。形成中国特色的个人执业资格和企业资质并行的“双轨制”管理制度（注25）（表2-1）。

据史料记载，我国最早采用招商比价（招标投标）方式承包工程的是1902年张之洞创办的湖北制革厂。五家营造商参加开价比价，结果张同声以1270.1两白银的开价中标，并签订了以质量保证、施工工期、付款办法为主要内容的承包合同。此后，1918年汉阳铁厂的两项扩建工程曾在汉口《新闻报》上刊登广告，公开招标。中华人民共和国成立后，建筑业的管理体制、组织机构和规章制度基本上仿照苏联的模式，在高度计划经济体制下，废除招标承包制，实行工程任务分配制。直到1980年，国务院在《关于开展和保护社会主义竞争的暂行规定》中提出：“对一些适宜于承包的生产建设项目和经营项目，可以试行招标投标的办法。”首次工程招标是1981年1月29日深圳国际商业大厦的施工招标。1984年11月，《建设工程招标投标暂行规定》的颁发才正式标志着我国建筑市场招标承包制的重新启动。自2000年1月起，我国实施《中华人民共和国招标投标法》（注26）。

建筑领域专业人士分类及规模统计(2019年约数)　表2-1

序号	专业人士类别	人数（人）
1	一级注册建筑师	25400
2	二级注册建筑师	13100
3	一级注册结构工程师	31400
4	二级注册结构工程师	7000
5	注册土木工程师（岩土）	14000
6	注册公用设备工程师	24200
7	注册电气工程师	16800
8	注册化工工程师	5100
9	注册城市规划师	9500
10	监理工程师	26600
11	造价工程师	30800
12	一级注册建造师	164700
13	二级注册建造师	137800
14	其他注册工程师	30800
总计		537200

2.3　现代建筑师的职业定位

2.3.1　建筑生产的组织模式变迁与建筑师的职责

建筑制度反映了建筑活动过程中的生产关系，建筑制度包括了社会分工、行业运作机制、政府管理体制等三方面的内容，反映了建造活动（建筑物生产）中的生产关系，以及参与主体的相互关系的总和。建筑技术反映了人类建筑活动的生产力水平，建筑制度则反映了建筑活动过程中的生产关系，即参与者在建筑活动中形成的社会关系和经济关系的综合。

在现代的建筑生产过程中，业主（建设方、起造人）、建筑师（设计咨询方，含设计、监理）、承包商（施工方，含总承包商、分包商、供货商）的三方构成了建筑生产的基本主体关系。业主与建筑师的代理合同关系，业主与承包商的采购合同、承包合同关系体现了不同的合同关系和风险的分配方式。

建筑师作为专业技术人员和业主利益的代理人，在业主要求的环境品质和限定的资源条件下，制定建筑的功能和技术性能指标，并创造性地整合各种技术方案和空间安排，通过设计图纸与文件的表达记录方式，向施工者准确传达并监督、协调其实施过程，以达到业主的品质、造价、进度等要求。

职业建筑师在建筑市场的产生实际经历了一个建设方 / 业主、施工方 / 承包商（承建厂商）、设计方 / 建筑师三方的关系的变化和逐步明晰化、规范化的过程：

（1）自营雇工模式。最原始的建筑关系是业主的自主建设，即自营方式，由业主自行建造，业主负责决策、设计、采购、建造、监督、验收等全部工作，建设方仅作为业主的直接雇工参与建筑活动，全部材料和工费由业主实报实销。这样业主承担了全部的建造风险、建造费用，以及各类工匠即工程的组织管理工作。这种模式需要业主了解建造活动、强力组织建造活动，极易出现磨工和怠工现象。

（2）专业工匠模式。随着建筑活动中专业分工的发展，建筑工程的建造过程需要各种专业工匠的协调，业主往往无法了解和雇佣各类工匠，于是出现自行组织起来的工匠团队，一般是师徒关系的小型团队或专业作坊，承揽业主建筑物的某个专项工程的设计、采购、建造服务。随着商品经济的发展，往往通过契约的方式明确建造要求、费用、时间。专业工匠统合手下的专业分包商和材料供应商提供包工、包料的建设服务，降低了业主的工程组织难度和风险，可以说是一种专业分包模式。我国古代官府建筑营建中发现自营模式很难控制建造成本，于是通过模式化建筑类型、模数化设计来控制建造成本，《营造法式》《工程做法则例》等就相当于国家的建筑标准定额，借此来确定各个专业工种的施工和材料的承包费用，总而控制整体造价。但是，由于工程整体还在业主整体控制中，因此还是需要业主相当强的专业知识和组织能力。我国清代以后承修大臣 - 工匠帮模式，中华人民共和国成立后的项目指挥部模式都可以看作是这种方式。

（3）总承包商模式。英国工业革命之后建筑作为商品，其种类和建设量大增，同时也出现了大量、不专业的建筑投资商。于是开始出现大匠将各个工种的工匠和供货商组织起来，与业主订立施工合同，承诺在一定要求、造价、工期内完成全部建造活动，这类新型统合建筑活动的人被称为总承包商。总承包商作为建设的设计、采购、管理者，在工程承包期间完全取代业主成为实际上的工地管理者和项目建设方。这样一方面极大地减轻了业主的负担，另一方面也由于总承包的内部管理对业主形成了暗箱操作。尤其是设计、施工的一体化造成业主需要极其详细地确定各种建筑指标、材料要求，才能保证获得满意的建筑物。

（4）建筑师模式。由于总承包方式的出现，极大地促进了建筑物的投资，同时大规模的建造带来的城市病也导致了政府管制。作为投资人的业主需要一个专业代理和技术顾问，挑选合适的样式风格、精确定义建筑目标（以图纸和文件的方式表达为设计文件）、采购 - 监督 - 验收材料和施工；作为政府，为了保证城市建筑的健康和安全，需要业主报请牌照施工，保证建筑物满足最低的技术法规要求，同时协助行政部门对建设过程进行质量安全监管。于是，现代建筑师职业（包括建筑、土木、测量工程师）应运而生。传统建筑生产的建筑业主和工匠、承包商两者间的承包关系，加入现代的职业建筑师作为第三方，保证建造过程中的技术监督和公正诚信，形成了现代建筑业和建筑师职业的基础。

在现代社会的经济契约机制下，建筑生产市场包含业主/所有者(Owner)、建筑师/设计方(Design Professions)、承包商/施工方(Construction Forces)、材料部件制造方（Manufacturing Industry）、行政管理机关（Control Authorities）、金融保险教育等其他服务商（Related Elements）等利益相关者。其中，业主（Client/Owner）、建筑师（Architect/Engineer）、承包商（Contractor）是建筑生产关系的三个主体，构成了所有建筑活动的核心三方，是建造/建筑生产系统的构成要素。其中建筑师/工程师作为业主的代理、专业技术服务者以及社会公正的监督是贯穿建筑生产的全部环节（包括施工监理），同时也是建筑市场最重要的技术统合和管理角色（图2-35）。

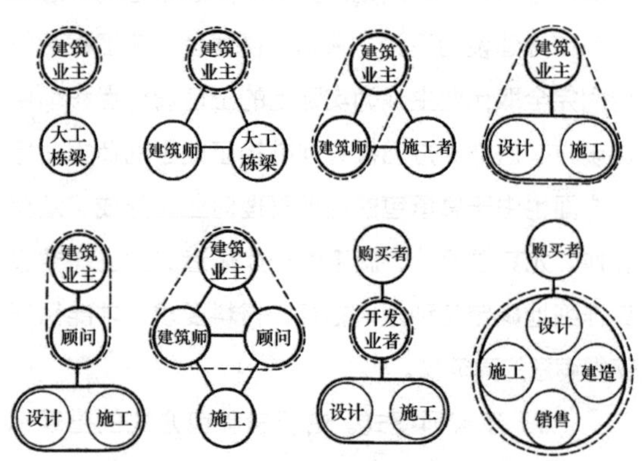

图2-35 建筑师与建筑工程组织模式的变迁
（虚线圈为建筑产品定义的主体）

1999年7月于北京召开的国际建筑师协会（UIA）第21届代表大会上一致通过的《国际建筑师协会关于建筑实践中职业主义的推荐国际标准认同书》提出："建筑师职业的成员应当恪守职业精神、品质和能力的标准，向社会贡献自己的为改善建筑环境以及社会福利与文化所不可缺少的专门和独特的技能。""建筑师的定义，通常是依照法律或习惯专门给予一名职业上和学历上合格并在其从事建筑实践的辖区内取得了注册/执照/证书的人，在这个辖区内，该建筑师从事职业实践，采用空间形式及历史文脉的手段，负责任地提倡人居社会的公平和可持续发展，福利和文化表现。"

建筑师提供的服务被称为建筑学实践或职业实践，"建筑学实践（Practice of Architecture）包括提供城镇规划以及一栋或一群建筑的设计、建造、扩建、保护、重建或改建等方面的服务。这些专业性服务包括（但不限于）规划，土地使用规划，城市设计，提供前期研究、设计、模型、图纸、说明书及技术文件，对其他专业（咨询顾问工程师、城市规划师、景观建筑师和其他专业咨询顾问师等）编制的技术文件作应有的恰当协调以及提供建筑经济、合同管理、施工监督与项目管理等服务。"

《国际建筑师协会关于建筑实践中职业主义的推荐国际标准认同书》（2008第三版）规定建筑师职业实践范围内的核心服务范围包括：

（1）（设计咨询服务）项目管理——项目小组的管理，进度计划，项目成本控制，业主审批处理，政府审批程序，咨询师和工程师的协调，使用后评价；

（2）调研和策划——场地分析，目标和条件确定，概念规划；

（3）施工成本控制——施工成本预算，工程造价评估，施工成本控制；

（4）设计——要求确认，施工图文件制作，设计展示；

（5）采购——招标选择，处理施工采购流程，协助签署施工合同；

（6）合同管理——施工管理配合，解释设计意图，审核上报文件，现场观察、检查、报告，变更通知单和现场建筑师指令；

（7）维护和运行规划——物业管理支持，维护计划，使用后检查。

建筑师职业实践的项目流程包括以下规定性的流程以保证服务质量：

（1）设计前期；

（2）方案设计；

（3）初步设计；

（4）施工图文件；

（5）招标、谈判和合同签订；

（6）施工；

（7）交付；

（8）施工后阶段；

（9）其他服务。

英国皇家建筑师学会（RIBA）在创立时一直强调要做到会员的能力（Competence）和诚信（Integrity）的保证。

美国建筑师学会（AIA）认为作为一种职业的建筑师必须具有两种素质和三重法律身份：

（1）两种基本素质：作为行业专家的专业技能和职业技巧；作为社会公正和公平维护者的诚信和责任感。

（2）三重法律身份：① 作为独立的合同执行者——建筑师是设计合同的执行人，是与业主 / 客户进行经济活动的一方主体，因此建筑师也需要追求适当的利润和相应的合同条件；② 作为业主的代理——建筑师作为业主利益的代表和受托人，对建筑全过程进行监管，对业主汇报所有与业主利益密切相关的重要信息，并负责确保专业的品质和业主的利益；③ 作为准司法性的官员——建筑师必须兼顾公众利益和业主利益，并作为判断业主和承包商在合同执行中的公平法官和专业鉴定者。建筑师在建造过程中必须依照合同作出合理的解释和公平公正的决策，并充当业主和承包商的专业中介和纠纷调停员。由于建筑过程和利益相关者的复杂性，建筑师也被豁免对于非专业（超越建筑师能力和知识范围）的判断和认可的责任。

国际建筑师协会（UIA）在 1999 年的国际建筑师协会（UIA）第 21 届代表大会上通过了建筑师的“职业精神原则”（Principles of Professionalism）为：

（1）专业（Expertise，专业能力、专业性、科学性、专长）——建筑师通过教育、培训和经验取得系统的知识、才能和理论。建筑教育、培训和考试的过程向公众保证了当一名建筑师被聘用于完成职业任务时，该建筑师已符合为适当完成该项服务的合格标准。

（2）独立（Autonomy，学术独立、独立性、自主）——建筑师向业主及 / 或使用者提供专业服务，不受任何私利的支配。建筑师的责任是，坚持以知识为基础的专业判断分析，对建筑的艺术和科学的追求应当优先于其他任何动机。

（3）公正（Commitment，诚信承诺、公正性、奉献）——建筑师在代表业主和社会所进行的工作中应当具有高度的无私奉献精神。本职业的成员有责任以能干和职业方式为其业主服务，并代表他们作出公平和无偏见的判断。

（4）责任（Accountability，职业责任、服务责任、负责）——建筑师应意识到自己的职责是向业主提出独立的（若有必要时，甚至是批评性的）建议，并且应意识到其工作对社会和环境所产生的影响。建筑师和他们所聘用的咨询师只承接他们在专业技术领域中受过教育、培训和有经验的职业服务工作（注 27）（图 2-36、图 2-37）。

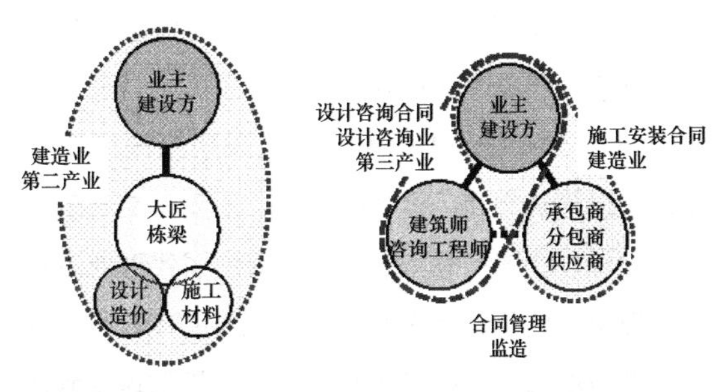

图 2-36　建筑师的产生带来建筑产业的变化

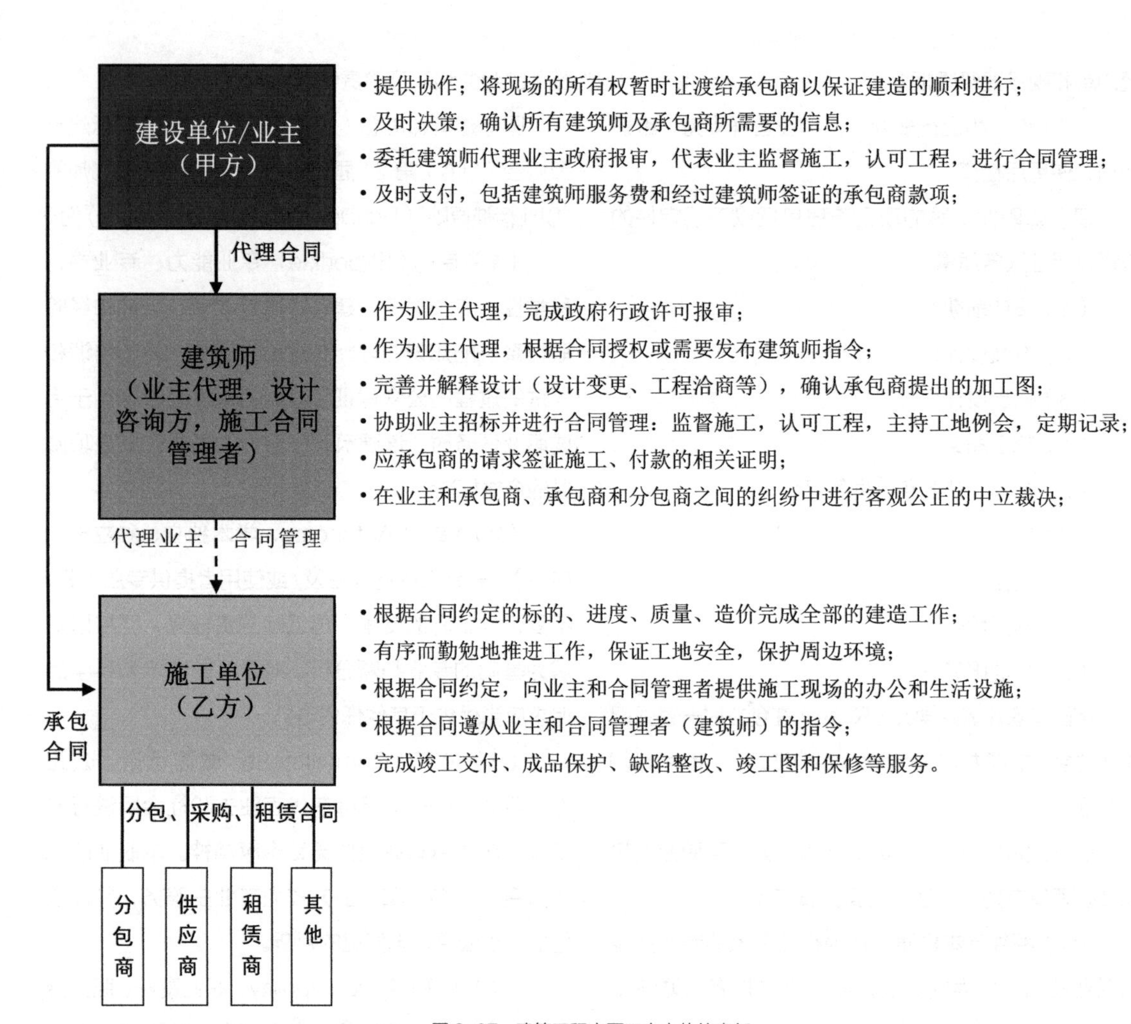

图 2-37 建筑工程主要三方主体的责任

2.3.2 中外建筑师与业主的权利义务的国际比较

西方工业革命后带来的建筑业的兴隆，第一次出现了替代业主采购材料、控制工匠、管理现场的总承包商模式，为一般业主带来了参与城市建设、通过建筑物商品盈利的可能。不同于文艺复兴后的设计、构图的画室建筑师，诞生了代理业主定义建筑物、监管建造过程的工程服务的建筑师。同时，顺应城市发展后的政府监管要求和建筑控制体制，建筑师成为政府监管工程的助手，获得了垄断性的行政许可报审人的角色，促进了现代职业建筑师的登场，并被赋予了社会和技术意义的双重重任。

我国在 1930 年代曾经一度和西方同步推行了职业建筑师制度，但是在 1950 年代中华人民共和国成立初期的计划经济体系中回归到国家公营、业主自营的建造模式，各行各业作为计划经济体系的一个职能部门发挥作用，建设方承担着雇工和统合的责任。在 1980 年代改革开放后重新引入项目管理制度和建筑师制度，但是按照行政主管部门碎片化的建筑工程咨询多方主体、国家定价的定额体系至今还没有从根本上改变（图 2-38、表 2-2）。

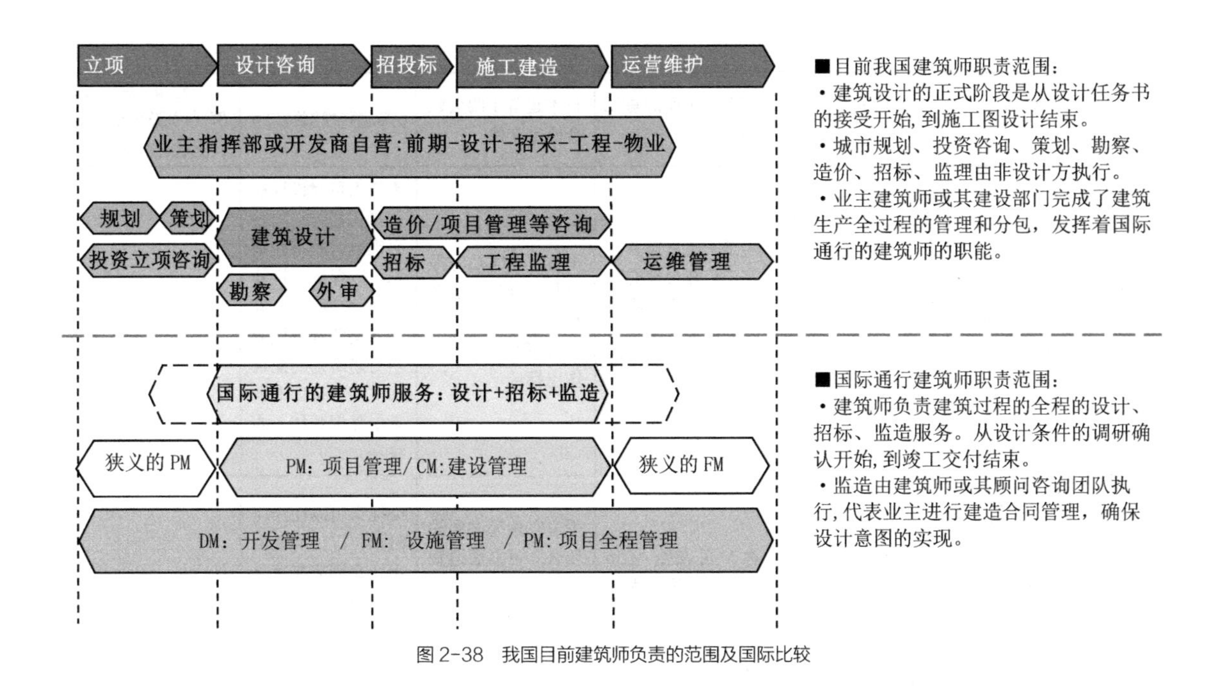

图 2-38　我国目前建筑师负责的范围及国际比较

中外建筑师与业主的权利义务比较　　表 2-2

	美国建筑师学会（AIA）文件	新加坡建筑学会（SIA）文件	FEDIC 文件的施工合同条件	日本建筑士四会联合协定文件	国际通行惯例的综述	中国建筑法规及条例（* 为监理法规及条例规定的内容）
相关主体	委托人／业主，建筑师，承包商业主与建筑师将尽自己权利，彼此合作地完成各自的责任	委托方／业主，建筑师／乙方，承包商	雇主／客户，工程师／咨询工程师，承包商	甲方／委托人，乙方／受托人／建筑师，施工方／承包商	委托人／业主／雇主，建筑师／工程师／受托人，承包商	建设方／业主／发包人、勘察方、设计方／建筑师、监理方、施工方的五方责任主体，还包括投资咨询、招标代理
	业主的权利义务					
信息提供与协助	及时、完整、正确地提供必要的信息。建筑师有权信赖业主提供的服务或信息的正确性和完整性	委托方需向建筑师提供有关工程的所有要求和限制，以使得建筑师更好地进行工作，且委托方需提供完整的描述、勘察和其他的现场情况	为了不延误服务，客户应在合理的时间内免费向咨询工程师提供他能获取并与服务有关的一切资料。客户应为咨询师提供与其他组织联系的渠道，以便取得需要的资料，为工程师提供服务所需的一切无阻挡的通道		委托人需要及时、完整、正确地提供必要的信息并协助建筑师取得必要的工作条件（日本的合同条款中未对业主的信息提供提出要求）	发包人在规定的时间内向设计人提交基础资料及文件，并对其完整性、正确性及时限负责。发包人不得要求设计人违反国家有关标准进行设计

续表

	美国建筑师学会（AIA）文件	新加坡建筑学会（SIA）文件	FEDIC文件的施工合同条件	日本建筑士四会联合协定文件	国际通行惯例的综述	中国建筑法规及条例（*为监理法规及条例规定的内容）
决策与指示	业主代表应慎重、及时地对待项目，以避免不合理地延误建筑师有序和连续的服务进程	委托方或是委托方任命的代理人需服从所有的合同条款，对建筑师提出的有关工作的问题尽快做出回答，以保证不耽误建筑师的工作	为了不延误服务，客户应在合理的时间内就咨询工程师以书面形式提交给他的一切事宜作出书面决定	甲方可要求乙方提供与设计相关的各种信息，同时在必要时可对设计业务作出指示	委托人可对设计业务提出指示，同时必须及时决策和指示，以保证建筑师工作的顺利实施（欧美条款强调业主对建筑师的配合和支持，而日本条款中强调委托人的权利）	
变更与中止	业主可以提前7日书面通知建筑师中止本协议，可以没有理由。在非建筑师过错而中止协议的情况下，建筑师将被支付在中止前提供所有服务的费用，加上所有实报实销花费和所有中止费用（含建筑师尚未提供服务的利润）	业主的委任合同对业主和乙方双方均生效，它可以由其中一方在一个月前任何时候向另一方提出终止履行合同。当乙方的委任被终止时，业主应根据乙方的实际付出情况支付给乙方合理的费用	客户可在至少56天前向咨询工程师发出通知，暂停全部或部分服务，或终止协议。无对方的书面同意，客户或咨询工程师均不得将根据协议规定的义务转让他人	甲方在认为必要的场合，可书面通知乙方要求中止全部或一部分设计业务。甲方在己方认为必要时，可以通知乙方，对设计业务的委托书、甲乙双方协议的内容、甲方已发出的指示进行追加或变更	委托人可以在任何时候、以任何理由中止合同或变更合同，但对非建筑师过错的中止应赔偿损失（美国条款中强调非建筑师过错时委托人必须赔偿设计应得全部利润。其他国家只要求支付相应的设计成本）	发包人可要求终止或解除合同，但应按实际设计工作量支付该阶段设计费
支付费用	业主应按照协议支付款项。不能从建筑师的费用中扣除罚款、清偿损失款和其他暂扣承包商的款项，或者由于建筑师的责任产生的更改带来的费用	委托方需每月按照建筑师所做的工作支付其相应的费用。无论委托方与承包方或与其他方面之间的有任何问题或分歧，都不应减少或拒付应给付建筑师的费用	客户应按协定条件和金额向咨询工程师支付正常服务的报酬	甲方在接受乙方完成的设计业务的相应成果后、监理业务的监理业务结束手续后，向乙方及时支付设计业务报酬及监理业务报酬	委托人应按照合同在约定时间支付设计费（欧美强调建筑师费用作为服务费用必须定时支付，并不受任何结果的干扰。而日本条款强调设计成果取得后的价格性支付）	发包人应按合同规定的金额和时间向设计人支付设计费。提交各阶段设计文件的同时支付各阶段设计费。在提交最后一部分施工图的同时结清全部设计费，不留尾款
索赔			咨询工程师未能尽职（运用合理的技能，谨慎和勤奋地工作）时他应向客户支付相应与相关损失的赔偿。如果发现咨询工程师有受贿、分红等利益冲突、腐败和欺诈时，客户有权终止协议并索赔	甲方在接受乙方提供的设计成果后发现设计缺陷的场合，可要求乙方弥补和损害赔偿，期限为建筑物竣工后2年内提出，并且不能超过设计成果提交后10年	委托人可对设计缺陷和其他未尽职和渎职进行索赔（在欧美的合同法律和建筑师职业道德规定之外，FEDIC特别强调建筑师防止利益冲突和腐败、欺诈的义务，并规定了业主在法律制裁之外的索赔权；日本条款中强调了委托人的设计缺陷索赔权利）	设计人对设计资料及文件出现的遗漏或错误负责修改或补充。由于设计人员错误造成工程质量事故损失，设计人除采取补救措施外，应免收直接受损失部分的设计费。设计人应签订廉政责任书防止腐败
	建筑师的权利、义务					

续表

	美国建筑师学会（AIA）文件	新加坡建筑学会（SIA）文件	FEDIC 文件的施工合同条件	日本建筑士四会联合协定文件	国际通行惯例的综述	中国建筑法规及条例（* 为监理法规及条例规定的内容）
代理权及项目指挥权	建筑师既要组织本身的设计服务，又需做项目管理。在提供合同管理服务规定期间，建筑师是业主代理人，为业主进行咨询和建议服务	委托人授权建筑师作为其代理人代理合同中规定和默许以及项目进行所必须的权利。 在工程进行中，委托方只可间接通过建筑师向承包方或分包方提出指示。 工程每阶段应按合同标准、进度及建筑师满意的质量进行并完成。建筑师对工程每阶段完成量的认定是最终的	咨询工程师履行或行使合同中规定或隐含的任务或权利时，应认为是代表业主执行。工程师无权修改合同，但工程师可在任何时候依据合同向承包商发出指示和修补缺陷的附加或修正图纸文件。承包商也仅应接受工程师的指示	甲方可要求乙方提供与设计相关的各种信息，同时在必要时可对设计业务作出指示	委托人授权建筑师作为其代理人代理合同中规定和默许以及项目进行所必须的权利。建筑师拥有指挥项目和认可工程的绝对权利，承包商只接受建筑师（而非业主）的指示（日本条款中业主亦可对承包商发出指示，同时建筑师必须应委托人的要求及时到场）	设计人应按国家规定技术规范、标准、规程及发包人提出的设计要求，进行工程设计，按合同规定的进度要求提交质量合格的设计资料，并对其负责。在施工过程中只需按图施工并接受业主代表的指示，而非依据建筑师的指示
经验与技术资格	建筑师的服务应按照职业技能和有关项目的有序进展快速、有效、连贯一致。建筑师及其代表应经过授权并郑重对待项目。建筑师应是熟知建筑工业的设计专家	服务应按当地通行的标准，达到合理的职业技巧和关注（a reasonable standard of skill and care）	咨询工程师在依据合同履行义务应运用合理的技能，谨慎和勤奋地工作。工程师应有能力承担业主任命并可完成合同所指派的任务的适当的资质	乙方根据本合同，以善良的管理者的注意履行设计及监理业务，并对其最终成果的图纸、做法表等成果文件进行必要的说明，在此基础上提交甲方	建筑师应具备专业技能和管理能力，并达到相应的资质标准（欧美条款强调建筑师作为有经验和有能力的技术专家的责任，而日本条款强调了建筑师的善意道德基准）	建筑师应按国家规范、标准及设计要求提供质量合格、进度合格的设计，并对其负责。项目主持人必须是一级注册建筑师
公正与诚信，中立的裁判权	除非业主知道并同意，建筑师将不得参加任何可能会削弱建筑师对本项目进行专业判断的任何活动，不得接受任何影响专业判断的聘用、利益或分红。当业主与承包商发生索赔、争执时，建筑师应能作出初步决断。建筑师关于美学效果方面的决定如果与合同文件所表达的意图相一致时，将是最终的。当建筑师基于合同作出阐释与决定时，建筑师应力图忠实于业主与承包商双方，而不应偏向于任何一方		在提供证明、决定或行使自由处理权时，在客户和第三方间公正地行使，不作为仲裁人而是作为独立的专业人员，根据自己的技能和判断进行工作。如果发现咨询工程师有受贿、分红等利益冲突、腐败和欺诈时，客户有权终止协议并索赔。工程师在对任何问题进行商定和确定时，应与各方协商并尽量达成一致。不能达成一致时，工程师应对所有有关情况予以考虑后，按照合同作出公正的决定。除非启动争端仲裁程序，各方均应履行商定和确定。工程师尽管由雇主任命，可以代替争端裁决委员会（DAB）做公平、公正的裁决工作，并由雇主承担费用	乙方根据本合同，以善良的管理者的注意履行设计及监理业务	建筑师应保持公正、善良和协调性。建筑师尽管由委托人雇佣，但应保持委托人与承包商之间的公正、公平立场，并依据合同和专业背景进行独立的判断（美国条款特别强调了建筑师不得参加和接受任何可能影响专业判断的活动、聘用、利益。与欧美的合同不同，日本条款中建筑师无调停、裁决委托人与承包商争端的特权）	《注册建筑师条例》：建筑师应遵守法律、法规和职业道德，维护社会公共利益。工程设计资料及文件中，设计人不得指定生产厂、供应商。 《工程勘察设计廉政责任书》：业务活动必须坚持公开、公平、公正、诚信、透明的原则，不得获取不正当的利益

续表

	美国建筑师学会（AIA）文件	新加坡建筑学会（SIA）文件	FEDIC 文件的施工合同条件	日本建筑士四会联合协定文件	国际通行惯例的综述	中国建筑法规及条例（*为监理法规及条例规定的内容）
建筑服务与协调、指示、变更	建筑师及顾问应按照 AIA 制定的标准提供逐项服务。建筑师应该向业主呈报其服务进度表；建筑师应审查应用于建筑师服务的各项法律、法规与规范。建筑师应对主管项目的政府机构所提出的项目要求作出反应。建筑师的解释和决定以书面或图面形式作出，并应是与合同文件一致的引申和推论	建筑师的专业服务包括项目的规划和设计，包括有关项目的前期和后续服务中为保证设计意图在随后工程中贯彻所负的解释权和执行权。建筑师的工作包含合同管理和对施工方的设计指导。在任何一种情况下，建筑师需同样做与总的项目进度有关的协调专业顾问工作。建筑师需用合理的技术提供尽可能准确的工程报价和施工所需时间	咨询工程师应履行与项目有关的、与客户协商确定的范围内的服务。客户应与工程师协商并得到其认可，方可提供人员。凡涉及服务时，此类人员只应接受工程师的指示。工程师在对任何问题进行商定和确定时，应与各方协商并尽量达成一致。在雇主未能及时履行职责而导致承包商遭受损失时，承包商应向工程师而非雇主发出通知，由工程师负责进行商定或确定。工程师可通过发布指示或要求承包商提交建议书的方式提出变更，承包商应遵守并执行每项变更。工程师可随时指示承包商暂停全部或部分工程	乙方必须根据合同及甲方的要求、就设计及监理业务的进展情况向甲方说明和报告	建筑师依照行业规定的标准提供专业服务，这种服务贯穿设计、施工的全过程，并涵盖了设计及合同管理等各方面。建筑师还负有管理、协调、顾问说明的权利和义务(日本条款特别强调建筑师向委托人的说明、报告义务)	进行工程设计，按合同规定的进度要求提交质量合格的设计资料，并对其负责。 *现场变更由监理方负责
守秘	建筑师应对业主提出的保密信息进行保密。建筑师的宣传材料中不应包括业主的保密或特有信息			乙方不得泄露因设计、监理而获得的甲方秘密。乙方在未得到业主许可时，不得让他人阅览、复印、转让设计成果和中间成果及设计监理过程中的相关记录	建筑师应保守委托人的秘密和应工作获得的委托人的特有信息（日本条款强调设计及监理的中间成果和最终成果的使用受到委托人的许可限制）	设计人应保护发包人的知识产权，不得向第三人泄露、转达发包人提交的产品图纸等技术经济资料
合同管理与施工检查	建筑师协助业主进行竞赛性质的招标或者协商委托的议标,协助选择中标者,并协助业主编制施工合同。 建筑师是业主代理人，为业主进行咨询和建议服务。建筑师作为业主的代表按承包方的施工步骤不时地察看现场。建筑师有权检查、认可和驳回不符合施工合同文件的施工。建筑师应审查并批准或采取其他合适的措施来检验由承包方的呈报物件。建筑师审查和确认应付给承包方的款项数目，然后出具该数目的付款证明	建筑师应对工程进行定期检查以确保工程每阶段按照合同的标准、进度以及建筑师满意的质量进行并完成，同时对完成的工作签发完工证明。建筑师应根据需要决定检查的频率和深度，而不必将此固定安排在建筑师的基本工作里。建筑师对工程每阶段的完成量的认定是最终的	咨询工程师可在任何时候按照合同规定向承包商发出或要求承包商建议书的方式提出指示。承包商仅应接受工程师及其助手的指示。工程师可随时指示承包商暂停全部或部分工程。工程师负责竣工验收并颁发工程的接受证明。工程师签发付款证书，但付款证书不应被视为表明工程师的接受、批准、同意或满意。工程师负责审核和批准承包商的索赔（竣工时间延长或追加付款）	无详细规定，详见业务规定： 设计意图的传达，施工图与设计图纸文件的对照及承认，施工的确认及向委托者的汇报，条件变更引起的设计变更，施工款的支付审查，参加行政机关的检查	建筑师作为业主的代表按承包方的施工步骤不时地察看现场。建筑师有权检查、认可和驳回不符合施工合同文件的施工。建筑师认定工程每阶段的完成量并开具付款证明	设计人按合同规定时限交付设计资料及文件，负责向发包人及施工单位进行设计交底、处理有关设计问题和参加竣工验收。 *监理方负责：施工进度控制，施工质量控制，施工造价控制，合同管理，信息管理，施工现场的组织协调

续表

	美国建筑师学会（AIA）文件	新加坡建筑学会（SIA）文件	FEDIC 文件的施工合同条件	日本建筑士四会联合协定文件	国际通行惯例的综述	中国建筑法规及条例（* 为监理法规及条例规定的内容）
所有权与著作权	图纸、规格说明及其他文件，包括电子文件等都是郑重而唯一用于本项目的手段，建筑师及其法律顾问是上述服务手段的合法作者和拥有者。除非许可，业主将不得把本服务手段用于将来的增建或改建，或者其他项目。在非建筑师过错的前提下业主中止合同时，业主应停止本服务手段的新的复制，并在 7 日之内，将业主手中拥有或控制的所有原件和复印件归还给建筑师	建筑师的所有文档和图纸以及对文档和图纸的工作，其所有权归建筑师所有，除非双方达成其他书面一致。除建筑师书面同意并由委托人支付额外费用，委托人不得在其他工地或工地的其他部分再次使用这些设计。由建筑师提供的图纸、说明和其他文件材料执行与否均为建筑师所有，委托人只可保留一套文件作为记录	咨询工程师保有由其编制的所有文件的版权。客户仅有权为工程和文件的原定目的适用或复制它们，此类使用无须取得工程师的许可。各方应保障和保持使其他合同各方免受知识产权和工业产权的指称侵权的任何索赔引起的伤害	设计成果及利用设计成果完成的建筑物其著作权（含著作者的人格权）归乙方所有。甲方在无特殊约定的场合，可以以下述方式——完成一栋建筑物、建筑物的增改建、装修、维护、运营、广告等目的——利用著作设计成果。在此场合，乙方不得允许非甲方的第三方利用该著作设计成果。乙方不得向第三者转让著作设计成果及本件著作建筑物的著作权。但是取得甲方同意的转让不受此款限制	建筑师的所有文档和图纸以及对文档和图纸的工作，其所有权归和著作权归建筑师所有。委托人只可使用设计成果于本工程，并保留相应的文件作为记录（日本条款偏向于业主的权利保护，业主可以自动获得增改建、运营、广告中利用设计成果的权利，并强调建筑师无权转让设成果，除非得到业主的同意）	发包人应保护设计人的投标书、设计方案、文件、资料图纸、数据、计算软件和专利技术。未经设计人同意，发包人对设计人交付的设计资料及文件不得擅自修改、复制或向第三人转让或用于本合同外的项目。 设计人应保护发包人的知识产权，不得向第三人泄露、转达让发包人提交的产品图纸等技术经济资料
索赔与保险	下列情况建筑师在时间和费用上有权得到调整：设计条件更改或业主所给的批复要求对服务手段进行必要修改；新颁或修改的法律／法规或政府解释要求原来准备的服务手段的修改；业主的决定不及时，导致建筑师误工；业主的时间表或预算，采购手段重大改变；业主或业主顾问或承包商的表现失败等		咨询工程师应作出所有合理的努力，按客户可接受的条件办理保险。咨询工程师未能尽职时，他应向客户支付相应与相关的赔偿。如果客户或其他承包商阻碍或延误了服务，导致增加了服务的工作量和期限，咨询工程师有权得到额外的时间和付款的赔偿	在由于非甲乙方责任的原因造成乙方设计业务或监理业务无法履行时，乙方可根据已完成的工作量在各业务中的比例向甲方要求相应的设计报酬	建筑师在委托人违反合同及非建筑师责任情况下的服务增加均可以索赔（变更时间和费用）	发包人变更委托设计项目、规模、条件或因提交的资料错误，或所提交资料作较大修改，以致造成设计人设计需返工时，发包人应按设计人所耗工作量向设计人增付设计费。 发包人应按合同规定的金额和时间向设计人支付设计费，逾期超过 30 天以上时，设计人有权暂停履行下阶段工作，并书面通知发包人
业务宣传	建筑师有权利采用项目设计的照片或艺术性演示，用于建筑师的宣传或专业材料中，建筑师将被给予进入完工项目完成上述演示的合理途径。业主应该在其项目宣传材料中给予建筑师以职业名誉		除非另有规定，咨询工程师可单独或与他人合作出版有关工程和服务的材料。但如果在服务完成或终止后两年内出版，则须得到客户的批准	乙方的下述行为必须得到甲方的许可：(1)发表设计成果及本件著作建筑物的内容；(2)在本件著作建筑物上表示乙方的真名或化名	建筑师有适当的设计成果宣传权（美国条款强调建筑师的权利和业主应给予的宣传的便利。FEDIC 强调建筑师有不受业主限制的延时宣传权。日本条款则把委托人的许可作为建筑师宣传的前提）	

续表

	美国建筑师学会（AIA）文件	新加坡建筑学会（SIA）文件	FEDIC 文件的施工合同条件	日本建筑士四会联合协定文件	国际通行惯例的综述	中国建筑法规及条例（* 为监理法规及条例规定的内容）
分包和权益转让，顾问使用	如果建筑师提出需要这样的服务并且是项目合理地需要这些服务，业主应该在指定的顾问服务之外增加相应服务，或授权建筑师修改服务以完成	无论是委托人还是建筑师都可在合同范围内发配或转让自己的权力，无需书面通知另一方，但需要有合理的理由。 建筑师需推荐专业顾问，顾问一般通过建筑师向委托人汇报，建筑师必须做项目总协调的工作。委托人应按建筑师的推荐聘用专业顾问并支付其费用	无客户的书面同意，咨询工程师不得将由协议产生的除款项以外的利益转让他人。无对方的书面同意，客户或咨询工程师均不得将根据协议规定的义务转让他人。 除非经另外双方的同意，工程师不应将确定任何事项的权利托付他人。在征得对方同意时，可将合同或相应权益全部或部分转让，或以银行等金融机关为收款人的担保方	不能将业务的全部整体委任或承包给第三方。在向甲方书面说明的前提下可以委任或承包部分业务，但乙方需承担全部责任	权利义务的转让、业务的转包各国差别很大（欧美条款中强调建筑师的专业顾问和顾问团队的协调者的作用，建筑师可以推荐专业顾问并不对其工作负责。而日本条款则强调建筑师必须对全部设计及顾问工作负责，但合同主体对方的同意是合同一方转让权利、义务的前提）	
专业范围免责	不管是委托人直接任命还是由建筑师代理聘用的顾问，顾问的任何渎职和疏忽都将由顾问单独承担，建筑师不承担责任。 对于建筑师基于合同、以善意进行的阐释或决定所产生的结果，建筑师不负有法律责任。 建筑师不对承包商的施工方法、手段、技术和程序，以及施工安全计划、未达到合同要求的工作失误、承包商详图的精确性及完成度等负有任何责任	建筑师必须做项目总协调的工作，但建筑师不对顾问方的渎职和疏忽负责	工程师的任何批准、校核、同意、检验、指示、默许等不应解除承包商根据合同应承担的任何责任，除非合同另有约定。 承包商应按照合同及工程师的指示完成工程并修补工程中的任何缺陷，并对所有现场作业、所有施工方法和全部工程的完备性、稳定性和安全性承担责任	乙方需承担全部责任而无免责权	建筑师只需对其专业领域负责，对超越范围的顾问需求有建议及使用的权利，并不对其负责，这是欧美建筑师代理性的体现。日本则强调建筑师的顾问承包性质和全部顾问责任	
中止与修改服务	业主未按照本协议支付款项，这种疏忽将被看作是事实上的不作为，并将导致协议中止（非过错中止的方式）	业主的委任合同对业主和业主双方均生效，它可以由其中一方在一个月前任何时候向另一方提出终止履行合同	咨询工程师未收到应付款后至少 14 天前通知客户，并在 42 天内发出进一步通知，终止协议或自主决定暂停部分或全部服务	在设计报酬的支付拖延、甲方责任的设计业务延滞时，乙方在向甲方催促无效后可书面通知甲方停止设计业务的全部或一部分	委托方不按时支付费用则建筑师有业务的中止权（FEDIC 和日本条款强调建筑师有催促的义务）	合同生效后，设计人要求终止或解除合同，设计人应双倍返还定金

续表

	美国建筑师学会（AIA）文件	新加坡建筑学会（SIA）文件	FEDIC 文件的施工合同条件	日本建筑士四会联合协定文件	国际通行惯例的综述	中国建筑法规及条例（* 为监理法规及条例规定的内容）
行业争端裁决	除非双方相互达成一致，业主与建筑师应通过调解来谋求索赔、争执或其他问题，这种调解应该与现时生效的美国仲裁协会制定的建筑工业调解条例相一致。仲裁员或仲裁组的判定将是最终的，并且按适用法律在任何有司法权的法庭成为结论	业主和建筑师可就双方的争议和分歧提起仲裁。新加坡建筑学会的决定将是最终的裁决	雇主与咨询工程师之间发生争端时，双方应本着诚信原则努力解决。尝试解决失败后提交调解人，调解失败后在双方同意放弃任何形式的上诉权利后可将争端提交仲裁。在施工协议中，工程师尽管由雇主任命，可以代替争端裁决委员会（DAB）做公平、公正的裁决工作，并由雇主承担费用	由甲乙方在协议的基础上选定 3 名调停人（DAB）进行斡旋或调停解决。在认为必要的情况下，甲乙双方可在前款的调停前或调停中提起民事诉讼或民事调停	委托人与建筑师的争端解决都尽量采用行业调解和行业仲裁（英美体系中特别规定行业协会的裁决是最终的）	合同发生争议，双方当事人应及时协商解决。也可由当地建设行政主管部门调解，调解不成时，双方当事人可由约定的仲裁委员会仲裁。未达成仲裁协议可向人民法院起诉

本章注释

注 1：[美] Spiro Kostof. The Architect: Chapters in the History of the Profession[M]. Oxford: Oxford University Press, 1977.

注 2：沙凯逊．建筑设计质量评价：国际经验的启示 [J]. 建筑经济，2004（04）：80-83.

注 3：[古罗马] 维特鲁威．建筑十书 [M]. 高履泰，译．北京：知识产权出版社，2001.

注 4：[法] Alain Erlande-Brandenburg. 大教堂的风采 [M]. 徐波，译．上海：汉语大词典出版社，2003.

注 5：詹笑冬．建筑教育中的工作室教学模式研究 [D]. 杭州：浙江大学，2013.

注 6：王旭．从包豪斯到 AA 建筑联盟 [D]. 天津：天津大学，2015.

注 7：[意] 贝纳沃罗（Benevolo, L.）. 世界城市史 [M]. 薛钟灵，译．北京：科学出版社，2000.

注 8：郑红彬．近代在华英国建筑师研究（1840-1949）[D]. 北京：清华大学，2014.

注 9：郑红彬．近代在华英国建筑师研究（1840-1949）[D]. 北京：清华大学，2014.

注 10：[美] Spiro Kostof. The Architect: Chapters in the History of the Profession[M]. Oxford: Oxford University Press, 1977.

注 11：张颖．中国工程建造模式的历史研究 [D]. 南京：东南大学，2005.

注 12：曹焕旭．中国古代的工匠 [M]. 北京：商务印书馆，1996.

注 13：王蕾．清代定东陵建筑工程全案研究 [D]. 天津：天津大学，2005.

注 14：赖德霖．重构建筑学与国家的关系：中国建筑现代转型问题再思 [J]. 建筑师，2008（02）：37-40.

注 15：郑红彬．近代在华英国建筑师研究（1840-1949）[D]. 北京：清华大学，2014.

注 16：姚蕾蓉．公和洋行及其近代作品研究 [D]. 上海：同济大学，2006.

注 17：刘亦师．近现代时期外籍建筑师在华活动述略 [J]. 城市与建筑，2015（6+7）：320-329.

注 18：路中康．民国时期建筑师群体研究 [D]. 武汉：华中师范大学，2009.

注 19：范诚．近代中国城市建筑管理机制的转型变迁（1840-1937）[D]. 南京：南京大学，2012.

注 20：李海清．中国建筑现代转型之研究：关于建筑技术、制度、观念三个层面的思考（1840 ~ 1949）[D]. 南京：东南大学，2002.

注 21：温玉清，王其亨．中国近代建筑师注册执业制度管窥：以 1929 年颁布《北平市建筑工程师执业取缔规则》为例 [J]. 建筑师，2009（01）：43-46.

注 22：黄元炤．中国建筑近代事务所的衍生、形态及其年代和区域分布分析 [J]. 世界建筑导报，2017（03）：51-55.

注 23：娄承浩．近代上海的建筑业和建筑师 [J]. 上海档案工作，1992（02）：49-52.

注 24：汪晓茜．规划首都——民国南京的建筑制度 [J]. 中国文化遗产，2011（05）：19-25.

注 25：李武英．注册建筑师制度在中国的建立及管理统计 [J]. 时代建筑，2007（02）：16-17.

注 26：张颖．中国工程建造模式的历史研究 [D]. 南京：东南大学，2005.

注 27：许安之．国际建筑师协会关于建筑实践中职业主义的推荐国际标准 [M]. 北京：中国建筑工业出版社，2004. 笔者有修改．

Chapter3

第3章 建筑师职业教育体系与资格认定

Education and Authentication of Architect

3.1 西方建筑师职业教育的历史

3.1.1 古代职业教育体系——学徒制，行会制，学院制

从人类文明初始，劳动教育（work education）的原始形态就已经存在，方式主要是家庭制的亲子相传：父母教自己的孩子学习基本的生活技能，主要以模仿的方式在实践中学习。

但随着生产力的发展，特别是从青铜器时代开始手工业得到的迅速发展，血亲内的技艺传承已经不能满足生产力发展与社会分工的需要，于是除了亲子相传还有通过养子制方式将技艺传承给家庭以外的成员：养父向养子传授自己的技艺，养子必须终身继承养父的事业。公元前 2100 年汉姆拉比王（King Hammurabi）的《巴比伦法典》（*Babylonian Code*）就有记载："如果有手艺人招收养子并教他手艺的话，任何人都不得反对。如果养父不向养子传授技艺的话，养父就必须把养子归还给其亲生父母。"古埃及、古希腊和罗马都在考古中发现了有关学徒的合同文件，但当时还没有学徒制这个名词（注 1）。

西方 11 世纪中世纪晚期，由于农业和手工业的发展，人口向城镇聚集，行会（guild）及行会制度产生了。先是商人建立了商业行会来保护自己的经济利益，后来手工艺人们也组织了手工业行会来控制生产的质量和数量，以减少竞争，并向行会所接收的学徒提供全面的培训；行业内的一些行会又相互联合，发展成为行业公会的形态。行会基本上是一个享有某个行业垄断特权的封闭性组织：对外拥有就业垄断权（市场准入），对内实行强制性管理和监督，包括学徒制等工匠培养体制。中国古代木匠也有类似的行业组织，如土木营建行业的行会组织"鲁班殿"，主要作用就是管理行业市场和从业人员及帮派、划定地盘限定竞争，近代发展成为行业协会。

学徒制既是手工业行会培养合格从业者的唯一途径，又是行会控制行业内部竞争、限制市场准入的重要手段。如英国行会规定，一个师傅一般只能带一个徒弟，师傅通过示范、练习、矫正的过程完成师徒之间的技术传递，学徒要经过约 7 年的见习才能成为工匠。在中世纪的行会组织中，等级制度非常严格。从业人员按不同的身份分三等，依次为学徒（apprentice）、工匠（journeyman）、师傅（master）。师傅是独立的手工业者和行会成员，拥有家庭手工作坊、生产资料和生产工具，可单独从事生产经营，并可以招收他自己的学徒和工匠。

学徒制（apprenticeship）一词是从 13 世纪才开始使用的，如 1261 年英国伦敦的马具师行会使用了学徒制。从 16 世纪中叶开始，对学徒制的控制权逐渐由行会转移到国家手中，国家开始通过立法对学徒制的实施进行各种干预，如英国于 1562 年颁布的《工匠学徒法》。18 世纪开始的工业革命，通过引入机械和标准化、大规模生产，劳动者通过简单的培训就可以成为工厂的工人，而不需要长期训练、技艺完整的工匠，对传统的工匠学徒制造成了巨大的冲击。1802 年英国议会通过了《学徒健康与道德法》，该法包括 12 小时工作日的规定和工厂学徒被教导阅读、写作和算术的要求，并通过消除对学徒最低 7 年培训时间的要求，放宽了对学徒的法定管制，该法被认为是资产阶级"工厂立法"开端，是一部最早的对工作时间的立法，并导致 1814 年废除了《工匠学徒法》，标志着传统工匠制的崩溃。

欧洲 11 世纪随着中世纪城市的建兴起、手工业和工商业的发展，原有的教会学校、行会学校已不能满足社会发展的需要，于是开始出现中世纪的大学。中世纪的大学归根结底是建立在行会概念基础上的，此时的大学教育其实是当时众多城市行会中的一种，是一种精神（知识）手工业者的行会，是一种学者社团组织，它的核心制度就是学者行会自治。

最早的大学原型是 1088 年建校的意大利博洛尼亚大学（意大利语为 Università di Bologna）、1150 年建校的法国巴黎大学（Universite de Paris）、1167 年建校的英国牛津大学。在 12 世纪末到 13 世纪初，受巴黎大学等大学的影响，欧洲产生了一批大学并形成了大学自治、学术自由与教授治校的三大核心精神。现代英文“大学”（university）一词的拉丁文（universitas）含有自治城市、城市商业联盟、行会等多种含义，到 14 世纪以后，这个词语就成为大学的特有称呼（注 2）。

文艺复兴初期的意大利，各种技艺行业的组织机构繁多，其中大多是中世纪行会的残余。行会不仅控制着各行业艺人的生产活动，而且还承担着艺术教育——培训年轻艺徒的任务。在行会制度中，艺徒的培训一般都是按照某种统一的模式在行会师傅的作坊中进行的，以保证传统的精湛技艺得以传承而非艺术创新，直到培养画家、雕塑家和建筑师等的专门教育机构——艺术学院出现。创建于 1563 年的意大利佛罗伦萨迪塞诺学院（Accademia del disegno，英文为 Academy of Design）是举世公认的现代美术学院的起源。乔治・瓦萨利（Giorgio Vasari）任院长，佛罗伦萨大公柯西莫・美迪奇和米开朗琪罗任名誉院长。建立学院的最重要和最核心的动机，就是要与当时的手工艺行会拉开距离，以提高画家、雕塑家和建筑师这类造型艺术家的社会地位，同时总结文艺复兴巨匠们的成就，为艺术建立法则。从古希腊的柏拉图在雅典的教育机构——学园（Academy，即学院）开始直到中世纪的教会学校，教授的主要内容都是通识教育的“七艺”［即所谓“七门自由艺术”（septem artes liberals），辩证、修辞、文学的“三科”和算术、几何、音乐、天文的“四学”］，雕塑、建筑和绘画等造型艺术活动与酿酒、制鞋、务农等实践活动一样，只是一种带有体力劳动性质的纯技艺活动，不是一种理性认识活动，因而上升不到理论层面的高度。文艺复兴在理论上提高造型艺术家的途径主要有两条：一是证明造型艺术是人文学科，二是证明造型艺术是科学。建立一个独立的迪塞诺学院，用“学院”一词本身就意味着艺术是人文学术和科学；“迪塞诺”（disegno）一词则宣布了绘画、雕塑和建筑是智力、而非仅仅是体力活动，这是文艺复兴时期的一个重要的艺术理论概念，在英语中它一般被翻译成 design（设计，构思），关于 Disegno（design）的基本原则主要有：① 它是绘画、雕塑和建筑这三种艺术的源头；② 它是一种理性认识活动，从大量的事物中获取一种普遍判断力和一种关于自然万物的形式或理念，是关于被再现的人物和事物的一种精神概念；③ 它不仅仅是一种理性认识活动，由理性把握到的形式和理念要借助物质材料和技术手段才能够完美地再现出来。由此可见，强调绘画、雕塑和建筑这三种艺术的共同的理论基础，强调它们是人类智力活动的产物，提高画家、雕塑家和建筑师的整体文化修养以便使他们彻底摆脱自古以来工匠的卑微社会地位，是佛罗伦萨迪塞诺学院的一大使命。学院章程明确规定学生所学习的是 disegno 艺术而非其他，并根据其原则设置了数学、几何、解剖、人体素描、自然哲学等课程或讲座（注 3）。

3.1.2　法国的建筑教育体系——学院派的图房制建筑教育

世界上最早成型的系统化建筑教育体系，首推法国的巴黎美术学院体系。1671 年法国成立了皇家建筑研究会（Academie Royale d’Architecture），研究会的会员们由国王任命，首任主席为布隆代尔（Francois Blondel，1617-1686）。他们每周聚会一次进行学术交流。此时法国的建筑界正受文艺复兴思想的影响，这一思想在法国理性主义哲学思想作用下，演化成了古典主义建筑的流行风潮。受理性主义思想影响的皇家建筑研究会成员们致力于从文艺复兴和古代罗马的建筑杰作中总结出普遍的构图抽象原则，并作为形式规范以指导设计实践。

皇家建筑研究会同时指导了一所学校，由布隆代尔兼任教授。这所学校以文艺复兴和古代罗马的构图抽象原则作为设计思想的主要来源。学院的目标是“公开教授最好和最正确的建筑规则，以造就年轻的艺术家们”。该校创立了罗马大奖赛（Grnad Prix de Rome），提供了获奖者公费就学罗马的机会以研习古典建筑。

法国大革命时期，所有皇家研究会被“国家科学与艺术研究院”（Institute National des Sciences et des Arts）取代，附属于皇家研究会的学校也被关闭。其中的建筑学校独立出来，1795 年时成为由“国民公会”颁布成立的 10 所学校中的第 9 所，名为“建筑专门学校”（L'Ecole Speciale de L'Architecture），专攻绘画、雕塑、建筑。此时该校是法国唯一的一所建筑学校。1819 年，恢复君主政权的法国将“建筑专门学校”和绘画、雕塑这两个另外的专门学校组合进“皇家美术学院”（Ecole Royal des Beaux-Arts）。19 世纪中叶后，法国将国内各美术学院在体制上合并成一所大学，各地学院作为分院，位于巴黎的学院便被称为“巴黎美术学院”（Ecole des Beaux-Arts，音译为布扎、鲍扎，意译为学院派、学院式）。这所巴黎美术学院经过长时间的实践积累，形成了一套完整的、系统的、特点突出的建筑教学方法。后来各国学生陆续来该学院学习建筑专业，他们毕业回国之后，将这种教学方法带回各自的国家并传播开去，在 20 世纪初形成了全球性的传播，被称为“Academic”（常译为学院派、学院式）（注 4）。

1702 年皇家建筑研究会创立了新的教学大纲，分为四层：底层是入学考试的准备，然后是第二级，再往上是第一级，最顶层是罗马大奖得主。学生要进入更高的级别，必须通过规定的设计竞赛，巴黎美院每月展开设计竞赛，出题者和评委都由学院的教授担任，第二级和第一级的学生在一年中至少参加两次竞赛，竞赛的题目以不同的建筑类型划分，这也是后来建筑类型主导的设计课的原型。竞赛首先在学院内进行快图设计，然后学生回到建筑师工作室（atelier，也译作图房、图坊、画室），在建筑师导师的辅导下完成设计，并在规定期限内送到学院由学院评判。学生们逐步以获得罗马大奖为终极目标进行学习，因此工作室也逐渐从实际项目的设计辅导变成纯粹以竞赛为目的的虚拟题目训练基地，训练内容也逐渐演变成与建筑实践脱离、为迎合竞赛而追求图面效果的训练。导师平时在自己的事务所工作，一周去图房指导学生两三次。这种工作室制（Atelier System，又称为图房制、图坊制）强调以虚拟题目练习设计、强调建筑样式和绘图表现效果的“学院派”建筑教育，在 19 世纪的欧洲达到高潮，并成为世界性的建筑教育方法（注 5）。

学院派建筑教育的特点有：

（1）系统化的教育体系。学院派建筑教育是有计划地、系统地进行四到五年的学习，知识不再只是通过中世纪行会的师徒间的潜移默化和领悟。在教学内容上，学院派开始使用类似于现代大学的分科目教学，将知识进行拆解，将构图等一系列设计方法以一定的模式传授，强调知识、形式美的原则必须是可以教授的。

（2）美学规范的权威性。设计强调抽象古典美学构图原理和形式规范，不仅在立面上、还包括空间上都强调构图（composition）。学习的目标是树立“正确的”美学观念和表达技巧。以罗马大奖为终极目标的设计竞赛也在强化其权威性。

（3）与实践和技术的脱节。学院派的建筑教育以艺术绘图训练为主，不考虑技术因素；基于设计竞赛的学院派设计教学，仅限于在图房的纸上设计，强调渲染等表现技法，而没有同实际项目相结合，大部分学生甚至没有参与过任何实践项目的建造，缺乏对建筑空间和建造知识的把握，与中世纪行会的师徒实践中学习相去甚远。

当时的法国也意识到讲究哲学和艺术的建筑教育无法解决实际问题。1795 年建立的巴黎理工学校（学院）（Ecole Polytechnique in Paris），就是为了充实建筑技术类的教育以弥补巴黎建筑专门学校的不足。他们的教育以完善的学徒系统为基础，老师与学生在实践中充分接触交流。学制两年。其前身为法国大革命后于 1794 年成立的公共工程中心学校，1805 年曾被拿破仑改为军事院校，直到 1970 年才重新改为民用学校。巴黎理工学校认为：① 这所学校首先是为培养有教养的军官和有能力的工程师；② 因为这样的军官和工程师必须具有各种技术通用的理论知识，所以这所学校应“同时复苏精密科学的研究”，使它的学生有能力从事“不计利益”的学术研究。军事工程师（工兵，engineer），即后来的工程师（技师），要能临机而及时地解决实际问题，必须具备数、理、化和建筑等方面的理论知识，同时也能从事精密的科学研究。这也是现代工程师和职业建筑师产生的源泉之一。巴黎理工学校（学院）成为 1799 年成立的柏林建筑学院的样板，形成了德国古典主义中强烈的技术传统并影响到 20 世纪包豪斯的现代主义建筑教育和设计理念的形成（图 3-1）。

图 3-1　19 世纪末巴黎美术学院师生在庭院的合影及设计教室内景

3.1.3　英国的建筑师教育——学徒制的实践性

19 世纪英国的建筑教育仍延续中世纪“学徒制”（Apprenticeship）的模式，注重在实践中学习专业技能。英国的建筑师们并不像法国建筑师们那样热衷于探索建筑美学的抽象原则，也不热心于开办学校系统地传授建筑设计方法。英国的学生通常通过学徒方式跟随建筑师从事建筑实践活动，在此过程中逐渐掌握建筑设计技能，业务能力提高到一定水平之后便可以离开师傅自己成为独立的建筑师，承担设计项目。

“到了 19 世纪末‘学徒制’模式已经明显不能为建筑师提供满意的教育。主要原因有三：‘风格之争’；材料和工程科学的发展；构造方式和建造实践要求日趋复杂。”1834 年，伦敦英国建筑师学会成立。1837 年，学会得到威廉四世的敕许书，获得国家的正式批准。1866 年由维多利亚女王授予“皇家”头衔，学会成为英国皇家建筑师学会（RIBA）。

尽管建筑师职业成立了，但是作为职业能力保障的英国建筑教育，一直还在采用不标准、不系统的中世纪学徒式教育，另外有一些学会的讲座和游学对此进行补充。为了改变对建筑教育改革的持续冷漠的现状，1842 年一些建筑师新人成立了建筑工匠学会（the Association of Architectural Draftsmen），并于 1847 年发展成为 AA 建筑联盟（the Architectural Association）。学生们之间自发地通过讨论和点评设计来学习知识，此外还有名人的访问讲座作为补充。实际上，这种纯志愿的方式一直维持到 1891 年，后来改为聘用教师和管理者的方式经营，并于 1901 年开始开设全日制教育，最终成立了 AA 建筑教育联盟学院（简称 AA）。

新的教育运动在 1890 年后加速发展，1892 年伦敦的国王学院设立了三年制全日制建筑教育，1895 年的利物浦大学开设建筑教育，该大学的毕业生被 RIBA 认证为可以免试通过协会的中级考试。进入 20 世纪后，在爱德华时期（1901 ~ 1919 年），英国大学内的建筑院系才大量涌现。到 1920 年，利物浦的五年制教育毕业生获得了协会所有考试的免试资格。在两次世界大战期间，许多学院都效仿这种模式。

英国建筑院校的教育同时兼有法国学院式以及英国自身传统学徒制的特点。由于当时法国的艺术学院是整个欧洲大陆艺术学校的楷模，因此英国的建筑教育也借鉴了一些巴黎美术学院的方法，以古典的构图原则为核心训练学生的设计和图面表现技能。但与此同时，“学徒制”的传统教育思想仍然起着重要的作用，英国建筑教学之中仍然比较注重工程技术和职业实践需求。

3.1.4 德国的建筑教育——包豪斯的工坊制现代建筑教育

国立包豪斯学校（Das Staatliches Bauhaus），简称包豪斯（Bauhaus），于 1919 年 4 月由格罗皮乌斯在德国魏玛建立。根据学校所在地的不同，经历了 1919 ~ 1925 年魏玛时期、1925 ~ 1928 年德绍时期、1928 ~ 1933 年柏林时期，以及三任校长：1929 ~ 1928 年瓦尔特·格罗皮乌斯（Walter Gropius），1928 ~ 1930 年汉纳斯·梅耶（Hannes Meyer）和 1930 ~ 1933 年的路德维希·密斯·凡·德·罗（Ludwig Mies van der Rohe）。1933 年在纳粹政权的压迫下，包豪斯被迫关闭。1919 ~ 1933 年的包豪斯开创了现代建筑教育新的篇章，其众多成员开始向世界各地传播包豪斯思想，其中对现代建筑教育有重要影响的还有德国的乌尔姆设计学院（Hochschule für Gestaltung，Ulm，英文为 Ulm Institute of Design，创立于 1955 年）和莫霍利·纳吉（Laszlo Moholy Nagy）在芝加哥创办的新包豪斯（1937 年创立 New Bauhaus，1939 年更名为芝加哥设计学院 Institute of Design，Chicago，1949 年并入伊利诺伊理工学院 IIT）。

19 世纪初，随着工业化的发展，工厂取代了传统手工艺作坊，技术娴熟的工匠逐步被没有受过训练的工人操作的机器所取代。这种改变造成了产品艺术质量的急剧下降。1851 年举办的英国伦敦博览会虽然让世人看到工业革命在科学与技术上的成功，但是粗糙的产品设计引发了广泛的争论。在英国随之出现了反现代主义（Anti-modernism）和艺术与手工艺运动（Arts and Crafts），核心都是拒绝现代工业的生产模式，这种思想加深了艺术界与工业界之间的隔阂。欧洲各国都采取了一定措施，增强实用美术的教学。与此同时，刚刚完成统一不久的德国一直致力于德国的发展和扩张。德国的工业发展迅速，但是相对于英法等国家来说具有不少弱势，既没有廉价的原材料和资源，也没有遍布全球的成熟的销售市场，因此德国政府试图通过设置综合性工艺学校以及工艺美术学校来解决工业艺术教育问题，以提高工业产品的质量，增强国际竞争力。1907 年德国的第一个设计组织、现代主义设计的基石“德意志制造联盟”（Deutscher Werkbund）成立，艺术家、手工业者和企业家共同致力于改善手工艺教学，并与工业发展紧密联系，向工业化、高品质产品的目标迈进。1919 年在格罗皮乌斯领导下，综合一所美术学院和一所工艺美术学校共同组成的包豪斯学校，强化了对实用美术和手工业的重视，并在后期真正解决了工业与艺术融合的问题，从而为现代建筑运动奠定了基础。包豪斯突出的特点表现在艺术和手工业结合（包豪斯早期），以及工艺设计和工业生产协同（包豪斯后期）。

1）艺术和手工业结合

包豪斯一直在尝试一种把艺术学院的理论课程与工艺学校的实践课程相结合的教育方式，以探索包括建筑在内的各种产品的新形式。以此为目的，格罗皮乌斯专门安排了两方面的教师队伍形成“双大师制”，即艺术家、形式大师（Master of Form，多为先锋派画家）和工艺师、工匠大师（Master of Craftsman，多为传统手工艺人）合作的教学模式：“形式大师”以抽象的视觉艺术分析实验训练学生的新型形式感，帮助学生形成自己独到的形式语言；“工匠大师”教会学生掌握各种实用工艺制作的方法和技巧。学生通过两方面结合的培训，探索具有新颖艺术特征的产品，并实现艺术的生活化和大众化的目标。

2）工艺设计和工业生产协同

格罗皮乌斯在文章《魏玛包豪斯的理论和组织》中，强调了工艺设计及工业生产协同的观点：“手工艺教学意味着准备为批量生产而设计。从最简单和最不复杂的任务开始，他（包豪斯的学徒）逐步掌握更为复杂的问题，并学会用机器生产。”格罗皮乌斯在 1919 年发表的包豪斯宣言中提到的：“综合全部造型活动，使之汇集于建筑之下，创造绘画、雕塑、建筑为一体的统一艺术”。1923 年，发表了新包豪斯宣言，提出了方向和口号：《艺术与技术：一个新的统一》（*Art and Technology*：*A New Unity*）。

包豪斯学校的探索工作一方面消除了艺术和工业发展之间的矛盾，促进了现代建筑运动的发展；另一方面，它独具特色的教学方法对当时业已僵化的学院式传统教学体制产生了强烈的冲击。包豪斯学校成为建筑教育向现代方法演变的重要转折点。

包豪斯在 1927 年才成立了建筑系，由汉斯·迈耶（Hannes Meyer）执掌。1928 年，汉斯·迈耶接替格罗皮乌斯担任院长之后，着力发展建筑系。迈耶为建筑设计教学提供了一套系统的教学大纲，明确了建筑系九学期的教育：第一学期为预备课程；第二、三学期在培养手工能力与造型能力的工作坊实践（金属、木工、壁画）；第四、五、六学期继续培养造型方面的能力；第七、八、九学期在建筑工作室（Studio）内培养专业建筑师的教育，这时期的建筑教育已经和现在工科大学的建筑教育相似。

包豪斯的建筑教育特别注重对设计问题的系统分析和研究。开展任何一个项目前，必须先仔细研究有关需要、行为模式、使用者和近邻的关系以及心理精神因素等，特别关注通风和光线的问题。这种理性主义和功能主义设计的教学方法在密斯·凡·德·罗任期内继续得到发扬，并随之被大批包豪斯教员带到了美国。

德国传统的建筑教育突出特点是对工程技术方面的注重。它的建筑院校多和高等技术学院或者综合性技术学校有着密切的联系。德国的建筑教育兼具法国和英国的影响。它与巴黎美术学院一样，有着素描课和历史课，但写生较少。比起其他各国的建筑教育，德国更强调学习有关建筑建造技术方面的科学方法，设计要深入到施工图的程度，要计算结构，考虑通风、取暖、照明设施等，训练时间更长，更严格，技术性更强（图 3-2）。

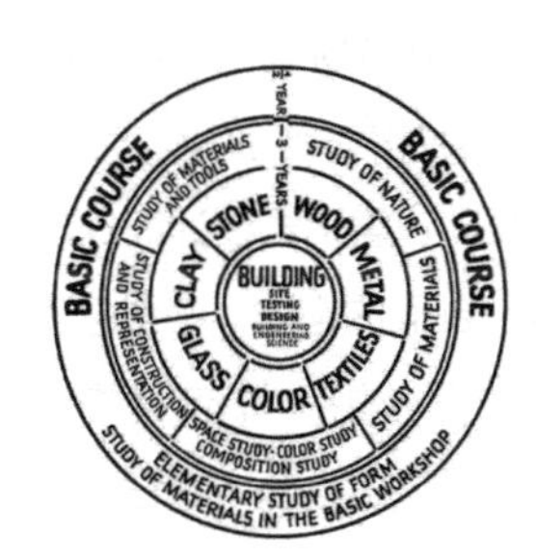

图 3-2　包豪斯的课程体系及教师、主要作品

3.1.5 美国的建筑教育——学院派和现代主义的兴盛

1783年美国独立后，特别是1865年南北战争后，建筑业迅猛发展，建筑师良莠不齐。自19世纪60年代~90年代的30年间，第一批赴欧留学的美国学生回国后开设建筑师事务所、教书，一批欧洲的建筑师也赴美开设建筑师事务所或教学。1856年，美国第一个留学巴黎美术学院的建筑学学生R·M·亨特（Richard Morris Hunt）在学成后回到了美国，开设了一间法式工作室并成为美国历史上最早的建筑教育。随后麻省理工学院（MIT）在1865年聘请亨特画室的弟子W·R·威尔（William Robert Ware）出任建筑系主任并负责筹办，这所大学在教学特点上很大程度上与巴黎美术学院相似，奠定了美国建筑教育学院派的传统。之后又有康奈尔大学、伊利诺伊大学、哥伦比亚大学等8所高等院校成立了建筑系，到1925年整个美国建筑院（系）达到了40个。而这一时期美国高等建筑教育的领头羊是宾夕法尼亚大学（University of Pennsylvania，简称宾大）。20世纪初至20年代末的这一段时期，学院派思想和教学传统的继承者宾夕法尼亚大学达到了黄金时期，并对中国建筑教育产生了深远的影响。

由于美国最早的建筑系大多由巴黎美术学院的毕业生主持设计教学工作，美国建筑教育带有浓厚的学院派色彩。1893年一群毕业于巴黎美院的美国留学生在纽约成立了鲍扎建筑师学会（Society of Beaux-Arts Architects），其下附设了教学机构，采用巴黎美院的方式进行建筑教育，并于1904年开始设立每年一度的“巴黎大奖赛”（The Paris Prize），以资助得奖者去巴黎美院进修3年。鲍扎建筑师学会对于鲍扎体系在美国的传播和推广起了很大的作用。1890年宾夕法尼亚大学于1890年成立了建筑系，1907年保罗·克瑞（Paul Philipe Cret）成为宾大教授，“在学术上属于学院派的新派，擅长简化古典”，是当时美国流行的摩登古典（Modern Classic）的代表人物，他将鲍扎视为一种营造赏心悦目建筑的方法体系而非一种固定风格，并将宾大建筑系提升到全美翘楚的高度。

因大学班级制的实行、严格的教学管理等原因，在美国大学里巴黎美术学院的图房制（Atelier System）并没有得以贯彻，但其实质性的教学方式却完整地在设计教学中保留了下来。如以全美“巴黎大奖赛”的设计竞赛为学习目标，围绕最初快图进行设计和渲染的设计方法，从古典柱式、平面构思、渲染测绘的基础训练、各种类型化的建筑设计课题等都是巴黎美术学院教学方法的延续（注6）。

20世纪初至20年代，是美国建筑教育中学院式方法兴盛的时期。一方面由于建筑实践领域的折中主义设计方法逐渐盛行，受过古典建筑样式训练的建筑师越来越受到欢迎；另一方面有更多来自法国巴黎美术学院的建筑师成为美国各建筑院系的设计指导教授。Pual Cret于1908年时评论说：“现在整个美国所采用的方法，都是学院式的方法。”这时法国建筑师几乎占据了美国各建筑院系的重要位置，整个美国建筑教育也逐渐呈现出以学院式方法为基础的趋势。同时，由于美国巨大的国力和建设量，特别是芝加哥、纽约等地的高层建筑中的古典主义设计和实践，是巴黎和欧洲其他地区都难以企及的。高层建筑中如何应用古典主义设计原理，是美国建筑师作出的突出贡献。

美国的学院派建筑教育有如下一些特点：

（1）强调古典抽象构图原理。学院式训练以抽象的古典形式原则为基础，进行各种建筑样式的设计练习，古典形式被认为是不可颠覆的最高“范型”。设计题目也以虚幻的“梦境”似的场景作为衬托唯美主义作品的环境，而忽视生活中的现实问题。

（2）设计与技术课程脱节。学院式设计训练注重图面的建筑形式，平、立、剖面的构图，不考虑建筑材料、建造过程对建筑的作用，也不进行节点构造详图的研究，不允许学生将设计与构造技术课程相结合学习。

（3）不鼓励创造性。设计方法要求采用古典作品的构图方法，不提倡学生自己创作，认为“创造力只有在经过几年时间辛辛苦苦学好历史上优秀作品之后才获得”。教师要求学生们必须采用具有纪念性美学特征的建筑外壳来进行设计练习。学生们通常从图书馆的书籍图片资料中直接抄袭某种形式作为设计的主题。

（4）设计过程中主题不允许改变。学生最初的构思草图或形式主题在整个设计修改过程中是不允许改变的，评图时草图必须与正式成果一起公布，以确保其一致性。

（5）注重图面表现及其训练。图面效果在学院式教学中是评价设计好坏的最重要的因素，因此学生们花费了大量时间进行渲染和美术方面的练习，其时间之长、比例之重十分突出（注 7）。

装饰艺术（Art Deco），是 20 世纪 20 年代早期开始在欧洲流行的一种风格，以 1925 年巴黎博览会为此风格形成的起点，注重传统装饰与现代造型设计的双重性，采用大量新的装饰构思，使机械形式及现代特征变得更加自然和华美。此类建筑往往有退缩轮廓的线条，在英美流行了二十年。美国是 Art Deco 风格最为流行的国家。1920 年代中期到 1930 年代，美国 Art Deco 风格从无到有兴盛起来，成为摩登艺术风格的中心，并兴起了 Art Deco 摩天楼的建设高潮。Art Deco 对于古典对称和现代简约的综合，对于传统和时尚的结合，对于视觉上的装饰性的追求，使得其作为古典主义和现代主义之间的一种风格迅速风靡。20 世纪 20 年代中期到 1930 年代，上海“装饰艺术派”建筑的流行，与美国几乎是同步的。由于中国在该阶段曾经大量派驻留学生前往美国大学学习建筑，因此美国的学院式建筑教育对中国的建筑教育体系产生了极大的影响。它的不少特点在后来我国的建筑教育中都有所反映（图 3-3）。

图 3-3 鲍扎设计协会纽约总部，美国宾大的绘图教室内景

20 世纪 30 年代后期，许多欧洲现代主义建筑师由于战争远渡重洋来到美国，决定性地影响了美国建筑教育的现代主义转型。1937 年格罗皮乌斯赴美到哈佛大学出任建筑系系主任。1937 年密斯・凡・德・罗到阿莫学院（Armour Institute of Technology，现为伊利诺伊理工学院 Illinois Institute of Technology，简称 IIT）任教建筑系。除此之外还有一批原包豪斯教员在美国进行教学活动。这批包豪斯的领导者将包豪斯强调工艺和技术的建筑教育方法带到了美国。

20 世纪 50 年代，得克萨斯州立大学的一批青年教师试图探索出与格罗皮乌斯在哈佛大学、密斯在伊利诺伊理工学院不一样的教学模式，他们被称为德州骑警（The Texas Rangers），以《透明性》为理论基础，以现代建筑大师的作品分析为知识的源泉，逐渐建立和完善了以空间思维为核心的现代建筑设计教学体系。离开德州后，科林 – 罗（Colin Rowe）在康奈尔大学任教，赫斯里（Bemhard Hoesli）在苏黎世联邦高等工业大学任教，约翰・海杜克（John Hejduk ）在库柏联盟发展，形成一个影响广泛的设计和教学学派。

20 世纪 60 ~ 70 年代，美国建筑学校流行将设计教学场所称作设计实验室（Design Lab），实验室可以说明建筑设计教育在当时美国与自然科学越走越近。实验室（Lab）是大学内与设计工作室（Atelier）最为相似的一个机构设置，实验室强调实际动手操作，这点和工作坊很接近，更为重要的是实验室还体现了一种实验和探索的精神，这种严谨的科学态度和工作方法将建筑设计带向了一个新的高度。

3.1.6 建筑师的能力与资格要求

在建筑生产的全过程中，根据职业建筑师的产生和社会需求，在一定的时间、造价、现有材料和施工工艺中完成特定的空间环境设计、建造是建筑师的基本功和传统，也是建筑师职业的存在意义和历史源头。在这种情境中，业主多是土地或资本的拥有者，或是专业投资者，一般只专注于投资和收益，成为真正意义上的投资者；对于建筑形式及专业化的设计，则全权交给专业人士——建筑师，一般很少过问。建筑师作为受投资者信赖的专业代理，从自身的专业知识、技术背景出发，检验业主的目标、计划，同时作为业主与各类专家、技术者的中间专业媒介，检验、调整、监督各技术专家的提案和计划，保证投资目标转化为技术方案的准确性和最优化。

两千年前的古罗马人维特鲁威著的《建筑十书》中定义的建筑学实践包括三项：建造房屋（包括公共建筑物和私有建筑物）、制作日晷、制造机械。

书中对于建筑师的要求是："建筑师应具备多学科的知识和种种技艺。……建筑师既要有天赋的才能，还要有专研学问的本领。……因此建筑师应当擅长文笔，熟习制图，精通几何学，深悉各种历史，勤听哲学，理解音乐，对于医学并非茫然无知，通晓法律学家的论述，具有天文学或天体理论的知识。"维特鲁威在《建筑十书》中就记述了古希腊的法律要求，"建筑师担任公共工程的建造是要提出用多少造价来完成它。当把预算书提交官员以后，在竣工以前要用它的财产作为抵押。在竣工之际，造价与提出的相符时，要按照决议授予名誉。如果预算增加，在工程上多花费预算的四分之一以下时，由国库支给弥补，不受任何罚款。如在工程上多花费四分之一以上时，就要从他的财产中强取至竣工时所用的款项。……希望在罗马人之间不仅对于公共建筑物而且对于私有建筑物也制定出这样的法律吧！业务不熟练的人们不受惩罚就不会自强，贤明的人们可以用非常精湛的学识无所犹豫地从事建筑，业主不致被拖到必须花费他们更多财产的浪费里。……建筑师本身唯恐受到罚款，愈益勤勉，考虑不浪费的方法来实施……"，由此促进业主投资的积极性和确保其利益（注 8）。

从现代职业建筑师的产生历史来看，建筑师从职业确立之始就是以知识和服务为基础的建筑项目的技术与管理服务为主，而非以建筑产品和设计的产品形态为主的，是以建造全过程中业主和公众利益的维护、建筑专业品质的达成、建筑市场的公正维护为目的的。建筑专业的实质，是建立在专业教育培训基础上的"职业"，目的是提供客观的意见和服务，从中直接获得报酬。"职业"是对这项需要付出责任的专业最好的表述。建筑师作为一种职业得到社会承认并获得在建筑生产市场中重要的、垄断性的地位后，在受尊重的地位和较高的报酬下承担着相应的社会责任，即在维护业主的权益、保证高质量的专业服务的同时，也需维护公共利益和行业公正。

联合国教科文组织 / 国际建筑师联合会于 2004 年提出的《建筑学教育宪章》（修订稿）（*UIA / UNESCO Charter for Architectural Education*）中明确了建筑教育的目标与内容：

（1）建筑学教育要培养学生能够按照应合理地处理情感、理智和直觉之间的矛盾并以具体形式来体现社会和个人需要的建筑设计方法来构思、设计、理解和实施建筑行为的能力。

（2）建筑学是一门综合运用人文学、社会科学、物理学、技术、环境学、创新艺术和人文艺术等方面的知识的学科。

（3）建筑设计方面的学历教育和职业教育必须是以建筑学为主要学科的大专院校一级的教育，大学、理工学院以及研究院三类机构均应开办这种教育。

（4）建筑学教育包括以下要点：

① 能够创作出满足审美和技术要求的建筑设计；

② 充分了解建筑学的历史与理论以及相关艺术、技术和人文科学；

③ 了解对建筑设计质量产生影响的美术；

④ 充分了解城市设计、规划以及规划工作的技能；

⑤ 了解人与建筑物、建筑物与其环境之间的关系，并认识到把建筑物以及建筑物之间的空间同人的需求与规模结合起来的必要性；

⑥ 了解建筑设计行业以及建筑师的社会作用，特别是在拟定应考虑各种有关社会因素的方案时尤应如此；

⑦ 了解设计项目的调查方法以及拟定方案的方法；

⑧ 了解与建筑设计相关的结构设计、施工和工程问题；

⑨ 充分了解有关的物理问题和技术以及建筑物的功能，以便使建筑物拥有舒适的室内条件，免受气候变化的影响；

⑩ 掌握必要的设计技能，以便在成本因素和建筑规章许可的范围内，满足建筑物使用者的要求；

⑪ 充分了解把设计理念变成建筑物和把方案纳入整体规划所涉及的有关行业、组织、规定和程序的知识。

（5）制定课程时应考虑如下特殊要点：

① 认识到对人文、社会、文化、城市、建筑和环境价值以及建筑遗产的责任；

② 充分了解实现生态上可持续的设计和环境保护与恢复的手段；

③ 培养在建筑技术方面的创新能力，其基础是全面了解建筑学相关的学科与建筑方法；

④ 充分了解项目融资、项目管理、成本控制和项目实施的方法；

⑤ 培养师生的研究技能，把它作为建筑学习的基本内容。

（6）建筑学教育包括掌握如下能力：

① 设计

a. 能够富有想象力，创造性思维，能够创新并具备设计领导能力；

b. 能够收集信息，发现问题，进行分析和判断并提出行动方法；

c. 能够在设计构思时进行立体思维；

d. 在创造有关设计方案时能够合理兼顾各种不同的因素并综合利用各种知识和技能。

② 知识

a. 文化与艺术

• 能够运用当地和世界建筑设计方面的历史和文化背景知识；

• 能够运用美术知识来影响建筑设计的质量；

• 了解建筑环境的遗产问题；

• 认识到建筑设计与其他创造性学科之间的联系。

b. 社会学

• 能够运用社会知识并与代表社会需求的客户和用户合作；

• 能够拟定需要确定社会、用户和客户的需求的项目方案，并研究和确定不同类型的建筑环境的背景和功能需要；

• 了解建筑环境的社会背景、人体工程学需要和空间需要以及公平和享用的问题；

• 了解规划、设计、建设、卫生、安全和建筑环境使用方面的相关法令、规定和标准。

c. 环境学

• 能够运用有关自然系统和建筑环境的知识；

• 了解保护和垃圾管理方面的问题；

• 了解材料的生命周期、生态可持续问题、环境影响、节能设计以及被动太阳能系统及其管理；

·了解景观设计、城市设计以及国土规划与国家规划的历史与做法，并了解其与本地和全球人口和资源之间的关系；

·了解自然系统的管理，注意自然灾害风险。

d. 技术

·了解有关结构、材料和建筑的技术知识；

·能够发挥创新地运用建筑技巧的技术能力并了解其沿革；

·了解技术设计的方法并把结构、建筑技术和服务系统整合为一个能有效发挥其作用的整体；

·了解服务系统以及运输、通信、维护和安全系统；

·认识到技术资料和说服在完成设计中的作用，并了解建筑成本规划和控制的流程。

e. 设计学

·了解设计理论与方法；

·了解设计程序和方法；

·了解设计和设计评论方面过去的情况。

f. 行业知识

·能够运用有关专业、商务、财务和法律背景情况的知识；

· 能够理解建筑设计服务的各种不同订购方式；

·了解建设和开发行业的运作、财务动态、房地产投资和设施管理；

·了解建筑师在传统的和新的活动领域中以及在国际背景下可能发挥的作用；

·了解企业原则及其在建筑环境的开发、项目管理以及专业咨询业务的运作中的应用；

·了解建筑设计工作中的职业道德和行为守则并认识到建筑师在注册、从业和建筑合同等问题上的法律责任。

③ 技能

a. 能够通过协作、讲话、算术、写作、绘图、构件模型和开展评估进行工作，并进行思想的沟通；

b. 能够利用手工、电子、图形和模型制作能力，探索、开发、确定和表达设计建议；

c. 了解利用手工和（或）电子方式对建筑环境进行性能评测的评估系统。

（7）平衡掌握第 2.3、2.4 和 2.5 节提及的知识与能力，需要在大学和相当于大学的机构接受全日制的学习，时间应不少于五年。而且，为了得到注册 / 许可 / 认证，还应在一个适当的从业环境中进行不少于两年的实习，其中一年可在完成学业前取得（注 9）。

3.2 我国的建筑教育

3.2.1 中国近代到现代的建筑教育

19 世纪晚期、20 世纪初期的清朝“新政”，使得我国教育体制有了重大的变革，废除了科举制并设立了学部。1902 年 8 月 15 日，管学大臣张百熙制定的《钦定学堂章程》正式公布，虽未实施，但成为新学制的先声。工学科目分为六个，有土木工学和建筑学。建筑学科以日本东京帝国大学建筑科为蓝本制定了规范的课表，有建筑材料、应用力学、卫生工学等 25 门课程，学制三年。1903 年，张之洞奉命入京主持制定新学制。1904 年 1 月清廷批准并颁布了《奏定学堂章程》（时称“癸卯学制”），它成为中国教育史上第一个正式颁布并在全国普遍实行的学制。《奏定学堂章程》规定大学堂分为八科，分别为经学科、文学科、医科、格致科、农科、工科和商科，其中在工科下设置了建筑工学门和土木工学门，并规定京师大学堂必须八科全设，外省设立大学至少得设置三科。《奏定学堂章程》的颁布，奠定了中国高等教育体制的基础。辛亥革命后 1912 年 9 月，在蔡元培的主持下教育部颁布了《学校系统令》，1913 年又陆续公布各种学校令，史称“壬子、癸丑学制”。这一学制同样在大学工科下面设置了建筑科。但是因为建筑学专业人才缺乏，建筑学教育并未实施（注 10）。

清政府早期的留学生以学习实业科技和师范教育为主，建筑学科比一般学科的出国留学晚了三十多年。我国最早到欧美和日本留学建筑学都始于 1905 年左右。最早的建筑学科留学生是 1906 年毕业于日本岩仓铁道大学建设科的韦仲良。最早赴欧洲学习建筑学的是 1905 年到英国利兹大学学习的徐鸿遇。最早赴美学习建筑学的是 1910 年第二批庚子赔款留学的庄俊。而这一批庚子赔款留学生共录取 70 名，其中只有第 64 名庄俊一人修的是建筑学。

1895 年甲午战争中的日本呈现出短期内迅速强盛的现象，清政府受到这一现象的冲击，提出“学西洋不如东洋”的口号，掀起赴日本留学的热潮。当时中国政府非常重视实用教育，选派留学生时都尽量让他们去实用性强的学校和学科，于是不少留日学生被送往东京高等工业学校。留日学习建筑的学生毕业高峰期位于 1919 年，中国第一所建筑学科诞生地的苏州工业专门学校的建筑教师队伍也完全来自这所学校。

1905 年美国退还部分庚子赔款，建立留美预备学校——清华学堂，资助中国学生赴美学习。随着美国庚款留学制度的形成，美国逐渐代替日本成为留学生主要前往的国家。1920 年代末，庄俊、梁思成、范文照、陈植、杨廷宝等一批赴美国留学学习建筑的人陆续回国，成为中国近代建筑教育、建筑设计和建筑史学的奠基人和主要骨干，为大学建筑系的成立和高等学校建筑教育的兴盛提供了条件。在这批人中以宾夕法尼亚大学建筑系毕业生影响最大，他们将西方的折中主义、新古典主义建筑教育体系带回中国并产生深远影响。1930 年代后期和 1940 年代留美归国学生将现代派建筑教育体系带回国内，为中国建筑教育注入新的血液。

我国最早开设建筑学课程的学校是 1910 年的中国农工商部高等实业学堂，学制 3 年，开设课程有：建筑意匠，建筑结构，中西营造法，测量学，建筑力学，建筑史。授课教师是留日学生张锳绪，他于 1899 年赴日东京帝国大学工科机械专业学习，1902 年毕业回国。张锳绪所著的《建筑新法》一书在中国近现代建筑学发展史上有着特殊的地位。这部书是第一部由中国人写的介绍西方近代建筑学的著作，同时是有史以来中国第一部按照近代科学原理写成的近代建筑学著作。该书介绍了许多科学的概念和思想，提出了从建筑的功能、人的使用、因地制宜、因用制宜的建筑设计原则，体现出区别中国传统工匠的现代建筑师的思维。

1923 年，江苏省立苏州工业专门学校创立建筑科，中国近现代建筑学专业教育得以实现。创建苏州工业专门学校建筑科的三位留日学生是柳士英、刘士能、朱士圭，人称建筑界“三士”。柳士英于 1920 年毕业于日本东京高等工业学校建筑科，1923 年应苏州工业专门学校校长之邀，回家乡苏州创立建筑科，并任建筑科主任。建筑科的目标是培养全面懂得建筑工程的人才，能担负整个工程从设计到施工的全部工作。与日本学制基本一致。学制 3 年，开设课程有：建筑意匠，建筑结构，中西营造法，测量学，建筑力学，建筑史。建筑科还聘请清末民初的著名香山帮木工匠师、当地建筑行业协会“鲁班会”会长姚承祖担任教授，担纲建筑学及工程学的教学。

1927 年，苏州工业专门学校建筑科奉命并入第四中山大学，1928 年改为国立中央大学，就此成为中央大学建筑系前身。中央大学成立建筑系后，建筑系主任刘福泰为美国俄亥俄州立大学建筑学硕士，留学欧美学习建筑的留学生学成归国并来此任教者渐多，教学体系转而为美国学院派，同时与原有的日本东京工业学校的传统融合，教学体系兼收并蓄。

1928 年东北大学工学院和北平大学艺术学院也开始了建筑科。东北大学工学院建筑系由梁思成创办，教授团队主要是宾大留学生林徽因以及后来的陈植、童寯等。学制 4 年，教学体系仿照宾大建筑系，建筑艺术和设计课程多于工程技术课程，宛如宾大的一所分校（图 3-4）。

图 3-4 东北大学建筑系教室及师生合影，1930 年

1928 年北平大学艺术学院成立了建筑系，这是中国第一个设立在艺术学院中的建筑系。艺术学院的院长为徐悲鸿，系主任为法国建筑专科学校毕业的工学学士汪申，该建筑系的教师大多曾留学于法国。其特点是按照法国学院派的教学方式教授，绘画和艺术课程的分量在整体课程中所占的比例很重。

1903 年的《奏定学堂章程》和 1913 年的《大学规程》分别是清政府和民国政府颁布的全国统一科目表。但是后来中国高等教育学习美国的选课制，大学各系的课程由各个学校的教师根据各自需要自行确定，因此学校之间差别很大。中华民国南京政府成立时，试图统一全国各系的课程设置，以统一标准、规范教学。1928 年召开第一次全国教育会议，起草全国统一课表。其中工学院分系科目表的制定者指定为刘福泰、梁思成、关颂声三人。1939 年颁布了新制定的全国统一科目表。这是继 1903 年和 1913 年之后第三个全国统一科目表，内容是刘福泰的中央大学和梁思成的东北大学建筑教学课程的综合，彰显了两校的影响力并夯实了学院派的教学体系。

1930 年代开始，中国陆续开办了一系列建筑系科，比较著名的有：重庆大学建筑系，上海圣约翰大学建筑系，清华大学建筑系，唐山工学院建筑系，广东省立勷勤大学建筑工程系。

近代中国在建筑教育思想上，明显受到学院派建筑教育体系的影响，但现代主义建筑教育在近代也已传播到中国。圣约翰大学建筑系表现得最为明显，实施的是包豪斯的教学体系。圣约翰大学是中国近代历史上最早成立的教会学校。1879 年美国圣工会成立圣约翰书院，1890 年增设大学部，以后逐渐发展为圣约翰大学。圣约翰大学很早就已经设立了土木工程系，并逐渐发展成土木工程学院。

1942 年，毕业于美国哈佛大学研究生院建筑系的黄作燊在上海圣约翰大学工学院创建建筑系。黄作燊曾师从现代建筑大师格罗皮乌斯，追随他从伦敦建筑学会学校（A.A.School of Architecture, London）至哈佛大学研究生院，成为格罗皮乌斯第一个中国学生（在他之后还有贝聿铭、王大闳等）。黄作燊在哈佛大学接受了现代主义建筑教育思想。回国后，他将这些新理念引入建筑教育实践，在圣约翰建筑系中进行了现代建筑教育的新探索。他的教学是典型的包豪斯式的。教师们将初步课程与技术等课程相结合增设了“工艺研习”（Workshop）课。“在建筑美学上，约大建筑系不同于当时学院派的艺术至上观，而是推崇现代派大师格罗皮乌斯所说的‘建筑的美在于简洁与适用’，并特别强调与生活密切相关联的‘适用’。在建筑教育上，他们引用英国建筑评论家杰克逊（Thomas Jackson）的话‘建筑学不在于美化房屋，正好相反，应在于美好地建造’，并指出建筑技术与材料在美好地建造中的作用。”

梁思成应邀于 1946 年创办了清华大学建筑系。他在致清华大学校长梅贻琦的信中提到：“在课程方面，生以为国内数大学现在所用教学方法（即英美曾沿用数十年之法国 Ecole des Beaux-Arts 式之教学法）颇嫌陈旧，遇于著重派别形式，不近实际。今后课程宜参照德国 Prof. Walter Gropius 所创之 Bauhaus 方法，著重于实际方面，以工程地为实习场，设计与实施并重，以养成富有创造力之实用人才。”1947 年，他重返美国时敏锐地注意到国际上的现代主义和包豪斯的教学理念，并带回来一套源自包豪斯的“设计基础”的课程材料。在清华的一年级设计教学大纲中加入了二维和三维的抽象练习，并在清华大学建筑系创办时增设了相关的教学环节。自 1948 年起，在新生中正式实施的新五年制教学体系中，一年级的教学课程中有一门多达 10 学分的工场实习课程，明显具有包豪斯教学特点。

梁思成还设想将“建筑系”改名为“营建系”（于 1948 年 9 月提交国民政府教育部未获批准）。他认为“建筑”一词不仅含义过于单一，而且是从日本引进过来的，无法表现出其范围扩展后多学科综合的特点，因此建议改为“营建”一词，认为中国传统中一直使用的这个词语包含了计划、建造等多方面的含义，更加符合新学科领域的特点。他打算将建筑学院改称为“营建学院”，下将设建筑学系、市镇（体形）计划学系、造园学系、工业艺术系和建筑工程学系五个系，建立一个融多方面、多层次“体形环境”教育的广义的建筑学院。“……清华的课程不只是‘建筑工程’的课程，而是三方面综合的课程，所以我们正式提出改称‘营建学系’。‘营’是适用与美观两方面的设计，‘建’是用工程去解决坚固的问题使其实现，是与课程内容和训练目标相符的名称。”

3.2.2　新中国的建筑教育

1949 年中华人民共和国成立以后至 1952 年之前的一段过渡时期之中，虽然各院校尚未经历大规模变革，但小规模小范围的教育改革已经开始实施。受苏联教育模式的影响，1950 年在高等教育处的要求下，全国各院校建筑系纷纷将学分制改为班级制和学时制，按各年级制定标准课程。1950 年 9 月中央人民政府又颁发了《高等教学课程草案》作为各校拟定教学计划的参考，这也是继 1939 年第三个全国统一课程表以来的第四个全国统一课程表。这份草案约于 1951 年春传达至各院校建筑系，草案并不带有强制性，各系大多根据自己的情况适当进行了调整。主要的特点有：将“建筑图案”课程名称改为“建筑设计”；将市镇计划理论、造园学、工艺美术及室内设计引入基本课程中；将视觉与图案、建筑图案概论课程合并为建筑设计概论课（这是第一次明确提出建筑概论课程）；等等。

1952 年的中国院系调整是苏联影响下计划模式的产物，它的目标是建立一种与计划经济同构、与产品计划生产直接挂钩的教学制度，以集中力量为国家迅速培养大批标准化人才。这种崇尚专门化以及强调理工实用型教育的做法很大程度上损害了原来综合大学所具有的理工和人文相结合的更为全面有机的教育模式。在苏联高等教育模式的影响下，1952 年下半年，全国高等院校进行了大规模的院系调整工作。工学院是这次调整工作的重点，遵循原则为：少办或不办多科性的工学院，多办专业性的工学院。原来各地区众多高校中设置在工学院内的建筑系根据要求进行了合并。合并新成立的建筑系和其他土建类专业和系科一起，集中在各地区的理工科大学或工科学院之中。苏联的学院式教育体系直接来源于法国的学院式教育的核心基地——巴黎美术学校，因此拥有十分深厚的基础。该体系十分强调渲染绘画等美术基本功底的培养，讲究古典构图形式的严格规范，强调建筑的宏大气势和纪念性、象征性、装饰性特点。这些思想与中国建筑教育界原有的以美国影响为主的学院式教育的基本方法相一致，因而在中国被顺利接受，并与国内原教育体系结合为一股更加强大的力量，进一步巩固和强化了国内学院式教育的根基。在学院式教育得到强化的同时，之前已经在一些院校出现的现代建筑教育的萌芽，则受到了这股浪潮的重创。

1952 年院系调整完成之后，全国设立建筑学专业的院校共有 7 所，它们分别是：东北工学院、清华大学、天津大学、南京工学院、同济大学、重庆建筑工程学院和华南工学院。其中清华大学、天津大学、南京工学院、同济大学这四所学校由于基础比较强，被建筑界称为建筑院校“老四校”。它们大多由各自所在地区原有学校的建筑及土木系合并而成。清华大学建筑系由原清华大学、北京大学建筑系合并而成，系主任为梁思成；南京工学院建筑系由原中央大学建筑系（1949 年改名为南京大学建筑系）随工学院独立成立，系主任为杨廷宝；同济大学建筑系由原之江、圣约翰大学建筑系及同济大学土木系等合并而成，副系主任为黄作染（正主任暂缺）；天津大学建筑系由原天津工商学院、津沽大学、唐山工学院等合并而成，先为土木系，后改为建筑系，系主任为徐中。

清华大学、同济大学、南京工学院、天津大学、华南工学院、西安冶金建筑学院、重庆建筑工程学院、哈尔滨建筑工程学院这八所学校成为新中国建筑学科高等教育的主要力量，被称为建筑院校“老八校”，在建筑教育发展历程中发挥了重要作用。

1980 年代末，中国开始对建筑师职业制度和教育的研究和引进。1988 年建设部批准了关于建筑师资格考试及建筑教育评估的建议，1992 年经国务院学位委员会原则通过“建筑学专业学位设置方案”，并组成了全国高等学校建筑学专业教育评估委员会，对清华大学、同济大学、东南大学和天津大学的本科建筑学专业进行试点评估。通过首次试点评估，确立了五年制本科学制作为培养建筑学本科专业学位的必要条件，也确定了学生需要参加 18 周设计院业务实践等专业学位的教学要求。1995 年国务院颁发了《中华人民共和国注册建筑师条例》，它标志着中国注册建筑师制度的正式建立。中国建筑学专业学位设置和教育评估正是注册建筑师制度建立的基础，是以执业建筑师的教育背景要求为基础，把高等学校教育标准、建筑学专业学位标准和注册建筑师考试申请人教育标准三者统一起来考虑（注 11）。

我国目前共有建筑学专业院系 250 余个，其中近 50 个通过了全国高等学校建筑学专业教育评估委员会（NBAA）的建筑教育评估。

3.3 建筑师的资格与注册认证制度

3.3.1 英国建筑师资格与注册认证制度

英国皇家建筑师学会（RIBA）于 1863 年设立了建筑学考试制度，这一制度在 1882 年变成强制性的学会成员的准入机制，即注册建筑师制度。1924 年设立了评估委员会，评估学校的教学课程质量，以保证毕业生能够满足基本的职业实践技能要求。其后，在建筑院校的要求下，凡通过 RIBA 课程认证的学校的毕业生可以免于参加 RIBA 的第三阶段资格考试。

在取得建筑师资格条件上，建筑师必须有至少 7 年的教育与实践训练，含 5 年的课程计划以及 2 年的专业实习，共包括三个阶段：

（1）Part1 是为期三年的课程。它为学生提供了建筑学的基础知识，向学生教授基本的专业知识，为下一步的学习打下基础，学生完成相关课程后获得中间学历（Intermediate Award）。

（2）Part2 是为期一年的建筑专业实践和为期两年的课程。这一阶段是在 Part1 的基础上，让学生获得各项专业技能，尤其是建筑实践、施工的相关知识，了解建筑设计实践的全过程，并且具备一定的团队合作能力，了解并能处理作为建筑师同客户、施工团队及社会公众之间的关系。此段时间内所有的工作经验将被监督并记录。此外，RIBA 还规定了教学内容需包括设计、技术与环境、场地环境（context）、沟通与管理、实践与法律这五大主题，但学校可以依据自身情况设定具体的教学计划，五大主题可以通过不同的课程方式来体现，只要满足设计课程占所通过评估课程的一半即可，其他课程不作明确规定，同时 RIBA 也鼓励在不影响核心课程的基础上引入一些与建筑相关的课程来实现多样性。

（3）Part3 包括一个至少一年的从业实习经历和最终的专业考试。从业实习经历最好是由英国注册建筑师指导的在英国本土的项目实习工作。为了更好地促进学生的专业实习，并方便校方和学生及时了解参加联合实践培训的事务所的情况，RIBA 专门设立了“专业实习介绍处”，并建立“事务所工作机会档案”，提供免费服务。同时，RIBA 为加强对专业实习的统筹管理，专门指定“名誉协调员”，加强各高校同建筑事务所之间的联系，鼓励事务所积极参加实习计划，并监督“专业实习介绍处”的工作。这一阶段的考试，是通过 RIBA 分设在全国的培训和考试机构进行，没有全国统考，主要考察申请人在建筑实践的执业背景、建筑设计管理、施工管理、执业经营与公司管理这四个关键领域对建筑业的了解。无论是完成认证学校课程获得毕业证书的学生，还是完成同等的非全日制教育并通过考试的从业人员，都可以申请参加这一阶段的考核，只要符合实习规定并且通过考核，在英国都可以获得注册建筑师的资格。

拿到了这三个部分的资格以后就可以在英国建筑师注册委员会（ARB）注册成为一名建筑师。若在英国使用建筑师职业头衔，须向 ARB 完成注册登记，并纳入英国建筑师登记名簿（UK Register of Architect）内，成为登记建筑师，且无须加入职业团体（如 RIBA）就能以建筑师身份执业。因此，英国目前大约只有不到一半的注册建筑师参加了 RIBA，RIBA 仅对 RIBA 头衔具有垄断权，并没有对建筑师的名称有垄断权。

英国建筑师注册要求的四大关键能力为：

（1）执业背景的了解（context for practice）：区域规模与行业竞争，行业相关的组织团体；法案更新与立法机构；建设行业的投资开发背景；设计、法规与健康安全议题的整合；建筑师执业涉及的终身学习、效率与纪律、执业道德与分寸的掌握。

（2）建筑设计管理（management of architecture）：设计、施工与工艺信息的来源；服务计划书及项目设计的时间、成本的计算；议价竞标的技巧；设计作业流程、人员的管理；从设计到竣工提交的全过程，与业主的互动、沟通方式，及相应作业团队所需投入的人员与成本；在预算控制与计划执行过程中，保障设计方向与标准的流程；行业团体对项目品质潜在的影响，保障工程品质的方法与标准；信息传播与保管。

（3）施工管理方面（management of construction）：施工前期准备工作；与施工厂商权利义务的划分；工程成本的计算方法；工程财务计划；合同管理与分析；工程品质管理架构；采购发包体系；施工监督工作；施工期间设计变更的处理；施工争议处理方法、风险管理与损害赔偿；协助竣工、交付与评估；施工文件签证的权限；理解价值工程（value engineering）的操作、供应链管理（supply chain management）的整合及精益营建（lean construction）的应用。

（4）执业经营与企业管理（practice management and business administration）：知识产权及创作权的使用；建筑业务的市场、营销及趋势；事务所内部如报税、劳动合同、民事责任、机会均等法等法律方面的事务操作及管理技巧；业务资源如工艺、咨询、技术、财务、人事的取得方式；对不同执业形式及其组织、架构的了解；内部人员管理、评估和奖励办法；创造高效能而人性化工作环境的技巧；建筑师执业所需要的财务管理能力（图 3-5）。

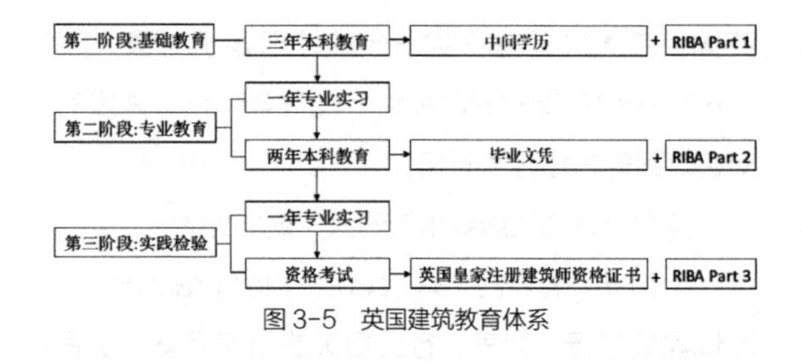

图 3-5 英国建筑教育体系

3.3.2 美国建筑师的资格与注册制度

美国最主要的建筑师行业协会是于 1857 年成立的美国建筑师协会（AIA）。与建筑师执业的相关法规是由各州独自制定执行，全国没有统一的注册建筑师制度，各州分别成立了各自的建筑师注册委员会。美国的注册制度实行考试制，由美国全国建筑师注册委员会（National Council of Architectural Registration Board，简称 NCARB）组织考试和评卷，并负责提供统一的试题和答案。在 NCARB 建立信息记录后，需要完成以下四个部分就可以成为美国注册建筑师：相关教育、参加实习、通过考试、申请注册。

（1）NCARB 规定申请者首先要完成相关建筑教育内容，规定申请者必须完成 NCARB 所认证的教学计划。具体是指美国全国建筑师资格认证委员会（National Council of Architectural Accrediting Board，NCAAB）认可的建筑专业学分，包括至少 160 个学期制学分，而且内容至少包括以下各领域：选修五个主题课程（通识教育、历史与环境行为、设计、技术、建筑师实务）至少 135 学分，另外 25 学分可以多修上述课程或选修业务管理、工程、计算机课程、室内设计、法律、公共事务管理等。NCAAB 所承认的专业学位制度，包括建筑学士及建筑硕士，一般要求 5 ~ 8 年的专业教育。该教学计划已被美国及加拿大各地区列为注册建筑师的基本要求，若不是在美国或加拿大接受教育者要申请成为美国建筑师，其教育水准必须经过建筑师教育评估机构（Education Evaluation Services for Architect，EESA）的认证。

（2）参加项目实践训练（Intern Development Program，IDP）。毕业生要在建筑师事务所工作 2 ~ 3 年，进行助理建筑师实践，且满足 700 个实习单元，其中一个实习单元相当于 8 小时的实习工作。该阶段必须由 2 名资深注册建筑师确认和推荐，他们是监督人和导师，监督人通常由直辖区内执行业务的建筑师担任，因为他们与实习生接触时间长，对其实习情形较为了解。导师的义务是在实习生实习期间关心其专业上的成长（每月至少一日），导师也必须具有开业建筑师的资格，但并不限定在该辖区内或实习生工作场所范围内工作。导师的任务是提供方向及展望，而不是监督实习活动。只有监督人和导师才有资格在 NCARB 受雇记录及实习报告单上签名。待实习生获得助理建筑师实践工作认证之后，方具备申请注册建筑师的条件。

（3）通过由 NCARB 组织的注册建筑师考试（Architect Registration Exam，ARE），考试分为 7 门科目，每门包含多项选择题和制图两个部分。

（4）向 NCARB 和注册者所在州递交申请。具体的申请过程在美国各个州不尽相同。但均由 NCARB 提供申请者包括教育、训练、考试及和注册有关的内容记录证明。有些州，例如加利福尼亚州注册委员会还规定必须通过加州补充性考试：一个 1.5 小时的口试，它是基于全加州的执业建筑师调查而开发，目的是专注于加州独有的建筑实践；2011 年起，该考试变为包含写作与多项选择的电脑考试。考试内容包括：背景及前期设计（Context and Pre-Design）、法律法规（Regulatory，包括加州的法规和标准）、管理与设计（Management and Design）、建造技术（Construction）。

美国对建筑师实行“注册登记、执业准入”的强制性市场准入管理，同时为推进协调各州建立统一认可的建筑师资格标准及注册建筑师考试，组建了美国全国建筑师注册管理委员会（NCARB）并于

1965 年开始实行了国家级注册建筑师考试。2014 年，美国建筑师管委会（NCARB）公布了美国注册建筑师考试 5.0 版考试大纲，并于 2016 年开始实施（美国注册建筑师制度没有分一、二级，因此美国注册建筑师考试主要对应的是我国的一级注册建筑师考试）。

最新版美国建筑师考试设置了 6 个独立的考试科目，分别是：业务管理（Practice Management）；项目管理（Project Management）；策划与分析（Programming & Analysis）；项目规划与设计（Project Planning & Design）；项目深化与施工图文件（Project Development & Documentation）；建造与评估（Construction & Evaluation）。

美国注册建筑师考试（2016 年开始实施的 5.0 版考试大纲）的主要特点如下，值得我国借鉴：

（1）整合了考试科目。将以往的 7 个考试科目，整合为 6 个科目；同时增加了商务、金融、经济、评估、设计项目管理、图档管理等内容，相比之前的考试大纲更偏重于建筑师全过程项目管理。

（2）采用了新的图形测试工具。采用新的图形测试工具，从图形的角度考核考生的竞争力，而不再要求必须使用 CAD 软件系统。

（3）取消了作图题。利用新的图形测试工具，采取了新的“热点”题型，即要求考生在一个对应的图像上确定正确的位置和展示类型整合图形，考生必须根据对应问题的陈述及适当的参考要求在基础图形上排列设计单元。采用点击或拖动元素的方式展示其答案。

（4）新增情景案例题型。结合案例研究，考生会被问到一个情景问题，包括一个场景有一组相关的资源文件（如图纸，规范，规则资源），要求考生综合多条信息并进行评估判断，更贴近建筑师日常工作中综合考虑各方复杂因素情况下做出设计的工作方式。

美国与中国的建筑师注册考试的内容区别有：

（1）美国注册建筑师考试的内容比较全面。这是与中美建筑师的职业范围密切相关的。美国注册建筑师考试的内容包括建筑策划、设计、施工、监理、管理、竣工验收的全过程，各科考试内容均突出考核考生在保护公众健康、安全和福利的等方面能力，注册建筑师不仅可以承担建筑设计工作，同时还可以作为建筑策划师、建筑咨询顾问、施工管理、施工监理、建筑评估师等与建筑项目有关的工作。

（2）美国注册建筑师考试比较注重考生的项目管理能力。注册建筑师的业务实践管理和项目管理是建筑师必须具备的业务能力，这两个科目的考试涉及大量人力资源管理、商务合同谈判、工作计划安排等内容，意味着注册建筑师执业必须具备这些能力，才能满足承接建筑项目、管理设计团队、保证项目各阶段工作要求，保证项目顺利有效开展。而我国的注册建筑师考试中也有类似题目，但由于我国在此方面的教育、应用和要求方面缺失，通常以设计院为单位承接项目，人力资源管理、业务经营都由专门科室负责，不需要建筑师操心，考生在平时工作中，较少涉及这部分知识，考试主要依赖于死记硬背，在一定程度上未起到好的考核效果。

（3）美国注册建筑师考试注重考查考生对建筑成本费用的分析能力。美国注册建筑师考试体现了注册建筑师应考虑客户的需求并能控制投资造价，且还需控制项目完成进度，这包括设计时间、施工时间甚至还包括运行维护的要求。我国注册建筑师考试在这方面主要集中在造价方面的考核，考核的深度和作用还有不足。

（4）美国注册建筑师考试纯靠记忆及知识型的考核内容较少。我国考试中还有一部分纯靠记忆及知识型的题目，如建筑历史、建筑名称、建筑物理、建筑力学等。我国考试中的所有法规要求必须死记硬背，不能在考试中查看相关技术法规，而美国的要求更接近工作实际，考生只需要熟悉法规结构，考试中可查阅法规（注 12）（表 3-1）。

美国注册建筑师考试大纲（ARE5.0 版） 表 3–1

序号	科目	考试时间	考核要求	部分	考核内容	题量比例（%）
1	业务管理	2 小时 45 分钟	考核考生保护公众健康、安全、福利的能力： 1. 申请专业建筑服务的合格交付 2. 应用的建筑行业的法律法规 3. 业务实践中的评估法律、伦理道德和契约标准	第 1 部分	实务操作	20 ~ 26
				第 2 部分	财务、风险和实践的发展	29 ~ 35
				第 3 部分	广泛的服务交付	22 ~ 28
				第 4 部分	实践方法	17 ~ 23
2	项目管理	3 小时 15 分钟	考核考生对与项目管理相关内容的把控和能力： 1. 对质量控制、项目团队配置和项目调度方面的理解和能力 2. 与咨询公司、顾问公司合作的能力 3. 根据各项合同制定工作计划并提供相应的技术服务的能力	第 1 部分	资源管理	7 ~ 13
				第 2 部分	项目工作计划	17 ~ 23
				第 3 部分	合同	25 ~ 31
				第 4 部分	项目执行	17 ~ 23
				第 5 部分	项目质量控制	19 ~ 25
3	规划与分析	3 小时 15 分钟	考核有关规划、场地分析、功能分区和规范要求的相关问题，考生必须展现其对项目类型分析的能力和理解，具备对项目质与量需求的分析能力，具备对项目选址和周边环境的评估能力以及对项目经济性的评价能力	第 1 部分	环境与环境条件	14 ~ 21
				第 2 部分	规范与规定	16 ~ 22
				第 3 部分	场地分析与规划	21 ~ 27
				第 4 部分	建筑分析与规划	37 ~ 43
4	项目策划与设计	4 小时 15 分钟	考核初步设计场地与建筑物的关系，重点关注综合考虑环境、文化、人文、技术和经济的设计方案，考生必须具备设计理念、可持续性／生态环境设计、通用设计以及其他管理规定和法规等方面的理解和能力	第 1 部分	环境与文脉条件	10 ~ 15
				第 2 部分	规范与管理规定	16 ~ 22
				第 3 部分	建筑机电系统、材料及构造	19 ~ 25
				第 4 部分	项目方案与系统的集成	32 ~ 38
				第 5 部分	项目成本与预算	8 ~ 14
5	项目深化与图档管理	4 小时 15 分钟	主要考核内容为整合建筑设计、建筑构造、建筑材料选择的设计文件编制，重点为设计理念、材料与技术措施、适宜的建造技术，反映考生对建筑、结构、机电设备专业系统和其他特殊系统在项目设计中的整合协调能力和对设计文件编制的理解	第 1 部分	建筑材料与建筑系统	31 ~ 37
				第 2 部分	施工图设计文件编制	32 ~ 38
				第 3 部分	项目手册和说明	12 ~ 18
				第 4 部分	规范与规定	8 ~ 14
				第 5 部分	施工成本概算	2 ~ 8
6	建造与评估	3 小时 15 分钟	考核项目建设合同管理及使用后评估的相关内容，重点关注招标和谈判过程、施工过程及项目竣工后评价等环节，考生需对执行施工合同、施工服务（施工监理、施工图绘制、施工图审查）、付款申请、竣工验收等理解并具备相应的能力，考生还应具备项目后评估和运行管理的理解和能力	第 1 部分	施工前期	17 ~ 23
				第 2 部分	施工监理	32 ~ 38
				第 3 部分	施工管理	32 ~ 38
				第 4 部分	竣工验收预后评估	7 ~ 13

3.3.3　中国内地建筑师的资格与注册制度

我国香港地区早在 1903 年颁布《公共卫生和建条例》（*Public Health And Buildings Ordinance*）。规定“凡姓名出现在香港政府自 1903 年公布的认可建筑师名单中的建筑师被称为认可建筑师(Authorised Architect，简称为 AA ）”。而只有认可建筑师才可以从事建筑设计等业务。认可建筑师的要求：年满 27 岁，且自学徒或职业训练开始起，从事土木工程师或建筑师的专门工作 8 年及以上。

1927 年 12 月，上海市工务局颁布了《上海特别市建筑师、工程师登记章程》，对建筑师、工程师的执业资格和工作方式作出了规定，中国官方在借鉴外国之后，较早就引进“建筑师”和“工程师”的概念。

“第二条、凡年满二十五岁真有下列资格之一者，得向工务局请求登记：（甲）、大学或同等学校建筑科或上木工科毕业，曾主持重要工程在五年以上者；（乙）、大学或同等学校建筑科或土木工科毕业，曾充工程教授或继续研究工程在五年以上者；（丙）、中学工业学校毕业或具同等学力，有切实建筑工程经验在六年以上，并曾支持重要工程在三年以上者。第七条、登记之人领有证书者，得接收市内一切建筑工程事业之委托，并准予以所绘各项建筑图样向工务局请领营造执照。”

1929 年 3 月颁布的《北平特别市公私建筑取缔规则》《北平特别市建筑工程师执业取缔规则》明确了北京近代城市及建筑管理中的建筑师制度。“第一条，北平特别市为取缔市内不良建筑以图安全起见，依照公私建筑取缔规则第五条规定所定建筑工程师执业取缔规则，由工务局执行之。第二条，凡在本特别市区城内承受委托办理土木建筑工程上所有设计、制图、估算、监工、审定等事之建筑工程师均应遵照本规则赴工务局注册，方得执行业务。无论建筑师或土木工程师均称之曰建筑工程师。”注册建筑工程师的执业资格考核，共分为甲、乙、丙三级。甲等建筑工程师的资格是教育背景或实践经验的两项之一：“（一）在国内外大学或高等专门学校建筑并毕业或土木工程科毕业兼习建筑并且得有毕业文凭并确有经验二年以上者；（二）主办建筑工程事物七年以上，著有成绩且能设计制图者。”（注 13）

中华人民共和国成立后直到 1990 年代才重新开始实施建筑师制度。1987 年开始，我国开始酝酿注册建筑师制度，在借鉴美国、英国的注册建筑师制度的基础上，主要以美国为蓝本建立了我国自己的注册建筑师制度，并于 1995 年 9 月，国务院以 184 号令正式颁发《中华人民共和国注册建筑师条例》，标志着我国注册建筑师制度的诞生和新的职业化道路的开始。

我国的注册建筑师制度属于考试制，是建立在建筑学教育与职业实践、考试、注册、继续教育等环节相结合的对建筑师执业资格的认证。建筑师注册分为一级注册建筑师和二级注册建筑师。要求如下：

（1）接受建筑学或相关专业的高等教育，申请者必须满足基本的教育标准，在相关学位要求中，有建筑学学士（硕士）和工学学士（硕士）之间的区别，即申请者毕业学校的建筑学专业是否通过全国高等院校建筑学专业教学评估（始于 1992 年），通过评估的院校毕业生可获得建筑学学士（硕士）学历，其毕业生毕业后的实践时间可以缩短两年左右。专业教育评估有效促进了我国高等院校的建筑学教育水平，同时也推动了注册建筑师执业制度的建立和发展。

（2）参加职业实践，即申请者需要具备一定的工作年限。例如，申请一级注册建筑师考试的人员，建筑学硕士的职业实践最少时间为两年，建筑学学士的工作时间最少为三年等。除了对工作时间有一定要求外，还要求具体的职业实践训练的内容和时间，申请者应完成不少于 700 个单元（每个单元相当于八个工作小时）的职业实践训练。

（3）在满足上述条件后，申请人必须参加考试，我国注册建筑师的考试大纲是参照美国制定的，其中一级注册建筑师考试科目分为：设计前期与场地设计、建筑设计、建筑物理与建筑设备、建筑材料与构造、建筑结构和建筑经济、施工与设计业务管理 6 科理论知识，以及场地设计、建筑方案设计和建筑技术设计三科作图题。科目考试合格有效期为八年。二级注册建筑师考试科目有：建筑结构与设备和法律、法规、经济与施工两科理论知识和场地与建筑设计、建筑构造与详图两科作图题。科目考试合格有效期为 8 年。

（4）在通过考试后，申请注册。注册分为初始注册和延续注册，通过考试后完成初始注册，并在以后的每两年延续注册一次。通过延续注册，可以加强对注册人员的管理，如果在执业过程中出现违法违纪行为等或是没有按照规定完成一定学时的继续教育，则取消其注册资格。

（5）为保证注册建筑师的执业水平，申请人在每两年的延续注册时，必须先完成 80 学时的继续教育。教育的主要内容包括新知识、新技术、新标准和新规范等，这促使注册建筑师在工作中仍能保持继续学习的精神，通过学习了解行业内新的知识，来不断提升自己的执业能力。

总之，我国的注册建筑师制度，是建立在建筑学的高等教育基础上的，申请人具备一定理论专业知识，且同时强调申请者拥有丰富的实践能力，是对英国、德国认证制和美国考核制的综合（注 14）。

我国《注册建筑师条例》规定，研究生毕业需要满足 2 年的职业实践要求；毕业于已通过评估的五年制建筑院系的本科生需要 3 年的职业实践；毕业于未通过评估的五年制建筑院系需要 5 年的建筑实践；毕业于四年制的建筑院系则需要 7 年的职业实践。

在考试内容上，分为笔试和作图题两部分，共有 9 个科目，总考试时间 32 小时，是各国中量最大的。笔试部分，我国有 6 个科目：设计前期与场地设计，建筑设计，建筑结构，建筑物理与建筑设备，建筑材料与构造，建筑经济、施工与设计业务管理，用时 16.5 小时。作图题部分，我国有 3 个科目：建筑技术设计，建筑方案设计，场地设计，用时 15.5 小时。所有考试科目成绩的有效期均为 8 年。

我国一级注册建筑师注册工作由全国注册建筑师管理委员会负责，截至 2019 年底共有一级注册建筑师 25415 人；二级注册建筑师名册由地方注册建筑师管理委员会管理，目前共有二级注册建筑师 13059 人。与之对比的是，我国的注册律师、会计师均超过 10 万人，与其他国家相比、与所进行的工程量相比更是数量明显不足。日本建筑师注册执照名称是建筑师，分为：一级、二级和木造三种类型；日本建筑师的注册管理机构是国土交通省，目前共有一级注册建筑师 34 万余人，三种建筑士合计百万以上，为发达国家之最。据日本建筑师协会的统计，取得一级建筑师资格者中只有 30% 左右真正从事设计工作。韩国由国土海洋部负责建筑师的注册管理，目前共有注册建筑师 1.5 万余人。

我国建筑师的注册周期为两年。注册建筑师需要在两年的注册期内完成 80 学时的继续教育课程，其中 40 学时必修课，40 学时的选修课，以满足其延续注册的要求（注 15）（图 3-6、表 3-2、表 3-3）。

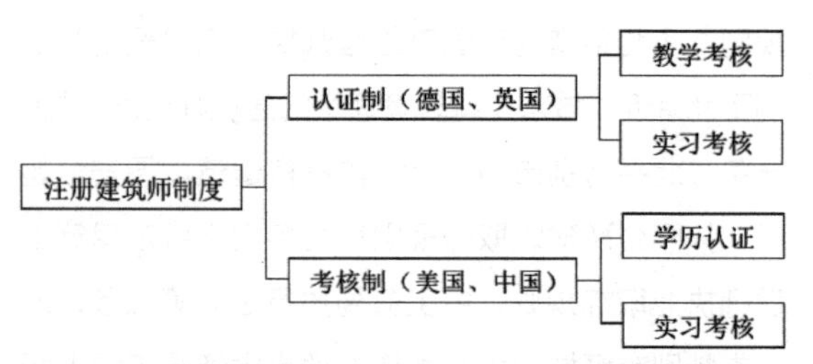

图 3-6　注册建筑师制度体系：国际上按是否设置专门考试分为以德国和英国为代表的认证制和以美国为代表的考核制

申请参加中国一级注册建筑师考试的专业、学历及工作时间要求　　表 3-2

专业	学位或学历		取得学位或学历后从事建筑设计的最少时间
建筑学 建筑设计技术 （原建筑设计）	本科及以上	建筑学硕士或以上毕业	2 年
		建筑学学士	3 年
		五年制工学学士或毕业	5 年
		四年制工学学士或毕业	7 年
	专科	三年制毕业	9 年
		二年制毕业	10 年
相近专业	本科及以上	工学博士	2 年
		工学硕士或研究生毕业	6 年
		五年制工学学士或毕业	7 年
		四年制工学学士或毕业	8 年
	专科	三年制毕业	10 年
		二年制毕业	11 年
其他专业	本科及以上	工学硕士或研究生毕业	7 年
		五年制工学学士或毕业	8 年
		四年制工学学士或毕业	9 年

注：1. 相近专业是指：本科及以上为城乡规划（原城市规划）、土木工程（原建筑工程、原工业与民用建筑工程）、风景园林、环境设计（原环境艺术、原环境艺术设计）；专科为城镇规划（原城乡规划）、建筑工程技术（原房屋建筑工程）、园林工程技术（原风景园林）、建筑装饰工程技术（原建筑装饰技术）、环境艺术设计（原环境艺术）。

2. 不具备表中规定学历的人员应从事工程设计工作满 15 年且应具备下列条件之一：

a. 在注册建筑师执业制度实施之前，作为项目负责人或专业负责人完成民用建筑设计三级及以上项目四项全过程设计，其中二级以上项目不少于一项。

b. 在注册建筑师执业制度实施之前，作为项目负责人或专业负责人完成其他类型建筑设计中型及以上项目四项全过程设计，其中大型项目或特种建筑项目不少于一项。

资料来源：注建（2014）1 号，全国注册建筑师管理委员会文件

中国一级注册建筑师资格考试形式　　表 3-3

考试科目	考试时间	考题形式
① 设计前期与场地设计	2.0 小时	单选题共 90 道
② 建筑技术设计	6.0 小时	4 道作图题
③ 建筑设计	3.5 小时	单选题共 140 道
④ 建筑结构	4.0 小时	单选题共 120 道
⑤ 建筑物理与建筑设备	2.5 小时	单选题共 100 道
⑥ 建筑材料与构造	2.5 小时	单选题共 100 道
⑦ 建筑经济、施工与设计业务管理	2.0 小时	单选题共 85 道
⑧ 建筑方案设计	6.0 小时	总图、建筑一、二层平面作图题
⑨ 场地设计	3.5 小时	5 道作图题

本章注释

注 1：关晶．西方学徒制研究 [D]. 上海：华东师范大学，2010.

注 2：孙华程．城市与教堂：制度视野下欧洲中世纪大学的发生与演进 [D]. 成都：西南大学，2011.

注 3：邢莉．文艺复兴意大利佛罗伦萨迪塞诺学院研究 [J]. 美术研究，2002（04）：46-52.

注 4：钱锋．现代建筑教育在中国（1920s-1980s）[D]. 上海：同济大学，2005.

注 5：詹笑冬．建筑教育中的工作室教学模式研究 [D]. 杭州：浙江大学，2013.

注 6：单踊．西方学院派建筑教育述评 [J]. 建筑师，2003（03）：92-96.

注 7：钱锋．现代建筑教育在中国（1920s-1980s）[D]. 上海：同济大学，2005.

注 8：［古罗马］维特鲁威．建筑十书 [M]. 高履泰，译．北京：知识产权出版社，2001.

注 9：UIA 网页 http://www.uia-architectes.org/image/PDF/CHARTES/CHART_CHI.pdf.

注 10：钱锋．现代建筑教育在中国（1920s-1980s）[D]. 上海：同济大学，2005.

注 11：秦佑国．堪培拉协议与中国建筑教育评估 [J]. 建筑学报，2008（10）：61-62.

注 12：杨波，刘巍，王锦辉，陈英．中美注册建筑师考试大纲对比分析与研究 [J]. 工程建设，2020（01）：06-10.

注 13：温玉清，王其亨．中国近代建筑师注册执业制度管窥：以 1929 年颁布《北平市建筑工程师执业取缔规则》为例 [J]. 建筑师，2009（01）：43-46.

注 14：王旭．从包豪斯到 AA 建筑联盟 [D]. 天津：天津大学，2015.

注 15：蔡晨．中、日、韩注册建筑师执业制度比较研究 [J]. 建筑，2013（15）：33-34.

Chapter 4 第4章 Governance of Construction 建筑市场的政府监管

4.1 城市中的建筑控制与政府监管

4.1.1 建筑控制、城市规划与建筑师

人类在 10000 年前开始定居生活以来，就逐渐产生了建筑和城市。公元前 3000 多年的古埃及和两河流域就已经拥有了规模巨大的城市。最早在公元前 1700 年，巴比伦的汉穆拉比法典（Hanbldi）第 229 条就规定“为人筑屋者如因工程不固使屋塌，致主人死，其本人处死刑；如致屋主之子于死，则其子应处死刑”。古罗马法规定了公共建筑的保修时间为 15 年。在公元 27 年，古罗马的营建商就因木结构圆形剧场的倒塌导致 5 万人死伤而遭到放逐的惩罚。中国先秦典籍《考工记・匠人》和西汉编纂的《礼记》对城郭、宫室和祭祀建筑都从礼制方面提出了要求，可以认为是中国最早的建筑控制文件。

英国的工业革命极大地改变了人类聚居模式，城市化进程迅速推进。1750 ~ 1830 年间的工业革命，蒸汽机、煤炭、钢铁是促成工业革命技术加速发展的三项主要因素。1764 年发明的珍妮纺纱机，标志着英国第一次工业革命的开始；1765 年瓦特改进了钮考门蒸汽机，1825 年斯蒂芬森发明蒸汽机车。1830 年曼彻斯特至利物浦的铁路开通，开创了铁路建设大发展的时代，将人类社会推进了蒸汽时代。19 世纪 70 年代以电力的广泛应用为主要标志的第二次工业革命又使人类跨进了电气时代。

这两次工业革命使人类的生产方式发生了根本性的变化，机器取代了人力，大规模的工厂生产取代了个体手工工场生产。工厂的建立和交通的发展使得人口从农村迅速向商品制造中心的城市转移。产业工人成为城市居民的主体。由于城市市场的集中和资源的积聚，进一步把更多的企业、人口和资金等吸引到城市中，使得城市的规模和范围急剧扩大，城市化现象成为工业革命以来的重要特征。由于充足的食品供应，英国人口从 1800 年到 1850 年翻了一番，达到 2100 万。1600 年英国城市居民只占总人口的 2%，到了 1800 年已经增加到 20%，1850 年有 60% 以上的人口居住在城市。美国在 1800 年城市居民只有 3%，1900 年为 40%，1920 年为 51%。恩格斯在《英国工人阶级状况》中用“令人难以相信的速度”形容英国城市人口的增长：1750 年伦敦人口为 75 万，1800 年增加到 86 万，1850 年达到 240 万，1900 年则高达 650 万，伦敦成为当时世界上最大的城市。英国在 19 世纪中叶出产着世界工业品的一半产量，成为真正的“世界工厂”。1851 年 5 月在伦敦举行的世界博览会及其展馆“水晶宫”，吸引了全世界 600 万参观者，展示了英国在世界贸易和科技方面的主导地位，以及工业革命创造的奇迹。

城市人口的迅速增加，造成了住房、交通拥挤，大量的工人居住区环境极度恶化。尤其是为了容纳大量低收入的产业工人，出现了大量为谋利而建造的低质量、低成本的平民住宅，产生了城市贫民窟。工业化时期缺乏统一的城市规划和公共住宅供应，工人住房一般有两种解决方案：一是在原老城镇基础上发展起来的工业城市，往往将原来一家一户的旧住宅改建成兵营式住宅，基本上是每间房屋要住上一家人，无论一家人口有多少；二是根据需要在厂房附近或者临街建造两三层质地很差的楼房。有人对 19 世纪中叶工业城市住房状况进行统计：在曼彻斯特，3 个人睡一张床的地下室有 1500 个，4 个人睡一张床的地下室有 738 个；在格拉斯哥，有 1/3 的工人家庭挤在一个房间内生活，而人数可以多达 10 至 15 人；有的家庭住在没有窗户的房间里，睡在稻草上；在利物浦，有 1/3 的家庭住在地窖里（注 1）。社会下层恶劣的居住环境造成的后果，主要表现在疾病的蔓延和居民体质的恶化上。19 世纪中期欧洲大城市的平均寿命都不及 40 岁。恩格斯的《1844 年英国工人阶级状况》、狄更斯的《雾都孤儿》都对 19 世纪初期英国恶劣的卫生状况进行了描述。法国历史学家震惊于英国曼彻斯特为代表的

自由资本主义的贫民窟和工业化城市的双重性："在每一个转折关头，人类自由显示出其多变的创造性力量。那里没有缓慢而持续不断的政府行为。……从有恶臭的下水道里流出了人类工业最宏大的河流，惠及整个世界。从这肮脏的下水道里流出了纯金，这里人性得到最完美、最野性的发展；这里文明创造了奇迹，而文明人几乎回归为野蛮人"（注 2）（图 4-1、图 4-2）。

由于财富的分配始终不均，贫富对比十分明显，一个国家存在着天堂与地狱的鸿沟，一个英国变成是"两个民族"的国家，"当茅屋不舒服时，宫殿是不会安全的。"因为拥挤的城市里，疾病等灾害很容易从穷人那里传播到富人居住的地方。1831 ~ 1832 年、1838 ~ 1839 年、1848 年霍乱数度蔓延于英国和欧洲大陆。同时，大气污染、水体污染造成了严重的城市环境问题。工业化带来的城市的病态发展也引发了公众的反思和社会改良运动。民间有识之士源于莫尔的"乌托邦"概念，进行了社会主义的构想和探索。欧文 1817 年在美国印第安纳州实践了"协和村"的方案，傅里叶于 1829 年提出了以"法郎吉"为单位的 1500 ~ 2000 人组成的"大社会"。18 世纪发起于英国、盛行于法国、席卷了整个欧洲的启蒙运动（the Enlightenment），强调"天赋人权"，它在政治上支持资产阶级政权，在文化上则反对愚昧，提倡普及教育、平等、自由的观念。1832 年英国的议会改革，随着工业革命壮大的工业资产阶级取得了选举权。1837 年到 1848 年的英国宪章运动是世界上第一次广泛的、真正群众性的、政治性的工人阶级争取普选权力的政治运动，对马克思和恩格斯创立科学共产主义理论产生了重要影响。20 世纪初，英国基本上实现了公民的普选权，代议制政治逐步得到完善。英国是世界上最早进行公

图 4-1　反映一座基督教城市在 1440 年和 1840 年的面貌的画作（上图）；1855 年的英国谢菲尔德的拥挤房屋和高耸烟囱（下图）

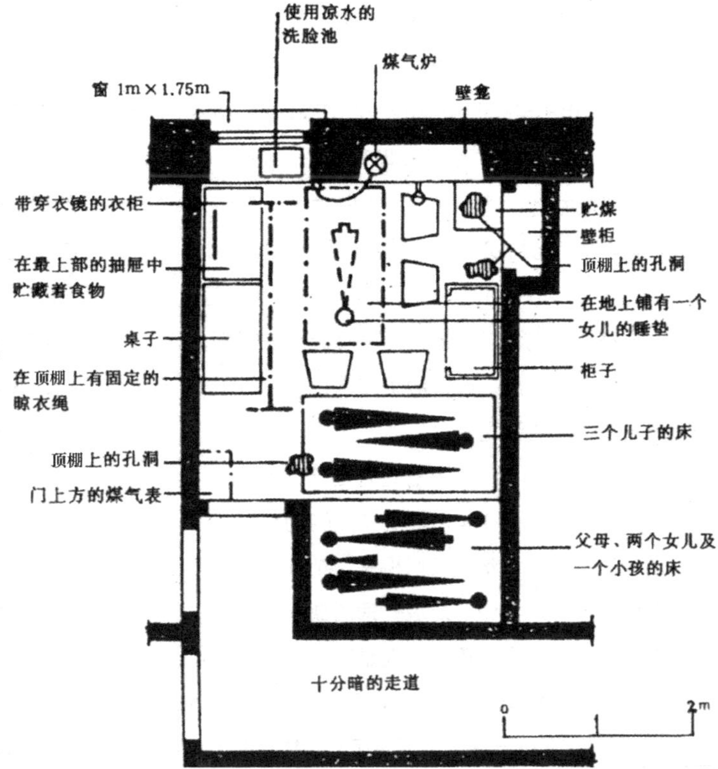

图 4-2　1848 年在英国格拉斯哥的一个 9 口人的工人家庭住房平面

共卫生立法和建筑管制的国家，针对城市人口急速增长、住房短缺及贫民窟遍布、疾病肆虐、环境污染、流行性疾病蔓延、社会治安混乱等城市问题颁布了一系列法律，实施城市和建筑的政府管制。

城市和建筑的公共安全问题，如火灾和瘟疫，促使城市管理者关注普遍的建筑品质，提出建筑法规以实施建筑控制，而后被推广到各地形成统一的要求和法律。最早的具有现代建筑法内涵的建筑法规被认为是公元 1189 年伦敦市长颁布的、首次规定了石砌防火墙和分隔墙的做法的法规。1630 年波士顿火灾直接导致执政者颁布法案，规定不能用木头制作烟囱，屋顶不能使用茅草材料。1665 年鼠疫之后的 1666 年伦敦大火，烧毁了伦敦城五分之四、烧毁房屋 1.3 万间。伦敦大火促成了 1667 年《伦敦建筑法》（*London Building Act*）的颁布，规定外墙必须为石墙或砖墙，并对基础做法、墙厚、木料种类和尺寸、烟囱做法、分隔墙伸出屋顶、逃生阳台等进行了初步的规定。这是英国第一部关于建筑规范的法律条文，对世界建筑法规的发展产生了深远影响。18 世纪英国许多城市都制定了建筑控制法规（注 3）。1812 年的俄国莫斯科大火，1842 年的德国汉堡城大火，1871 年的芝加哥大火，促使了 1896 年美国消防协会（National Fire Protection Association，NFPA）的成立，通过制定防火规范、标准、推荐操作规程、手册、指南及标准法规等，促进防火科学的发展，改进消防技术，减少由于火灾造成的生命和财产损失。

1837 ~ 1838 年流感和伤寒广泛流行，卫生和健康成为英国在 1840 年代最受关注的问题。“目前疾病的流行与环境状况密切相关，尤其是供水和住房条件以及排水系统、垃圾处理的缺乏”，解决公共健康依赖于土木工程而不仅是医学，由此掀起了英国的公共卫生运动。1848 年霍乱再次爆发，使得英国国会在 1848 年第一次通过了《公共卫生法》（*Public Health Act*），这个法案标志着英国政府开始放弃自由主义的原则，突破地方自治的传统，通过立法手段对公共卫生领域进行干预，这是第一部专门性的卫生立法，用于监督和规范建设环境清洁、垃圾收集和供水排水系统。1859 年开始，伦敦进行了饮用水和废水彻底分离并采用封闭的地下下水道，至 1875 年伦敦建成了长达 133km 的城市下水道系统，成为其他工业城市的样板。

1844 年英国议会颁布了《都市建筑法》（*Metropolitan Building Act*），对住房面积、墙壁厚度、街道宽度等基本标准作了规定（比如地下室必须安装窗户、壁炉；新建居所必须有厕所），将房屋的内部设施和建筑的外部格局纳入统一规划，使新建房屋更加舒适，城市布局更趋合理。同时成立了都市建筑处（Metropolitan Building Office）以进行管理。1875 年英国伯明翰市长张伯伦下令拆除并再开发约 17 公顷的贫民窟住宅，整个项目由城市资金来承担，并引发了其他城市政府的仿效。1875 年通过了《公共住宅法》，内容包括：新道路排水设备、管沟构造；为防止火灾及卫生的目的，新筑家屋之壁屋脚，屋顶，烟囱等的构造；排水、便所、壁柜、垃圾处、储水所；不适于人们居住的房屋禁止使用。1875 年《公共卫生法案》巩固了建筑控制方面的条例，要求建筑结构防火，建筑具备排水系统和足够空间以防止卫生问题。1875 年、1882 年和 1885 年，议会三次出台《工人住房法》，敦促城市贫民窟的清除和改造。1890 年《住宅改善法》（*Dwellings Improvement Act*），1890 年《工人阶级住宅法》（*The Housing of the Working Class Act*）等法案，进一步扩大地方政府在城市改建中的权力，不仅可以清理贫民窟，还可以征购土地，建设廉租公寓，以缓解住房危机，明确了政府对自由市场的干预。到 20 世纪初，伦敦政府与住房公司共提供“模范住宅”和廉租公寓约 13 万间，大大改善了工人的居住环境（注 4）。

另外，随着城市规模的扩大，英国 19 世纪以前那种以治安法官和地方自治为主的传统治安模式已经越来越显得捉襟见肘。1829 年，英国通过《都

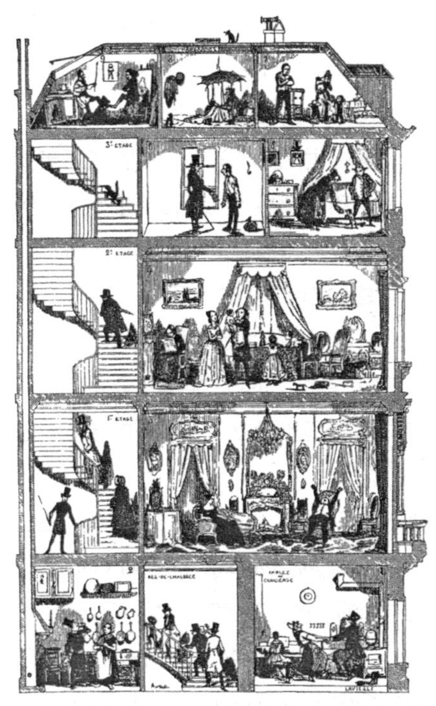

图 4-3　1853 年一栋巴黎住宅的剖面：底层房东；二层是感到无聊的富裕家庭；三层住着不太富有的家庭；四层为小市民；穷人、艺术家和老人住在阁楼层；屋顶有猫窝

市警察法》，率先在伦敦建立专业警察制度，负责日常巡逻和公共治安。1856 年《市镇警察法》通过后，地方城市也陆续建立警察制度。英国城市警察队伍不断扩大，犯罪案件明显减少，城市治安环境大为改善。

当时欧洲的城市改造中存在两大流派，一个是像英国那样，以自由的经济发展驱动，以民意为中心，以家庭为本体的实用主义的都市建设；另一个是像法国那样，以欧洲大陆各个国家的皇权为中心，以宫殿为主体的美观主义的都市计划。法国皇帝拿破仑三世和拜伦・奥斯陆主导的“巴黎重建计划”的改造拆迁中，1840 年通过了《财产没收法》，1850 年通过了《健康法》。1870 年完成巴黎的城市改造和重建，用宽阔笔直的马路取代了拥挤的城市旧中心，城市的美化、国家样式的兴盛、马路沿街店铺的收益反哺改造资金，使得巴黎改建为 19 世纪末欧美城市改建的样板，也充分体现了政府管理的作用。当时的欧洲，人们感叹着“不管人们说什么，也不管人们做什么，巴黎的影响都占着绝对优势，因为它是美食、财富和艺术之城。”（注 5）（图 4-3）

1890 年，参与过澳洲殖民地城市建设的英国建筑师约翰・萨尔曼 John Sulman 首次提出了城市规划（Town Planning，也称为都市计划）的概念。在此之前，城市规划没有专有名词，被称为“laying out a town”。1898 年英国人霍华德（Sir Ebenezer Howard）提出了“Garden City”的田园城市规划理论并出版了《明日——一条通向真正和平改革的道路》。花园城市是对工业化所带来的城市噩梦的一种反城市化的反应，并从空间规划的角度提出了现代城市的规划理论。20 世纪初花园城市及其相类似的理论扩散开来，1902 年，英格兰花园城市协会、德意志花园城市协会等创立，1910 年代新建的两个首都——印度新德里和澳大利亚的堪培拉都是以花园首都为标志。

1909 年，英国通过了《住房与城市规划法》（*The Housing and Town Planning Act*），是第一部涉及城市规划的法律，标志着英国的城市规划体系的正式成立。该法于 1919 年修订，并于 1932 年与住宅法分离为独立的《城乡规划法》(*The Town and Country Planning Act*)。1947 年英国《城乡规划法》,首次对发展(开发)做出定义,是指地表层下,以及地面和地面上空所进行的建设、工程作业、开矿或其他作业,或与建筑和土地相关的各种材料和功能使用的变化。根据这个定义,基本上人类所有的建设活动,或与土地和建筑相关联的功能变化全包括在这个定义之中。英国规划体系将土地(物业)的所有权与发展(开发)权分离开。土地(物业)的所有权可以属于私人所有,但是发展(开发)权属于政府所控制。任何的发展(开发)建设,都需要申请规划许可并得到政府的批准。英国在 1918 年第一次世界大战后出现了工人阶级对于住房的需求,国会于 1919 年通过了《住宅法》(*Housing Act*)提供资金进行住房建设,它使住房成为工人的一种社会福利。1924 年的《住宅法》委任市政委员会发展新住房作为社会服务。1930 年的《住宅法》强制要求市政委员会清除所有贫民窟,并向居民提供补偿。1966 年英国颁布了第一部全国性的建筑标准《建筑物条例》(*Building Regulations*)并延续至今,为建筑物设计与施工提供了法律依据(注 6)。

英国将建设工程设计审查、施工监管和竣工验收统称为建筑控制(Building Control),目的是为贯彻执行建筑条例(Building Regulations)以及相关法规,保护建筑内及周围人员的健康与安全。自从 1666 年以来,英国建筑控制经历了从政府行政监管到社会服务的转变:1666 年至 1984 年,由政府主管部门强制执行;1984 年至 1999 年,引入半社会化的认可检查员(由国务卿认可);自 1999 年始,认可检查员向完全市场化转变(由行业协会认可和监管),政府建筑控制部门与社会认可检查员形成了相互竞争的格局。建设过程中的质量控制主要靠市场机制。具体的管理与监督程序主要通过规划审批、设计(技术)审查与施工(质量)检查、健康安全管理、设备材料管理四个环节来实现。

1901 年美国华盛顿特区制定了城市规划,1909 年哈佛大学开设了全美第一个城市规划课程并引发城市规划教育体系的建立;1909 年美国召开了第一次全国城市规划会议并随后每年召开,1917 年美国城市规划协会成立;1909 年美国威斯康星州议会通过了美国第一部城市规划法,规定州内中等以上城市必须建立城市规划委员会并制定城市规划,开启了美国城市规划制度的先河。

我国引入建筑控制制度是在鸦片战争之后、1842 年《中英南京条约》的订立导致了香港、上海等租借地与英国基本同步设立了一系列的建筑管理制度。

中国香港地区早在1856 年即颁布《建筑与卫生条例》(*An Ordinance for Buildings and Nuisances*),从安全及卫生方面的考虑,对建筑活动进行规范管理和控制。1883 年霍乱在香港蔓延,1887 年香港颁布了《公共卫生条例》(*Public Health Ordinance*),1889 年《建筑物条例》和 1901 年、1903 年的《公共卫生及建筑物条例》(*Public Health and Building Ordinance*),这是香港第一部全面综合考虑建筑物规范的立法。其相关章节规定:"凡姓名出现在香港政府自 1903 年公布的认可建筑师名单中的建筑师被称为认可建筑师(Authorised Architect,简称为 AA),"而只有认可建筑师才可以从事建筑设计等业务。1903 年公布的认可建筑师共有 33 人(30 名英国人,1 名葡萄牙人,2 名中国人)。条例中对认可建筑师(AA)的要求是:① 年龄大于 27 岁;② 自学徒或职业训练开始起,从事土木工程师或建筑师的专门工作 8 年及以上;③ 有足够的经验和训练从事土木工程师或建筑师的工作,或在其他方面符合条件。关于第 3)条,认证委员会将对申请者拥有的任何证书给予适当考量,尤其是由英国土木工程师学会(Institute of Civil Engineers)和英国皇家建筑师学会(Royal Institute of British Architects)颁发的证书(注 7)。

1935 年香港《建筑物条例》(*Buildings Ordinance*)通过,形成了一套完整的城市发展和建筑控制体系。

与英国类似，公共卫生本来是为了对殖民者和军队的健康和福利、维护殖民者本身的利益，随后作为一种社会福利用于维护社会的稳定，并与城市建筑控制体系结合，形成一套完整的建筑政府管制体系。具有地方特色的是香港政府的认可人士（Authorised Person，AP）制度。认可人士即按照香港《建筑物条例》的规定，由有关专业学会推荐，并经政府批准有资格代表业主统筹建筑事务的具有建筑师、工程师或测量师身份的专业人士。《建筑物条例》规定："每一个由他人代为进行建筑工程或街道工程的人，须委任一名认可人士作为有关建筑工程或街道工程的统筹人及须就该建筑工程或街道工程中关于结构的部分委任一名注册结构工程师。"

认可人士和注册结构工程师的主要职责是：

（1）负责绘制图则并呈交建筑事务监督审批；

（2）会同测量师编制招标文件，协助业主选择承建商；

（3）对工程建造全过程进行监管；

（4）会同测量师签发工程款拨付单；

（5）工程完工后，与业主、承建商一道联名签报验收，负责办理入伙纸、满意纸手续。

由于认可人士大都由建筑师担任，而业主聘请的注册结构工程师及其他专业人士也要对建筑师负责，因此业内人士把这一制度称为"建筑师负责制"。这一制度使认可人士既要就建造活动的合法性对政府和社会负责，又要尽可能帮助业主取得良好的投资效益并维护业主的合法权益。

1845 年，上海道台宫慕久和英国驻沪领事巴富尔（G. Balfour）签订的《土地章程》（*Land Regulations*）以及 1854 年、1869 年、1898 年《土地章程》的三次修订成为租界制度的根本法。1845 设立英美租界，外侨就设立了最早的市政管理机构——道路码头委员会（Committee on Roads and Jetties），成为公共租界（英美租界）进行建筑控制的开端。在 19 世纪 60 年代成立的工部局（英文名 Municipal Council，是仿照西方城市自治制度的市级行政管理机构。中译为工部局，源自清代六部之一的工部——掌管工程、工匠、屯田、水利、交通等政令）。自公共租界 1877 年开始着手的《华式建筑章程》《戏院消防章程》等建筑规则起，《土地章程》、《土地章程》附则、《中式建筑规则》和《西式建筑规则》等专门规则构建了公共租界的建筑法规体系。这些建筑法规同时也为各项建筑制度确立了法律基础。法规规定了新建房屋必须就按照建筑章程设计，业主（起造人）提出建筑执照申请时，必须呈报设计图纸，经过工部局审查合格后，才能发给施工执照。设计图样的机构被称为"打样间"。公共租界的建筑制度借鉴欧美经验，是中国建立最早、最完备的建筑控制制度体系。1898 年《土地章程》的修改赋予了工部局三项建筑控制大权：① 建筑规则的制订修改权；② 建筑图纸设计的审批权；③ 建筑营造活动中的监理权。

1906 年开始，上海公共租界的工部局开始考虑对建筑师和土木工程师的有序管理，继而考虑在公共租界内建立一套建筑师和土木工程师的注册登记制度，以规范建筑市场、保证建筑设计质量、最终减轻工部局的责任和负担。但是公共租界的建筑师注册登记制度从 20 世纪初筹备至 40 年代租界停止运作仍未能成功，主要受到各国领事团的反对，这使得上海在 20 世纪以来的建设严重依赖工部局的监管，形成一方面是代表亚洲乃至世界水平的外滩高层建筑的繁盛和优秀建筑师、营造厂人才辈出，另一方面则是大量普通房屋没有建筑师设计仅依赖政府的底线监管、实际建造房屋是正式报批房屋的十余倍、大量房屋因质量问题被拆除的畸形现象。而香港地区在 19 世纪末就开始了注册建筑师制度并延续至今，建筑师的职能不仅是建筑业主的建筑设计者和建造监管者，同时也是政府监管的重要助手（注 8）。

1927 年中华民国政府在南京成立时，设置土地局和工务局，负责管理土地征收和城市规划、建设活动。建筑活动中涉及两次行政许可：建筑执照和使用执照，分别是在施工前和竣工使用前颁发。工务局的重要职能就是制定建筑规则、审批建筑设计图纸、核发建筑许可证。1929年制定了《首都计划》，作为官方的城市规划。1935年颁布了《南京市建筑规则》，对南京的房屋建设实施统一管理。1938年12月中华国民政府颁布了《建筑法》，这是近代中国第一部由中央政府制定、施行范围涉及全国的建筑管理规范。该法正式确立了建筑许可和建筑师制度，全国的建筑物兴建时只有经过执有国家执照的建筑师的签字确认，才能核发建筑执照。这是中华国民政府第一次统一规范的建筑管理制度，标志着建筑活动法制化的正式开始。

1939年6月中华民国政府颁布了《都市计划法》，城市规划的理论和方法逐渐在国内推广开来。法规规定全国10万人口以上的城市都必须进行都市计划，并统一了专职机构为都市计划委员会，并标准化了规划内容，包括市区现状、规划区域、分区（住宅、商业、工业等）使用、公用土地、道路系统及市政管道、实施程序、经费等。事实上，城市规划除了提供城市必须的道路、下水道、自来水等市政基础设施外，还为了公共安全、卫生和交通便利，通过有目的、有计划的土地征收、空间规划、分区使用等，改变旧有的城市格局，利用政府的行政强制实施新的政治、经济权益分配（注9）。

20世纪20～30年代，中国近代城市的快速崛起以及各种类型的近代建筑大规模地集中涌现，在很大程度上都得益于包括建筑师执业制度在内的中国近代建筑制度体系的保障。

4.1.2 政府监管与建筑控制

英国城市化发生在自由资本主义上升过程中。当时英国政府吸收了亚当·斯密和大卫·李嘉图的“自由放任”理论，并将其发挥到极致，在这一过程中英国属于典型的“弱政府-强市场”，政府采取自由放任的态度，让市场处于完全竞争的状态，市场起主导作用，政府干预缺失。20世纪30年代之前西方处于完全的自由市场阶段，“人们相信自由竞争的制度安排能产生最优的经济秩序与市场效率，从而排斥在经济制度的安排中给政府留下干预的空间。”但是，城市病让政府意识到市场对提供公共品方面的失灵，城市规划发展和建筑控制是政府的正式行动。政府对工业城市的规划首先在住房上，因为仅依靠个人的力量用市场方式实现安居的愿望是不可能的，政府必须进行干预才能改善城市居住状况。

19世纪后期到20世纪初期，随着英国的公共卫生法、住宅法、城市规划法的立法，逐步建立起完整的城市规划体系和建筑控制制度，这是对逐利的自由市场的反思，政府通过提供行政监管和基础设施等公共品，在城市和建筑领域，公权力介入市场的私权力，成为“自由资本主义”向“后自由资本主义”过渡的标志之一，建筑和城市发展成为政府监管的重要对象，以保证市民的安全、健康和建筑资产的良性化，使得欧洲和北美的城市生活得到了明显的改善。这本质上也都是产业资本为了提升效率而进行人为干预建筑市场的一种行为，“城市规划本质上就是一个政治与经济权力的分配、社会与文化价值支配的实践过程”。

同时，近代的城市规划制度，和建筑师、律师、会计师等专业人士制度类似，是一个国家与作为精英的专业人士共同体之间的权力建构过程。专业人士制度的建立，也是国家政府通过专业执照的方式将专业人士纳入到现有的管理体制中，实现了部分行政管理的外包，扩大并加深了行政管理和社会控制的广度与深度，加强了国家统治的专业性和广泛性，从而扩大了政权的执政基础。英国近代史上，海外殖民地的建筑师、律师等专业制度的建设，往往比英国国内更加投入和更加成功，其实也是为了稳固执政基础的一种努力。

政府监管，即政府监督管理，也被称为政府规制、管制（Government Regulation），即政府运用公权力，通过制定一定的规则，对个人和组织的行为进行限制与调控。政府规制理论是市场经济演进的结果，它是行政主体以矫正市场失灵为目的，以宪法和法律为依据，通过制定和执行行政法规或规章以直接干预市场配置机制和间接改变消费者或市场主体供需的法律行为。政府规制是在以市场机制为基础的经济体制下，以矫正、改善市场机制的问题为目的，政府干预或干预经济主体活动的行为，政府管制的根本特征是依法管制（Regulation by Law）。

政府规制的出发点是市场失灵，于是政府是从公共利益出发制定规则，并以提高资源配置效率和增进社会福利为目的。但是可能由于政府行为目标的偏差、特殊利益集团对规制的寻求和政府代理人对利益的寻求，以及信息不对称的存在，许多规制部门以牺牲公共利益为代价换取个人或集团利益，从而导致规制失灵，也就是政府失灵。因此，需要尽量降低政府的规制。根据可竞争市场理论，政府应该做的是减少市场进入和退出壁垒创造可竞争的市场环境。只要存在潜在进入者的压力，市场中的现有企业就会将价格限定在合理的水平上，从而实现资源配置的优化，而政府规制和行业转入限制恰恰是减少了市场竞争。因此，改革政府规制（主要是简化、优化）、提升治理水平，也是目前世界各国政府努力的方向。

政府规制一般被分为经济性规制与社会性规制。经济性规制是针对存在自然垄断和信息偏差问题的部门，以防止无效率资源配置发生、确保需求者公平利用产品和服务为主要目的，通过被认可和许可的各种手段，对企业的进入、退出、价格、服务的质和量以及投资、财务会计等方面的活动所进行的规制。社会性规制是以保障劳动者和消费者的安全、健康、卫生、环境保护、防 止灾害为目的，对产品和服务的质量和伴随着提供它们而产生的各种活动制定一定标准，并禁止、限制特定行为的规制。与其他政府规制相比，建筑业规制具有较为明显的经济性规制与社会性规制的双重属性。我国建筑业政府规制可以分为对建筑企业的经济性规制和社会性规制两大类。经济性规制主要有建筑业准入制度、招投标制度、定额造价制度、施工许可制度。社会性规制从工程质量、安全管理、节能环保、信用体系和劳动者权益几个方面做了较为具体的规定，以减少浪费和事故并促进社会协调发展（注 10）。

政府监管行为可以分成三种类型：创制行为、监督行为、管理行为。① 创制行为包括国家行政机关自己规定的规则和制度。行政创制行为属于行政行为，不同于立法行为，行政创制活动必须依照国家和地方权力机关规定的宪法、法律和地方性法规进行。② 监督行为是依照相关的法律法规、规则制度，具有行政监督权的行政主体对于相对人进行审查、检查、接受举报及其他发现违规情况的过程。③ 管理行为是指行政主体依照有关规定，依职权对于行政相对人进行处理、处罚的活动。

建筑市场监管，是指政府有关部门针对建筑市场及其相关的建筑活动所进行的依法管制。建筑市场监管中自然也包括了行政创制行为、行政监督行为、行政管理行为。城市和建筑中的政府规制（监管）也被称为“建筑控制”，意指行政管理机构通过审批、行政许可、检查等管理手段来保证建筑物的设计、施工和运营维护符合建筑法规的要求，其目的是保护建筑物的使用者和其他人的生命、健康和财产安全。

政府规制的实施，目标是实现建筑物全生命周期的质量控制以实现安全、健康的社会目标。但是由于政府的监管能力和投入有限，建筑物的生产又具有地域性、独特性（单一性）、复杂性、外部性等特点，以及建筑业作为国民经济支柱产业的地位和商品化后投资的大规模和广泛性，使得政府如何投入必要的资源以保证监管的实施，是各国政府不得不考虑的问题。从各国的实践来看，政府自身的投入和资源无法满足建筑市场需求，例如上海租借地在 1930 年代末实施职业建筑师制度，政府工务局主导建筑审查，报审建筑不足实际开工的 1/15，实际处于失控状态。

因此，从工业革命后的英国开始，各国逐步形成了一整套政府规制方式以保证建筑物质量监管的高效落实：

（1）标准制定——制定城市规划和建筑的法规、技术标准，保证建筑环境作为社会资产的健康、安全、有效。建筑的技术法规，即法规和技术标准，对建成建筑物的品质提出最低限度的要求。这包括立法机构和政府制定的建筑法律、行政法规、部门规章和地方法规相结合的法规体系，以及由专业人士组织或行业协会、政府主管部门制定的技术规范和标准。为了提升标准制定的效率，一般采用政府集中精力制定法律，鼓励行业组织、专业人士、专业团体制定技术标准，通过政府认可的方式、强制执行形成技术法规体系。

（2）过程监管——实施建设过程的监管，包括事前的建筑许可的审批，事中的施工过程的质量、安全监督和竣工验收，事后的处罚执法。主要通过行政许可（政府审批）的方式控制建筑从设计到施工、使用的过程，通过领取执照施工建设（主要为规划许可、施工许可、使用许可）的方式审查建筑蓝图，通过施工检查和竣工验收控制施工建造过程，保证最终建筑物的合格。采用行政许可制度，对建筑业的关键从业人员制定准入资格、对建筑物的建设和使用的关键节点、主要建筑材料和设备产品等确定审查、认可并颁发许可证的制度以保证建筑物的基本质量。

（3）市场准入——为了保证监督到位和政府的小型化，采用建筑市场准入制度，对设计、施工、监工等行业的企业和从业人员提出执业资格要求，并委托建筑师等专业人士进行全过程监督并承担无限责任。制定行业从业个人和企业的从业资格认定制度，通过特许具有资格的企业（设计、施工、建材等企业）、产品（建筑材料、设备产品、部品等）和专业人士（建筑师、结构等工程师）从业的方式，相当于政府行政监管职责的外包和社会采购，通过“管人”来“管事”，从而保证监管的有效执行和减少政府的成本支出。政府的专业监督、审查机构主要制定相应的规则并开放相关市场，通过自身的抽查，或者委托有资格的专业人士，或认可检查审核机构等，保证对建筑物全生命周期的政府监管和质量保证。政府监管的方式有几类：委托有资质的建筑设计从业人士（即建筑师、土木工程师等）；或委托独立的检查、审核机构对建筑设计方的图纸进行审查；或是两者兼顾、双重保险来满足建筑质量控制需求。不管采用何种方式，委托建筑师等专业人士进行全过程监督并承担无限责任的职业建筑师制度都是关键，因为只有具有从业资格、丰富工程经验且对项目投入巨大精力的设计实施方——建筑师及其专业工程师，才能真正从源头上控制住项目风险并在细节上监督建筑技术法规的落实。由于建筑产品的独特性和复杂性，任何外部的监督检查的投入度、能力、驱动力都不足以、也都无法深入项目细节，只能对某些关键点进行抽查和复核，所以依赖外部检查是不可能实现质量监督的，这也为我国的工程监理制度、施工图外审制度的实施以来的问题所证实。

（4）环境建设——建立公平公正、统一开放的建筑市场，提供公开透明的工程信用和市场信息，消除信息不对称和竞争壁垒，促进市场重复博弈以带来优胜劣汰，实现政府、个人、企业和行业组织等多方参与、共同治理的良好市场环境。主要通过公开信息、消除市场限制、发挥行业组织作用、动员金融保险手段等，建设统一开放、信息对称、充分竞争、品质优先、理性选择的公平、公开、共同治理的良性市场。

当前，我国建筑工程质量监管现有制度主要包括：技术法规与强制性标准制度、规划与建筑许可制度、施工许可制度、施工图审查制度、招投标制度（不仅限于政府采购）、工程造价管理制度（国家定额作为建筑市场要素的价格的计划经济手段）、工程监理制度、政府监管制度（包括施工图审查、招投标制度、工程监理、工程质量安全监督站）、工程竣工验收备案制度、销售许可制度、个人执业资格与企业资质的行业准入“双轨制”等。

1）美国建筑业政府规制主要模式

（1）建筑行业法律法规及行政管理

美国没有专门针对建筑业管理的法律，也没有一部严格意义上的《建筑法》。美国政府信奉市场经济中的自由竞争原则，政府对经济活动的干预很少，其作用更多地表现为在规范市场行为、保障公平竞争方面。美国没有专门管理建筑业的部门，建筑业的管理向其他行业一样，主要通过综合性法规和技术行业标准和规范来进行，如有关公司法、劳动法、合同法建筑技术规范和标准等涉及建筑行业的各项规定都对建筑业产生效力。因此，在美国的建筑业管理中，行业协会和学会起着重要的作用，而当事人之间的互相约束更多依赖于协议。

美国政府对建筑业的间接管理主要是通过商务部来完成的。美国商务部对经济的管理基本不针对行业，建筑业和其他工业一样，被置身于市场中，主要依靠市场进行调控。政府的任务是规范市场行为，对经济进行宏观调控，创造良好的市场环境。在美国各个州、市都有与建筑业相关的行政部门。

美国建筑工程质量法规的主要内容是美国政府对建设工程质量的监督与控制实行全过程管理。政府对工程质量监督的目的是保证公民的生命、健康及财产安全，确保设计施工质量满足正常使用的最低要求。

美国的《国际建筑规范》（*International Building Code*，IBC）明确规定建筑工程实行规划许可、施工许可、使用许可制度，施工图审查通过是颁发施工许可证（permit）、使用许可证的必备条件。

审图机构属于政府部门，具有执法权；民营审图机构为从属关系。审图机构的职能与服务包括：

① 发放营建许可证，验收合格证及使用证，审图与施工检查，签发与吊销许可证；

② 灾变应急服务、灾情评估、灾后调查研究及向上级建议将来法规的调整等；

③ 参与及提供法规制定与修改意见；

④ 制定本地政策，包括政策与法规；

⑤ 与业界或社会进行互动，包括定期法规及政策研讨会、业界的资源与帮助、社区安全教育、公益与支援活动等；

⑥ 参与业界标准的评审及产品认证。

美国加州的施工图审查处是建设行政主管部门的内设机构，是具有执法权的行政监管部门，其根据情况会将一些审查事项委托给部分社会审图机构（具有高资质、高行业信用的咨询机构），但核准仍是审查处。审图机构的组织包含许可证中心、审图中心、施工检查部、行政辅助及人员配备等（注 11）。

（2）建筑业市场准入规制

在资质管理上，美国多数州对建筑公司不实行分级资质管理，一般依靠保险公司对不同档次的建筑公司所提供保险金额的不同进行市场调节。要求承包商提供 100%的履约保函，即投标工程规模不得超过工程履约保函金额，而保险公司对建筑公司的保额需要根据公司在当地的工程经历确定。

通过招投标确定承包商后，承包商首先要进行担保和保险。担保有两种，一是完工担保或履约担保；二是支付下游（分包商）工程款担保。保险主要是承包商对人身、物资等投保，以减少意外损失。

美国是一个职业执照化的国家，所有职业工种全凭执照才能工作。总承包商、分包商要凭执照才能承包。有些州要求建筑公司有一位主要职员通过该州的资格考试，该人作为公司的“资质员”后该公司才能取得营业执照；从事上下水、消防喷淋、暖通、电气、锅炉、电梯、石棉消除等专业工种的专业承包商一律要有专业执照；注册建筑师、注册工程师要凭执照进行设计或监理；建筑工人也要有执照才能受聘。

（3）建筑安全生产管理行为规制

为更好保护建筑从业人员的安全，1970 年，美国颁布了《职业安全与健康法》。业主对施工现场发生的所有事故承担一些责任，总承包商对分包商雇员的事故也要承担责任。美国联邦政府、地方政府都需监管施工安全，职业健康和安全委员会是负责监管施工安全措施的重要部门。政府的安全检查一般是抽查，大部分情况下不事先通知。

在工程质量标准上，地方政府对工程的设计和工程质量进行监管，设计要遵守当地规划，经报批通过后方可进行施工，工程实施过程中各项工种都要经过当地房屋局的检查验收。整个项目实施过程特别注意环境保护。

2）英国建筑业政府规制主要模式

（1）建筑行业法律法规及行政管理

英国的建筑业具有完善的法律体系和统一的行政管理机构。在法律体系上，英国建筑业法律体系分为三个层次，第一层次为议会通过的法律，如《建筑法》《住宅法》《劳动安全健康法》《建筑师法》等；第二层次为政府制定的实施条例，如《建筑条例》《建筑核准检查员条例》《建筑能效条例》《建筑安全管理工作条例》《工作安全与健康管理条例》等；第三层次为建筑行业协会或学会编制的技术规范与标准。其中，英国的《建筑法》与其他法律法规结合，对整个建筑业进行调整。

在英国，对建筑工程的设计文件、施工过程、竣工验收等阶段的检查监督称为建筑控制（Building Control）。建筑控制的监督管理部门为社区和地方政府部门，政府负责关键节点的行政审批，如规划申请、建筑控制申请的许可，同时做好工程项目建设过程中的信息备案，并对资质人员的工作进行抽查。具体操作层面的监督管理则依赖建筑控制机构（Building Control Body，BCB），BCB 则根据项目类型的不同，对设计图纸、施工方案、施工过程、竣工验收等进行不同程度的现场检查和监督管理，以确保工程项目符合工程质量安全的要求。BCB 分为公立和私立两种：公立 BCB 即地方当局 BCB；私立 BCB 也称为认可检查机构（approved inspector），由社区和地方政府部或其指定的第三方机构认可。随着政府职能的进一步解放，2014 年 3 月 31 日开始，所有认可检查机构均由建筑业委员会（Construction Industry Council，CIC）组织资格认可和执业监管，CIC 也建立和公布认可检查机构名单，并附上检查机构的有效日期。认可检查机构可以是个人，也可以是法人团体。如今英格兰和威尔士个体制的认可检查机构有 10 多个，团体制的认可检查机构有 80 多个。认可检查机构自 1984 年《建筑法》发布时引入，在这之前主要是政府机构开展建筑控制活动，为提高工程项目监管效率，引入社会化的认可检查机构，为业主提供了可供选择的渠道：业主可在隶属政府的公立 BCB，社会化的私立 BCB 或资质人员三者之间，任选一方来满足工程质量相关法规的要求，这三者形成的相互竞争格局，有利于提高服务质量和效率。

在认可检查机构工作的过程中，若与业主就工作方案同法规一致性产生矛盾时，业主可将其决议和方案提交至建设主管部门即社区和地方政府部。当认可检查机构触犯法律规定时，其职业资格认可将被撤销，且自定罪日起 5 年内不能获得检查机构批准认可。检查机构及其认可机构都会被主管部门评估，一旦得到任命，需要通过审计以确保其行为能力并能熟悉相关法规和标准。地方当局也要对检查机构进行监督，为辖区内符合法案规定的建筑授予证明。同时应保证：检查机构工作公正透明；检查机构需具备专业能力并与法律法规保持一致性；检查机构需为自己的行为负责。

英国的认可检查机构制度将市场竞争机制引入建筑工程过程监管中，充分调动社会资源，避免政府过多干预，且有健全的建筑工程监管法规体系、成熟的保险业务市场和完善的工程担保机制作保障，为我国监管体系向市场化转变、加强事中事后监管提供了宝贵经验（注 12）。

（2）建筑业市场准入规制

在英国，法律并不要求在设计、建筑物时必须雇用建筑师。一名建筑师即使没有受雇于任何一家设计公司，也没有成立自己的公司，业主也可以将项目委托给建筑师设计。但是经过注册申请取得的“建筑师”称号受到法律保护。没有注册的设计人员不能称自己为建筑师。对建筑设计企业的性质，英国政府也没有限制，而由企业自主选择。

（3）建筑安全生产管理行为规制

在英国，安全生产政府主管机构是国家健康安全委员会（Health and Safety Executive-HSC），施工安全基层检查机构则是安全健康执行委员会（HSE）下属的地方安全健康署。建筑安全是安全与健康委员会负责的四个重要领域之一，安全与健康委员会及其下属的地方安全健康署代表政府行使安全管理职能。在英国全国只有 116 位建筑业安全检查人员，它们根据《劳动安全健康法》的授权，从事建筑安全监督工作，包括发出强制执行命令和诉讼。

3）日本建筑业政府规制主要模式

（1）建筑行业法律法规及行政管理

日本建筑业有三部基本的法律，即《建筑基准法》《建设业法》和《建筑师法》。《建筑基准法》的调整范围是房屋建筑工程，主要对有关建筑物的用地、构造、设备及用途的最低标准作了详细规定，该法偏重于对各类专业工程分别在技术方面做出规定；《建设业法》是关于整个建设业内各类工程管理的规定，对具有共性的所有建设工程管理实行统一调整，主要对建设业的许可、工程的承包、发包以及纠纷的处理作了详细规定；《建筑师法》则是对建筑师资格进行规范的法律。

在建筑业行政管理上，日本内阁之下设置 10 个省，其中的国土交通省全面负责日本建设业的事务管理。

（2）建筑业市场准入规制

在资格审查制度上，每个承包商均需登记注册、申报注册资金。将建筑业分为 28 个工种工程，按造价将每个工种工程按照 A 至 E 分成 5 个等级，企业按等级参与相应级别的工程投标；承包商必须拥有足够的建设资金和高水平的建设能力，要有承包日本工程项目的工作业绩和实际经验。

在土木工程咨询业务上，注册分为 20 个专业领域，例如，道路、港口、下水系统等。申请注册某一领域的公司，在技术人员和资金方面应达到相应的要求。公司在某一领域至少有一位注册工程师和 1000 万或以上资本。

（3）建筑安全生产管理行为规制

日本建筑业安全管理具有以下特色：一是法律、法规健全，安全管理走上了法制化的轨道；二是建筑业监管方式完善，日本劳动基准监督署代表国家对包括建筑业在内的各行业安全健康状况进行监督检查。

工程完工时，承包商负责通知工程买方。买方自通知之日起 14 日内，在承包商在场的情况下，对完工的工程进行检验，并将检验结果通知承包商。如果工程通过验收，买方必须接受竣工工程的交付。如果工程没能通过验收，承包商必须对工程缺陷进行补救，并再次进行验收。

4.2　建筑市场政府监管（1）——技术法规（法规与技术标准）

4.2.1　法规与技术标准体系

1）技术法规体系

根据《世界贸易组织贸易技术壁垒协议》（*WTO/TBT*，*Technical Barriers to Trade*，即贸易技术壁垒）规则，所有相关的约束硬性要求和标准划分为技术法规（强制的）、技术标准（非强制）、合格评定程序三个内容：

（1）技术法规。技术法规是强制执行的规定产品特性或相应加工和生产方法，也可以包括或专门给出适用于产品、加工或生产方法的术语、符号、包装、标志或标签要求方面的内容。技术法规体现为一系列以法律、法规、规章、指令、命令或强制性标准文件的形式发布实施的固定化、法律化了的规范性文件。它根据技术法规的法律层次分为立法机构制定发布的法律和政府部门制定的法规；根据技术法规的描述特性将其分为规定性技术法规和功能导向型技术法规两类。

国际标准化组织（ISO）的定义是，“技术法规是指包含或引用有关标准或技术规范的法规”。法规是具有约束力的文件，包括法律、法令、法规或行政规定，并且由法定权力机关颁布。技术法规所包含的内容主要涉及人身安全、卫生健康、环境保护、交通规则、无线电干扰、节约能源和资源等。

美国对技术法规的定义为“一般是由政府的法规制定机构作为法律、规章、法典或条例的组成部分而发布的。它对于规定的方面是一种必须要符合的义务。强制性的技术法规可以涉及健康、安全、法制计量、消费者保护、财产或环境保护等问题”（注 13）。

我国于 2001 年 12 月 11 日加入 WTO 之后，我国技术法规必须逐步实现与 WTO 的《贸易技术壁垒协议》技术法规体系接轨，逐步完善建筑法规制度，规范政府行为。我国建筑领域的建筑法规、标准繁多，政府部分解释随意，与国际通行的行政许可制度不符。2000 年建设部发布《工程建设标准强制性条文》，主要目的是保障使用的人身和财产安全、健康、环境保护等公共利益，从性质和作用上讲，它相当于 WTO 要求的“技术法规”，并通过施工图审查和竣工验收等环节确保其贯彻执行。

（2）技术标准。技术标准是被公认机构批准的，非强制性的，为了通用或反复使用的目的，为产品或其加工和生产方法提供规则、指南或特性的文件。现代的标准化是伴随着大规模工业生产技术的发展而开始的；随着工业的迅速发展，国际贸易的增长，专业化的需要和一系列其他因素，引起了国家标准的国际统一的要求。值得注意的是，WTO/TBT 协定中明确将“标准”定义为“非强制执行的文件”，世界上主要发达国家的标准也都是非强制执行的文件。也就是说，就“标准”本身而言，一般都不具备“强制执行”的属性；技术法规是强制执行的文件，标准是非强制的文件，这是国际惯例；若有关法律法规规定应执行标准，这时标准因被政府引用为强制性要求就成为建筑技术准则（Approved Documents），从而间接地“强制执行”，这也是我国强制性技术标准的范围。我国标准分为强制性标准和推荐性标准，并规定强制性标准必须执行，这完全代替技术法规的作用，是不符合国际惯例的。

（3）合格评定程序。合格评定程序是指对产品、过程或服务满足规定要求的程度所进行系统检查和确认活动。国际上所称的合格评定活动一般包括：企业的自我声明、第二方或第三方的检验、检查、验证等评价活动或认证、注册活动以及它们的组合。合格评定的主要目的是给用户提供信任，即确定或证实材料、产品、服务、安装、过程、体系、人员或机构已经符合相关要求。

合格评定程序主要包括认证和认可两种形式：

① 认证是指由第三方对产品、过程或服务满足规定要求给出书面证明的程序。认证分为产品质量认证和质量体系认证两部分。认证机构是政府或非政府公正机构，它具有可靠执行认证制度的必要能力，并且在认证过程中能代表与认证制度有关的各方的利益。认证证书和认证标志通常由第三方认证机构颁发。

② 认可是指一权威机构依据程序确认某一机构或个人从事特定任务或工作的能力。主要包括产品认证机构认可，质量和管理体系认证机构认可，审核机构认可，实验室认可，审核员或评审员的资格认可，培训机构的注册等。

合格评定程序具体包括：

① 抽样、测试和检验——是对具体产品的检验过程。

② 评估、验证和合格保证——是对具体的措施乃至整个质量保证体系进行评价，包括目前广泛推行的 ISO 9000 体系认证等。

③ 注册、认可和批准以及它们的综合——包括企业和专业人员的注册、质量体系和实验室的认证、质量认可和市场准入的批准等。

现代质量认证的第三方认证制度始于英国，1903 年由英国工程标准委员会首创开始使用第一个质量标志——风筝标志。到 20 世纪 50 年代，质量认证基本已经普及到所有工业发达国家，并逐步普及到世界各国。英国的 BS 认证、法国的 NF 国家标志、德国的 DIN 检验和监督标志、德意志电气工程师协会的 VDE 标志、日本的 JIS 标志、美国保险商实验室的 UL 标志、欧洲的 CE 标志都是世界上很有信誉和权威的产品认证标志。

我国的质量认证开始于 1980 年加入国际标准化组织（ISO）之后。在建材产品方面的认证我国的质量认证主要分成两类：一类属于强制性产品认证；另一类属于自愿性产品认证。强制性认证，即为保证产品的使用安全和消费者的利益，国家为此专门制定技术规范和产品安全标准，并以此为依据进行的认证；自愿性认证，即由第三方确认产品、过程和服务符合特定要求，并给予书面保证的程序，是依据产品质量标准中的全部性能要求进行的认证。

目前国际通行的体系认证有质量管理体系（ISO 9000）、环保管理体系（ISO 14000）、安全管理体系（ISO 18000）及环境健康安全体系（OHSAS 18001），并以这四大体系为核心有机地构建出协调运作的建筑企业的现代管理模式。

针对建材产品，我国在强制性产品认证中主要有 3C 认证。到目前为止，我国 3C 强制性产品认证目录里涉及建材产品的有建筑安全玻璃、溶剂性木器涂料、瓷质砖和混凝土防冻剂四种建材产品。而自愿性产品认证中主要有 ISO 9000 质量管理体系认证、ISO 14000 环境管理体系认证，建筑节能类的产品认证等。目前国际通用推行的 ISO 9000 质量管理认证体系或 ISO 14000 环境管理认证体系，适应各行各业多种类别的企业和产品。

建筑工程材料和设备产品首先应完成自身的出厂质量检验和要求的第三方质检，保证产品满足国家标准并符合企业标准；进入施工现场时建设单位（监理单位）应组织施工单位共同进行进场验收；在施工过程中，施工单位需要构建一套系统、完善的施工现场留样制度；政府的专业部门和人员随机开展建筑材料质量监督的随机抽查工作；政府部门同时加强材料检测机构的管理，并明确检测部门应该承担的基本职责，确保检测责任可追溯。

2）建筑技术法规

建筑法规是建筑领域的技术法规，按照内容和针对对象不同，又可分为建筑领域法律（Building Acts，Building Ordinances）、建筑规范（Building Codes，Building Regulations，Building Rules）、建筑技术标准（Building Standards）三个层次。

它也包括其他不直接以建筑控制作为目标但却可对建筑活动产生重大影响的相关法规，如规划法、消防法、合同法、招标投标法等。这些文件均以书面形式、从各个不同角度对建筑活动做出规定，如主体角色、活动类型、产业分工、业务流程、行政管理等。建筑法、建筑规范与建筑标准，这三者出现的顺序、主要内容、调节的关系也是从上而下、逐渐细化的，共同形成了建筑法规这一建筑控制的制度依据：

（1）建筑法（Building Acts，Laws，Building Ordinances）

建筑法律所处的位置最高，它往往需要立法机构反复讨论通过，涉及行政和组织管理、惩戒措施，往往反映着基本的利益关系，同时也是行政管理的依据。根据制订机构和法律效力不同，也可以将建筑法规领域的法律分为法律（立法机关制定）和行政条例（行政部门制定）两个层次。

（2）建筑规范或技术法规（Building Codes，Building Regulations，Building Rules）

建筑规范（建筑技术法规）层次稍低，往往是市政机构依据建筑法的规定制定并强制执行的，其内容更侧重综合技术的要求。建筑规范往往是以非技术的管理性条款开始、以技术性条款作为主干。管理性条款都是实施建筑规范所必需的前提条件。它们为行政部门进行管理，为设计者提供图纸、说明和其他文件，为管理部门审查图纸文件，为管理部门监督营建过程，以及为处理使用者、设计者和建造者所遇到的问题建立了规则。同时，建筑规范也通过具体的技术要求来确保人类生命和财产安全，其采取的最低标准往往是特定时代参与营造活动的各方利益均衡、关系调节的妥协结果。主要包括建筑尺度和边界控制、建筑材料安全、安全卫生防灾等基本要求、功能的最低要求等。技术法规是标准的上位法律依据，是标准与法律间的衔接，建筑技术法规体现国家在建筑工程领域的政府意志和强制性的技术要求（最低性能要求）。

（3）建筑技术标准（Building Standards）

建筑技术标准则往往是针对建筑规范中的特定内容进行专门的详细规定，更偏重于单项技术要求。根据 WTO 规则，技术法规是关于建设工程技术方面的最低要求，必须强制执行；技术标准是推荐性的，可满足不同用户、不同层次的需要。例如美国，技术标准体系是在私人企业的竞争机制上形成的，可以制定技术标准、规范的机构很多，这些机构编制的技术标准不具有强制性；只有被政府采纳作为地区或全国标准的技术标准就会升级为技术准则（Approved Documents）或技术法规（Building Regulations），被强制执行。

技术标准为技术法规提供操作指导的文件，是在满足法规要求下具有操作性和技术性的指南，实施力度很高，但不具唯一性。其起草工作的承担部门不受严格限制，但必须由政府主管部门或其授权机构发布。标准本身都没有强制性，属自愿采用的文件，当技术标准被法律法规或技术准则所引用，就有法治约束性、必须强制执行。我国目前也在按照这种方式逐步开放技术标准的制定和采纳，以提升技术标准的丰富性。

3）建筑技术法规的制定方法

根据技术法规制定的指导思想和编写特征，建筑技术法规一般可分为指令性（规定性）法规和性能化（目标性或功能性）法规。

（1）指令性法规确定了要达到特定目标或结果的方法，其在达到目标或结果的途径上具有唯一性和确定性，但也可能成为抑制创新和采纳新技术的障碍。

（2）性能化法规规定要达到的目标，为实现这些目标允许选用不同的途径和方法。其最大特点是具有灵活性，提供了技术创新和采用新技术的空间。但也存在一些缺点，如达标方法的灵活性导致了不确定性、决策过程的主观性、决策过程的复杂性增加等。

自 20 世纪 70 年代后期开始，世界上许多国家和地区的法规机构开始重新审视传统的指令性法规，以性能可被识别、测量和计算为基础，寻求能清晰阐明法规意图、减少监管负担、鼓励创新但不降低性能水平的方式。这便催生了对功能性、目标性或性能化方法的思考。代表性的是北欧建筑法规委员会（NKB）所概括的法规层次结构（NKB Model）。1998 年，美国、澳大利亚等国的技术法规专家在国际法规管理体系协作委员会（IRCC）会议上，提出了八层次技术法规的框架（IRCC Model）。这些层次，能更好地说明测试方法和标准、评价方法、设计指南及其他验证方法如何用来验证是否符合法规（注 14）（图 4-4）。

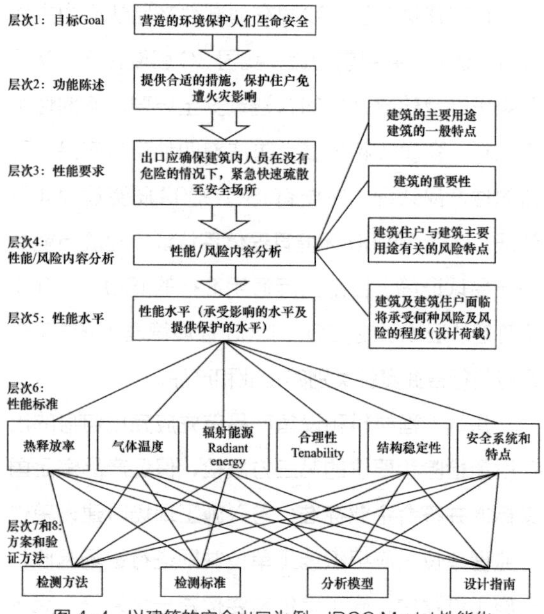

图 4-4　以建筑的安全出口为例，IRCC Model 性能化技术法规的八个层次之间的关系

4）建筑技术法规的主要内容

建筑的政府监管标准，也就是城市对建筑的控制要求，从最早的卫生、安全、消防角度的室内布局、卫生间设置、防鼠防疫、防火材料要求等，发展到对交通、空气、阳光等的需求及对红线、高度、退线等的控制要求，最后发展到对样式、开发强度控制的容积率、环境保护等要求，核心是满足人们对健康、安全以及归属感的诉求。

（1）健康与安全

很多关于防火控制的法规直接影响建筑形式，防火规范一般控制建筑材料、详细规定窗户的位置、墙的厚度等。1666 年伦敦大火后，重建运动将新建筑外部木结构减至最少，必须是砖或石建造，墙的厚度、天花板的高度、木构件的尺寸都被详细规定。

（2）美观和城市风貌

为达到视觉上的和谐，1344 年的法规规定锡耶纳的坎波广场（Piazza Del Campo）周边所有建筑，都必须使用同一种尺寸的窗户。1607 年早期，法国建筑法规限定装饰物，提倡古典比例、平滑的建筑线。1618 年英国法律规定窗户的高度要比宽度值大，鼓励窗户上面设置砖拱。1882 年巴黎法规为“所有装饰性的要素，包括柱子、壁柱（柱顶过梁的）雕带、檐口、支架柱头”都给出了特定的比例（注 15）。

（3）建筑轮廓及开发强度

通过控制建筑高度与街道宽度的关系（街道高宽比）来保证街道尺度，是欧洲城市控制城市景象的常用手段，16 世纪开始早期城市设计者们花了大量的时间研究出建筑与街道的合适的关系。法国巴黎城市的整体风貌是源于 16 世纪路易十二制定了第一部城市建筑法规后逐渐取得的。1667 年颁布的城市建筑法规，首次对城市道路与城市建筑立面及建筑高度控制等方面作出规定。1784 年颁布的建筑法规对建筑沿街立面垂直段高度以及坡屋顶层的立面高度与最大倾斜度作出了具体的规定。1859 年颁布的城市建筑法规是在奥斯曼改造巴黎城的年代对 1784 年颁布的法规基础上进行了调整与修正。原法规中关于建筑立面与建筑屋顶的严格规定仍然延续，建筑立面垂直段的允许高度最大可达 20m，但建筑的总层数在任何情况下均不得大于 5 层。同时增加了针对奥斯曼改造巴黎的计划中的城市公共空间的规定，如面向城市主干林荫道（boulevard）、城市公共广场或建筑内部庭院的建筑立面，其顶层退缩做法可不执行 45° 斜线的控制线。1884 年、1902 年、1967 年、1977 年等又对城市建筑法规进行了调整和优化。由于建筑法规的高度限制，导致开发商为了多出建筑面积不得不采用沿街道周边布局的平面形式并用足所有沿街面，造成大量 O、C 形平面，客观上促成了整齐有致、细节变化丰富的城市风貌，奠定了巴黎城市空间和城市魅力的基础。

伦敦 1667 年城市更新运动根据道路的重要性规定街道的宽度，并相应提出沿街的 3 种建筑高度：沿重要干道（宽 100 英尺，30.5m）和主干道（宽 70 英尺，21.3m），建筑 4 层；沿河、一般街道（宽 25 ~ 55 英尺，7.6 ~ 16.8m）和特殊巷道，建筑 3 层；沿小巷（宽 16 英尺，4.9m），建筑 1 ~ 2 层。德国卡尔斯鲁厄规定建筑高度与街道宽度的比值为 1.25，罗马的比值为 1.5。

19 世纪后期，美国开始实行对高度的控制，以应对摩天大楼对阳光、空间的阻塞和拥挤感，建筑控制在 100 ~ 200 英尺（约 31 ~ 61m）之间。1891 年，波士顿首次实行了高度 125 英尺（38m）的限制。纽约规定一些主要大道两侧的建筑限高 80 英尺（24m），其他 125 英尺（38m）——确立不同的建筑高度分区。到 1913 年，包括波士顿、华盛顿、芝加哥等 21 个美国城市有高度控制的法规。高度控制法规的影响比天际线轮廓要求对建筑形式的影响更大。高度控制下，美国出现了很多 O 形或者 U 形的建筑平面，目的是获得更多的可用面积。1916 年区划法中规定了多种街道宽度规则，确立街道沿线 5 种高度等级，确定了城市的建筑高度与街道宽度的高宽比；不同的分区进行高度退让的高宽比各不相同，但基本类型都保持在 1：2、1：1.5 以及 1：1

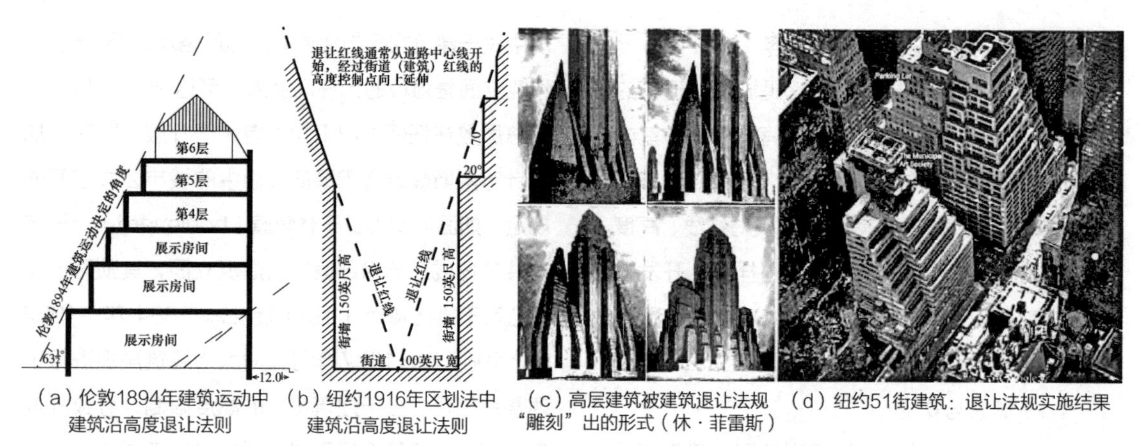

（a）伦敦1894年建筑运动中建筑沿高度退让法则　（b）纽约1916年区划法中建筑沿高度退让法则　（c）高层建筑被建筑退让法规“雕刻”出的形式（休·菲雷斯）　（d）纽约51街建筑：退让法规实施结果

图 4-5　伦敦和纽约的城市建筑高度退让法规及其实施结果

之间，在这个时期，城市中心街墙连续，街区完整，街道尺度得到控制。1950 ~ 1960 年代，容积率（Floor Area Ratios，简称 FAR）作为一种使用强度控制，被用于区划法中，来替代形式控制条款如退让、控高等要求。与容积率控制体系同时推出的，法规鼓励场地内的开放空间和塔楼，建筑不需要再沿着场地边界建造，城市由一座座独立矗立的塔楼构成，街道的围合性不复存在。讽刺的是，巴黎、伦敦等 19 世纪后形成的围合街区却成为规划管理者和学者心目中的城市空间典范（图 4-5）。

在建筑法规的各个组成部分中，大部分综合性技术内容均包含在建筑规范中。建筑规范往往是以非技术的管理性条款开始、以技术性条款作为主干。管理性条款都是实施建筑规范所必需的前提条件。它们为行政部门进行管理，为设计者提供图纸、说明和其他文件，为管理部门审查图纸文件，为管理部门监督营建过程，以及为处理使用者、设计者和建造者所遇到的问题建立了规则。没有行政条款，法规就无法实施。同时，建筑规范也通过特定技术要求来确保人类生命和财产安全，其采取的最低标准往往是特定时代参与营造活动的各方利益均衡、关系调节的妥协结果。尽管随着时代的发展，建筑规范的层次和内容都趋于复杂，但技术条款的内容却大致包括以下内容：

（1）建筑尺度的控制，允许的面积（容积率等开发强度的控住）、允许的高度、建筑高度和建筑退离道路红线的关系；

（2）功能性要求，满足特定类型建筑的特殊要求，可达性；功能分区、户型分隔、外墙须满足的条件、隔声、视线控制等；

（3）卫生条件，卫生设施、通风、采光、建筑周围的空地等；

（4）舒适性条件，保温隔热、屋顶结构构造、壁炉与烟囱等；

（5）消防要求，防止和控制火灾——防火墙设置的距离、数量和标准，防火分区，自动喷淋等消防设施、机械装置规范等；紧急疏散措施——出口的数量、出口的宽度、逃生距离、出口的位置分布、出口设计、疏散分区等；

（6）合格的建筑材料与做法，建筑结构类型、建筑材料所采取的强度标准、建筑结构与构造的工艺做法等；

（7）结构的安全性，结构、风荷载、雪荷载、抗震设计；

（8）特殊部分的规定，中庭、室内商业街、高层建筑、地下建筑等。

参考：英国的建筑条例

英国的建筑条例（Building Regulation）包括行政管理条例和技术要求两方面的内容。“建筑条例是为一些明确的目标而编制的：即健康和安全，能源节约以及残疾人的方便和福利”。

条例中技术要求的主要内容包括 13 个部分（条例中附录 1 的内容）：

（1）技术要求 A——建筑结构，包括荷载 A1、地基移动 A2 和不可预见性垮塌 A3。

（2）技术要求 B——防火，包括警告与疏散 B1、内墙防火 B2、内部结构防火 B3、外墙防火 B4 和防火设施 B5。

（3）技术要求 C——场地准备及防潮，包括现场准备 C1、危险及带攻击性的物质 C2、地下排水 C3 和防潮 C4。

（4）技术要求 D——有毒物质，仅包括空隙隔离 D1。

（5）技术要求 E——隔声，包括墙的隔声 E1，楼板和楼梯的隔声 E2、E3。

（6）技术要求 F——通风，包括通风的方法 F1 和屋顶里的凝结 F2。

（7）技术要求 G——卫生，包括卫生设施和盥洗设施 G1、浴室 G2 和热水存储 G3。

（8）技术要求 H——排水与污水处理，包括供水系统 H1、储水系统 H2、雨水处理 H3 和污水处理 H4。

（9）技术要求 J——热能设备，包括供热设备 J1、供热装置 J2，以及供热设备和烟道的安装与壁炉和烟囱的修建 J3。

（10）技术要求 K——楼梯坡道及护栏，包括楼梯、阶梯和坡道 K1，坠落防护 K2，交通运输护栏和装载场 K3，窗户、天窗和气窗碰撞防护 K4 和门的振动消声 K5。

（11）技术要求 L——节能，包括 L1，即建立合理的保护燃料和能源保护的法规主要有：

① 限制建筑物结构造成的热散失；

② 控制热水系统和室内供热性同的操作；

③ 限制热水容器和管道造成的热散失；

④ 限制室内供热造成的热散失；

⑤ 应保证室内照明系统的节能，并提供管理这种系统的合理方法。

（12）技术要求 M——方便残疾人出入和其他设施，包括通道 M1 和通道的使用 M2，卫生间的方便使用 M3 和座位 M4。

（13）技术要求 N——玻璃安装开启清洗相关安全，包括防止碰撞玻璃的保护措施 N1，玻璃安装的标识 N2，窗户、天窗、气窗等的安全开启与关闭 N3 和需清洁窗户的安全接近方法 N4（注 16）。

4.2.2 我国的建筑法规体系

1）建筑法规体系

与 WTO 的技术法规概念不同，我国一般将建筑领域的控制性标准和要求统称为建筑法规。建筑法规是指有立法权的国家机关或其授权的行政机关制定的，旨在调整各个相关政府部门、企业、个人在建筑活动中相互之间所发生的各种社会关系的法律规范的总称。其主要作用是规范指导建筑行为、保护合法建筑行为、处罚违法建筑行为。

我国的建筑法规体系包括法律、法规、技术标准三个层次：

（1）法律——国家或地方立法机关制定的法律文件。

（2）法规——国家或地方行政管理机关制定的行政法规、条例。

我国的建筑法律和法规主要由五个层次组成（按照法律效力从高到低的顺序）：

① 法律。由全国人民代表大会或常委会（国家立法机构）制定的国家法律。如《建筑法》《城乡规划法》《环境保护法》《消防法》《招标投标法》《合同法》等。法律相对于建筑市场的法规体系中处于最高层次，是制定其他法规和规范的依据。在这些法律中，对建筑业中的行为、义务和权利等内容做了许多规定，规范了市场中的各项活动；

② 行政法规。是由国务院（国家行政机关）根据宪法和法律制定的行政法规，其法律效力仅次于国家法律，如《中华人民共和国注册建筑师条例》

《建设工程质量管理条例》《建设工程勘察设计管理条例》。由国务院制定的行政法规和其下属的行政部门制定的部门章程也统称为行政法规；

③ 地方法规。地方性的立法机构制定的在本地实施的地方法规，如《北京市建筑市场管理条例》；

④ 部门规章。是国务院的各部和各委员会在本部门的权限内发布的规章，主要是由相关的各部委颁布，如发改委、住房和城乡建设部、水利部、交通运输部、商务部等，如《中华人民共和国注册建筑师条例实施细则》《工程建设标准强制性条文——房屋建筑部分》；

⑤ 地方政府规章。是由地方政府的行政主管部门制定的在本地区、本部门管辖范围内的规章，如《北京市建筑工程招标投标管理办法》《北京地区建设工程规划设计通则》等。

建筑法规规范了建筑市场的行为，规定了参与建设活动的各方的责任和义务，多为行政性法规（图4-6）。

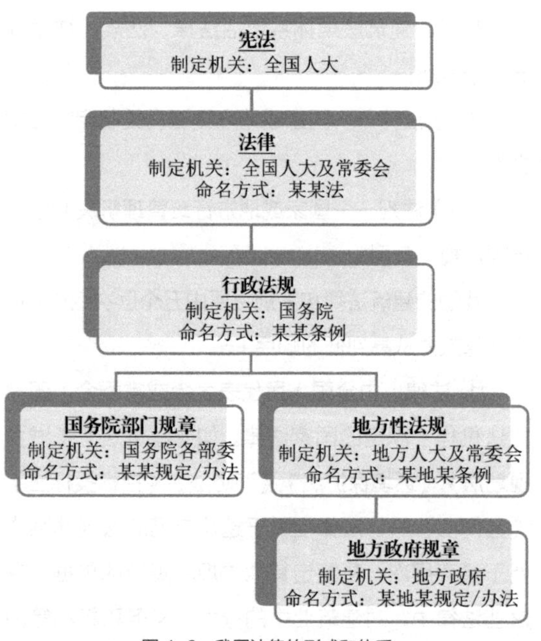

图 4-6　我国法律的形式和体系

（3）技术标准，包括强制性的技术准则和推荐性的技术标准两个层次。

我国的工程建设标准体系采用“两类”（强制性标准和推荐性标准）“四级”（国家标准、行业标准、地方标准、企业标准）的建筑技术标准体制。国家标准是在全国范围内统一执行的技术要求；行业标准是在没有国家标准的情况下需要在全国某个行业范围内统一执行的技术要求；地方标准是在前两种标准没有而需要在某一行政区域内统一执行的技术要求；企业标准是在其他三种标准都没有的情况下在某一企业内部统一执行的技术要求。在上一级标准出台后，低级别的标准应相应废止。

我国的技术标准分为强制性标准和推荐性标准。强制性标准是国家通过法律的形式明确要求对于一些标准所规定的技术内容和要求必须执行的标准，也可称为建筑技术准则（Approved Documents），包括强制性的国家标准、行业标准和地方标准，违反强制性标准的当事人将承担法律责任。我国的工程建设强制性条文，是为了确保建筑物中或周围人群的健康安全，保护环境和维护社会公共利益。强制性条文是对工程建设强制性标准中必须执行的技术内容按专业进行划分，摘编汇总而形成。推荐性标准是国际通行的建筑技术标准（Standards），是国家鼓励自愿采用的具有指导作用而不强制执行的技术标准。国际惯例是将强制性要求全部归为技术法规内容，技术标准全部为推荐性、非强制性内容（图4-7）。

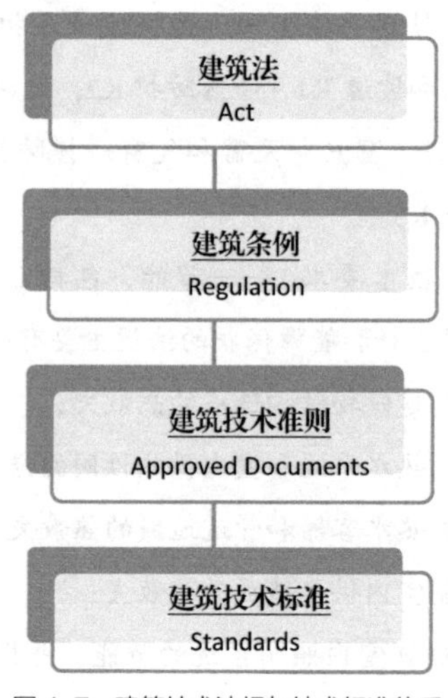

图 4-7　建筑技术法规与技术标准体系

2）法规层次

我国的建筑法规的内容以行政管理条例为主，在于规定了技术标准的制定、修订、实行和监督等环节的责任部门和参与建设活动的部门和企业所应承担的义务，建筑法规没有详细的强制性的技术要求，强制性的技术要求在技术标准（准则）里予以体现。这些法规体系构建了工程建设规制体系的基本框架，为建立全国统一开放、竞争有序的建筑市场提供了法律保障。

我国的建筑法规，按照建筑物的生命周期和建筑生产的过程，建筑法规体系涵盖了土地、金融、规划、设计咨询、建设、运营维护、更新拆迁等全过程，涉及开发、设计、施工、营销、运营、行政管理、金融服务等多个部门。一般可以分为：

（1）建设用地及土地管理法规，如《土地管理法》；

（2）房地产与住宅法规，如《城市房地产管理法》；

（3）金融与担保法规，如《银行法》《担保法》；

（4）城乡规划、市政建设与防灾、环境保护法规，如《建筑法》《城乡规划法》《环境保护法》《土地管理法》；

（5）合同与招投标法规，如《招标投标法》《工程建设项目勘察设计招标投标办法》；

（6）勘察设计法规，如《建筑工程勘察设计管理条例》；

（7）工程建设法规，如《建设工程质量管理条例》《建设工程安全生产管理条例》；

（8）运营与档案管理法规；

（9）维修与物业管理法规；

（10）房屋拆迁管理法规；

（11）劳动合同法规；

等等。

这些法规体系构建了工程建设规制体系的基本框架，为建立全国统一开放、竞争有序的建筑市场提供了法律保障。但是，同世界贸易组织规则要求，同发达国家相比较，我国建筑业政府规制还有待进一步完善。

3）技术准则层次——强制性条文

目前我国的建筑技术管理体制是以强制性条文和技术标准为核心的技术管理体制。

长期以来，我国对普遍应用在建筑活动中的技术要求，一直是通过国家的行政机关或者科研机构来制定标准，并通过实施标准来保证建筑项目的基本品质，确保成熟、先进、可靠、有效的科研成果和实践经验，落实在建设活动的各个环节。自 1989 年我国颁布《中华人民共和国标准化法》以来，我国推行的是两类（强制性和推荐性）、四级（国家、行业、地方、企业）的建筑技术标准体制。这样造成我国的房屋建筑领域 3500 余项工程建设标准中，有 2700 余项是强制性标准，具体条款达 15 万余条，这必然使得强制性标准的规定缺乏可操作性，并且与发达国家奉行的“技术法规 - 技术标准”体制尚存在内在的差别，不利于我国经济体制变革和进入 WTO。2000 年开始，建设部组织制定了《工程建设标准强制性条文》，是对涉及工程质量、安全、卫生及环境保护等方面的工程建设的强制性标准中必须执行的技术内容进行摘编而成。

2000 年 1 月，国务院发布了《建设工程质量管理条例》，该条例首次对执行国家强制性标准作出了比较严格的规定。该条例的发布实施，为保证工程质量提供了必要和关键的工作依据和条件。

建设部自 2000 年以来相继批准了十五部《工程建设标准强制性条文》，包括城乡规划、城市建设、房屋建筑、工业建筑、水利工程、电力工程、信息工程、水运工程、公路工程、铁道工程、石油和化工建设工程、矿山工程、人防工程、广播电影电视工程和民航机场工程，覆盖了工程建设的各个主要领域。

2002 年和 2009 年，住房和城乡建设部编写了两版《工程建设标准强制性条文》（房屋建筑部分）。2009 版共分 10 篇，引用工程建设标准 226 本，编录强制性条文 2020 条，内容包括 8 篇：建筑设计；

建筑防火；建筑设备；勘察和地基基础；结构设计；房屋抗震设计；结构鉴定和加固；施工质量和安全。

在《工程建设标准强制性条文》（房屋建筑部分）的前言中明确指出："本强制性条文的内容，是摘录工程建设标准中直接涉及人民生命财产安全、人身健康、环境保护和其他公众利益的、必须严格执行的强制性规定，并考虑了保护资源、节约投资、提高经济效益和社会效益等政策要求。"

4）技术标准层次

标准是对重复性事物和概念所做的统一规定。它以科学、技术和实践经验的综合成果为基础，经有关方面协商一致，由主管机构批准，以特定形式发布，作为共同遵守的准则和依据。技术标准是指重复性的技术事项在一定范围内的统一规定，是标准中与技术相关的部分。但一般的专业技术中的标准往往不仅限于技术方面。

标准的定义包含以下几个方面的含义：

（1）标准的本质属性是一种统一规定，是有关各方共同遵守的准则和依据。根据中华人民共和国标准化法规定，我国标准分为强制性标准和推荐性标准两类。强制性标准必须严格执行，做到全国统一。推荐性标准国家鼓励企业自愿采用，但推荐性标准如经协商，并计入经济合同或企业向用户作出明示担保，有关各方则必须执行，做到统一。

（2）标准制定的对象是重复性事物和概念。重复性是指同一事物或概念反复多次出现的性质。例如批量生产的产品在生产过程中的重复投入，重复加工，重复检验等；同一类技术管理活动中反复出现同一概念的术语、符号、代号等被反复利用等。只有当事物或概念具有重复出现的特性并处于相对稳定时才有制定标准的必要，使标准作为今后实践的依据，以最大限度地减少不必要的重复劳动，又能扩大标准的重复利用范围。

（3）标准产生的基础是科学、技术和实践经验的综合成果。标准既是科学技术成果，又是实践经验的总结，并且这些成果和经验都是经过分析、比较、综合和验证基础上，加之规范化，只有这样制定出来的标准才能具有科学性。

（4）标准必须由主管机构批准、以特定形式发布。标准文件有其自己一套特定格式和制定颁布的程序，同时标准的编写、印刷、幅面格式和编号、发布也要求统一，这样既可保证标准的质量，又便于资料管理，体现了标准文件的严肃性。标准制定过程要经有关方面协商一致，一般按照"三稿定标"的方式进行，即征求意见稿—送审稿—报批稿，以保证制定出来的标准才具有权威性、科学性和适用性。

标准的制定和类型按使用范围划分有国家标准（由国务院标准化行政主管部门制定）、行业标准（由国务院有关行政主管部门制定）、地方标准、企业标准；按内容划分有基础标准（包括名词术语、符号、代号等）、产品标准、原材料标准、方法标准（包括工艺要求、过程、工艺说明等）；按成熟程度划分有法定标准、推荐标准、试行标准、标准草案等，按照功能分类有通则、防灾、节能等标准；按照建筑类型及建筑产品划分有规划、住宅、办公、商业、教育、医疗、设备站房等标准。

按照标准的属性，我国的技术标准分为强制性标准和非强制性标准两类。

（1）强制性标准——凡保障人体健康、人身、财产安全、环保和公共利益内容的标准和法律、行政法规规定强制执行的标准，均属于强制性标准，它发布后必须强制执行。

（2）推荐性标准——强制标准以外的标准，均属于推荐性标准（也称非强制性标准）。它自发布后自愿采用。

在标准的实施上，我国目前实行的是强制标准和推荐性标准相结合的标准体制，其中强制标准具有法律属性，在规定的范围内必须执行；推荐性标准具有技术权威性，经合同或行政性文件确认采用后，在确认的范围内业具有法律属性。

标准的用词程度必须便于在执行时区别对待，对要求的严格程度有着不同的用词：

（1）表示很严格，非这样做不可的用词：正面词采用“必须”；反面词采用“严禁”。

（2）表示严格，在正常情况下均应这样做的用词：正面词采用“应”；反面词采用“不应”或“不得”。

（3）表示允许稍有选择，在条件许可时，首先应这样做的用词：正面词采用“宜”；反面词采用“不宜”。

（4）表示有选择，在一定条件下可以这样做的，采用“可”。

我国标准的编号由标准代号、标准发布顺序和标准发布年号三部分构成。[当标准只做局部修改时，在标准编号后加（xxxx 年版）]

我国技术标准同一般可分为四级：

（1）国家标准。等级最高，执行范围最大，违法惩罚最严重，但对技术要求一般情况属最低限的。

国家标准是由国家标准化和工程建设标准化主管部门联合发布，在全国范围内实施。目前强制性标准代号为 GB，推荐性标准代号为 GB/T，发布顺序号大于 50000 者为建设工程标准，小于 50000 者为工业产品等级标准。国家标准的其他编号还有：JJF 国家计量技术规范，GHZB 国家环境质量标准，GBJ 工程建设国家标准，GJB 国家军用标准等。设计中常用国家标准有：《民用建筑设计通则》GB 50352-2005，《建筑设计防火规范》GB 50016-2006 等。

（2）行业标准。等级次于国家标准，执行范围是行业内的。其制定原则是必须符合国家标准，因此一般情况下会比国家标准更详细、要求更高。

行业标准是由国家行业标准化主管部门发布，在全国某一行业内实施。我国工程建设标准按行业领域可划分为房屋建筑、城镇建设、城乡规划、公路、铁路、水运、航空、水利、电力、电子、通信、煤炭、石油、石化、冶金、有色、机械、纺织等行业，按照工程类别可分为土木工程、建筑工程、线路管道和设备安装工程、装修工程、拆除工程等类别。

行业标准的代号随行业的不同而不同。建筑行业的强制性标准采用 JG，推荐性标准采用 JG/T，建筑行业的工程建设标准是在行业代号后加字母 J，代号为 JGJ。城市建设行业工程建设标准代号为 CJJ。其他行业标准的标号有：CJ 城建行业标准，CECS 工程建设推荐性标准，CH 测绘行业标准，SB 商业行业标准，LB 旅游行业标准，JY 教育行业标准，JT 交通行业标准等。

建筑设计中常用国家标准有《剧场建筑设计规范》JGJ 57-2000，《办公建筑设计规范》JGJ 67-2006，《城市道路和建筑物无障碍设计规范》JGJ 50-2001/J 114-2001 等。

（3）地方标准。等级次于国家标准，执行范围是区域性的。其制定原则是必须符合国家标准，因此一般情况下会比国家标准更详细、要求更高。执行时通常情况是以地方标准为主，但同时还应符合国家标准。

地方标准是由省、自治区、直辖市等地方标准化主管部门发布、在某一地区内实施的标准。

地方标准的代号随发布标准的省、自治区、直辖市而不相同。强制性标准代号采用“DB+地区行政区划代码的前两位”，推荐性标准代号在斜线后加字母 T。国内地区行政区划代码（地方标准代码）为：北京市 110000，天津市 120000，河北省 130000，辽宁省 210000，上海市 310000 等。

建筑设计中的地方标准有《居住建筑节能设计标准》DBJ 11-602-2006、《公共建筑节能设计标准》DBJ 01-621-2009 等。

（4）企业标准。仅在企业内部执行，其他企业可以借鉴。不一定要照章执行，其制定原则是必须符合国家、地方、行业标准，较好的企业自己的标准技术要求十分严格。

企业标准是由企业自身的标准化主管部门发布，在某企业内部实施。

例如：北京市建筑设计研究院《建筑专业技术措施》，北京市建筑设计研究院《质量管理体系文件》等。

建筑设计服务中常用的标准按照其适用的范围

可以大体分为基础标准、通用标准、产品（类型）标准、方法（工艺）标准：

（1）基础标准。这是建筑设计服务范围内其他标准、规范的基础，具有普遍的指导意义，例如术语、符号、代码、图例、模数等。例如：建筑设计的基础——《民用建筑设计通则》GB 50352-2005，全国民用建筑工程设计技术措施，北京市建筑设计技术细则，北京市建筑设计研究院的建筑专业技术措施等。

（2）通用标准。这是建筑设计范围内各种类型建筑都必须遵守的普遍标准，根据其技术专业不同而分为防水、消防、节能、无障碍等不同的问题类型。例如：《公共建筑节能设计标准》GB 50189-2005，《建筑设计防火规范》GB 50016-2006，《高层民用建筑设计防火规范》GB 50045-95（2005年版），《汽车库、修车库、停车场设计防火规范》GB 50067-97，《屋面工程技术规范》GB 50345-2004，《城市道路和建筑物无障碍设计规范》JGJ 50-2001 等。

（3）产品（类型）标准。这是对建筑产品的空间、功能、设备、防灾等一系列问题的特殊界定和技术细则，这些细则不能违反上述的通用标准而往往根据建筑产品的特点提出更加具体的要求。例如，《体育建筑设计规范》JGJ 21-2003，《剧场建筑设计规范》JGJ 57-2000，《办公建筑设计规范》JGJ 67-2006，《住宅建筑规范》GB 50368-2005 等。

（4）方法（工艺）标准。主要是对材料、部件的加工和装配的过程、方法、验收、成品保护、维护等标准的界定，这些工艺标准是产品质量的保证。按照建设环节可划分为勘察、规划、设计、施工、安装、验收、运行维护、鉴定、加固改造、拆除等。例如建筑设计中的建造细则、设计标准图中的工程做法、建筑工程施工质量验收统一标准等。

5）技术措施层次——技术措施，标准设计图集

建筑行业的技术标准中，其表现形式主要有以下几种形式：

（1）标准——基础性、方法性的技术要求。

（2）规程——专用性、操作性的技术要求。

（3）技术措施，构造标准设计图集——内容为技术性的设计方法、指标、通用性的设计文件，其主要目的是使设计人员更好地执行标准、规范，保证建筑工程的设计质量，提高设计效率。

其主要作用是：

① 保证工程质量——标准设计图集是由技术水平较高的单位编制，并经有关专家审查，并报请政府部门批准实施的，因而具有一定的权威性，从而保证了工程质量。

② 提高设计速度——通过对于通用做法的引用，可以简化设计人员工作量。

③ 促进行业技术进步——对于不断发展的新技术，和新产品，政府或标准设计机构会组织有关生产、科研、设计、施工等各方面，经过讨论验证后编制出标准设计图集，对于新技术向生产转化起到积极的作用。

④ 合同纠纷的依据——标准设计作为当地、当时的行业认可的技术惯例和常识，代表了当时的技术、经济、认知水平，是建筑师和设计企业的基础技术平台、性能和品质保障的基本要求。

目前我国的建筑设计服务中的标准设计图集是指国家和行业、地方、企业对于工程材料与制品、建筑物、工程设施和装置等编制的通用设计文件。标准设计图集的目的是保证设计品质的最低要求和建筑的基本的适用性，并为合同纠纷等提供技术惯例的责任依据，是每个设计企业和设计师创新和个性化设计的基本平台。常用的标准设计图集分为国家标准设计图集、地区设计标准图集、地方设计标准图集、企业和设计标准图集等，如表 4-1 所示。

标准设计图集应该具有：

① 权威性——标准设计应能代表企业、地区和国家的建筑技术水平和质量标准，常被当作合同纠纷的依据，因此在其相应的管辖范围和合同约定的范围内具有代表行业惯例和当时技术水准的权威性；

标准设计图集的分类和使用范围　　表 4-1

分类	主管部门	编制单位	使用范围	举例
国家标准设计图集	住房和城乡建设部	中国建筑标准设计研究院	全国范围内使用	《内装修》03J502-1
地区标准设计图集	地区标准化办公室	地区建筑标准化办公室	在指定的地区内使用（根据气候条件和地域的划分）	华北、西北地区建筑设计标准化办公室主编《屋面》88J5-1 北京地区建筑设计标准化办公室主编《地下工程防水》08BJ6-1
地方标准设计图集	地方建筑主管部门	各省、市的建筑设计标准化办公室	在指定的地区内使用，其他地区参照使用	河北省工程建设标准设计《06 系列建筑标准设计图集》
设计咨询企业、设备厂商、地产开发商等企业标准设计图集	设计研发和技术部门	各设计企业的质量管理和研发部门	在本企业的设计咨询项目内使用，或依照合同约定的范围。应高于相应的地方和国家标准，显示企业的技术实力和经验积累，提供更优质的、定制化的服务	北京市建筑设计研究院的标准图和设计深度规定 东方雨虹防水公司的防水标准图集

② 保守性——强调标准设计的安全可靠性，其主要技术措施应当经过工程实践检验，因此采用的技术手段也具有时间滞后性；

③ 通用性——标准设计应当获得行业内的普遍认可，在现有的经济、技术条件下具有可操作性和经济技术的合理性；

④ 包容性——标准设计应仅对人身安全、健康等基本性能作出约束，而为设计创新和新技术的发展留有空间和余地，促进技术的进步和品质的提高。

由于目前的标准设计图集往往由地方政府和国家机关推行，因而权威性、保守性有余而创新性、个性不足，无法及时反映新材料新工艺的问题。目前，具有研发能力的材料和设备厂商、施工企业、设计研究机构、开发企业等，均从各自的专业领域和实践总结中不断探索，利用标准图集的平台为设计师提供新工艺、新材料的可能性和多样性，这将大大促进不同层次和更高标准的企业标准、产品标准的创新。

参考：英国的建筑法规体系

英国法规体系中最高层次的是“法”（Acts），它具有最高法律效力，须经国会上、下两院分别审议通过后方可颁布。主要包括：《建筑法》（*Building Act*）、《住宅法》（*Housing Act*）、《新城镇规范法》（*New Town Planning Act*）、《工作场所健康安全法》（*Health and Safety at Work Act*）、《消防法》（*Fire Precautions Act*）、《环境保护法》（*Environmental Precautions Act*）、《可持续与安全建筑法》（*The Sustainable and Secure Buildings Act 2004*，SSBA）、《规划法》（*The Planning Act*）等。

英国《建筑法》是专门为建筑活动制定的法律，由议会组织制定并审批通过的。该法以确保建筑活动、建筑物及周围人员的健康、安全和福利为宗旨，对建筑活动的各个方面作了规定，如建筑条例的制定、对建筑工作的监管、地方政府的职责等。现行版本为 1984 年《建筑法》。

第二层次是“条例”（Regulations），按照法律的授权和要求，由主管部门草拟，经国会备案后，由该部部长批准颁布。法规同法律一样具有强制性，必须执行。主要包括：《建筑条例》（*Building Regulations*）、《建筑产品条例》（*Building Products Regulations*）、《工作场所安全、健康与福利条例》（*Workplace Health Safety and Welfare Regulation*）、《工程设计和管理条例》（*Construction Design and Management Regulations*）、《工程健康、安全与福利条例》（*Construction Health, Safety and Welfare Regulations*）、《政府项目承包法规 2006》（*The Public Contracts Regulations 2006*）、《公用事业工程承包条例 2006》（*The Utility Contracts Regulations 2006*）、《可持续住宅规范》（*The Code for Sustainable*

Homes）等。

《建筑条例》用来规范建筑工程活动的行为和技术要求，提出最低的关于建筑住宅、商业用房、工业厂房的设计和建造的标准，同时也给出建筑工程的定义。

第三层次是实用指南或建筑技术准则（Approved Documents）和“标准”（British Standards，BS），它们往往是根据条例中规定的功能性要求而制定的。前者具有一定的强制性，但不是唯一（如有更先进技术，并经地方政府认可，方可执行）；后者均属推荐性标准，由使用者自愿采用，或者在合同中约定使用。

技术准则所给出的是在满足建筑条例的要求的条件下的具有操作性和技术性的指南。这些建筑技术准则具有一定的强制性但不是唯一的，除非有更先进的并经地方政府认可的技术手段，以证明确实能保证建筑工程满足建筑条例的规定，才有可能不遵照这些技术准则。

英国标准化学会（British Standard Institiltion，BSI）组织制定了大量的英国国家标准（BS）。目前约有3500 ~ 4500项在不同程度上涉及建筑工程，其中有1500项直接涉及建筑工程。这些标准均属自愿采用标准。在建筑技术准则中引用了大量的BS标准，有的是全文引用，有的则是引用标准中某些条文或部分，被引用的这些标准或标准的内容，也是执行建筑技术准则需要同时执行的。

建筑技术标准的编写和发布是非政府行为。每个标准成立专门的专家组进行编制，这些专家包括来自学术单位、设计单位和科研机构的人员。一般地，政府委托BSI编制标准，BSI组织专家进行编制，然后征求意见。因此，标准是专家的产物，而不是政府的产物。但编制小组里往往有政府的代表参加，以协调和解释建筑法规的要求。BSI编制标准要与政府签合同，政府要提供一定的资金，但这些费用是不够的，然而标准一旦发行，BSI可以从中获得回报。

BSI是民间组织，每年政府还将拨付一笔专门的资金，但仅占整个标准化工作的20%左右。标准化的其余收入来源于认证工作和销售标准。

在英国，设计和施工人员可以自由地使用任何其他国家或私人准则或标准。例如在伦敦的日本开发商可以使用执行日本标准的日本建筑师和承包商，只要作品得到规划许可（美学和土地使用方面），在技术、健康和安全方面满足建筑法规要求。

4.3 建筑市场政府监管（2）——过程监管

4.3.1 行政许可与政府监管

行政许可，是指行政机关根据公民、法人或者其他组织的申请，经依法审查，准予其从事特定活动的行为（2003年《中华人民共和国行政许可法》第二条）。这种制度多以某种凭证即许可证形式进行，故称“许可证制度”。它一般包括许可证申请、审核、批准、监督、中止、吊销以及作废等一系列管理活动过程。根据管理对象的不同要求，可分为规划、开发、生产销售和排污许可证等多种类型。许可证制度是保证市场经济中的管理对象遵守国家管理的有关规定的一项重要监管制度。

行政审批是行政审核和行政批准的合称。其中行政审核又称行政认可，其实质是行政机关对行政相对人行为合法性、真实性进行审查、认可；行政批准又称行政许可，其实质是行政主体同意特定相对人取得某种法律资格或实施某种行为，实践中表现为许可证的发放。从行政许可的性质、功能和适用条件的角度来说，大体可以划分为五类：普通许可、特许、认可、核准、登记等。政府具有审批性的管理行为可归纳为审批、核准、审核、备案四大类。2003年8月，我国颁布实施《行政许可法》，确立了以形式审查为主的市场审查制度。对申请材料齐全、符合法定形式的，要求当场登记，体现了准则制的要求。由于建设项目的特殊性和过程监管的必要性，世界各国对建设项目普遍采用审批制的行政许可方式。

2004 年 7 月根据《国务院关于投资体制改革的决定》，我国在对建设项目前期监管方面，从过去不分投资来源一刀切的做法，改为分类监管：备案类，核准类，审批类等三种监管方式（表 4-2）。

审批类、核准类和备案类的区别一览表　　表 4-2

比较对象 区别点	审批类	核准类	备案类
监管理念	有数量控制，很严格	条件控制，推荐作用	知会式，企业自主选择
适用范围不同	政府投资项目	企业投资的重大项目和限制类项目	企业投资的其他项目
审核的重点不同	投资决策是否正确，对社会是否造成危害	对社会是否造成危害	政府掌握信息
审核的程序不同	先审批项目建议书，后审批可行性报告	只核准项目申请报告	备案
政府的影响效果	从左到右，逐渐减小		

根据行政许可事项的性质、功能和适用程序，《行政许可法》规定以下六类事项可以设定行政许可：① 直接涉及国家安全、公共安全、经济宏观调控、生态环境保护，以及直接关系人身健康、生命财产安全等特定活动，需要按照法定条件予以批准的事项。② 有限自然资源开发利用、公共资源配置以及直接关系公共利益的特定行业的市场准入等，需要赋予特定权利的事项。③ 提供公众服务并且直接关系公共利益的职业、行业，需要确定具有特殊信誉、特殊条件或者特殊技能等资格、资质的事项。④ 直接关系公共安全、人身健康、生命财产安全的重要设备、设施、产品、物品，需要按照技术标准、技术规范，通过检验、检测、检疫等方式进行审定的事项。⑤ 企业或者其他组织的设立等，需要确定主体资格的事项。⑥ 法律、行政法规规定的其他事项。《行政许可法》同时规定，在可以设定许可的事项中通过下列方式能够予以规范的，可以不设行政许可：① 公民、法人或者其他组织能够自主决定的。② 市场竞争机制能够有效调节的。③ 行业组织或者中介机构能够自律管理的。④ 行政机关采用事后监督等其他行政管理方式能够解决的。

行政许可是政府依据行政法干预经济的一种形式。由于法律、政令、命令、规章本身并非完全与现实一致，因而规制者拥有一定的行政裁量权；同时，规制者也是"法定垄断者"，在以规制法律作后盾的权限之外，还具有自我强化法律权限的机制。行政裁量权和自我强化法律权限机制的存在，使规制者在经济规制活动中可能滥用职权，谋取私利。因此，规制机构的行为，必须遵守授予其权利的成文法及有关行政程序法规，严格执行既定的行政程序，并接受相关的审查和监督。行政许可作为一种事前监督管理的方式，其主观性强，运作的成本高，风险也大。因此，即使需要政府管理的事项，也应当优先考虑采取市场准入、事后监督管理的方式。这也是我国建筑业行政许可、行政审批改革的重要方向（注 17）。

建设活动，包括涉及建筑物的建设、使用和拆除，全寿命期的一切活动。建设活动许可证制度则是指建设行政主管部门根据项目业主或参与从事建筑活动的单位、个人的申请，在审核其已满足相关规定的条件下，依法准许申请人进行相关建设活动的行政行为。行政许可赋予行政机关强制力，保证建筑法规落地并通过许可的方式保证建筑物的品质、取缔不合格的建筑物，也是行政机关依法开展行政审批、过程监管、检查执法的依据。

建设活动中的许可证制度所涉及的许可事项可包括以下几项：

（1）建设（建筑）许可。建设活动将导致建设项目（建筑物）发生难以逆转的物理性改变，同时对周边的环境、城市、他人使用等具有很强的影响，为了保证建筑物的安全、健康、环保、财产安全等需要对其设计和相关条件进行审查，同时也有助于建设行政主管部门对相关建设活动实施有效的监督管理。我国目前分为建设用地规划许可（方案报审）、建设工程规划许可（建筑报审）的两个规划许可和一个施工许可（开工证），比国际上通行的一次建筑（施工）许可的程序复杂很多。一般还会通过近邻公示、相关管理部门会审等前置程序保证建筑物审批的合理性。

（2）使用许可、变更使用许可。使用许可则设立在建筑物正式投入使用之前，涉及建筑物从生产过程到最终产品使用过程的转变，建筑物的使用不仅仅涉及拥有建筑物产权的物权人的自身利益，往往也涉及建筑物的各种其他最终用户以及拥有邻接权的其他物权人的利益，因此需要有政府监管来保护这些涉及建筑物的众多第三方权利人的利益。使用许可是在建筑物第一次投入使用前申请，以确保建筑物的使用安全，且新生成的建筑物的财产权清晰；变更使用许可则是需要在建筑物使用方式发生变更时申请，以控制因变更使用而导致的负面环境影响及其对第三方利益的损害。我国目前多以竣工验收和核发建筑物质量合格证为主，并未包含处理相关方和相邻方的利益诉求的程序。

（3）拆除许可。拆除许可是所有建筑物申请拆除施工的前置条件，以保障建筑物拆除、改造过程的安全。我国由于大规模建设时间较短，目前多为拆迁许可，且其中大量是授权拆迁申请人处置被拆迁设施的内容。

（4）销售许可。销售许可这一项是涉及建筑物的产权交易活动，实施该项监管的主要目的在于为预售房屋的购买人提供一种社会性政府规制措施，来纠正房屋预售过程中购买人和预售人之间存在的显著的信息不对称，从而减少房屋预售中购买人的风险，也相应减少因房地产交易中的欺诈行为给社会带来的不稳定因素。我国房地产市场多为房屋预售许可，即集合住宅、商业设施等区分所有权房屋的未竣工前的预先销售许可。

（5）建材使用许可。建材使用许可主要是根据现有法规和技术标准对建筑物所使用的建筑材料和产品的合格认证。住房和城乡建设部《房屋建筑和市政基础设施工程质量监督管理规定》第五条规定，工程质量监督管理部门应当抽查主要工程材料、建筑构配件的质量。工程材料和设备产品首先应完成自身的出厂质量检验和要求的第三方质检，保证产品满足国家规定的标准并符合企业标准；进入施工现场时建设单位（监理单位）应组织施工单位共同进行进场验收；在施工过程中，施工单位需要构建一套系统、完善的施工现场留样制度；政府的专业部门和人员随机开展建筑材料质量监督的随机抽查工作；政府部门同时加强材料检测机构的管理，并明确检测部门应该承担的基本职责，确保检测责任可追溯。

根据《中华人民共和国城乡规划法》《国有土地上房屋征收与补偿条例》和《中华人民共和国建筑法》，我国在建设工程项目的实施过程中，实行包括“建设用地规划许可”“建设工程规划许可”或“乡村建设规划许可”，房屋拆迁许可证，以及“施工许可”等一系列行政许可制度。其中，“建设用地规划许可”适用于在城市、镇规划区内的建设项目，应在向县级以上地方人民政府土地主管部门申请用地（划拨方式获取土地使用权）或签订国有土地使用权出让合同（出让方式获取土地使用权）时（或之前）提出申请；“建设工程规划许可”适用于城市、镇规划区内进行建筑物、构筑物、道路、管线和其他工程建设的，建设单位或者个人，应在办理施工许可证之前提出申请；“乡村建设规划许可”适用于在乡、村庄规划区内进行乡镇企业、乡村公共设施和公益事业建设的，建设单位或者个人，应在办理用地审批手续或之前提出申请；“房屋拆迁许可证”适用于在城市规划区内国有土地上实施房屋拆迁，并需要对被拆迁人补偿、安置的，拆迁房屋的单位取得房屋拆迁许可证后，方可实施拆迁。“施工许可”适用于所有建筑工程（除了按照国务院规定的权限和程序批准开工报告的建筑工程）项目，应在开工之前提出申请。

我国在商品房销售、预售中使用的“五证”制度，就是建筑工程从规划到销售的许可证的总称。包括：规划局核发的《建设用地规划许可证》《建设工程规划许可证》，建设局核发的《建筑工程施工许可证》，国土资源和房屋管理局核发的《国有土地使用证》《商品房销售（预售）许可证》（图 4-8）。

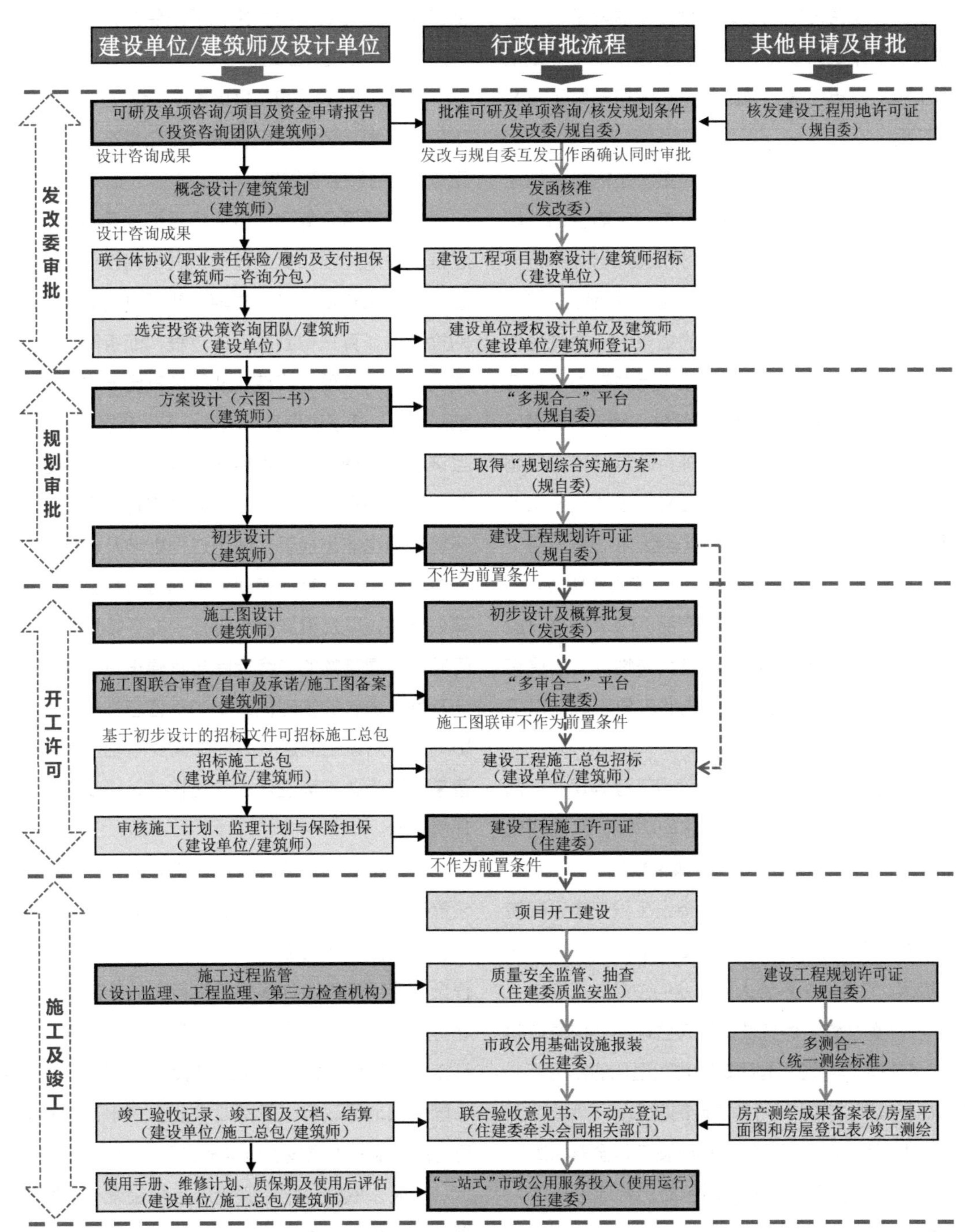

图 4-8　我国建设工程审批流程图（以北京为例）

4.3.2 建筑工程质量政府监管

建筑工程是为新建、改建或扩建建筑物及其附属构筑物所进行的规划、勘察设计、施工及竣工等各项技术工作和完成的工程实体以及与其配套的线路、管道、设备设施的安装工程。《建设工程质量管理条例》第二条规定，本条例所称建设工程是指土木工程、建筑工程、线路管道和设备安装工程及装修工程。

建筑工程质量（简称工程质量）是指符合规定的要求，并能满足社会和建设单位一定需要的性能总和。满足规定是指符合国家有关法规、技术标准；满足社会和用户一定需要的性能主要是适用性、安全性、美观性。因此，建筑工程的结果——建筑物作为一种特殊的产品，除具有一般产品共有的质量特性，如性能、寿命、可靠性、安全性、经济性等满足社会需要的使用价值及其属性外，还具有特定的超越功能的业主满意度、象征社会文化集体无意识等内涵。建筑工程质量包括工程建设活动和过程本身，还包括参与建设活动的主体组织和人的工作质量。

建筑工程作为一种特殊的产品，除了具有一般产品满足使用要求的各种功能及其属性外，还具有特定的内涵。建设工程质量的内涵主要表现在以下几个方面：

（1）适用性。适用性是指建设工程满足业主建设目的的性能，即满足使用要求的功能。包括理化性能、结构性能、使用性能、外观性能等。

（2）安全性。安全性是指建设工程在建设和使用过程中的安全程度。建设工程的安全性对社会的影响极大，它直接关系到人民群众的生命财产安全。

（3）耐久性。耐久性是指在合理的使用寿命期限内，在特定作用源引起建筑物功能退化的作用下，建筑物及其部件完成其所需功能的能力。

（4）经济性。经济性是指建设工程全寿命周期费用的大小。全寿命周期费用包括初始建造成本，使用维修费和报废拆除费用。

（5）观赏性。观赏性指建设工程的外观性能为公众提供“愉悦性”观赏的能力。建筑物的造型、装饰、色调、线条、节奏、韵律等都在不同程度上反映了建筑物的观赏性。

（6）协调性。协调性主要是从环境的角度出发，衡量建设工程对资源利用和环境保护方面的影响是否违背可持续发展战略。

（7）工作满意度。是指建设工程在实施过程中，工程建设参与者的组织管理工作和生产全过程各项工作的水平和完善程度。

建设项目全寿命期包括项目的决策过程、建设过程、使用过程和拆除过程。其中建设过程是工程项目质量和安全性能形成期；使用过程是工程项目的投资效益真正得到发挥的过程；而拆除过程则是建设项目从物理上终结，从而使其全寿命期正式终结的过程。建设过程参与主体众多、交易过程复杂，且该过程将使得工程项目发生难以逆转的物理性改变，投入的资金、消耗的材料等都将难以恢复，其环境影响也非常显著；使用过程则涉及已建成设施的合理利用、所有者和使用者的合法权益如何得到有效维护，以及设施使用过程中的环境影响控制等问题；而建筑物的最终拆除与其建设过程类似，也涉及难以逆转的物理性改变和不容忽视的负面环境影响。针对以上问题，为此都需要有相应的政府监管来保障相关市场主体的合法权益，以及控制负面环境影响。

各个国家和地区行政监管实施的一大特点就是设置过程监管点，着重控制监管点。政府部门对于监管点的控制主要通过颁发建筑许可进行。建筑工程全寿命周期涉及许多建筑许可，处于工程前期的许可将构成后期许可颁发的条件，即在工程项目的开工、改扩建、拆除、竣工并投入使用等阶段，各个国家和地区政府一般都要求业主在申请相应的许可之后才能进入建设项目实施的下一阶段。

一般采取的过程监管措施主要是设计阶段的规划和建筑设计质量监管、施工阶段的工程质量和人员安全监管。方式主要是：事前的行政审批（建筑许可）；事中的施工质量、安全监管；事后的竣工验收（使用许可）。

我国的《建设工程质量管理条例》规定：国家实行建设工程质量政府监督管理制度。从法律学和经济学角度看，建筑工程质量监管就是建筑领域的政府监管（政府规制）行为。政府质量监督管理体系即政府建设行政主管部门依据相关法律、法规和工程建设强制性标准，采用规划许可证、施工许可证制度和竣工验收备案制度等，通过政府认可的第三方即施工图审查机构、监理机构以及政府自身的质量监管机构对工程建设实施强制性监管管理，以保证建筑工程使用安全和环境质量。

2014 年 8 月 25 日，住房和城乡建设部发布《建筑工程五方责任主体项目负责人质量终身责任追究暂行办法》，将包括建设单位项目负责人、勘察单位项目负责人、设计单位项目负责人、施工单位项目经理、监理单位总监理工程师的建筑工程五方责任主体纳入质量终身负责制中。2017 年 11 月 6 日，国家发改委发布《工程咨询行业管理办法》，实行咨询成果质量终身负责制，将工程咨询单位及主持、参与该咨询业务的人员纳入质量终身负责制中。2019 年 5 月 10 日，住房和城乡建设部发布《关于征求房屋建筑和市政基础设施项目工程总承包管理办法（征求意见稿）意见的函》，规定：工程总承包单位及项目经理依法承担质量终身责任。

这样，我国的建设单位、设计单位、监理单位、勘察单位、施工单位依法对建筑工程质量负责，构成建筑工程质量的五大责任主体。其中勘察单位、设计单位、施工单位分别对勘察质量、设计质量及施工质量直接负责，可以称之为直接主体；而建设单位、监理单位对建筑工程质量间接负责，可以称之为间接主体。间接主体根据建筑工程法律、法规及工程合同对相关直接主体的相关建设活动进行监管。其中，主要是设计咨询方和施工承包方承担了技术定义和监督、建造实现的两个重要主体，业主（建设方）通过合同委托的方式，审慎地选择设计方、承包商、监理方将建设过程中的主体责任转移。但是与国际惯例的主导专业的设计总师负责制（职业建筑师制度）相比，我国建筑工程中的责任和主体碎片化、前后连贯的技术负责主体并不存在，因此多方负责的结果是多方推诿、没有人负责、业主只能接受低质量的工程成果。我国目前推行的设计牵头的建筑师负责制、全过程工程咨询、工程总承包的供给侧改革，就是希望实现技术负责主体的打造和提升建筑产品质量。

4.3.3　设计与施工质量安全监管

1）设计质量监管

建筑工程全寿命周期管理主要指从投资立项、设计咨询、施工安装、使用运营乃至改建拆除等各个阶段的管理，各阶段既相互联系又相互制约，构成一个全寿命管理系统。从具体实践的先后顺序来看，越是往前的阶段，其行为质量、决策质量对产品质量影响力越大。建设工程存在着紧前和紧后工序，后面的工序通常只能在前一工序的条件下进行，整个建筑工程质量链条中建设程序越往后，其对成果调整的影响力也越小。即建筑工程的前后顺位的“瀑布效应”和放大效果的“蝴蝶效应”（注 18）。

设计质量监管是政府行政监管的重要环节。政府对设计质量的监管主要体现在行政许可环节相关的对工程图纸的审查，包括结构、安全、防火、环保等方面。

不同国家和地区实施设计质量监管的主体不同。在美国，设计图纸的审查由建筑官员进行。在英国，根据工程规模大小可以选择地方当局建筑控制服务方式或许可检查员建筑控制服务方式进行设计审查；在德国，由政府雇用的审核机构或审核工程师审查图纸；法国、新加坡、中国大陆和中国台湾则是由特定的政府机构对建筑设计实施审查。我国香港地区尤为特别，由于设计任务均由政府内部机构完成，政府只对私人工程进行设计审查。

2）施工质量安全监管

对施工质量的监管主要包括施工过程中的质量检查、对材料的检验、对工程重要部位施工进行质量检验和验收等方面。各个国家和地区对于建筑工程的安全监管主要是由建设主管部门和专门的安全管理部门共同进行的。安全监管的内容主要包括施工过程中对施工人员的健康和安全管理、对工程本身的安全监管、对承包商企业安全管理体系的认证以及对建筑工程安全的评估等方面。安全监管已成为建筑市场行政监管的重要方面，各个国家和地区对于安全监管的投入正在逐年加大。

根据《建筑法》和《建设工程质量管理条例》，我国实行强制性的建设工程质量监督管理制度，除项目各参与方各自在自身职责范围内承担相应的工程质量外，国务院及地方政府的建设行政主管部门对全国及本行政区域内的建设工程质量负责实施统一的监督管理，铁路、交通、水利等有关部门也要在各自的职责分工范围内，负责有关专业建设工程质量的监督管理。此外，国务院发展计划部门还要组织稽查特派员对国家出资的重大建设项目实施监督检查；国务院经济贸易主管部门按照国务院规定的职责，对国家重大技术改造项目实施监督检查。以上各级政府部门对建设工程质量监督管理可委托给建设工程质量监督机构具体实施。

由于政府对建设工程的质量和安全都负有类似的监督职责，监督手段也非常类似，如：要求被检查的单位提供有关文件资料；进入被检查单位的施工现场进行检查；对发现的问题责令改正甚至停工；接受相关投诉举报；接受对质量安全事故的报告，及介入事故应急救援和调查等。所以越来越多的地方政府正将直接负责工程质量和安全监督的专业机构合并在一起，统一开展工程质量和安全监督。

我国政府监管施工市场的主要有招标投标办公室、质量监督站、安全监督站，主力是设置在各政府质量安全监督管理局下的建筑工程质量安全监督站。建设工程质量安全监督站的主要职能包括：

（1）质量方面：负责对本地区建设工程质量进行监督管理。受理建设项目质量监督注册，巡查施工现场工程建设各方主体的质量行为及工程实体质量，核查参建人员的资格，监督工程竣工验收。

（2）安全方面：负责辖区建设工程施工现场的安全监督检查；负责建设工程施工现场安全生产专项检查的组织协调工作；参与建设工程施工安全事故的调查及应急突发事件的处理（表 4–3）。

我国的《建筑工程施工质量验收规范统一标准》中将建设工程分为十个分部工程，分别是地基与基础、主体结构、建筑屋面、建筑装饰装修、建筑给水排水、建筑电气、智能建筑、通风与空调、电梯、建筑节能。政府建设工程质量监督的重点是地基与基础、主体结构、环境质量和与此有关的工程建设各方主体的质量行为。

广州某区质监站两年半的 234 份工程整改通中总共 492 个建筑工程质量问题按分部工程统计　表 4–3

编号	分部工程	实体质量问题数（个）	质量行为问题数（个）	合计	比重（%）
1	地基与基础	18	43	61	23.4
2	主体结构	111	19	130	49.8
3	建筑屋面	0	1	1	0.4
4	建筑装饰装修	0	4	4	1.5
5	建筑给水排水	0	7	7	2.7
6	建筑电气	5	15	20	7.7
7	智能建筑	0	9	9	3.4
8	通风与空调	0	0	0	0.0
9	电梯	0	10	10	3.8
10	建筑节能	0	19	19	7.3
合计		134	127	261	

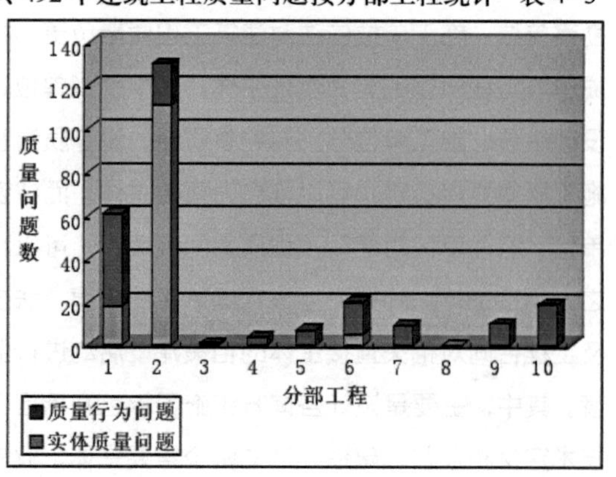

根据我国《建设工程质量管理条例》《房屋建筑和市政基础设施工程质量监督管理规定》，工程质量监督管理应当包括下列内容：① 执行法律法规和工程建设强制性标准的情况；② 抽查涉及工程主体结构安全和主要使用功能的工程实体质量；③ 抽查工程质量责任主体和质量检测等单位的工程质量行为；④ 抽查主要建筑材料、建筑构配件的质量；⑤ 对工程竣工验收进行监督；⑥ 组织或者参与工程质量事故的调查处理；⑦ 定期对本地区工程质量状况进行统计分析; ⑧ 依法对违法违规行为实施处罚。

我国在中华人民共和国成立初期到 1980 年代，经历了施工单位自检（中华人民共和国成立到 1950 年代末）、建设单位检查与施工单位自检结合（第二个五年计划开始）、第三方质量监督机构介入的发展过程（1980 年代市场化改革开始）。目前我国已经基本形成了三个层次的工程质量监督保证体系，还需要进一步改革优化：

（1）建设工程质量各责任主体的质量保证体系是质量监督管理工作的基础，明确了建设单位、工程勘察设计单位、施工单位、建筑材料、构配件生产和设备供应单位依法承担工程质量责任和义务。值得注意的是，由于我国没有采用国际通行的职业建筑师、专业认可人士制度，建设单位作为起造机构和建筑活动中的甲方，可以自理全部建设活动和行政许可申请，对设计、施工和材料选择等具有极大的自主权和影响力，作为开发商而非最终使用者时，常常利用其甲方强势地位和逐利本性，迫使设计方、施工方、材料供应商压低质量标准和应付质量检查。因此目前建设方必然对建筑质量负有首要责任，未来改革也必须通过转移其首要责任、保证专业人士的设计和报审资格等方面强化在项目层次的末梢监督和建筑技术法规的执行。另外，当质量和技术水平必须成为建筑行业企业的生存根本和招投标重要依据时，才有可能激发生产者的原动力，因此也需要通过建筑师制度来体现技术在招采和建造活动中的核心地位，保证市场选择中优质企业的优势。

（2）以建设工程监理、施工图审查机构、招标投标办公室为代表的社会监督保证体系，是我国特有的建设工程质量监督管理方式和技术保障条件。但是由于两者均为社会监督机构、质量监督费用均来自建设方，对设计和施工的技术监督又游离于原有的设计方之外，缺乏技术和信用支撑，急需按照发达国家的经验明确其作为政府监管外包的性质和作用。施工图审查原本只作为设计单位完善内部质量保证体系、确保设计质量的管理环节，被抽离出来作为单独的审查环节之后，其实很难对富有独特性和创造性的设计活动进行第三方审查，同时也使得原有责任主体的责任不清。招标投标办公室也是执行政府投资工程建设招投标管理的专门机构，主要负责拟定招投标制度，执行、监督招投标程序，审定招投标相关文件的机构。强制性的招投标制度也是仅适用于政府工程、防止滥用投资的手段，如果被无限扩大到所有大型工程项目，就违背了经济规律和合同自由原则，实践中也成为围标、假投标的根源之一，严重侵蚀了法律的严肃性。另外也缺乏保险、担保等社会化的质量监管体系激发最终用户的质量监督原动力。

（3）政府建设工程质量监督管理机构（质监站）是质量监督管理体系的政府层次，受政府建设行政主管部门委托的建设工程质量监督机构，开展对工程实体质量和质量主体行为的监督工作。确立了建筑工程质量监督站是当地政府履行工程质量监督的专职执法机构，质监机构实行站长负责制，受监工程施行质量监督员负责制，对质监站站长和监督员的资质条件和职能规范作出了规定。由于政府对建设工程的质量和安全都负有类似的监督职责，监督手段也非常类似，如：要求被检查的单位提供有关文件资料；进入被检查单位的施工现场进行检查；对发现的问题责令改正甚至停工；接受相关投诉举报；接受对质量安全事故的报告，及介入事故应急救援和调查等。政府将负责工程质量和安全监督的专业机构合并在一起，统一开展工程质量和安全监督。尽管从法制层面看，政府对建设工程的质量安全监督已经有章可循、有法可依，但现实中，却常常困扰于监督力量不足以及监督效率不高等问题（注 19）。

4.4 建筑市场政府监管（3）——市场准入

4.4.1 建筑市场的准入

1）市场准入

市场准入（Market Access）制度是国家对相关市场进入的干预，是政府管理市场、调控经济的制度安排。市场准入制度是指政府或国家为了克服市场失灵，实现某种公共政策，依据一定的规则，允许市场主体及交易对象进入某个市场领域的直接控制或干预而构成的一系列法律规范所组成的相对完整的规则系统。市场准入的需求主要来源于自然垄断、外部性、信息不对称或不完全信息、政府的特殊性、贸易自由与贸易保护等几个方面。

在市场经济条件下，一般市场准入壁垒较少，准入条件较为宽松。因此，市场准入主要体现于特殊市场准入方面，体现政府规制（Government Regulation，政府规制、政府管制、政府监管）的限制、管理作用。政府规制主要包括经济性规制、社会性规制及垄断性规制三个方面。经济性市场准入主要针对自然垄断和信息严重不对称方面；社会性市场准入主要通过颁发许可证、营业执照、资格证书、设立标准等方式对涉及健康、卫生、安全、公害等产品或服务进入市场而进行的规制；针对垄断引起的市场进入障碍通常是制定反垄断政策。

从市场经济的角度来看，市场是要求自由开放的，是一种私权利（Right）、个体利益的体现，体现经济人追求自身利益的最大化、有限理性和机会主义行为的本性要求。而准入是国家对其一定的许可或规制，其体现的是一种公权力（Power）、国家规制、国家干预经济的权力。市场准入再现了权力与权利这一矛盾的统一体，以及权力介入权利实施干预而产生的社会关系。

市场准入需要政府通过立法、法律法规的修改与调整、执法、放松或解除管制来实现的。政府对市场进入的规制是有成本的，包括微观制度的制定成本和动作成本、效率成本、转移成本、机会成本、劝说成本等。一方面是政府本身承担的成本，主要表现为政府规制机构的各种成本费用；另一方面是被规制企业承担成本，包括如行政符合成本和用于向政府管制部门游说，甚至进行寻租活动的成本。在规制的总成本中，执法成本所占的比重最大。该成本直观地表现为政府规制机构所发生的日常成本费用和政府规制机构的职员人数。

2）建筑市场准入

建筑市场是否运行良好是由建筑市场参与主体的行为决定的，因此有必要建立对建筑市场主体的有效监管制度。广义地讲，几乎建筑市场的所有监管措施最终都是直接作用在建筑市场各参与主体身上的，而为建筑市场主体设置适度且有效的准入要求则是落实其他相关监管要求的一个重要基础。

遵循建筑市场监管的一般原则，建筑市场主体准入制度设计也应当是适度的。它既要有利于规范建筑市场秩序，又要防止过于苛刻严格的准入要求过分限制竞争，遏制建筑市场活力。同时，如果过于严格的监管要求不能得到有效执行，又会导致监管要求流于形式，并诱发大规模的违规行为。

建筑市场主体准入监管要求主要包括两个方面，其一是落实市场主体具备从事相关行为的技术资格；其二是确保该市场主体具备充分的风险承担能力。对于前者的管理必须落实到人，因此相关监管要求都是以个人技术资格为核心加以设置。后者主要通过保险、押金等手段来实现。

在建筑等领域，为了实现社会效益最大化，需要政府垄断市场、设立价格费率、限制竞争者的进入，即以提高市场准入的条件，换取建筑师等专业人士以及行会（行业组织）作为垄断经营者的制度性参与和提供监管服务。当然，这种制度安排利用利益交换扩大了执法面、降低了执法成本，同时通过教育、考试、注册等制度安排，保证了这种垄断资源的门槛是技能和道德，任何个人和企业均可以通过提升技艺的方式获得政府职能的外包，同时获得垄断的、稳定的职业收入和较高的社会地位。现代的医生、律师、建筑师、会计师的职业制度就是这种安排。我国在 1920 ~ 1930 年代的上海、广州、南京等地实施建筑师制度所付出的努力和经历的挫折，都说明了这个问题。当时上海、广州的工务局力主实施职业建筑师制度，保证只有建筑师才能垄断建筑物的设计和请照，就是为了分担行政管理部门日益繁重的建筑施工许可审查需求（降低执法成本）和保证工程的必要的技术水准，而当地承包业的反对也正是基于担心行业或职能垄断带来腐败和低效。

国际通行的建筑业企业资质市场准入包括：

（1）咨询企业资质

除我国大陆区外，其他国家和地区都未设置专门的咨询企业的资质等级管理，一般咨询企业在雇用规定的专业技术人员后便可承揽相应的咨询工作。对于咨询企业的管理各个国家和地区都有不同。美国和中国台湾对咨询企业雇用的专业技术人员数量作出要求。英国和德国是将对咨询企业的管理交由市场调节。新加坡和中国香港地区则是要求咨询企业必须进入政府名册后才能从事相关的咨询业务。

（2）承包企业资质

各国和地区承包企业资质管理大致可分为三个层次：行业执照管理、资质等级管理和名册管理（合格供应商目录管理）。各个国家和地区在资质管理的层次上有所不同。

建设项目可以分为建筑工程、土木工程、工业工程等，行业执照管理将承包企业按照上述行业分别发放执照，承包商只能从事执照规定的行业类型。资质等级管理又将行业类型划分为不同等级，承包商按照执照类型和等级从事承包工作。名册管理规定承包商不仅需要持有规定等级和行业类型的执照，还要求承包商按照一定的程序进入“承建商名册”，在进入相应名册后才能承揽相应的工程项目。

从发达国家与地区的资质监管基本情况来看，建筑业资质监管模式大致可以分为两类：一是以英美国家为代表的监管制度，实施较为宽松的资质监管制度，市场风险由各市场主体自行承担。其特点是对以承包商为代表的被监管市场主体的资格没有明确的强制要求，而对从业人员监管则主要体现在对相关业务技术能力需要的基础上，由相关的非政府机构（通常是行业协会）对专业人员的执业资格标准进行审核认定，再由政府部门确认。或者由担保、保险业的评级和认定中，获得社会性的评价和工程信用的货币化体现；二是以日本、新加坡等国为代表的亚洲国家，它们实施较为严格的政府资质监管制度，不但注重对承包商资质的控制，招投标必须按照资质来进行并设定企业资格门槛，更对相关专业人员的从业资格进行较为严格的分级审核。但是由此也导致了日本等国的建筑企业家族化严重、活力不足、成本居高不下的问题。

4.4.2　我国建筑业的市场准入

1997 年我国颁布的《建筑法》中，明确规定从事建筑活动的专业技术人员，必须依法取得相应的执业资格证书，并在执业资格证书许可的范围内从事建筑活动；从事建筑活动的企业必须在取得相关资质等级后才可在其范围内从事建筑活动，这是我国建筑业市场准入制度的国家法律依据。

目前我国建筑业市场准入制度初步形成了完整的制度框架，采取的是人员执业资格和企业资质并行的双轨管理模式。

（1）个人执业准入制度。个人执业资格制度是规制机构对城市规划师、建筑师、工程师、建造师、监理工程师、造价工程师等部分具有较大的社会影响、与公共利益关系较为密切的专业或工种施行的针对个人的市场准入控制。建筑业个人执业资格制度是规制机构根据专业人员的技术水平、实践经验和知识储备等因素来控制个人进入建筑市场重要制度。按照现行法规规定，个人要想获得执业资格，首先需要具有一定的学历，从事专业工作超过一定时间并且工作无重大过失，这样有资格参加全国统一组织的执业资格考试，考试合格后申请注册，可以在执业资格证书许可的范围内从事专业活动，履行国家法律法规赋予的权利并承担相应的责任。目前我国有关个人执业资格管理的法规主要有《中华人民共和国注册建筑师条例》《注册监理工程师管理规定》《注册造价工程师管理办法》《注册建造师管理规定》等（表 4-4）。

我国部分建筑业企业资质准入制度 表 4-4

企业	分类	分级	资质等级的划分标准
建筑施工企业	施工总承包	特级、一级、二级、三级	企业的注册资本、净资产、营业收入、承包业绩、人员构成、机械设备与质量检测手段
	专业承包	2 ~ 3 个等级	
	劳务分包	1 ~ 2 个等级	
工程勘察企业	综合类	甲级	资历和信誉、技术力量、技术装备及应用水平、管理水平及业务成果
	专业类	甲级、乙级，可设丙级	
	劳务类	不分级	
工程设计企业	工程设计综合资质	甲级	资历和信誉、技术力量、管理水平及业务成果
	工程设计行业资质	甲级、乙级、丙级	
	工程设计专项资质	不分级	
工程监理企业	—	甲级、乙级、丙级	企业的注册资本、专业技术人员和已完成的工程监理业绩

（2）企业资质准入制度。资质是规制机构为适应市场经济的发展要求，维护建筑市场秩序，准许建筑业企业依法进行建设工程承包与经营活动的一种资格。建筑业企业资质是根据建筑业企业的专业技术人员结构、管理水平、资金数量、承包能力和施工业绩、技术装备等水平和能力颁发的，代表建筑业企业的综合实力，是其进入建筑市场的准入证、承包工程的许可条件。目前我国已建立了建筑施工企业，工程勘察企业、工程设计企业以及工程监理企业等资质管理制度。

当前个人执业资格管理制度也存在不少问题。一是由于目前注册师资格与企业资质挂钩，一些企业为了保住资质，让一些长期脱离工程实践一线的注册师挂名，使注册师管理制度流于形式，不利于个人执业资格注册制度长期健康发展；二是一些工程管理相关执业资格过多过滥，又因行政干预而过度分割，制约了全过程工程咨询服务的发展。因此，未来的改革一方面有必要逐步简化、弱化咨询企业资质管理，而让政府对咨询业的监管真正落到人头、落到个人执业资格和信用上，其二是对知识背景要求相似的个人执业资格采取相互认证措施，共同建设统一的工程咨询大市场。

职业责任保险用于转移因咨询专家疏忽或知识局限性给其服务对象可能带来的风险，在国际上，咨询专家和企业投保职业责任险已成惯例。目前相关险种在我国也已经有所开展。但目前国内的职业责任保险多是以咨询企业为投保人，而非像国外那样以咨询专家个人为投保人，这在一定程度上削弱了职业责任保险对咨询专家个人控制相关风险的激励作用，不利于增强咨询专家个人的责任心。这一现状也与目前国内重资质管理胜于个人执业资格管理的现行咨询业管理体制相关。未来转向与国际接轨的咨询专家个人准入单轨制以后，职业责任保险也必将更多地与咨询专家个人挂钩，从而为市场筑起一道更加有效的风险屏障。

4.4.3　建筑师的法律责任

我国目前尚未颁布建筑师法，对建筑师执业活动的规定零散地出现在《建筑法》《注册建筑师条例》《注册建筑师条例实施细则》《建筑工程设计事务所管理办法》《建设工程质量管理条例》《建筑工程勘察设计管理条例》《建设工程勘察设计市场管理规定》等一系列与建筑相关的法律法规中。

我国的《建筑法》《建设工程质量管理条例》《注册建筑师条例》《建筑工程五方责任主体项目负责人质量终身责任追究暂行办法》等建筑领域的法律及行政法规明确确定了建筑设计单位和建筑师个人的责任。《建筑法》第五十六条规定："建筑工程的勘察、设计单位必须对其勘察、设计的质量负责。勘察、设计文件应当符合有关法律、行政法规的规定和建筑工程质量、安全标准、建筑工程勘察、设计技术规范以及合同的约定。设计文件选用的建筑材料、建筑构配件和设备，应当注明其规格、型号、性能等技术指标，其质量要求必须符合国家规定的标准。"《建筑法》设定的主要是行政责任，但同时又附设民事责任和刑事责任。我国《建设工程质量管理条例》规定与《建筑法》相同。我国《注册建筑师条例》规定："因设计质量造成的经济损失，由建筑设计单位承担赔偿责任；建筑设计单位有权向签字的注册建筑师追偿。"我国 2014 年发布的《建筑工程五方责任主体项目负责人质量终身责任追究暂行办法》规定："建筑工程五方责任主体项目负责人是指承担建筑工程项目建设的建设单位项目负责人、勘察单位项目负责人、设计单位项目负责人、施工单位项目经理、监理单位总监理工程师。"建筑工程五方责任主体纳入质量终身负责制中。2017 年 11 月国家发改委发布《工程咨询行业管理办法》，实行咨询成果质量终身负责制，将工程咨询单位及主持、参与该咨询业务的人员纳入质量终身负责制中。

建筑设计师及设计单位违反上述法律法规规定的义务关系必须承担以下相应的法律责任：

（1）刑事法律责任

《建筑法》在工程质量法律责任中，分别对建设单位、设计单位和施工单位违反工程质量义务，情节特别严重构成犯罪的，规定可以追究刑事责任。这是一般行政法律所不具备的。而在实际的责任追究中，经常涉及的是责任单位的行政责任，对民事责任追究较少。同时，由于我国《中华人民共和国刑法》不承认法人的犯罪主体资格，刑事责任的主体是承担实施犯罪的直接责任人，所以对单位来讲，通常只承担行政责任和民事责任，个人则更多是承担行政责任和刑事责任。

（2）行政法律责任

行政法律责任，是指建筑设计师及设计单位因违反行政法或因行政法规定而应承担的法律责任。我国的《建筑法》《合同法》和《质量管理条例》规定了设计单位的质量责任。《建设工程质量管理条例》《注册建筑师条例实施细则》对于行政处罚有详细规定，主要是罚款、停止执业、吊销执照等。

（3）民事法律责任

民事责任是指建筑设计师及设计单位由于违反民事法律、违约或者由于民法规定所应承担的一种法律责任。民事责任主要是一种救济责任，功能主要在于赔偿或补偿当事人（主要是建筑物所有人和管理人）的损失。根据承担民事责任的原因，将民事责任分为：由违约行为产生的违约责任；由民事违法行为，即侵权行为产生的一般侵权责任以及由法律规定产生的特殊侵权责任。

我国《建设工程勘察设计管理条例》《注册建筑师条例》等法规规定了我国建筑师服务采用个人执业资格和单位资质的双轨制的管理方式。如我国《建设工程勘察设计管理条例》明确规定："建设工程勘察、设计注册执业人员和其他专业技术人员只能受聘于一个建设工程勘察、设计单位；未受聘于建设工程勘察、设计单位的，不得从事建设工程的勘察、设计活动。”

建筑师及其设计企业的义务分为契约（合同）义务和法定义务（主要是职业义务、专家责任）。契约义务是建筑师承担合同责任的前提和基础，而建筑师承担侵权责任的基础则是建筑师的法定义务即职业义务。由于建筑师作为设计企业的雇员参与设计咨询，建筑师本人并不是设计咨询合同的主体，必须加入的建筑设计单位在其内部执业，因此其工作失误造成的损失赔偿责任主要由设计企业（单位）承担，设计企业雇主可以追求雇员失职的有限、少量责任。另一方面，建筑师作为社会公认的专业人士，负责设计咨询的实际完成，其专家地位导致职业义务具有独立性，它不因合同有无规定而不同，也不因建筑师或者委托人的不同而不同。建筑师作为委托人的代理人时，应当忠实于委托人，为委托人提供优质的设计服务；同时，建筑师职业义务在本质上是社会义务，故其作为建筑设计领域的专家，应当承担相应的社会义务。因此，从侵权责任角度出发，建筑师个人和单位是连带侵权人，责任赔偿又不以单位为限，更类似于西方的合伙人企业的个人无限责任的追究，也只有这样才能达到加强建筑师个人职业责任、提升建筑质量的目的。侵权责任具体内容在下节中详述（表 4-5）。

建筑设计咨询服务的责任类型及追究方式 表 4-5

（建筑师包括设计咨询服务中的所有专业人士，勘察、设计、工程监理、工程管理等）

责任类型	法律责任 / 刑事责任	行政责任 / 社会责任	合同责任 / 侵权责任
法规依据	中华人民共和国合同法，物权法，侵权责任法，建筑法，注册建筑师条例，建筑工程质量管理条例，建筑工程五方责任主体项目负责人质量终身责任追究暂行办法		
责任主体	单位及个人	单位及个人	单位及个人
建筑设计单位	质量责任： 建筑工程的勘察、设计单位必须对其勘察、设计的质量负责	资质管理： 从事建设工程勘察、设计的单位应当依法取得相应等级的资质证书，并在其资质等级许可的范围内承揽工程	侵权责任： 行为人因过错侵害他人民事权益，应当承担侵权责任。二人以上共同实施侵权行为，造成他人损害的，应当承担连带责任
单位被追究方式	刑事处罚： 构成犯罪的，依法追究刑事责任	没收及罚款： 勘察、设计、施工、工程监理单位超越本单位资质等级承揽工程的，责令停止违法行为，对勘察、设计单位或者工程监理单位处合同约定的勘察费、设计费或者监理酬金1倍以上2倍以下的罚款	经济赔偿： 因设计质量造成的经济损失，由建筑设计单位承担赔偿责任。 患者在诊疗活动中受到损害，医疗机构及其医务人员有过错的，由医疗机构承担赔偿责任
建筑师个人	质量责任： 注册建筑师、注册结构工程师等注册执业人员应在设计文件上签字，对设计文件负责。 由注册建筑师任工程项目设计主持人或设计总负责人。 建筑工程五方责任主体项目负责人有质量终身责任，对因勘察、设计导致的工程质量事故或质量问题承担责任	注册管理： 注册建筑师实行注册执业管理制度。注册建筑师考试合格，取得相应的注册建筑师资格的，可以申请注册	侵权责任： 以专业知识或专门技能向公众提供服务的专家，未遵循相关法律、法规、行业规范和操作规程，造成委托人或第三人损害的，应承担侵权责任。 专家在执业活动中须尽高度注意义务、忠实义务和保密义务，维护委托人的合法权益
个人被追究方式	刑事处罚： 构成犯罪的，依法追究刑事责任	行政处罚： 停业、吊销执照、终身不予注册。 向社会公布曝光。 处单位罚款数额5%以上10%以下的罚款	经济赔偿： 法律规定承担连带责任的，被侵权人有权请求部分或全部连带责任人承担责任。连带责任人根据各自责任大小确定相应的赔偿数额；难以确定的平均承担赔偿责任。 建筑设计单位有权向签字的注册建筑师追偿

根据建筑设计合同的具体内容，可将建筑师违反合同约定义务的行为总结为以下几种情形：

（1）迟延交付建筑方案图纸或重要设计文件。建筑师迟延交付建筑方案图纸或重要设计文件即属于迟延履行建筑设计合同义务，这是一种实际违约行为，也是在实践操作中比较常见的形态。在建筑工程各阶段工期安排紧凑或者工序时效性较强的情况下，建筑方案图纸或重要设计文件的迟延交付必然会对委托人的利益造成影响，还可能会引起他方（如施工方）的损失，甚至可能会导致建筑工程质量事故的发生。

（2）设计文件编制深度未达到国家规定设计标准的要求。国家及相关部门为了确保建筑师提供的建筑设计文件符合编制深度的要求，颁布了一系列强制性法律法规来规范设计文件的内容和深度。尽管设计文件编制深度未达到国家规定设计标准的要求不属于设计错误，但过于粗糙或含糊的图纸表达很容易影响到后续施工工作的准备以及各专业工作人员间的相互协调。施工人员对图纸错误的理解直接影响到建筑工程质量，有时甚至会引发安全事故。

（3）建筑设计错误。建筑设计合同的标的，即建筑师的主要执业任务就是完成某项建筑工程的建筑设计方案及相关文件（包括计说明书、材料选择等）。设计错误即设计方案不科学或设计图纸等文件存在严重瑕疵。当建筑师的执业活动存在明显的设计错误时，也就说明其履行成果达不到工程质量强制性的标准，也属于不符合合同义务的要求。在建筑设计工作中，设计错误极易造成工程质量瑕疵或工程质量事故。因此，在设计工作中，建筑师应尽合理的注意义务，并根据具体情况选择采取特殊措施以避免设计错误。除此以外还应当保证其设计成果符合委托人意欲达到的目标。

4.4.4　建筑师的专家责任（侵权责任）

专家就是从属于一个特定的且具有专门知识和专业技能的职业领域，依法取得国家许可的执业资格、基于当事人的信赖为其提供专业服务的人员。英文中是 professional，日语是“专门家”，德文和法文称其为“自由业者”。我国《现代汉语大词典》称其为“在学术、技艺等方面有专门研究或特长的人”。在民法学中，专家通常被看作是特殊的民事主体。专家经过系统学习，具有某一专业的知识技能，并在这一行业内不论是知识还是市场都具有垄断性；职业生涯相对独立，可以自我聘雇（self-employed）；专家必须通过国家考试，取得专门技术人员资格，并从事专门职业者为限；有些和地区还要求专家获取专业资格后必须加入公会才能执业。其实从其内涵和组织管理方式来看，非常类似中世纪的手工业、商业、大学的行会组织（guild），就是具有相同职业和技能的人士组成的职业共同体，通过专业且标准化的服务、专业教育以维持较高的行业标准、市场准入管理以控制竞争来达成对某一行业的垄断独占并换取政府的内部自治管理的特权。与产生于中世纪的知识、智力共同体——大学非常类似。专业制度的建立，也是国家政府通过专业执照的方式将专业人士纳入到现有的管理体制中，实现了部分行政管理的外包，扩大并加深了行政管理和社会控制的广度与深度，加强了国家统治的专业性和广泛性，从而扩大了政权的执政基础。英国近代史上，海外殖民地的建筑师、律师等专业制度的建设，往往比英国国内更加投入和更加成功，其实也是为了稳固执政基础的一种努力。

所谓专家责任，是指具有专门知识和技能的专家在执业（履行专业职能）过程中，因过错给他人（服务对象及第三人）造成损害，由专家责任承担主体（专家本人或其所属执业机构）依法承担的民事责任。专家责任中所谓第三人，是因专家执业过错遭受损失但却与专家不存在任何合同关系的人。

各国学说和实践对于建筑师对委托人专家责任的性质持不同的看法，主要有契约责任说、侵权责任说和责任竞合说这三种学说观点。大陆法系国家普遍将建筑师专家责任定位为契约责任。英美法系国家更倾向将建筑师专家责任定位成侵权责任，其主要原因在于，主张侵权责任可以超越契约责任的界限，弥补契约上的不完善，更有利于受害人保护自己的合法权益和获得全面的赔偿。特别是建筑物的问题需要专业知识判断、隐蔽性强显现时间滞后、建筑物的使用会对非合同第三方容易造成生命、健康、财产的侵害等特点。也有学者认为，建筑师专家责任为契约责任和侵权责任相竞合的一种民事责任。

建筑师的法定义务是其承担侵权责任的法律基础，包括注意义务、忠诚义务和保密义务，若建筑师违反了以上三种义务即可认定建筑师存在执业过失。

（1）注意义务，是判断作为专家的建筑师是否存在执业过失首先应当进行讨论的要素。建筑师的注意义务则体现在两个方面，即注意和技能。前者是指建筑师在执业过程中要以谨慎、注意的态度处理事务，并采取合理措施避免给他人带来损失；后者则指建筑师要拥有一定的专业技能。建筑师应具备何种程度的注意、何种水平的专业技能就成为判断建筑师是否存在过错的重要依据。根据专家责任法理，专家执业过错的判断应采客观标准，即以专家所在行业对专家执业行为的通常要求作为认定专家过错的依据。具体而言，在建筑师以专业人士的身份提供设计服务时，必须具有该领域一个称职的建筑师在相同或相似的条件下所必须具备的业务能力和注意程度，否则即为有过错（注 20）。

（2）忠实义务，是建筑师诚信义务的必然要求，它只存在于建筑师与委托人之间，一般不涉及委托人之外的第三人。忠实义务是一种消极义务，同时也是一种道德性义务，它强调建筑师实施的与委托人利益有关的行为必须具有公正性。建筑师对委托人承担的忠实义务是基于有偿的设计委托合同而产生的，建筑师的职业规范要求其严格遵守设计委托合同的约定为委托人提供服务，并利用其掌握的专业知识和技能力争为委托人谋取利益的最大化。一般认为，建筑师忠实义务主要表现为保守秘密的义务和利益冲突的规避义务。具体而言，建筑师对委托人的忠实义务包括以下三个方面的内容：① 为委托人的最大利益（而非为自己的利益或第三人的利益）进行独立的专业判断的义务；② 不得使自己的利益或他人利益可能与委托人的利益相冲突的地位；③ 对可能影响委托人利益的实质性的他人信息或事实予以充分说明、告知的义务。如果建筑师违反了其对委托人所应承担的忠实义务，也构成“执业过失”，在该过失行为对委托人造成损害的情况下，委托人有权对建筑师主张损害赔偿。

（3）保密义务，只要建筑师将其获知而委托人不愿意公开的隐私、商业秘密等信息泄露，就可认定建筑师存在执业过失。

建筑师专家责任的归责原则是过错原则。然而建筑师专家责任的产生系由设计缺陷引起的但建筑师是否需要承担责任并不能单纯从设计结果予以分析，因为建筑师并不保证他的设计一定能够达到最理想的结果，法律也不要求其作这样的保证。只要建筑师提供的服务达到了合理的注意和技能这一标准，即使存在结果上的不如意，建筑师也无须负责。

建筑师可以主张的抗辩事由包括：已尽注意义务，不可抗力，过错与损害之间没有因果联系等。其中知情抗辩和委托其他专家完成是建筑设计服务中常见的情形，值得关注：

（1）知情抗辩。建筑师作为专业人士，能够较好地预测到一些明显的风险，他们负有向委托人进行披露的义务。如果建筑师已向委托人阐述说明后，委托人明知建筑师提供的设计方案存在问题，仍坚持采纳其原有设计方案的，则委托人不能要求建筑师对就此导致的损失承担责任；或者，委托人明知道所提供的建筑设计服务存在问题仍予以接受，并明示或默示放弃了对建筑师主张赔偿要求的，则可以被解释为委托人对建筑师缺陷设计或缺陷建筑物的责任负责，并免除了建筑师的责任。但值得注意的是，出现以上情形时，可以视为委托人接受了风险自负的约定，这时建筑师可以以知情抗辩作为抗辩理由向委托人主张免责，但只能主张免除对委托人的责任，而不能免除其对公共的责任。

（2）委托其他专家完成（专家协作，技术分包）。由于时间的或者专业知识和技能的限制，建筑师在接受某项建筑设计后会将部分工作转交给其他专家完成。建筑师接受了全部建筑设计工作，就需要对全部工作负责。如果注册建筑师把整体设计中的某部分委托给他人完成，那么，建筑师对委托给他人完成的部分也负有责任。在因建筑师转托的专家的执业过错导致他人损失时，该建筑师也不能以“他人完成”作为免责的理由。当然，这并不妨碍建筑师于被委托的专家通过合同约定他们的内部责任承担。另外，如果建筑师安排了业主和转托的专家直接签订了合同（甲方直接委托或采购、甲方指定），那么由该转托的专家提供服务造成的损失，建筑师可以主张免责。

参考：委托代理责任与激励合同

委托代理（agency by agreement），是指代理人的代理权根据被代理人的委托授权行为而产生。因委托代理中，被代理人是以意思表示的方法将代理权授予代理人的，故又称“意定代理”或“任意代理”。委托代理关系是指一个或多个行为主体根据一种明示或隐含的契约，指定、雇佣另一些行为主体为其服务，同时授予后者一定的决策权利，并根据后者提供的服务数量和质量对其支付相应的报酬。授权者就是委托人，被授权者就是代理人。

委托代理关系起源于“专业化”的存在。当存在“专业化”时就可能出现一种关系，在这种关系中，代理人（agent）由于相对优势而代表委托人（principle）行动。委托代理关系是建立在非对称信息（asymmetric information）基础上的，即专家作为参与人拥有但业主作为参与人反而不拥有的信息。委托代理理论的主要观点认为：委托代理关系是随着生产力大发展和社会分工的出现而产生的。其原因一方面是生产力发展使得分工进一步细化，权利的所有者由于知识、能力和精力的原因不能行使所有的权利了；另一方面专业化分工产生了一大批具有专业知识的代理人，他们有精力、有能力代理行使好被委托的权利。但在委托代理的关系当中，委托人和代理人都在追求自己收益更大，这必然导致两者的利益冲突。在没有有效的制度安排下代理人的行为很可能最终损害委托人的利益。

在非对称信息情况下，委托人不能观测到代理人的行为，只能观测到相关变量，这些变量由代理人的行动和其他外生的随机因素共同决定。因而，委托人只能选择满足代理人参与约束（保证代理人不低于预期的收益）和激励兼容约束（设定委托人和代理人共赢的激励方案）的激励合同以最大化自己的期望效用。常用以下方法可以提升代理人的行为。保障委托人的权益：

（1）重复博弈、长期合作可以观察代理人以往业绩和能力、保证代理人的稳定收益，免除代理人的风险；

（2）代理人的市场声誉，使得代理人的市场价值取决于其过去的经营业绩，从长期来看，代理人必须对自己的行为负责，声誉效应也随年龄的增长而递减；

（3）长期雇佣关系、高额的代理收入可以提升代理人违规成本，便于激励代理人努力工作。例如大幅提升 CEO 的薪酬，拉大和运营团队其他人的收入，一方面可激励 CEO 努力工作；另一方面也可有效地利用运营团队的其他人上位欲望来监督 CEO 的行为。

4.5 建筑市场政府监管（4）——市场环境建设

4.5.1 建筑市场公共信息服务平台

建筑工程的复杂性、大规模带来了社会分工，出现了大量的专业工种和工匠，需要多人的合作，建筑工程的参建方各方都在建筑工程市场上寻求最优的合作解决方案。经济学理论认为，在一个自由选择的体制中，社会的各类人群在不断追求自身利益最大化的过程中，可以使整个社会的经济资源得到最合理的配置。市场机制实际上是一只“看不见的手”推动着人们从自利的动机出发，在各种竞争与合作关系中实现互利的经济效果。虽然在经济学家看来，市场机制是迄今为止最有效的资源配置方式，可是由于市场本身不完备，特别是市场的交易信息并不充分，会使社会经济资源的配置造成很多的浪费。提高经济效率意味着减少浪费。如果经济中没有任何一个人可以在不使他人境况变坏的同时使自己的情况变得更好，那么这种状态就达到了资源配置的最优化，即帕累托最优效率（Pareto Optimality，Pareto Efficiency）。

信息不对称理论（Asymmetric Information Theory）是英国剑桥大学的詹姆斯·莫里斯（James Mirleees）和美国哥伦比亚大学的威廉·维克瑞（William Vickery）提出的。该理论认为，在日常经济活动中，不仅个体搜集、吸收和处理信息的能力是有限的，而且信息的传递也是不顺畅和不完全的，由于某些市场主体拥有另一些市场主体不了解的信息，由此造成不对称信息下交易关系和契约安排，使人的判断出现偏差。而这些信息都是经济运行分析的前提，因此在不完全信息条件下，价格机制不能有效和普遍地实现帕累托最优（效率），市场不是完全有效率的，整个社会的经济资源无法得到最合理的配置。

为了拯救信息不对称时的市场失灵，政府可以采取两种方法：一是政府、其他机构或经营者直接对信息劣势者提供信息。如要求经营者提供信息，对产品作出确切的标识，禁止误导性的陈述或宣传广告等。二是建立或实施产品或主体的市场准入制度。一方面，由于企业尤其是有限责任的企业设立时，资产与人员的准备都直接影响着成立后企业与相关市场主体交易的效率与安全，企业市场准入规制和重要信息公开制度正是为相关市场主体获取信息创造条件，以克服信息不对称及其引发的市场失灵。另一方面，由于人们很难理解产品所涉及的技术数据，对政府部门或经营者来说不能直接指望消费者都能具有评价不同产品成分所需要的专业知识或资料，政府可以对产品的质量发放检验合格证或向产品的厂商发放生产经营许可证，即在这些产品出售之前，政府即要求企业或产品应当建立实施有关的标准，符合标准的产品或服务才能进入市场销售，实行严格的企业或产品的市场准入制度。

建筑市场中当建筑物作为商品被大众，尤其是非专业的最终用户购买和使用时，就是典型的信息不对称市场：建筑物的建设周期长、投资规模大、隐蔽工程多，一般用户很难对其质量进行评价；土地开发制度实施以来，作为建设方的开发商和作为最终用户的分散业主之间，不论是专业程度、技术实力、社会资源等各个方面都是极其不平等的；建筑物全生命周期长，涉及投资、建设、设计、施工、运维、改造等多个主体的多种行为，投资建设、建造施工和维修等都是高价值、低频度的行为，建筑物属地性强且具有单一性，无法充分竞争，因此非重复博弈也无法在市场中提供充足的信息作为参与者决策参考。综上所述，利用建筑市场的行政许可权力，充分收集市场主体、对象、信用等方面的信息，建立和完善建筑市场公共信息服务平台，有利于减少和消除建筑市场的信息不对称，促进建筑市场各主体正确决策和公众的有效参与，从而使得市场优胜劣汰和对资源进行有效分配的机制得到正常发挥，因而这也是建设项目监管政府部门向全社会提供的公共服务的一大重点。

我国住房和城乡建设部建设的“四库一平台”，就是全国建筑市场监管与诚信发布平台。“四库”指的是企业数据库基本信息库、注册人员数据库基本信息库、工程项目数据库基本信息库、诚信信息数据库基本信息库，“一平台”就是一体化工作平台。

平台的作用主要体现在三个方面：解决建筑市场信息不对称的问题；提高建筑市场的监管效率；促进长效信用机制的完善。四库互联互通，以身份证可以查人员，以单位名可以查人员，以人员可查单位，解决数据多头采集、重复录入、项目数据缺失、诚信信息难以采集、市场监管与行政审批脱离、“市场与现场”两场无法联动等问题，保证数据的全面性、真实性、关联性和动态性，实现全国建筑市场“数据一个库、监管一张网、管理一条线”的信息化监管目标。平台的主要功能是：运用现代化的网络手段，采集各地诚信信息数据，发布建筑市场各方主体诚信行为记录，重点对失信行为进行曝光，并方便社会各界查询；整合表彰奖励、资质资格等方面的信息资源，为信用良好的企业和人员提供展示平台；普及和传播信用常识，及时发布行业最新的信用资讯、政策法规和工作动态，为工程建设行业提供信用信息交流平台；推动完善行政监管和社会监督相结合的诚信激励和失信惩戒机制，营造全国建筑市场诚实守信的良好环境。

4.5.2　行业组织与公共治理

1）公共治理与政府监管

在人类历史中，政府为代表的公权力与个人为代表的私权力的博弈，一直是社会发展的重要内容和推动力量。近代以来随着“君权神授”的破灭，任何政府的有效统治都离不开合法性的支持。政府合法性是指政府存在及其所拥有公共权力（公权，公权力）的正当性，是人民从其天生的、不可剥夺的个人权力（私权，私权力）中让渡、授予的，并表现为对政府行使公权力的服从。任何政府的有效统治都离不开合法性的支持。

关于政府合法性的理论，有卢梭的社会契约论，马克思的阶级国家理论，韦伯的权力类型理论，哈贝马斯的价值相容理论等。卢梭的社会契约论认为国家是社会公民为了一些共同利益的实现而通过契约让渡出了自己的一部分自由权利，从而形成利益共同体，政府的权力则应来自于这种社会契约。卢梭的社会契约论是整个西方现代政治制度形成的一个重要基础。马克思从阶级斗争理论来解释国家的存在，认为国家是统治阶级维持其统治地位的暴力工具，其正当性来源于保护使社会不至于在阶级冲突中毁灭。韦伯的权力类型理论将统治权力分为三种类型，其一是来自于法律的合法授权；其二是来自于传统权威的正统性的信仰；其三则来自于对领袖人物个人魅力的崇拜。韦伯认为只有第一种权力来源才有利于确保行政组织的长期稳定。哈贝马斯的价值相容理论则认为衡量一种政治秩序合法性的标准就是政治秩序与其所处时代价值规范的相容程度。

因此，政府合法性来源是随着社会发展不同阶段而不断演进的。在前市场经济时期，阶级矛盾不可调和，暴力维持具有必然性，因而政府合法性主要来源于暴力基础；在市场经济初期，私人领域扩展，私权扩张，国家逐渐显现其公权底色，履行社会公共管理职责具有必然性，因而社会管理成效成开始显现出其对于政府合法性的重要意义；在市场经济发达时期，公共领域崛起，社会出现私域、公域、国家三足鼎立的局面，政府的公共服务职能凸显，通过提供公共服务获得正当性支持成为政府获得合法性的优先选择（注 21）。

现代公共治理理论，主张由政府、社会组织（公域）、私人部门（私域）等治理主体，通过协商、谈判、洽谈等互动的、民主的方式共同治理公共事务，实现共建、共有、共享的和谐共生目标。与传统的公共行政相比，公共治理不再是自上而下、依靠政府的政治权威、通过发号施令、制订和实施政策、对公共事务进行单一化管理。它强调的是主体多元化、方式民主化、管理协作化的上下互动，重视网络社会各种组织之间的平等对话和系统合作关系。这也是我国目前推进国家治理体系、治理能力现代化的重点。

公共治理的基本特征包括：

（1）治理主体的多元化。在公共治理中，政府不再是治理公共事务的唯一主体。各社会组织、私人部门、国际组织及至公民个人都可以成为公共治理的主体。在处理公共事务时，不同主体发挥其特有的作用，以便达到处理效率的最大化、方式的最优化。

（2）治理权力的多中心化。公共治理模式中，政府不再是唯一的权力中心。社会组织、私人部门、国际组织等其他主体也参与到管理中，组成管理网络，形成多个权力中心，互相监督，互相制衡，共同治理公共事务。

（3）政府权力的有限化。公共治理理论强调社会通过自主自治能够解决的问题，政府都不应该插手，即将全能型政府转变为有限政府。这样不但可以限制政府滥用权力，还可以有效保障其他主体能够参与到公共事务的管理中。同时，也可以极大地降低管理成本，提高管理效率。

（4）主体间权力的互相依赖性和互动性。参与公共活动的各个组织，无论其为公营还是私营，都不拥有充足的能力和资源来独自解决一切问题。由于存在权力依赖关系，治理过程便成为一个互动的过程，于是政府与其他社会组织在这种过程中便建立了各种各样的合作伙伴关系。多方的参与与合作成为公共治理的精髓。

综合来看，政府的合法性和治理效果，来源于其能向社会提供的某些价值或服务的能力。在城市和建筑领域，各国政府逐渐明确了政府的市场监管服务和公共设施提供者的主要角色：

（1）市场的监管者——政府作为建筑市场的监管者时，其维护建筑市场秩序的行为既是一种市场监管行为，也是一种广义的公共服务，是一种为纠正市场失灵现象所必需的公权力的运用。政府的建筑市场监管服务主要体现在法规与标准体系制定、过程监管（含行政许可和检查验收）、市场准入等几个方面。

（2）公共设施的提供者——在私人投资不可能盈利但社会又必需的公共设施，需要依靠政府来提供，如公共卫生设施、消防设施、道路、桥梁、燃气等基础设施，福利性的公共设施等。政府作为公共设施的提供者，也是政府的一种依托公共设施提供公共服务的行为。

2）行业组织

随着市场经济的不断发展，政府对于市场行为的干预逐渐由直接转向间接，从微观变为宏观，所起的作用更多地表现为规范市场行为、保障公平竞争、维护稳定发展。在政府职能转变过程中，行业管理的许多职能交给了行业组织。行业组织属于民间性质，虽与政府部门存在着密切的联系，但却始终保持着相对独立性。行业组织的影响已经深入到建筑业的方方面面，行业组织的地位和作用也变得越来越突出。我国政府对于建筑业许多微观管理职能，在国际上大多是由行业组织行使承担的。因此，逐步提高行业组织的地位，重视发挥行业组织的作用，不仅可以有效利用社会资源，全面促进行业的健康发展，而且还能够减轻政府部门的工作压力，使之从繁重的事务性工作中解放出来，从而将主要精力和工作重点转移到制订行业政策。完善法制管理、规范市场机制、保障公众利益上来，精简政府管制，改善营商环境。

行业组织（行业协会）就是以同一行业共同的利益为目的，以为同行企业提供各种服务为对象，以政府监督下的自主行为为准则，以非官方机构的民间行为方式的非营利的法人组织。美国认为行业协会是“一些为达到共同目标而自愿组织起来的同行或商人的团体”。日本则把行业协会定义为“以增加共同利益为目的而组织起来的事业者的联合体”。英国认为“行业协会是由独立的经营单位所组成，是为保护和增进全体成员的合理合法的利益的组织”。

西方中世纪的行会（guild）及行会制度、大学制度、中国古代土木建筑业的“鲁班殿”等，都是行业组织的早期形态。行会基本上是一个享有某个行业垄断特权的封闭性组织：对外拥有就业垄断权（市场准入），对内实行强制性管理和监督，包括学徒制等工匠培养体制。现代的行业组织是行业专业人士的共同体和行业利益的代言人，承担行业规则和技术标准的制定，包括行业服务的标准、技术规范与规程、职业道德建设、行业教育培训考试等，起到制定行业进入门槛、维护行业共同利益、发挥专业共同体的行业管理作用，并通过专业化、标准化的专业服务换取政府特许的行业垄断权益，形成行业准入和共同治理的管理机制。

行业协会的主要作用有：

（1）制定行业规则和自律管理

行业协会规定每个成员都必须严格遵守的技术基准和职业操守，制定市场的标准合同条件和时间、费用基准、招投标及竞赛规则，维护整个行业的社会形象和利益，保护行业的健康持续发展；同时对违反协会规定的企业和个人实施惩处，主要措施是取消其成员资格，禁止交易等进行市场准入控制；建立市场准入标准，限制过度竞争。设立专业仲裁、纠纷解决机制，为行业企业和个人提供法律咨询和法律援助。

根据行业的需求，制定行业人才的准入标准，通过教育、培训、资格考试、职业行为标准、标准合同范本、收费标准、招标遴选方法、违规惩戒等制度，保证行业的整体水平，维护行业的社会地位，保证行业从业人员的合法权益。组织职业培训和专业资格认证：协会一般设有自己的培训机构，为会员企业的从业人员提供专业培训和普及教育。经过行业协会的考核认可，获得颁发的执业资格证书，获取某些特定业务的从业资格。

（2）行业代言与业内交流

充分发挥行业组织（学会、协会）的政府主管部门与企业、从业人员的桥梁纽带作用，积极反映行业诉求，发挥行业话语权，影响立法和政策制定，维护行业利益，解决行业问题，推动行业高质量发展。例如中国香港屋宇署为了统一对建筑技术法规的解释、及时解决行业面临的问题，委托香港建筑师学会、结构工程师学会等成立常设的咨询委员会，包括 20 余名建筑工程专业人士（各学会代表建筑师 4 名，结构、测量、岩土、设备、电气、给排水、消防等工程师 4 名，测量师 2 名，每 2 年一任），每一两个月举行一次会议，免费解答法规问题、讨论新规范等技术问题、协商行业面临问题的解决办法。会后由香港屋宇署汇总形成《认可人士、注册结构工程师及注册岩土工程师作业备考 PNAP-ADM-1》，作为技术法规的解释和补充、设计师和各审批官员的审查依据、认可人士必须熟悉并在项目中应用的内容，推动行业的健康发展。香港有 600 多个各类委员会参与社会治理各个方面。

提供行业统计和形势分析。通过对市场形势、行业状况分析和经济景气预测，向政府和企业提供有关研究和预测报告，引导企业和从业人员进行经营调整和业务转型。

组织信息交流和行业展示。行业组织通过创办刊物、会议、展览等方式，向会员企业提供各种信息服务，展示行业发展状况，加强国际交流与合作。

（3）行业技术标准体系建设及行业基础建设

根据建设工程的实践，积极制定国家法律规范的技术解释，指导行业实践，同时也及时收集汇总行业需求，推动相关法规标准的制定和实施。各国政府都是委托行业协会在行业自律的基础上提出相应的标准，通过政府的认定成为行业的标准。经政府授权或受政府委托，编制行业标准和技术规范；一般情况下，行业协会所制定的各种行业规定、技术标准、示范合同文本、专业服务标准等，在行业中享有很高的技术权威性。如 CMAA（美国建筑工程管理联合会）、ICE（英国土木工程师协会）、RICS（英国皇家特许测量师协会）等国外建筑业行业协会，几乎一手包办了建筑行业相关专业标准的制定和更新工作。

发挥协会学会作用，补充完善建筑师服务的技术标准，包括：标准服务流程与详细的工作手册；

多种交付模式的合同范本；合理的设计成本及工时统计；建筑产品性能规格说明及合格供应商目录；技术标准与法规条文解释；建筑师职业责任保险合同范本等。

（4）诚信体系及市场环境建设

建筑工程项目实施的时间长、规模大、投资高、专业性强、使用耐久，是一个独特、低频、高值、高风险的项目过程，无法像一般消费品一样高频低值重复尝试，因此，需要行业组织将项目和主体信息进行有效、公正地披露，消除专业市场的信息不对称，显示出每个主体的行为和信用记录，为市场主体的理性选择创造条件。协助政府主管部门建立覆盖行业内各个专业的主体诚信体系数据库，完善诚信信息上报工作制度，加大不良行为信息公开力度和行业组织惩戒力度，建立企业和个人的工程信用记录和黑名单制度。

参考：日本的建筑师行业组织

西方近代资本主义发展带来的建筑业的兴隆、由此催生出现代意义的执业建筑师及其职业教育，因此在西方语境中是先有建筑师和建筑师协会、而后才有职业的建筑教育与建筑学，即由“业”到“学”。在东方，现代意义的建筑学、建造体系和建筑师的导入是在随着近代西方文化的“炮舰外交”传入和官府引进、留学生的学成归国后逐步展开的。由于近代建筑学最早是由当时明治政府在富国强兵、殖产兴业、文明开化的政策下从欧美引进的，因此建筑学的发轫在于大学的教官（日本的教师属于国家公务员，因此正式名称为教官和政府机关的官员，而非职业建筑师）。日本最早的近代建筑类组织、成立于1886年的“建筑学会”（其前身为“造家学会”）也是由大学教官们发起成立的，以建筑学的促进和发展为宗旨，而社会上对承认设计与施工的分离、独立的职业建筑师存在则是在近二十年之后。在社会上早已立足上千年的建造业者（承包商，contractor）则对于西方式的建筑师的出现也经历了对立、抵制到承认、合作的过程。

建筑家工作室的代表性组织可以说是日本建筑学会（AIJ，Architectural Institute of Japan），其落脚点是建筑学（architecture）——与建筑相关的学术、技术和艺术等的发展和进步，其机关杂志是《建筑杂志》（以发布信息为主），现有会员3万余人，以教师和学生为主（本科学生以上需要发表论文毕业的学生一般均参加该会，否则不能在其主办的专业杂志上发表论文）。体现其价值判断的核心刊物是《新建筑》《建筑文化》《a+u》等，主要代表建筑家工作室和学校、研究机构的建筑学者的思想，也是教育系统内唯一的建筑学组织，其论文集和年度大会代表着日本建筑学及其相关领域的最高学术水平，也是建筑相关专业学生正式论文发表的唯一渠道。

组织事务所的代表性的行业组织较多，有日本建筑士会联合会、日本建筑士事务所协会联合会、日本建筑家协会等，从名称就可知这些都是以职业建筑师或建筑师的职业组织——事务所为核心的社会团体，由于发起人、主旨及工作的侧重点各不相同，加上日本建筑学会的这四个建筑学相关组织才能代表日本的整个建筑设计界，这四个协会的统一行动才能推动与建筑师相关的法案和活动。其中与国际建筑师学会（UIA）对口的是日本建筑家协会（The Japan Institute of Architects，JIA），其前身日本全国建筑士会，成立于1914年，发起人是当时已有独立的职业建筑师经验的原学校和政府的建筑官员辰野金吾、长野宇平治等人，其落脚点是职业建筑师（architect），现有会员5000余名，以日建设计、日本设计、久米设计等大型建筑师事务所的高层和著名建筑师和学者等为主，较好地体现其价值判断的刊物可以说是《日经建筑》。从1925年开始“建筑师法”的提案到1950年的“建筑基准法”和“建筑师法”的立法成立，1956年加入UIA（世界建筑师协会）都体现了JIA的影响力。日本建筑家协会的工作核心是：建筑事务所的建筑师的特许和建筑师的资格制度；建筑师的自由职业性质为基础的公正性与业主利益的保障；建筑师的业务内容及报酬；建筑设计竞赛的规则等。2005 年参照 UIA 协定修订的建筑师宪章中，提出了建筑师“创造行为”“公正中立”“不懈的钻研”“伦理（职业道德）的坚守”四项基本原则，积极推动日本建筑师职能的完善和制度保障。近年来正努力促使日本的建筑界和建筑学教育与国际接轨：建筑学教育内容的职业化充实，实践训练要求的充实，现有建筑师考试内容的调整，继续职业教育的保证等。

日本本土化传统的建筑工匠“栋梁”为核心的传统营建业者，在明治维新后急速的现代化进程，最初为了证明工匠的能力、特别是设计能力，以自己的聪明才智从形式上创造了“拟洋风”的官式西洋建筑的模拟，用基于传统建造方法的西洋造型去适应当时“西化”的审美风潮；20 世纪初为适应经济发展后大量建造、高层建筑的需求，顺应建筑师出现后的设计与建造分离的要求，积极从美国引进承包商的施工体系和高层技术，逐渐转变为现代化的施工企业；1960 年代又从美国引进项目全程管理（Project Management，PM）和建造管理（Construction Management，CM）体系，并在技术创新的基础上进行了现代化的改造，利用承建商的资金实力建立了完善的研发机构，积极开展新技术、新材料、新工艺的研发，并随着日本的现代化进程和经济发展成长为世界一流的提供设计 - 建造服务的工程总承包综合体。这类大型公司均由完整和实力雄厚的设计部，也有施工技术和产品研发能力，是上述两类事务所设计的最终完善者和完成者。其代表性的组织是建筑业协会（Building Contractors Society，BCS），由东京和大阪的主要施工企业创立于 1911 年，后在第二次世界大战后 1959 年改组后正式成立，其落脚点是施工承包商（contractor），代表性的公司是鹿岛建设、大林建设、清水建设、竹中工务店等施工企业，目的是推动建造业的技术进步和经营合理化、整个行业的健康发展。但由于施工企业（承包商）的利益主要在于建造施工，因此其设计部门虽然实力雄厚、人数众多，但多为施工承包作先导，独立性较差，也违背了职业建筑师产生的社会要求，设计与施工的结合不可避免地造成为方便施工而设计、为材料推销而设计，严重削弱了建筑师独立的监管功能和建筑生产第三方的制衡机制，回到了建筑师产生之前的业主与承包商的关系中，虽然可以在表面上节约时间和成本（设计基本免费），但实际上是以建筑品质和业主利益为代价的，引起了日本建筑界的深刻反思，并在公共建筑工程中明确禁止采用设计施工一体化（工程总承包模式）方式，值得我国借鉴参考。

4.6　建筑工程风险转移工具与信用保障

4.6.1　建筑风险与建筑工程保险

1）建筑风险与保险

工程建设项目投资高、规模大、工期长、影响广。在工程建设全过程中，风险普遍客观地存在。伴随建设规模和技术难度不断加大，风险程度日益增高。建设市场主体各方都不可避免地面临着风险，风险就是潜在的意外损失，工程建设项目涉及的任何一方出现危险，都有可能威胁到工程建设的顺利进行，甚至导致工程建设的彻底失败（图 4-9）。

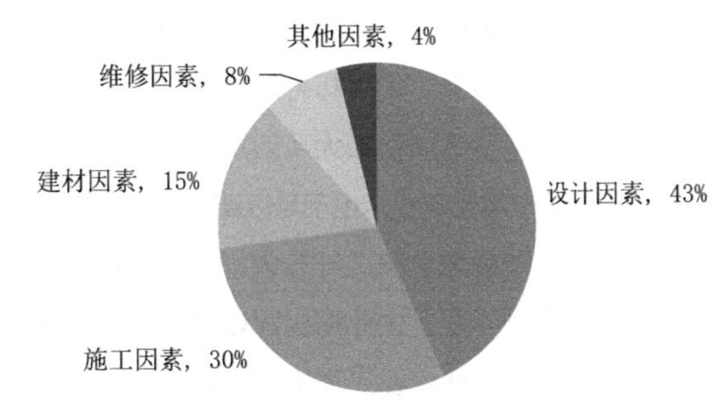

图 4-9　西班牙建筑工程质量缺陷起因：1985 ~ 1998 年间，设计因素占 43%，施工因素占 30%，建筑材料因素占 15%，维修因素占 8%，其他因素占 4%

风险的处理方式一般有规避风险、预防风险、自留风险、转移风险等四种：

（1）规避风险是指主动避开产生损失的可能性，适用于损失发生概率高且损失程度大的风险。例如可以通过合同评审、背景调查等避开高风险的项目、业主等。

（2）预防风险是指采取预防措施，以减少损失发生的可能性及损失程度，如采用严格的质量控制流程和多重审查制度、足够的人力和设计周期安排、采用项目承包和个人追责等方式提升专家注意力等，都可以预防风险。但是任何人都会有的疏忽过失，都会带来风险。

（3）自留风险一般适用于对付发生概率小且损失程度低的风险，即自己非理性（侥幸）或理性地主动承担风险。例如预留押金、风险保证金、维修资金等都是这种方法。很多设计院采用这种方法承担全部或部分职业风险，或者预留职业风险基金，应对可能出现的小概率风险。我国的会计师事务所、律师事务所很多都采用这种方式。保证基金一般分为开办时缴纳固定数额的准备金和按照业务收入等计提的保证金。设计院或者企业，通过多人合作和多项目推进，可以看作是一个职业同质风险的自留组织。

（4）转移风险是指通过某种安排，把自己面临的风险全部或部分转移给另一方。通过转移风险而得到保障，是应用范围最广、最有效的风险管理手段。保险、担保、分包合同等都是转移风险的风险管理手段。

由于咨询服务的杠杆作用，咨询服务收费仅占整个项目很低的份额，但是却可能撬动极大的收益和损失。因此，不论如何加大风险基金，即使全部的服务费都留作风险基金，也不足以赔偿整个损失。因此，必须借助金融手段进行放大，保险就是这种转移风险的金融手段。企业购买建设工程职业责任保险，目的即转移在建设工程施行过程中因专业人员的疏忽或过失而造成的责任风险。

“保险，是指投保人根据合同约定，向保险人支付保险费，保险人对于合同约定的可能发生的事故因其发生所造成的财产损失承担赔偿保险金责任，或者当被保险人死亡、伤残、疾病或者达到合同约定的年龄、期限等条件时承担给付保险金责任的商业保险行为。”（我国《保险法》第二条）

保险是一种分散消化意外事故带来的损失的财务手段，是风险管理的一种方法。保险是一种通过确定的小投入、规避不确定的大损失的方式，和通过合同安排补偿损失、转移风险的手段。“保险可以成为政府、企业、居民风险管理和财富管理的基本手段，成为提高保障水平和保障质量的重要渠道，成为政府改进公共服务、加强社会管理的有效工具。”加快发展各类职业责任保险、产品责任保险和公众责任保险，充分发挥责任保险在事前风险预防、事中风险控制、事后理赔服务等方面的功能作用，用经济杠杆和多样化的责任保险产品化解民事责任纠纷，让保险的社会“稳定器”和经济“助推器”作用得到有效发挥，是我国保险业改革的方向。

以保险标的为标准，可以将保险分为财产保险、人身保险、责任保险、保证保险四类。根据实施方式不同，保险可分为强制保险（Legal/Forced Insurance）和自愿保险（Voluntary Insurance）。强制保险即法定保险，是按法律规定必须参加的保险。自愿保险是投保人、保险人在平等互利、等价有偿的基础上采取自愿方式建立的保险关系。政府对于建筑行业保险的监管主要是通过设置强制险进行。各个国家和地区的强制险主要涉及责任险和工伤保险等，如驾驶机动车辆的责任保险。在建筑领域，法国开展的强制性建筑工程质量保险最具代表性，要求承包商和业主必须投保 10 年期的工程质量责任保险、建筑工程内在缺陷保险，要求参建各方（业主、建筑师、各种专业工程师、咨询工程师、承包商、质量检查控制机构等）必须购买职业责任保险。

2）建筑工程保险

工程保险是最为直接的风险转移手段，通过购买相应的保险，参与工程建设的组织和个人将面临的风险转移给保险公司，意外事故一旦发生，遭受的损失将得到保险公司的经济补偿，从而达到有效降低风险程度的目的。海上保险历史悠久至古代，工程保险起源于 20 世纪 30 年代的英国保险市场。1929 年，英国对当时正在泰晤士河上兴建的拉姆贝斯大桥提供了一切险保险，从此开创了工程保险的历史先河。

建设工程的保险涉及险种范围相当广泛，包括建筑工程一切险、安装工程一切险、人身意外伤害险、雇主责任险、工程质量责任险、职业责任险、第三者责任险以及机动车辆险、保证保险和信用保险（这两者也可以看成是保证担保）等。

（1）建筑工程一切险和安装工程一切险

建筑工程一切险（Contractor's All Risks）和安装工程一切险（Erection All Risks）都是一种财产损失保险，如果附加第三者责任的话，则成为集财产损失保险与责任保险于一体的综合性财产保险。建筑工程一切险，简称建工险，是集财产损失险与责任险为一体的综合性的财产保险。建筑工程一切险承保在整个施工期间因自然灾害和意外事故造成的物质损失（包括施工期间工程本身、施工机械、建筑设备所遭受的损失），以及被保险人依法应承担的第三者（Third Party）人身伤亡或财产损失的民事损害赔偿责任。建筑工程一切险一张保险单下可以有多个被保险人，包括：业主、承包商、分包商、建造工程师以及贷款银行等有关各方。若被保险人不止一方，则各方接受损失赔偿的权利将以不超过其对保险标的可保利益为限。除外责任包括因被保险人违章建造或故意破坏造成的损失，因设计错误造成的损失，因战争原因造成的损失，以及在保险单中规定应由被保险人自行承担的免赔额等。保险期限自投保工程开工或首批投保项目卸至工程现场之日起开始生效，到工程竣工验收合格后终止。其保险费率依风险程度具体确定， 需要考虑的风险因素包括承保责任的范围大小、工程本身的危险程度、承包商的资信水平、同类工程以往的损失记录、免赔额的高低以及特种危险的赔偿限额等，一般为合同总价的 0.2% ~ 0.45%。一般都由承包商负责投保。安装工程一切险适用于以安装工程为主体的工程建设项目，其保险费率为合同总价的 0.3% ~ 0.5%，其费率一般高于建筑工程一切险。

（2）雇主责任险和人身意外伤害险

雇主责任险（Employer's Liability Insurance），是雇主为其雇员办理的保险，若雇员在受雇期间因工作原因遭受意外，导致伤残、死亡或患有与工作有关的职业病，将获得医疗费用、伤亡赔偿、工伤休假期间工资、康复费用以及必要的诉讼费用。在雇主责任险中，雇主是投保人，雇员是被保险人。雇主责任险的保险费率按不同行业工种、不同工作性质分别订立。多数国家都将雇主责任险列为强制保险。雇主责任险是责任保险中最早兴起的险种之一，诞生于英国工业革命后，1880 年英国颁布《雇主责任法令》，1884 年德国诞生了最早的劳工赔偿法，1897 年英国也通过了劳工赔偿法。到了 1910 年代欧洲各国和美国都实行了劳工赔偿制度。

人身意外伤害险（Personal Accident Insurance）的保险标的也是被保险人的身体或劳动能力。它是以被保险人因遭受意外伤害而造成伤残、死亡、支出医疗费用、暂时丧失劳动能力作为赔付条件的人身保险业务。雇主责任险与人身意外伤害险的保险标的相同，但两者之间存在着明显的区别：① 雇主责任险属于财产保险中的责任保险，而人身意外伤害险属于人身保险中的伤害保险；② 雇主责任险是由雇主为雇员投保，保险费由雇主承担，而人身意外伤害险的投保人和被保险人既可以是两个不同的主体，也可以是同一主体，也就是说，人身意外伤害险的投保人既可以是雇主，也可以是雇员本人，还可以是个体劳动者或自由职业者；③ 雇主责任险负责赔偿的伤害必须与雇员的工作有关，而人身意外伤害险对被保险人遭受的所有意外伤害均应负责；④ 雇主责任险的保险范围包括雇员患与工作有关的职业病，而人身意外伤害险只针对意外伤害事故，对职业性疾病则不负责任。

（3）工程质量责任险

工程质量责任险（Liability for Ten/Two Years，Decennial Insurance）属于承担建设工程保修期限内缺陷维修责任的保险。分为缺陷责任期保险与保证期（质量保修期）保险。在此期间，承包人对发生质量缺陷问题的工程产品承担修复义务。国际惯例是主体结构等保证期为 10 年，设备设施保证期为 2 年。我国《建设工程质量管理条例》规定，房屋基础与主体结构的保修期限为该工程的合理使用年限；屋面防水工程、有防水要求的卫生间、房间和外墙面的防渗漏为 5 年；其他部分一般为 2 年。工程质量保险制度最早起源于法国，也称之为内在缺陷保险制度（Inherent Defect Insurance，IDI），英国、西班牙、新加坡、日本等多国在学习借鉴法国模式的基础上也推行了工程质量保险制度。法国是强制性保险和担保，根据 1978 年的《斯比那塔法》规定，所有公共建筑、高层建筑和复杂建筑都必须购买工程质量内在缺陷险（IDI）和十年责任险（Products Liability Insurance，PLI，即产品责任险）。一旦出现质量问题，IDI 用于快速理赔，PLI 则用于责任的追究，这样的双重保险制度，约束各建设主体的行为责任，有利于降低工程风险、提高质量，也快速、有效保障了业主利益。法国的担保制度有两年担保、十年担保和完工担保，根据公司和业主需求，法国三分之二以上的建筑工程都购买了保险和担保。英国最为有名的是英国房屋建筑委员会（NHBC）的十年住房质量担保保险，完工后前 2 年，提供问题协商解决和担保服务，后 8 年则提供保险服务。NHBC 要求所有投保企业和会员都必须执行 NHBC 制定的施工和材料标准，该标准高于法规要求以确保工程质量，并且 NHBC 还委派旗下的建筑控制服务公司进行工程项目全过程的监管。英国虽无强制性工程质量保险要求，但 NHBC 十年住房质量担保保险也已覆盖了 80% 的英国新建住宅。

（4）职业责任险

设计、咨询、勘察、监理等专业人士的职业责任险属于建设工程领域的职业责任保险。职业责任险（Professional Liability Insurance，简称 PI）是承保各种专业技术人员因工作疏忽或过失造成第三者损害的赔偿责任保险。在国际上，建筑师、各种专业工程师、咨询工程师等专业人士均要购买职业责任险，由于设计咨询的错误、工作疏忽、监督失误等原因给业主或承包商造成的损失，保险公司将负责进行赔偿。1885 年，第一张职业责任保险单——药剂师过失责任保险单在英国问世，随后医生职业责任保险在欧美开始兴起。20 世纪初叶，又出现了独立的会计师职业责任保险。20 世纪 60 年代职业责任保险得到全面迅速的发展。

（5）机动车辆险

机动车辆险（Motor Car Liability Insurance）机动车辆险也属于融财产损失险与责任险为一体的综合性的财产保险，其保险责任包括自然灾害或意外事故而造成的投保车辆的损害以及第三者责任。一般承包商必须对意外事故高发生率的运输车辆进行保险。

（6）信用保险

信用保险（Credit Insurance）是权利人投保义务人信用的保险。权利人既是投保人，也是被保险人。保险标的是权利人对方的信用风险。如，承包商投保的业主支付信用保险。保证保险（Surety Insurance）是义务人应权利人的要求，通过保险人担保自身信用的保险。义务人是投保人，权利人是被保险人。保险标的是义务人自身的信用风险。如，承包商应业主的要求投保的履约保证保险。无论信用保险，还是保证保险，均属于带有担保性质的保险业务（注 22）。

工程保险是迄今最普遍，也是最有效的工程风险管理手段之一。工程保险以建设工程项目作为保障对象，是对其建设过程中遭受自然灾害或意外事故所造成的损失提供经济补偿的一种保险形式。投保人将威胁自己的工程风险转移给保险人（保险公司），并按期向保险人交纳保险费，如果事故发生，投保人可以通过保险公司取得损失赔偿以保证自身免受损失。

在美国，工程保证大多由保险公司进行担保，而不是通过银行，或由其他有声誉的承包商进行担保。保证担保与保险在运作方式、管理模式、会计制度和事故处理上具有许多相似之处。美国的工程保险主要涉及如下种类，承包商险（相当于建筑工程一切险）、安装工程险、工人赔偿险（即工伤险和意外伤害险）、承包商设备险、机动车辆险、一般责任险、职业责任险、产品责任险、环境污染责任险以及综合险和伞险等。无论是工程保证担保，还是工程保险，保证机构或保险公司都将对承包商的综合能力进行分析评估。通过实行工程保证担保和工程保险制度，建设主体有关各方（参建方）在自身利益的驱动下，守约则受益，失信则遭损，强化了自律意识，促进了规范运作，确保了工程质量。

4.6.2　工程保证担保

由于建筑物的建设过程周期长投资大频度低，设计、咨询、招标、施工、安装、项目管理等参建方众多，材料产品繁多，业主和承包商等都处于严重的信息失衡中无法得知各方的工程信用，也无法通过重复博弈、理性选择，因此建设活动参与方都有可能因为种种主客观原因无法达到合同约定的预期，因此古老的交易行为中的担保方式就应运而生，成为建筑市场常见的增信、维稳、撮合交易的手段。担保（assure，guarantee）是指为确保特定的债权人实现债权，以债务人或第三人的信用或者特定财产来督促债务人履行债务的制度。担保一般有五种方式：保证、抵押、质押、留置、定金。

（1）保证是指保证人和债权人约定，当债务人不履行债务时，由保证人按照约定代为履行主合同的义务或者承担责任的行为。

（2）抵押是指债务人或者第三人不转移抵押财产的占有，将抵押财产作为债权的担保。当债务人不履行债务时，债权人有权依照担保法的规定以抵押财产折价或者以拍卖、变卖该财产的价款优先受偿。

（3）质押是指债务人或者第三人将其动产移交债权人占有，或者将其财产权利交由债权人控制，将该动产或者财产权利作为债权的担保。其他与抵押相同。

（4）留置是指在保管合同、运输合同、加工承揽合同（承包合同）中，债权人依照合同约定占有债务人的动产，债务人不按照合同约定的期限履行债务的，债权人有权依照担保法规定留置该财产，以该财产折价或者以拍卖、变卖该财产的价款优先受偿。

（5）定金是指合同当事人一方为了担保合同的履行，预先支付另一方一定数额的金钱的行为。债务人履行债务后，定金应当抵作价款或者收回。给付定金的一方不履行合同约定的债务的，无权要回定金；收受定金的一方不履行合同约定的债务的，应当双倍返还定金。

在建筑活动中，投标、履约、支付的保证担保，合同定金，质量保证金，建筑物的留置权等都是担保手段的应用。转移风险的手段与金融杠杆结合，以较低的成本（低于押金、抵押、质押等现金或实物），利用大数法则实现同类风险转移给第三方，就是保险和保证担保手段。严格来说，保证担保往往使用抵押等方式进行反担保，并没有完全利用金融杠杆手段，也没有达到转移风险给第三方的目的，只起到一个增强信用的作用。但由于方法简便易行，特别适合个性化的工程项目的信用保障。

早在两千多年以前，地中海地区一位名叫赫多特斯（Herdotus）的历史学家，就提出了在合同文本中加入保证条款的概念，这也是最早在正式文本中提出保证概念。随着社会的发展和进步，以个人身份（保人）为其他人的责任、义务或债务而向权利人方担保的事例非常普遍。为解决个人担保中存在的严重不足和局限性，规范建筑市场，1894 年，美国联邦政府正式认同了公共保证担保制度，即以专业保证担保公司取代个人担保。同年，美国国会通过了“赫德法案”，该法案要求，为降低工程风险，所有公共工程必须得到保证担保。1908 年，美国保证担保业联合会正式成立，并开始统一收费标准。1909 年，托尔保费制定局成立，直到 1947 年。该局一直为美国保证担保业联合会会员公司制定费率，后来该局并入美国保证业联合会。美国是全世界最早也是最大的保证担保市场，从 1894 年联邦公共工程运作保证担保，已经有 100 多年的历史，美国也占据世界保证担保市场一半以上的份额。美国的建筑工程社会保障体系包括工程保证担保（Bond of Works）和工程保险制度（Engineering Insurance）。无论承包商、分包商，还是咨询设计商，如果没有购买相应的工程保险，或者取得相应的保证担保，就无法取得工程合同。建筑工程社会保障不仅成为强制推行的法律制度，同时也是建设主体各方普遍遵循的惯例准则。

在国际上，工程建设项目中实行工程保证担保制度已经成为一种惯例。《世界银行贷款项目招标文件范本》、国际咨询工程师联合会 FIDIC《土木工程施工合同条件》、英国土木工程师协会 ICE《新工程合同条件（NEC）》、美国建筑师协会 AIA《建筑工程标准合同》等对于工程担保均进行了具体的规定。

工程保证担保涉及三方契约关系，承担保证的一方为保证人（Surety），如专业保证机构；接受保证的一方为权利人（Obligee），如业主；对于权利人具有某种义务的一方为被保证人（Principal），即投保人，如承包商。建筑工程中，业主为了避免因承包商原因而造成的损失，往往要求由第三方为承包商提供保证，即通过保证人向权利人进行担保，倘若被保证人不能履行其对权利人的承诺和义务，以致权利人遭受损失，则由保证人代为履约或负责赔偿。

保险和保证担保（简称担保）的主要区别在于：

（1）主要用途不同。保险承担的是投保人无法控制的、偶然意外的风险，投保人的故意行为属于除外责任，重点在转移“风险”“意外”；而担保承担的是债务人的信用风险，关键在于“作保”“增信（增强信用）”。

（2）涉及当事方不同。保险只有两方当事人，即投保人和保险人，风险从投保人转移给保险人，即转移给保险公司。保险是由投保人投保来保障自己或被保险人的利益；担保涉及债权人、债务人和保证人三方当事人，风险转移给银行或担保公司等作为保证人的第三方。担保是债务人应债权人的要求，提供担保来保障债权人的利益。

（3）追偿权不同。在保险中，保险事故发生后，保险人将按保险合同规定，承担损失赔偿责任，保险人无权向投保人或被保险人进行追偿。作为保险人的保险公司将按期收取一定数额的保险费，事故发生后，保险公司负担全部或部分损失，投保人无须再作出任何补偿；在保证担保中，保证人往往要求债务人提供反担保，保证人可以追偿因代为履约而遭受的损失。由于保证人要求被保证人签订一项赔偿协议，被保证人须同意赔偿保证人因其不能完成合同而由保证人代为履约时所支付的全部费用。

（4）补偿结果不同。在保险中，投保人出现意外损失时，保险人只需支付相应的赔偿，无须承担其他责任。而在保证担保中，债务人不履行合同时，保证人必须采取措施，保证建设工程合同得以继续履行完成。

（5）支付费用不同。在保险中，即使没有发生意外事故，投保人交付的保险费一般不能返还。而在保证担保中，债务人正常履行合同后，保证担保应当如期返还（一般还要支付相应的居间费用），只有债务人出现违约，债权人才有权没收债务人提供的保证担保金。

（6）风险不同。在工程保证中，保证人所承担的风险小于被保证人，只有当被保证人的所有资产都付给保证人，仍然无法还清保证人代为履约所支付的全部费用时，保证人才会蒙受损失；而在工程保险中，保险人（保险公司）作为唯一的责任者，将为由投保人造成的事故负责，与工程保证担保相比，保险人所承担的风险明显增加。

工程保证担保一般主要有投标保证担保、履约保证担保、付款保证担保。

（1）投标保证担保。投标过程中，保证投标人有能力和资格按照竞标价签订合同，完成工程项目，并能够提供业主要求的履约和付款保证担保。如果承包商在投标有效期内退出投标或中标后不签订工程合同，担保人将负责偿付业主的损失。

（2）履约保证担保。保证承包商能够按照合同履约（保证质量、进度、造价），使业主避免由于承包商违约，不能按合同约定的条款完成承包的工程而遭受经济损失。如果承包商不能按合同要求完成工程且业主并无违约行为，担保人可以向承包商提供资金上的支持或技术上的服务，避免工程失败；担保人也可以将剩余的工程转给其他承包商去完成并弥补差价；如果以上手段均不能奏效，担保人则将以现金形式补偿业主的损失。履约保证担保应保证承包商 100% 地履行合同，在美国由于承包商违约，保证担保方出面使工程按合同正常进行的例子很多。根据世界银行的相关文件规定，银行保函开具的保证金额为合同价的 15%，由保证担保公司担保书开具的金额为合同价的 30%。

（3）付款保证担保分为承包商付款保证担保和业主付款保证担保。① 承包商付款保证担保。付款保证担保的目的是保证承包商根据合同向分包商、材料商支付全部款项。美国的“米勒法案”（1935）是要求对政府建筑工程项目进行付款保证担保的法律，充分保护了劳动力和材料供应商的利益，值得借鉴。② 业主付款保证担保。从我国的业主资金不到位情况较多的国情和保证合同条件的公平性出发，学者也建议承包商、建筑师应向项目业主取得“业主付款保证担保”，保证业主根据合同向乙方支付全部款项。业主付款保证担保实质是业主的履约保证担保，应当同承包商履约保证担保对等实行。

工程担保保函的属性模式主要分为低保额无条件保函与高保额有条件保函。两种保函模式各具特点：

（1）低保额无条件保函，即是指在低保额模式下，债权人在提出索赔时担保人无需确认债务人是否违约，债权人只需按照保函上的索赔程序出示相关文件（表明债务人违约情况的书面索赔要求）即可，担保人在确认债权人提出的索赔时间与金额在保函的有效期和担保金额范围内后，需无条件地付款。低保额无条件保函的特点令业主可以更方便地索赔，权益可以得到有效的保障，但也容易加强债权人（业主）的强势地位。

（2）高保额有条件保函，则是指在高保额模式下，担保人的赔付需基于被担保人的违约责任，债权人需证明债务人违约方可获得以实际损失为限的赔偿。高保额有条件保函更具市场公平性，对业主过分的权利行为进行了有效约束。此外，高保额有条件保函的担保主体多为保险公司与担保公司，两者担保业务的最终目的都是防范和化解债务人的违约风险，避免造成自身损失。而客观上，保额越高则风险越大，风险越大则促使担保主体更加重视对风险的管控，如进行严格的事前资格风险审查、专业的过程风险服务管理。因此，高保额有条件保函更能发挥工程担保的准入筛选和风险防控功能作用。

4.6.3　建筑全生命周期工程质量缺陷与工程质量保险

在工程质量的研究上，根据我国统计的建筑物在竣工后的投诉量（质量问题），可以看出建筑质量问题投诉大量产生在竣工后第 2 年与第 3 年，第 4 年后开始下降并且在约第 9 年之后趋于稳定。在澳大利亚和法国的工程质量缺陷在建筑竣工时间分布上也展现了类似的趋势，在竣工后第 3 年有总计 60% ~ 70% 的质量缺陷被发现，而在第 10 ~ 15 年只有 1% ~ 2% 的缺陷发现（图 4-10 ~ 图 4-12）。

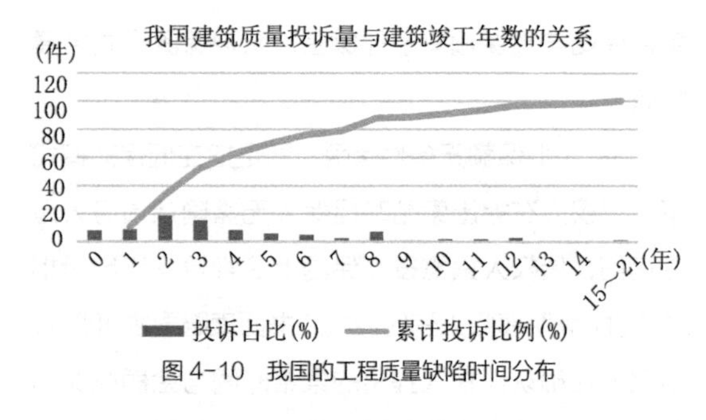

图 4-10 我国的工程质量缺陷时间分布

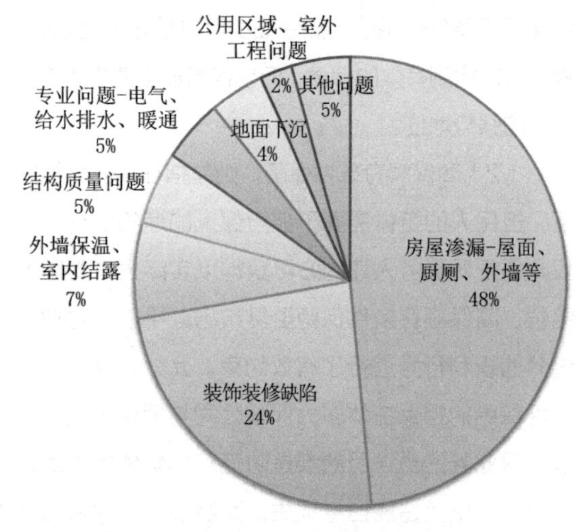

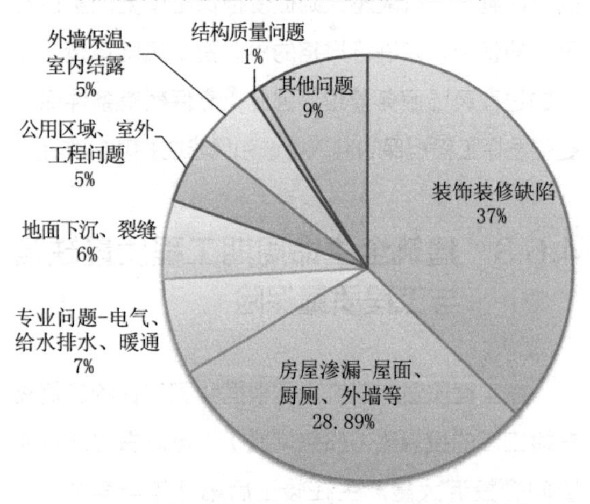

图 4-11 我国建筑工程质量信访投诉的主要问题比例

建筑物如同工业产品一样，其质量缺陷分布具有“澡盆曲线”的特点：根据对大量普通工业产品在整个寿命周期内失效数据的统计发现，产品的失效率在时间分布曲线上都很相似，呈现 U 形的“澡盆曲线”，曲线分别对应着产品早期失效期、偶然失效期、耗损失效期三段。房屋建筑的缺陷率也是与工业产品一样呈现“澡盆曲线”：前 10 年为早期故障期（磨合期），故障率较高；随后进入长时间稳定的偶然故障期（稳定期），故障率很低；最后由于产品的磨损进入耗损故障期（失效期），故障率逐步上升。即新建建筑故障率高，而后进入稳定期，最后因为部件磨损或寿命末期又产生大量故障。在建筑物的早期缺陷期内（一般为 10 年），由于建筑物的沉降、材料徐变收缩、材料缺陷、工艺不善以及设计错误等作用集中呈现，造成质量缺陷发生率较高。因此，保证了这一阶段的质量和维护，就可以在相当长的时间内（澡盆曲线的水平线部分）保证建筑物的各项性能（图 4-13、图 4-14）。

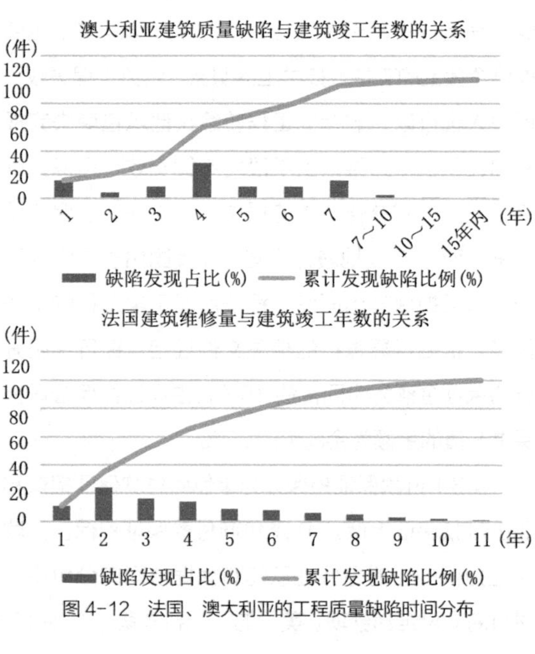

图 4-12 法国、澳大利亚的工程质量缺陷时间分布

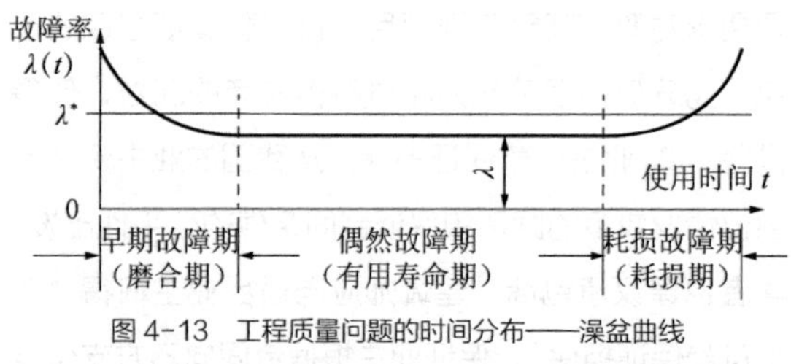

图 4-13 工程质量问题的时间分布——澡盆曲线

在建筑物全生命周期内提升建筑品质可以通过采取恰当的维修策略来保证：

（1）预防性维修策略（preventive maintenance,

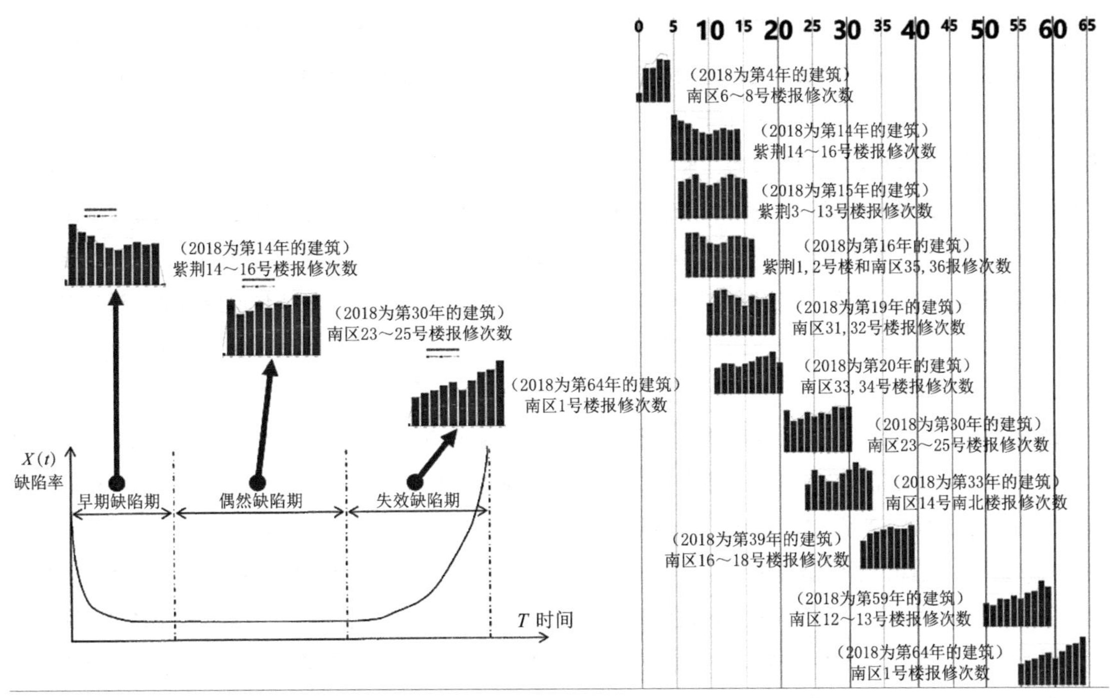

图 4-14　某高校宿舍楼建筑年龄与维修量（报修量）的关系。通过分析 50 余栋宿舍楼的维修量变化曲线，与建筑物的生命周期匹配，就会发现其维修量是与建筑物年龄呈现典型的澡盆曲线：新建建筑故障率在第 10 年会来到一个低点，而 50 年以上的建筑报修量是逐年提高的

PM）：是指在故障发生之前，使产品维持在规定状态进行的维修。目的在于防患未然。预防性维修策略又可以细分成定时维修策略、视情形维修策略和主动维修策略。例如根据灯具、管道的使用寿命批量更换老旧设施，防止按照报修逐个更换，降低维修成本。

（2）事后维修策略（corrective maintenance，CM）：指产品在故障后进行的维修。这种维修策略主要针对不重要且低成本的设备，并且这些设备的故障是可以被接受的。这是建筑物维修的常态，但却是以牺牲适用性、降低满意度为代价的。

（3）改进性维修策略（design-out maintenance，DOM）：又可以称为基于设计的维修，从评估现有状况并对现有情况重新设计、改换部品，使可能造成故障的因素减少。此种策略不仅是维修，还有优化改进，也可以属于更新、升级改造的范围。

工程质量保险也可理解为涉及建设工程的一系列保险的统称，涵盖保修、安全生产、劳动保护等方面。施工企业可针对其保修期内应负的保修责任投保工程履约保证保险，建设单位可针对工程潜在缺陷责任期后其负有的保修责任投保工程质量潜在缺陷保险，勘察单位、设计单位、监理单位等可针对其所提供的专业技术服务投保相关职业责任保险。

建筑工程寿命期（质量保证期）质量风险也称内在缺陷风险（Inherent/Latent Defects Risks），是指由工程建设期间的设计错误、原材料缺陷或施工工艺不善引起的建筑物缺陷以及缺陷显露后引起建筑物漏水、裂缝、倾斜或倒塌的风险。内在 / 潜在缺陷保险（Inherent Defects Insurance，IDI；英国称之为 Latent Defects Insurance，LDI），起源于法国的拿破仑法典（Naopleoino Code），法国是世界上最早实行内在缺陷保险制度的国家，该制度通过由建设参与各方事前购买保险的方式，发生问题时不界定问题责任，只对建筑工程的潜在缺陷造成的质量问题和经济损失进行赔付，真正落实了参建方修复质量缺陷的责任和义务，很好地保护了建筑消费者的权益，同时通过建筑物最终使用者的质量追责动力倒逼参建方的责任意识和质量控制。法国于 1978 年制订《斯比那塔法》（*Spinetta Act*），实施建筑工程质量保险，也称为建筑工程内在缺陷保险（IDI 保险），主要是指由于设计错误、施工工艺或建筑材料引起的缺陷和竣工验收（建筑工程质量检查机构颁发的完工证书）时未发现的缺陷；这些缺陷涉及建筑物的牢固（地基基础、主体结构和固定在结构上的设备）、安全（包括消防安全）和不满足隔声、保温等功能要求；对于屋面、外墙防水和渗漏等则是附加的。

法国采用“三强制”参加工程质量保险制度：① 强制要求建筑工程的建设单位（业主）购买工程质量潜在缺陷保险；② 强制要求施工单位和其他参建方（设计、咨询、质量检查机构）购买工程质量责任保险；③ 强制对建设工程的建造过程进行技术监督。保险采用固定费率，按照计费基数 × 计费费率 = 保险费的形式收取和缴纳保费。保险对主体结构及固定在结构上的设备、建筑的隔声、保温功能的保险期为 10 年，独立的设备、防渗漏的保险期为 2 年。由建设单位投保的强制损害保险的费率为 3% 左右，以工程总造价为计费基数；而投保强制责任保险的设计单位费率为 0.3%、施工单位（承包商）费率为 0.8% ~ 0.9%，检查机构费率为 0.35%，均以营业总收入作为计费基数（注 23）（图 4-15）。

法国建筑工程 10 年内在缺陷保险期限为第 10 年，从第 2 年到第 10 年，设定工程质量保险期间是基于建筑产品缺陷率统计的结果（澡盆曲线）。第 1 年为建造商无条件负责维修并承担相关费用。在第 2 ~ 10 年内建筑结构安全和建筑功能出现缺陷，由保险公司先赔，然后代位追究设计、建造商及检查机构的责任。这就在法律上保证了业主在最快时间内拿到钱来维修。业主向保险公司提出索赔，由保险公司赔偿后，再代位向建造者（设计单位、施工单位和检查机构）追偿，防止业主陷于举证建造者责任、厘清各相关方责任、鉴定困难、建造者企业消失或有限责任无法承担全部损失等风险，第一时间拿到赔偿金额，保护了消费者的利益。但因未设置免赔额，造成投诉索赔过多。为了防范道德风险问题（即建造者和业主在购买保险后会放松对工程质量的控制用保险赔偿），法国的 IDI 保险制度又引入了主要代表保险公司利益进行质量技术监督的技术检查控制机构，对设计、施工全过程进行质量检查和控制，保证工程质量，降低将来的保险赔偿。从整个建筑市场来说，强制保险制度建立了不购买保险就不能进入市场参与工程建设的市场规则，但保险公司不会愿意将保险卖给管理水平低、诚信度差的企业，这就迫使各参建方的企业必须提高自己的管理水平和诚信度，以防由于买不到保险而被淘汰出建筑市场。由此可见，IDI 保险制度确立了各方的相互制约关系，有利于建立企业诚信体系和良好的建筑市场秩序，真正提高工程质量水平（表 4-6）。

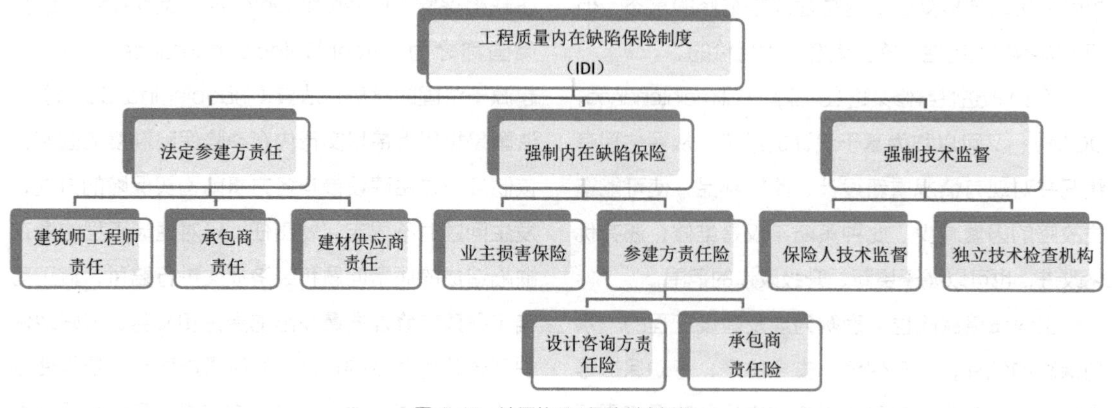

图 4-15　法国的 IDI 保险制度框架

IDI 保险的国际比较 表 4–6

	法国	西班牙	日本	中国
创设时间	1978 年	1999 年	1999 年	2005 年
政策法规	斯比那塔法	建筑法	住宅性能保证制度	工程质量保险制度
投保工程类型	建筑工程	建筑工程	新建住宅	住宅工程、市政工程
工程质量潜在缺陷保险	强制	强制	市场决定	鼓励
工程质量责任险	强制	鼓励	市场决定	未完善
缺陷险保修年限	10 年（地基结构）、2 年（其他设备）、1 年	10 年（结构安全）、3 年（防水、门窗、墙面等）、1 年（装饰装修表面）	10 年（住宅基本部分、结构部分以及止漏雨部分）	10 年（主体结构）、5 年（保温隔热等）、2 年（附加险）
缺陷险费率厘定模式	固定费率	固定费率，浮动费率	浮动费率	浮动费率
缺陷险费率水平	约 1% ~ 1.5%	约 0.5% ~ 1%	约 0.13% ~ 0.34%	约 1.25% ~ 2.5%
缺陷险免赔额	未设置	设置	设置	未设置
特点	采取强制手段最大化保障业主利益；保险纠纷问题繁多	针对不同部位，采取不同费率厘定模式；针对同一原因产生的缺陷设置 1% 投保金额的免赔额	保险业发展成熟，自主投保率近 98%；保险市场发展较好，保险费率较低	处于起步试点阶段，保险市场不成熟，费率水平较高

4.6.4 我国的工程质量保证体系——从押金、保修金到工程质量保险

在我国房地产开发制度下，城市居民的商品住宅均由房地产开发商大批量统一开发建设，再零售给实际使用的最终用户。土地所有权与使用权的分离、住宅开发预售制度、开发商“一个楼盘一个开发企业”的制度设计，使得建筑物的最终用户与建设方脱离，最终用户的质量需求，尤其是建筑全生命周期的质量保证需求，无法在建筑工程市场中充分体现，加之房地产的金融属性大于居住属性、卖相大于质量的销售策略，使得长期使用的建筑物的质量成为突出问题。

建筑物的维修根据“澡盆曲线”具有阶段性的特点：① 首先需要施工企业对提价的建筑产品进行保修，一般是通过质量保证押金的方式，保证施工企业在 1 ~ 2 年的建筑质保期内对工程瑕疵进行整改和保修。② 随后进入潜在缺陷期（产品的早期缺陷期，建筑产品一般为 10 年），开发商在开发建设过程中的设计、施工和安装的质量和用户在使用过程中产生的磨损、老化和一些突发性事故而引起的必要维修维护，两者之间存在着因果关系，因此需要通过设立住宅质量保修金或质量保证保险，保证质量保修的顺利实施，也保证在正常使用条件下潜在缺陷期内发生主体结构损坏、屋面厨卫地面管道渗漏、户门窗翘裂、电器管线破损等质量事故的修理、加固或重新购置的费用。这样，质量保证金、保修金、保险分别在不同的时期承担对房屋维修的责任，确保房屋的正常使用。③ 对于超过潜在质量缺陷期后（一般为 12 年后到建筑物合理使用周期 50 年）的建筑物长期使用的偶然缺陷和磨损、老化带来的失效缺陷，则需要通过公共维修资金（专项维修资金）保证共用部分和共用设施的维修，同时需要各产权所有人对其专有部分进行自行维修，或者通过业委会等组织共同筹集维修资金进行整体大修。这部分长期使用后的专有部分的维修资金，目前在我国建筑保修制度中还是一项空白，国外则通过按月（或按年）缴纳维修资金的方式筹措持续的维修资金，既减轻了购房时一次性缴纳公共维修资金的压力，

也保证了长期持有的建筑物的长期维修资金来源。

房屋公共维修资金，即住宅专项维修资金，是指用于新建商品住房（包括经济适用住房）和公有住房出售后的共用部位、共用设施设备的保修期满后的大修、更新、改造用的专项资金。住宅共用部位，是指根据法律、法规和房屋买卖合同，由单幢住宅内业主或者单幢住宅内业主及与之结构相连的非住宅业主共有的部位，一般包括：住宅的基础、承重墙体、柱、梁、楼板、屋顶以及户外的墙面、门厅、楼梯间、走廊通道等。共用设施设备，是指根据法律、法规和房屋买卖合同，由住宅业主或者住宅业主及有关非住宅业主共有的附属设施设备，一般包括电梯、天线、照明、消防设施、绿地、道路、路灯、沟渠、池、井、非经营性车场车库、公益性文体设施和共用设施设备使用的房屋等。

我国从1998年开始，随着商品房的开发，明确提出要建立住房专项维修资金制度。商品住宅的业主、非住宅的业主按照所拥有物业的建筑面积交存住宅专项维修资金，每平方米建筑面积交存首期住宅专项维修资金的数额为当地住宅建筑安装工程每平方米造价的5%～8%。对于一个物业管理区域，在业主大会成立前，商品住宅业主、非住宅业主交存的住宅专项维修资金，由物业所在地直辖市、市、县人民政府建设（房地产）主管部门代管；业主大会成立后，住宅专项维修资金由政府主管部门代管过渡到业主自管，业主委员会作为业主大会的执行机构，主要负责住宅专项维修资金的管理。住宅专项维修资金管理实行专户存储、专款专用、所有权人决策、政府监督的原则。我国《物业管理条例》规定：筹集和使用专项维修资金，应当经专有部分占建筑物总面积2/3以上的业主且占总人数2/3以上的业主同意，而且要满足在《住宅专项维修资金管理办法》中规定使用专项维修资金需要的多个程序。从我国目前实践来看，大多数业主大会不规范，业主素质参差不齐，依法定程序通过该项资金的使用决定几乎不可能，这也导致维修资金的支取非常困难。各地的维修基金使用比例低下，使用比例多不足1%。上海等部分地区为了提升房地产开发商的质量意识，规定建设单位按照建筑安装总造价的3%交纳物业保修金，建设单位在保修金对应区域内首套房屋交付满10年可向区、县房屋管理部门提出退还申请（注24）（图4-16、表4-7）。

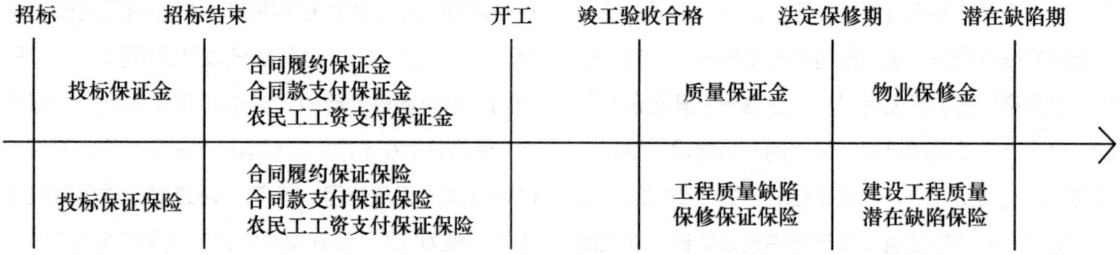

招标	招标结束	开工	竣工验收合格	法定保修期	潜在缺陷期
投标保证金	合同履约保证金 合同款支付保证金 农民工工资支付保证金		质量保证金	物业保修金	
投标保证保险	合同履约保证保险 合同款支付保证保险 农民工工资支付保证保险		工程质量缺陷保修保证保险	建设工程质量潜在缺陷保险	

图4-16 建筑工程各阶段的风险保障方式：保证金与保险两种方式对比

建筑工程“三金”比较表 表4-7

	征缴对象	征缴比例	保障时限	保障范围	适用地区	规章制度
物业保修金（以上海市为例）	建设单位	建筑安装总造价的3%	10年	建设单位与房屋买受人在房屋预（出）售合同中约定	地方性	《上海市住宅物业保修金管理暂行办法》
质量保证金	承包人	不高于工程价款结算总额的3%	1～2年	建设工程出现的缺陷	全国性	《建设工程质量保证金管理办法》
住宅专项维修资金	业主	当地住宅建筑安装工程每平方米造价的5%～8%	长期	住宅共用部位、共用设施设备保修期满后的维修和更新、改造	全国性	《住宅专项维修资金管理办法》

2006 年开始，北京、上海、青岛、大连等 14 个城市进行了工程质量保险制度试点工作。上海政府各部门与保险公司、保监会积极合作，开展了建筑与安装工程一切险、人身伤害险和工程质量保修保险“三险合一”的模式，按照“共同投保、共同保障、共同控制、相互制衡”的原则实施，投保体由勘察、设计、施工等企业在内的所有参建各方共同组成，共同保障体由保险公司和风险管理机构共同组成。保险费按照：工程建设保险费 = 建设工程合同价 × [建筑与安装工程一切险基本费率 + 人身伤害险基本费率 + 质量保修保险基本费率] ×（共投体风险系数 × 65% + 工程风险系数 × 35%）+ 附加风险管理费的形式计算，其中建设工程质量保修保险的保费由建设单位承担 20%，施工单位承担 80%。我国实行的基准费率一般为 1.5%，同时根据市场需要采取 4% ~ 6% 的浮动费率，保险费率的确定主要依据风险管理机构在开工前对共同投保体和工程项目进行的风险评价。上海模式中未设置责任险，发生索赔后保险公司无法对施工单位、设计单位等各参与主体进行代位追偿，加剧了保险公司的负担。另外，商业保险公司工程质量潜在缺陷保险的保险期限普遍为 10 年，并不能完全覆盖工程的“设计使用寿命”，保险责任终了后，业主就需要通过启动住宅专项维修资金和自筹资金解决维修问题（注 25）。

就投保成本来看，IDI 的保费约为建筑安装总费用的 1.5% ~ 1.7%，因此，在保留物业保修金的省市，投保 IDI 可免去建安工程造价 3% 的物业保修金，显著降低建设成本；与此同时多地已就工程质量保险出台政策，规定投保工程质量保险的工程，发包人不再预留质量保证金，投保 IDI 将显著降低资金负担。另外，投保 IDI 还可以通过潜在缺陷风险分析将设计缺陷和质量缺陷提早识别，提升建筑业的整体质量水平。

我国建筑工程保险方面，目前已经实施了建筑 / 安装工程一切险（承保施工期间意外事故和自然灾害风险对在建工程的损害），开发商或建设方一般要求承包商按照建筑安装总造价（总承包合同额）的 3% 交纳物业保修金或质量保证金或质保押金，也试点了设计师责任险和建筑工程内在缺陷保险。未来可通过建筑工程内在缺陷的强制保险制度，把开发商（业主）、参与建造各方、质量检察机构的质量责任贯穿起来，使所有参与建筑工程的项目各方所承担的法律责任真正得到落实。特别是我国目前开发企业多采用“开发一块地、注册一个公司”且“售后注销”的项目开发建设运营模式，质量控制意愿不高，也不支持建筑物长时期的质量保修；开发建设单位利用其强势地位克扣、拖延施工企业质量保证金；真正的最终用户、购房者分散不专业，缺乏博弈能力。因此必须像机动车交通事故责任强制保险一样，强制开发建设企业投保作为市场准入条件，同步推行参建单位的质量责任保险以取代质量保证押金，推行保险机构的独立质量检查制度等，才能提升开发建设单位和各个参建企业的质量控制意愿，促进建筑行业的高质量发展，保护购房者（商品房的消费者）的合法权益，维护经济和社会稳定。

4.6.5　建筑师职业责任风险与保险

建筑物的建造过程是一个项目的实现过程，由于暂时性、地域性、定制生产、现场施工和管理，因此带有外部环境的不确定性以及项目自身复杂和难度，加上项目的单一性和创新要求，会造成建造活动达不到预期的目标，带来巨大的项目风险。

建筑设计作为建筑生产过程中的一个环节，除了建筑项目的一次性、暂时性特点外，从本质上来说是一个虚拟的建造过程（早期被称为“打样”），同时也是一个独特项目的创造过程，设计的原创性带来的突破既有经验的部分，不可能完全套用现有的技术和经验，具有一次性、原创性、挑战性的风险；设计的产生和评价具有一定的主观性和随意性，设计的进程具有一定的不确定性；设计以很小的技术投入撬动大量建设投资，因此设计的任何失误均会造成业主巨大的损失；设计又是建筑生产过程中相对前期和计划的一环，必然在项目的渐进明晰中处于不利的早期位置，在施工过程中又被实施环节逐步证实和调整，具有预期与现实差别的风险；设计也受业主的操作能力和所提供资源所左右，设计公司也有业主资金和决策能力的风险；设计需要专业技能和实践经验来抵消计划的风险，需要经验丰富的各个专业人员来协同设计实施；设计具有专家个人和团队的经验、注意力、投入、协作不足的风险。

建筑设计阶段主要的风险有：

1）环境和外部带来的风险

（1）业主投资及项目的风险。主要是业主的项目实现意愿、投资力度、对项目需求的把握和专业操作、业主的信誉等。规避这种风险主要在项目和业主的评估中需要尽职尽责，通过多渠道了解相关信息，并形成跟踪文件。在此基础上对项目和业主进行分级（详见前章），并针对各种可能出现的问题形成解决预案，防范风险。如项目需求和开发投入不足，或由于法规的变化带来项目难度增大，业主可能延缓开发甚至停滞项目，因此设计费用的收取应采用小批量多次的方式，保证各项服务获取合理的报酬。由于东西方文化的差异，建筑师的职业收费和直接成本在西方多是由业主按月结算的，设计企业作为代理服务的风险较小。在中国、日本等国家的设计企业的服务是以设计成果为依据的，各种成本均由设计人承担，更像是一种设计成果的采购，因此业主付费的时间周期长，风险较大。

（2）项目需求和设计条件变化的风险。由于设计的过程就是业主需求的定义和解决方案的生成、技术细化的过程，因此是一个环环相扣、逐步推进、具有时间和专业跨度的过程，而市场的需求和主观的评价却可能瞬息万变，因而存在着巨大的风险。因此设计的概念设计—初步设计—施工文件的划分和每一个步骤的向业主的汇报与确认，就必须严格遵守程序并帮助业主确认方向，留下详尽的文字记录和正式的确认文档，强化业主对设计的智力投入成本的认识，防止设计的翻车。

（3）法规变化和行政干预的风险。与建筑物相关的城市规划、建筑基准（通则）、消防、交通、环保等法规不仅范围广数量多，而且随着社会变迁不断有新的焦点问题和随之而来的新法规出台，在建筑物设计和建造的几年的周期中，法规的变化和法规解释的变化、法规执行者要求（行政指导）的变化也会使设计面临风险。因此设计公司一般在有初步方案之后会积极与主管行政部门沟通，同时大型的设计公司一般备有专职的建筑法规专家，长年跟踪法规的变迁并指导设计和报审的全过程。

（4）公关的风险。由于建筑物作为规模巨大的不动产，其建造不仅对使用者的生活有着范型的作用，对周边的居民也有不可忽视的影响。为了保障近邻居民的利益和防止纠纷，一般各国都有建设公示和听证制度。建筑设计也会因此而有退台、退线、加设遮挡设施等方式与居民进行多轮协商和修改方案，如果遇到强硬的居民联合反对，设计的多轮修改和延期更是不可避免。特别是由于业主在土地收购、旧建筑拆除、邻里关系、公关态度等方面的诸多因素都可能引起居民的强烈反弹。由于此类变更是无法预期和测算的（建筑物已经遵守了规划法规和建筑法规），是设计过程中的一个较大的风险。

2）内部风险

（1）创新的风险。由于设计本质上是一个创新的冒险过程，因此需要用既有的经验和规范来约束风险，并交付给业主一个没有风险的成品。因此设计中最需要解决的矛盾就是创新风险与保险常规之间的平衡。设计团队的经验和责任心、设计程序的把控、质量核查的严格执行、设计时间的保障等均需要严格执行。业主要求设计负责人有十余年工作经验并担任过两个以上类似工程的资深建筑师，搭配经业主认可的其他工程师，形成一个经验和创新平衡的团队；在设计企业内部会议和审核时由公司内经验丰富的设计总监负责把关，再利用设计规程等知识积累以确保设计方向和解决问题方法的恰当性，从总体上控制创新的风险。除了上述的组织管理方式和范围管理上的规避风险之外，设计保险是一种最常用和有效地规避风险的方式。由于设计费只是造价的 3% ~ 5%，因此设计失误带来的损失远非设计费及设计公司所能承担，设计公司均投保设计责任险，同时业主在进行设计委托时也往往要求设计公司出具保险证明。

（2）专家及团队的能力不足和疏忽的风险。建筑师为代表的整个专家团队以专门知识以和技能为客户提供技术服务，专家个人的知识、技能、职业道德、主动性与注意力、经验等往往起着决定性的作用，因此个人的独立性、偶然性、依赖性都极强。另外由于项目组织形式的临时性和复杂性，在每个设计项目中负责的建筑师就需要带领一个临时组织的多专业团队，在多专业的协同中完成复杂的技术方案设计和验证。虽然设计企业通过流程规范、质量管理、人力支援等方面提供了支持和必要条件，但是项目实现的好坏与企业本身声誉、经营管理方式等都没有直接的和必然的联系，其他专业或其他团队或个人的失职、疏忽都会带来项目整体的“错漏碰缺”，带来业主和承包商索赔的风险。

（3）建筑师统合、监管、确认带来的连带风险。在建筑项目中建筑师作为业主的专业顾问和技术统合者，既要整合所有专业、专项设计咨询，也要审核、确认承包商、供应商提交的图纸文件和材料等，还要监管、验收各项工程。建筑师作为监管方对于各个责任主体的问题均可能负有连带责任，也就是监管失职的责任。因此很多国际通行的合同条件中均有建筑师的免责条款以规避可能的诉讼风险。美国建筑师学会在其建筑师标准合同条件中明确了建筑师的免责：“建筑师也不必精疲力竭地或连续不断地进行工程质量与完成量的检查工作。建筑师既无需控制和领导，也不必负责对于工程施工工具、方法、技术、工序或程序、安全预防及项目功能，因为这些完全是合同文件规定下的承包商的权利和责任。”“建筑师对于承包商不遵守合约进行施工不负有责任。建筑师对于本人的疏忽和遗漏负责，但没有义务对承包商、分包方或者他们的代理人和雇员以及任何参与工程局部事务的其他人员和实体负责。”

（4）时间和人力、外包团队的资源风险。设计和设计公司最宝贵的资源是进行智力创造的人，由于设计项目的重叠和赶工会造成临时的人员紧张，从而产生人力资源的风险。设计企业需要有长期合作的、高品质的外包、分包团队以满足项目特定的需求和简单的设计人力不足，也可通过加班、分批交图等方式通过内部挖潜解决。由于高质量的分包、加班赶工都会带来成本的大量增加，业主的设计费支付往往在设计完成之后滞后制度，因此设计企业经常面临收不抵支的风险（表 4-8）。

建筑设计风险管理——风险的分类识别和应对　表 4-8

类型	编号	风险描述	发生阶段	可能性	风险等级	规避难度	综合指标	预防措施及应对策略	当前状态	需追加的费用（万元）	需追加的人力（人·周）	负责人
环境风险	1.1	设计方内部领导人员变更，工作方针变化，致使项目范围划分发生改变	整个项目过程	1	1	1	1	制定严格的流程制度，不以个人意志为转移	正常	10	1	
	1.2	台风海啸等自然灾害，致使工期延误	整个项目过程	2	3	3	18	做好防灾预案	不正常	30	2	
	1.3	经济形势、国家政策变动，项目取消或中断	整个项目过程	1	2	2	4	动态了解环境因素，做好应急方案	正常	5	1	
需求风险	2.1	业主方面由于自身经济、经营状况等原因暂停或者取消项目	项目初期	1	2	1	2	对业主的资金状况及项目做预判，明确阶段性成果提交标准及付款	正常	0	3	
	2.2	业主方提出新的要求，酒店管理公司运营需求调整	初步设计之前	1	2	1	2	任务书阶段辅助客户梳理需求，预留不可预见费	正常	75	5	

续表

类型	编号	风险描述	发生阶段	可能性	风险等级	规避难度	综合指标	预防措施及应对策略	当前状态	需追加的费用（万元）	需追加的人力（人·周）	负责人
产品及技术风险	3.1	设计分包团队成果不能满足要求，需更换团队或延长设计周期	整个项目过程	2	2	1	4	选择行业内知名度较高的公司，明确设计需求及标准，明确设计费用	正常	5	2	
	3.2	项目难度较高，可能面临对现有规范及实施技术的挑战	项目实施后期	2	2	1	1	设计方案确定后对实施方案做充分论证	正常	20	5	
	3.3	与业主方面信息沟通有误，致设计成果偏离需求	整个项目过程	2	1	1	2	定时与业主沟通，准确收发；技术资料及时送审	正常	20	5	
	3.4	厂家及施工方无法提供原定型号的产品	整个项目过程	1	2	1	2	提早与厂家沟通，制作实验样板，及时优化调整	正常	5	2	
项目执行风险	4.1	项目执行时分派任务困难，相关团队不配合、推脱任务	整个项目过程	2	2	2	8	适当使用领导的权威，督促及时准确执行分派任务	正常		5	
	4.2	项目人员执行人员因私/因公离开项目团队	整个项目过程	2	2	2	8	为重要的项目角色配置AB角，文件命名保管应规范	正常	5	5	
	4.3	项目负责人执行能力等因素，影响对项目的控制执行	整个项目过程	2	2	1	4	为项目配置适当的执行人员	正常	5	3	
	4.4	项目执行人员分配不足，人均工作负荷过大	整个项目过程	2	1	1	2	配置足够的人力资源，合理拆分设计子项，早期充分论证，防止反复	正常	10	5	
成本风险	5.1	设计周期超过预期，需要支付违约金	收尾阶段	1	1	1	1	精确估算项目工期并预警、监控团队成员进度	正常	50	2	
	5.2	项目成本估算有误，实际成本超出预算	整个项目过程	2	2	1	4	做好项目成本预算	正常	50	5	
	5.3	设计出现重大失误问题，需支付罚款	图纸外审及施工配合阶段	1	1	1	1	设计条件严格评审、验证，预判设计风险，严格执行审核审定流程	正常	300	10	
	5.4	总包合同漏项或客户追加服务内容并拒绝支付费用	初步设计之前及施工配合阶段	2	1	1	2	任务书阶段辅助客户梳理需求，明确设计内容，并对增项明确计费方式	正常	30	5	

注：风险等级1=低；2=中；3=高。

职业责任保险，是以各种专业技术人员在从事职业技术工作时因疏忽或过失造成合同对方或他人的人身伤害或财产损失所导致的经济赔偿责任为承保风险的责任保险。职业责任保险所承保的职业责任风险，是从事各种专业技术工作的单位或个人因工作上的失误、疏忽导致的损害赔偿责任风险。职业责任保险也被称为技术责任保险、业务过失责任保险、职业赔偿保险。承保对象包括医生、会计师、建筑师、工程师、律师、保险经纪人、交易所经纪人、企业额的高层管理者等专业技术人员。职业责任保险既可以按照行业、职业来划分，也可以根据其内在特点分为医疗责任保险（医师、医院、卫生保健职业责任保险等）、非医疗责任保险（建筑师及工程师、律师、会计师、保险经纪人等职业责任保险）、管理层责任保险（董事和高级职员责任保险、雇佣活动责任保险等）这三大类型。

设计咨询（包括策划、勘察、设计、造价、监理、工程项目管理等）责任保险属于建筑领域的职业责任保险，是一种广义的财产保险，具有以下特点和意义：

（1）标的是设计咨询的职业责任。职业服务是无形的一种专业服务，职业责任是该领域的专家未尽到高度注意的义务而未能预见损害结果的发生而应承担的责任。一般体现为疏忽大意或过失，即“错”（错误）、“漏”（遗漏），以及由此带来的“碰”（构件碰撞或空间不足）、“缺”（缺失）。

（2）设计咨询责任保险具有保证担保性。由于保险公司的介入，设计咨询成果的实现就有了很强的保证担保的特性，若因为专家水平或经验不足而导致设计缺陷时，可以快速获得经济赔偿，为设计企业提供的工程信用保证，为项目实施提供了担保，解除业主的后顾之忧。

（3）赔偿具有滞后性。设计咨询尤其设计任务在施工前就已经完成，但是设计咨询的缺陷或错误造成的损失往往发生在施工后或建筑物的使用阶段。因此索赔时需要具有追溯性。

（4）设计咨询责任确认的复杂性。工程事故、使用缺陷往往是多方面因素和多方面责任的共同作用结果。由于设计咨询单位收取的设计费很低，但是撬动的施工成果很大，因此设计咨询企业的抗风险能力较差。

职业责任保险的专业性、负责性、时滞性，对于保险公司而言发展职业责任保险的问题也恰好在此。由于专业性强、信息不对称、责任追究难，保险公司对专业领域不了解，专业人士能力难以辨识，咨询服务市场分割细、市场规模小，保险公司难以准确定价难以进入。由于多年严格的质量管理、政府审批和单位行政处罚兜底的心态，加之责任追查复杂、出险概率低，设计方易采用风险自留方式处理，投保意愿低。

我国职业责任保险的市场尚未充分启动，随着业主对工程质量要求的提升和维护权利意识的加强，建筑师和设计咨询企业在建筑师负责制、全过程工程咨询、设计牵头的工程总承包等服务模式的改革创新中将要承担更大的责任和风险，也需要信用增强工具和能力筛选准入工具，职业责任保险作为建筑师和设计咨询企业的风险保障工具、服务质量保证工具、工程信用放大工具、行业治理优化工具的功能将得到充分发挥。西方国家在医师、律师、会计师、建筑师等自由职业中广泛推广的相互保险的互保、互助、行业共治模式，特别适合专业人士共同体的精专市场，突破了商业保险模式在专业人士市场面临的大数法则、专业信息壁垒、道德风险、逆向选择等问题，是值得我国研究和借鉴的模式（表 4-9）。

美国的职业责任保险　　表 4-9

	建筑师与工程师	会计师	律师	医师
职业责任保险历史	1948年美国国家工程师协会首次投保工程师职业责任险。1957 年美国建筑师协会开始购买职业责任保险。 1980年代出险保险危机，由于索赔剧增，保险公司大量退出，使得行业发展受阻	1930 年代因经济丑闻导致了会计师职业责任保险诞生。 1981 年产品责任风险自留法案，1986 年责任风险自留法案。 1986 年加州会计师协会成立了会员制的相互保险公司	1945 年美国第一个律师执业责任保险诞生。 1980 年代出险保险危机，三个发展阶段：初期律师不当执业索赔少，保险公司涌入；中期索赔剧增，保险公司推出，政府强制要求购买保险；后期市场趋于稳定	1899 年美国第一家医疗责任保险公司成立。1970s 正式建立强制的医疗责任保险制度。 20 世纪 60 年代至 21 世纪初的三次医疗责任保险危机：初期赔偿少，保险公司涌入；索赔剧增保险公司退出，政府要求强制保险；政府限定赔偿额、发起医师互保
保险费用	设计收入的 4% ~ 5%	国际四大会计师事务所年购买保险金额占其营业收入的 8%	约占其营业收入的 8%	医院医疗收入的 4% ~ 15%，医师年收入的 8% ~ 30%，根据业绩经验、科室不同

续表

	建筑师与工程师	会计师	律师	医师
职业责任保险保费收入	4亿美元（2001年）	4亿美元（2001年）	10亿美元（2001年）	170亿美元（2002年）
购买方式	非强制 授予合同的前提条件	强制购买 会所＋会计师	非强制购买，但要求披露投保信息 律师协会发起，律所＋律师购买	强制购买 医院＋医师
保险方式	商业保险为主	商业保险为主，互助保险为辅	互助保险和商业保险并存	商业保险、自保、互保、风险自留等多种形式，非商业保险占40%
执业组织模式	个人事务所，特殊的普通合伙企业（LLP）	个人事务所，特殊的普通合伙企业（LLP）	个人事务所，特殊的普通合伙企业（LLP）	个人诊所为主，医院与医师为合作关系

本章注释

注1：刘金源．工业化时期英国城市环境问题及其成因[J]. 史学月刊，2006（10）：50-56.

注2：[美]时代生活出版公司．人类文明史图鉴：城市的进程[M]. 长春：吉林人民出版社，吉林美术出版社，2000：149.

注3：唐方．都市建筑控制：近代上海公共租界建筑法规研究（1845—1943）[D]. 上海：同济大学，2006.

注4：许志强．应对“城市病”：英国工业化时期的经历与启示[J]. 兰州学刊，2011（09）：177-181.

注5：[美]时代生活出版公司．人类文明史图鉴：城市的进程[M]. 长春：吉林人民出版社，吉林美术出版社，2000：149.

注6：邹涵．香港近代城市规划与建设的历史研究（1841-1997）[D]. 武汉：武汉理工大学，2011.

注7：郑红彬．近代在华英国建筑师研究 1840-1949 [D]. 北京：清华大学，2014.

注8：唐方．都市建筑控制：近代上海公共租界建筑法规研究（1845-1943）[D]. 上海：同济大学，2006.

注9：王俊雄．国民政府时期南京首都计划之研究[D]. 台南：成功大学，2002.

注10：李健．中国建筑业政府规制研究[D]. 吉林：吉林大学，2009.

注11：井润霞．美国建筑工程设计和施工图审查质量的法律责任探析[J]. 工程质量，2010（09）：13-16.

注12：张媛，陆津龙，宋婕，顾泰昌．发达国家建设工程的质量监督管理分析[J]. 建筑经济，2017（02）：5-9.

注13：杜秀媛，毛凯，林常青，倪却之．加拿大建筑技术法规体系构架分析[J]. 工程建设标准化，2019（04）：11-14.

注14：程志军，李小阳．建筑技术法规概论[J]. 工程建设标准化，2015（08）：43-51.

注15：唐莲，丁沃沃．城市建筑与城市法规[J]. 建筑学报，2015（S1）：146-151.

注16：田妮．我国建筑技术法规体系改革研究[D]. 重庆：重庆大学，2004.

注17：戴霞．市场准入法律制度研究[D]. 成都：西南政法大学，2006.

注18：韩国波．基于全寿命周期的建筑工程质量监管模式及方法研究[D]. 北京：中国矿业大学（北京），2013.

注19：谯辉强．政府在建设工程质量监管中的职能研究[D]. 广州：华南理工大学，2010.

注20：田韶华．论建筑师的专家责任[J]. 建筑经济，2005（06）：69-71.

注21：张健．合法性内涵及政府合法性问题[J]. 理论与现代化，2008（01）：12-14.

注22：孟宪海．国际工程保险制度研究借鉴[J]. 建筑经济，2000（08）：10-13.

注23：巩剑．工程质量潜在缺陷保险探析：以上海市为例[J]. 保险理论与实践，2018（12）：101-112.

注24：宿辉．我国住宅专项维修资金制度存在的问题与对策[J]. 建筑经济，2009（07）：63-65.

注25：吴绍艳，赵朵，邓娇娇，朱派宗．工程质量保险制度的运行机制及实施问题分析[J]. 建筑经济，2018（02）：18-21.

Chapter5

第5章 Procedure of Professional Practice 建筑师服务流程

5.1 作为系统的建筑师服务流程

5.1.1 建筑师服务的阶段

建设工程全生命周期是指工程项目从开始创建到报废的全部过程，包括决策立项（也称为投资决策阶段，分为项目建议书、可行性研究报告两阶段）、前期准备（编制设计文件，完成工程咨询）、建设实施（招标采购，施工，竣工）到使用运营维护（运营使用，改造更新，拆除报废）四大阶段。建筑物的全生命周期可以概括性地分为项目决策—项目实施（规划策划，设计咨询，施工安装）—项目运行三大阶段。

国际建筑师协会（UIA，法文：Union International des Architectes， 英 文：International Union of Architects）关于建筑实践中职业主义的推荐国际标准认同书（2008 第三版）中，将建筑师的单个项目的职业服务流程定义为八个阶段（设计阶段分为三个阶段）：

（1）设计前期——协助业主确定项目要求和设计条件，编制设计任务书；

（2）方案设计——基于任务书和项目限制条件，研究法规、技术、成本、进度等因素，完成方案设计；

（3）初步设计；

（4）施工图文件；

（5）招标、谈判与合同签订；

（6）施工——解释设计意图，监督现场施工，明确设计意图，发布建筑师指令，签证向承包商付费；

（7）交付阶段——检查，行政审查，交付业主；

（8）施工后阶段——确保承包商的缺陷修复；

（9）其他服务——可行性研究、设计任务书策划、城市设计、景观设计、室内设计、照明设计、物理环境研究、历史文物修复等。

职业实践范围内的核心服务内容包括：

（1）（设计咨询服务的）项目管理——项目小组的管理；进度计划；项目成本控制；业主审批处理；政府审批程序；咨询师和工程师的协调；使用后评价；

（2）调研和策划——场地分析；目标和条件确定；概念规划；

（3）施工成本控制——施工成本预算；工程造价评估；施工成本控制；

（4）设计——要求确认；施工图文件制作；设计展示；

（5）采购——招标选择；处理施工采购流程；协助签署施工合同；

（6）合同管理——施工管理配合；解释设计意图，审核上报文件；现场观察、检查、报告；变更通知单和现场建筑师指令；

（7）维护和运行规划——物业管理支持；维护计划；使用后检查。

建筑师的建筑学服务（建筑学实践、建筑师服务），也被称为建筑学实践、设计服务、工程咨询，横向整合了各个专业（总图、建筑、结构、设备、电气、经济等）和专项设计（建筑设计、室内设计、景观设计、照明设计、幕墙设计、专用设备设计、区内公共事业设计等）的整体解决方案（Total Solution），纵向涵盖了立项、规划、策划、设计、招标、施工、运维的项目全过程的全程服务（Full Service）。建筑师的主要职责是设计咨询、招标采购、施工合同管理，保证业主的需求被识别、精确定义并被完整实现，保证建筑物在建筑师承诺的质量、成本和进度内完成。

国际通行的建筑师的职业服务，不仅涵盖了建筑设计的过程，而且贯穿了整个建筑生产的过程。建筑师是业主的专业顾问、项目价值发掘者和建筑物的定义者、监督建造全流程以保证目标实现的设计和管理专家。建筑师的设计服务（建筑学实践，建筑学服务）涵盖一个空间环境需求从设定到满足的全过程，即空间需求的定义—量化和技术的支撑—优化并整合成型—建造实现的过程。国际通行的职业建筑师的服务流程可以分为策划—设计—施工—维护四大阶段：

1）策划和设计前期

过程：需求的发现→客户目标的定位→建筑条件的确立、技术的指标化

内容包括：可行性研究报告与开发计划的制定，环境与规划条件的确认，建筑行政要求的调研，反映建筑要求的任务书的拟定。

2）设计咨询（包括方案设计、初步设计、施工图文件）

过程：建筑条件的确认→客户要求的技术转译和设计条件的确认→设计方案的提出→设计深化和优化，技术设计→作为建筑解决方案的全套设计图纸和设计规格说明的提出→行政许可的取得。

内容包括：场地平面、建筑平、立、剖面图的绘制，结构形式、建筑材料、设备电气配置系统的确立，概预算的计算，以及在此基础上的全面技术解决方案的完成。

各国对设计阶段的分步与成果要求各不相同，但设计的基本程序是相同的，均是作为整个建筑服务的一个部分，作为一个从发现问题与解决问题的过程和项目目标实现的系统出发，循环地经过以下五个标准程序：

（1）设计条件的输入：资料搜集与分析→

（2）设计条件的评审和任务的确定：需求翻译，设计任务（建筑产品）的界定与分解，问题发现→

（3）比较分析：设计条件设定，构思与解决方案的提出与研讨→

（4）整合、验证、优化：比较研究，方向确定，整合各专业，解决问题→

（5）设计成果的输出：设计成果的具象化和文档化。

3）施工安装（包括招标采购和施工合同管理）

过程：设计意图和要求的确认→招投标的组织和技术说明、优化→建造过程合同管理和设计变更→验收及竣工，行政批准及维修计划、竣工图、维修手册的制作。

内容包括：投资、进度、质量的控制，合同、信息管理，组织协调。

其成果就是按照建筑师提供的设计咨询内容，在建筑师的监督下完成相应的空间和质量标准的建筑物，包括投资、进度、质量的控制和合同管理、信息管理、组织协调。

4）设计后期和运行维护

过程：使用后维护→维修与更新→改建、新建计划的制订

内容包括：使用后评估，服务回访，维修计划的制定，改建、新建设计任务书的拟定。

我国目前的建筑设计制度中，建筑师仅完成了立项—设计—招标—建造—运营中的设计一个阶段，建筑师只能提供给甲方设计图纸作为最终成果，对最终建筑物的材料、质量、造价、工期均不负责，无法作为业主的置业顾问提供全过程代理服务。国际通行的建筑师的全程服务，在我国被碎片化地分为投资决策、勘察设计、招标代理、工程监理、造价管理等五块；国际通行的建筑工程的设计、施工两方主体责任被划分为业主、勘察、设计、监理、施工五方责任主体。目前正在进行的工程组织模式的改革，目标是国际接轨的建筑师负责制和全过程工程咨询制度（图 5-1、表 5-1）。

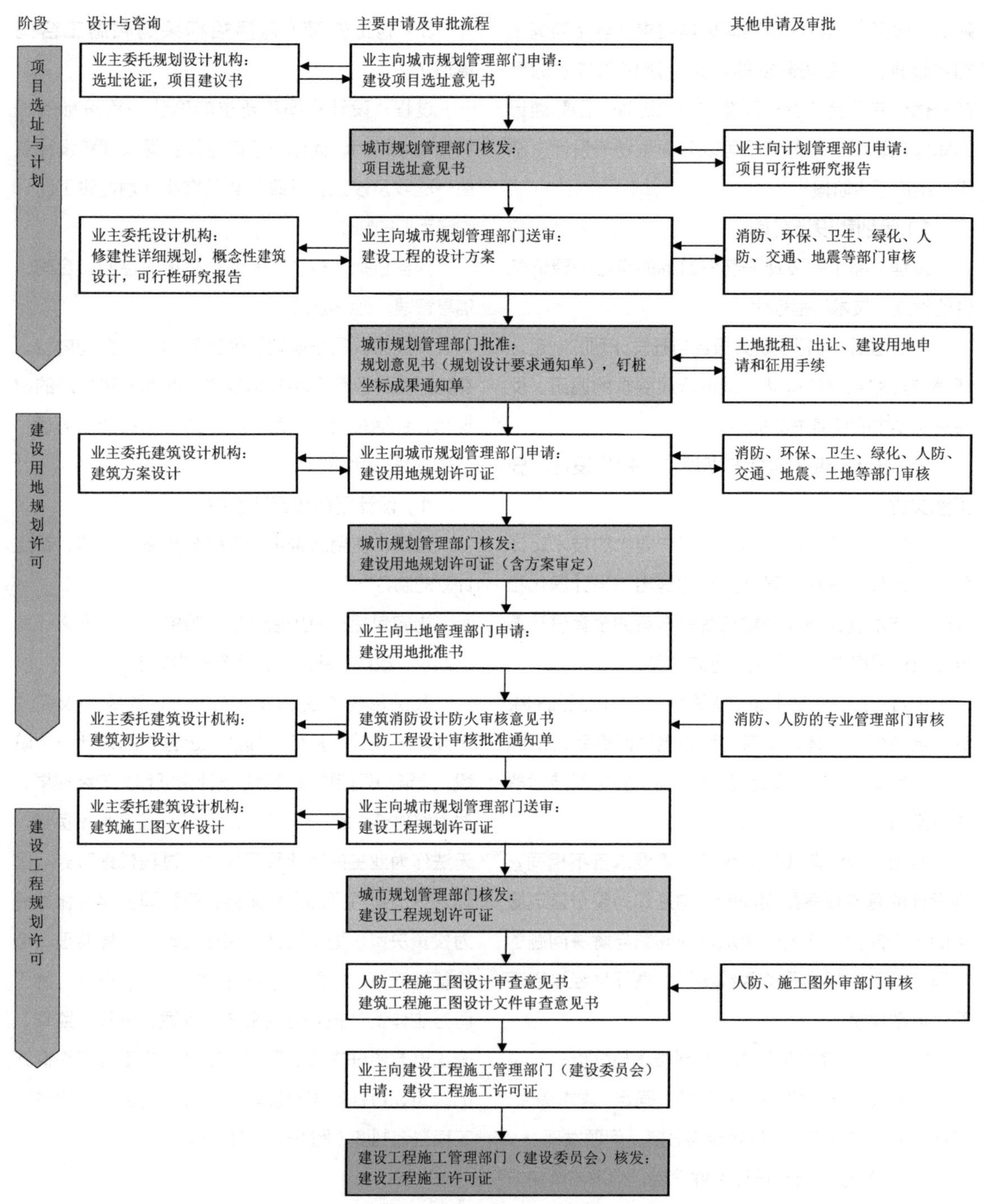

图 5-1 建设工程规划许可的申请及审批程序（新征用地建设项目，以北京为例）

表 5–1

中外建筑师的职业服务程序与内容比较

No. 编号	China 中国建设部的设计深度规定 设计阶段	收费	USA 美国AIA建筑师的业主服务条款（B141） 设计阶段	收费	UK 英国RIBA工作手册 设计阶段	收费	Germany （Leistungsphasen） 德国HOAI（设计取费规定）（收费以德国HOAI的单体建筑为基准） 设计阶段	收费	Singapore 新加坡SIA业主委托建筑师服务合同	收费	Japan 日本四会联合协定的建筑设计、监理业务委托合同条款（新日本建筑家协会、日本建筑士会联合会、日本建筑士事务所协会联合会、建筑业协会） 设计阶段	收费	UIA 国际建筑师协会 与国际接轨的建筑师服务程序（收费比例根据各国比例估算） 设计阶段	收费
1	Concept Design (Competition) 概念设计（非标准程序）		Pre-Design and Conceptual Design（"additional services "） 概念设计（非标准程序 ）		A:Appraisal B:Design Brief 评估和任务书	5%	Basic evaluation 前期评估 -任务书、基地、规范分析	3%			团队组建 调研、企划 基本计划（非标准程序）		**Pre-Design** 设计前期	
2	SD – Schematic Design 方案设计	25%	SD – Schematic Design 方案设计	10%-15%	C: Concept 方案设计/概念	5%	Outline Design 方案设计 -技术要点，设计范围，估算，时间进度表	7%	Schematic Design Stage 方案设计阶段 建筑审批（含在设计中）	20% 5%	1：基本设计	25%	**SD – Schematic Design** 方案设计	**15%**
3	PD – Preliminary Design 初步设计	30%	DD – Design Development 初步设计/设计发展	20%	D: Design Development 初步设计	10%	Design Development 初步设计/设计深化 -设备系统协调，规范核查	11%	Design Development Stage 设计发展阶段/初步设计 建筑审批（含在设计中）	15% 5%			**DD – Design Development** 初步设计/设计发展	**20%**
4	SD, PD, CD 方案、初设、施工图阶段均有建筑审批				Building Permit/ Planning Permission 建筑审批	7.5%	Building Permit/ Planning Permission 建筑审批	6%	Building Permit 方案设计与初步设计分别有相应的建筑审批		2：实施设计 建筑审批（含在实施设计中）	45%	Building Permit 建筑审批（含在设计阶段中）	
5	CD – Construction Documents 施工图设计	45%	CD – Construction Documents 施工文件	40%	E:Technical Design F:Production Information G:Tender Document 施工图技术设计	25%	Construction Document 施工文件 -项目手册，施工图，生产图，审查会签	25%	Contract Document Stage 合同文件阶段	17.5%			**CD–Construction Documents** 施工文件（建筑师一般不提供加工图（Shop Drawings））	**30%**
6	招标配合（非标准程序）		BID – Bidding or Negotiation Phase 招标	5%	H:Tender Action 招标	5%	Tender/Specifications 招标文件/设计规程	10%	施工评标及中标建议 （含在合同文件阶段中）	2.5%	3：招标（非标准程序）		**Tender Documents, Bidding or Negotiation Phase** 招标、谈判、合同签订 （施工清单和预算由承办商提供，建筑师负责审核）	**5%**
7							Bidding/Negotiation Phase 招标	4%						
8	SC – Site Coordination 施工配合（非标准程序）		CA – Construction Administration 合同管理	20%-25%	J:Mobilisation K:Construction to Practical Completion 现场合同管理	40%	Site Coordination 施工现场配合/现场监理 -工地视察，确认，签证	31%	Contract Construction Stage 工程施工阶段	30%	4：监理	30%	**SC – Site Coordination(or CA)** 施工合同管理	**25%**
9	Project close-out 竣工文件（非标准程序）		Project close -out ("additional services ") 竣工服务（非标准程序 ）		Handover & Close Out L:Post Practical Completion 交付	2.5%	Documentation /determination of costs 竣工图/结算	3%	Final Completion Stage 工程完工阶段 -获得临时和永久入住许可	5%	竣工图（非标准程序）		**Handover / Post Practical Completion** 交付/ 施工后阶段	**5%**

参考：美国建筑师学会（AIA）的建筑师基本服务范围

美国建筑师学会（AIA）通过标准合同文件B201规定的建筑师的基本服务范围（AIA Document B201–2007 第二条）包括：

［第1条 初始信息（合同对象、各方、时间等）省略］

第2条 建筑师的基本服务范围

2.1 建筑师的基本服务由第2条所述的服务组成，包括一般常见的结构、机械和电气工程技术服务。第2条未规定的服务属于附加服务。

2.2 方案设计阶段的服务

2.2.1 建筑师应审查业主方提交的程序和其他信息，并查阅与建筑师服务有关的法律、规范和规定。

2.2.2 建筑师应对业主方的程序、计划表、工程造价预算、项目现场和拟用的采购或交货方法，以及其他初始信息进行初步评估，参照其他各项来评估每项内容，以便确定项目的要求。建筑师如发现① 信息存在不一致② 项目需要其他信息或顾问服务，应通知业主方。

2.2.3 建筑师应将其初步评估意见提交给业主方，与业主方讨论项目其他的设计与施工方案，其中还包括采用保护环境设计方法的可行性。建筑师应与业主方就项目要求达成一致。

2.2.4 根据与业主方商定的项目要求，建筑师应拟定初步设计书，并提交给业主方审批，该初步设计书里面应注明项目组成部分的规模和相互关系。

2.2.5 一旦业主方批准初步计划书后，建筑师便可以拟定方案设计书报业主方审批。方案设计书应由图纸和其他文件组成，其中包括现场总平面图，以及如果适用的话，初步建筑平面图、剖面图和立面图；另外，可能还需要包括一些研究模型、透视图或数字模型。主要的建筑体系和建材的初选方案，也应标注在图纸上或另外说明。

2.2.5.1 建筑师在根据业主方程序、工程工期和造价预算进行设计时，应考虑选用保护环境的设计备选方案，例如建材的选用和建筑方向，以及符合程序与美学要求的其他因素。业主方可以根据第3条寻求其他保护环境设计服务。

2.2.5.2 建筑师在根据业主方程序、工程工期和造价预算制定设计时，应考虑备选材料、建筑体系和设备的价值，以及符合程序与美学要求的其他因素。

2.2.6 建筑师应根据第5.3节编制工程造价估算书，并提交给业主方。

2.2.7 建筑师应将《方案设计书》提交给业主方，请业主方审批。

2.3 深化设计阶段的服务

2.3.1 一旦业主方认可《方案设计书》后，以及业主方授权调整项目要求和工程造价预算后，建筑师便应着手编制《深化设计书》，并报业主方审批。《深化设计书》里面应注明和描述如何进一步扩大业主方审批的《方案设计书》，而且当中还应包括图纸和其他文件，例如平面图、剖面图、立面图、常用的施工详图和建筑体系的原理图，以便明确项目的规模，建筑、结构、机械和电气系统方面的特性，以及其他可能适当的组成要素。《深化设计书》还应包括简要技术规范，里面包括主要建材和系统，大致规定它们的质量标准。

2.3.2 建筑师应更新工程造价估算书。

2.3.3 建筑师应向业主方提交《深化设计书》，工程造价估算书如有调整，应通知业主方，并申请其审批。

2.4 施工文件阶段的服务

2.4.1 一经业主方认可《深化设计书》后，以及业主方授权调整项目要求和工程造价预算后，建筑师便应着手编制施工文件，并报业主方审批。施工文件里面应注明和描述如果进一步开发业主方审批的《深化设计书》，而且当中还应包括图纸和技术规范书，用于详细明确建材和建筑体系的质量水准与工程施工的要求。业主方和建筑师认为为了工程施工，承包商需要提供补充信息，这些信息包括施工图、产品数据、样品和其他类似提交材料，它们都应由建筑师根据第 2.6.4 节的要求进行审查。

2.4.2　建筑师应在其施工文件中加入项目主管政府部门的设计要求。

2.4.3　在施工文件的拟定过程中，建筑师应协助业主方撰写和编制① 招标和采购信息，里面包括招标时间、地点和条件，其中也包括招投标格式表；② 业主方与承包商之间的格式范本；③ 施工合同条件（通用条件、补充条件和其他条件）。建筑师还应编写项目手册，里面包括施工合同条件和技术规范书，另外，可能还需包括招标要求和样例范本。

2.4.4　建筑师应更新工程造价估算书。

2.4.5　建筑师应向业主方提交施工文件，工程造价估算书如有调整，应通知业主方，同时根据第 5.5 节的要求采取措施，申请业主方的批准。

2.5　招标谈判阶段的服务

2.5.1　建筑师应协助业主方制订候选承包商名单。待业主方批复《施工图及合同书》后，建筑师便应协助业主方① 收集投标书或谈判方案；② 确认投标书的响应条件；③ 确定中标人和方案，如有中标人的话；④ 发标和编写施工合同。

2.5.2　招标

2.5.2.1　招标文件应由招标文件和拟定的合同文件组成。

2.5.2.2　项目招标时，建筑师应协助业主方如下事项：

• 复制招标文件，以便分发给候选竞标人；

• 将招标文件分发给竞标人，要求他们填写完毕后返回，保留发放记录，保管从投标人那里收悉的投标保证金，将来返还给投标人；

• 为候选投标人组织和召开标前会；

• 回答候选投标人提出的问题，以补遗的形式向所有候选投标人提供《招标文件》的澄清和说明意见；

• 组织和召开开标会，后续根据业主方的指示，拟定文件和通知开标结果。

2.5.2.3　如果《招标文件》允许有替代方案，那么建筑师应考虑替代方案，另外，应以补遗的形式，编写审定的替代方案，分发给所有候选投标人。

2.5.3　投标书谈判

2.5.3.1　《投标书》应由投标要求和拟定的合同文件组成。

2.5.3.2　建筑师应在收集投标书过程中协助业主方做好如下事项：

• 复制《投标书》，分发给候选承包商，要求他们在谈判完成后返还；

• 组织和参加候选承包商的面试；

• 参加与候选承包商的谈判，后续根据业主方的指示，编写谈判结果的总结报告。

2.5.3.3　如果《投标书》允许有替代方案，那么建筑师应考虑替代方案，另外，应以补遗的形式，编写审定的替代方案，分发给所有候选承包商。

2.6　施工阶段的服务

2.6.1　概述

施工阶段服务期间，建筑师应充当业主方的顾问，向业主方提供咨询。仅限在《协议》规定的范围内，建筑师应有权代表业主方。建筑师不掌握、控制、负责施工方式、方法、技术、顺序或程序，或与工程有关的安全预防措施和计划，建筑师也不对承包商未能根据合同文件要求执行工程而负责。建筑师应对建筑师的疏忽行为或失职负责，但对承包商、执行工程的其他任何人的行为或失职，既不掌握、控制，也不负责。

2.6.2　工程的评估

2.6.2.1　建筑师应根据施工阶段，或者按第 3.3.3 节规定的其他间隔时间走访现场，以便大体熟悉工程的完工进度、完工部分的质量，据此大体判断其所观察到的工程是否正按规定进行，工程能满足合同文件要求地完全竣工。但是，不要求建筑师执行详尽或连续的现场检查，以此来断定工程的质量。根据现场走访的结果，建筑师应合理地告之业主方工程的完工进度和完工质量，向业主方报告①有无偏离合同文件和承包商提交的最近施工进度表，②工程有无缺陷和不足。

2.6.2.2 建筑师有权拒绝不符合合同文件的工程。不论工程上是否开始制造、安装或完工，只要建筑师认为需要或者合适，建筑师便有权根据合同文件的规定要求检查或测试工作。但是，建筑师的此项权限，或者是行使或不行使此项权限的善意决策，一概不会使得建筑师对承包商、分包商、材料和设备供应商、其代理商、员工或执行工程的其他人或实体承担相应的职责或责任。

2.6.2.3 业主方或承包商如提出书面请求，建筑师应提供有关履约和合同文件要求方面事务的解释和决策。建筑师应在双方商定的期限内，或者是合理即时地书面回应这样的请求。

2.6.2.4 建筑师的解释和决策应与合同文件宗旨和合理推断的内容保持一致，应采用书面文字或图纸的形式。在提供这样解释和决策时，建筑师应努力确保业主方和承包商能够忠实地履行，不对他们任何一方有所偏袒。建筑师也不对本着善意提出的解释或决策的结果负责。建筑师对美学效果事务的决策，只要是与合同文件表达的意图一致，那么应为最终性质的。

2.6.2.5 除非是业主方和承包商按照AIADocumentA201-2007里面的规定，另指定他人担任初始裁定人，否则按合同文件的规定，业主方和承包商之间如发生权利要求，应由建筑师提供初步裁定。

2.6.3 向承包商付款的证书

2.6.3.1 建筑师应负责审查和证明给承包商的到期付款，签发工程款证书。建筑师的付款证书，应根据第2.6.2节规定的建筑师对工程的评估和包含承包商的付款申请在内的资料，尽其所知和所信，构成提交给业主方的关于该工程进展到合同文件所示的节点和工程质量标准的表示。这里提到的表示需满足如下前提条件，即①工程实体竣工时，工程据评估符合合同文件要求；②后续试验和检查的结果；③完工前修正偏离合同文件的微小偏差；④建筑师提出的特定质量要求。

2.6.3.2 付款证书的签发并不构成如下表示，即建筑师①已详尽或连续地检查现场，确认工程师的质量或数量，②已审查施工方式、方法、技术、顺序或程序，③已审查承包商付款的权利由分包商和材料供应商提供的申请单副本，以及业主方要求的其他数据，④查明承包商如何使用以前所付工程款或出于什么目的使用。

2.6.3.3 建筑师应保留一份付款申请和证书记录。

2.6.4 提交文件

2.6.4.1 建筑师应负责审查承包商的提交文件时间表，但不得无理地拖延或扣留审批意见。建筑师审查提交文件过程中，应根据审定的提交文件时间表采取行动，或者如果没有审定的提交文件时间表，应合理即时地进行，但同时应留出充分的时间，以便建筑师可以充分审查做出专业的决断。

2.6.4.2 根据建筑师审定的提交文件时间表，建筑师应对承包商提供的文件进行审查、批复或采取其他的适合行动。这样的提供文件例如有施工图、产品数据和样品，但是目的仅限于检查是否符合合同文件提供的信息和表达的设计理念。审查这些提交文件不是为了确定设备或系统尺寸、数量和安装或性能之类信息的准确性与完整性，它们应属承包商负责范畴。建筑师的审查也不构成对安全预防措施的批准，除非是建筑师另外明确规定，也不构成对施工方式、方法、技术、顺序或程序的批准。建筑师对特定项目的审查，并不代表其对该项目所在的组合的认可。

2.6.4.3 假如合同特别要求承包商提供专业设计服务或由专业设计人员对系统、材料或设备提供证明，那么建筑师应明确这样服务必须满足的相应性能和设计标准。建筑师应审查由承包商聘请的专业设计人员所设计或证明的施工图和其他提交文件。

这样的图纸和文件在提交给建筑师前应盖上这样专业设计人员的铭章和附上其签名。建筑师应有权依赖由这样专业设计人员所提供服务、证明和审批的充分性、准确性和完整性。

2.6.4.4　根据第 3.3 节的条款，建筑师负责审查有关合同文件的信息，对请求做出回复。建筑师应在合同文件中规定请求信息的要求。信息请求至少应包括一份详细的书面声明，表示特定的一些图纸或技术规范标准需要澄清，以及请求澄清的性质。建筑师对此类请求的回复应在商定期限内，或者是合理即时地书面回应。如果合适，建筑师应提供补充图纸和技术规范书对请求信息做出回应。

2.6.4.5　建筑师应根据合同文件的要求留存承包商提供的提交文件记录与副本。

2.6.5　工程变更

2.6.5.1　工程如需小幅变更，符合合同文件的宗旨，且不涉及调整合同总价或延长合同工期，那么建筑师可以授权。根据第 3.3 节的条款，建筑师可以出具《变更令》和《施工变更指导书》交业主方审批和按合同文件执行。

2.6.5.2　建筑师应保留一份工程变更的记录。

2.6.6　项目竣工

2.6.6.1　建筑师应开展检查，确定实体竣工和最终完工的日期；签发实体竣工证书；从承包商那里接收的合同文件所要求的和由承包商收集的书面保证书和相关文件，再转交给业主方审查和留存；根据最终检查的结果，如果工程确实符合合同文件的要求，签发最终付款证书。

2.6.6.2　建筑师的检查应与业主方一同进行，以检查工程是否符合合同文件的要求，以及检验承包商所提交的工程清单，填写或修正是否准确与完整。

2.6.6.3　如检查结果确定工程已实体竣工，那么建筑师应通知业主方预备将合同总额的余额付给承包商，当中也包括从合同总额中扣留的金额（如有的话），以此表示承认工程完工和已整改。

2.6.6.4　建筑师应将从承包商那里收到的如下信息提交给业主方：① 最终付款暂扣款或付款扣减或部分释放的确认函，如有的话；② 宣誓书、收据、声明书和留置权自动放弃书和针对留置权赔偿业主方的抵押书；③ 根据合同文件承包商需要出具的任何其他文件。

2.6.6.5　业主方如提出请求，而且在自实体竣工日后一年期限到期前，建筑师应无额外补偿地参加业主方召开的会议，审查设施的运行与性能情况。

参考：英国皇家建筑师学会（RIBA）的建筑师服务流程

2007 年，英国皇家建筑师学会（RIBA）规定了职业建筑师设计服务的 11 个步骤：

（1）准备阶段（Preparation）

① 评估（Appraisal）；

② 设计任务书（Design Brief）。

（2）设计阶段（Design）

③ 方案设计（Concept）；

④ 设计发展（深化设计）（Design Development）；

⑤ 技术设计（Technical Design）。

（3）施工准备阶段（Pre-Construction）

⑥ 产品信息（Production Information）；

⑦ 招标文件（Tender Document）；

⑧ 招标（Tender Action）。

（4）施工阶段（Construction）

⑨ 施工启动（Mobilisation）；

⑩ 施工及竣工（Construction to Practical Completion）。

（5）使用阶段（Use）

⑪ 竣工后（后期）（Post Practical Competition）。

2013 年，英国皇家建筑师学会（RIBA）将职业建筑师设计服务简化为 8 个阶段：

（0）战略定义（Strategic Definition）设定为阶段 0，强调这是设计的前期阶段，相当于我国的投资决策；

（1）设计准备及任务书（Preparation and Brief）；

（2）方案设计（Concept Design）；

（3）深化设计（Design Development）；

（4）技术设计（Technical Design）；

（5）施工（Construction）；

（6）竣工交付（Handover and Close Out）；

（7）使用（In Use）。

参考：新加坡建筑师学会（SIA）的建筑师服务流程

新加坡建筑师学会（SIA）的《业主委托建筑师服务合同》中规定的建筑师服务程序分为5个阶段：

（1）方案设计阶段（Schematic Design Stage）

① 接受委托方的指示，在委托方的要求和限制范围内工作；

② 用设计草图解释设计意图；

③ 在相关的法律和规划的范围内，充分扩充设计草图，使提交的申请能够被批准；

④ 根据目前的面积初步估计建设费用及其他相关费用；

⑤ 与相关机构协调，使计划能够被批准。

（2）设计发展阶段（Design Development Stage）

① 扩充初步设计图纸，保证顾问能够理解详细的设计工作；

② 为满足相关机构的要求，准备好设计详图；

③ 将详细的设计图纸和细节材料提交建筑管理局和其他建设审批机构；

④ 根据可能的建设费用更新初步造价评估的数据；

⑤ 准备并更新项目施工进度表，为了获取批准需向委托方提交相同的时间表。

（3）合同文件阶段（Contract Document Stage）

① 准备并最后确定工程设计图纸、说明及其他文件，因为这对估价师进行造价评估非常必要；

② 与专业顾问合作准备工程招标所必需的文件；

③ 代表委托人的邀请承包商招标并与聘用的估价师协作；

④ 评标并向委托人提交一份建议报告；

⑤ 代表业主将项目授予中标承包商；

⑥ 为委托人与承包商准备签约文件供其签署。

（4）工程施工阶段（Contract Construction Stage）

① 针对签约的工程，根据业主的授权作为建筑师行使相应权力并承担相应责任；

② 向承包商提供必需的信息资料和指示，使得承包商顺利地进行工程；

③ 检查承包商提供的施工进度计划是否能让建筑师满意地认为工程将在合同预定的时间内完成，除非不可预见的情况，但并不因此认为建筑师应对承包商的行为负责；

④ 定期对工程进行检查并按合同对合格的工程签发完工证明；

⑤ 代表委托方接受建设合同，提供一套反映实际修建的建筑图纸，并为业主收集所安装设备的图纸文件，以及顾问或分包厂家提供的维护使用建议。

（5）工程完工阶段（Final Completion Stage）

① 需要完成可能代表委托方并指示承包商实施的，并被要求满足相关政府机构要求的工作；

② 申请并得到TOP（临时入住认可）、CSC（法定完工证明）和相关政府机构的签章认定，并准备竣工图。

参考：香港建筑师学会（HKIA）的建筑师服务流程

香港建筑师按照国际通行的做法，通常担任整个建筑工程项目的"设计、工程管理、施工监察"的全过程完整服务，以确保项目质量能达到起初的设计意图和预期效果。根据香港建筑师学会（The Hong Kong Institute of Architects，HKIA）的《业主与建筑师就不误范围及收费的协议》，规定建筑师服务分为6个阶段：

（1）启动阶段：根据业主初步要求、投资预算、卖地规划条款，估计项目可行的发展规模，协助业主研究和制定项目的经济技术指标，协助聘请工料测量师及其他顾问，确定设计内容和范围。

（2）规划及可行性研究：按确定的项目规模和经济技术指标、投资预算，进行规划设计，并详细研究所有相关法律法规对项目规划设计的可行性是否有影响；如有需要，便进行规划设计修改及申请调整经济技术指标。协调工料测量师提供项目估算，建议项目时间表，协助业主聘请设计顾问，建议施工招标计划。

（3）方案设计：协调及统筹所有顾问，提交方案设计和工程概算。

（4）深化设计：协调及统筹所有顾问，提供深化设计，代表业主申请所有政府部分的审批。

（5）施工图及招标阶段：代表业主获取所有相关部门的批核，协调及统筹所有顾问完成施工图、技术要求及招标文件。代表业主进行招标、审标，提供审标报告及建议中标单位。

（6）施工阶段：按业主定标指示，安排中标施工单位开工，并展开施工合同管理工作，定期到工地巡查直至完工，进行竣工验收，安排业主接收使用。跟进保修期内的缺陷整改工作直至保修期完结，协助完成决算及审核竣工图。

参考：日本建设省规定的建筑师业务流程

日本建筑师的设计及监理业务的流程（日本建设省公告第1206号）为（*为非标准业务）：

（1）调查、研究策划业务

① 选择建设用地时必须进行的调查、策划业务；

② 为进行设计和确定条件而进行的研究、策划业务；

③ 确定工程费预算的业务；

④ 对周围环境影响的调查业务；

⑤ 建设资金计划、贷款手续方面的业务。

（2）基本设计

① 收集资料、准备；

② 设定条件；

③ 综合化；

④ 完成基本设计图纸；

⑤ 完成工程费概算书：

* 办理各种法律手续所需技术资料、技术上的协作

* 参与对周边居民的说明会

* 制作专项资料

* 利用电子计算机

* 由于建设单位的原因或其他设计条件的变更引起的设计变更

（3）实施设计

① 收集资料、准备；

② 设定条件；

③ 比较研究；

④ 综合化；

⑤ 制成实施设计图；

⑥ 完成工程费概算书；

⑦ 完成建筑审批图纸；

* 完成建筑审批以外的各种法令手续用的资料；

* 提供特别资料；

* 由于建设单位的原因或其他条件的变更而进行的设计变更。

（4）工程监理等

① 向施工者正确传达设计意图的业务；

② 研究施工图及接收任务；

③ 批准工程及作业报告；

④ 完成工程监理业务的手续；

⑤ 协助完成工程承包合同；

⑥ 同意并审查工程费的支付；

⑦ 研究施工计划并提出意见；

* 对承包合同进行调整

* 研究特殊施工方法并提出建议

* 日常监理

* 完成竣工图

参考：我国台湾地区的建筑师服务流程

根据我国台湾地区的《建筑师法》（2014年修订版），建筑师的主要职责和服务内容（业务与责任），包括设计和监造两大主要内容。

建筑师受委托人之委托，办理建筑物及其实质环境之调查、测量、设计、监造、估价、检查、鉴定等各项业务，并代委托人办理申请建筑许可、招商投标、拟定施工契约及其他工程上之接洽事项。

建筑师的设计服务包括：

建筑师受委托设计之图样、说明书及其他书件，应合于建筑法及基于建筑法所发布之建筑技术规则、建筑管理规则及其他有关法令之规定；其设计内容，应能使营造业及其他设备厂商，得以正确估价，按照施工。

建筑师的监造服务包括：

（1）监督营造业依照前条设计之图说施工。

（2）遵守建筑法令所规定监造人应办事项。

（3）查核建筑材料之规格及品质。

（4）其他约定之监造事项。

关于建筑师的责任，特别明确了建筑师的主体责任与连带责任：

建筑师受委托办理建筑物之设计，应负该工程设计之责任；其受委托监造者，应负监督该工程施工之责任。但有关建筑物结构与设备等专业工程部分，应由承办建筑师交由依法登记开业之专业技师负责办理，建筑师并负连带责任。

5.1.2 建筑师服务的系统化过程

1）建筑的设计与施工循环

建筑工程作为项目的一次性、复杂性、规模性、渐进明晰特性，要求建设项目的管理必须通过虚拟现实的建造计划来确认和决策（我国在 1930 年代称设计图为“打样”，设计机构被称为“打样间”）。因此从方案、初步设计、施工图的过程可以不断地分解和增加。设计作为虚拟建造和建造计划，贯穿在建筑物施工建造的全过程中，设计与施工建造是不断循环深化的过程。在不同的阶段对应各阶段不同的需求解决不同的角度和深度的问题，并由不同的主体负责完成，因而也被赋予不同的名称：概念规划—概念方案—方案设计—初步设计（设计深化，技术设计）—施工图设计—深化设计—加工图设计（生产设计）—安装图设计（现场安装与调整）—竣工图（竣工交付的最终成果）（图 5-2）。

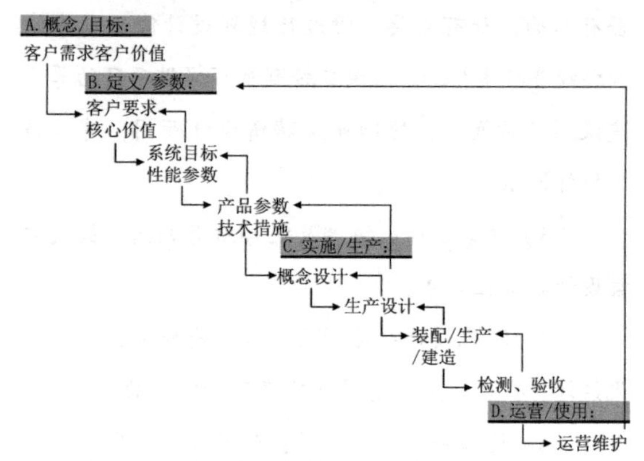

图 5-2 客户需求到建筑物的不断深化、循环的过程

所有的设计都是为了建造，设计就是建造的计划和虚拟，设计的出发点和评判标准是建造的实现，即在最终建成建筑物中的呈现，而非设计过程的炫技。从客户价值链出发，所有对最终建筑物价值产生影响的设计都是必要的、有意义的。这是设计的根本目标和评价标准。成熟的工业产品都是以最终成果示人，而不需通过展示设计和过程来弱化、转移责任。因此，也可以说设计是为建造实施所驱动的预先计划的过程，是施工安装的预演和虚拟建造；施工也是设计的验证和实现环节。所以设计—施工的循环是一个项目全过程贯穿始终、深度上从宏观到微观不断深化的循环过程。需要注意几个关键点：

（1）设计—施工是不断循环、深化的过程，设计就是为施工服务，施工的需求是设计的驱动力，施工完成是设计的最终目标，也是对设计的最好验证，最终的目标是建筑物的完成和业主利益的最大化。

设计—施工是质量控制的计划—执行—监控—调整（PDCA）循环中的关键环节，贯穿于整个建造过程中。加工图是最后的产品设计环节，指导产品加工，是在上位设计图纸——施工图的指导下按照技术参数和空间形态完成。由于所有设计源于业主的需求，因此工程全过程的设计及其深化、细化，都必须贯穿业主需求的主线，由作为业主顾问和技术转译者的建筑师来统合和确认，由承包商来负责实施，并在业主—建筑师—承包商的三方制衡中取得项目的共赢（图 5-3）。

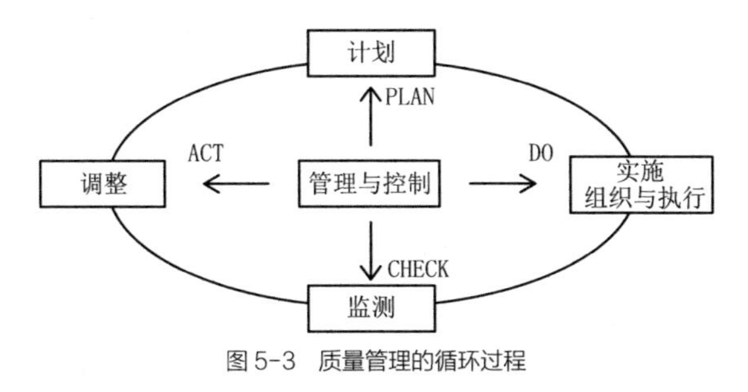

图 5-3　质量管理的循环过程

（2）由于我国目前的项目交付和建设体制问题，设计企业的设计仅对图纸负责，施工企业要对最终建成负责，设计与施工之间的时间前后的纵向间隙很大；同时，施工方面有总承包商统合，设计咨询被行政管理和行业划分碎片化，国际上通行的建筑师设计总包的统合往往缺位，国内一般由业主或代建方来执行，但更偏重管理而非技术，因此设计内部专业、专项之间的横向间隙也很大；这两方面目前都需要通过总承包商的深化设计环节来弥补，未来可以通过建筑师全程服务来完成和覆盖。值得注意的是，由于技术是中性的，而个人和企业都是逐利的，因此承包商、供应商的深化必须在建筑师的审查、确认下实施，以防止建筑师职业产生之前业主的价值最大化变成承包商的利益最大化。

（3）建筑施工图设计—专项设计—深化设计—加工设计体现了建筑师（设计企业、设计总包）、设计咨询分包、施工总承包商、分包商的工作界限。一般而言，设计企业完成的施工图设计需要统合专项设计咨询，主要着眼于通过参数明确使用功能、实现品质控制和业主价值实现、作为采购依据实现造价控制；承包商的深化设计需要整合分包商、供应商的加工图设计，主要解决基于施工工艺的设计施工一体化、准确控制施工节点的大样详图、保证设计要求实现。承包商的核心竞争力就是设计定义的细化（建筑设计的补充和统合）、施工资源采购与组织（合格供应商采购与计划）、施工管理三个核心内容。

（4）总承包商的兜底责任和最后实施环节的位置，使其处于建筑工程实施的收尾环节：所有产品材料全部由其完成采购并安装施工，使得其有可能通过基于建造过程和结果对设计图纸进行审核和细化，也可以基于其施工工艺和经验实施价值工程和优化配置。因此，从最终实现环节的倒逼，价值链的倒逼，可以实现对前面设计环节的验证。

在建筑物的全生命周期中，客户需求不断被明确和细化，各种资源也被不断投入。因此，前期的决策方向对后期的设计细化、施工建造具有指导性和决定性，后期实施结果是前期决策方向的放大和实现。因此，越是在工程项目的前期，即建筑物全生命周期的早期阶段，对其后的品质、成本、进度的控制的影响越大，调整的成本越高，所为“差之毫厘谬以千里”。策划决策、方案设计等对建筑工程项目的成败具有决定性的影响，设计对施工实现具有决定性的影响，设计的计划性带来设计对未来实施的巨大影响和杠杆放大作用。因此，设计定义明晰后再施工建造，“谋定而后动”“磨刀不误砍柴工”就是对这种控制思维和管理重点的形象描述（图 5-4）。

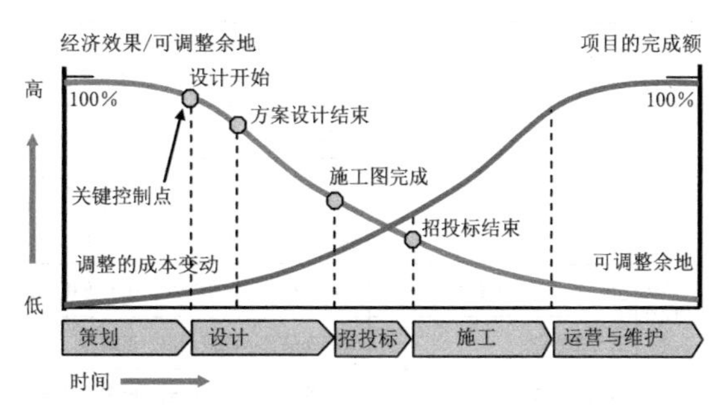

图 5-4　建筑物生命周期中的关键控制点和设计对项目的决定性影响

2）设计的系统化过程

由于建造过程的项目特征，建造过程是一个建筑产品制造和相应服务的提供过程，从项目管理系统的角度，可以归结成一个需求发现和满足（需求识别）、一个问题发现和解决的过程，一个建造的全过程是一个空间环境的求解过程，是一个建筑需求、业主目标、资源限制中需求平衡和共赢的过程（图 5-5）。

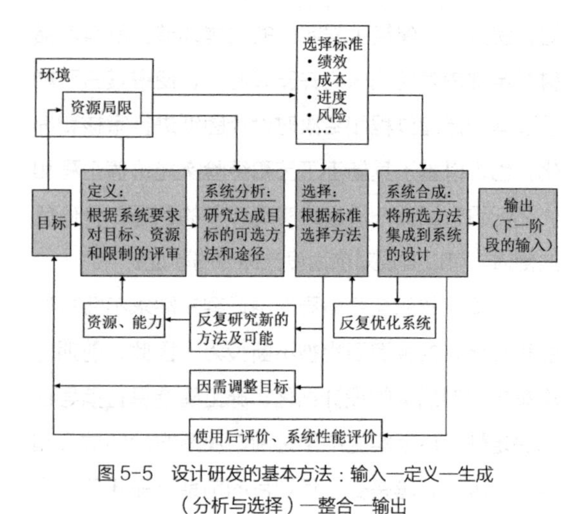

图 5-5 设计研发的基本方法：输入—定义—生成（分析与选择）—整合—输出

职业建筑师的业务过程实际就是这样一个项目管理和系统目标实现的过程。

建筑设计是指建筑物在建造之前，按照使用者的要求，将性能、空间、造型等一系列目标转化为图纸和文件表达的专业指标，作为建造实施的依据和验收的标准，使建成的建筑物充分满足使用者和社会所期望的各种要求及用途。

建筑设计就是以图文形式在多维虚拟空间中进行的虚拟建造。对最终的建筑环境成果进行详尽的描述，也对施工和使用过程中所存在的或可能发生的问题，事先做好通盘的设想，拟定好解决这些问题的办法、方案；材料、产品、部品的设计要求和空间、数量、品质要求，也作为备料、制造、施工中互相配合协作的依据以及竣工验收的标准。为了保证最终成果的准确性、符合性，设计一般要进行多次迭代、渐进明晰，以保证空间体量模型和技术参数达到目标。建筑工程中一般分为方案设计、初步设计、施工图设计三个阶段，也可在最前面增加一个概念设计的阶段成为四个阶段（图 5-6、表 5-2）。

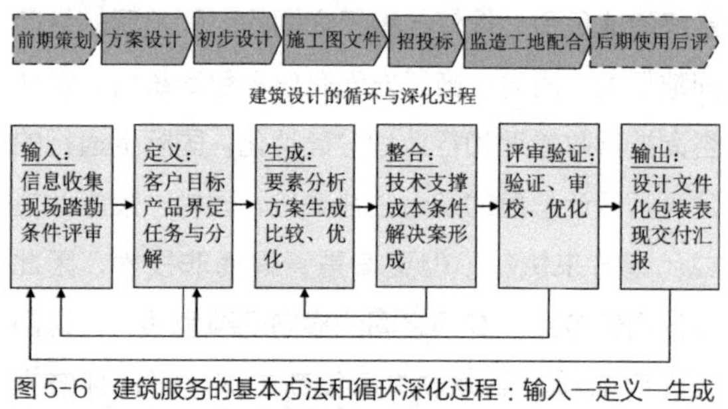

图 5-6 建筑服务的基本方法和循环深化过程：输入—定义—生成（分析与选择）—整合—输出

建筑设计的方案设计、初步设计、施工图设计的循环深化、渐进明细：

我国建筑设计各阶段的设计成果要求 表 5-2

专业分类	图纸名称	内容	设计阶段分类				设计深度
			概念设计	方案设计	初步设计	施工图则	
总平面图修建性详细规划	规划设计说明书	设计依据、设计标准、设计理念、规划结构、功能、交通、绿化、分期，消防、节能、无障碍等说明专篇	*	1			*：根据合同约定的附加服务内容
	总平面图	场地、道路、方位、建筑物布置	*	1	2	3	1：草图，文字描述，标示总体的尺寸
	主要技术经济指标	用地面积、建筑面积、容积率、高度、密度、竖向等	*	1	2	3	
	规划分析图	项目的区位、现状、功能、交通、绿化、分期、日照等分析图	*	1			2：粗略设计，主要的平立剖面图，系统图，标示主要尺寸
	竖向布置图、土石方图	标高、排水、地形变化、土石方平衡表		1	2	*	
	管道综合图	管线布局、市政接入点、道路断面		1	2	*	3：正式设计，包含所有的平立剖面图及详图，标示所有精确尺寸
	绿化及建筑小品布置图	小品的配置、门、院墙、庭园、道路及停车场的材料、做法			2	*	
	日照分析计算图	建筑物的日照计算	*	1	2	*	
	* 环境影响评估报告			*			* 各阶段设计图纸文件的要求深度以上述数字表示。
	* 交通影响评估报告			*			

续表

专业分类	图纸名称	内容	设计阶段分类				设计深度
			概念设计	方案设计	初步设计	施工图则	
建筑专业	建筑设计说明，建造细则	设计依据、设计标准、工程概况、材料做法、规格标准、施工方法，消防、节能、无障碍等说明专篇		1	2	3	*：根据合同约定的附加服务内容 1：草图，文字描述，标示总体的尺寸 2：粗略设计，主要的平立剖面图，系统图，标示主要尺寸 3：正式设计，包含所有的平立剖面图及详图，标示所有精确尺寸 * 各阶段设计图纸文件的要求深度以上述数字表示。
	区域位置图	用地的地图、方位、地名、地址					
	建筑面积表	各层建筑面积，各功能建筑面积	1	2	2	3	
	材料作法表	内部、外部的材料做法表		2	2	3	
	门窗表	内外门窗的形状、材料、五金、玻璃、纱窗				3	
	平面图	平面布局、房间名、材料做法等的位置及尺寸	1	2	2	3	
	立面图	外观形状、墙、开口部等的位置、尺寸、屋顶坡度	1	2	2	3	
	剖面图	剖面形状、房间名、平面尺寸、剖面尺寸（层高、天花高度）	1	2	2	3	
	墙身剖面、立面图，局部放大图	主要墙身剖面与立面造型的形状、尺寸、结构及饰面材料			*	3	
	吊顶俯视图	天棚装饰材料、分格、房间名、照明器材等的配置			*	3	
	室内立面展开图	各部形状、墙、开口等的位置、尺寸、材料				*	
	详图	室内外装修、门窗幕墙、楼梯电梯、厨房卫浴等的位置、尺寸、材料做法				3	
	计算书	节能、消防疏散、视线等的计算				3	
结构专业	结构设计说明，建造细则	设计依据、工程概况、结构设计概要、各类材料与结构、施工方法与要求		1	2	3	
	基础平面图、桩基图及其详图	基础的位置、形状，桩基的位置、形状、配筋			2	3	
	结构平面图	各楼层的柱、梁、楼板的位置、形状、尺寸			2	3	
	钢筋混凝土构件详图	现浇及预制构件的节点详图			2	3	
	钢结构设计施工图	钢结构的设计说明、基础、结构平面、构件详图等			2	3	
	建筑幕墙的结构设计图则	幕墙的设计要求、规格、结构平面图、节点安装详图			2	3	
	* 构件尺寸表	基础、柱、梁、楼板、墙的断面尺寸表				*	
	结构计算书	结构强度的计算			2	3	
电气专业	电气设计说明，建造细则	设计依据、工程概况、设计范围及概要、参数与选型、设备系统、施工方法与要求，节能环保		1	2	3	
	电气总平面图	电气的站房布局、管线走向、架空电线等				3	
	变配电、发电系统	荷载、变配发电系统、运行方式，系统图、机房管井设计图			2	3	
	配电、照明系统	电灯、开关、插座的位置、形状，配线系统图，配电、照明平面图			2	3	
	电话、电视、通信、广播、智能化	电话、TV 插座、通信、广播、智能化的位置、配线、规格，系统图、平面图、站房设计图			2	3	
	防雷、防灾、安防设备系统	防灾设备的位置、规格，系统图、平面图、站房设计图			2	3	
	电气设备表	电气设备的符号、编号、规格			2	3	
	电气计算书	负荷、选型、功率的计算			2	3	
设备专业（给水排水、采暖通风空调）	设备设计说明，建造细则	设计依据、工程概况、设计范围、设计计算参数与选型、设备的概要、设备系统、施工方法与要求，节能环保		1	2	3	
	设备总平面图	给水排水系统、管径、布局				3	
	室外给水、排水、净化工艺流程图、平面图、详图	高程表、断面图、工艺流程图、系统图，站房的平、立、剖设计图				3	

续表

专业分类	图纸名称	内容	设计阶段分类				设计深度
			概念设计	方案设计	初步设计	施工图则	
设备专业(给水排水、采暖通风空调)	室内给水排水卫生系统图、平面图、详图	给水排水的位置、形状、配管、净化设备、卫生器具的位置、形状			2	3	*：根据合同约定的附加服务内容 1：草图，文字描述，标示总体的尺寸 2：粗略设计，主要的平立剖面图，系统图，标示主要尺寸 3：正式设计，包含所有的平立剖面图及详图，标示所有精确尺寸 *各阶段设计图纸文件的要求深度以上述数字表示。
	生活热水及燃气系统图、平面图、详图	热水、燃气设备的位置、形状			2	3	
	采暖设备系统图、平面图、详图	采暖设备系统图及平面图			2	3	
	通风、排烟、空调系统图、平立剖面图、站房管井的设计详图	通风、排烟、空调的位置、形状、配管、排气的位置、形状及计算			2	3	
	设备表	卫生、冷暖空调机械设备的编号、技术要求			2	3	
	设备计算书	水量、燃气量、热量、负荷的计算表			2	3	
经济专业	概预算文件——估算、概算、预算	编制依据、工程概况、编制范围的说明，总投资估算表，单项工程综合估算表，单位工程预算书		1	2	3	
设计表现	效果图	街景人视、鸟瞰、环境效果等	*	*	*	*	
	模型		*	*	*		
	多媒体演示文件		*	*			
	图册、展板		*	*			

设计的内在规律和生成流程是一个从发现问题与解决问题及项目目标实现的系统出发，经过以下标准程序而不断循环探讨的过程，概念设计、方案设计、初步设计、施工图设计则是在基本程序下的不断深化、整合和优化的各个阶段的成果。

设计过程的基本流程是：

（1）设计条件输入：资料搜集与分析，设计评审，资源评审

① 上一阶段的设计成果、往来文件资料及其评审；

② 设计服务方式选择与团队的组建（内部资源与外包专业咨询的评估与确认）；

③ 现场详细踏勘、测绘、地质勘查、市政管线等设计条件的审查；

④ 上一阶段设计成果的行政主管部门的审批文件；

⑤ 业主的设计任务书和方案修改意见；

⑥ 类例、典例的调研——地段周边、功能近似、经典案例，既有设计经验和期刊论文等；

⑦ 相关法规、政策、标准图、常见问题的收集和整理；

⑧ 顾问咨询单位提供的建议，与行政主管部门（规划、消防、绿化等）的沟通；

⑨ 设计进度的制定；

⑩ 方案设计估算的确认和造价目标的确定。

（2）设计任务定义：需求翻译，设计任务（建筑产品）的界定与分解

① 在上一阶段设计的基础上对设计目标的进一步确定：

a. 各部分要求的性能；

b. 法规及相关限制条件；

c. 技术方案及设备产品的可行性。

② 工程造价、施工技术条件、进度、已选定产品的限定条件的明确；

③ 在上一阶段设计基础上确定设计方向和技术路线；

④ 设计任务书的修改和确认，业主需求目标和产品技术参数的确认；

⑤ 规划条件、法规、技术支撑、经济性要求的确认；

⑥ 各专业联席会议评审和建筑产品规格的研讨。

（3）解决方案生成：构思的提出与解决方案的分析研讨

① 建筑性能与参数的研讨；

② 环境、空间、样式设计的研讨；

③ 技术设计的研讨与性能的确定；

④ 技术设计方案的生成：

a. 结构、设备、电气系统的设计；

b. 设备与产品的可行性确认；

c. 法规、成本、施工条件的限制；

d. 环境空间效果的实现方式比选。

⑤ 建筑与其他专业的条件图则的汇编和发送；

⑥ 专业协调会议。

（4）设计整合：比较研究，方向确定，整合各专业，解决方案的完成

① 功能配置与交通流线的确定；

② 空间与样式设计的确定；

③ 技术支撑条件与设备系统的确定；

④ 消防、人防、环保等方案的确定；

⑤ 平面设计的确定；

⑥ 剖面设计的确定；

⑦ 立面设计的确定；

⑧ 各种设计的综合调整。

（5）设计验证：解决方案与业主需求契合度的评审与验证

① 设计验证：

a. 设计任务书与业主要求；

b. 规划条件；

c. 各专业技术条件；

d. 法规、标准图、设计验证提纲。

② 设计的审校：

——专业内审、审核、审定；

——业主审核。

③ 设计的调整与优化；

④ 设计进度与成本的控制。

（6）设计成果输出：具象图则化，完成设计成果

① 设计说明书，含对建筑技术参数、材料做法的确定和建造细则的说明；

② 总平面图及主要技术经济指标；

③ 体现综合的设计意图、场地布局、规划与空间组织、立面处理、建造方式、环境系统和技术的可实施性的各层平面图、剖面图、立面图、必要的详图等；

④ 结构、设备、电气其他各专业设计文件，应有设计说明书、主要设计图纸、主要设备表、计算书等；

⑤ 配合行政审查、公示说明用的图纸文件；

⑥ 工程估算、概算；

⑦ 设计模型与表现图、多媒体演示等表现性文件；

⑧ 设计研究、比选、优化资料和建筑参数探讨的资料，为推广、销售等方面提供的设计文件和说明。

由于设计服务规模的巨大和专业的复杂性，其执行往往是由一个团队来进行，如何保证每个人的设计质量、防止差错就成为一个重要课题。目前设计机构一般采用“两校三审”制度——自校、互校、自审（专业内审）、审核（各专业会审）、审定来保证检查差错，但往往在时间（设计周期短、加班赶工）和人力资源（经验丰富的建筑师缺乏）压力下，依靠设计人的自觉而面临失控的风险。

设计企业主要应对的方法有：通过规范化的流程管理和工作细分，使得设计这个单品订货生产的个性化产品变成为一个可控的、可计量的、可复制的过程，企业和各个设计团队都在设计服务流水线上协同工作；细分设计环节和任务包，方便多个班组协作，同时在过程中设置了多个集中评审的节点和质检阀，保证工作任务、时间、风险的分解，防止集中加班的效率、精度的降低；通过不同水平建筑师的高低搭配和时间细分，保证在关键环节由关键人员设计和把关；通过评审会议的形式集中智力，形成开放的质检过程和学习过程，将无形的知识有形化并扩散传授，达成高完成度的设计服务（图 5-7）。

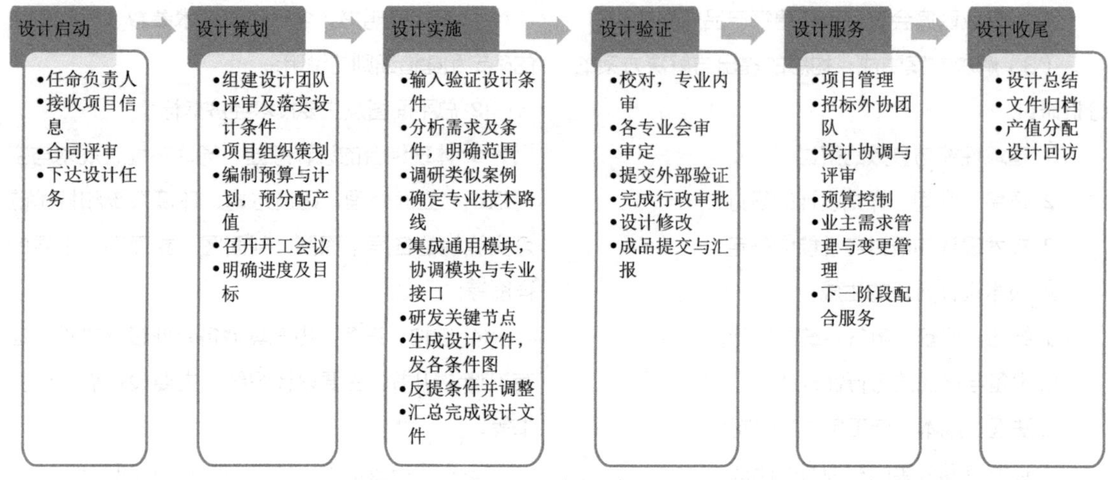

图 5-7　设计流程控制

参考：我国目前建筑体制中存在的设计问题

由于目前我国的建设管理体制中，设计方以国家规定的设计深度为交图标准，建筑师仅对设计文件的质量负责，造成的常见问题有：

（1）不对最终建筑负责

目前的建筑工程交付模式下建筑师对设计图纸负责而不对最终建筑物负责，造成业主需求和设计指标在建筑施工过程中无法正确传递和不断统合，造成在造价、工期、工艺技术等资源限定条件下的设计的可实施性不足。由于缺乏对造价的设计把控，设计方往往愿意采用最好的材料和最高的标准来进行“冗余设计”以规避风险。而不对建筑物的质量、造价负责则使得建筑师对性价比考虑不足，更不可能跟踪市场价格变化调整相应的材料和产品。同时，建筑师为了在有限的设计时间和服务取费的基础上完成设计，必然通过压缩内容、减少衔接环节、避免技术交叉和专业统合等方式减低设计深度、广度、难度和风险，造成深度不足和设计甩项；由于建筑师不对全过程负责，根本无法根据采购情况、施工技术来调整和优化设计，也无法根据设计意图进行价值工程的价值分配，需要承包商在实施过程中辅助进行价值分配。反之，这些内容恰好成为熟谙市场的承包商不平衡报价以获取超额利润的源泉，使得业主的利益受损；另一方面，由于建筑师无法全过程监控，必然要求设计和技术定型在施工开始前基本完成，无法利用长达数年的施工周期调整和深化，无法使用最后采购确定的材料产品细化设计，也无法主动应对市场的变化和技术创新（这部分往往由甲方发起的设计变更来实现）。

（2）设计深度不足和设计甩项

建筑设计表达深度不足，复杂的空间关系和节点，室内外界面表达的缺失，同时对表达方式、信息传递效果缺乏反馈机制。例如卫生间室内立面设计、内侧立面、空间和材料交界面的缺失。与上面的失误不同，设计方由于不对最后的建筑物负责只对设计图纸负责，因此必然造成尽量简化出图减少矛盾和失误的倾向以减轻责任。另一方面，由于图纸是设计表达的媒介，信息传递的最终效果在施工端无法反馈，因此设计方只能依据行业标准进行表达阐释，无法在工地发现传达效果并及时调整，造成设计院图纸大量依靠国家标准构造图、而施工方不了解这些标准实际只按习惯施工的窘态。施工企业开始自己绘制加工图甚至向前延伸到施工图，就是对这种情况反思的一种结果。同时，由于建筑师只对图纸文件负责，逐步疏远材料和施工，造成设计企业和建筑师对材料、建造工艺的知识储备和更新不足，进一步造成能力不足，形成“纸上谈兵”的恶性循环。

二次设计、专项设计（包括垄断性行业设计，以及景观、室内、照明、标识等专业设计）甩项是由于建筑师不对设计整体性负责，形成系统性的空缺，如幕墙、停车设备、厨房系统的“开天窗”；建筑、景观、室内设计本来是一个有机的整体，在实际操作中业主往往不进行设计总包，而分割招标，造成各个专业的割裂，在施工现场要么各自为政、互不相干，要么就是产生交接矛盾、不停解决纠纷，都会带来重叠、浪费甚至矛盾，最终都伤害了建筑环境的整体性，造成浪费和品质降低。在施工建造过程中，这些空缺如果不及时补全完善，将极大地影响工程的整体进度和项目品质。

（3）材料产品的技术规格不清，工程量和造价不准

对品质、造价、设计定义具有重大影响的技术规格书（specs，建造细则）缺失，使得所用的建筑材料和产品均无法准确描述和定义，无法指导招标和完成工程预算。设计的精准定义和招标采购是决定整个项目的关键环节，均需要建立在清晰准确的技术参数要求的基础上才能完成，因此承包商必须补足此部分才有可能有效地控制项目的质量、时间、成本的三大关键要素。同理，由于对招标采购和最终造价不负责任，建筑师也无法及时了解市场信息，无法推荐适合项目需求的高性价比的材料和产品，没有合格供应商的储备，也就无法实现对材料产品技术规格和造价的精准把握，也无从谈起业主价值的最大化。

（4）产品不全、需求未定

设计定型之时，一方面由于业主还未完成采购程序，无法确定最终的产品型号和细节，也无法确定承包商和具体的施工工艺，造成设计无法细化；另一方面由于业主方的功能需求的不完整和相互矛盾导致，会导致图纸表达空缺或矛盾。由于建设项目投资的问题，往往出现使用者和建设者分离的局面，甚至建设者内部各个部门之间的制衡带来信息割裂和矛盾，这些都极大地增大了业主需求的不确定性。因此，承包商反而可利用其所处的建筑工程阶段的时间滞后和采购倒逼要求，最终确认业主需求并落地为实，当然必须在建筑师的设计指导和审查下确定，以保证业主利益的最大化。但这样必然就需要延展设计服务，保证建筑师对技术和质量标准的全过程把控。

（5）专业分割与矛盾、图纸错误与疏忽

建筑师和专业工程师的专业团队的专业服务都极大地依赖每个专业人员（专家）的经验、关注和投入，作为专家的基本条件就是有足够的专业知识和行业经验，能预知问题、预防风险，保证未来建造的准确和顺利。但是实际工作中，专家的疏忽和失误往往是设计失误的重要来源。例如不同材料交接处底层结构预留装修厚度不对，楼梯转角处高度或宽度不足，设备参数计算失误等。设计中的专业分工，专业、专项设计繁多，分专业设计和绘图是技术进步和社会分工的结果，但也极易产生矛盾和协调问题。例如结构洞口位置与设备图纸不符，结构梁柱位置尺寸与建筑图纸不符。在没有彻底的专业协同、BIM 等专业工具完全发挥作用之前，设计中的错漏碰缺只能依靠多次重复性检查来尽可能消灭，自审、审核、审定的三审三校制度就是这种方式。也有采用外审复核、综合图叠加、BIM 验证等方式来尽量减少设计失误。设计的最终和实体性检验就是施工，施工前的招标采购和复核也是设计验证的重要环节，是防止设计失误、减少返工、提升效率的重要手段。另外，完整的建成环境被分割为多个专项设计发包，业主一般没有设置设计总包，业主自身往往缺乏协调管理的能力，因此造成各个专项设计本身就带有大量的矛盾，这些矛盾只有在统合各个专项设计的基础上才能有效完成。承包商在设计—施工的最后环节并负有完成建筑物的兜底责任，在安装建造中必须实现技术统合和空间整合，因此承包商为了提升施工效率、减少返工，也需要进行各专业、专项的统合，但是这个过程在建筑师的指导和控制下整合施工经验来完成，就能进一步

提升项目的整体价值。

（6）设计与施工的衔接问题

在建筑设计到施工的环节中，建筑设计图纸如何落实为施工成果的建筑物，一直是行业中的问题和难点。一方面，设计企业的施工图设计往往在业主没有完成产品招标、项目预算时就已经完成，无法将真实的产品和空间落实到图纸上；另一方面，传统的施工企业无法承担设计的责任，只能在招标完成后按设计企业提供的并不完善的施工图纸施工，造成明显的设计与实际施工的脱节。这样既无法保证业主需求、设计意图的真正实现，也让施工过程中出现大量的变更和索赔，为控制造价和工期带来巨大隐患。同时，施工企业被动地按图施工和积极索赔，也造成了工匠精神和技术进步明显不足，无法发挥和展示施工企业的技术优势，无法实现良币逐劣币的良性循环，束缚了建筑行业整体的发展。

设计与施工之间的衔接，就是建筑师对建筑空间和产品的精确定义。这既是建筑物的质量标准、造价和工期控制的核心，也是招标采购的依据、与承包商进行技术交流和控制的依据，也是分包商、供应商加工图设计和施工安装的基准。建筑师要想提供高品质的最终建筑物，就必须完成对所有设计内容的技术标准、图纸内容、产品选型的控制和设计分包管理。

作为设计的主要实施主体的建筑师，在我国现有的建设体制下，缺乏对最终建成建筑物的责任，缺乏对设计指导施工的深入完整性的追求，仅仅满足国家审图的深度要求即可，在此基础上尽量减少设计投入，最终能否实现全盘交给承包商和业主兜底。同时由于与最后产品呈现和使用效果脱节，建筑师也对材料产品工艺逐步陌生，更无法为业主推荐合格的高性价比的材料，社会上也逐步形成了建筑师追求奇奇怪怪造型、沉迷于形式的印象。

5.2 阶段 1：前期

5.2.1 工作概要

从总体上说，可以把整个建筑物或建筑产品的生产过程、建筑商品的消费过程或客户价值实现的过程分为决策阶段、设计阶段、建造阶段、运营使用四大阶段。其中的设计阶段和建造阶段是建筑产品生产、有形化的实施阶段，也是建筑师和建筑业服务的核心阶段，因此也可把其前的投资决策阶段称为前期阶段，其后的运营使用阶段称为后期阶段。

建筑学服务是职业建筑师通过专业手段来满足业主空间环境需求的过程，因此其最重要的前提条件是定义需求和发现问题。前期阶段是项目立项和可行性研究的重要阶段，也是整个项目得以实现的起始阶段，必须解决建筑物产品的市场定位、特性描述等以确定项目的设计方向和产品特征，即项目“是什么，为什么（What，Why）”，为后续的设计、施工、运营解决“怎么做（How）”的前提条件。

在传统的建筑生产过程中，是以建筑产品 / 商品的生产为中心的定制 - 生产 - 销售的顺置模式，即业主在整合了土地、资金、需求（项目）、人才（开发商）之后，建立完整、强力的以建筑技术和组织支持之后，委托建筑师设计建筑产品，承包商完成建造生产，然后提供给业主或销售给用户，其后开始建筑项目的运营。在日益复杂和多变的市场环境中，这种全能全职的土地、资金、需求（项目）、人才（业主）均“万事俱备”的项目无疑是少数，职业的业主是投资者或使用者，而复杂、专业化的过程控制和结果保证则需要交由专业的经理人和专业机构来完成。同时，从成长市场的产品供应到现代成熟市场以客户为中心的价值创造的倒置模式，强调细分客户市场、发掘客户关注的产品价值、制订精准的建筑产品需求、创造良性的社会资产和实现投资效益的最大化。因此，在建筑产品设计、建造之前的调研、策划、确定产品规格、制订设计任务书等工作日益重要，我们统称之为前期或策划阶段（图 5-8）。

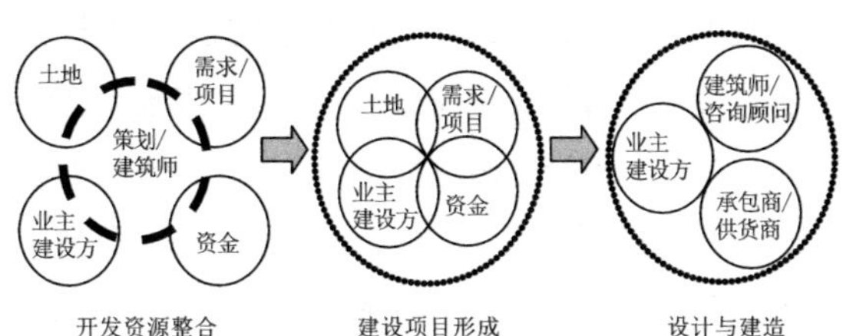

图 5-8　建筑师与建筑项目的形成：建筑师开始要整合土地、需求、资金和开发主体，形成项目，进而形成设计服务需求

在此阶段，针对业主明确的、和不甚明确的目标与条件，建筑师基于自身独特的知识结构、职业技能和工程经验，提供满足业主最大利益的策划提案。建筑师所独特知识技能经验和对城市规划、法规规范的熟悉，以及建筑师大量的类似案例的工作经验、对于空间环境和体量布局的创造力，是建造过程中任何其他一方所不能完整具备的。因此，在各国的建筑师服务程序中，前期部分虽然不是建筑师职业服务的组成部分，而又都包含在建筑师的服务范围或可选服务之内。

目前中国的建筑策划部分实际上是由三方完成的：投资咨询机构完成项目建议书和可行性研究报告（含各种专项评估和审批）；建筑师完成概念性方案和策划报告的技术部分，并协助完成各种行政手续；业主完成投资决策、项目计划和各种行政手续。

5.2.2　服务内容

策划阶段的工作主要是决定建筑开发目标和成果的定位工作，作为设计师的建筑师需要进行规划与建筑设计方面的可行性研究和多方案比较，对多种设计方案、建造实施方法、技术指标等提出建议，并确定法规和其他限制条件的影响。实际上包括正式方案设计之前的所有设计相关的工作。

主要包括市场调研、项目策划、规划设计、行政手续等工作：

1）市场调研

市场调研包括市场需求调研，用地环境调研，相似案例调研，细分市场调研（客户细分，市场定位，价值定位），建筑产品（商品）的定位和要素规格确定。成果为市场研究报告、产品定位报告等。需要实现对于建筑产品消费对象的有效锁定和客户价值的精准实现。分为：

（1）环境调查。对宏观经济环境和微观市场需求进行调查，划分商圈和基本客户群，了解空间消费者的基本构成、生活方式、需求与预期等，为后续分析提供支撑数据；

（2）市场细分。根据不同需要和偏好划分相对集中的空间消费群体；

（3）目标化（市场定位）。选择一个或几个细分市场作为本项目的目标客户群；

（4）定位（产品定位）。确立相应目标客户群的关键特征和客户价值，锁定最有效的建筑产品性能、规格特征。

进行市场细分的变量或依据很多，常用的有性别、年龄与世代、社会阶层、生活方式、价值观、地域、家庭生命周期等。为了保证市场细分的有效性，必须保证细分的可衡量性、市场容量足够大、差异性、可实施性等。由于不同时代和不同社会环境的影响，自然形成了不同人群之间纵向的“代沟”和横向的“文化差异”，时代和年代、家庭生命周期、核心价值观和生活方式、收入和社会阶层等因素形成了对建筑性能需求方式的族群 / 组群的外部的鲜明划分和内部的一致性，这是最重要的产品研发和生产依据，是建筑产品定位的基本依据。

建筑师的专业背景和经验，可以协助业主分析、评审调研成果，界定空间环境特征和技术条件；建筑师对未来设计、施工中可能出现的风险的把控，可以有效地预警空间、技术、法规、建造的风险，协助完成对建筑产品的市场定位及投资机会的分析。

2）项目策划

项目策划包括组织运营策划、资金收益策划、空间环境策划、技术法规策划。内容包括根据项目策划拟定的设计任务书和建筑物的主要规格指标，确定后续工作的目标和控制性指标，制订相应的进度计划，选定并组建胜任的设计咨询团队和运作团队，策定后续的组织、运营方式。成果包括选址意见书、项目建议书、项目可行性分析报告、计划进度等。

项目建议书和项目的可行性分析报告，主要解决项目的市场需求必要性、资源条件和技术方案可行性、产品规格的目标可控性、财务与进度的经济合理性，是进行项目评估和投资决策、融资贷款、主管部门审批、设计施工采购准备的依据。其基本内容包括：

（1）总论；

（2）投资环境与市场调研；

（3）场址选择与资源条件评价；

（4）规模体量与建筑产品规格策定；

（5）规划建筑方案比选；

（6）环境社会影响评价；

（7）项目实施进度计划；

（8）投资估算与资金筹措；

（9）财务评价；

（10）风险分析与防范；

（11）研究结论与建议；

（12）附件。

项目策划是在分析和调研既有项目的基础上的总结和合理推演，或是对需求的描述，但如果缺乏利用建筑新手段、新技术带来的技术创新和潜力挖掘，则无法超越现有的条件限制，一个富于想象力的空间策划或设计理念，将会为业主和项目带来意想不到的解答和超越。

咨询报告是上述成果的总结和集合：市场调研报告，项目建议书，可行性研究报告，方案咨询报告，或其他咨询报告（如设计任务书、工程进度计划、建造成本估算、用地勘查测量要求等）。对重要的成果文件，如项目建议书、可行性研究报告等要进行综合评审验证和多次的循环优化改进。在上述产品定位的基础上，通过专业的市场研究与投资机会分析、投资估算与资金流分析、规划和建筑可能性分析，在概念设计（概念性咨询方案）的基础上形成一个完整的产品设定和分析，明确用地、资金、市场、开发主体等项目要素，确保项目的成本、进度、质量和收益（图 5-9、图 5-10）。

3）规划设计（概念规划、概念方案）

概念性设计是在现有的城市规划和未来的建筑设计之间确定衔接的条件和区域或建筑群的控制性指标，在城市总体规划、区域城市设计或控制性详细规划的基础上完善城市规划的控制要求并细化指标，在建筑法规和技术支撑的条件下将规划条件和技术指标具体化为可开发建设的建筑或建筑群，核算该用地、该项目的主要技术经济指标，核查法规、规范、标准、规划等限定性条件，用以指导该区域的建筑工程设计和施工。成果包括修建性详细规划设计（含建筑总平面图和场地布置、主要技术经济指标），控制性详细规划或城市设计的调整意见和提案，概念性建筑设计方案等。

修建性详细规划（总图设计、场地布置）应包含：

（1）规划设计说明书——建设条件、现状环境分析，各专业规划设计说明，综合技术经济指标等；

（2）总平面图（比例为 1/2000：1/500，含建筑物的性质、层数、高度、入口等）及主要经济技术指标（总用地面积、总建筑面积、建筑容积率、密度、高度、绿地率、停车数等）；

（3）功能结构规划图（图纸比例同上）；

（4）道路交通规划图（图纸比例同上）；

（5）绿地景观规划图（图纸比例同上）；

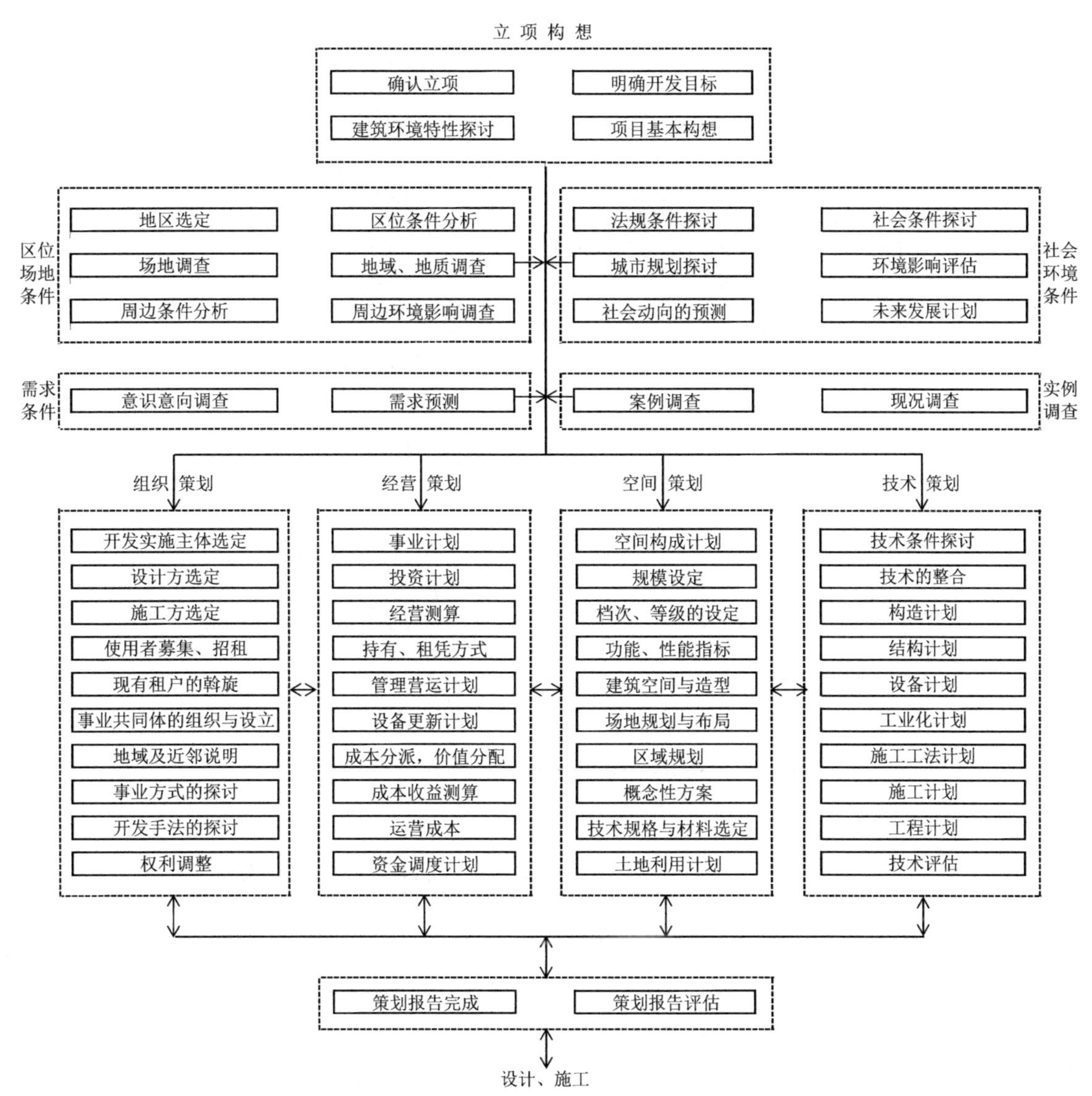

图 5-9　建筑策划包括组织、经营、空间、技术的策划

（6）竖向规划图（图纸比例同上）;

（7）工程管线综合规划图（图纸比例同上）;

* 工程量及投资估算（* 表示此项为需根据协议附加的服务内容）;

* 建筑物的外观形象和街区整体效果表现图;

* 环境影响、交通影响等评估报告。

概念设计是在上述调研和分析的基础上完成符合规划设计条件、法规规范要求、满足业主利益最大化的规划和建筑手段上的可能性，即概要性空间解决方案（概念性咨询方案）。主要包括设计概念、总图布局、功能分区、空间体量、交通流线、环境设计、技术经济指标、开发进度计划、建议的咨询顾问团队、技术要点和难点等。主要是为了得出可实施操作的建筑空间体量和环境特征，以便进行经济测算、项目评估、设计招标。

概念性建筑设计方案的内容详见下章中的方案设计，包括:

（1）总平面图及主要技术经济指标;

（2）现状环境、功能布局、道路交通、景观绿化、分期建设等的分析;

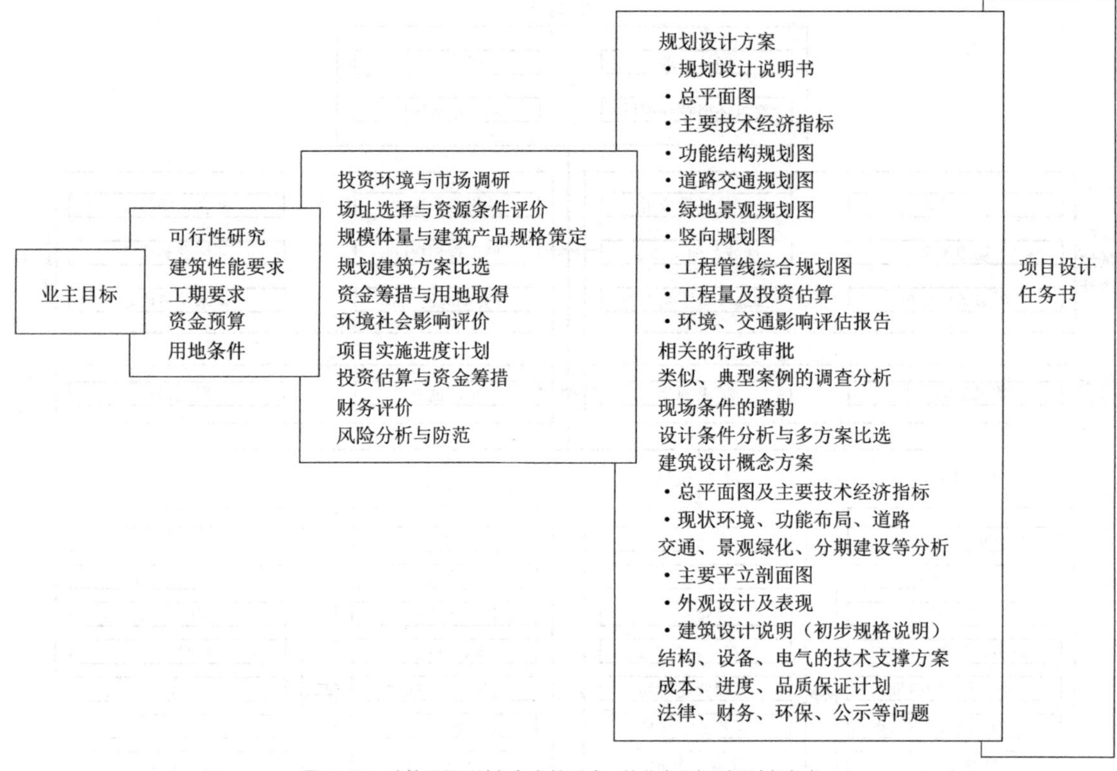

图 5-10 建筑项目设计任务书的形成：从业主目标到设计任务书

（3）主要平、立、剖面图；

（4）建筑外观设计及表现；

（5）建筑设计说明（设计理念及概要的建筑产品规格说明）；

（6）结构、设备、电气的技术支撑方案的简要说明。

4）行政手续

行政手续——业主完成报批手续所需的规划建筑方面的文件资料，建筑师可协助业主及其委托的顾问咨询机构完成相应的报批文件，协助业主取得项目立项手续、建设用地手续、规划条件手续（土地证，建设用地规划许可证，规划意见书），以及周边环境及限定性条件的评估（规划、交通、环境保护、文物保护、城市风貌、防灾、社会稳定性等）。

5.3 阶段 2：方案设计

5.3.1 工作概要

设计服务的过程就是一个以满足业主需求为目标、采用适用的技术手段、提供全面解决方案的过程，也可以看成是一个从需求确认、规格明确、技术经济指标翻译和空间造型确定的产品设计过程，是一个循环迭代、不断深化、渐进明细的过程。建筑设计阶段一般可以分为方案设计（也可在其前加上概念设计、可在其后加上方案深化）、初步设计（可在其后加上扩大初步设计）、施工图则（可在其前加上招标图则）三个大的阶段，分别完成对建筑功能体量、各专业技术手段、建筑材料产品信息的整合，以便验证和决策。

方案设计是建筑设计的原型设计，是将业主需求、资源条件、技术法规、品质要求等综合地体现到建筑中并利用虚拟现实手段，第一次完整地呈现给业主的过程。应在与业主充分交流的基础上，明确建筑设计的理念和创意，确定项目的基本参数和布局，明确环境、功能和空间的布局和环境的整体形象，测算项目的费用和进度计划，绘制能够反映建筑项目性质与特点的总平面图、建筑方案的平立剖面图等，以及利用模型、效果图、多媒体等虚拟现实手段表现建筑与环境的形象。同时，通过与其他专业和相关咨询顾问机构的配合，初步确定结构布置和机电系统方案。方案设计的成果文件应满足行政主管部门审批的要求，并满足编制初步设计文件和控制概算的需要，以便业主进行设计评审、造价估算、确定建筑的主要性能标准和材料的要求。

方案设计按照设计深度要求和组织方式的不同也可细分为三个阶段：概念性方案设计（方案前期咨询设计）、方案设计（包括方案投标设计）、方案深化设计（包括方案行政审批）（图 5-11）。

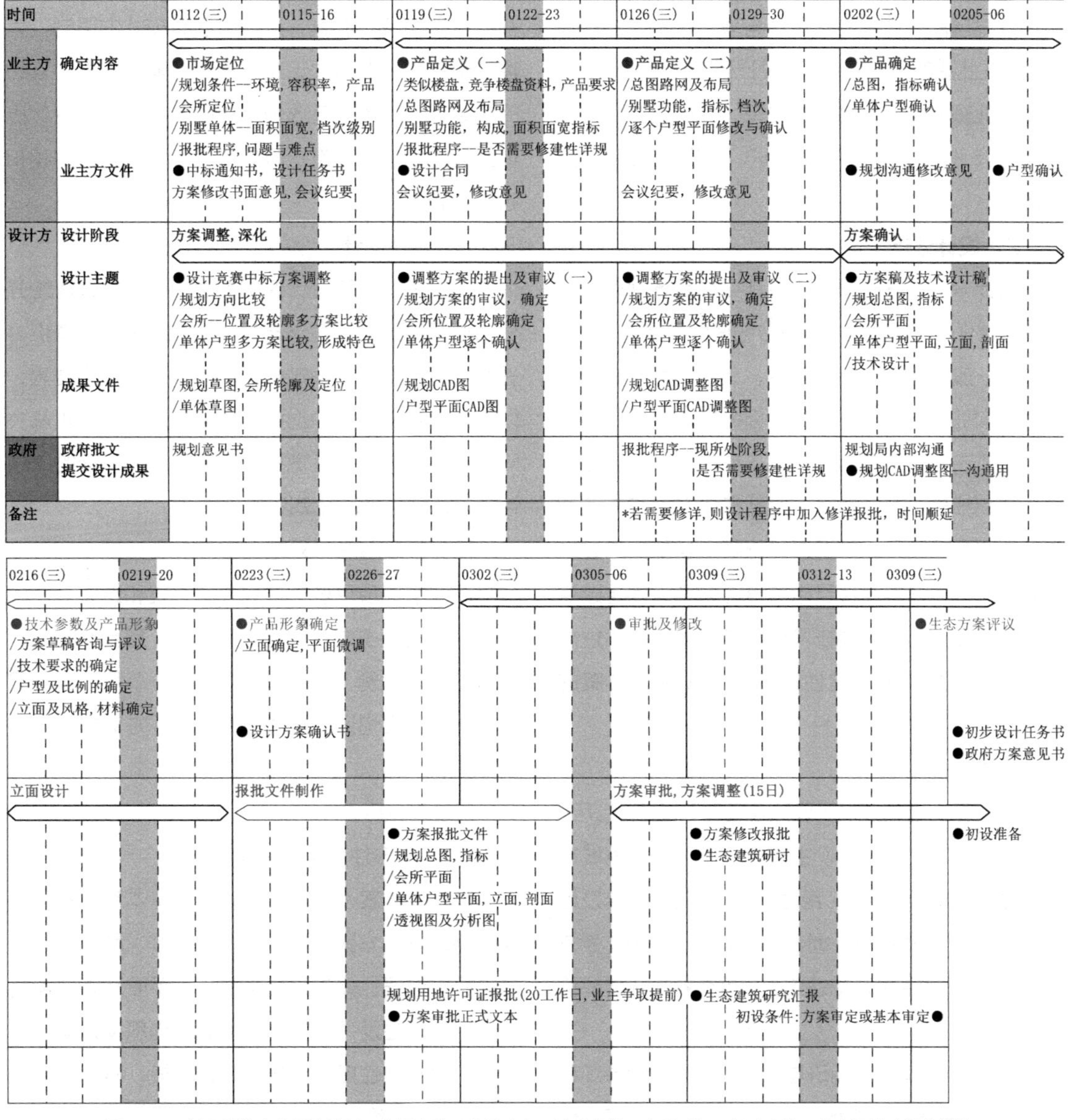

图 5-11　某项目的方案设计计划：市场定位—产品定义—技术参数—产品形象—行政审批—生态等特殊技术措施

5.3.2 服务内容

方案设计包括项目评审、设计分析、方案设计、行政审批等几项工作。

1）项目评审

项目评审——对项目、业主、设计机构的资源条件等进行商务和技术上的评估，进行设计团队的组建和设计资源的准备，签订设计服务合同。

本阶段目标主要是项目与业主（客户）的信息进行收集与审核，并结合设计机构的自身资源条件和企业发展战略，决定是否参与项目和资源的投入程度，在此基础上决定基本的设计目标和团队组建，以及专业顾问等设计资源的准备，并向业主提交设计服务计划书，签订服务合同，为设计服务做好准备。

2）设计分析

设计分析是分析项目的设计目标和场地条件，图解设计任务书，明确主要参数和设计要点。

在一般的建筑设计服务中，从本阶段开始建筑师正式向业主提供设计服务，因此在这一阶段中，建筑师应充分利用专业知识和工作经验，对业主已有的策划报告、设计要求、设计任务书进行专业评审，并踏勘现场，调研规划等行政主管部门的要求及限制条件，分析设计目标与资源条件，确定建筑产品的总体布局、主要技术经济指标、空间和性能的主要参数，完成修建性详细规划和建筑方案的设计。

具体步骤包括：

（1）设计基础资料（设计与条件）收集。包括：工程项目批准文件；建设主管部门意见（有关城市规划要求、位置红线图、用地文件）；选址报告及地形图；工程所在地气象、地质资料；设计标书（委托书）；建设场地周围市政道路、管网资料、环境评价资料等。

（2）类似案例的调研与参观。包括实物参观和资料调研两个部分。通过对功能、定位、规模、环境等相近的近邻、类似、典型实例和案例的分析，对最终建筑产品的形式、空间感受、技术设备、服务系统、使用后评价等进行调研和分析。

（3）任务书及设计分析。包括场地条件与法规分析、典例类例与竞争分析、功能布局与流线分析、空间体量与造型分析，还可以包括表皮材料分析、造价控制分析、工期控制分析、产品规格的技术经济分析、生态设计与技术等扩展性的分析，为业主的决策提供依据。

分析是设计的基础，良好的分析能够挖掘出潜在的条件和设计要素，以突破固有模式的限制，为建筑师与业主取得共识和展现专业素质提供了互动的重要平台，也为高效地解决问题和原创性设计提供坚实的基础——设计灵感来源于对问题的洞察和独特的解决方案。

3）方案设计

在方案试做和设计评审的循环中，通过理性分析和逻辑推理，在建筑产品的功能、法规、造价、进度等限制条件中确定建筑物的功能和形态要素，以及技术解决方案的纲要，并通过洞察问题和解决问题的“灵感”与直觉样式，构成建筑设计的原创性形态，完成建筑方案设计。

设计就是着眼于对项目的内外资源的发掘，最大限度地实现项目价值最大化的过程和结果。在此过程中应进行多方案的比较和分析，整合和优化，并通过类似案例、实体或数字模型、草图和分析图等方式与业主沟通，与业主共同完成方案的优选和整合过程。

其过程包括：

（1）概念性方案的生成

概念性方案设计与方案设计的基本程序相同，也要经过一个方案生成、多方案比较、最终方案完成的循环过程：体量组合及分析；平面及竖向构成的各种可能性及评价表；整体概念构思及方向性概念；几种方向性探讨草模及分析草模；根据各专业技术领域的评价。

根据上述调研，通过组织协调各行业专家及业主进行头脑风暴式（Brain-Storm）讨论，根据各种条件及探讨方向确定各种可能的解决问题的提案，并进行一定的深化和发展，完成相应的概念性方案，确定方案的设计理念、主要技术经济指标、优势和劣势、未来发展的可能性、产品形态和特征（“亮点”与“卖点”）、主要解决方案和技术措施的概要等。

（2）多方案的专业评审，确定设计方向和概念

多方案的比较和优化是建筑方案设计阶段最重要的课题，通过多方案的必选，确定最符合项目意图、最充分利用资源条件、最富有创意的解决问题的提案，确定最优化和最有发展潜力的设计方向和设计概念。因此在实际操作中，业主可以通过多家设计机构设计竞赛的方式或同一设计机构多个提案的方式，对设计条件和目标进行充分的理解和交流，以获得一个最优的设计方案的决策，为后续的设计深化和建造实施提供最优的方向。

基于建筑性能要求和资源条件的设计，是立足于此时此地和个人意志的唯一解决方案，因此充分发掘设计的限定性条件和深刻理解各种需求的内在逻辑，实际就是在设立求解最佳解决方案的联立方程式，足够多的限定条件才能确定足够多的设计参数，才能在剔出预设的成见之后获得原创的基础，才能在建筑师或业主偏好的选择中获得方案成长的根基和解答的土壤，才能保证日后设计推演的根深叶茂。

（3）最终方案的优化提出与评审

确定的拟投标方案的设计图纸、文字说明、主要技术经济指标，各专业设计方案说明及需要研究解决的问题。对最终优化的方案进行各专业的联合评审，检查方案是否满足招标书（委托书）要求，各专业是否存在技术问题，创意是否新颖，设计概念是否符合项目定位。

建筑行政审批 / 报建前应进行有效的政府沟通，提高报建效率。同时注意关注未来设计深化可能出现的风险，与市政、人防、电力、绿化等部门进行必要的提前沟通。建筑师作为项目设计组和咨询团队的负责人，应有效地组织设计评审和验证等工作，确定例会交流制度。并对业主需要特殊聘请的专业咨询团队提出建议。

（4）方案深化和设计成果的制作

对概念方案进行深化落实，利用更大比尺、更准确的工作草图、工作模型，推敲平面和造型的每一个细节，把方案落实、深入到最终方案深度。

通过图文并茂的设计说明、设计图纸填色、彩色分析图、意象图片等方式对设计概念和成果进行说明，并编制包含上述设计说明、图纸、表现的设计说明图册。

为了清晰说明设计意图而采用必要的彩色、三维、动态的表现方式。常用的方式有三维模型渲染的效果图、实体模型、动画及多媒体演示等。由于表现成果的手段多样且一般需要建筑师进行外包且成本较高，因此应在合同中明确约定表现的方式和数量，并防止过度表现以节约资源。方案设计阶段受各种因素影响，设计表现和包装的要求往往高于预期，因此在合同中应有明确的约定和超额部分的计算方法。

4）行政审批

行政审批是协助业主完成相应的行政审批手续，通过与政府的沟通了解城市规划等主管机关的各种要求和限制性条件，并制作完整的报批文件、送审并修改文件，以满足行政审批的要求。方案设计报批的目标是取得建设用地规划许可证，需要界定建设项目的总图布局、规模、用途、主要经济技术指标、建筑与环境造型并满足城市规划条件和行政主管部门的要求（图 5-12、图 5-13）。

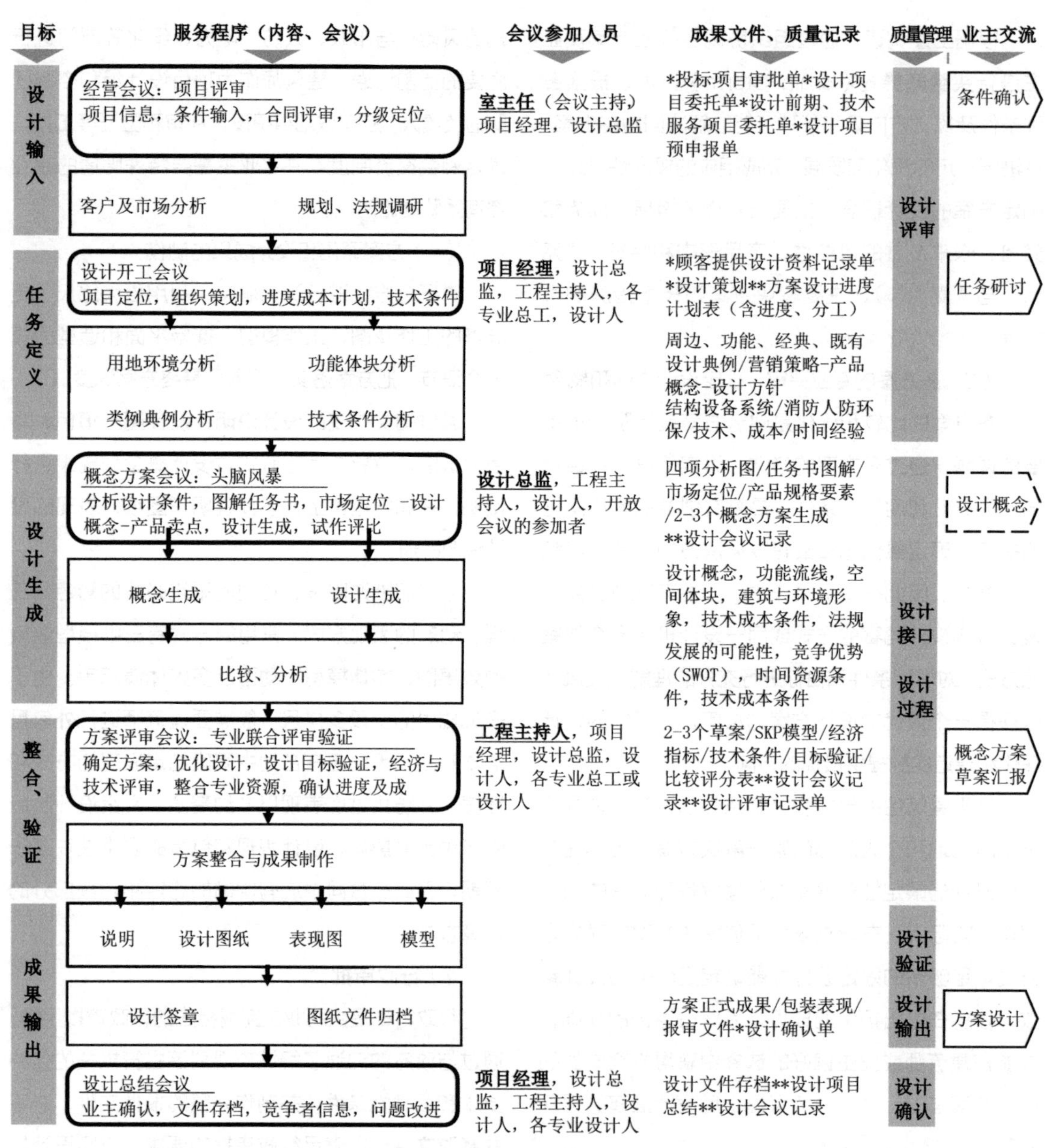

图5-12　方案设计流程图

5.4　阶段 3：初步设计

5.4.1　工作概要

初步设计是位于方案设计和施工图则之间的设计中间阶段或承上启下的阶段，这个阶段不但包括设计的深化和优化，以及设计技术条件和业主要求的综合，是一个从建筑专业为主扩展到各个专业协作、从功能、体量的概要性提案发展到综合性技术解决方案的过程，因此，也被称为“初步设计”“技术设计”“扩大初步技术设计”“深化设计”“设计发展”等。在方案设计确定的功能组织、空间形态的基础上，建筑专业与结构、机电、经济专业相互配合，提出基本的技术规格和技术措施（结构、设备、电气、概算等），论证性能上的适用性、技术上的可行性、

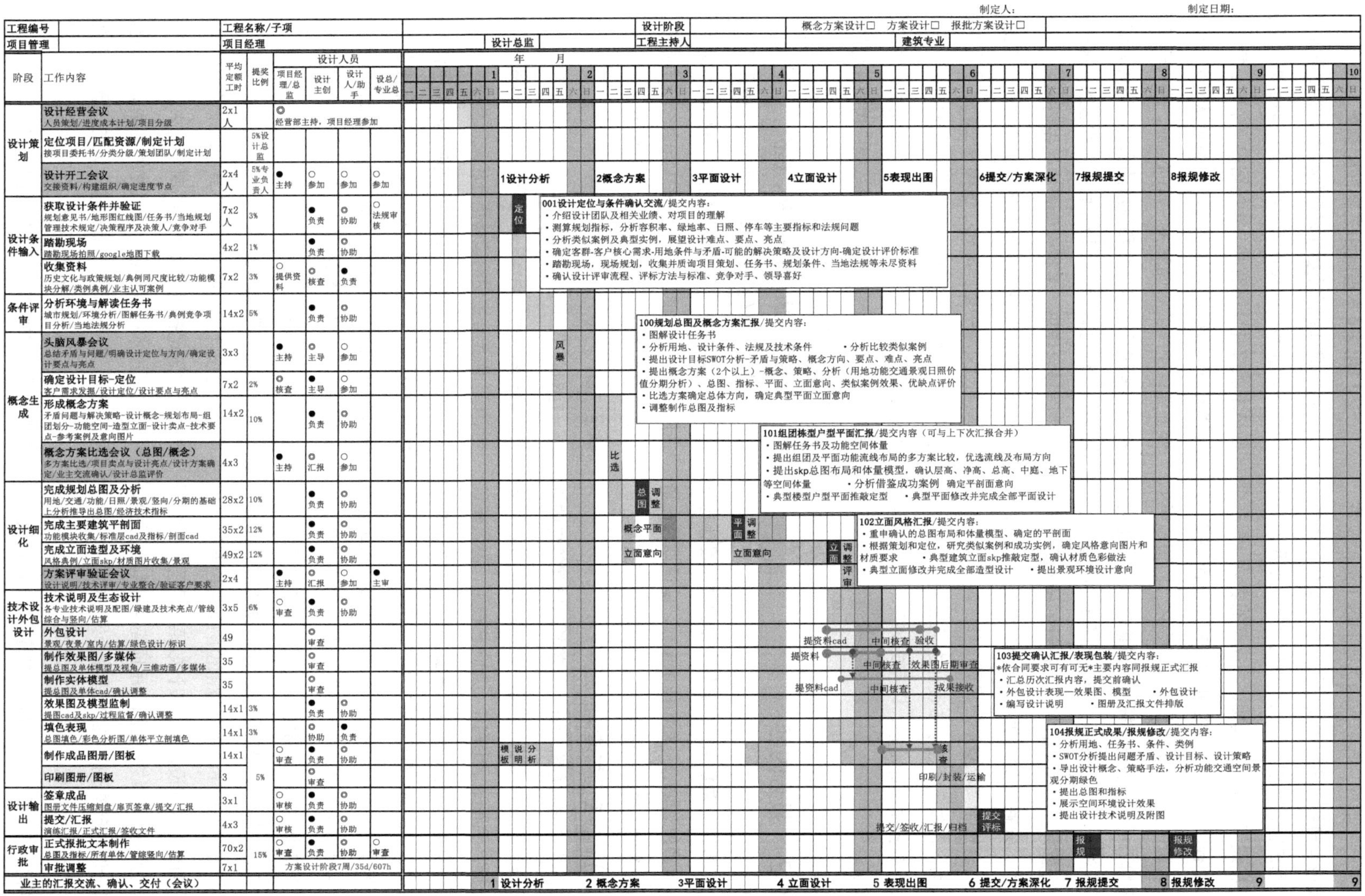

制定人：　　　　制定日期：

工程编号		工程名称/子项		设计阶段	概念方案设计□　方案设计□　报批方案设计□
项目管理		项目经理	设计总监	工程主持人	建筑专业

阶段	工作内容	平均定额工时	提奖比例	设计人员：项目经理/总监	设计人员：设计主创	设计人员：设计人/助手	设计人员：设总/专业总
设计策划	**设计经营会议** 人员策划/进度成本计划/项目分级	2x1人		◎ 经营部主持，项目经理参加			
	定位项目/匹配资源/制定计划 接项目委托书/分类分级/策划团队/制定计划		5%设计总监				
	设计开工会议 交接资料/构建组织/确定进度节点	2x4人	5%专业负责人	● 主持	○ 参加	○ 参加	○ 参加
设计条件输入	**获取设计条件并验证** 规划意见书/地形图红线图/任务书/当地规划管理技术规定/决策程序及决策人/竞争对手	7x2人	3%		● 负责	◎ 协助	○ 法规审核
	踏勘现场 踏勘现场拍照/google地图下载	4x2	1%		● 负责	◎ 协助	
	收集资料 历史文化与政策规划/典例同尺度比较/功能模块分解/类例典例/业主认可案例	7x2	3%	○ 提供资料	◎ 核查	● 负责	
条件评审	**分析环境与解读任务书** 城市规划/环境分析/图解任务书/典例竞争项目分析/当地法规分析	14x2	5%		● 负责	◎ 协助	
概念生成	**头脑风暴会议** 总结矛盾与问题/明确设计定位与方向/确定设计要点与亮点	3x3		● 主持	◎ 主导	○ 参加	
	确定设计目标-定位 客户需求发掘/设计定位/设计要点与亮点	7x2	2%	◎ 核查	● 主导	○ 参加	
	形成概念方案 矛盾问题与解决策略-设计概念-规划布局-组团划分-功能空间-造型立面-设计卖点-技术要点-参考案例及意向图片	14x2	10%		● 负责	◎ 协助	
	概念方案比选会议（总图/概念） 多方案比选/项目卖点与设计亮点/设计方案确定/业主交流确认/设计总监评价	4x3		● 主持	◎ 汇报	○ 参加	
设计细化	**完成规划总图及分析** 用地/交通/功能/日照/景观/竖向/分期的基础上分析推导出总图/经济技术指标	28x2	10%		● 负责	◎ 协助	
	完成主要建筑平剖面 功能模块收集/标准层cad及指标/剖面cad	35x2	12%		● 负责	◎ 协助	
	完成立面造型及环境 风格典例/立面skp/材质图片收集/景观	49x2	12%		● 负责	◎ 协助	
	方案评审验证会议 设计说明/技术评审/专业整合/验证客户要求	2x4		● 主持	◎ 汇报	○ 参加	● 主审
技术设计外包设计	**技术说明及生态设计** 各专业技术说明及配图/绿建及技术亮点/管线综合与竖向/估算	3x5	6%	○ 审查	● 负责	◎ 协助	
	外包设计 景观/夜景/室内/估算/绿色设计/标识	49			◎ 审查		
	制作效果图/多媒体 提总图及单体模型及视角/三维动画/多媒体	35			◎ 审查		
	制作实体模型 提总图及单体cad/确认调整	35			◎ 审查		
	效果图及模型监制 提图cad及skp/过程监督/确认调整	14x1	3%		● 负责	◎ 协助	
	填色表现 总图填色/彩色分析图/单体平立剖填色	14x1	3%		◎ 协助	● 负责	
	制作成品图册/图板	14x1	5%	○ 审查	● 负责	◎ 协助	
	印刷图册/图板	3			◎ 审查		
设计输出	**签章成品** 图册文件压缩刻盘/扉页签章/提交/汇报	3x1		○ 审核	● 负责	◎ 协助	
	提交/汇报 演练汇报/正式汇报/签收文件	4x3		○ 审核	● 负责	◎ 协助	
行政审批	**正式报批文本制作** 总图及指标/所有单体/管综竖向/估算	70x2	15%	○ 审查	● 负责	◎ 协助	○ 审查
	审批调整	7x1		方案设计阶段7周/35d/607h			
业主的汇报交流、确认、交付（会议）							

进度表：年　月

周	1	2	3	4	5	6	7	8	9	10
日	一 二 三 四 五 六 日	一 二 三 四 五 六 日	一 二 三 四 五 六 日	一 二 三 四 五 六 日	一 二 三 四 五 六 日	一 二 三 四 五 六 日	一 二 三 四 五 六 日	一 二 三 四 五 六 日	一 二 三 四 五 六 日	一 二 三 四 五 六 日

1设计分析　2概念方案　3平面设计　4立面设计　5表现出图　6提交/方案深化　7报规提交　8报规修改

定位　风暴　比选　总图　调整　概念平面　平面　调整　立面意向　立面意向　立面　调整　评审

001设计定位与条件确认交流/提交内容：
- 介绍设计团队及相关业绩、对项目的理解
- 测算规划指标，分析容积率、绿地率、日照、停车等主要指标和法规问题
- 分析类似案例及典型实例，展望设计难点、要点、亮点
- 确定客群-客户核心需求-用地条件与矛盾-可能的解决策略及设计方向-确定设计评价标准
- 踏勘现场，现场规划，收集并质询项目策划、任务书、规划条件、当地法规等未尽资料
- 确认设计评审流程、评标方法与标准、竞争对手、领导喜好

100规划总图及概念方案汇报/提交内容：
- 图解设计任务书
- 分析用地、设计条件、法规及技术条件　・分析比较类似案例
- 提出设计目标SWOT分析-矛盾与策略、概念方向、要点、难点、亮点
- 提出概念方案（2个以上）-概念、策略、分析（用地功能交通景观日照价值分期分析）、总图、指标、平面、立面意向、类似案例效果、优缺点评价
- 比选方案确定总体方向，确定典型平面立面意向
- 调整制作总图及指标

101组团栋型户型平面汇报/提交内容（可与上下次汇报合并）
- 图解任务书及功能空间体量
- 提出组团及平面功能流线布局的多方案比较，优选流线及布局方向
- 提出skp总图布局和体量模型，确认层高、净高、总高、中庭、地下等空间体量　・分析借鉴成功案例　确定平剖面意向
- 典型楼型户型平面推敲定型　・典型平面修改并完成全部平面设计

102立面风格汇报/提交内容：
- 重申确认的总图布局和体量模型、确定的平剖面
- 根据策划和定位，研究类似案例和成功实例，确定风格意向图片和材质要求　・典型建筑立面skp推敲定型，确认材质色彩做法
- 典型立面修改并完成全部造型设计　・提出景观环境设计意向

提资料cad　中间核查　验收
提资料　中间核查　效果图后期审查
提资料cad　中间核查　成果接收
模板　说明　分析　核查
印刷/封装/运输
提交/签收/汇报/归档　提交评标

103提交确认汇报/表现包装/提交内容：
*依合同要求可有可无*主要内容同报规正式汇报
- 汇总历次汇报内容，提交前确认
- 外包设计表现—效果图、模型　・外包设计
- 编写设计说明　・图册及汇报文件排版

104报规正式成果/报规修改/提交内容：
- 分析用地、任务书、条件、类例
- SWOT分析提出问题矛盾、设计目标、设计策略
- 导出设计概念、策略手法，分析功能交通空间景观分期绿色
- 提出总图和指标
- 展示空间环境设计效果
- 提出设计技术说明及附图

报规　报规修改

1 设计分析　2 概念方案　3平面设计　4 立面设计　5 表现出图　6 提交/方案深化　7 报规提交　8 报规修改　9　9

图 5-13　方案设计任务包与进度、成本计划

经济上的合理性。同时应满足编制施工招标文件、主要设备材料订货和编制施工图设计文件的需要，并应通过行政管理部门的审查批准。这既是对设计理念和建筑提案的更确切、更完整的表达，是各个设计指标和性能要求得以实现的技术设计保障，为下一阶段的施工文件（施工文件是依此阶段成果的细化和工程化）的设计提供了准确的条件，也为业主的投资控制、设备采购和施工准备提供了基础。

在实际操作中有时将初步设计的技术设计与深化工作，分解到方案的深化和施工图则的条件评审中。而在技术要求复杂的建筑设计（如医院、航站楼）中，往往还要在初步设计之后加上一个扩大初步设计或技术设计阶段，以完成对技术条件的准备和确认。

5.4.2 服务内容

初步设计需要完成建筑物主要的技术设计与整合、明确建筑物的空间和技术参数、保证项目在资源限制条件下的可实施性。它包含以下几项工作：

1）确定空间与造型的主要尺寸

深化并细化方案设计，完善并确定建筑物的空间与造型的主要尺寸。如总平面的定位尺寸、标高与坐标，平面图（比例 1：200 左右），各层建筑面积，剖面与立面的层高、净高、总高，并为消防、无障碍等法规要求保证足够的空间与尺寸，等等。

为实现方案设计的效果，在初步设计阶段还需要进一步探讨外观与环境的设计及其实现手段。如建筑外表面的造型、做法、尺寸、相应的材料与做法的比选，室内公共空间的设计与主要控制性指标，室内、走廊、地下室等关键部位的高度控制等。相应的图纸为细部设计图，设计效果表现图，外檐剖面与立面图，管线综合图，吊顶高度控制剖面图。此部分的内容属于扩大初步设计 / 设计发展的内容，较为繁杂，可根据设计的复杂程度和设计控制要求提供相应的服务，并需要与业主签订相关的协议。

2）明确技术措施和主要性能参数

完成建筑物的主要技术措施和参数的调研探讨，明确各专业条件的技术措施和主要性能参数，整合各技术系统并预留空间、管线路由等条件。特别需要建筑师与各专业工程师、咨询顾问团队密切合作，保证建筑空间的全面解决方案的生成，应对建筑物各个方面进行技术路线和参数的探讨，不应有漏项和缺失，但可有完成度和先后顺序的区别，优先保证主要技术措施、关键性要素的优先细化。应严格执行设计实施步骤和成果要求，促使设计在业主和建筑师的交流中逐步深化，使得业主的各项需求在合理、高效的技术支持中得以指标化和可行化。因此除了设计图纸之外，重要的各个系统的研究和比选是保证项目经济可行的重要依据，需要充分的沟通、考察、比选。

3）控制品质、技术规格、造价

通过设计优化和材料必选完成设计概算及建筑造价的总体控制，完成设计概算，并确认可满足业主投资和运营的要求。造价的控制与各个技术参数、空间尺寸有着密切的关系，是本阶段进行产品规格确定的重要内容。

在对各个重要的材料、做法、部品、设备等进行必选的基础上，明确主要材料设备的技术参数和控制指标，满足业主材料设备招标和采购准备的要求。如电梯、幕墙、材料、机电系统的招标和商务谈判的技术文件，并完成主要材料和设备的产品技术规格书或初步技术规格书（Outline Specifications）。这部分为可选的建筑师服务项目，需业主在标准服务之外签订相关协议予以明确。

4）完成行政审批

上述设计满足城市规划及其他城市管理部门的要求，并满足各类报批文件的深度要求。由于在此阶段各项技术得以整合，建筑物的主体形体固定，所以我国一般在此阶段完成消防、人防、绿化、卫生、环保、新材料等的报批手续，而国外多以此阶段作为建筑设计审批的唯一环节（图 5-14）。

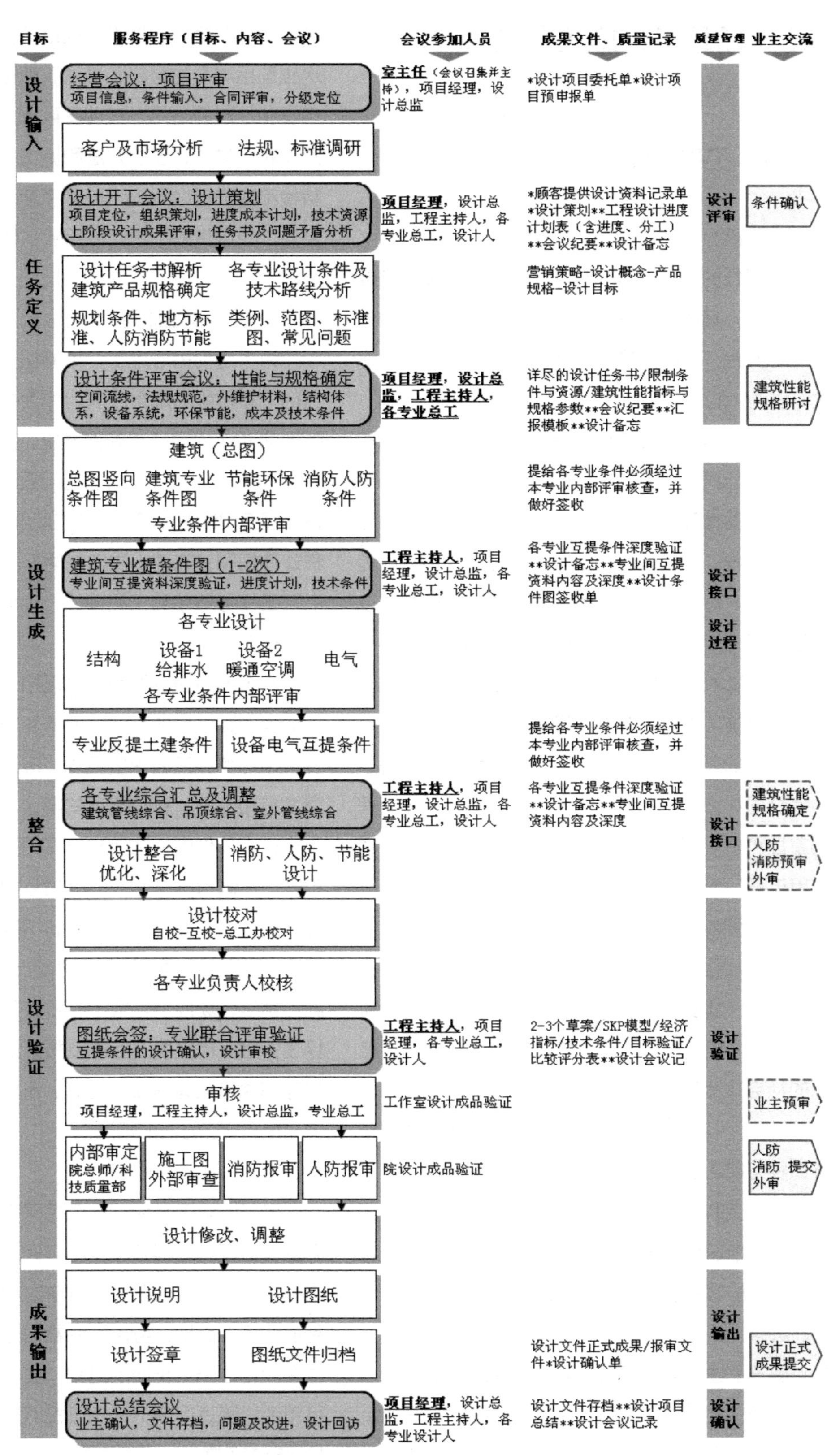

图 5-14　初步设计阶段的建筑服务质量控制流程

5.5 阶段 4：施工图文件

5.5.1 工作概要

本阶段为建筑师的设计服务阶段的最后一步。在我国现行的建筑师执业制度中建筑师只负责完成设计阶段，其后的建造阶段建筑师仅提供后期服务和工地配合。本阶段是建造施工之前的设计文件深化、协调、汇总的最后阶段，应编制出完整、准确、详细的用于指导施工文件，是下一步工程招投标的依据、实际建造施工的虚拟模型和预先计划（二维或三维的图像及其文字说明），也是精确计算工程造价、指导施工和验收的依据。本阶段成果必须提供完整的、可实施的建筑解决方案建筑物蓝图，以工程图纸（施工图，construction drawings）和文字说明（技术规格书 specifications）的成果形式，达到指导施工过程和非标准设备制作和施工、满足材料设备的采购与工程招标、进行工地合同管理、仲裁合同纠纷、执行竣工验收、满足城市行政管理的审批和执行依据的要求，并应注明建设工程合理使用年限，是一份严肃而精准的合同文件。

施工图则（施工图文件）的编制原则为：

（1）恰当性原则

建筑师及设计机构就具有编制施工文件的垄断性地位，并担负着保障建筑物成为坚固、适用、美观的社会正资产的责任和义务（liability）。反之，建筑师作为设计服务的垄断性负责人，建筑师及其咨询顾问团队必须具有相应的专业技术能力、经验和谨慎负责的职业精神，完成正式的执业资格认证（建筑师的职业教育、考试、注册、在职培训），通过正式的签章承担责任（包括经济责任、行政责任、法律责任）。

由于上述原因，建筑师需要对建筑产品负责，因此需要在设计中特别强调建筑物的坚固、适用、美观：首先满足保护生命安全的防灾要求（防火、防震、防跌等）和法规、规范等的强制性要求；其次应选用成熟的材料和做法，保证建筑物的质量的牢靠和性能的适用；在此基础上进行设计和技术上的创新，材料、连接方法和施工方法应经过使用经验检验或进行必要的试验，谨慎地取得创新性与安全性、经济性的平衡，并给业主进行充分的比选和说明。

（2）准确性原则

为了达到指导施工、控制质量、成本和工期的目的，本阶段的成果应满足作为招投标依据和验收标准的法律依据的精确性要求，应具有足够深度，并能预见施工中可能出现的问题。施工文件应包括设计图纸和详细说明，即施工图纸和技术规格书（或称建造细则，施工图详细说明，specifications），以及工程量清单和工程预算，我们统称之为施工图则或施工文件。

施工图则的图纸和技术规格书应该精确描述最后成型的建筑物的整体、设备和部件，达到各专业设备采购和施工的深度要求，应该与其后进行的合同发包和合同执行有高度的契合度，最后完成的效果应在本文件的描述和建筑师的预期之内。因此图示表达应服从于文字表达，尺寸数据和说明文字具有优先权；应具有足够深度，不但要准确控制合同报价，而且要能预见施工中可能出现的问题（工序、施工精度、场地条件等）；所有尺寸均应有唯一的标注，且互相交圈，互相支持，防止矛盾和歧义；所有部件均应有材质、色彩、尺寸、表面处理、分格间距、施工方法的标注。

（3）完整性原则

完整的施工文件不但包括建筑师的施工图则，而且包括顾问工程师和其他咨询顾问的施工图则，所有合同文件应该在合同发包之前编制完成并通过各项评审、验证，与保证完整性与一致性。但由于建造毕竟是一个长期的过程，在一个精心策划的项目和合同管理框架下，也可按照施工的顺序分期分步提交施工文件。

由于建筑物整体是由各种材料组合成部件、设备，在装配施工形成的一个整体，建筑师和承包商负责的是将施工承包合同部分所涉及的内容，而采购合同所设计的部件、设备的设计、加工制造则是由相应的部件、设备厂商负责的，建筑师和承包商对产品的定型和选用督责，但其设计和加工并不包含在建筑合同的范围之内。因此，这部分部件、设备的设计被称为厂商设计或加工图（shop drawing），不在建筑师编制的施工文件的范围之内，是厂商加工和施工的重要依据，并保证与建筑师的整体设计意图一致，因此一般是在施工过程中通过建筑师的审查和确认后才能实施。

（4）效率性原则

施工图则的编制方式和形式，与业主的施工承包发包方式和设备材料的采购方式有关。针对不同合同形式来界定施工图纸和建造细则文件的组成和形式。在满足上述精确性原则的前提下，由于项目不同、承包方不同、发包时间不同，事实上施工图呈现出多种形式。任何施工图则都是模拟建成建筑物的一个模型。既是模型和虚拟的建造，是一个虚拟建造的平面投影文件，它的使命就是完成招标采购和支持建造完成。承包商多年的建设施工经验、行业的惯例和常识、建造过程中各方有效的沟通，都能够有效地支持合同的运行，因此，只要不妨碍施工合同的顺利进行和不产生歧义的细节可以不画或简化。建筑师应该满足效率原则，用最少的图则和最短的时间完成施工文件，节约资源，关注完成建筑物的质量控制，力争达到完善性和效率性一个最佳平衡。

5.5.2　服务内容

施工图则的设计需要完成建筑物的全面设计，明确建筑物的所有空间和技术参数，整合各材料、部品、设备形成完整的、可实施的、可控制的系统，保证建筑产品在下一阶段的建造施工中的实现。

在初步设计对建筑空间和材料、部品确认的基础上，调整各部分的尺寸与细节设计，以整合全部材料、设备和技术系统，确定建筑物的空间与造型的全部材料、做法、尺寸和细部。因此，施工图文件既包括用图纸形式定位的空间关系和尺寸，也包括以文字形式描述的做法说明和产品规格。例如，建筑专业的总平面图、平立剖面图、展开图、节点大样图等图纸，以及说明材料、造法、工序、标准的建造细则。

它包括以下几项工作：

1）确定建筑物的全部空间尺寸和节点细部——施工图纸

建筑施工图文件的设计应准确、完整地传递设计意图和信息，将方案设计和初步设计的成果扩展成完整的施工指导文件和产品性能规格，满足下一步工程招标、指导施工、验收建筑物产品的目的。

施工图文件应着重说明、表现以下几个问题：① 建筑物结构－设备－构造－饰面系统的建造装配逻辑关系、尺寸、材质；② 建筑专业与其他专业、其他咨询设计部分的技术配合、接口关系；③ 为达到上述目的，清晰、简明、系统地交流设计信息而必要的说明、排版、标注、编目、索引的文字及图示。施工图文件作为信息传达的手段，重点应集中在各个专业的技术配合和协调，防止设计中的错、漏、碰、缺，防止信息错误、冗余和图面美化为重的倾向。

一般施工图文件的设计分为以下几个系统以方便图纸表达和系统化理解，包括从系统到局部到大样详图的逐层放大表达，也包含图纸投影和文字表格等描述：

（1）场地及定位系统。包括场地设计（总平面图），场地内市政设计，环境景观设计，轴线定位网格系统；

（2）地下停车及站房系统。包括地下室、设备站房、停车设施等设计；

（3）空间系统。包括平面、剖面、管廊走廊等部分的设计，室内设计，典型单元（住宅、酒店、医院等）设计，厨房卫生间等特殊功能房间设计；

（4）外表皮及立面系统。包括立面设计，门窗及幕墙设计，外表皮（外墙、外檐）详细设计，屋面及遮阳系统设计；

（5）核心筒及交通系统。包括楼梯、电梯、自动扶梯、运输系统设计，核心筒（含设备管井）、管廊设计；

（6）说明计算文件。包括设计说明、技术规格书、材料做法表、面积计算表等。

施工图的编目体系一般有两种体系：顺序编目和分类编目。为了便于规范化的管理和查阅、编制方便，提高效率，建议采用如下的四位数分类编目体系，或两位字母加两位数字的编目体系，便于分类识别，并可通过另编序号的方式确定图纸的实际页数。

值得注意的是，建筑师完成的施工图主要功能是保证项目的功能实现、品质档次、投资控制，随后需要施工总承包企业的深化设计（施工详图设计）、分包商的加工图设计并完成设计与施工的融合和优化，最后经过建筑师审核确认，才能最后完成指导施工的工作（表5-3、表5-4）。

常用的建筑专业的施工图纸的编目体系示例（1）：汉语拼音缩写与数字组合便于理解　　表5-3

序号	图纸编号1	图纸编号2	图纸名称	比例
001	ML00	0000	图纸目录、图例及编制说明	
002	ZT01	0101	总平面图	1：500
003	ZT02	0102	场地（竖向及道路）设计图	1：500
	ZT03	0103	场地（竖向及道路）设计详图	1：100，1：50，1：20
	ZT04	0104	场地（竖向及道路）设计节点	1：10，1：5
	PM01	0201	首层平面图	1：100
	PM0n	020n	N层平面图	1：100
	LM01	0301	立面图（1—轴号表示）	1：100
	LM0n	030n	立面图（n—轴号表示）	1：100
	DM01	0401	1-1剖图	1：100
	DM0n	040n	n-n剖图	1：100
	XT01	0501	平面放大图（1—推荐使用）	1：50
	XT02	050n	平面放大图（n—推荐使用）	1：50
		0601	立面放大图（1—推荐使用）	1：50
		060n	立面放大图（n—推荐使用）	1：50
		0701	吊顶平面图	1：100
		070n	吊顶放大图（n—推荐使用）	1：50
		0801	室内详图（1）	1：50
	XT0n	080n	室内详图（n）	1：50
	JD01	0901	节点详图（1）	1：10，1：5，1：2
00n	JD0n	090n	节点详图（n）	1：10，1：5，1：2

常用的施工图纸的编目体系示例（2）：全专业施工图编目　表 5-4

专业代码							
G	总图	L	景观	P	设备（给排水）	C	市政
A	建筑	S	结构	E	电气	X	其他
I	室内	M	设备（暖通空调）	D	人防		
图纸代码							
建筑（A）		结构（S）		设备（M，P）		电气（E）	
代码	内容	代码	内容	代码	内容	代码	内容
0	目录，说明，图表	0	目录，说明，图表	0	目录，说明，图表	0	目录，说明，图表
1	总平面图，现状图	1	基础图	1	系统图	1	平面图
2	平面图	2	平面图	2	平面图	2	系统图
3	立、剖面图	3	详图	3	详图	3	剖面图
4	放大图，展开图	4	自定义	4	立管、透视图	4	详图
5	楼电梯、坡道详图	5		5	图表	5	图表
6	厨、卫、机房详图	6		6	外线图	6	外线图
7	外墙及外装修详图	7		7	自定义	7	自定义
8	内部装修详图	8		8		8	
9	自定义（其他）	9		9		9	
举例：							
区段编号 -A2-05 二层平面图.dwg；　区段编号 -A7-01 墙身大样 1.dwg							

2）整合各专业技术系统——设计条件图与作业图

在初步设计阶段完成建筑物的主要技术措施和参数的调研探讨、明确各专业条件的技术措施和主要性能参数之后，施工图设计阶段需要进一步完成各个系统和细节的确定和调整，整合各种材料、部品、设备，形成完整、全面的空间创造和性能解决方案。

采用的设计方法与初步设计基本相同，也是建筑专业（主体专业）首先提出深化初步设计后的设计条件图，其他各专业通过互提和反提条件图进行各技术系统的整合，最后在建筑专业的主导下协同生成完整的设计。这个过程随着项目的复杂而采用多次循环的方式。

3）实现建筑性能要求，辅助图纸说明并控制品质——技术规格书

技术规格书（Construction Specifications，简称 Specs，也可译为建造细则）是对应用于工程项目中的材料和设备的技术要求的规范性描述，它反映了工程设计、施工过程中对材料或设备装置的组成、质量标准、设计参数和施工要求的详细定义及后期维护要求等，作为设计图纸的附加技术文本和招标文件的技术标附件。

建筑师通过施工图运用图像表达建造的内容、形状、位置和数量，以及所使用材料以及各个建筑组成部分的关系，它描述的是一个量（Quantity）的要求。而建造细则用文字来定义设计师对质量和施工过程的要求，它所表达的是对工程项目的质

（Quality）的要求。施工图用形象来精确地描述建设的内容，建造细则用文字建立质量标准，用来补充图纸所没有表达的内容，包括施工质量的技术信息、建筑产品的性能特点以及允许的施工方法。

因为工程项目的建造活动涉及方方面面，要完整地对建造项目内容加以说明，技术规格书就要通过对建造活动和产品材料的分类和编码系统，将复杂的建造活动和众多的建筑产品服务分门别类进行工作分解结构（WBS）和信息分类编码。建筑信息模型（BIM）的信息分类体系OmniClass，采用面分法对建筑业的非结构化数据进行分类，其分目录也采用了类似的信息分类方法。

当今国际上比较通用的技术规格书格式主要有两种编码形式：Uniformat和Masterformat。

（1）Uniformat是由美国建筑师学会（AIA）与美国总务管理局（General Services Administration，GSA）联合开发的，美国检测与材料协会（American Society for Testing and Materials，ASTM）基于Uniformat制定了ASTME 1557-05分类标准，名称为Uniformat Ⅱ。最早在1989年颁布，最新版本为2005版。

Uniformat的分类方法是采用层级式的建筑工程系统构成元素（构造部件）划分（system format），他更倾向于再现工程元素的物理构成方式，并以此来组织设计要求、成本数据以及建造方法等信息和数据。

Uniformat编码体系按照建筑构造系统共设置五位字符、四个层次：

① 第一层次为主要元素组（Major Group Elements），即构造的7个构造部件系统，分别是：地下结构（A）；外部结构（B）；内部结构（C）；维护系统（D）；设备和设施（E）；特种施工和拆除（F）；现场工作（G）。

② 第二层次为元素组（Group Elements），即构造的组件，共22个条目。

③ 第三层次为单独元素（Individual Elements），即构造元素，共79个条目。

④ 第四层次称作子元素（Sub-Elements），即零件和材料，是对第三层次的进一步细分（注1）。

（2）Masterformat是由美国施工规范协会（又称为美国建筑标准学会，Construction Specification Institute，CSI）最早在1963年8月出版了第一部统一的技术说明手册《CSI Format for Construction Specifications》，而这本手册从1963年出版以来就经过了多次修改，最新的版本是由美国施工规范协会和加拿大施工规范组织（Construction Specification Canada，CSC）合作出版的《Masterformat》，是美、加两国8个工业协会和专业学会共同倡导和努力的结果，在北美地区具有深远影响，应用广泛，最新版本为2007年版。

MasterFormat划分为若干代表不同建造施工的分项（Division），每个分项下又有若干个子项（Section）。按照施工工艺和工种分工进行的划分（trade format），便于静态地、一次性统计工程量、预算和招标采购，也便于分工种的质量控制，但不适合项目全过程的管理控制。现行版本共16分部：总要求；现场工作；混凝土；砖石；金属制品；木作和塑料；保温和隔湿；门窗；装饰工程；专业工程；设备；非建筑设施；特殊施工；传运系统；机械；电气系统。编码体系设置共五位字符、三个层次。

我国的工程量清单也采用这种分部分项的分类编码方式。

MaseterFormat体系的技术规格书通过固定的“总则（通用部分，General）”“产品（Products）”“施工（Execution）”三大层级及项下细分小类的描述，提出设计要求、控制设计标准，最终达到控制项目投资的目的。

第一部分，总则（General）。总则包括的内容是这项工作进行的基础，以及工作的范围。例如，定义、参考资料、工作范围、提交资料、质量保证等。

第二部分，产品（Products）。这个部分目的主要是描述本子项所用材料、设备的标准、质量要求、进场验收要求、存放要求等，如有必要还应包括对生产商加工的要求等。

第三部分，施工（Execution）。这个部分用于描述施工工艺、程序，包括施工作业条件、准备工作、做法要求、验收标准、成品保护、使用维护要求等（注 2）。

技术规格书一般由政府、行业组织或设计机构制定出一套完整的通用建造细则（general specifications），涵盖建筑工程可能使用的各类材料并预留未来发展的空间，而一般的工程项目只需要从其中挑选一些适用的部分，形成专用的技术规格书即可。目前国内外常见的是 MaseterFormat 体系，但是从建筑师控制角度来看，UniFormat 应更适合设计咨询阶段使用以动态控制整个建筑物的定义过程（表 5-5、图 5-15）。

4）协助业主计量计价——工程量清单

由于建筑师需要为业主提供一个完整的建筑物，设计阶段则主要是提供一个未来建筑物的虚拟模型和工程计划文件，满足功能实现、品质定义、投资控制的目标。因此，设计阶段的成果包括施工图、技术规格书、工程量清单及设计预算，为招标采购和施工阶段的合同管理准备条件。根据与业主的协议，此部分包含的工程量清单和工程预算，一般由建筑师委托专业的造价咨询顾问完成。

两种主要技术规格书编码体系提交　表 5-5

类型	Uniformat	Masterformat
起源	1. 美国 AIA 和美国 GSA 联合开发。 2. 美国 ASTM 制定了 Uniformat Ⅱ，最早 1989 年颁布，最新版本 2005 版。	1. 美国建筑标准学会 CSI 和加拿大建筑标准学会 CSC 开发。 2. 最早 1972 年颁布，最新版本 2007 版。
目标	1. 应用于工程项目全周期。（方案 - 设计 - 施工） 2. 描述、成本分析和工程管理的工程信息分类。	1. 多应用于工程项目施工阶段。 2. 工作成果的详细成本数据。
分类方法	依据设计逻辑 （层级式的建筑工程系统构成元素划分）	工种 / 材料分类
主要用途	着眼于功能元素，以描述和反映工程实体的功能构成，关联设计成本数据。	着眼于施工结果，直接阐述工程施工的方法和材料，关联施工成本数据。

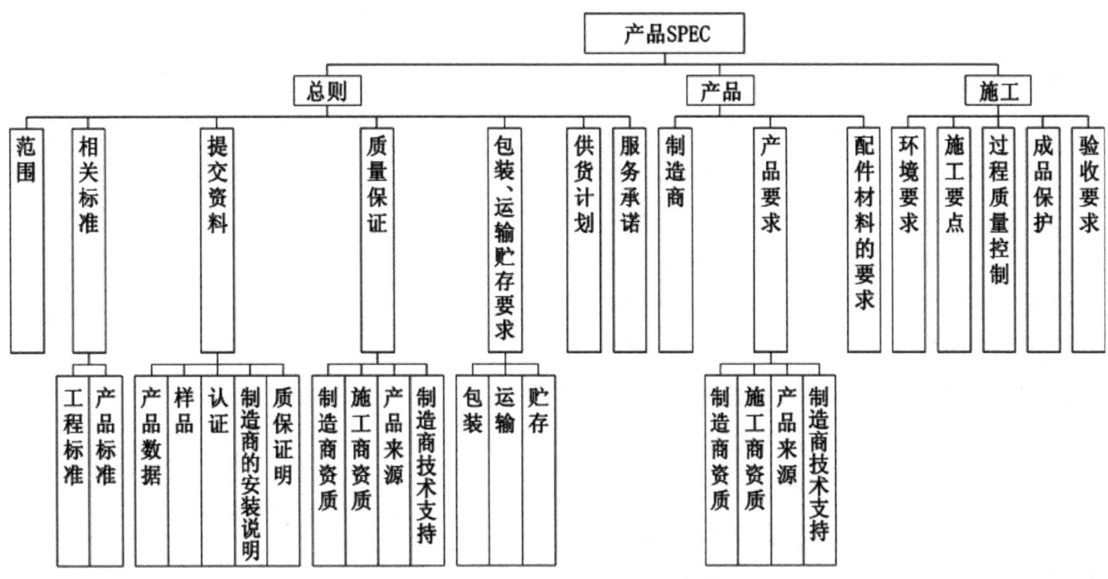

图 5-15　Masterformat 的编写结构模板

工程量清单（bills of quantities，简称为 BQ）是指载明建设工程分部分项工程项目、措施项目、其他项目的名称和相应数量以及规费、税金项目等内容的明细清单。

在所有的工程项目中，为了便于统计和分类，一般根据建筑工程的特点进行分部、分项、子项等细分，形成工作分解结构（WBS），并采用统一的项目编码系统，拆分到施工可派工的各个班组各个工项，形成涵盖所有工程和成本的明细，就是工程量清单。将各个工项的各类成本加总，就得到了工程总造价。

分部工程是单项或单位工程的组成部分，是按结构部位、路段长度及施工特点或施工任务将单项或单位工程划分为若干分部的工程；分项工程是分部工程的组成部分，是按不同施工方法、材料、工序及路段长度等将分部工程划分为若干个分项或项目的工程。如房屋建筑的分部工程包括：地基与基础，主体结构，建筑装饰与装修，建筑屋面，建筑给排水及采暖，建筑电气，智能建筑，通风与空调，电梯，建筑节能十个分部。

分部分项工程量清单每项包括序号、项目编码、项目名称、项目特征描述、计量单位、工程量、综合单价、合价、其中暂估价各项。项目编码是分部分项工程和措施项目清单名称的阿拉伯数字标识。项目特征是构成分部分项工程项目、措施项目自身价值的本质特征，用以界定工项的具体要求。

分部分项工程的单价报价方式目前我国多采用直接费单价（也称工料单价），是按照现行预算定额的工、料、机消耗标准及预算价格和可进入直接费的调价确定，实际上是我国计划经济时代建筑业的国家定价的遗存，与目前的市场环境越来越脱节。国际通行的综合单价是完成一个规定清单项目所需的人工费、材料和工程设备费、施工机具使用费和企业管理费、利润以及一定范围内的风险费用。

暂列金额是招标人在工程量清单中暂定并包括在合同价款中的一笔款项，用于工程合同签订时尚未确定或者不可预见的所需材料、工程设备、服务的采购，施工中可能发生的工程变更、合同约定调整因素出现时的合同价款调整以及发生的索赔、现场签证确认等的费用。暂估价是招标人在工程量清单中提供的用于支付必然发生但暂时不能确定价格的材料、工程设备的单价以及专业工程的金额。

工程造价 = Σ工程实体项目费用 + Σ工程措施项目费用 + Σ工程暂定金额，其中，工程实体项目费用 = Σ分部分项工程量 × 综合单价

根据建筑工程惯例，一般是由业主方或发包方（可以委托建筑师或造价咨询机构）提供工程数量，承包商或供应商提供各个工项的综合单价和总价，各自对其准确性负责。由于招标时很多项目还无法明确，一般采用“量变价不变”的原则，根据承包商的各个工项的报价在未来工程量变更后再进行调整，保证公开、公正、公平的工程造价计价和竞争定价的市场环境（表 5-6、表 5-7、图 5-16）。

我国工程量清单的分类方法与计价表　表 5-6

（采用阿拉伯数字表示的四级编码：分类码—章顺序码—节顺序码—项目名称）

01	建筑工程		
	0101		土石方工程
		010101	土方工程
		010102	石方工程
		010103	土石方回填
	0102		桩与地基基础工程
		010201	混凝土桩
		010202	其他桩
		010203	地基与边坡处理
	0103		砌筑工程
		010301	砖基础
		010302	砖砌体
		010303	砖构筑物
		010304	砌块砌体
		010305	石砌体
		010306	砖散水、地坪、地沟
	0104	混凝土及钢筋混凝土工程	
	0105	厂库房大门、特种门、木结构工程	

续表

	0106	金属结构工程
	0107	屋面及防水工程
	0108	防腐、隔热、保温工程
02	装饰装修工程	
	0201	楼地面工程
	0202	墙、柱面工程
	0203	天棚工程
	0204	门窗工程
	0205	油漆、涂料、裱糊工程
	0206	其他工程
03	安装工程	
	0302	电气设备安装工程
	0307	消防工程

续表

	0308	给排水、采暖、燃气工程
	0309	通风空调工程
04	市政工程	
	0401	土石方工程
	0402	道路工程
	0403	桥涵护岸工程
	0405	市政管网工程
	0407	钢筋工程
	0408	拆除工程
05	园林绿化工程	
	0501	绿化工程
	0502	园路、园桥、假山工程
	0503	园林景观工程

序号	项目编码	项目名称	项目特征描述	计量单位	工程量	综合单价	合价（元）	备注
例：某区地面铺装								
1	050201001001	樱花红花岗岩地面	1. 50厚600×600樱花红花岗岩烧毛面 2. 20厚1:3干硬性水泥砂浆 3. 150厚C25混凝土 4. 300厚3:7灰土分两步夯实 5. 素土夯实	平方米				
2	050201001002	蒙古黑磨光花岗岩	1. 50厚100×400蒙古黑花岗岩磨光面 2. 20厚1:3干硬性水泥砂浆 3. 150厚C25混凝土 4. 300厚3:7灰土分两步夯实 5. 素土夯实	平方米				
3								
4								
5								
本页小计								
合计								

图 5-16　分部分项工程量清单的编码与主要内容举例

施工图文件的内容及成果。其中方案设计、初步设计的比较，内容为循环深化　　表 5-7

〇方案设计　　*：另行收费的附加服务内容

条件输入：信息收集、条件评审	任务定义：设计目标界定与分解	设计的生成：生成、比较、分析	解决方案的整合：技术、成本、资源	设计评审验证：审校、验证、优化	成果输出：完整化、文件化
• 项目的评估与分级 • 合同评审与商务谈判 • 设计服务方式选择与团队的组建（内部与外包） • 现场踏勘与条件的审查 • 主管部门的审批文件 • 业主的设计任务书 • 类似实例、典例的调研－地段周边、功能相似、国外经典、既有设计经验 • 相关法规、政策、标准图、常见问题的调研 • 与主管部门的沟通 • 设计进度的制定	• 设计任务书的分解与图示 • 设计条件的设定： －市场定位和客户需求 －法规、成本、时间等资源限制条件 －核心产品性能（产品卖点） • 产品规格与性能要求的确定 • 设计方针的确定： －营销策略－产品定位－设计概念－产品卖点 • 设计任务书的修改完善	• 设计分析： －用地环境 －功能体块 －类例典例 －技术经济条件分析 • 设计生成： －设计概念，规划结构，功能流线，空间体块，建筑与环境形象，技术成本条件，法规限制 • 设计草案的比较、分析： －发展的可能性，竞争优势（SWOT），时间资源条件，技术成本条件	• 规划与总图的分析： －规划结构、交通流线、景观绿化、功能布局、日照分析、总图指标比选 • 建筑单体空间的分析： －功能流线、空间构成、标准层平面的设计与比选、设备管线系统 • 风格形象的分析确定： －整体环境气氛、空间及风格意象、体块表皮材质比选、立面风格与设计 • 技术经济条件分析： －设备设施系统、结构基本方案、消防人防环保要求、规划条件、绿色设计、技术可行性与经济性分析 • 设计方案的整合、确定 －总图、平面、剖面、立面设计、结构机电设备系统设计	• 设计验证 －设计任务书与业主要求 －规划条件 －各专业技术条件 －法规、标准图、设计验证提纲 • 方案的审校 • 方案设计的优化 • 设计表现方法的确定 • 设计进度与成本的控制	下述文件的纸质与电子文件－JPG，DWG，DOC，XLS 格式 • 方案设计说明文本 －含设计条件、理念、分析、设计研发过程、成果说明 • 总平面图或彩色总图 • 主要技术经济指标表 • 分析图 －用地环境、规划结构、绿化景观、交通流线、功能布局 • 主要建筑的各层平面图、户型图 • 主要剖面图 • 主要立面图 • 建筑效果图 • 结构设备系统说明 • 配合建筑审查用图纸文件 * 日照分析图 * 消防、人防、环保、绿色设计说明 * 修建性详细规划的道路与建筑定位、管线综合、竖向设计、土方平衡等 * 工程估算 * 体块模型、效果图、多媒体设计表现

〇初步设计　　*：另行收费的附加服务内容

条件输入：信息收集、条件评审	任务定义：设计目标界定、分解	设计的生成：生成、比较、分析	解决方案的整合：技术、成本、资源	设计评审验证：审校、验证、优化	成果输出：完整化、文件化
• 方案设计的评审 • 设计服务方式选择与团队的组建（内部与外包） • 现场详细踏勘与设计条件的审查 • 主管部门的审批文件 • 业主的设计任务书 • 类似实例、典例的调研 －地段周边、功能相似、国外经典、既有设计经验 • 相关法规、政策、标准图、常见问题的调研 • 与主管部门的沟通 • 设计进度的制定	• 在方案设计的基础上设计目标的进一步确定： －各部分要求的性能 －法规及相关限制条件 －技术方案及设备产品的可行性 • 工程造价、施工技术条件、进度、已选定产品的限定条件的明确 • 在方案设计基础上确定设计方向和技术路线 • 设计任务书的修改完善	• 建筑性能的研讨 • 环境、空间、样式设计的研讨 • 技术设计的研讨与性能的确定 • 技术设计方案的生成 －结构、设备、电气系统的设计 －设备与产品的可行性确认 －法规、成本、施工条件的限制 －环境空间效果的实现方式比选	• 功能配置与交通流线的确定 • 空间与样式设计的确定 • 技术支撑条件与设备系统的确定 • 消防、人防、环保等方案的确定 • 平面设计的确定 • 剖面设计的确定 • 立面设计的确定 • 各种设计的综合调整	• 设计验证 －设计任务书与业主要求 －规划条件 －各专业技术条件 －法规、标准图、设计验证提纲 • 初步设计的优化 • 初步设计的审校 －自校－互校－审核 －业主审核 • 设计进度与成本的控制	下述文件的纸质与电子文件－JPG, DWG, DOC, XLS 格式 • 初步设计说明书 • 材料作法表 • 总平面图 • 各层平面图 • 剖面图 • 立面图 • 主要墙身剖面图及必要的详图 * 建筑主要管线综合图 • 结构设备系统的说明与图纸（结构、设备、电气） • 配合建筑审查用图纸文件 * 工程概算 * 设计模型 * 设计效果图

续表

○施工图文件（施工图则）　　*：另行收费的附加服务内容

条件输入：信息收集、条件评审	任务定义：设计目标界定与分解	设计的生成：生成、比较、分析	解决方案的整合：技术、成本、资源	设计评审验证：审校、验证、优化	成果输出：完整化、文件化
• 合同评审与商务谈判 • 现场勘查及详细的规划条件 • 主管部门的审批文件 • 与主管部门的沟通，消防、人防、绿化、环保等法规条件的确认 · 业主的设计任务书 • 方案／初步设计文件及评审 • 类似实例技术准备 －标准图设计、既有设计经验、常见问题集 • 设计进度的制定与调整 • 材料样本及产品目录的收集 • 客户订货产品及相关技术资料的审阅	• 在初步设计的基础上设计目标的进一步确定： －各部分要求性能的确认 －法规及相关限制条件的把握 • 工程造价、施工技术条件、进度、已选定产品的限定条件的明确 • 在初步设计基础上确定设计方向和技术路线 • 设计任务书的修改完善 －空间布局 －外维护材料 －结构体系 －设备系统 －成本、技术、资源条件 －消防、人防、规划、环保等法规限制	• 各部分功能布局的研讨 • 空间布局与设备、材料选型的技术经济研讨 －核心筒与电梯 －用水空间的设备与结构 －地基处理与结构体系 －室内空间高度与层高（结构、设备、功能） －外维护材料、色彩、细部（幕墙、门窗、外墙等） －建筑管线综合与吊顶高度 －吊顶平面排布 －地下停车方式、停车设备与层高 －保温、防水、保洁、遮阳、节能的措施与材料 －消防的分区与设备安装 －空调系统与冷暖方式比选 －安防、电信等弱电系统 －照明、夜景配合 －景观、标识系统配合 －施工、造价、特殊设备等专项研讨	• 环境等外部空间与建筑组团的设计 · 建筑风格与细部设计 • 室内公共空间设计 • 平面设计整合 • 剖面设计与室内管线综合 • 立面设计整合（材料、色彩、质感） • 各部分材料做法的确定 • 消防、人防、环保设计 *工程造价概算及调整 *应业主要求的各种设计调整	• 设计验证 －设计任务书与业主要求 －规划条件 －各专业技术条件 －法规、标准图、设计验证提纲 • 施工图设计的优化 • 施工图设计的审校 －自校－互校－审核－审定 －外审（业主与审图机构） －会签出图 • 设计进度与成本的控制	下述文件的纸质与电子文件 -JPG，DWG，DOC，XLS 格式 • 施工图设计说明书（规格说明、建造细则，Specifications） • 材料作法表（含在上述说明中） • 门窗表 • 用地区域位置图 • 总平面图 • 竖向设计图，道路定位图，面积计算图 • 场地管线综合图 • 技术经济指标 • 各层平面图 • 剖面图 • 立面图 • 墙身剖面（立面）图，局部放大图 • 室内展开图，吊顶俯视图 • 详图（大样） • 计算书（节能、消防疏散、洁具、视线等的计算） • 结构、设备、电气专业的设计说明、设计图 *建筑管线综合图 *吊顶平面、剖面综合图 *配合审查用图纸文件 *工程预算 *室内设计图及详图 *环境景观设计图及详图 *墙身及立面效果图、模型 *销售或招商的设计文件配合

5.6　阶段 5：招标采购

5.6.1　工作概要

招标投标是利用市场竞争的报价机制来采购、消除信息不对称并获得市场价格的一种方式，以获得性价比最高的定制化的产品和服务。同时，也是寻找胜任项目、可信赖的施工总承包商并委托其进行场地管理和建造施工的重要手段，是决定建筑品质和投资的重要环节。

招标是指招标人（买方）发出招标通知，在一定范围内公开货物、工程或服务采购的条件和要求，邀请众多投标人参加投标，并按照规定程序从中选择交易对象的一种市场交易行为。投标是与招标相对应的概念，它是指投标人应招标人的邀请或投标人满足招标人最低资质要求而主动申请，按照招标的要求和条件，在规定的时间内向招标人递价，争取中标的行为。投标书分为商务投标书和技术投标书。

由于建筑项目的复杂性和规模化，需要专业的分析和评判来甄选承包商。在招标投标中，主体虽为业主，但建筑师作为业主的顾问、代理、设计的主体、行业的专家，具有最大的建议权，应在参与并掌控全局情况的前提下向业主提出推荐建议，由业主作出决策。国际通行的建筑师服务范围包括招投标工作，建筑师全程主持招标工作并推荐合格的供应商，并协助业主签订施工合同。

我国目前采用的方式为业主监理招标采购部或委托专业的招标机构进行此阶段的工作，其问题在于面对复杂的设计内容和产品规格标准，专业的招标机构往往关注于承包商的投标文件和商务价格的比选，不具备对承包商针对此项目的具体业绩、经验、技术实例进行考察审核的能力，由于政府廉洁要求的无限制门槛报名、抽选专家短时间盲选的方式看似公平，实际无法就项目的技术要点、施工难点进行具有针对性的解释、说明、答疑，也无法得到承包商的验证、价值优化和反馈，无法为业主选择真正胜任的承包商。

5.6.2 服务内容

招标投标阶段是业主集中选择总承包商的重要阶段，也是业主通过报价机制获得最优产品和服务并最大限度压缩成本和工期的阶段，能否通过有效的招标方式获得最适合的承包商是后期施工和项目质量的最重要保证。招标投标作为一种有效的竞价手段，并不都限于本阶段。例如，常常在初步设计阶段就需要从专业分包商或供应商处通过招投标选用专业厂商的设备，并在施工文件中采用相应的设计和参数。

1）确定招标投标方式（合约规划）

招标投标按照招投标的范围分为三种：

（1）公开招标——又叫竞争性招标，是指招标人以招标公告的方式邀请不特定的法人或者其他组织投标，以吸引众多企业单位参加投标竞争，招标人从中择优选择中标单位的招标方式。按照竞争程度，公开招标可分为国际竞争性招标和国内竞争性招标。其特点是向所有人开放，理论上富竞争性，但较费时费力，常常结果不尽可靠。

（2）邀请招标——也称为有限竞争招标，是一种由招标人选择若干供应商或承包商，向其发出投标邀请，由被邀请的供应商、承包商投标竞争，从中选定中标者的招标方式。邀请招标的特点是：① 邀请投标不使用公开的公告形式；② 接受邀请的单位才是合格投标人；③ 投标人的数量有限。

（3）协议招标——适用于价格不是主要评价标准，并且一般不需要竞争的标段，主要通过业主与一个或多个承包商进行协议而非竞争确定中标者的方式，从严格意义上讲不属于招投标方式，但也是工程采购中常用的一种方式，也可称为议标。

招投标按照招投标的过程分为两种：

（1）单阶段招标——在投标时将所有信息发给投标人，投标数字即是承包商提供的进行和完成工作的报价，以此为标准进行评标。

（2）双阶段招标——一般针对复杂、大型项目，进行技术和商务（报价）两个阶段的招投标，用竞标（暗标）或议标（明标）两个方式的招标投标来选择承包商。

不论采取的是哪种途径，重要的是确保投标总是在公平的基础上。竞争应只在具备项目所需的必要的技术、诚信、责任和声誉的公司中展开，从中选择有能力达到项目要求和标准的中标者，保证性能质量和造价经济性的平衡。

招投标阶段中建筑师应参与全程的工作，主要包括编制招标文件、发布招标信息及邀请投标人、资格预审、解释招标书和答疑、评审投标书、向业主建议中标承包商等重要阶段。

2）编制招标文件

招标文件一般由商务和技术两部分组成。商务部分包括招标邀请、投标要求、合同样本等，技术部分包括招标图纸、施工细则或工程量清单等技术要求。根据招标科目的具体情况，招投标文件的构成会有所不同。比如洁具的招标文件就不包括图纸，仅有技术要求，而且只是一个供应合同。幕墙的招标一般是设计、供应和安装的合同。

对于主要标段，比如总承包商招标图纸最好是最后的施工图，但往往为了加快进度，会采用招标图（即设计咨询企业完成的施工图，主要达到明确功能、确定品质、控制投资的目标）来作为招标文件，以取得承包商的商务报价。真正的施工图会在稍后用附加文件的形式给投标单位进行修整或议标，甚至在施工前以变更的形式签发。注意要向所有投标人提供同样的信息，包括在答疑、询问过程中产生的补充信息。

施工招标文件的编制内容主要有：

（1）招标工程概况——工程的名称、规模、地址、发包方式、发包范围、设计单位、场址和地质条件等；

（2）设计图纸和技术规格说明——满足充分了解工程的具体内容和技术要求，以便拟定施工方案和进度计划，设计图纸文件的深度应满足上述要求；

（3）施工技术要求说明书——根据设计文件的内容，对工程建设要求的清晰而详尽的说明，以便投标方能够估算出造价，如验收标准、保修期及责任、承包商的其他服务、特殊施工方法、现场清理和临时设施、成品保护、施工机械设备等的要求说明等；

（4）工程量清单——通常以每一个单体工程为对象，按分部分项工程列出工程数量，再由投标方填列单价并计算出总的工程造价；

（5）投标须知——投标手续的注意事项、废标条件、现场踏勘、答疑、文件要求及数量、投递期限和地址等；

（6）合同主要条件——包括合同的依据、工程内容、承包方式及报价、开工竣工日期、技术资料提供的内容及时间、材料供应及价款结算方法、工程价款的结算及支付办法、工程质量及验收标准、工程变更处理方法、工期要求及奖惩措施、竣工与结算、保修期与责任、履约保险和保证担保要求等；

（7）标底——是由专业人员编制的预期的工程造价，是衡量投标价格的基准。美国等发达国家的政府项目招投标并不要求编制标底，而是重点放在对最优投标单位的造价文件的复核上，这样既节省时间精力，也保证了可操作性。

3）资格预审，推荐合格供应商

在邀标之前，建筑师要协助业主确定投标单位名单。通过资格预审选择一定数量的合适的承包商或供应商。资格预审一般要根据招标的科目，通过审查备选投标人所递交的资料、调查、面试、走访、参观等来确认其经验和素质。以保证其具备承担相应工程或供应的能力和资格。

主要审查的内容包括：

（1）财务状况，资质；

（2）声誉和相关经验；

（3）管理结构和业绩；

（4）技术能力和管理能力。

建筑师可以考虑以下潜在的承包商来源：

（1）业主的特许承包商名单；

（2）政府特许承包商名单；

（3）建筑师（设计机构）特许承包商名单。

4）评审投标文件，确定中标单位

建筑师会同技术人员（包括顾问工程师、招标公司、造价顾问等）核查投标文件中提供的信息，可通过质疑询问、面谈协商、面试等方式进行沟通，确定投标方的技术实力和价格、工期等商务条件。特别注意的是，为了防止承办商利用信息不对称优势进行不平衡报价，需要对其报价内容逐一审核，对所有异常项、技术难点、特殊设计等部分进行核对并记录，以确保设计内容全部包含在投标报价中。

可以要求投标商进行技术优化、造价节省等价值工程、合理化建议。用以检查承包商的实力和经验，并可汇集投标方的意见进行设计优化。

在此基础上向业主提出正式的评标报告或中标人建议报告，推荐中标人或对投标人进行排序，供业主最终决策使用。详见采购管理相关章节。

在建筑招投标中重要的步骤是施工公司价值工程提案（Value Engineering，VE），是在分析建筑产品的性能的基础上，在保障基本性能不变的前提下的成本最小化，即产品性价比最大化的过程、结果与服务。在建筑设计中，因为建筑师毕竟不是建筑生产的直接实施者，而且由于设计者的安全设计和安全造价原则，使得设计中也存在着一部分“过剩设计”“冗余性能”，施工公司利用自己的管理和技术经验、诀窍（Know-How）来优化设计和施工，以达到降低造价的目的。价值工程不是降低品质的偷工减料和单纯地压缩成本降低造价，而是性能、价格的优化，是一种提升建筑物性价比的技术创新和设计优化的过程。对施工技术、工序、材料性能的深入了解和技术诀窍的积累是各公司经验与技术的一个重要标志。同样，业主和建筑师也对价值工程和各施工公司的价值工程提案寄予厚望。详见成本管理相关章节。

5）确定工程要项，签署施工合同

在此基础上，业主确定中标单位，建筑师协助业主考察、面试项目经理，特别考察其对项目的理解和工作经验。

斡旋合同谈判，确定施工的工期、造价、质量标准等，为保证承包商的履约能力，应在确认承包商的履约保险或保证担保后，最终签署施工合同。

工程项目管理模式、合同类型参见项目管理章节（图 5-17）。

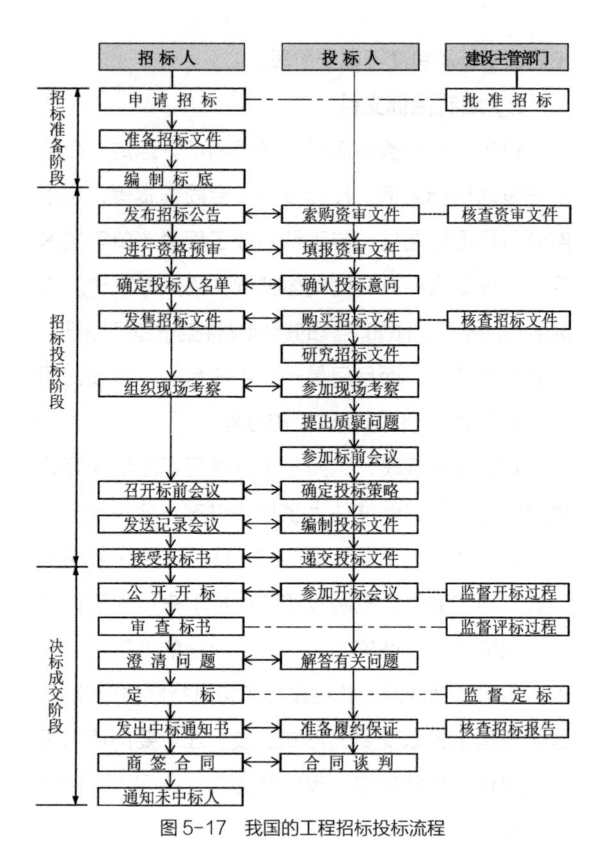

图 5-17　我国的工程招标投标流程

5.7　阶段 6：合同管理（工地监造）

5.7.1　工作概要

作为建筑生产的最终产品，建筑物的品质是由原料及部件产品（部品）品质、连接安装品质和设计规格品质共同决定的。建筑施工就是选用合适的部品、进行恰当的装配来实现建筑性能的最重要的环节，需要建筑师作为专业人士和业主代理全程、全面地监督和控制，保证现代建筑的巨大规模和复杂功能能够在投资、质量、进度的资源限定条件中得以实现。这也是现代建筑师职业产生的根源。

特别需要说明的是，施工阶段的工程承包合同的甲方、乙方为业主和承包商，建筑师与业主是委托代理合同关系，代理业主进行合同管理。因此三方在工地的职责在国际通行的各种合同条件和法规中都非常明确。

（1）建筑师作为业主的工地现场代理人，行使监造的职责，主要是视察工地旁站施工、解释设计、审批加工图等文件、验收工程签证施工付款，以保证工地在承包商的管理下运行顺畅。因此，建筑师需要有进行合同管理的足够经验和专业知识，谨慎、负责的精神，以及公正、诚信的态度。但是，这并不要求建筑师每时每刻都需要在工地监工，建筑师也无需为超出其专业范围以外工地内容和管理能力负责，无需为承包商的过失和疏忽负责。建筑师的主要责任是保证设计图则文件的准确和性能规格参数的恰当性——造价、工期、品质的可控性，以及在施工现场中对设计深化的方向的把握——建筑师满意和设计意图的实现。

（2）业主在国际通行的建筑师职能体系中，主要职能在于投资和支付，对于工地的监督管理必须全权委托有专业资质的建筑师来进行，而不能由非专业人士的业主直接对承包商发布指令。因此，业主在施工现场甚至可以不存在，全权委托建筑师进行合同管理，实现在工期、投资、质量等限定条件下的施工建造。因此，在国际通行的建筑师全程服务体系中，由于建筑师是业主的代理和合同管理者，所有文件的确认都是以建筑师指令（Architect's Instructions，简称为 A.I.）的形式签发到承包商，业主没有权力向承包商直接下达指令而必须通过建筑师。

（3）承包商作为承包合同的执行方（承包方），在接受业主让渡工地的时间段内，负有对工地的全权使用和管理的权限，并对其所有施工的过程和后果负有全责。承包商直接管理整个施工过程并保证依照合同控制进度、投资、质量的责任，无论建筑师、业主是否在场监造，无论是否通过建筑师、业主的认证，都不能减少或减轻承包商的责任。同时，承包商还对分包商、供应商提供的产品、材料、服务负有全部责任或连带责任。

目前我国在施工现场实施的监理制度，将本应属于建筑师的设计 - 监理的完整职业流程和工作职责变成两种职业。而在现实中，监理由于缺乏建筑师的职业训练和设计能力，往往无法胜任保障设计意图实现的角色。建筑师则由于不对最终的设计产品负责，对造价、材料、工期、质量等不负责任，严重影响了建筑师的专业性和权威性。由于建筑师的职责缺失，施工现场虽然能够完成一般质量的监控，但缺乏专业的管理和控制，产品品质不能得到最有效的保证和业主投资效益的最大化。为了担负起督造的责任，业主要按照雇工自建的古老模式，花费大量精力和时间组织、协调各个部门和各种专业工程师来完成本可以委托给建筑师的监造任务，无法集中精力于投资和市场，也不利于投资主体的多样化和社会资源的有效配置。这样的结果造成了建造环节中各个角色的越位、错位，造成资源的浪费，也限制了建筑市场专业化水平的提升。

5.7.2 服务内容

按照国际通行的惯例，建筑师在监造阶段的工作内容分为设计监造和工程建造两大部分，主要是涉及解释、合同管理、进度控制、投资控制、质量控制等几大内容，具体包括以下七个方面（详细方法参见项目管理章节）：

（1）设计控制

设计控制也可以看成是质量控制（与设计文件的吻合度）的一个方面，包含必要的设计解释和设计优化、变更等。包含：

① 核查、会审提供给总承包商和工地监工的图纸、文件。

② 向承包商和供应商传达设计意图，并对图纸文件进行必要、及时的解释说明、技术交底。

③ 签发设计变更、工程洽商、通知书、备忘书等，根据施工条件和资源条件调整、完善、修改、优化设计内容，审核并确认相应的造价和工期的变更。

④ 审核、确认承包商和供应商的价值工程（VE）优化和工程变更。

⑤ 主持协商由建筑师、承包商、供应商等各方提出的设计变更，并由造价工程师和相关的专业顾问进行测算、评估，在获得业主认可后签发建筑师指示。一般出现工程变更或设计变更的情况：

a. 甲方要求的修改；

b. 未预料到的施工现场情况；

c. 文件的矛盾；

d. 设计的疏忽；

e. 承包商、供应商建议的调整方案或优化方案。

目前施工现场常采用工程联系单、设计变更单、工程洽商单、工程签证单等形式记录设计和施工内容的调整和变化。一般而言，工程联系单可视为对某事、某措施可行与否、设计文件的解释、变更等的联系请求函件和备忘录，反映出一个工程的进展过程；设计变更是指建筑师（设计机构）根据上述原因对原施工文件中所表达的设计标准状态的改变和修改，一般会带来造价和工期的变化；工程洽商记录主要是指承包商（施工企业）就施工图纸、设计变更所确定的工程内容以外，施工图预算或预算定额取费中未包含而施工中又实际发生费用的施工内容所办理的洽商；工程签证单是业主（甲方）对某事、某措施的确认，如增加额外工作、额外费用支出的补偿、工程变更、材料替换或代用等，可视为补充协议。而上述所有文件的确认和实施都需要经过业主、承包商、建筑师（含监理方）的签证，最终以建筑师指令的形式签发生效。

⑥ 督促、审查和确认承包商和设备厂商编制的加工图、综合图、深化图等及其规格详细说明；审核各专业和厂商之间的配合和整合。

⑦ 检查施工与设计图纸文件、施工承包合同的一致性。

⑧ 对涉及建筑内外观的材料、部品、设备的色彩、质感、样式进行及时的确认和样品审核，必要时要求承包商或供应商根据设计要求提供样板、样方或样墙的比较选定。

⑨ 安排主要设计人的定期到场和参加工地例会，并保证设计人的及时确认；必要时可委派设计监工负责日常的设计确认。

⑩ 对幕墙、景观、室内、夜景照明、标识等分包设计咨询（二次设计）内容进行指导、审核和确认。

⑪ 根据需要建议业主分包、选定必要的设计咨询机构完善建筑性能。

⑫ 协助承包商编制竣工图纸和维护保养说明。

（2）投资控制

① 审核招投标文件和合同文件中的有关投资的条款，包括工程预付款、工程进度款、变更工程价款、竣工结算、质量保修金等。

② 对工程项目建设投资目标进行分析、论证。

③ 编制工程项目各阶段、各年、季、月度资金使用计划并控制其执行。

④ 审核工程概算、标的、预算、增减预算、决算。

⑤ 在项目实施工程中，每月进行投资计划值与实际值的比较和分析，并提交各时间段（年、季、月度）投资控制报表。

⑥ 签证确认承包商的工程进度，审核并签署工程付款凭证，督促业主及时支付工程款项。

⑦ 对工程变更、设计变更等事前进行技术经济合理性的比较分析，事后审核其预算和决算。

⑧ 公正及时地计算、审核各类索赔金。

（3）进度控制

进度控制条款包括施工准备阶段、施工阶段和竣工验收阶段进度控制等。

① 对工程项目建设周期目标进行分析、论证。

② 编制工程项目总进度计划并实施、调整。

③ 编制各阶段进度计划并控制其执行，必要时作及时调整，督促承包商制订相应的赶工计划。

④ 审核施工方和材料设备供应商提出的进度计划，并检查、督促其执行；保证重要工序、隐蔽工程、行政主管部门审查时必要的配合及业主到场的通知。

⑤ 在项目实施过程中，进行计划与实际值的比较分析，并每月、季度、年度提交各种进度控制报表。

（4）质量控制

质量控制条款包括材料、设备、中间及隐蔽工程验收、试车、工程竣工验收、保修期质量控制等。设计控制也可以看成是质量控制的一部分，建筑产品的质量不仅仅是达到国家或行业的质量检验合格标准，而应达到双方约定的标准，即建筑师认可的设计文件约定的标准。

① 确定本工程项目的质量要求和标准；审核招标文件和合同文件中的质量条款。

② 审查、确认承包商以及承包商选择的分包商和供应商。

③ 审核承包商、分包商、供应商的资质和质量保证体系，以及施工技术措施与安全、环保等措施。

④ 审查承包商提出的建筑材料、部品、设备的采购清单。

⑤ 定期和随时的工地视察，重要工序、隐蔽工程、行政主管部门审查的旁站。

⑥ 对材料、部品、设备的数量及质量（规格）进行测量、复核；对呈报图纸、材料、样品审核，以及对完成物复核。

⑦ 检查施工与设计图纸文件、施工承包合同的一致性。

⑧ 检查施工质量，包括材料设备进场、隐蔽工程施工、中间节点检查、完工检查；核查分项分部分批次的工程质量，进行相应工程的竣工验收。

⑨ 进行竣工检查并签发监造意见、整改要求；在确认全部整改项目完成后签署竣工证明。

⑩ 在规定的工程质量保修期限内，负责检查工程质量状况，组织鉴定质量问题责任，督促责任单位维修。

⑪ 协助业主处理工程质量事故和安全事故。

（5）合同管理

① 协助业主确定本工程项目的合同结构，包括合同的框架、主要条款、对象等，涵盖施工合同、加工合同、材料与设备采购合同等各个方面。

② 明确对建筑师的授权，明确工地管理的组织框架和责任人，各种审核、指令的操作流程，各种流程安排应在第一次工地例会前准备妥当并在会议中予以公布；提醒业主和承包商关于建筑师在施工现场的监造职责并告知建筑师的领导地位。

③ 协助业主起草相关的各类合同，并参与各类合同谈判。

④ 对合同的执行情况进行跟踪管理，监控、检查、管理施工合同的履行。审查承包商的进度、投资、质量的计划和措施，并监督其实施。

⑤ 签发各类通知书和建筑师指令，发布开工、停工、返工、复工等指令。

⑥ 建筑师或被授权的监工在必要时对检查结果进行记录，要求承包商按照施工现场备忘录或行政管理检查（政府质检站）的要求采取措施。

⑦ 审核、监督承包商的安全、环保、健康等措施和施工处理；根据需要就其他事宜向业主提供咨询意见；提醒业主依据国家和地方法规所承担的义务。

⑧ 主持协商合同条款的变更，调解合同双方的争议；根据专业判断，独立、公正地处理索赔事宜和合同纠纷。

（6）信息管理

① 确立并负责实施本工程项目各类信息的收集、整理和保存。

② 完成工地日记、周记、月报等文件的编制，各种会议纪要的记录和审核。

③ 进行项目的设计、投资、进度、质量控制和合同管理，并定期制订关于项目的投资、进度、质量、合同管理的报表，向业主作定期汇报。包括：

a. 监造大纲、规划及实施细则；

b. 建造工作月报；

c. 施工现场备忘录 / 施工问题通知书；

d. 开工、停工、复工通知；

e. 呈报加工图纸、材料、样品的审核签证；

f. 材料、设备、部品数量及质量复核、清点记录;

g. 工程质量事故处理、审核意见;

h. 中期付款证明、月付款签证通知;

i. 变更通知单、建筑师指令;

j. 工程费用变更、结算核定表;

k. 单位、分部、总体工程验收记录;

l. 竣工预验收意见、整改要求、竣工证明。

④ 建立工程会议制度和信息传递、确认流程，主持会议和签证确认工作。

⑤ 保管设计图则并监督其复制、使用。

⑥ 督促承包商和供应商及时提交工程、技术、经济资料，督促并审核承包商的竣工图纸、维护手册、维修保养计划和使用说明等文件。

(7) 组织协调

① 审核施工组织的结构及合同结构。

② 查看工程项目的现场，代理业主办理向承包商的移交手续。

③ 主持每次的工地例会，召集业主、总承包商、咨询方、预算师(测量师)、工地监工来共同参加，保证各方的密切配合。每次会议纪要应明确各项内容的提议者、确认方、承担方、完成期限、核查确认时间等，保证每项内容的认真执行。

④ 主持竣工检查和移交会议。进行竣工检查并签发整改要求。在所有合同条款规定的科目完全合格之后，签发最终的竣工证明。

⑤ 代理业主向各行政主管部门办理各种审批事项，如开工、验收等。

⑥ 代理业主处理与本项目相关的各种说明、公示、纠纷处理事宜(图 5-18)。

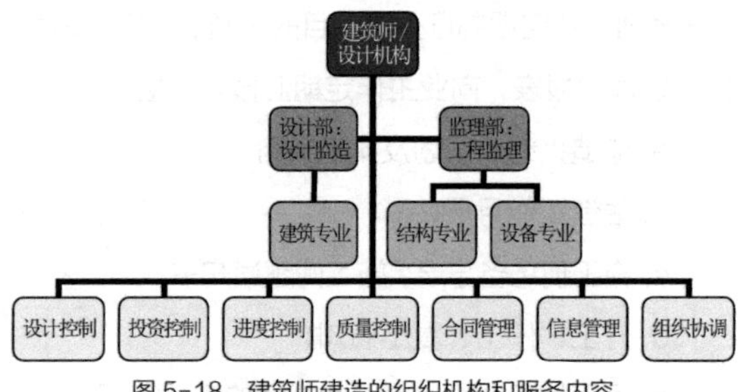

图 5-18 建筑师建造的组织机构和服务内容

可将信息管理、组织协调并入合同管理中，形成设计、投资、进度、质量的四大控制和合同管理的主要服务内容；也可进一步将设计控制合并到质量控制中，形成投资、进度、质量的三大控制和合同管理的主要服务内容。

5.8 阶段 7：后期

5.8.1 工作概要

竣工交付后的服务可以说是建筑物建造完工的最后阶段和投入使用的初始阶段，是建筑师全程服务的终点，也是建筑物建设和投入使用的分界点。因此，竣工交付伴随着的验收工作是检验建筑成品是否符合设计意图、工程质量是否达到使用要求的验收验证阶段，也是建筑师对设计服务的内容和质量进行总结和验证的重要阶段。在规定的工程质量保修期限内，建筑师还应负责检查工程质量状况，组织鉴定质量问题责任，督促责任单位维修。设计回访等后期服务既有利于保证建筑物全寿命周期的适用性，拓展设施管理和改造、加建、修缮等业务内容，也有利于客户关系的维护和客户忠诚度的培养，在适当的时机可以将后期服务转化为下一个项目的前期服务，实现建筑师业务和社会资产的良性循环和可持续发展。

5.8.2 服务内容

建筑师在竣工交付中的工作范围包括(*为根据合同约定提供的附加服务，不属于标准服务内容)：

(1) 协助业主完成建筑竣工验收——初验(预验收)，设备调试，试运行，缺陷整改与修补，各种法定验收程序的出席和技术支持，通过行政审批(包括临时入住证明、最终竣工入住许可证等)。

竣工验收是指按照建筑物（项目）的可行性研究报告和设计文件（图纸、建造细则等）、国家和地方的法规和质量检验标准为依据，在建筑物建造完成后对其工程质量和吻合度进行的整体检验和认证。由于建筑物的建造过程中包含多个工种、工序、分包商，也包含了大量隐蔽工程，因此单项工程验收（也被称为交工验收）和中间验收贯穿于整个建设过程中，是督造业务中的一个重要环节，从场地移交开始，平场验收、桩基及基础验收、地下室验收、地下室防水工程验收、主体结构验收、设备安装验收、管道安装验收、屋顶工程验收、外门窗及外装饰工程验收、室内装饰工程验收及特殊设施施工安装验收，等等。而全部工程的竣工验收（也被称为动用验收、交付验收）是建筑物按照设计全部建成、通过初验（预验收）并备好竣工验收材料后进行的最终的检验，其主要目的是：

① 全面检查建筑物的质量。包括承包商的工程施工质量，也包括行政机关要求的法规、规划、市政等条件的满足度，还包括与设计文件要求的吻合度。

② 明确合同责任，完成建筑物的交付。包括设备调试、试运行、缺陷整改与修补、施工款项的签证和支付。

③ 完成建筑竣工并申请正式使用的必需行政程序。包括准备各种竣工验收所需的材料和工程资料。

④ 作为施工完成的标志，完成监造和施工费用的结算和支付。

⑤ 在工程质量保修期限内，检查工程质量状况，组织鉴定质量问题责任，督促责任单位维修。

（2）督促、核查承包商完成竣工文件的存档和运营、使用指导（产品说明与使用手册）的编制——督促承包商编制竣工文件（含竣工图及变更说明），编制建筑使用说明书和操作手册，提出检修计划（项目、时间、内容等）并向业主说明。此部分内容为承包商（施工企业）的工作范围，建筑师代表业主或协助业主督促承包商完成并向业主进行说明。

（3）设计回访、总结，并依此初步改善设计质量，客户关系管理维护制度的建立——竣工后的学习和述职总结需要备有整个项目的历史和重要信息的持续记录，通过项目的总结和学习，不断检视和改善建筑师及其设计机构的质量保证计划、手册、操作程序。述职总结需要注意防止小团伙主义或防卫的态度，需要坦诚与就事论事而非刻薄的攻击和互相揭丑。

内部的评估和述职汇报一般不会成为建筑师服务的一个部分，因此也不会有业主为之埋单。如果业主希望得到这种服务，需要与之签订单独的委托合同。但这对所有参与项目的设计和施工团队来说都是一个很好的学习过程。这需要建立一整套的认真而有效的会议制度来执行。应全力避免面对面的冲突，使之成为一个对将来项目有益的学习。回访反馈的学习的目的是分析一个项目的管理、营建和运行。应该同时进行的有：

① 项目记录的分析；

② 对竣工建筑的构造进行审查；

③ 建筑使用后的研究。

（4）* 协助业主进行建筑物的商业推广与销售给最终用户——销售用图纸、说明的编制与审阅，销售人员的培训，销售推广活动的出席等。此部分内容需要业主单独委托并与建筑师签订相应的协议。

（5）* 进行使用后的回访，并提供相应的技术支持和服务——入住后检测，回访，使用后评价，提出运营维护计划、检修时间表，提供设施管理服务（Facilities Management，FM）等。此部分内容为建筑师的附加增值服务，需要与业主协商确定评估的方式、范围等内容。

使用后评价（也被称为“使用后评估”，可以简称为“后评价”，英文为 Post Occupation Evaluation，POE）是在建筑物建成使用一段时间后，进行业主 / 用户对建筑物的性能和服务的满意程度评价的定性或定量的研究，为后续的策划、设计服务提供参考，尤其是重复率比较高的建筑类型，如学校、住宅、写字楼等，可以提高建筑质量和投资效益，有效地提高建筑业主的满意度。使用后评价兴起于 1960 年代美国对于公共机构的人类行为与建筑设计关系的研究，并在 1980 年代逐步形成一个独立的学科，在理论、方法、策略和运用上都取得了大量的进展，建立了与感知性和客观性相关的评价模型，并进行标准化、与信息技术相结合，开始大规模地在多种建筑上实践。

根据评估的深入程度，可分为三种：

① 陈述式使用后评价——直接描述出被评估建筑物的性能方面的成功和失败之处，一般采用文件和档案评估、步入式评估（实地考察并记录）、评估问卷、访谈等方法，主要依靠评估人的经验对其问题进行陈述式的记录；

② 调查式使用后评价——运用在陈述式后评价找到关键问题后，进行深入调查、客观而精确的表述；

③ 诊断式使用后评价——是最为全面、深入的评估，一般采用问卷、访谈、观察、实物测量、横向对比、文献综述等多种方法，并提出问题和改进的建议，促进整体技术水平的提高。

使用后评估与其他的设计服务阶段一起在建筑整个生命周期中呈现一个完整的建筑物服务链条，并可不断循环往复和提高：策划—设计—建造—使用—使用后评价。其中的策划阶段和使用后评价阶段在整个循环中作为信息流起到了控制项目整体走向的关键作用，对已有建筑使用情况的定性或者定量的研究、形成的统计数据和评估报告将成为现状研究的一个重要部分，也可以被看作是策划的一个组成部分（表 5-8）。

建筑产品的维修计划（以日本的集合住宅为例） 表 5-8

种类	修缮项目	竣工后年数（年）																	备注
		4	5	6	7	8	9	10	11	12	13	14	15	16	17	18	19	20	
内外改墙修室	外墙改修 1)									○									主体结构改修 + 再涂刷
	室外设施的外墙改修 2)									○									主体结构改修 + 再涂刷
	室内墙、地板等的改修 3)									○									电梯厅以外的地板进行破损修补
防水的改建修补工程	电梯井的方说改建与修补			○						○						○			
	更换伸缩缝的密封材料									○									
	塔楼屋面的防水改建与修补									○									
	外走廊地板的防水改建与修补									○									
	阳台地板的防水改建与修补									○									
	楼顶屋面外涂层墙缝			○						○									
	楼顶屋面的防水改建与修补												○						
	电气、泵、主控室屋顶												○						
	垃圾站屋顶的防水改建与修补									○									
铁件等的涂漆	外部钢结构楼梯	○				○				○				○				○	
	高架水池台架	○				○				○				○				○	
	自行车存放处的铁件		○			○				○				○				○	
	游戏设施的铁件		○			○				○				○				○	
	门厅大门等一般的铁件部分			○						○						○			
	铝制扶手、铁制条格窗									○									
其他	围网栅栏的更换									○									
	停车场的整理									○									
给水设备	水泵电机的分解检修		○				○				○								第 9 年分解检修，其他作整修检查
	水泵电机的更换		○				○								○				
	操作盘、控制装置的检修					○					○				○				第 13 年更换电极
	储水设备的改建与修补													○					实施前要与业主委员会协商
	各种器具、阀门等的检修更换												○						
	给水管的防锈措施	○																	安装磁化水处理装置

续表

种类	修缮项目	竣工后年数（年）																	备注
		4	5	6	7	8	9	10	11	12	13	14	15	16	17	18	19	20	
化粪池	泵、电机的分解检修和整修		○				○				○				○				第 13 年更换
	操作盘和控制装置的检修		○				○				○				○				
电气设备	开关器、控作盘等的安装检查		○			○			○			○			○			○	
	室外灯的更换									○									
	室内灯的更换												○						
	电视天线的更换							○											
检查	定期检查				○			○			○			○			○		特殊建筑物的定期报告
	建筑物的综合检查							○					○						第 10 年外墙改建修补前检查，第 5 年设备检查

注 1)：外墙改修指一般外墙、女儿墙、阳台、外走廊、屋顶管井及机房、大门门廊等处的修补和改建。

注 2)：室外设施的外墙改修指电气室、泵房、控制室、机房、垃圾站等的修补和改建。

注 3)：室内墙、地板等的改修指室内楼梯、电梯厅、管理用房等的修补和改建。

本章注释

注 1：金维兴，丁大勇，李培．建设项目分解结构与编码体系的研究 [J]. 土木工程学报，2003（09）：7-11.

注 2：周静瑜．国际化项目中 Specs 技术规格书的知识要点及应用 [J]. 建筑施工，2014（05）：608-610.

Chapter6

第6章 建筑师的项目管理

Project Management of Architect

6.1 建筑工程作为项目和管理方法

6.1.1 建筑工程的项目特征

人类从古代开始，除了维持社会运作的日常的、重复性的生产、生活活动之外，“国之大事，在祀与戎”（国家大事，莫过于祭祀和战争），祭祀活动就必然有相应纪念性建筑的建造，并由国家首领按照天启组织营建，因此庄严神圣、规模浩大，并具有明显的独特性、暂时性、生命周期性的特征。近代项目管理科学就起源于对建筑工程和军事工程的管理总结。

建筑工程及其产物——建筑物一般具有以下特征：

（1）独特性、唯一性，单品生产、订货生产——建筑非移动性与土地的不可再生性造成的条件的特殊性、唯一性；无试作的一次性生产方式，要求按照特定的要求组织实现，具有临时性、一次性的特征；一般是满足特定客户的特定使用要求的定制产品而非市场型大量生产商品，有时间、成本、品质的明确要求。

（2）规模性、地域性、低技术性——经济及社会成本高昂，需动员大量的资金和人力成本，多为劳动密集型；大多数情况下无法个人独立完成，而且需要大量人员及组织的共同完成；土地资源限制和建筑的不动产特性，造成现场环境和现场施工的限制，形成工匠、材料和手法的地域性；低单位成本，适宜的技术；尺寸巨大且在现场施工，无法工业化生产，不利于提高技术。

（3）资产性、强制性、外部性——作为生活容器对生活方式干预的强迫性；作为超耐久商品的资源占用和机会成本的强制性；作为公共投资结果的行政主管的政治操作的强制性；由于建筑物物理存在的强制性，所以对除业主之外的使用者具有明显的外部性，即不会为外人使用或给外人带来不便而获得额外的收益或惩罚。

（4）过程控制、渐进明细——建造 / 建筑生产的现场生产过程是逐步推进的，要求很高的项目管理水平；设计者、施工者以及专业厂商，一般为大量的个人和公司，共同组成项目的团队，业主、设计者、承包商的团队组织、利益平衡、目标协同非常重要。随着项目展开和深入，目标和问题逐步展开，需要逐步优化、细化，多次循环迭代计划。

（5）主观性、纪念性——设计性能，建筑评价的主观性；设计者的设计意志、创新要求的主观性；面向非特定多数人群的设计标准、性能的抽象性，诠释的任意性；另外建筑物的建造过程中业主往往需要其具有一定的独特性和个性彰显的功能，加之巨大的体量，因此具有明显的纪念性。

（6）风险性——建筑是由业主订货的单品，生产缺乏比较和实验，只能依据设计文件和设计者的经验、资格来进行预期，具有设计的不可预见风险；建设过程长与现场施工带来各种不可预见的问题；创新性的要求、建设过程基本不可逆，造成每次项目都是一次冒险（图6-1、表6-1）。

在管理学上，可以把工作（Work）分为运营（Operation）和项目（Project）两大类。两者虽然都是由人来实施、受限于有限的资源、是一个连续的过程，但是运营是持续不断和重复性的，而项目则是一次性和唯一性的，是为完成某个唯一性的产品和服务而做的一次性的努力。项目是为创造独特的产品、服务或成果而进行的临时性工作。例如一次旅行、一次设计竞赛、建造一座大楼、完成一次火箭发射计划等。

工业产品的大规模生产销售

目标市场	客户需求	产品研发	生产制造	广告推销	销售回款	使用维护
业绩能力	客户营销	销售定制	产品定位	设计开发	监督施工	使用维护

建筑设计服务的项目订制研发

图6-1　工业产品和设计服务的不同产品研发和销售流程

建筑业与制造业的区别　表 6-1

对比项目		承包／建设业	工业／制造业
1. 从生产到流通过程	参与的方法	（原则是只有生产→施工阶段）	（产品策划→生产→流通的全部过程）
	产品策划、推向市场	• 订购生产，单品生产。订购 - 设计 - 施工。 • 无生产投入风险，但单品生产盈利空间有限	• 设计 - 中试 - 生产 - 销售。 • 产品好坏决定着企业命运。大规模生产投入风险大，盈利空间也大
	产品的生产	• 只生产（施工）接到订货的产品。 • 不存在预测生产→库存过剩的危险	• 以自我为主，生产自己策划的商品。 • 要承担由此产生的风险
	产品的销售	• 只生产（施工）接受订货的商品，不负责商品销售	• 要预测生产，并进行商品的推广和销售
2. 商品的性格		• 单一品的商品。很难达到全面的标准化	• 批量生产（可以实现标准化）
3. 设计活动		• 多数情况下设计和生产（施工）企业各自独立。 • 详细情况（颜色、尺寸）很多在现场决定	• 在同一企业内进行设计。 • 一般不在现场决定
4. 设备、组织、知识投资		• 根据订货需要进行设备投资。投资额比营业额小。 • 对组织、软件（研发）的投资考虑更加淡薄	• 设备投资是必要的手段。投资额比营业额要大。 • 但是，更加重视对组织、软件（研发）的投资
5. 生产组织	组织的形态	• 由建设单位（规划）→设计者→总承包施工→作业者构成的生产组织团队，进行项目管理，团队反复组成和解体。 • 先有项目，然后再组织建筑生产团队	• 基本的生产组织是固定的，生产各种各样的陈品
	实际作业体制	• 基本采用转包制。 • 转包给从事作业的工人。总包负责计划、安排、工程至质量管理、检查	• 主要部分基本是直接经营。 • 主要部分由自己公司的员工制作
	作业工人的雇佣形态	• 有固定工和转包工。总承包不直接雇用工人	• 一般是直接雇用工人
6. 生产活动	作业场所	• 原则上室外作业是每个项目都要有位置地点的移动变化	• 原则上是室内作业，地点位置是固定不移动的
	产品与人的关系	• 产品固定在土地上不动。根据工程进展情况，逐步增减工种。设备和人移动作业	• 工厂、设备、生产岗位乃至工人不动，产品在制造过程中移动
7. 定价方法		• 成本核心，或者成本 ＋ 固定比率经费。 • 成本决定价格	• 价格核心。 • 价格与成本没关系，是由市场原理（供需关系）决定
8. 企业组织体制		• 项目型企业组织	• 持续稳定性企业组织，职能型组织

项目的主要特点是：

（1）独特的产品、服务或成果。可以是一个独特的产品，一种独特的服务或能力，或是一项独特的成果（如研究成果、报告等），也可是这些的组合。项目的条件和要求、项目提供的产品和服务都是唯一、非重复的，以往的经验和能力只能提供一定的参考而非绝对的保证。这必然导致项目的首发风险。

（2）临时性工作。临时性是指项目有明确的起点和终点，有生命周期的特征，但并不意味着项目持续的时间很短，也不意味着项目的成果不能留存很久（如长城，金字塔）。项目及项目的参与者的使命都是一次性和临时性的，项目的参与者是为某个特定目标而临时组成的。这必然导致项目团队的磨合风险。

（3）其他的显著特点还有：生命周期性，渐进明晰（明细）性。项目均有明确的目标终点和现实起点，必须在特定的时间范围和资源条件内达成，项目生命周期是指项目从启动到完成所经历的一系列阶段。随着项目的推进，信息越来越详细、项目的内容、问题、估算等也越来越准确，因此需要持续迭代和细化、优化各项计划。

因此，项目是由一组有起止时间的、相互协调的受控活动所组成的特定过程，该过程要达到符合规定要求的目标，包括时间、成本和资源的约束条件。项目的核心诉求是达到目标的质量（绩效）和成本、时间。项目是临时性的、独特的，资源受限的，因此具有很大的风险性；项目是具有生命周期的，因此项目由于项目的投入、结果都是渐进明细的，因此越早的调整成本越小收益越大。正因为如此，项目管理具有非常重要的意义。

美国有研究表明，超过 8000 个 IT 项目只有 16%的项目实现其目标，50%的项目需要补救，34%的项目彻底失败。对 400 余位项目工作人员进行了调查，结果表明，项目失败的比例也非常高。根据分析，大多数项目的问题来源于以下四个方面的原因之一：① 组织方面出现问题；② 对需求缺乏控制；③ 缺乏计划和控制；④ 项目执行方面与项目估算方面的问题。在建筑业，项目失败的案例更是比比皆是。2016 年关于建筑业的研究报告指出，大型项目的完工时间通常比预计的要长 20%，而实际成本可超出预算 80%；同时建筑业的研发支出不到收入的 1%，而汽车和航空业研发支出占比则达到了 3.5% ~ 4.5%。英国建筑师的一项调查表明他们 60% 的工程都没能按时完工。我国也曾有研究表明大量的政府投资项目都因为种种原因控制不住成本而出现“超概”（超出经审批的工程概算）问题。

“一个项目可以采用三种不同的模式进行管理：项目是为创造独特的产品、服务或成果而进行的临时性工作。项目集（program）是一组相互关联且被协调管理的项目、子项目集和项目集活动，以便获得分别管理所无法获得的利益。项目组合（portfolio）是指为实现战略目标而组合在一起管理的项目、项目集、子项目组合和运营工作。”对于建筑设计企业而言，一个项目或单专业的设计服务可以看成是一个项目；设计部门内部的多个项目同时推进、共同使用人力资源，可以看成是项目集；设计企业整体的设计、咨询、投资等多种项目同时运行可以看成是项目组合（注 1）（图 6-2）。

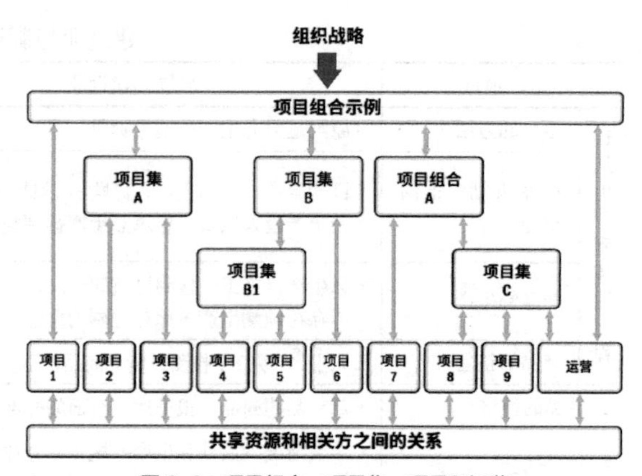

图 6-2　项目组合、项目集、项目和运营

我们把项目的实施和达成目标的过程称为项目生命周期（Project Life Cycle）或项目周期（Project Cycle），并可根据每一过程中的阶段性特征将项目周期或项目实施过程分为若干个项目阶段（Project Phase）。项目管理过程或生命周期，可分为以下几个步骤和过程：

（1）项目生命周期的过程五阶段：启动 – 规划 – 执行 – 监控 – 收尾。

① 启动过程，批准项目或阶段的开始：确定项目需求和目标；估算所需投资；建立项目组织；确定项目组织的关键成员。

② 规划 / 过程，定义项目或阶段的目标及其所需的资源：项目组织的确认；项目的基本预算和进程的制定；项目可行性研究和分析，为项目的执行做准备。

③ 执行过程，根据计划来执行任务；实施项目。

④ 监控 / 控制过程，通过定期监测项目的进展，判断实际的执行情况与计划的差异，采取纠正措施。

⑤ 收尾 / 结束过程，确定项目或阶段可以正式结束；评价、总结项目目标的完成程度；进行交接。

（2）项目管理四大步骤：计划 – 组织 – 实施 – 控制。

（3）工程项目周期四大阶段：决策 – 设计（准备）– 施工（实施）– 运营。

（4）解决问题十步法：察觉问题 – 收集数据 – 定义问题 – 产生方案 – 评估方案 – 选择方案 – 沟通

-计划实施-实施-监测（图 6-3、图 6-4）。

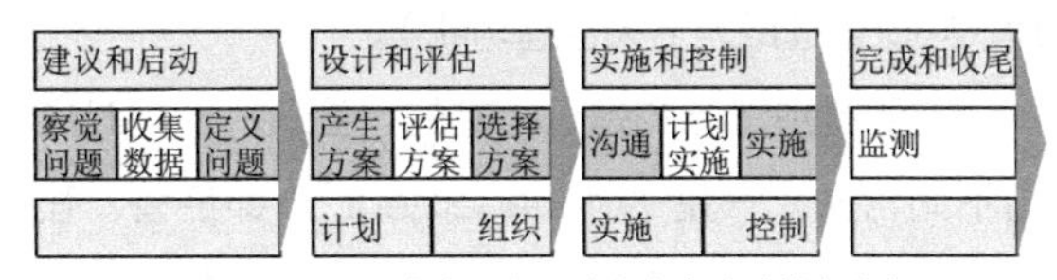

图 6-3　项目生命周期三种分类方法（横向分）

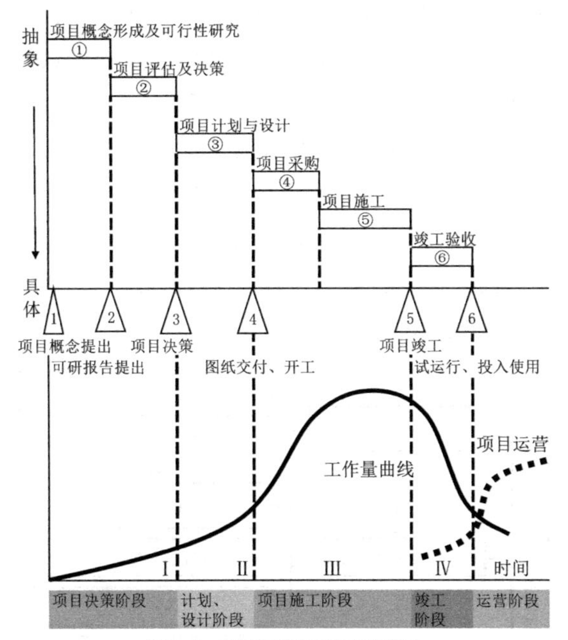

图 6-4　项目管理的过程和工作量

6.1.2　项目管理的要求和方法

项目管理是第二次世界大战后期发展起来的管理技术，最早起源于美国。项目管理（Project Management，PM）是在美国最早的 1940 年代曼哈顿计划开始时命名的，后由华罗庚教授于 1950 年代引进中国时被称为统筹法和优选法。项目管理的代表性技术都产生于工业生产和军事项目的科学管理中。甘特图（Gantt chart，又被称为横道图、条状图），是由亨利·L·甘特于 1917 年制定并用于工业生产的科学管理中；关键路径法（CPM）是美国杜邦公司和兰德公司于 1957 年联合研究提出，它假设每项活动的作业时间是确定值，重点在于费用和成本的控制；1960 年代美国在阿波罗登月项目中取得的巨大成功，使得国际上许多人开始对项目管理产生了浓厚的兴趣，突破原有的建筑、国防工程的应用限制，逐渐形成了目前全世界两大项目管理的研究体系：① 以欧洲为首、成立于 1965 年的国际项目管理协会（International Project Management Association，IPMA）；② 以美国为首、成立于 1969 年的项目管理协会（Project Management Institute，PMI），其 PMBOK 知识体系和 PMP 认证在项目管理界具有广泛的影响力。

项目管理的内容及其思想的变化过程，体现了对项目本质认识的深化过程：

（1）1940 ~ 1970 年代，项目管理的内容围绕着项目三要素、项目的三大目标：质量（绩效）、进度、成本，体现为"三控两管一协调"：三控（进度、成本、质量）、两管（合同、信息）、一协调（组织协调）。

（2）1980 年代项目管理的内容增加到五个要素：时间、成本、质量、范围、团队（组织）管理。项目达成的关键在于最开始的项目定义和范围界定（图 6-5）。

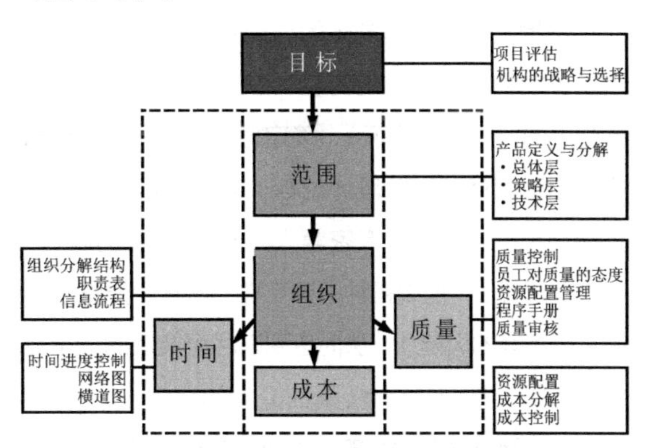

图 6-5　项目管理的三大目标（质量、成本、时间）和五大功能（范围管理、组织管理、质量管理、成本管理、时间管理）

（3）1990 年代项目管理增加到六要素：时间、成本、质量、范围、团队（组织）、目标（客户满意度）。

目前，项目管理知识体系（PMBOK）包含了项目管理的十大知识领域：

（1）项目整合管理（project integration management）；

（2）项目范围管理（project scope management）；

（3）项目时间管理（project time management）；

（4）项目成本管理（project cost management）；

（5）项目质量管理（project quality management）；

（6）项目人力资源管理（project human resource management）；

（7）项目沟通管理（project communication management）；

（8）项目风险管理（project risk management）；

（9）项目采购管理（project procurement management）；

（10）项目干系人管理（project stakeholder management）。

建筑工程项目的突出特点是它是为一个唯一的产品而定制的，因此这种唯一性决定了每一个项目都必须经过定义、计划与控制的过程。建筑师就是建筑物的定义人、质量控制人、实施监控人、政府监管助手。建筑设计计划与控制是项目设计管理最重要的部分，它是设计组织为实现一定的设计目标而科学地预测未来所制定的行动方案，主要包括确定设计的目标（设计的内容、范围与组织目标，设计任务的定义与分解等）、确定为达成目标的行动时序（总时间计划、阶段计划等）以及据此的设计资源调配（设计人员、专家等人力安排、资金预算、时间范围等），控制各种不确定性（法规、质量、时间、成本等的风险），从而达到以尽可能低的成本完成质量尽可能高的设计（高性价比）。

整个建筑服务项目的管理应包括：范围管理——企业战略与项目目标，建筑服务任务的定义与分解，也可以将战略管理单独划分出来；组织管理——建筑服务组织的创建和人力资源管理；质量管理——设计目标的实现和需求的满足；成本管理——设计预算和资源计划；时间管理——建筑服务的进度计划；风险管理——预测、评估与防范；知识管理——信息管理，知识产权管理（项目管理的五大功能：范围管理（企业战略与项目目标）、组织管理、质量管理、成本管理、时间管理，还可以包含风险管理、知识管理成为七大管理功能）。

需要特别注意的是，中文的“管理”一词对应的不同含义：一是“Management”，即经营，强调行为主体通过技巧和方法控制、实现目标，如企业的经营；另一是“Administration”，即监管，强调监控和管理，如行政管理。两者对行为后果负有完全不同的责任，在施工阶段，承包商作为行为主体主持施工安装工作并对其成果负责，建筑师则是监管施工合同的顺利执行，仅对承包商的工作成果负有监管、指导的责任；在设计阶段，建筑师则作为行为主体主持、运营全部设计咨询工作并对其成果负责（图6-6）。

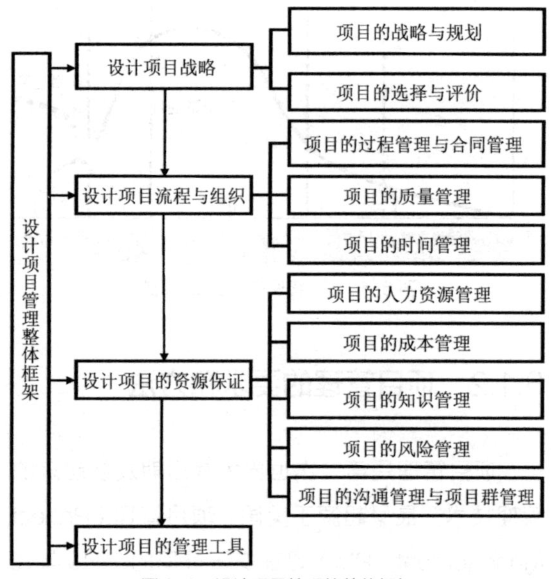

图6-6 设计项目管理的整体框架

6.1.3 工程项目管理模式

1）项目管理模式

建筑工程市场经多年的运作与发展，建设项目管理界，尤其是各国的行业组织已对项目管理模式进行了充分的研究，根据项目推进的前后顺序（直线式、瀑布式或并行式）、参建方的不同权责（委托代理或承包采购）、技术分工和统合方式（技术统合者是否存在）等的不同，归纳出四种常见的项目管理模式（也就是项目的合同交付方式、工程组织模式）。其他模式基本是在此基础上的派生和表达方式的不同。

（1）传统管理模式，经典模式（Design-Bid-Build Method，DBB 模式，施工总承包模式）

该模式的特点是：

① 工作界面清晰，设计和施工两大主体责任明确，特别适用于项目各个阶段需严格逐步审批的情况。如国际金融机构资助的工程、一般政府投资的公共工程等，FIDIC 施工合同条件（即红皮书）的工程项目管理基础也是这一模式。

② 项目施工阶段的合同管理由建筑师承担，以保证建筑师设计意图所代表的业主价值的实现。

③ 业主只进行一次施工招标并与一个施工单位签订施工总承包合同，这个施工总承包商负责组织分包商、供应商并签订分包合同，也被称为施工总承包模式。

④ 管理的技术基础是线性顺序法，不利于并行推进、压缩工期。由于采用招标图招标并由承包商进行施工图深化设计，可根据计划进度的要求分轻重缓急依次进行，这就在一定程度上运用了快速路径法，缩短了项目建造周期，弱化了该模式的缺陷（图 6-7）。

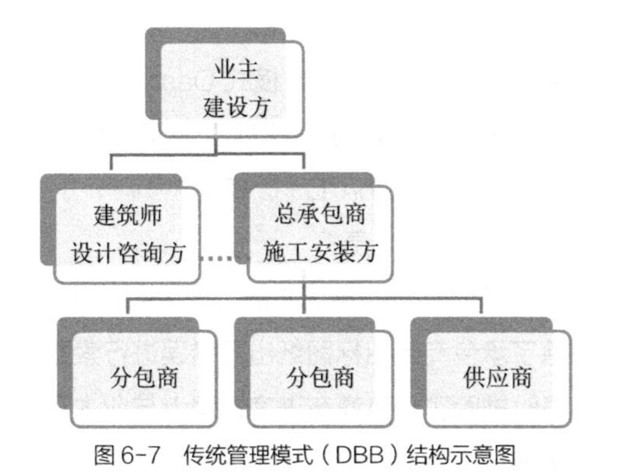

图 6-7　传统管理模式（DBB）结构示意图

在传统的施工总承包模式上还可演化出管理承包模式（Management Contracting/MC 模式，总承包商剥离施工模式）。美国建筑师学会（AIA）称之为 Construction Management at Risk（风险型或承包型 CM），美国建造规范协会（CSI）将其称为 CM at Risk（CM@R）。传统的 DBB 模式的总承包商是施工为主的公司，一般至少要承担主体结构的施工，可分包部分工程给分包商。MC 一般是承担造价、进度、工期全部责任的咨询公司，其自身不进行施工，而是专注于施工的工程管理，包括加工图深化设计、所有承包商（分包商、供应商）的分包组织与招标采购、施工全过程管理和目标控制施工承包商与供货商均直接与 MC（管理承包商）签约，而不是与业主签约，项目管理的风险由业主转移给管理承包商（MC），这与施工总承包模式一致。一般业主均要求管理承包商（MC）提出保证最大工程费用（Guaranteed Maximum Price，GMP），作为 MC 的承包基数，投资一旦超支则由 MC 承担，如有结余则与业主分成（图 6-8）。

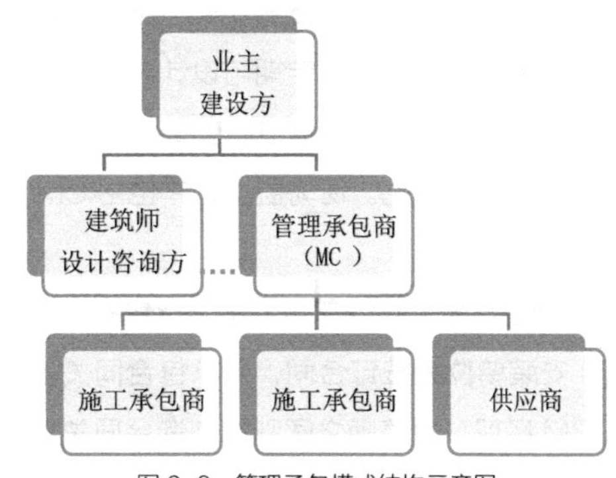

图 6-8　管理承包模式结构示意图

（2）建造管理模式（Construction Management，CM 模式，业主自营统合模式）

美国建造规范协会（CSI）将其称为 Construction Manager as Adviser（CMA）；美国建筑师学会（AIA）称之为 Construction Management as Agency（代理型 CM）。

这一模式是 1990 年代以来在国外，尤其是在美国广泛流行的一种管理模式。其特点是：

① 与过去那种等招标用设计图纸全部完成之后才集合进行一次性招标的传统模式不同，而是分专业将全部工程分割为若干子项工程，并对有关子项

工程采取阶段性发包，其技术基础是快速路径法。

② 由业主、业主委托的CM经理（即管理公司派出的项目管理部或业主专门聘用的职业经理人）与建筑师组成一个联合小组，共同组织和管理项目建造期的规划、设计和施工。在项目的总体规划、布局和设计时，要考虑到控制项目的总投资；在设计方案确定后，随着设计工作的进展，完成一部分分项工程的招标图纸设计后，即对相应部分分项工程进行招标，发包给一家承包商，由业主直接就每个分项工程与专业承包商签订平行的承包合同，即不设施工总承包商。

③ CM经理在工程设计阶段就参与项目的管理，按子项工程实施的次序安排设计分解与进度计划、对设计的可实施性、材料的可获得性、新施工工艺与方法的采用等向设计方提出要求和建议。

④ 在施工阶段，CM经理负责工程施工的监督、协调及管理工作，取代了传统模式下施工总承包商的管理职能，主要任务是定期与设计与施工承包商开会，对成本、质量和进度进行监督，并预测和监控成本和进度的变化。现场监理工作也由CM经理承担。

⑤ 业主与各个设计单位、施工承包商、设备供应商、安装单位等签订合同，是承包合同关系；业主与CM经理、建筑师之间则是咨询合同关系；而业主任命的CM经理与各个施工、设计、设备供应、安装等承包商之间没有合同关系，只是业务上的管理和协调关系。

⑥ CM模式的最大优点是可以缩短工程从设计到竣工的周期，一方面整个工程可以提前投产，另一方面减少了由于通货膨胀等不利因素造成的影响，从而节约建设投资，减少投资的时间成本。特别适用于投资动机性强的商业开发项目或对工期有严格要求的建筑项目。

⑦ CM模式下的合同方式多为平行发包，管理协调困难，对CM经理（项目管理部）的管理协调能力有很高的要求，往往均由具有相当管理水平的专业工程顾问公司派出CM经理（项目管理部）来担任。

业主采用建造管理（CM）模式取代传统（DBB）模式，使建造管理（CM）工作的承担人由施工总承包商转移为业主聘用的CM经理（项目管理公司），同时使大量管理风险的承担人由施工总承包转移为业主自身，而管理造成的损失与收益亦将由业主直接承担或享有。因此，这种模式也可以理解为业主自营统合的模式，类似古代业主自行管理现场、雇佣工匠营建、自担风险的模式（图6-9）。

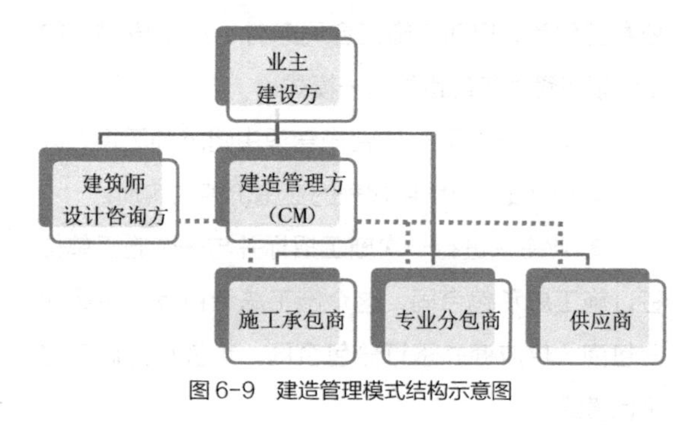

图6-9 建造管理模式结构示意图

（3）设计施工一体化的工程总承包模式（EPC模式，也被称为工程统包）

这一模式是对以下多种性质相近的工程项目管理模式的概括，包括：设计采购建造（Engineering Procurement Construction，EPC），交钥匙模式（Turn-Key），工厂设备、设计与施工模式（P&D+B），美国建造规范协会（CSI）、美国建筑师学会（AIA）称之为设计建造模式Design-Build/D+B模式，其他一些行业组织称之为设计施工模式Design-Construction/D+C模式。

这种模式的特点是：

① 减少了设计与施工方的工作、合同界面，从而解除了承包商因招标图纸出现错误进行索赔的权力，同时排除了承包商在进度管理上与业主及咨询公司可能产生的纠纷，因而在总费用及总工期的包干上非常明确。EPC合同通常应为总价包干合同。

② 业主可用方案设计图纸招标，在选定工程总承包商时，将其投标时所做方案设计优化的水平及

扩大初步设计（招标图纸设计）的优劣作为主要评估因素，这样可利用投标人的资源进行设计优化，从而降低工程造价。

③ 由于工程技术设计方是施工方，所以可在工程设计中采用更多先进可行的施工技术与材料，充分利用施工方的技术和经验，从而提高质量、缩短工期、降低成本。一些设计施工一体化的专业分包工程多采用此模式。

④ EPC 模式有很大的专业与行业局限，一般多用于工业与基础设施建设项目，其特点是便于通过指标，清晰描述项目成果；而民用建筑项目，由于施工方对项目使用的市场需求了解不多，又不存在工艺设计问题，很难在方案优化及后续的工程设计上有所贡献；反之由于建筑物价值，尤其品质的定义较为困难，需要业主和建筑师的全程监控、判断才能保证项目效益最大化，EPC 模式的施工方“黑箱”方式不利于过程监控。

EPC 模式是施工总承包商扩展服务、向上游延伸的结果，甚至还可以利用总承包商的融资、运营能力继续拓展。EPC 模式还是诸多派生性工程项目管理模式的载体，如 BOT/PPP/DBO 等投资与管理结合的模式，Build Operation Transfer/BOT 模式在多数情况下是业主将项目融资的责任与运营并回收投资的特许经营权均赋予 EPC 承包商（工程总承包商）的一种模式；Public Private Partnership/PPP 模式则多以 EPC 为基础，是政府作为业主的一部分——公营合作方，再将部分融资责任与全部运营收益权赋予私营合作方的一种模式（图 6-10）。

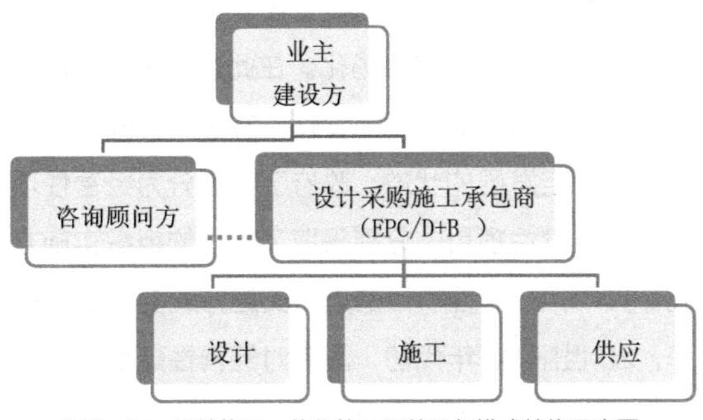

图 6-10　设计施工一体化的工程总承包模式结构示意图

（4）设计—管理模式（Design-Manage/D+M，PM 模式）

这一模式是建筑师业务拓展的结果，在设计、监造的基础上进一步兼做工程咨询（管理）业务，相当于为业主提供的设计主导的全部、全程咨询服务，因此也被称为 PM 模式。具体执行根据设计 + 管理方承担的风险不同，亦有代理型与风险型两种责任方式。业主将分别委托建筑师与施工总承包商的管理职能合并委托给建筑师，减少了两项业务间的工作界面。在具体管理操作上，D + M 模式一般不设置施工总承包商，总承包商的施工管理职能归于设计 + 管理方，总承包商的施工管理风险归于业主方，业主在设计管理方的协助下分别与承包商、分包商签订合同，类似于 CM 模式；也可以还设置施工总承包商，业主与设计方和施工总承包商分别签订合同，类似 DBB 模式，但是将业主的部分管理职能归于建筑师，扩展了建筑师的管理职能和业主代理角色，类似于含设计咨询责任的代建方式（图 6-11）。

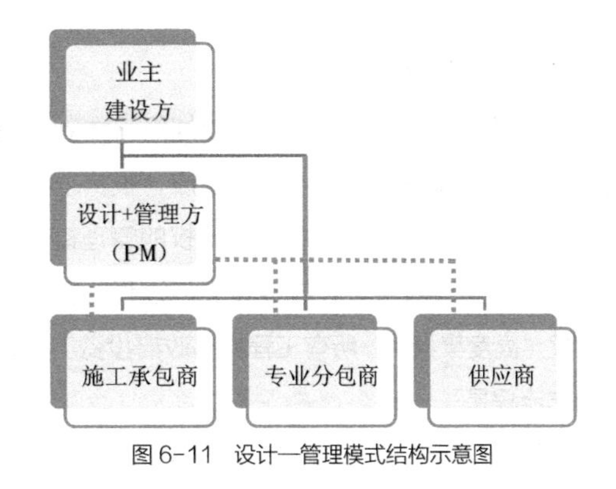

图 6-11　设计—管理模式结构示意图

由此可见，不同合同类型的基础是在专业分工条件下的工程组织模式，核心的职能与责任、风险的分配模式（合同交付模式）。近代工业革命之后的总承包模式是将材料采购、施工管理的责任和风险全部归于承包商从而解放了业主，但是承包商的“黑箱”操作和信任危机导致第三方——现代建筑师的应运而生，将项目的定义和监管责任给予建筑师、施工管理的责任和风险给予承包商，形成经典的 DBB 模式。在此基础上，根据项目特点和业主需求调整咨询方和施工方的责任和风险关系，形成了建筑师职能扩展、取消总承包商的 PM 模式、总承包商职能扩展、取消建筑师的 EPC 模式、总承包管理和施工职能分离的 CM 和 MC 模式，这样的职能组合调整中，风险承担方式不同就产生了承包型（at Risk）、代理型（as Agency）两种类型，甚至还可以有责任更轻的顾问型（as Advisor）。建筑项目的风险在合同各方之间的分配方式不同，一般而言，风险承担得越多，管理的权限就越大，收益也可能越高（图 6-12）。

合同类型	业主（项目法人）	承包商或工程咨询
设计、监理和其他咨询合同		
项目总包（交钥匙）合同		
设计/建造合同		
施工总承包合同		
分项直接发包合同		
单价合同		
总价合同		
实际成本加固定费用合同		
实际成本加百分率合同		
实际成本加奖金合同		

图 6-12　不同合同方式及风险承担

2）项目管理在我国的应用

在改革开放以前，我国实行计划经济体制和高度集中的投资管理方式，与此相对应，投资项目建设实施组织方式也采取的是高度集权的管理模式，其突出特征是政府直接参与建设实施过程的管理和管理权“高度集权”。所有工程都是政府投资工程，其运作流程是：

项目建设实施组织采取“工程建设指挥部”（或设立“基建处”）的形式。指挥部一般在项目正式开工前组建，在前期工作阶段为“筹建处”（或“筹建办公室”）。建设指挥部通常由政府行业主管部门临时抽调本行业、本部门或本地区所管辖的单位中的专门人员组成。一些投资大、规模大和协作关系复杂的大型项目，各级政府通常还在建设指挥部之上设立由主管领导挂帅、相关部门领导组成“项目建设领导小组”负责协调工作。工程建设指挥部全面负责项目建设阶段的勘察设计、施工、资金、计划、工期、质量及竣工验收、交付使用的全面管理。政府直接参与项目建设过程的管理。政府主管不仅审批和决策项目，分配建设资金和建设物资，而且还直接参与项目建设过程中的建设任务分配、建设进度、工程质量等微观管理过程。

传统的“工程建设指挥部”组织实施方式的优点是：指挥部是政府主管部门的派出机构，在重大项目建设中通常还设立由各方面领导同志共同组成的“领导小组”提供各方面的支持，权威性强，决策和指挥直接，可以依赖行政权力协调各方面关系，有利于集中力量加快工程建设进度。但也存在很大弊端：一是建设指挥部（或“基建处”）是临时机构，通常是一个项目组建一个指挥部，项目建设完毕后即行解散，不利于项目建设过程中的经验和教训的积累和总结，从而为新项目的建设提供指导和借鉴。一个项目建设出现过的问题和失误，难免在其他项目中会重复出现，项目建设管理水平难以有效提高。二是建设指挥部不是独立的经济实体，使得建设过程中的经济责任制难以落实。建设指挥部吃国家投资“大锅饭”，投资概算超支就向国家伸手要求调整概算，使得建设投资难以做到有效控制，投资效益低下。三是工程建设指挥部采取建设与使用、建设与生产相分离的管理方式。工程建设指挥部只管建设，不管建成后的使用和生产，只管投入，不管产出，这容易造成建设与使用、资金投入和回收相脱节，给建成后的使用单位或生产单位带来很多问题或沉重的经济负担。

改革开放以来，我国投资管理体制逐渐从高度集中转向了分权化和市场化。在此过程中，建设项目的组织实施方式也不断变迁，并仍处在尚需继续完善和稳定发展的状态。政府工程区分为经营性项目和非经营性项目，分别采取了不同的组织实施方式。其中，经营性项目的组织实施方式变革进行较早，20 世纪 90 年代初，国家对经营性建设项目开始实行“业主负责制”，90 年代中期逐步发展成为完整的"项目法人责任制"，即由建设项目法人对投资项目从项目策划、决策、建设资金筹措、建设实施管理和投资回收全过程的管理责任，从而较好地解决了传统建设体制下的建设与生产、使用相分离、投资责任无人负责的问题。在此基础上又进一步发展，产生了"项目法人招标"制度。它的具体运作方式是：政府对由直接出资或授权投资建设的基础设施和社会事业项目，采取向社会招投标的模式选择项目法人，由项目法人承担从项目筹资、建设到建成后运营的全过程管理，自主承担投资责任和投资风险。

近年来，"代建制"作为一种工程组织实施方式得到了越来越广泛的应用。政府工程代建制具体又区分为两种方式，其一是政府设立专职从事政府工程代建的常设性事业单位，即所谓政府代建；其二是政府使用部门通过招标选择工程项目管理公司，提供市场化的专业代建服务，即所谓市场代建。无论是政府代建，还是市场代建，其核心思想都是力求通过建、管、用的分离，增强政府工程建设过程中的成本约束，从而更好地控制投资。

此外，我国改革开放以来，还逐步确立了工程招投标制、工程监理制、建设合同管理制和工程质量终身负责制等四项制度。由于在投资体制改革以前，我国并未有意识地对不同投资来源的项目加以区分，因而上述四项制度事实上基本适用于全社会的投资项目，成为非常普遍的组织实施方式。建设监理制规定，建设项目在建设实施过程中要选择专门的工程监理公司对工程建设过程实施监理。工程建设招投标、建设合同管理制等则要求大中型项目建设的工程咨询、勘察设计、建筑施工、工程监理、设备和材料供应等均要采取招投标方式选择相应的单位和机构承担；建设阶段要严格按照建设合同进行管理。工程质量终身负责制则要求所有参与项目建设的单位和企业要对工程建设质量承担终身责任。与之相应管理法规和政策基本上成型于 20 世纪 90 年代，并通过建筑法、招标投标法以及相关条例等上升为法律制度，对建设项目管理的规范化、科学化发挥了重要作用。但由于上述制度创新中，缺乏对不同投资来源建设项目监管要求的明确区分，也没有对市场环境中建设项目组织实施方式创新空间有充分考虑，因而也带来了"一刀切"的弊端，制约了我国建设项目在应用不同工程项目管理模式上的选择空间，需要进一步的改革和优化。

参考：鲁布革经验（鲁布革冲击）与建筑业的效率提升

1980 年代初期，我国开始利用借贷外资修建工程，提供贷款方主要有世界银行、亚洲开发银行和一些外国政府等，这些贷款项目大多要求实行国际公开招标与投标，采用国际通用合同条件。1984 年，得到世界银行部分贷款的鲁布革引水项目，按照世界银行的相关规定进行了国际竞争性招标。参加投标的有 8 家大公司，在世界银行的指导下，经过公平竞争，日本大成建设公司以低标价（8463 万元人民币）、施工方案合理、确保工期等优势一举夺标。这个报价仅相当于标底价格的 57%。在订立合同后，大成建设公司雇佣了中国劳务，创造了国际一流水平的隧道掘进速度，提前 122 天竣工，高质量完成了工程。这是我国第一个实行国际招标的土建工程项目，该工程不仅取得了良好的效果，还引起了我国工程建设管理界的关注和极大兴趣。当时我国将日本大成建设公司在鲁布革项目成功的经验归结为：项目管理、工程合同管理（含招标和索赔）和工程经济学（含造价）的成功。同济大学于 1982 年开始开设工程项目管理课程并将西方经典的建筑师职责切分为设计和项目监理，1986 年据此向上海市和城乡建设部建议实行"建设监理制"，先后被上海市和城乡建设部采纳。1987 年中国正式实施建设监理制，与项目法人责任制、项目合同制、招投投标制并称中国建设领域的"四制"（注 2）。

但是，日本的建筑业由于实施严格的施工企业资质管理，导致市场准入门槛高，外部企业进入困难，替代升级效应缺失，使得施工企业“大手”（大企业）之间的违法围标“谈合”严重，企业之间抱团合作，施工企业与分包商、供应商之间长期稳定的合作关系一方面容易培养大量分散的小企业的“工匠”精神、高水平的战略合作伙伴，另一方面也造成行业竞争不够激烈、产业集成化程度不高、成本居高不下的顽疾。据报道，2017 年日本平均每小时的劳动生产率为 47.5 美元，仅达到美国平均每小时劳动生产率 72.0 美元的三分之二。因为日本的中小企业（中型规模企业和小型规模企业）占企业整体的比例过高，尤其是小规模企业的比例最高。一般而言，企业规模越大生产效率越高。批发业、零售业、餐饮业等员工在 5 人以下，制造业、建筑业、运输业等员工在 20 人以下的小型企业，占日本企业整体的近 90%。因此，日本的小型企业为创造与美国中小企业相同的附加价值，需要雇佣近 3 倍的员工（注 3）。

6.2 项目范围管理

6.2.1 范围管理的内容

项目范围管理主要在于定义和控制哪些工作应该包括在项目内，哪些不应该包括在项目内，以确保所做的工作是充分且必要的，这些工作可以实现项目的目标、成功地完成项目。

通过项目的范围管理过程，首先把业主的需求转化为项目产品的定义（包括预期的收益），再进一步将其转化为项目工作范围的说明，这是项目的核心目标，也是项目存在的根本。由于资源的有限性和项目的风险性，一般都需要剔除冗余性能、精炼核心指标、保证核心指标达到业主的需求或预期。如果目标不明确或过于宽泛，必然导致资源浪费和分散、业主的核心需求无法满足和项目的失败。因此，项目的范围管理是项目管理最主要的功能，组织管理是使能作用（资源保证），而项目的实践、成本、质量管理主要是对项目起到约束作用。

建筑工程的方案设计过程就是一个确认业主核心需求、定义项目主要指标的建筑物生命周期中的一个过程。作为项目管理的范围管理是一种方法和技术体系，在整个项目、子项目、项目群中都同样发挥作用，在解决每一个问题的过程中都需要范围管理的方法，以便聚焦资源、解决核心问题。

项目范围管理过程为（前三者为核心环节）：

（1）收集需求，为实现项目目标而确定、记录并管理相关方的需要和需求的过程。

（2）定义范围，制定项目和产品详细描述的过程。

（3）创建 WBS，将项目可交付成果和项目工作分解为较小的、更易于管理的组件的过程。

（4）确认范围与职责，正式验收已完成的项目可交付成果的过程。

（5）控制范围，监督项目和产品的范围状态，管理范围基准变更的过程，控制项目的进展。

6.2.2 收集需求，定义范围

1）需求调研的方法

（1）文献阅读与实地考察，头脑风暴。收集和了解相关资料，实地考察项目激发头脑风暴。

（2）用户访谈。访谈是通过与相关方直接交谈，来获取信息的正式或非正式的方法。访谈的典型做法是向被访者提出预设和即兴的问题，并记录他们的回答。访谈有经验的项目参与者、发起人和其他高管，以及主题专家，有助于识别和定义所需产品可交付成果的特征和功能。

（3）问卷调查。问卷调查是指设计一系列书面问题，向众多受访者快速收集信息。问卷调查方法非常适用于受众多样化、需要快速完成调查、受访者地理位置分散且适合开展统计分析的情况。

（4）标杆对照。标杆对照将实际或计划的产品、过程和实践，与其他可比组织的实践进行比较，以便识别最佳实践，形成改进意见，并为绩效考核提供依据。

需求调研的成果可通过工作任务列表（Statement Of Work，SOW）来描述需求，整理客户需求，防止遗漏并进行归纳总结，制定相应的指标。工作任务列表往往作为项目合同的主要附件，并为制订详细计划、WBS（工作任务分解）提供依据。工作任务列表的主要目的是界定工作范围（时间，费用，质量），尽量避免非量化的目标，以防项目失败。

工作任务列表（SOW）的主要内容包括：工作范围（包含的工作任务，不包含的工作任务），交付物描述，进度安排，资源需求，验收标准与流程。

2）定义范围是制定项目和产品详细描述的过程，即清楚地描述产品、服务或成果的边界和验收标准

范围管理的目标是集中资源、聚焦问题，因此常常用到二八法则，即帕累托法则（Pareto's principle，又被称为帕累托定律、关键少数法则等），表明在投入与产出、努力与收获、原因与结果之间普遍存在着不平衡关系：集中资源完成关键的 20% 的功能，就能实现 80% 的价值；少的投入，可以获得多的产出；关键的少数，往往是决定整个组织的效率、产出、盈亏和成败的主要因素。

据此可将需求按照其带来的价值和投入的成本分类：① 少量必须做的，是关键的少数；② 应该做的；③ 大量可以做但优先度最低的，是不重要的多数。客户的需求管理，就是根据二八法则与客户一起讨论，结合预算和操作可能性，做出规划，将分类的结果和合同、招标文件中的需求进行对比，促使业主尽快将理想与现实结合起来，基于核心需求提出设计要求。

在建筑项目和工业产品设计中，设计人员努力创新，希望设计趋于完美，而项目经理则尽力在一定的时间和成本限制条件下交付恰当的设计。因此，必要的、关键的指标、技术等与业主需求的契合度、重要度等配置管理就成为一个核心问题，特别需要利用帕累托法则进行配置优化管理。质量功能展开（Quality Function Deployment，QFD）是采用质量屋（质量表）的形式，量化分析顾客需求与工程措施间的关联度，经数据分析处理后找出对满足顾客需求贡献最大的工程措施，即关键措施，从而指导设计人员抓住主要矛盾，开展稳定性优化设计，开发出满足顾客需求的产品。

质量屋也称质量表，是一种形象直观的二元矩阵展开图表：① 左墙是顾客需求及其重要程度；② 天花板是工程措施（设计要求或质量特性）；③ 房间是关系矩阵；④ 地板是工程措施的指标及其重要程度；⑤ 屋顶是相关矩阵用于评估各项工程措施间的相关程度（叠加强化和抵触消减等）；⑥ 右墙是市场竞争力评估矩阵；⑦ 地下室是技术竞争能力评估矩阵。

产品开发各个阶段均可建立质量屋，且各阶段的质量屋内容有内在的联系。上一阶段天花板的项目将转化为下一阶段质量屋的左墙等。产品规划、零部件设计、工艺规划、生产计划四阶段的质量屋必须按照并行工程的原理在产品方案规划阶段同步完成，以便同步地规划产品在整个开发过程中应该进行的所有的工作，确保产品开发一次成功。

质量功能展开 QFD 产生于日本，发展在美国，作为一种强有力的工具被广泛用于各领域。最直接的益处是正确把握客户需求从而更好地满足客户需求、多部门多角度协作优选方案、缩短周期、降低成本、将质量管理从后期的反应式的质量控制转变为早期的预防式质量管理从而提升产品质量（图 6-13）。

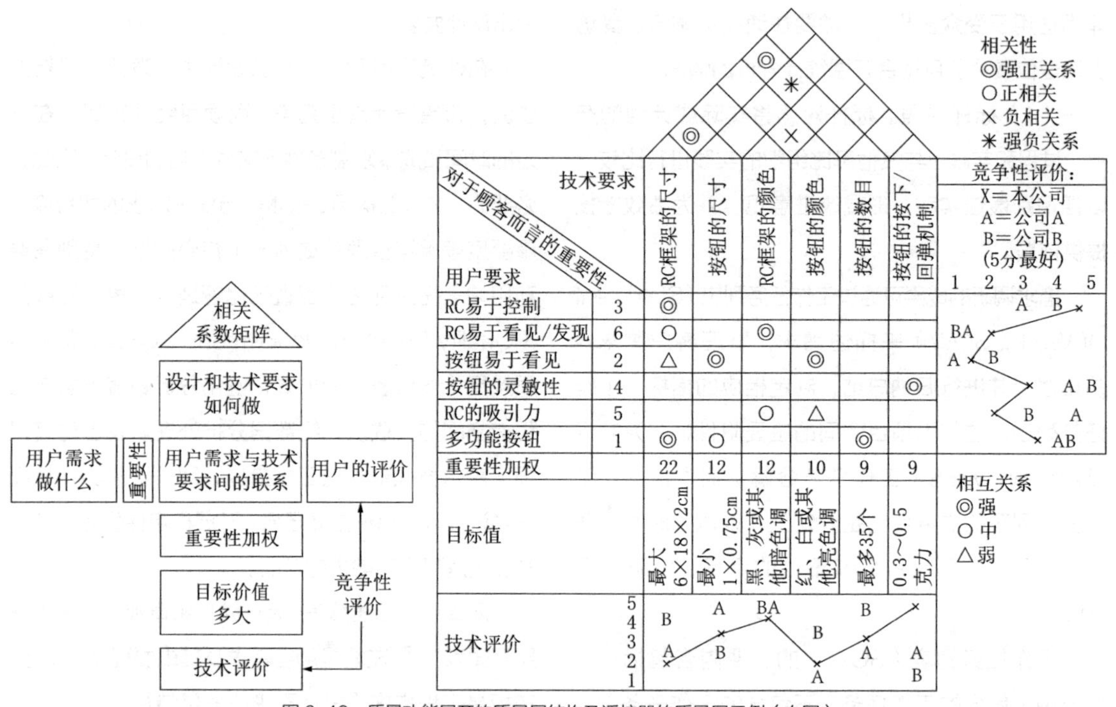

图 6-13 质量功能展开的质量屋结构及遥控器的质量屋示例（右图）

定义范围的成果是项目范围说明书，即工作任务列表（SOW）。项目范围说明书使项目团队能进行更详细的规划，在执行过程中指导项目团队的工作，并为评价变更请求或额外工作是否超过项目边界提供基准。项目范围说明书描述要做和不要做的工作的详细程度，决定着项目管理团队控制整个项目范围的有效程度。主要内容包括：

（1）产品范围描述——逐步细化在项目章程和需求文件中所述的产品、服务或成果的特征。

（2）可交付成果——为完成某一过程、阶段或项目而必须产出的任何独特并可核实的产品、成果或服务能力，可交付成果也包括各种辅助成果，如项目管理报告和文件等。还应有相关的假设条件和制约因素的描述。

（3）验收标准——可交付成果通过验收前必须满足的一系列条件。

（4）项目的除外责任、排除项——识别排除在项目之外的内容。明确说明哪些内容不属于项目范围，有助于管理相关方的期望及减少范围蔓延。代表项目相关方之间就项目范围所达成的共识，便于管理相关方的期望。

6.2.3 创建工作分解结构

工作分解结构（Work Breakdown Structure，WBS），就是把项目可交付成果和项目工作分解成较小、更易于管理的组件（工作包）的过程。分解虽然从工作出发，但实际上也分解了质量、时间、成本、责任和风险，与组织配合从而使得大量资源可以共同完成一个项目任务。

复杂的工作（work）是由许多较小的、相关的任务组成的，这些可分的、可独立计量时间、成本、绩效、个人责任（可一个人负责）的最小的单元或可交付成果被称为工作包（work package，也称为任务包），工作包是 WBS 的最底层元素。创建 WBS 就是将主要的工作活动进行多层级分解，不断分解为子活动，直到工作的范围和复杂性减小到每个级别的细分类别上、内容缩小为一个工作元素，以保证这些共工作元素有清晰的定义、准确的解释、明确的资源条件和管理对象，以便制定进度、成本、质量计划并实施控制。工作分解结构也可以看成是项目或工作包的信息分类和编码系统，同时也可用于收集、分析复杂项目的各类信息。

创建 WBS 的步骤包括：① 明确项目范围和工作任务；② 确定 WBS 的结构和编制方法；③ 自上而下进行分层；④ 分解到工作包并编码；⑤ 核实 WBS 的分解是否必须且足够。

创建 WBS 时应满足的基本要求：

（1）某项任务应该在 WBS 中的一个地方且只应该在 WBS 中的一个地方出现。

（2）WBS 中某项任务的内容是其下所有 WBS 项的总和。

（3）一个 WBS 项只能由一个人负责，即使许多人都可能在其上工作，也只能由一个人负责，其他人只能是参与者。

（4）WBS 必须与实际工作中的执行方式一致，并能适应调整和变更。

（5）应让项目团队成员积极参与创建 WBS，以确保 WBS 的一致性。

（6）每个 WBS 项都必须文档化，以确保准确理解已包括和未包括的工作范围。

（7）工作包的工作时长不应超过 40 小时，建议在 4 ~ 8 小时。

（8）WBS 的层次不超过 10 层，建议在 4 ~ 5 层左右。

WBS 的成果包括：

（1）项目范围说明书或工作任务列表（SOW）。对项目范围、主要可交付成果、假设条件和制约因素的描述，这是 WBS 的工作基础。

（2）WBS 结构。WBS 是对项目团队为实现项目目标、创建所需可交付成果而需要实施的全部工作范围的层级分解。工作分解结构每向下分解一层，代表对项目工作更详细的定义。WBS 的结构类型可以是交付物、也可以是活动，也可以是两者的混合。WBS 机构通常由 5 个左右的层级组成：项目—大类—子类—或子活动—次子类或次子活动—工作包，常用自上而下的方法、使用组织特定的指南和 WBS 模板的方法创建，可以基于产品或项目的功能、物理结构或构造、实施过程（生命周期）等。

（3）工作包。工作包是 WBS 的最底层元素，一般的工作包是最小的可交付成果，具有明确的活动、成本和组织以及资源信息，并具有唯一个编码以便识别。

（4）WBS 字典或词汇表。WBS 词典是针对 WBS 中的每个组件，详细描述可交付成果、活动和进度信息的文件。内容可能包括：账户编码标识；工作描述；假设条件和制约因素；负责的组织；进度里程碑；相关的进度活动；所需资源；成本估算；质量要求；验收标准；技术参考文献；协议信息等。

检验 WBS 的分解是否完全、项目的所有任务都被分解和定义的标准是：

（1）每个任务的状态和完成情况是可量化、可检测的，质量和风险是可控的。

（2）明确定义了每个任务的开始和结束时间。

（3）每个任务都有一个可交付成果。

（4）工期、成本都可估算，并且对资源条件和责任人都有明确规定。

（5）所有工作都被分解和描述，各项任务是独立的。

由于 WBS 已经在工作包层级上将任务和个人联系起来，也就将项目和组织联系起来，可以采用组织管理与 WBS 的工作包建立起的工作职责矩阵将其明确化。通过矩阵，可以使项目人员清楚地看到自己对工作包和项目中其他人的责任。当需要进一步分解指派任务时，矩阵中列出的工作包就可以再分解为附加人员各自的任务并为其指派工作，同时由于整体结构的完整性，这种分派工作不会影响到整个项目的完整性，非常适合在赶工、人员变更、任务变更等情况下灵活使用（图 6-14、图 6-15、表 6-2）。

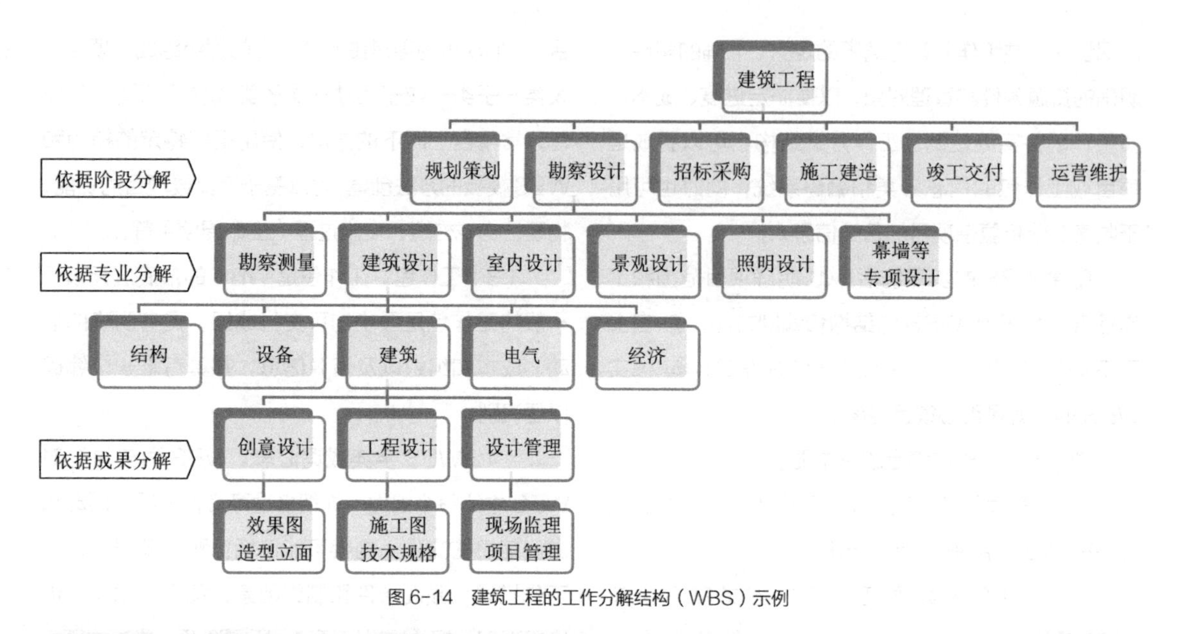

图 6-14　建筑工程的工作分解结构（WBS）示例

编号	任务	内容/流程	资源	工作成果	质量标准	负责人
•A101	•概念方案设计	•典型案例、竞争案例分析 •业主任务书图解 •场地分析 •技术法规分析	•规划要点 •项目策划 •业主需求	•概念方案 •主要技术经济技术指标 •规划要点	•经济技术指标可估算投入产出 •可辅助业主决策	•张三 •李四

图 6-15　WBS 字典或词汇表的内容示例

建筑设计的概念方案的工作任务包与作业分解示例　　表 6-2

设计任务包					项目设计人贡献度比例/绩效分值					
系统 / 阶段名称	比例	子系统 / 步骤名称	比例	任务包	设计总监	项目经理	主创/设总	设计人	设计人	设计人
					***	***	***	***	***	***
评审及组织	10%	设计总监	5%		5					
		专业负责人 / 主创	5%			3	1	1		
定位与条件确认	10%	设计条件验证	3%	获取设计条件并验证 规划意见书 / 地形图红线图 / 任务书 / 当地规划管理技术规定 / 决策程序及决策人 / 竞品				1	2	
		收集资料	2%	踏勘现场—拍照 /google 地图下载 收集资料—历史文化 / 政策规划/类例典例同尺度比较 / 竞品调查 / 市场策划调研					3	
		图解任务书	3%	分析环境与解读任务书 城市规划 / 环境分析 / 图解任务书 – 功能体量模块及组合方式 / 法规技术分析 / 设计问题与矛盾				2	2	
		确定设计目标	2%	客户需求发掘 / 设计目标 / 设计概念与亮点						

续表

设计任务包					项目设计人贡献度比例/绩效分值					
系统 / 阶段名称	比例	子系统 / 步骤名称	比例	任务包	设计总监	项目经理	主创/设总	设计人	设计人	设计人
					***	***	***	***	***	***
总图指标系统	30%	规划布局优选	15%	矛盾问题与解决策略 – 设计概念 – 规划布局 – 组团划分 – 功能空间 – 技术要点 – 参考案例及意向图片收集			7	2	1	
		总图设计及分析	10%	用地 / 交通 / 功能 / 日照 / 景观 / 竖向 / 分期分析			5		2	3
		指标计算及复核	5%	经济技术指标计算及复核			5		2	3
平面空间系统	25%	资料集成及优选	8%	功能模块和类例收集 / 优选						5
		户型栋型平面设计	10%	标准层、各层平面设计及指标计算						
		剖面设计	2%	剖面设计						
立面风格系统	25%	资料集成风格导向	5%	风格典例收集						
		立面造型比选	10%	立面 skp 多方案比选 / 材质图片收集 / 细部设计意向 / 景观概念及设计	1		9			
		建模及效果图	10%	立面及环境建模 skp/ 效果图监制 / 材质选样及意向图	1		4			
绩效分值					1.0	1.0	1.0	1.0	1.0	1.0
合计	100%		100%		7.0	3.0	31.0	6.0	12.0	11.0
最终比例（合计为 100%）					9.3	4.0	41.3	8.0	16.0	14.7

6.3　项目进度管理

6.3.1　进度管理计划

进度管理（Schedule Management）也就是项目的时间管理，是通过时间进度的管理来协调各种资源的配置和投入，并按期交付设计产品和服务、满足客户需求的过程。

作为项目管理的重要指标之一，时间进度一直是一个重要的资源指标；设计咨询服务、施工安装等工作的时间就是成本核算的重要依据；业主和参建方的贷款、薪酬发放等都与时间密切相关。更为关键的是，产品和服务的质量也和时间关系密切：由于时间指标明显，在时间充足或管理密度较小的情况下，人们往往会拖延至最后一刻才积极工作，呈现出临时抱佛脚、考前熬夜学习的“学生症候群”（拖延症）的特点；在时间不足的情况下，人们又往往会采用降低质量、减少投入的隐性方式来追赶进度，造成更大的质量安全隐患。因此，时间管理是贯穿项目全过程和全员的核心能力之一。

由于设计企业的成本主要是由人力时间成本构成的，而有限的人力资源和庞杂的项目群管理使得资源的调配成为实现项目目标的重要手段，因此计划和控制进度也是保障人力资源的充分利用的工具，是控制成本、扩大收益、保证服务质量的重要手段。

项目管理的重要职责之一就是保证项目的进度按照时间计划逐步推进。项目进度管理包括为管理项目按时完成所需的各个过程。其过程包括进度管理的规划、进度时间估算、进度计划制定和进度控制。

进度管理计划为规划（计划）、执行、控制的过程。包括：

（1）定义工作包或活动。识别和记录为完成项目可交付成果而需采取的具体行动，与工作分解结构 WBS 结合，确定每个可交付成果、每个工作任务、每个工作包、甚至每个活动。WBS、WBS 词典和活动清单可依次或同时编制，其中 WBS 和 WBS 词典是制定最终活动清单的基础。WBS 中的每个工作包都需分解成活动，以便通过这些活动来完成相应的可交付成果。主要方法是数据分析、类比参考、专家判断、项目参与方会议讨论等方法。

（2）列出里程碑清单（关键节点）。里程碑是项目中的重要时点或事件，里程碑清单列出了项目的所有里程碑，并指明每个里程碑是强制性的（如合同要求的）还是选择性的（如根据历史信息确定的）。里程碑是项目的关键节点，一般都是由合同、法规等约束而强制执行的，是必须保证的。因此，确定里程碑就是锚固了项目的大的时间节点。为了保证项目的顺利推进，除了外部要求的强制性的节点外，内部还要设置很多内部节点，以便将工作划分出可以管控的段落，并留有余量，防止前松后紧或进度失控。一般可结合工作周、半周的节奏安排检查节点，并利用周末调整进度、安排赶工。

（3）排列活动顺序，定义活动间的相互关系。识别和记录项目活动之间的关系的过程，包括各个活动的前后顺序和协调要求。排列活动顺序是识别和记录项目活动之间的关系的过程，主要作用是定义工作之间的逻辑顺序，以便在既定的所有项目制约因素下获得最高的效率。

活动之间有四种依赖关系或逻辑关系：

① 完成到开始（FS）。只有紧前活动完成、紧后活动才能开始的逻辑关系。这是最常使用的类型。例如，只有完成装配 PC 硬件（紧前活动），才能开始在 PC 上安装操作系统（紧后活动）。

② 完成到完成（FF）。只有紧前活动完成、紧后活动才能完成的逻辑关系。例如，只有完成文件的编写（紧前活动），才能完成文件的编辑（紧后活动）。

③ 开始到开始（SS）。只有紧前活动开始、紧后活动才能开始的逻辑关系。例如，开始地基浇灌（紧前活动）之后，才能开始混凝土的找平（紧后活动）。

④ 开始到完成（SF）。只有紧前活动开始、紧后活动才能完成的逻辑关系。这是很少使用的类型。例如，只有启动新的应付账款系统（紧前活动），才能关闭旧的应付账款系统（紧后活动）。

依赖关系可能是强制或选择的，内部或外部的。这四种依赖关系可以组合成强制性外部依赖关系、强制性内部依赖关系、选择性外部依赖关系或选择性内部依赖关系。在排列活动顺序过程中，项目团队应明确哪些依赖关系属于哪种类型，以便安排。

① 强制性依赖关系。强制性依赖关系是法律或合同要求的或工作的内在性质决定的依赖关系，强制性依赖关系往往与客观限制有关。例如，在建筑项目中，只有在地基建成后，才能建地面结构。

② 选择性依赖关系。选择性依赖关系有时又称首选逻辑关系、优先逻辑关系或软逻辑关系。即便还有其他依赖关系可用，选择性依赖关系应基于具体应用领域的最佳实践或项目的某些特殊性质对活动顺序的要求来创建。例如，在施工期间，应先完成卫生管道工程，才能开始电气工程。这个顺序并不是强制性要求，两个工程可以同时（并行）开展工作，但如按先后顺序进行可以降低整体项目风险。应该对选择性依赖关系进行全面记录，因为它们会影响总浮动时间，并限制后续的进度安排。

③ 外部依赖关系。外部依赖关系是项目活动与非项目活动之间的依赖关系，这些依赖关系往往不在项目团队的控制范围内。例如，软件项目的测试活动取决于外部硬件的到货。

④ 内部依赖关系。内部依赖关系是项目活动之间的紧前关系，通常在项目团队的控制之中。例如只有某项工程完工了才能进行测试和验收。

在此基础上，可计算出各个活动的提前量和滞后量，以便为资源协调、项目变更等预留调整的可能。项目管理团队应该明确哪些依赖关系中需要加入提前量或滞后量，以便准确地表示活动之间的逻辑关系。提前量和滞后量的使用不能替代进度逻辑关系，而且持续时间估算中不包括任何提前量或滞后量，同时还应该记录各种活动及与之相关的假设条件。

① 提前量是相对于紧前活动，紧后活动可以提前的时间量。

② 滞后量是相对于紧前活动，紧后活动可以推迟的时间量（图 6-16）。

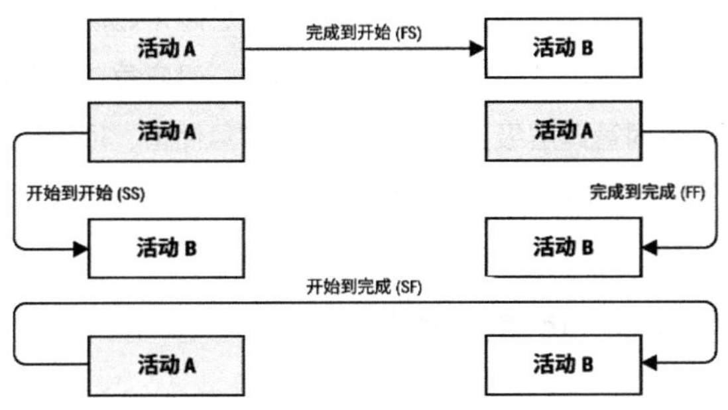

图 6-16　活动间的关系示意图

6.3.2　进度估算

估算活动持续时间是根据资源估算估算完成单项活动所需工作时段的过程。其主要作用是，确定完成每个活动所需花费的时间量。估算活动持续时间依据的信息包括：工作范围、所需资源类型与技能水平、估算的资源数量和资源日历，而可能影响持续时间估算的其他因素包括对持续时间受到的约束、相关人力投入、资源类型（如固定持续时间、固定人力投入或工作、固定资源数量）以及所采用的进度网络分析技术。应该由项目团队中最熟悉具体活动的个人或小组提供持续时间估算所需的各种输入，对持续时间的估算也应渐进明细。

首先应估算出完成活动所需的工作量和计划投入该活动的资源数量，然后结合项目日历和资源日历，据此估算出完成活动所需的工作时段（活动持续时间）。工作量一般体现为资源与投入时间的乘积关系，例如人・天，人工・时，在总量不便的情况下一般可以通过扩大一个乘数减少另一个乘数，例如 10 人・天 = 10 人 × 1 天，或 2 人 × 5 天。在许多情况下，预计可用的资源数量以及这些资源的技能熟练程度可能会决定活动的持续时间，更改分配到活动的主导性资源通常会影响持续时间，但这不是简单的线性关系。有的工作特性（即受到持续时间的约束、相关人力投入或资源数量）造成无论资源分配如何，都需要花预定的时间才能完成工作，例如 24 小时干燥时间、强度形成时间等；另外，如果增加太多活动资源，往往会因知识传递、学习曲线、额外合作等其他相关因素而造成持续时间增加、资源浪费。

估算持续时间时需要考虑的其他因素包括：

（1）收益递减规律。在保持其他因素不变的情况下，增加一个用于确定单位产出所需投入的因素（如资源）会最终达到一个临界点，在该点之后的产出或输出会随着增加这个因素而递减。

（2）资源数量。增加资源数量，使其达到初始数量的两倍不一定能缩短一半的时间，因为这样做可能会因风险而造成持续时间增加；在某些情况下，如果增加太多活动资源，往往会因知识传递等其他相关因素而造成持续时间增加。

（3）员工激励。项目经理还需要了解“学生综合症”（即拖延症）和帕金森定律。前者指出，人们只有在最后一刻，即快到期限时才会全力以赴；后者指出，只要还有时间，工作就会不断扩展，直到用完所有的时间。

估算时间的方法和技术主要有：

（1）专家判断。征求具备专业知识或接受过相关培训的个人或小组的意见估算时间。

（2）类比估算。类比估算是一种使用相似活动或项目的历史数据，来估算当前活动或项目的持续时间或成本的技术。类比估算以过去类似项目的参数值（如持续时间、预算、规模、重量和复杂性等）为基础，来估算未来项目的同类参数或指标。在估算持续时间时，类比估算技术以过去类似项目的实际持续时间为依据，来估算当前项目的持续时间。这是一种粗略的估算方法，有时需要根据项目复杂性方面的已知差异进行调整，在项目详细信息不足时，就经常使用类比估算来估算项目持续时间。相对于其他估算技术，类比估算通常成本较低、耗时较少，但准确性也较低。

（3）参数估算。参数估算是一种基于历史数据和项目参数，使用某种算法来计算成本或持续时间的估算技术。它是指利用历史数据之间的统计关系和其他变量（如建筑施工中的平方米），来估算诸如成本、预算和持续时间等活动参数。参数估算的准确性取决于参数模型的成熟度和基础数据的可靠性。参数进度估算可以针对整个项目或项目中的某个部分，并可以与其他估算方法联合使用。把需要实施的工作量乘以完成单位工作量所需的工时，即可计算出持续时间。例如，对于设计项目，将图纸的张数乘以每张图纸所需的工时可估算设计完成时间。

（4）三点估算。通过考虑估算中的不确定性和风险，可以提高持续时间估算的准确性。使用三点估算有助于界定活动持续时间的近似区间：最可能时间——基于最可能获得的资源、最可能取得的资源生产率、对资源可用时间的现实预计、资源对其他参与者的可能依赖关系及可能发生的各种干扰等，所估算的活动持续时间；最乐观时间—基于活动的最好情况所估算的活动持续时间；最悲观时间—基于活动的最差情况所估算的持续时间。一般采用三种时间的平均数就是最可能的时间估算即，预期 =（最可能 + 最乐观 + 最悲观）/ 3。也可采用贝塔分布预测，即，预期 =（最乐观 + 最可能 ×4 + 最悲观）/ 6。

（5）自下而上估算。自下而上估算是通过从下到上逐层汇总，工作分解结构 WBS 组成部分的估算而得到项目估算。如果无法以合理的可信度对活动持续时间进行估算，则应将活动中的工作进一步细化，然后估算具体的持续时间，接着再汇总这些资源需求估算，得到每个活动的持续时间。活动之间可能存在或不存在会影响资源利用的依赖关系；如果存在，就应该对相应的资源使用方式加以说明，并记录在活动资源需求中。

（6）储备分析。储备分析用于确定项目所需的应急储备量和管理储备。在进行持续时间估算时，需考虑应急储备（有时称为“进度储备”），以应对进度方面的不确定性。应急储备是包含在进度基准中的一段持续时间，用来应对已经接受的已识别风险。应急储备可取活动持续时间估算值的某一百分比或某一固定的时间段，亦可把应急储备从各个活动中剥离出来并汇总。随着项目信息越来越明确，可以动用、减少或取消应急储备。一般应急储备可在不同管理层级上设置，如管理应急储备、项目应急储备、项目组应急储备等。

6.3.3 进度计划制定

进度计划制定是分析活动顺序、持续时间、资源需求和进度制约因素，创建项目进度模型，从而落实项目执行和监控的过程。项目进度计划提供详尽的计划，说明项目如何以及何时交付项目范围中定义的产品、服务和成果，是一种用于沟通和管理相关方期望的工具，为绩效评估提供依据。

制定可行的项目进度计划是一个反复进行的过程。基于获取的最佳信息，使用进度模型来确定各项目活动和里程碑的计划开始日期和计划完成日期。编制进度计划时，需要审查和修正持续时间估算、资源估算和进度储备，以制定项目进度计划，并在经批准后作为基准用于跟踪项目进度。关键步骤包括定义项目里程碑、识别活动并排列活动顺序，以及估算持续时间。一旦活动的开始和完成日期得到确定，通常就需要由分配至各个活动的项目人员审查其被分配的活动。之后，项目人员确认开始和完成日期与资源日历没有冲突，也与其他项目或任务没有冲突，从而确认计划日期的有效性。最后分析进度计划，确定是否存在逻辑关系冲突，以及在批准进度计划并将其作为基准之前是否需要资源平衡。同时，需要修订和维护项目进度模型，确保进度计划在整个项目期间一直切实可行。

一般采用滚动式计划编制方法，从大到小、从整体到局部、从远期到近前，逐步细化即将开展的工作，保证较远期计划的整体控制，远期粗放近期细致，确保在整个项目期间保持项目详细进度计划的灵活性，使其可以随着项目深化、要求变更、对风险理解的加深而随时调整。

进度计划的优化通常包含以下步骤：

（1）资源优化。资源优化用于调整活动的开始和完成日期，以调整计划使用的资源，使其等于或少于可用的资源。资源优化技术是根据资源供需情况，来调整进度模型的技术，包括：

① 资源平衡。为了在资源需求与资源供给之间取得平衡，根据资源制约因素对开始日期和完成日期进行调整的一种技术。如果共享资源或关键资源只在特定时间可用，数量有限，或被过度分配，如一个资源在同一时段内被分配至两个或多个活动，就需要进行资源平衡。也可以为保持资源使用量处于均衡水平而进行资源平衡。资源平衡往往导致关键路径改变。

② 资源平滑。对进度模型中的活动进行调整，从而使项目资源需求不超过预定的资源限制的一种技术。相对于资源平衡而言，资源平滑不会改变项目关键路径，完工日期也不会延迟。也就是说，活动只在其自由和总浮动时间内延迟，但资源平滑技术可能无法实现所有资源的优化。

（2）进度压缩。进度压缩技术是指在不缩减项目范围的前提下，缩短或加快进度工期，以满足进度制约因素、强制日期或其他进度目标。负值浮动时间分析是一种有用的技术。在违反制约因素或强制日期时，总浮动时间可能变成负值。包括：

① 赶工。通过增加资源，以最小的成本代价来压缩进度工期的一种技术。赶工只适用于那些通过增加资源就能缩短持续时间的，且位于关键路径上的活动。但赶工并非总是切实可行的，因它可能导致风险、成本的增加。例如，加班赶工，支付加急费用。

② 快速跟进（快速路径）。这种进度压缩技术将正常情况下按顺序进行的活动或阶段改为至少是部分并行开展。快速跟进可能造成返工和风险增加，所以它只适用于能够通过并行活动来缩短关键路径上的项目工期的情况。快速跟进还有可能增加项目成本（图 6-17）。

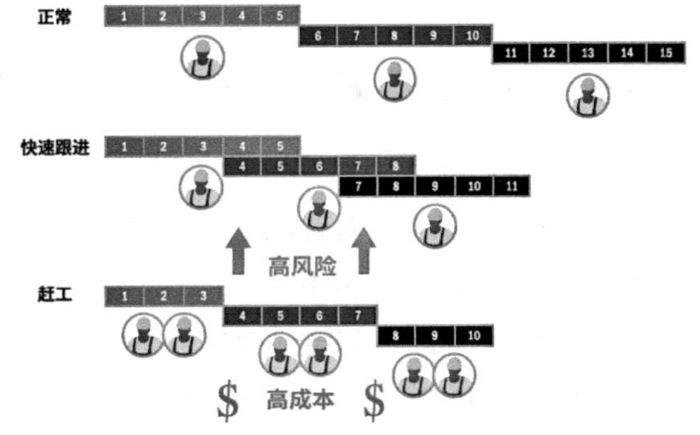

图 6-17　几种进度压缩技术

（3）项目进度计划的输出。项目进度计划是进度模型的输出，为各个相互关联的活动标注了计划日期、持续时间、里程碑和所需资源等信息。项目进度计划中至少要包括每个活动的计划开始日期与计划完成日期。项目进度计划可以是概括（有时称为主进度计划或里程碑进度计划）或详细的，一般是随着项目的推进渐进明晰、逐步细化、近细远粗的。

进度计划制定的方法很多，常用的有列表法、里程碑法、条形图法（甘特图法）、网络图法等：

① 列表法是将项目的重要节点以纵向列表的方式用文字记述各个设计阶段的时间，简便易行，但不易看出各项工作之间的相互关系。

② 里程碑法（关键节点法）是将项目的重要阶段按照时间顺序前后呈线性排列，将决定性的事件（里程碑）作为项目一个阶段结束和下一个阶段开

始的标志，通过控制里程碑事件的时间节点来控制整个设计项目的进程。里程碑图与横道图类似，但仅标示出主要可交付成果和关键外部接口的计划开始或完成日期。里程碑是项目中的重要时点或事件，里程碑清单应列出所有项目里程碑，并指明每个里程碑是强制性的（如合同要求的）还是选择性的（如根据历史信息确定的）。这种方法简洁易懂，适于描述宏观的阶段（图 6-18）。

编号	设计项目的节点	完成时间	负责人
1	方案设计	2005年4月1日	JY
2	方案设计调整	约1周	
3	初步设计	2005年6月1日	JY
4	初步设计调整	约2周	
5	施工图设计	2005年9月1日	HXY

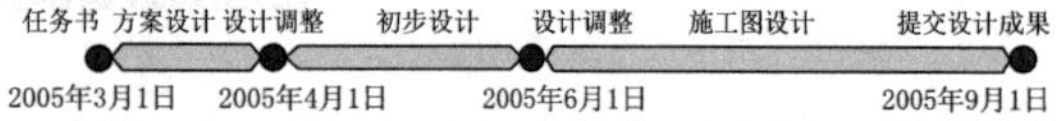

任务书 方案设计 设计调整 初步设计 设计调整 施工图设计 提交设计成果
2005年3月1日 2005年4月1日 2005年6月1日 2005年9月1日

图 6-18　设计项目的总进度列表法（上图）和里程碑法（下图）

③ 横条图法（又称横道图法、甘特图法）是最常用的展示进度信息、控制项目进程的方法，相当于多个里程碑图的并行集合。横条图的横坐标是时间，根据项目控制的时间跨度和细致程度可以是日、周、月；横条图的纵坐标是工作分解结构 WBS 的工作包或任务，一般将相关的工作列在一起形成工作簇（工作族）；工作的起点和终点由横条的长度来表示，各工作之间的关系用联络线表示。这种图示方法可以表示复杂的相互关系和管理多个工作包的并行，可以分层分类，且可以简便地手绘表达，并可加上责任分解结构等信息，是最常用的方法。横条图的问题是无法表现各工作包之间的制约关系且不易修改，在现代办公软件中已有成熟的表示方法和完善的自动调整功能，可以动态表现完成的程度，并能自动计算总进度时间及工作量分配（图 6-19）。

④ 关键路径法。关键路径法主要用于在进度模型中估算项目最短工期，确定逻辑网络路径的进度灵活性大小。这种进度网络分析技术在不考虑任何资源限制的情况下，沿进度网络路径使用顺推与逆推法，计算出所有活动的最早开始、最早结束、最晚开始和最晚完成日期。关键路径是项目中时间最长的活动顺序，决定着可能的项目最短工期。由此得到的最早和最晚的开始和结束日期并不一定就是项目进度计划，而只是把既定的参数（活动持续时间、逻辑关系、提前量、滞后量和其他已知的制约因素）输入进度模型后所得到的一种结果，表明活动可以在该时段内实施。在任一网络路径上，进度活动可以从最早开始日期推迟或拖延、而不至于延误项目完成日期或违反进度制约的实践，就是总浮动时间或进度灵活性。关键路径的总浮动时间可能是正值、零或负值：总浮动时间为正值，是由于逆推计算所使用的进度制约因素要晚于顺推计算所得出的最早完成日期；总浮动时间为负值，是由于持续时间和逻辑关系违反了对最晚日期的制约因素。负值浮动时间分析是一种有助于找到推动延迟的进度回到正轨的方法的技术（图 6-20）。

⑤ 项目进度网络图。项目进度网络图是表示项目进度活动之间的逻辑关系（也叫依赖关系）的图形。项目进度网络图可手工或借助项目管理软件来绘制，可包括项目的全部细节，也可只列出一项或多项概括性活动。网络图法将工作包之间的关联性和构成以项目网络的形态直观地表现出来，通过反映工作包之间的依赖关系和每项工作包的工作时间，可以求得其中的制约性因素和关键路径，从而计算出最短的工作时间，为项目的决策提供依据。网络的逻辑关系必须清晰准确，因此每个工作包应包括 6 个时间参数：最早开始时间、最早结束时间、最迟开始时间、最迟结束时间、总时差和自由时差。这种方法适用于复杂的项目管理，但其逻辑原理在条形图的软件程序中也有体现。也有只对各个流程逻辑关系进行描述而不涉及时间和关键路径的简易表示法，常见于各种流程和关系的示意图。项目进度网络图的图形用活动节点法绘制，没有时间刻度，纯粹显示活动及其相互关系，也被称为纯逻辑图。项目进度网络图也可以是包含时间刻度的进度网络图，被称为逻辑横道图（图 6-21、图 6-22）。

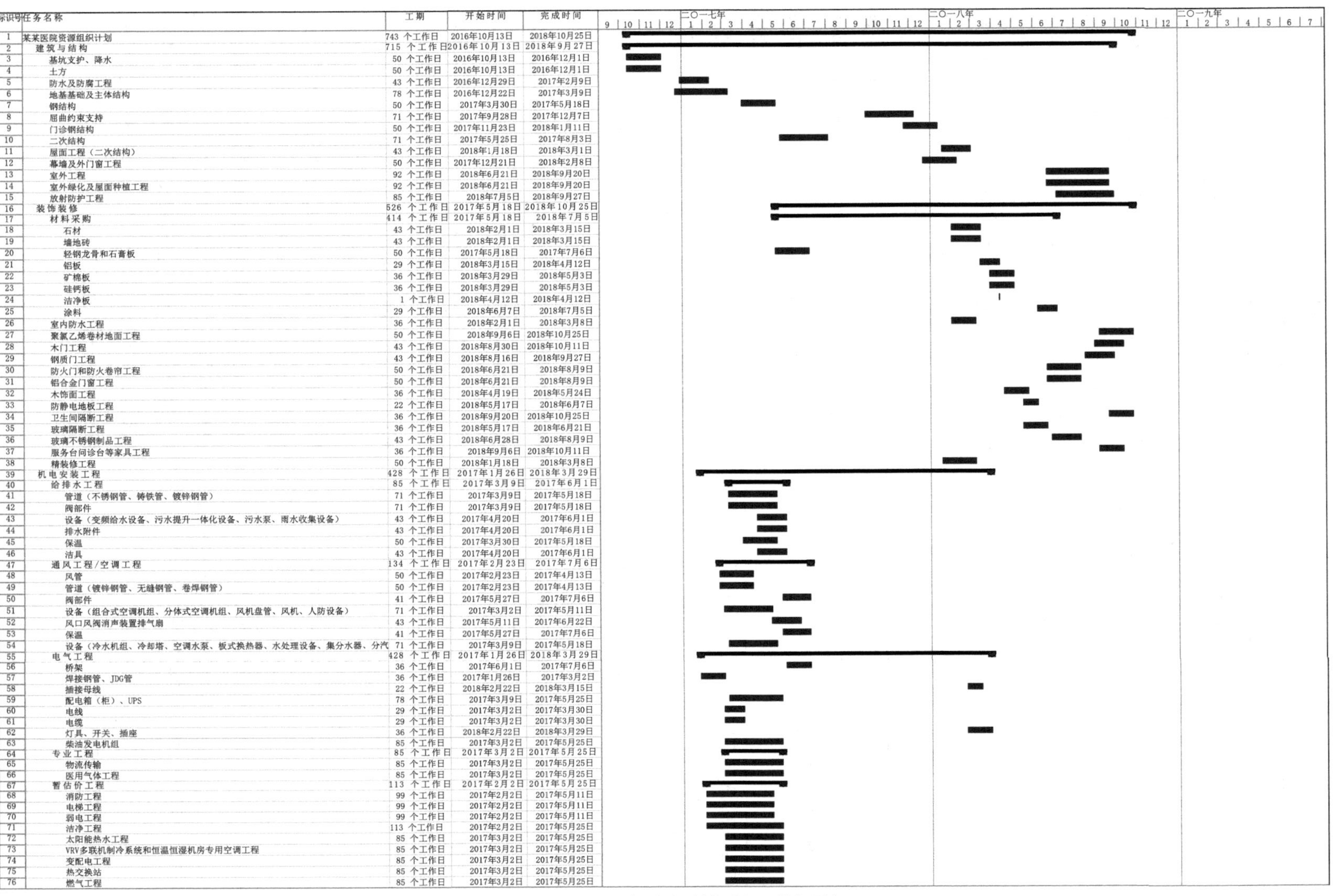

标识号	任务名称	工期	开始时间	完成时间
1	某某医院资源组织计划	743 个工作日	2016年10月13日	2018年10月25日
2	建筑与结构	715 个工作日	2016年10月13日	2018年9月27日
3	基坑支护、降水	50 个工作日	2016年10月13日	2016年12月1日
4	土方	50 个工作日	2016年10月13日	2016年12月1日
5	防水及防腐工程	43 个工作日	2016年12月29日	2017年2月9日
6	地基基础及主体结构	78 个工作日	2016年12月22日	2017年3月9日
7	钢结构	50 个工作日	2017年3月30日	2017年5月18日
8	屈曲约束支持	71 个工作日	2017年9月28日	2017年12月7日
9	门诊钢结构	50 个工作日	2017年11月23日	2018年1月11日
10	二次结构	71 个工作日	2017年5月25日	2017年8月3日
11	屋面工程（二次结构）	43 个工作日	2018年1月18日	2018年3月1日
12	幕墙及外门窗工程	50 个工作日	2017年12月21日	2018年2月8日
13	室外工程	92 个工作日	2018年6月21日	2018年9月20日
14	室外绿化及屋面种植工程	92 个工作日	2018年6月21日	2018年9月20日
15	放射防护工程	85 个工作日	2018年7月5日	2018年9月27日
16	装饰装修	526 个工作日	2017年5月18日	2018年10月25日
17	材料采购	414 个工作日	2017年5月18日	2018年7月5日
18	石材	43 个工作日	2018年2月1日	2018年3月15日
19	墙地砖	43 个工作日	2018年2月1日	2018年3月15日
20	轻钢龙骨和石膏板	50 个工作日	2017年5月18日	2017年7月6日
21	铝板	29 个工作日	2018年3月15日	2018年4月12日
22	矿棉板	36 个工作日	2018年3月29日	2018年5月3日
23	硅钙板	36 个工作日	2018年3月29日	2018年5月3日
24	洁净板	1 个工作日	2018年4月12日	2018年4月12日
25	涂料	29 个工作日	2018年6月7日	2018年7月5日
26	室内防水工程	36 个工作日	2018年2月1日	2018年3月8日
27	聚氯乙烯卷材地面工程	50 个工作日	2018年9月6日	2018年10月25日
28	木门工程	43 个工作日	2018年8月30日	2018年10月11日
29	钢质门工程	43 个工作日	2018年8月16日	2018年9月27日
30	防火门和防火卷帘工程	50 个工作日	2018年6月21日	2018年8月9日
31	铝合金门窗工程	50 个工作日	2018年6月21日	2018年8月9日
32	木饰面工程	36 个工作日	2018年4月19日	2018年5月24日
33	防静电地板工程	22 个工作日	2018年5月17日	2018年6月7日
34	卫生间隔断工程	36 个工作日	2018年9月20日	2018年10月25日
35	玻璃隔断工程	36 个工作日	2018年5月17日	2018年6月21日
36	玻璃不锈钢制品工程	43 个工作日	2018年6月28日	2018年8月9日
37	服务台问诊台等家具工程	36 个工作日	2018年9月6日	2018年10月11日
38	精装修工程	50 个工作日	2018年1月18日	2018年3月8日
39	机电安装工程	428 个工作日	2017年1月26日	2018年3月29日
40	给排水工程	85 个工作日	2017年3月9日	2017年6月1日
41	管道（不锈钢管、铸铁管、镀锌钢管）	71 个工作日	2017年3月9日	2017年5月18日
42	阀部件	71 个工作日	2017年3月9日	2017年5月18日
43	设备（变频给水设备、污水提升一体化设备、污水泵、雨水收集设备）	43 个工作日	2017年4月20日	2017年6月1日
44	排水附件	43 个工作日	2017年4月20日	2017年6月1日
45	保温	50 个工作日	2017年3月30日	2017年5月18日
46	洁具	43 个工作日	2017年4月20日	2017年6月1日
47	通风工程/空调工程	134 个工作日	2017年2月23日	2017年7月6日
48	风管	50 个工作日	2017年2月23日	2017年4月13日
49	管道（镀锌钢管、无缝钢管、卷焊钢管）	50 个工作日	2017年2月23日	2017年4月13日
50	阀部件	41 个工作日	2017年5月27日	2017年7月6日
51	设备（组合式空调机组、分体式空调机组、风机盘管、风机、人防设备）	71 个工作日	2017年3月2日	2017年5月11日
52	风口风阀消声装置排气扇	43 个工作日	2017年5月11日	2017年6月22日
53	保温	41 个工作日	2017年5月27日	2017年7月6日
54	设备（冷水机组、冷却塔、空调水泵、板式换热器、水处理设备、集分水器、分汽	71 个工作日	2017年3月9日	2017年5月18日
55	电气工程	428 个工作日	2017年1月26日	2018年3月29日
56	桥架	36 个工作日	2017年6月1日	2017年7月6日
57	焊接钢管、JDG管	36 个工作日	2017年1月26日	2017年3月2日
58	插接母线	22 个工作日	2018年2月22日	2018年3月15日
59	配电箱（柜）、UPS	78 个工作日	2017年3月9日	2017年5月25日
60	电线	29 个工作日	2017年3月2日	2017年3月30日
61	电缆	29 个工作日	2017年3月2日	2017年3月30日
62	灯具、开关、插座	36 个工作日	2018年2月22日	2018年3月29日
63	柴油发电机组	85 个工作日	2017年3月2日	2017年5月25日
64	专业工程	85 个工作日	2017年3月2日	2017年5月25日
65	物流传输	85 个工作日	2017年3月2日	2017年5月25日
66	医用气体工程	85 个工作日	2017年3月2日	2017年5月25日
67	暂估价工程	113 个工作日	2017年2月2日	2017年5月25日
68	消防工程	99 个工作日	2017年2月2日	2017年5月11日
69	电梯工程	99 个工作日	2017年2月2日	2017年5月11日
70	弱电工程	99 个工作日	2017年2月2日	2017年5月11日
71	洁净工程	113 个工作日	2017年2月2日	2017年5月25日
72	太阳能热水工程	85 个工作日	2017年3月2日	2017年5月25日
73	VRV多联机制冷系统和恒温恒湿机房专用空调工程	85 个工作日	2017年3月2日	2017年5月25日
74	变配电工程	85 个工作日	2017年3月2日	2017年5月25日
75	热交换站	85 个工作日	2017年3月2日	2017年5月25日
76	燃气工程	85 个工作日	2017年3月2日	2017年5月25日

图 6-19　某项目的资源组织计划示例——横条图法

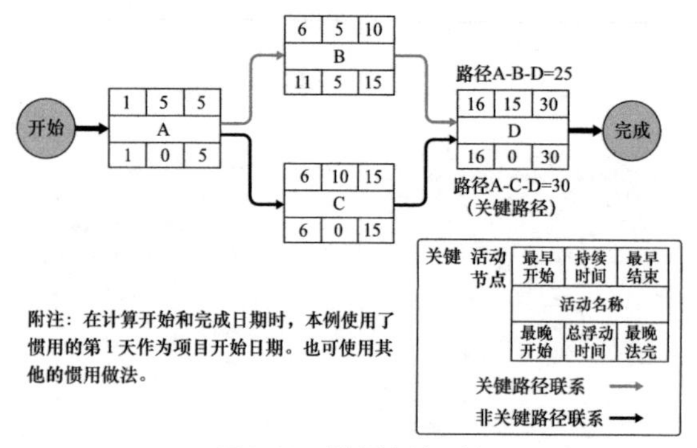

图 6-20 关键路径法示例

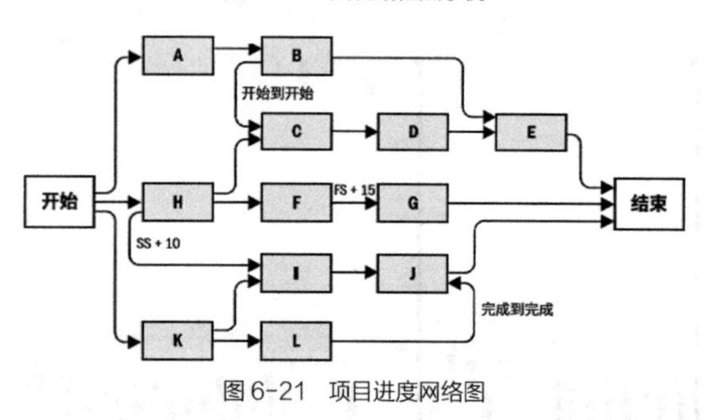

图 6-21 项目进度网络图

工作编号	开始节点(i)	结束节点(j)	工作名称	工作时间(天)
1	1	2	拆除旧楼	8
2	2	3	建造基础	14
3	2	5	安装地下设施	6
4	3	4	吊装钢筋构件	5
	4	5	虚工作	0
5	4	6	建造二层地板	6
6	4	7	装修顶棚	6
7	5	7	建造一层地面	4
8	5	8	一期机电安装	12
9	6	7	外观装饰	12
	7	8	虚工作	0
10	7	9	内部装饰	10
11	8	9	二期机电安装	12
12	9	10	粉刷、完工	8

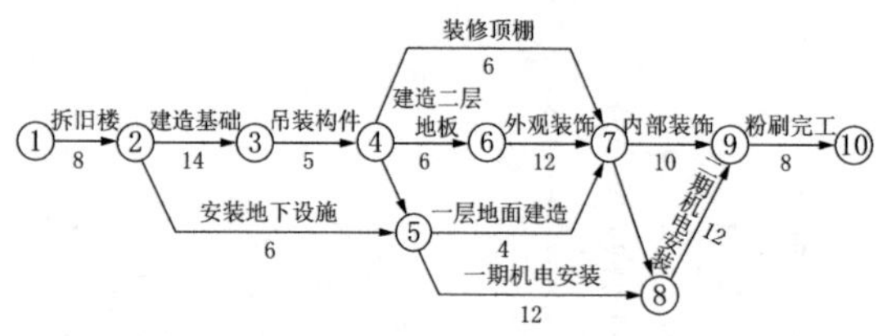

图 6-22 工程项目的总进度——网络图法：以某建筑改造为例，圆圈内数字为工作编号，线上数字为工作所需的时间（单位：天）

6.3.4 进度控制

进度控制是监督项目状态，以更新项目进度和管理进度基准变更的过程。其主要作用是在整个项目期间保持对进度的控制和确认，及时进行变更和维护，确保进度受控。

控制进度需要关注的主要内容是：

（1）设定测量的基准。厘清工作之间的逻辑关系、细化进度计划是建立监测进度计划基准的有效途径。根据工作任务的相关性进行项目和时间的追溯，即与本工作相关的上游和下游工作和必需的时间，明确本工作与其他工作的逻辑关系并通过网络图的方式进行描述：完成—开始、完成—完成、开始—开始、开始—完成，这样从本质上才能保证最终的时间控制。在此基础上，根据总的进度计划制定相关任务的分解计划，使资源的配置和时间的配置达到最佳，有利于明确责任减少含糊，以减少不确定性和无计划性带来的风险，使各项工作按部就班地协调进行。设计总体进度计划完成后设定阶段性的、个人和小组的计划至关重要，同时需要建立相应的监测和控制机制，明确责任和分工。

（2）数据分析。通过数据分析进行绩效审查，通过比较上一个时间周期中已交付并验收的工作总量与已完成的工作估算值，来判断项目进度的当前状态，如实际开始和完成日期、已完成百分比，以及当前工作的剩余持续时间等，来测量、对比和分析进度绩效。同时实施回顾性审查，包括定期审查和经验教训的记录，以便纠正与改进。

（3）进度预测、补救、调整与计划更新。指根据已有的信息和知识，对项目未来的情况和事件进行的估算或预测。随着项目执行，应该基于工作绩效信息，更新和重新发布预测（更新进度计划）。根据目前绩效和预测，通过对剩余工作计划重新进行优先级排序、重新匹配资源、赶工等方式，提出应对措施并提出计划变更请求，调整相应的计划并依此进行新一轮的管控（图 6-23）。

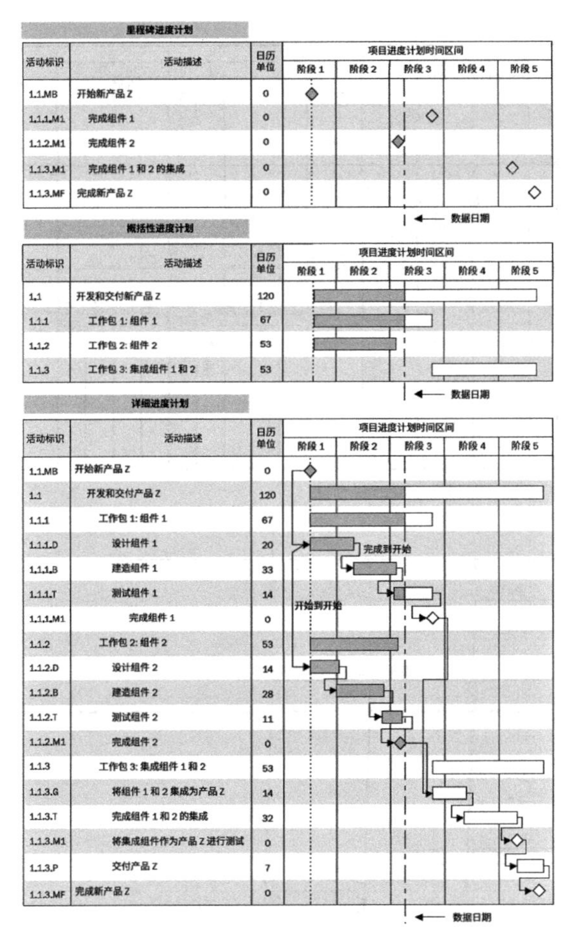

图 6-23　项目进度计划示例

6.3.5　建筑设计服务的进度管理

设计进度控制从管理的层次来看可以分为项目经理和项目建筑师的宏观项目进度计划和设计人员的任务进度计划。前者主要用于自上而下的项目总体控制，后者则是各个部门和具体设计人员根据项目计划制定的任务计划。

项目的进度随着设计的深入而不断细化和切实化，一般项目的时间表分为总进度表—设计进度表—工期进度表三个重要的内容，并在策划、前期阶段就会随提案提出并开始不断深化。根据已经制定的进度计划进行监测并记录相应的进展状况，通过与原定计划的比照可以发现和估算出偏差值，再通过例会、协调会、正式文件等方式告知相关各方，督促采取补救措施。如果偏差较小可以采用赶工的方式弥补进度差，如果偏差较大无法补回则要调整相应的计划。

在设计服务的各个阶段均需要制定尽可能详尽的进度计划以便建筑师作为项目总监控制整个项目的进程，同时也是业主对了解项目的重要内容，建筑师必须经常和诚实地汇报项目的进程也是保障业主知情权和建筑师职业道德的重要方面。这一点在美国和日本的建筑师设计服务合同条款中均有体现。

例如，美国建筑师学会（AIA）B141-1997“委托人与建筑师标准协议”就明确规定：

在建筑师服务的标准条款中更明确指出：“当项目条件得到了充分的验证，建筑师需制作一份项目进度表（并不时地更新）以确立下列事务的标志日期：要求业主主作决定的日期；建筑师提供各设计服务的日期；建筑师提供完整的施工文件的日期；施工开始的日期；工程基本完工的日期。”

在施工阶段，建筑师主要负责合同管理，承包商负责工程的项目管理，包括质量、进度等的管理。美国建筑师学会规定，“建筑师作为业主的代表按承包商的施工步骤不时地察看现场，① 应全面熟悉并告知业主工程完成的进度与质量；② 努力维护业主利益防止出现工程质量缺陷和效率低下；③ 大体确定工程进行状况一直到完工前是否与合同文件相一致。”“建筑师应报告业主并让其确知与合同文件的偏差以及由承包商提交的最新的施工进度表。”

日本的“四会联合协定建筑设计、监理业务委托合同”的“设计业务工程表的提出”条款中也规定：

建筑师作为乙方，“乙方必须根据合同及甲方的要求、就设计及监理业务的进展情况向甲方说明、报告。”

（1）乙方必须在得到甲方的建筑设计委托书当日起 14 日内，完成基于此设计委托书的设计业务计划表，并在向甲方说明的基础上提交甲方。

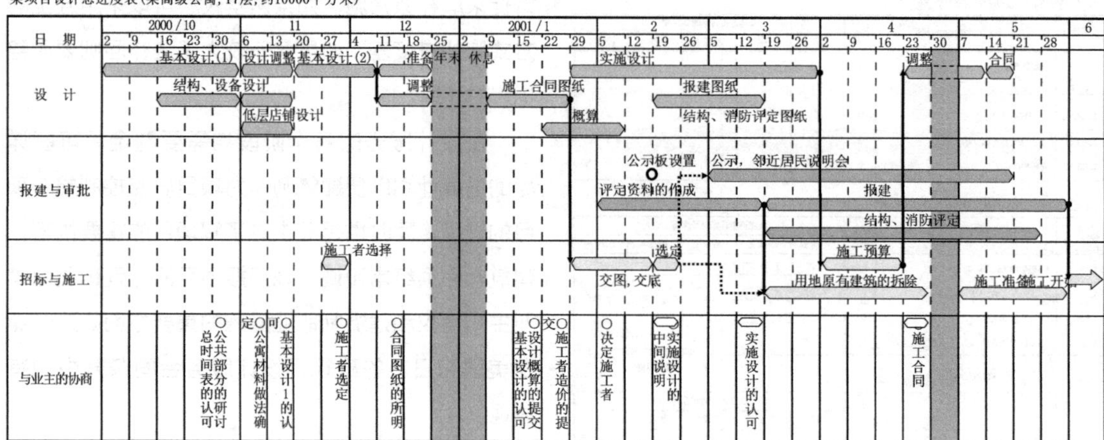

图 6-24 日本某公寓的建筑设计服务进度

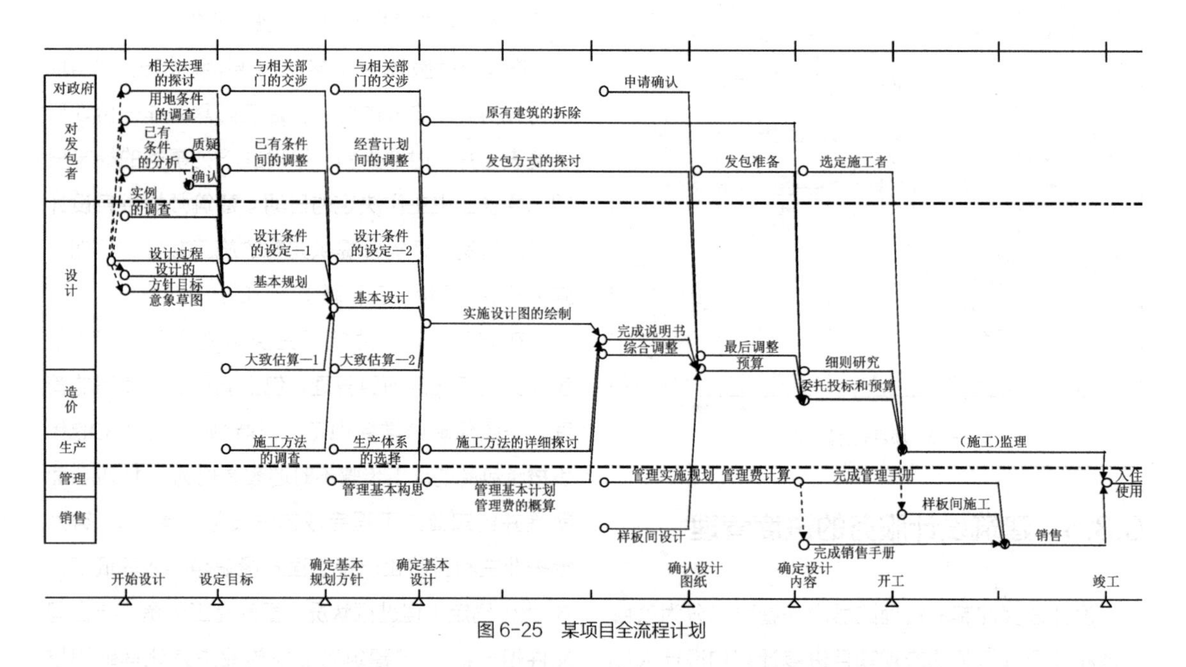

图 6-25 某项目全流程计划

(2)甲方可在收到上述设计业务计划表的当日起 7 日内，对乙方提出修改协商的请求。

(3)在合同的履行期间及建筑设计业务委托书发生变更时，甲方在认为必要的场合可以要求乙方重新提出设计业务计划表。在这种场合下，第 1 款中的提出时间和要求修改的时间不变。

因此，针对项目向业主提出切实可行的时间表并不断更新和修正，是建筑师的项目管理服务的重要的一环，是国际通行的职业建筑师的重要工作(图 6-24、图 6-25)。

6.4 项目成本管理

6.4.1 成本管理计划与估算

成本管理(Cost Management)是项目管理的一个重要内容。项目成本管理是为使项目在批准的预算内完成而对成本进行规划、估算、预算、管理和控制的过程。项目成本管理过程包括：

(1)成本管理计划。确定如何估算、预算、管理、监督和控制项目成本的过程。应该在项目规划阶段的早期就对成本管理工作进行规划，建立各成本管理过程的基本框架，以确保各过程的有效性及各过程之间的协调性，并在整个项目期间为如何管理项目成本提供指南和方向。

（2）成本估算。对完成项目活动所需资源进行近似估算的过程。

（3）预算制定。汇总所有单个活动或工作包的估算成本，建立一个经批准的成本基准的过程。

（4）成本控制。监督项目状态，以及更新项目成本和管理成本基准变更的过程。

成本估算是对完成项目工作所需资源成本进行近似估算、以确定项目所需自检的过程。成本估算要对完成活动所需资源的成本进行量化评估，并在某特定时点做出成本预测，并随着项目的推进和更详细的条件与信息，对成本估算进行审查和优化，并不断提高预算的准确性。例如从项目的启动阶段估算、概算、预算，误差比例从 50% 缩小至 5% ~ 10%（图 6-26）。

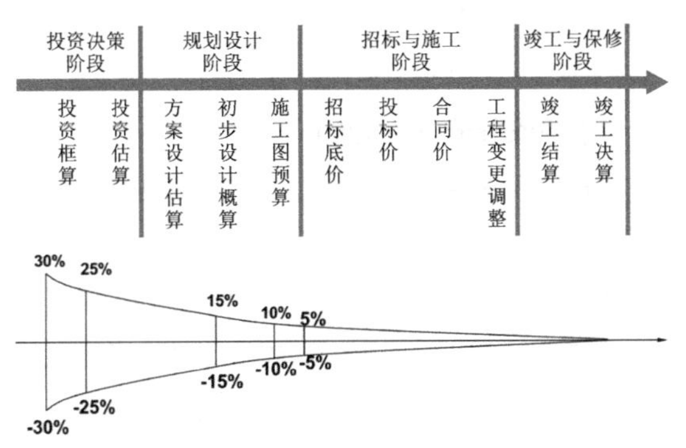

图 6-26　项目成本预估准确性曲线

进行成本估算，应该考虑将向项目收费的全部资源，包括人工、材料、设备、服务、设施，以及一些特殊的成本种类，如通货膨胀、融资成本、汇率变化或应急成本等。尤其是进度计划与项目成本关系极大，可能会由于其他项目导致资源不足、进度计划于资源计划冲突、时间要求涵盖不确定的假期或季节等，不论是赶工还是协调资源都会带来项目成本的大幅增加。

估算成本的方法和技术与估算进度类似，主要有：

（1）专家判断；

（2）类比估算；

（3）参数估算；

（4）自下而上估算；

（5）三点估算；

（6）储备分析；

（7）质量成本。

6.4.2　预算制定

制定预算是汇总所有单个活动或工作包的预算成本及其应急储备，进行汇总并加入管理储备后得到项目预算、形成成本控制基准的过程。一般包括成本基准和资金需求两个方面：

（1）成本基准。成本基准是经过批准的、按时间段分配的项目预算，只有通过正式的变更控制程序才能变更，用作与实际结果进行比较的依据。成本基准是不同进度活动经批准的预算的总和。其计算方式是先汇总各项目活动的成本估算及其应急储备，得到相关工作包的成本；然后汇总各工作包的成本估算及其应急储备，得到控制账户的成本；接着再汇总各控制账户的成本，得到成本基准；在成本基准之上增加管理储备，得到项目预算。当出现有必要动用管理储备的变更时，则应该在获得变更控制过程的批准之后，把适量的管理储备移入成本基准中。

（2）项目资金需求。根据成本基准，确定总资金需求和阶段性（如季度或年度）资金需求。成本基准中既包括预计支出及预计债务。项目资金通常以增量的方式投入，并且可能是非均衡的；如果有管理储备，则总资金需求等于成本基准加管理储备（图 6-27、图 6-28）。

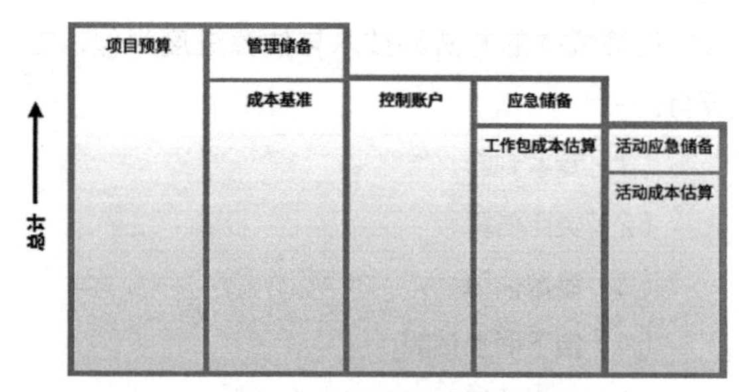

图6-27 项目预算的组成

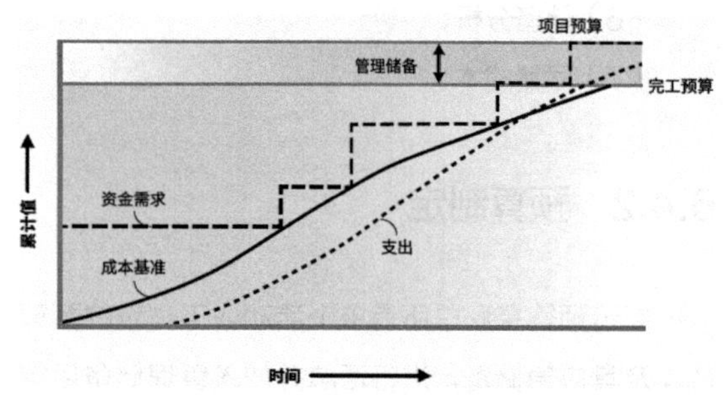

图6-28 成本基准、支出与资金需求

在建筑工程中，常用的成本计算方法有：

（1）功能估算法，是一种根据功能参数进行的类比推算。根据已有的设计和施工经验，对某一类型的建筑，根据其用途、质量、结构形式等进行简单的估算，一般以单方造价为依据进行估算。这种计算误差较大，但如果有直接的参照物，如以最近在相近地域完成的类似结构和功能的建筑物为参照，往往可以得到较为准确的造价数值。

（2）资源日程法。这种方法是对任务的成本进行细分，以占用的主要资源（人力、设备等）为依据加算相应的乘数（相关成本和利润等）得到相应的成本。这种方法常常用于人工时的设计收费和成本补偿合同（cost plus contract）。这种方法实际上不能算是一种估算，而是一种实际的成本核算。

（3）工料清单（工程量清单）。这是预算最基本的计算方法，即根据施工图纸将建筑物所需的所有材料和用工进行逐一的统计，并根据地域的施工定额和材料价格进行核算，因此如果没有遗漏将涵盖所有的工料，是精度最高的计算方法，也是决算核算中常用的工具。详细内容详见5.5.2的相关内容。

6.4.3 成本控制

控制成本是监督项目状态，以更新项目成本和管理成本基准变更的过程。本过程的主要作用是，在整个项目期间保持对成本基准的维护。本过程需要在整个项目期间开展。

项目成本控制的任务和成果包括：

（1）控制成本。确保成本支出不超过批准的资金限额，既不超出按时段、按工作分解的部分所分配的限额，也不超出项目总限额；防止在成本或资源使用报告中出现未经批准的变更；把预期的成本超支控制在可接受的范围内；

（2）监督成本绩效。评估已执行的工作和工作成本方面的偏差，以及预测的未来最终成本；分析与成本基准间的偏差，发现问题并解决；对照资金支出，监督工作绩效；及时报告并预警；

（3）变更管理。对造成成本基准变更的因素施加影响；确保所有变更请求都得到及时、认真的处理；管理、监督变更防止成本超支；向相关方报告所有经批准的变更及其相关成本；

成本控制的数据分析技术主要有：

1）挣值分析（EVA）

挣值（Earned Value）分析是用于进度计划、成本预算和实际成本相联系的三个独立的变量，进行项目绩效测量的一种方法。它比较计划工作量、WBS的实际完成量（挣值）与实际成本花费，以判断成本和进度绩效是否符合原定计划。

（1）计划价值（计划工作量）。计划价值（PV）是为计划工作分配的经批准的预算，它是为完成某活动或工作分解结构（WBS）组成部分而准备的一份经批准的预算，不包括管理储备。应该把该预算分配至项目生命周期的各个阶段；在某个给定的时间点，计划价值代表着应该已经完成的工作。PV的总和有时被称为绩效测量基准（PMB），项目的总计划价值又被称为完工预算（BAC）。

（2）挣值。挣值（EV）是对已完成工作的测量值，用该工作的批准预算来表示，是已完成工作的经批准的预算。EV 的计算应该与 PMB 相对应，且所得的 EV 值不得大于相应组件的 PV 总预算。EV 常用于计算项目的完成百分比，应该为每个 WBS 组件规定进展测量准则，用于考核正在实施的工作。项目经理既要监测 EV 的增量，以判断当前的状态，又要监测 EV 的累计值，以判断长期的绩效趋势。

（3）实际成本。实际成本（AC）是在给定时段内，执行某活动而实际发生的成本，是为完成与 EV 相对应的工作而发生的总成本。AC 的计算方法必须与 PV 和 EV 的计算方法保持一致，为实现 EV 所花费的任何成本都要计算进去。

2）偏差分析

成本和进度偏差是最需要分析的两种偏差。这种方法用于不采用挣值分析的项目，可通过比较计划和实际的差异，分析偏离进度的原因和程度，并决定是否需要采取纠正或预防措施。偏差分析包括：

（1）进度偏差。进度偏差（SV）是测量进度绩效的一种指标，表示为挣值与计划价值之差。即在某个时间点项目提前或落后的进度，等于挣值（EV）减去计划价值（PV）。当项目完工时，全部的计划价值都将实现成为挣值，进度偏差最终等于零。

（2）成本偏差。成本偏差（CV）是在某个时间点的预算亏空或盈余量，表示为挣值（EV）与实际成本（AC）之差。项目结束时的成本偏差，就是完工预算与实际成本之间的差值，是非常重要的指标。

（3）进度绩效指数。进度绩效指数（SPI）是测量进度效率的一种指标，表示为挣值与计划价值之比，反映了项目团队完成工作的效率。有时与成本绩效指数（CPI）一起使用，以预测项目的最终完工估算。进度绩效指数的公式为：SPI = EV/PV。当 SPI 小于 1.0 时，说明已完成的工作量未达到计划要求；当 SPI 大于 1.0 时，则说明已完成的工作量超过计划；

（4）成本绩效指数。成本绩效指数（CPI）是测量预算资源的成本效率的一种指标，表示为挣值与实际成本之比，用来测量已完成工作的成本效率。成本绩效指数的公式为：CPI = EV/AC。当 CPI 小于 1.0 时，说明已完成工作的成本超支；当 CPI 大于 1.0 时，则说明到目前为止成本有结余。

3）趋势分析

趋势分析主要用于审查项目绩效随时间的变化，以判断绩效是正在改善还是恶化。趋势分析技术包括：

（1）图表。在挣值分析中，对计划价值、挣值和实际成本这三个参数，既可以分阶段（通常以周或月为单位）进行监督和报告，也可以针对累计值进行监督和报告。

（2）预测。随着项目进展，项目团队可根据项目绩效，对完工预算进行预测。由项目经理和项目团队手工进行的自下而上汇总方法，就是一种最普通的 EAC 预测方法。

4）储备分析

在控制成本过程中，可以采用储备分析来监督项目中应急储备和管理储备的使用情况，从而判断是否还需要这些储备，或者是否需要增加额外的储备。随着项目工作的进展，这些储备可能已按计划用于支付风险或其他应急情况的成本，也可能节约了成本，节约下来的资金可能会增加到应急储备中，或作为盈利 / 利润从项目中剥离（图 6-29、图 6-30）。

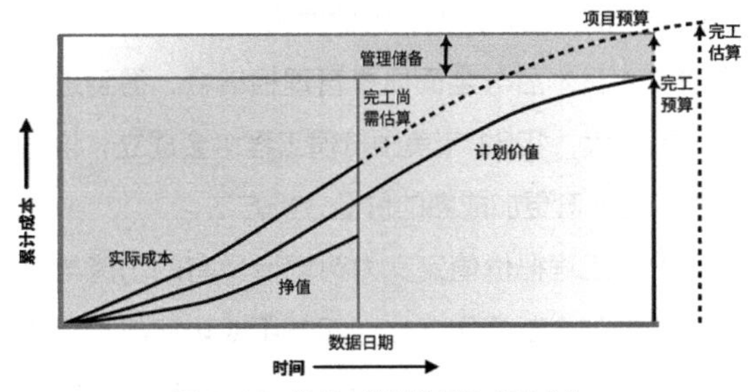

图 6-29　挣值、计划价值和实际成本

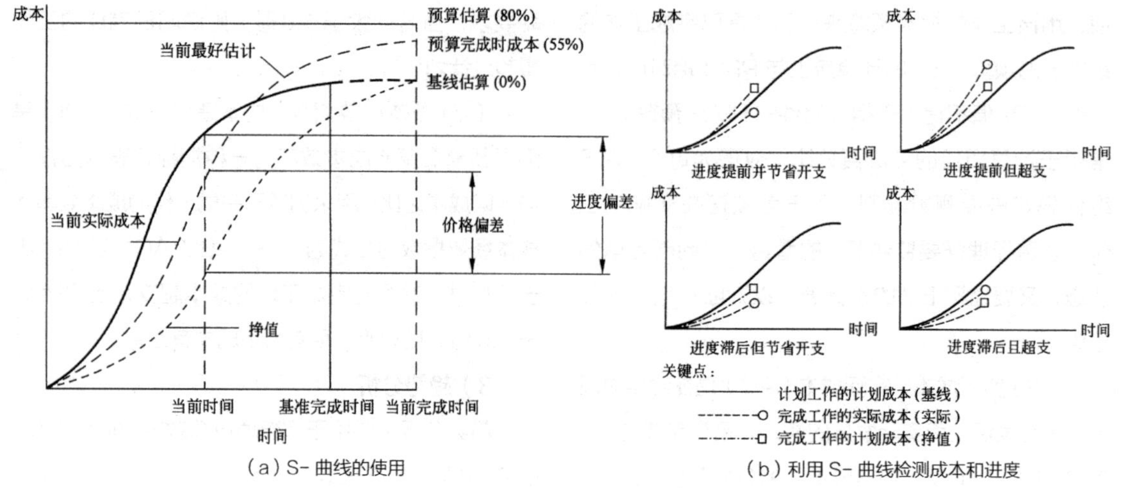

（a）S- 曲线的使用　　（b）利用 S- 曲线检测成本和进度

图 6-30　通过 S- 曲线监测成本和进度

6.4.4 成本优化——价值工程与价值分配

价值工程（Value Engineering，简称 VE），也被称为价值分析（Value Analysis，简写 VA）、功能成本分析，是指以产品或作业的功能分析为核心，以提高产品或作业的价值为目的，力求以最低全寿命周期成本实现产品或作业使用所要求的必要功能的一项有组织的创造性活动。

价值工程法起源于第二次世界大战后 1940 年代的美国，通用电气公司的劳伦斯・戴罗斯・麦尔斯（Lawrence D. Miles）是价值工程的创始人，提出了购买的不是产品本身而是产品功能的概念，实现了同功能的不同材料之间的代用，进而发展成在保证产品功能前提下降低成本的技术经济分析方法，并于 1947 年发表了专著《价值分析的方法》。1954 年，美国海军应用了这一节约资源、提高效用、降低成本的方法，并改称为价值工程。1955 年这一方法传入日本后与全面质量管理相结合，得到进一步发扬光大，1961 年美国价值工程协会成立，价值工程成为一套更加成熟的价值分析方法。

价值工程把价值定义为对象所具有的功能与获得该功能的全部费用之比，即效用或功能与费用之比（费效比、性价比），公式为 V=F/C；式中，V 为价值，F 为功能，C 为成本；功能 F：指产品或劳务的性能或用途，即所承担的职能，其实质是产品的使用价值；成本 C：产品或劳务在全寿命周期内所花费的全部费用，是生产费用与使用费用之和。

因此，提升价值的方法是扩大分子或缩小分母，即性价比最大、费效比最低：在不改变产品功能的情况下降低寿命周期费用；在保持产品原有寿命周期费用的情况下提高产品功能；既提高产品功能，又降低产品寿命周期费用；产品寿命周期费用有所提高，但产品功能有更大幅度的提高；产品功能虽有降低，但产品寿命周期费用有更大的降低。

价值工程活动的全过程，实际上是技术经济决策的过程，其程序是：

（1）选择价值工程对象。选择的具体原则是：① 从产品构造方面看，选择复杂、笨重、材贵性能差的产品；② 从制造方面看，选择产量大、消耗高、工艺复杂、成品率低以及占用关键设备多的产品；③ 从成本方面看，选择占成本比重大和单位成本高的产品；④ 从销售方面看，选择用户意见大、竞争能力差、利润低的产品；⑤ 从产品发展方面看，选择正在研制将要投放市场的产品。

（2）收集有关情报，进行功能分析。收集的情报资料是为了寻找评价和分析的依据，功能分析是对产品，对产品的部件、组件、零件或是对一项工程的细目，系统地分析它们的功能，计算它们的价值，以便进一步确定价值工程活动的方向、重点和目标。功能分析是价值工程的核心和重要手段，主要包括以下几方面：① 明确对分析对象的要求；② 明确分析对象应具备的功能；③ 进行功能分类，并进一步把功能明确化和具体化；④ 确定功能系统，绘制功能系统图，把功能之间的关系确定下来；⑤ 进行功能评价，以便确定价值工程活动的重点、顺序和目标（即成本降低的期待值）等。

（3）提出改进设想，拟订改进方案，分析与评价方案。常用的方案评价方法有：优缺点列举法、打分评价法、成本分析法、综合选择法等。

（4）可行性试验。一方面验证方案选择过程中的准确性，发现可能发生的误差，以便进一步修正方案；另一方面从性能上、工艺上、经济上证明方案实际可行的程度。

（5）检查实施情况，评价价值工程活动的成果。

在建筑工程中，由于成本的发生和造价的变化具有相对的刚性，因此控制造价的方法往往不能依靠限价或降低品质来解决，而是需要找到可以节约的部分，通过节约部分的积累来平衡超额部分或设计的表现部分，已达到总体的平衡。建筑工程中常用的有效方法就是价值工程。

在建筑工程实施的过程中，往往需要建筑师和承包商密切配合完成建造工艺的优化，这是两者位于建筑工程不同阶段的本质使然：

（1）前期的设计咨询的主体是建筑师，后期施工建造的主体为承包商，建筑师对材料和工艺的熟悉程度不如承包商，因此在建筑招投标以及施工过程中，重要的步骤是充分发挥承包商的作用，充分利用承包商的价值工程提案，在保证设计性能不变的前提下降低施工成本。

（2）由于建筑师不是施工方，成本压力不高，出于安全性考虑，使得设计中存在着“性能过剩”“安全冗余”的倾向，而且由于设计周期短，材料产品还未最后采购，往往来不及也无法充分细致地研讨论证，因此需要在施工环节利用施工时间、招标确定的材料和产品、承包商的经验和诀窍（Know-How）来进一步优化。

（3）在招投标或竞争性谈判来选取承包商的环节，由于市场竞争的存在，承包商往往会根据自身对施工技术、工序、材料性能的深入了解和技术诀窍的积累，充分展示自身的经验与技术，对建筑师的设计提出优化建议以获得更高的评价和竞争优势，这时候在建筑师的主导下的承包商技术能力评价就必须作为一个重要评价指标，才能激发参与投标的各个承包商的能力和潜力，共同优化设计，并可通过几轮优化后确定最后的设计和最佳的施工实施者。

（4）建筑师作为建筑工程的定义者，可以根据业主需求、建筑物功能，创新性地提出要求和调整部分性能参数，而不用顾忌施工工艺的难度，同时对建筑物最终性能负责、对业主的承诺负责；承包商在投标阶段往往采用类比工程的方法，根据一般的工艺做法确定投标单价，同时希望尽量节省工期和造价并保证质量的稳定，因此在实施过程中尽量希望采用成熟的工艺做法以降低难度；这正是业主、建筑师、承包商三方关系中各个主体基于各自本位考虑所产生的重要的制衡关系，因此必须在建筑师的主导下的多方参与中平衡设计创新与成熟工艺、材料的关系，提升建筑物整体和各个部分、工艺的性价比。值得注意的是，价值工程不是降低品质的“节省”和单纯地压缩成本，而是性能、价格的优化，是一种技术创新和设计优化的过程，这个过程往往贯穿于整个施工过程，以及从整体到局部的各个环节中。

6.4.5　设计成本控制

产品成本预算，是指为规划一定预算期内每种产品的单位产品成本、生产成本、销售成本等内容而编制的一种日常业务预算。产品成本预算的执行情况对企业预算期的经济效益具有重大的影响，“利在于本”，通常在收入一定的情况下，成本是决定企业经济效益的关键因素。在产品质量相同的条件下，产品价格的高低是决定企业市场竞争力的主要因素，因此，产品成本预算执行情况的好坏，又反作用于销售预算的执行。工业生产企业的产品成本预算执行遵循着指令、实施、控制、核算的循环，值得设计企业借鉴。

（1）指令。主要是指产品生产计划，生产部门必须按企业生产指挥中心、经营计划部门下达的生产计划指令从事产品生产活动；产品生产指令包括产品生产的品种、规格、数量、质量、时间要求，也包括产品生产的材料消耗定额、费用定额等成本控制指标。

（2）实施。生产单位必须按照产品生产指令组织生产和控制成本，杜绝自行安排产品生产活动的行为发生，保证相互配合的工序按计划实施，防止配合延误。

（3）控制。根据产品生产指令，生产部门控制产品生产消耗，物资管理部门控制生产领料，财务部门控制成本费用支出。

（4）核算。企业预算部门要按照成本预算的口径对产品生产成本进行核算，反馈产品成本预算的执行结果，若无法执行，根据实际情况修正成本计划和设计进度，调整设计组织和责任人，重新制定计划；定期对产品成本预算的执行结果进行定期考核，依据考核结果进行奖惩。

设计企业的设计成本管理基本流程如下：

（1）制定成本预算。按照设计合同总额、设计时间、设计服务内容，预估各专业、各设计阶段之间的成本分配，制作设计成本分配表，设定实施成本预算，通知到各个设计组、设计人，落实到每个班组、每月的成本投入控制指标。

（2）实施成本预算。以设计组为单位统计设计成本，通过每个设计人个人工作时间报表汇总统计，以月为单位跟踪实施成本计划的落实情况。

（3）监控成本预算执行。按一定的周期（按自然月或细分的设计阶段）比对成本计划和实际成本发生情况，经常召开设计成本的控制会议，检查成本计划的落实情况，分析偏离计划的原因，研究修正的措施。

（4）调整与考核。若成本预算无法执行，根据实际情况修正成本计划和设计进度，调整设计组织和责任人，重新制定成本计划并落实。定期对项目经理、设计负责人、专业负责人、设计人的成本预算情况进行考核。由于项目设计中经常出现的业主需求变化、设计方案确认的反复等，造成设计返工，需要根据经验预留必要的成本预算，并细分业主需求、逐步确认，防止多次返工和成本失控。另外，由于设计多项目交叉和进度多变的特点，需要防止在设计周期短、要求高时到处“乱抓壮丁”、大量增加投入超出预算；又要防止在项目时间变更而设计人员闲暇时，项目经理对人力资源“只拿不放”“多拿多占”，以便有效地挤掉项目设计中水分，促进资源的合理配置，保证整个企业的成本控制。

基于上述的整个项目的设计成本控制要求，每个设计职员也必须清晰地记录设计时间的支出，因此设计公司一般都推行着工作时间报表制度。建筑师将每日的工作时间（包含加班、病事假、进修杂务等）进行登记，并按照每个项目认真记录，每周进行一次汇总，同时提供下一阶段的时间安排计划，每月所有职员和项目的时间数据汇总并分发到各个项目的经理和主持建筑师手中。这一方面是设计人员自己工作量和参与项目的业绩真实记录，同时也是个人自我总结和提高的标杆和工具，从设计企业的角度则为项目控制和效益分析提供了宝贵的最基本的资料。设计文件及服务完成的进度与时间成本的消耗进度的比值则表明了项目进行中的成本控制趋势：若实际消耗的设计时间已经超越计划使用的时间，则预示着项目可能会出现设计赤字，这时管理人员需要严格控制设计时间的支出成本，反之则说明项目的成本尚在控制中（表6-3、表6-4）。

日本设计企业的项目成本控制表 表6-3

	部门		基本设计·实施设计					
			工作时间				预算金额	合计金额
			A	B	C	D		
设计	设计	建筑设计						
		机械设计						
		电气设备						
		结构						
		预算						
	公司内合计							
	外包	设计						
		设备						
		结构						
		预算						
	外包合计							
	合计							
	使用率（%）							
设计监理 施工监理		建筑						
		结构						
		机械设备						
		电气设备						
	公司内合计							
* 设计人员工作时间成本（日元／小时）			6000	4000	3000	1000		

A（中级干部以上） 6000
B（一般干部） 4000
C（一般职员） 3000
D（临时工，打工学生） 1000

日本设计公司的人力成本估算（以1美元＝110日元换算） 表6-4

分级	人员	核算工作日成本（日元／日）	直接工作日成本（日元／日）	时间成本（日元／小时）	时间成本换算（美元／小时）
A	中级以上干部，技术骨干	96000	48000	6000	55
B	一般干部，成熟职员	64000	32000	4000	36
C	一般技术职员	48000	24000	3000	27
D	临时工，打工学生	16000	8000	1000	9

设计企业目前普遍缺乏对设计生产的计划和控制，尤其是对各个专业、每个设计人员每天、每周应完成的设计工作的内容、质量、时间缺乏控制，往往是设计生产人员根据自身习惯偏好、工作难易程度、其他协作单位的跟催情况等进行设计，没有预留检验时间甚至消耗掉风险预留时间，使得各个专业的协调生产失控、配合拖延、从而导致整个生产计划失控。由于国内设计企业普遍采用项目结算制度不计算返工成本，普遍采用加班赶工、多次返工等方式隐性地扩大成本支出，因此成本失控的矛盾并未在设计企业的生产完成、成果提交中大量体现，但是造成的是设计企业员工的大量加班和收入相对于投入的低下，职业成就感、幸福感低，造成中坚人才流动剧烈，反之进一步使得设计生产质量、效率降低，再通过返工、加班补偿，形成恶性循环（表6-5、表6-6）。

英国建筑师学会 RIBA 推荐的一种周工作时间报表（Weekly Timesheet） 表 6–5

Weekly Timesheet			Name						Grade				Wk Ending			
Project description	Mon		Tues		Wed		Thurs		Fri		Sat		Sun		Code	
	Basic	O/T	Basic	O/T	Basic	O/T	Basic	O/T	Basic	O/T	Basic	O/T	Basic	O/T	Project no.	Rate
Office administration																
Training/study leave																
Public holidays																
Annual holidays																
Sick																
Other																
TOTAL																

注：横向为日期，纵向为工作。每个员工按照将每天的实际设计时间填报到各个项目中，同时还有 20% ~ 40% 的非项目工作时间，用在行政管理、学习培训、法定节假（公假）、带薪年假（休假）、病假、其他。

英国设计公司的小时计价标准 表 6–6

人员级别	工作的复杂程度		
	一般工作	复杂工作	专家性质
合作人 / 首席或等同首席	£90	£130	£170
高级建筑师	£70	£100	£130
建筑师	£50	£70	£90

6.5 项目质量管理

6.5.1 质量管理计划

质量（Quality）是一个产品或服务的特色和品质的总和，这些品质特色将影响产品满足各种明显或隐含的需要的能力。即，在以客户为中心的质量观中，质量就是产品或服务满足客户需要的能力。质量作为实现的性能或成果，是“一系列内在特性满足要求的程度”（ISO 9000）。

价值（Value）是客户的所得（功能收益与情感收益）与付出（金钱成本、时间成本、精力成本、体力成本）之差；满意（Satisfaction）是指客户对产品或服务的可感知的价值效果与其期望值之比。即，满意度 =（客户收益 – 付出）/ 客户期望值（注 4）。

一个设计项目或建造过程的主要衡量指标是质量、成本和时间，而建筑物的质量是由设计质量、材料部品质量和施工质量共同决定的。建筑或设计质量的好坏，从项目管理的角度包括以下四个层次：

（1）满足技术法规的要求。设计产品或建造产品（建筑物）需要满足作为技术法规范要求，达到社会认可的产品或服务的具体参数，满足可用性、可靠性、可维护性等基本要求。

（2）达到建筑物的使用目的或性能要求。设计或建造产品（建筑物）需要满足建造或设计的目的，解决问题，取得业主预期的结果。质量问题预防胜于检查，最好将质量设计到可交付成果中，而不是在检查时发现质量问题。“预防”是保证过程中不出现错误，“检查”是保证错误不落到客户手中。预防错误的成本通常远低于在检查或使用中发现并纠正错误的成本。

（3）满足客户的潜在要求。指满足用户或业主的真实需求而非客户用语言或任务书等形式表象化的需求。

（4）达到客户满意，超越客户的期望。设计和产品能够超越客户的期望，获得客户的美誉，即从“物有所值”到“物超所值”。将质量融入项目和产品的规划和设计中，在整个组织内创建一种关注并致力于实现过程和产品质量的文化。

上述的客户含义不仅包括建筑项目的物业拥有者或使用者、运营者，也包括社会公众和行政主管、媒体等建筑的利益相关者。

质量管理计划首先是要识别项目及其可交付成果的质量要求和标准，并以书面形式描述项目将如何保证符合质量要求，为在整个项目期间如何管理和核实质量提供指南和方向。为满足既定的质量标准而对可交付成果提出变更，可能需要调整成本或进度计划，并就该变更对相关计划的影响进行详细风险分析。因此，质量管理的计划应与其他计划并行展开。质量管理计划包括：

（1）项目采用的质量标准；

（2）项目的质量目标；

（3）质量角色与职责；

（4）需要质量审查的项目可交付成果和过程；

（5）为项目规划的质量控制和质量管理活动；

（6）项目使用的质量工具；

（7）与项目有关的主要程序，例如处理不符合要求的情况、纠正措施程序，以及持续改进程序。

特别值得注意的是，合格的人财物资源、合格的输入条件是质量管理的关键问题之一。由于很多产品和服务都是基于专业技术人员在客户给定条件下的解决方案，因此人员的技术、经验、职业精神的合格，给定（输入）条件的及时、准确、完整都需要特别关注。例如建筑设计中，业主给定的场地、功能要求等设计条件是设计服务的原料，业主必须对条件的正确性、完整性负责，同时也不能轻易变更条件（图 6-31）。

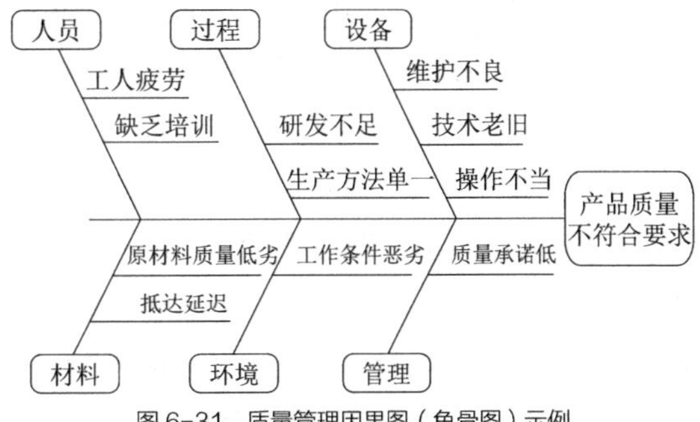

图 6-31　质量管理因果图（鱼骨图）示例

6.5.2　质量管理方法

管理质量是把组织的质量政策用于项目，并将质量管理计划转化为可执行的质量活动的过程。本过程的主要作用是，提高实现质量目标的可能性，以及识别无效过程和导致质量低劣的原因。管理质量使用控制质量过程的数据和结果向相关方展示项目的总体质量状态。本过程需要在整个项目期间开展。

质量管理经历了以下几个发展阶段：

（1）传统质量管理阶段。以检验为基本内容，方式是严格把关，防止不合格品流入客户。这是对最终产品是否符合规定要求做出判定，属事后把关，无法起到预防控制的作用。

（2）统计质量控制阶段。以数理统计方法与质量管理的结合，通过对过程中影响因素的控制达到控制结果的目的。

（3）全面质量管理阶段。可以概括为“三全”，即：管理对象是全面的、全过程的、全员的，通过全面的质量管理实现质量问题的预防。

（4）综合质量管理阶段。以顾客满意为中心，但同时也开始重视与企业职工、社会、交易伙伴等顾客以外的利益相关者的关系，重视中长期预测与规划和经营管理层的领导能力，重视人及信息等经营资源，使组织充满自律、学习、速度、柔韧性和创造性。

随着质量管理的理论与实践的发展，许多国家和企业为了保证产品质量，制定了国家或公司标准，对公司内部和供方的质量活动制定质量体系要求，产生了质量保证标准。目前常用的质量管理体系是ISO 9000族标准。ISO 9000族标准由成立于1947年的国际标准化组织（International Organization For Standardization，ISO）制定。ISO下设200多个技术委员会（TC），专门从事国际标准的制定和推广工作。在英国标准BS5750，加拿大标准Z299和其他一些国防及核工业标准的基础上，ISO专门从事质量管理和质量保证的技术委员会TC176（ISO/TC176）于1979年开始着手制定ISO 9000族标准，并于1987年正式发布。ISO 9000族标准在1994年、2000年、2015年进行了修订。

ISO 9000族国际标准的核心标准共有四个：

① ISO 9000质量管理体系——基础和术语；

② ISO 9001质量管理体系——要求；

③ ISO 9004质量管理体系——业绩改进指南；

④ ISO 19011质量和环境管理体系审核指南。

ISO 9001标准是一种以过程为基础的质量管理体系模式，过程方法是“组织内诸过程的系统的应用，连同这些过程的识别和相互作用及其管理”。质量管理体系的总要求是：“组织应按本标准的要求建立质量管理体系，形成文件，加以实施和保持，并持续改进其有效性。”

“组织应：

（1）识别质量管理体系所需的过程及其在组织中的应用；

（2）确定这些过程的顺序和相互作用；

（3）确定为确保这些过程的有效运行和控制所需的准则和方法；

（4）确保可以获得必要的资源和信息，以支持这些过程的运行和对这些过程的监视；

（5）监视、测量和分析这些过程；

（6）实施必要的措施，以实现对这些过程策划的结果和对这些过程的持续改进。”

以上六条要求概括起来，就是计划过程、确定过程、控制过程和改进过程，即PDCA循环模式：Plan计划（规划）—Do实施（执行）—Check检查（监控）—Act处置（改进）（图6-32）。

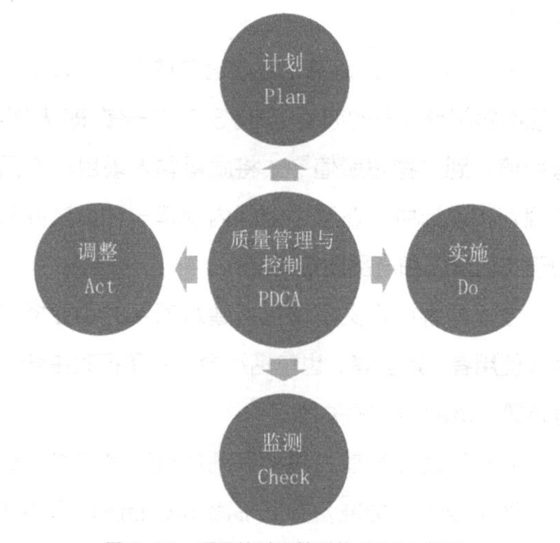

图6-32　质量的过程管理的PDCA循环

6.5.3 建筑工程质量管理——设计与施工质量

1）建筑工程质量

建筑工程质量（简称工程质量）是指符合规定的要求，并能满足社会和业主需要的性能总和。符合规定是指符合国家有关法规、技术标准；满足社会和业主需要的性能主要是适用性、安全性、美观性。因此，建筑工程的结果——建筑物作为一种特殊的产品，除具有一般产品共有的质量特性，如性能、寿命、可靠性、安全性、经济性等满足社会需要的使用价值及其属性外，还具有特定的超越功能的业主满意度、象征社会文化集体无意识等内涵。建筑工程质量包括工程建设活动和过程本身，还包括参与建设活动的主体组织和人的工作质量。

建筑工程质量的形成过程，始终贯穿于建筑工程的全寿命周期，即从项目的投资决策阶段，经过勘察设计到施工建设，最后到工程竣工验收，体现了建筑工程质量从投资决策、质量目标细分到实现目标的过程。

（1）识别质量需求的过程。对于建筑工程而言，其最终质量如何，很大程度在于建筑工程投资决策阶段的质量需求录入，建设单位根据自己实际使用需求及功能定位，开展了项目可行性研究及建设方案论证，最后形成了科学民主的投资决策。这一阶段的质量识别主要是领会建设单位的真实意图和确切需求，提出质量目标的具体量化指数，并详细分析论证，最后确定整个项目的质量总目标。

（2）质量目标的定义过程。质量目标的定义过程主要是在建设工程设计阶段实施和完成的。设计是一种高智力的创造性活动。建筑工程项目的设计任务，因其产品对象的单件性，总体上属于目标设计与标准设计相结合的特征，在总体规划设计与单体方案设计阶段，相当于目标产品的开发设计，总体规划和方案设计经过技术经济论证后，进入工程的标准设计，在整个过程中实现对建筑工程项目质量目标的明确定义。由此可见，建筑工程项目设计的任务就在于按照建设单位的建设意图、决策要点、法律法规和强制性标准等要求，将建筑工程的质量目标细分。通过建筑工程的方案设计、扩大初步设计及施工图纸设计等载体，对建筑工程各细部的质量特性指标进行明确定义，即确定质量目标值，为建筑工程的施工安装作业活动及质量控制提供依据。

（3）质量目标的实现过程——建筑全生命周期质量控制（质量管理）。建筑工程质量目标实现的最重要和最关键的过程是在施工阶段，该阶段是施工单位按照施工图纸的专业标准，合理配置各种生产要素，同时融入劳动力量，最后转化为满足使用要求和符合强制性质量标准的建筑工程。在整个施工过程中，施工单位必须严格实施质量目标控制、质量功能展开监管、质量形成过程跟踪与监控、质量缺陷的 PDCA 循环改进、质量链链节点监控与连续等。

综上所述，建筑工程质量的形成过程，贯穿于项目的决策过程和实施过程，在某种意义上说，是在执行建设程序的过程中，对建筑工程实体注入一组固有的质量特性，以满足人们的预期质量需求。这些过程的各个重要环节构成了工程建设的基本程序，它是工程建设客观规律的体现。业主的项目管理，担负着对整个建设工程项目质量目标的策划、决策和实施监控的任务；而建设工程项目各参与方，则直接承担着相关建设工程项目质量目标的控制职能和相应的质量责任。其中主要是设计咨询方和施工承包方承担了技术定义和指导、建造实现的两个重要主体，业主（建设方）通过合同委托的方式，审慎地选择设计方和承包商将其主体责任转移（注 5）。

2）建筑设计质量

建筑工程设计质量是指在严格遵守法规、技术标准的基础上，正确协调和处理技术、资金、资源、环境、时间条件的制约，使设计项目能更好地满足业主所需要的使用价值和功能，充分发挥项目投资的经济效益和社会效益。建筑工程设计质量是通过设计活动形成的，符合相关标准和规范以及社会要求，满足合理规定的需要、用途、目的以及顾客的期望和受益者要求，具有完整合格的设计文件的属性总和。

建筑工程设计质量的定义包含双重效用质量：一是设计产品直接效用质量，即以设计直接产品形式出现的设计文件、图样、图表等本身的质量，其中最关键的是设计是否符合国家有关设计规范，是否满足业主要求，各阶段设计是否达到规定的设计深度，各专业设计内容是否符合施工安装的实际要求；二是间接效用最终效用质量，即设计文件和图样、图表等体现的最终产品——建筑物或构筑物的质量，间接效用质量目标是指以设计文件所体现的最终建筑产品质量，通过设计和施工的共同努力，使本工程建设成为使用合理功能齐全、结构可靠、经济合理、环境协调的建筑。

建筑设计的质量管理主要通过以下方式防止图纸文件的“错漏碰缺”：

（1）方案－初步－施工文件是三次循环深入的过程；

（2）设计过程的输入－评审－生成－验证－输出的流程；

（3）设计人绘图制作－专业负责人审查－设计负责人审核－审定人审定三道多人检查程序；

（4）建筑－结构－设备－电气－经济多个专业互提条件图的交叉审查；

（5）招标采购环节的投标单位、施工阶段总承包企业的复核验证；

（6）施工前的分包商施工图深化设计及加工图的验证（图6-33）。

3）建筑施工质量

影响建筑工程施工质量的因素既有内部因素又有外部因素，总的来说可以分为人、机械、材料、方法和环境五大方面（人机料法环）。

（1）人的因素。人的因素主要指领导者的素质，操作人员的理论、技术水平，生理缺陷，粗心大意，违纪违章等。施工时首先要考虑到对人的因素的控制，因为人是施工过程的主体，工程质量的形成受到所有参加工程项目施工的工程技术干部、操作人员、服务人员共同作用，他们是形成工程质量的主要因素。首先，应提高他们的质量意识。树立质量第一、预控为主、综合效益的观念。其次，应完善管理制度，实施全面、全程、全员的质量管理并与精神和物质激励的有机结合。

（2）机械设备因素。施工阶段必须综合考虑施工现场条件、建筑结构形式、施工工艺和方法、建筑技术经济等合理选择机械的类型和件能参数，合理使用机械设备和工具，正确地操作。操作人员必须认真执行各项规章制度，严格遵守操作规程，并加强对施工机械的维修、保养、管理。

（3）材料因素。材料（包括原材料、成品、半成品、构配件）是工程施工的物质条件，建筑工程中材料费用占总投资的60%以上，材料质量是工程质量的基础，加强材料的质量控制，是提高工程质量的重要保证。影响材料质量的因素主要是材料的成分、物理性能、化学性能等，材料控制的要点有优选采购人员和渠道、合理组织材料供应、加强材料的检查验收等。

（4）方法因素。施工过程中的方法包含整个建设周期内所采取的技术方案、工艺流程、组织措施、检测手段、施工组织设计等。施工方案正确与否，直接影响工程质量控制能引顺利实现。往往由于施工方案考虑不周而拖延进度，影响质量，增加投资。为此，制定和审核施工方案时，必须结合工程实际，从技术、管理、工艺、组织、操作、经济等方面进行全面分析、综合考虑，力求方案技术可行、经济合理、工艺先进、措施得力、操作方便，有利于提高质量、加快进度、降低成本。

（5）环境因素。影响工程质量的环境因素较多，有工程地质、水文、气象、噪声、通风、振动、照明、污染等。环境因素对工程质量的影响具有复杂而多变的特点，如气象条件就变化万千，温度、湿度、大风、暴雨、酷暑、严寒都直接影响工程质量。因此，根据工程特点和具体条件，应对影响质量的环境因素，采取有效的措施严加控制。此外，冬雨期、炎热季节、风季施工时，还应针对工程的特点，尤其是混凝土工程、土方工程、水下工程及高空作业等，拟定季节性保证施工质量的有效措施，以免工程质量受到冻害、干裂、冲刷等的危害。同时，要不断改善施工现场的环境，尽可能减少施工所产生的危害对环境的污染，健全施工现场管理制度，实行文明施工。

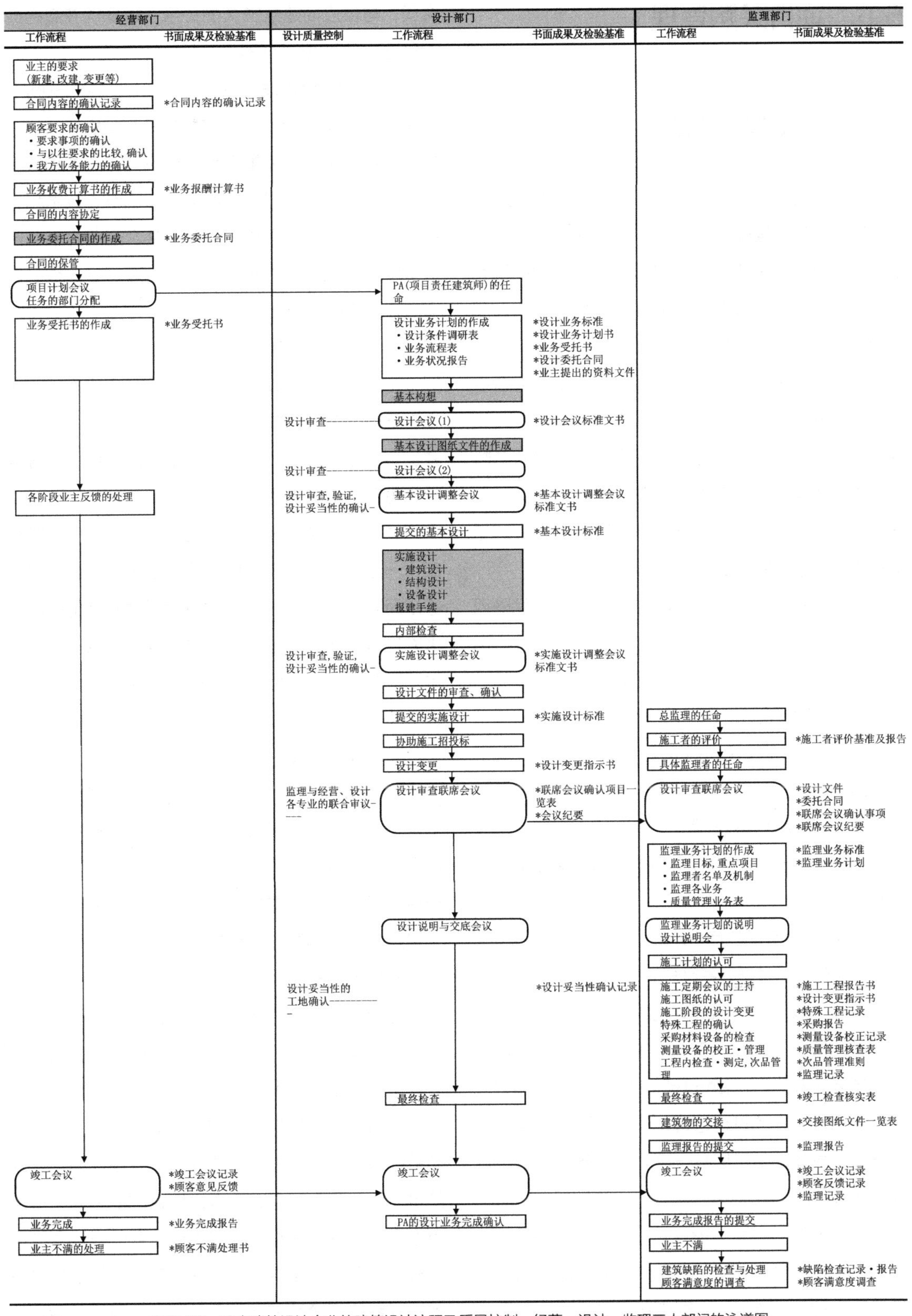

图 6-33　日本建筑设计企业的建筑设计流程及质量控制：经营、设计、监理三大部门的泳道图

6.6 项目采购管理

6.6.1 采购管理方法

采购管理（Purchasing Management）是指对采购业务过程进行组织、实施与控制的管理过程，通过对采购物流和资金流全过程进行有效的控制和跟踪，实现保障物资供应和质量、降低成本、构建高效的供应链、提升企业竞争力。

采购、外协工作（供应商体系）在企业运营中地位十分重要，它的影响往往最直接、最明显地反映到成本、质量上。因为购进的零部件和辅助材料一般要占到最终产品销售价值的 40% ~ 60%。在获得物料方面所做的点滴成本节约对利润产生的影响极大。采购的目标是：

（1）提供不间断的物料流和物资流从而保障组织运作；

（2）以最低的总成本获得所需的物资和服务，以最低的管理费用完成采购目标；

（3）使库存投资和损失保持最小，提升采购资金利用效率；

（4）保持并提高质量；

（5）发展有竞争力的供应商，形成合作伙伴关系；

（6）提高公司的竞争地位。

采购管理的从低到高可分为三个层次：

（1）交易管理，简单购买（Transaction）。这是较初级的采购管理多为对各个交易的实施和监督。其特征为围绕着采购订单（Purchase Order）与供应商较容易的讨价还价，仅重视诸如价格，付款条件，具体交货日期等一般的商务条件，被动地执行配方和技术标准。

（2）采购管理（Procurement）。根据自身的业务特征和系统要求，合理分配自身的资源，开展采购管理。其特征为：围绕着一定时间段的采购合同，与供应商建立长久的关系；重视供应商的成本分析；采用投标手段。

（3）供应链管理（Strategic Sourcing-Supply Chain Management）。其特征是：与供应商建立战略伙伴关系；更加重视整个供应链的成本和效率管理；与供应商共同研发产品；寻求新的技术和材料替代物；充分利用集中采购，整合企业内部各部的采购量并减少规格和品种，集中提供给少数的供应商，以获得规模效应。

采购方式主要有：

（1）询价采购，选购。对于已经很好掌握了成本信息和技术信息的采购商品（包括物资或服务），并且有多家供应商竞争，可以事先选定合格供方范围，再在合格供方范围内用“货比三家”的询价采购方式。这种方式必须有配套的合格供方管理机制——合格供方评审：就是管理者按照质量、成本等方面的标准，划定一个可供选择的供应商的范围，采购执行人员不能单独决定这个范围，也不能跳出这个范围活动，并要对每次采购活动中这个范围内的决策支持信息负责。否则由采购人员自由决策、自由询价就会导致“货比三家”失灵。

（2）招标采购。招标投标，是在市场经济条件下进行大宗货物的买卖、工程建设项目有发包与承包，以及服务项目的采购与提供时，所采用的一种交易方式。在这种交易方式下，通常是由项目采购（包括货物的购买、工程的发包和服务的采购）的采购方作为招标方，通过发布招标公告或者向一定数量的特定供应商、承包商发出招标邀请等方式发出招标采购的信息，提出所需采购的项目的性质及其数量、质量、技术要求，交货期、竣工期或提供服务的时间，以及其他供应商、承包商的资格要求等招标采购条件，表明将选择最能够满足采购要求的供应商、承包商与之签订采购合同的意向，由各有意提供采购所需货物、工程或服务的报价及其他响应招标要求的条件，参加投标竞争。经招标方对各投标者的报价及其他的条件进行审查比较后，从中择优选定中标者，并与其签订采购合同。

招标投标与一般市场交易行为的最大区别就是：卖方基于买方提供的特定的内容、特定的方式进行的一次性的、竞争性的择优成交方式，一般分为货物、工程或服务三种类型。其实质就是以同类企业竞争的方式克服信息不对称、从而在较低的价格下获得最优的货物、工程和服务。特别值得注意的是，建设工程的项目特质，也就是一次性、临时性、特定性的特点，与招标投标方式天然契合，因此招标投保也是建设工程的工程和服务的主要采购方式。社会经济活动主体的行为决策依赖于其拥有的信息状态，在招投标过程中许多决策行为与信息情况有关，但往往难以获得正确的、完全的真实信息。当市场参与者之间存在信息不对称时，任何一种有效的资源配置机制必须满足“激励相容”约束和“参与约束”，而招投标机制正是能够满足这两个约束条件的一种有效的市场机制。在招投标机制中，激励相容约束是指在最优激励机制下能够使承包商在追求自己最大收益的同时也能使业主的最大收益得以实现；参与约束即个人理性约束，是指业主设计的招标机制应当使承包商参与后能从中得到相应的足够大的好处，否则承包商可能会放弃接受这个合同而去接受可以从中得到更多收益的其他合同。招标人通过招标机制的设计和事后的监督机制来达到诱使投标人真实地披露信息，招标机制的设计其实质是一种特殊的不完全信息博弈，招标人通过投标人之间的激烈竞争达到以最低的代价、满意的质量、合理的时间购买建筑产品，实现投资目标。

在信息不对称的建设市场中，招标机制具有以下功能：① 具有搜索市场信息的作用，它为市场价格的形成提供了一个途径；② 委托代理招标时，能够有效地降低代理成本，可以减少招标人与投标人之间损害委托人的合谋行为；③ 使市场参与者在决策时不但要考虑自己的选择对别人的影响，也要考虑别人选择对自己的影响；④ 实现了信息的有偿使用。具有信息优势的市场参与者取得了比信息劣势的市场参与者更有利的地位，招标机制为信息的有偿使用创造了条件。

（3）竞争性谈判。竞争性谈判的方法与招标很接近，作用也相仿，但程序上更灵活，效率也更高一些，可以作为招标采购的补充。

（4）单一来源采购。如果已经完全掌握了采购商品的成本信息和技术信息，或者只有一两家供应商可以供应，就应该设法建立长期合作关系，争取稳定的合作、长期价格优惠和质量保证，在这个基础上可以采用单一来源采购的方式。

合理运用多种采购方式，还可以实现对分包商队伍的动态管理和优化。例如，最初对采购的成本信息、技术信息不够了解，就可以通过招标来获得信息、扩大分包商备选范围；对成本、技术和分包商信息有了足够了解后，转用询价采购；再到条件成熟时，对这种采购商品就可以固定一两家长期合作厂家，采用单一来源采购；反之，若对长期合作厂家不满意，可以通过扩大询价范围或招标来调整、优化供应商或对合作厂家施加压力。

6.6.2　采购策略（合约规划）

采购策略或合约规划是指根据采购需求和特征制定的一套采购策略，包括规定项目交付方法、具有法律约束力的协议类型以及如何推动采购、编制招标文件、选择供方、成本估算等。

1）确定交付方法

对专业服务项目和建筑施工项目，应该采用不同的交付方法。

（1）专业服务项目的交付方法包括：买方或服务提供方不得分包、买方或服务提供方可以分包、买方和服务提供方设立合资企业、买方或服务提供方仅充当代表。

（2）工业或商业施工项目的交付方法包括（但不限于）：交钥匙式、设计－建造（DB）、设计－

招标－建造（DBB）、设计－建造－运营（DBO）、建造－拥有－运营－转让（BOOT）等。

2）选定合同（支付）类型

所有合同关系通常可分为总价和成本补偿以及混合类型的工料合同三种：

（1）总价合同。此类合同为既定产品、服务的采购设定一个总价。这种合同应在已明确定义需求，且不会出现重大范围变更的情况下使用。总价合同的类型包括：

① 固定总价。这是最常用的总价合同类型。大多数买方都喜欢这种合同，因为货物采购的价格在一开始就已确定，并且不允许改变（除非工作范围发生变更）。

② 总价加激励费用。这种总价合同为买方和卖方提供了一定的灵活性，允许一定的绩效偏离，并对实现既定目标给予相关的财务奖励（通常取决于卖方的成本、进度或技术绩效）。合同中会设置价格上限，高于此价格上限的全部成本将由卖方承担。

③ 总价加价格调整。这是总价合同的一种类型，但合同中包含了特殊条款，允许根据条件变化，如通货膨胀、某些特殊商品的成本增加（或降低），以事先确定的方式对合同价格进行最终调整。

（2）成本补偿合同。此类合同向卖方支付为完成工作而发生的全部合法实际成本（可报销成本），外加一笔费用作为卖方的利润。这种合同适用于合同执行期间工作范围内可能会发生重大变更的项目。成本补偿合同又可分为：

① 成本加固定费用。为卖方报销履行合同工作所发生的一切可列支成本，并向卖方支付一笔固定费用。该费用以项目初始估算成本的某一百分比计列。除非项目范围发生变更，否则费用金额维持不变。

② 成本加激励费用。为卖方报销履行合同工作所发生的一切可列支成本，并在卖方达到合同规定的绩效目标时，向卖方支付预先确定的激励费用。如果最终成本低于或高于原始估算成本，则买方和卖方需要根据事先商定的成本分摊比例来分享节约部分或分担超支部分。例如，基于卖方的实际成本，按照80/20的比例分担（分享）超过（低于）目标成本的部分。

（3）工料合同。工料合同是兼具成本补偿合同和总价合同特点的混合型合同。这种合同往往适用于：在无法快速编制出准确的工作说明书的情况下扩充人员、聘用专家或寻求外部支持。

3）制定采购阶段的计划

采购阶段的计划包括：

（1）采购工作的顺序安排或阶段划分，每个阶段的描述，以及每个阶段的具体目标；

（2）用于监督的采购绩效指标和里程碑；

（3）用于追踪采购进展的监督和评估计划。

4）制作招标采购文件

招标文件用于向潜在卖方征求建议书和采购说明书。招标文件可以是信息邀请书、报价邀请书、建议邀请书，或其他适当的采购文件。

采购工作说明书是充分详细地描述拟采购的产品、服务或成果，以便潜在卖方确定是否有能力提供此类产品、服务或成果。根据采购品的性质、买方的需求，或拟采用的合同形式，工作说明书的详细程度会有较大不同。工作说明书的内容包括：规格、所需数量、质量水平、绩效数据、履约期间、工作地点和其他要求。

5）选择合格供方（供应商）

在确定评估标准时，买方要努力确保选出的建议书将提供最佳质量的所需服务。供方选择标准可包括能力和潜能、产品成本或全生命周期成本、交付日期、技术专长和方法、相关经验、用于响应工作说明书的工作方法和工作计划、关键团队或员工的资质和胜任力、知识转移计划等。

6）组织成本估算（底价）

对于大型的采购，采购组织可以自行准备独立估算，或聘用外部专业估算师做出成本估算，并将其作为评价卖方报价的对照基准。如果二者之间存在明显差异，则可能表明采购工作说明书存在缺陷或模糊，或者潜在卖方误解了或未能完全响应采购工作说明书。

6.6.3　采购实施与控制

实施采购是获取卖方应答、选择卖方并授予合同的过程。

采购控制就是合同管理过程。包括：

（1）收集数据和管理项目记录，包括维护对实体和财务绩效的详细记录，以及建立可测量的采购绩效指标。

（2）完善采购计划和进度计划。

（3）收集、分析和报告与采购相关的项目数据，并编制定期报告，监督采购环境。

（4）向卖方付款。

（5）索赔管理。如果买卖双方不能就变更补偿达成一致意见，或对变更是否发生存在分歧，那么被请求的变更就成为有争议的变更或潜在的推定变更。此类有争议的变更被称为索赔。如果不能妥善解决，它们会成为争议并最终引发申诉。在整个合同生命周期中，通常会按照合同条款对索赔进行记录、处理、监督和管理。如果合同双方无法自行解决索赔问题，则可能不得不按合同中规定的程序，用替代争议解决方法去处理。谈判是解决所有索赔和争议的首选方法。

（6）数据采集和分析。用于监督和控制采购的数据分析技术，包括：

① 绩效审查。对照协议，对质量、资源、进度和成本绩效进行测量、比较和分析，以审查合同工作的绩效。其中包括确定工作包提前或落后于进度计划、超出或低于预算，以及是否存在资源或质量问题。

② 挣值分析（EVA）。计算进度和成本偏差，以及进度和成本绩效指数，以确定偏离目标的程度。

③ 趋势分析。趋势分析可用于编制关于成本绩效的完工估算，以确定绩效是正在改善还是恶化。关于完工估算方法的详细信息。

④ 检查与审计。检查是指对承包商正在执行的工作进行结构化审查，可能涉及对可交付成果的简单审查，或对工作本身的实地审查。审计是对采购过程的结构化审查。

6.6.4　建筑工程的招标采购

建筑生产过程中，以建筑师为代表的咨询方，是作为业主（建设方、客户）和承包商（含总承包商、分包商、供应商）之外的第三方最后登场的，是在英国工业革命之后建设项目的技术和法规条件日益复杂、承包商利用专业信息不对称扩大自身利益、业主无法有效控制承包商以寻求项目价值最优时的产物。建筑师的首要责任就是帮助业主精准定义建筑物并监督承包商完成，同时作为政府监管的助手完成技术法规合规性审查。业主、咨询方（建筑师、咨询工程师）、承包商的三者关系就构成了建筑生产体系的最基本、最稳定的生产关系。业主与建筑师的代理合同关系，业主与承包商的采购、承包合同关系体现了不同的合同关系和风险的分配方式，建筑工程的采购中也就包含了产品、施工和设计咨询服务两大类采购。

根据世界贸易组织（WTO）关于建筑业的定义，建筑生产一般分成第二和第三产业的两个主要的部分，即建造 / 建设（construction）和建筑学（architecture）两个不同而又相互重叠的部门：① 建造及其工程服务（construction and related engineering services），也就是业主和承包商之间的建造、安装、装修等工程总包和专业分包；② 建筑学及其工程服务（architectural and related engineering services），即业主和咨询方之间的建筑设计、工程设计、规划景观设计等设计咨询服务。

因此，工程和产品的采购价格（price）体现了采购合同的特点，发生物权转移，是以确定的产品性能为基础的价格比选。工程及产品的承包商、供应商的招标，建筑物和产品的要求被建筑师精确定义了，应遵循同质条件下的价格比选原则。设计咨询服务收费（fee）体现的是咨询方和业主之间的委托代理关系，并不发生物权转移，咨询服务的质量也很难准确衡量，业主依赖建筑师发掘项目价值和提升性价比，成功的咨询服务要靠完全合格甚至顶级的技术人员花费足够的时间才能实现。因此，两者的招标程序和方法差别很大，国际咨询工程师联合会（FIDIC）提出了《FIDIC 招标程序》《根据质量选择咨询服务》两部指导性文件，明确区分了设计咨询类招标和工程产品类招标的两大分类，并明确了咨询类按质择优和工程产品类按价择优的原则和方法（注 6）。

招标投标的交易方式，必须具备的几个基本条件是：① 要有能够开展公平竞争的市场经济运行机制；② 必须存在招标采购项目的买方市场（卖方“产能过剩”），对采购项目能够形成卖方多家竞争的局面，买方才能够居于主导地位，有条件从多家竞争者中择优选择；③ 招标的主体，买方的目标必须和工程目标一致，买方必须选择质优、价廉的投标者，必须有明确的能力评价标准；④ 招标过程和结果满足参与约束和激励相容，也就是投标参与者的同质化（同等条件下的竞争）、满足一般市场行情的收益标准（满足参与者最低收益要求），才能克服信息不对称时的委托—代理困境。

1）施工及产品招标——最低价中标

业主为了建设项目的实施，采用某种方式选定所需的物资或服务，并以合同形式加以明确的过程，称之为工程项目采购（Procurement of Works），在我国被称为工程招标投标。

工程项目的独特性、暂时性使得工程项目的采购，尤其是主体施工总承包的采购，往往受到地域、季节、工程难度、合同条件等的影响，差异性巨大，信息完全不对称，因此招标方式是建筑工程市场常用的采购模式。

面对委托—代理关系下的困境，业主为了防范承包商利用信息优势来侵犯自己的利益，选择承包商时的一项重要措施就是采取有效的选择机制保证承包商的利益与自己的利益一致，即业主向承包商支付最低的价格而承包商向业主提供合格的工程，这种有效选择机制就是最低价中标法。

所谓最低价中标法就是工程项目业主公开招标选择承包商，在能够满足招标文件实质性要求且经评审的所有的投标人中报价最低者即成为工程的承包商。最低价中标法本质属于密封第一价格拍卖、密封投标、报价最低者赢得合同。在密封第一价格招标过程中，根据博弈理论可知，每个投标人的战略是根据自己对招标工程的估价和对其他竞争对手估价的判断来选择自己的报价，中标者的收益是他的报价减去他对工程的估价。密封第一价格招标的招标机制是最优的，它能够满足最优机制所要求的“激励相容”和“参与约束”两个约束条件。在均衡情况下，建筑工程由报价最低的投标人承担，从资配置的角度来讲也是有效率的。因此，最低价中标法在理论上是最优的。

最低价中标法有许多突出的优点和功能。① 业主选择承包商以投标人（反映自身能力）的公开报价为选择依据，是一种公平、公开和公正的招标方法；② 评标过程简单，防止暗箱操作，有利于杜绝招投标过程中的非法行为，节约招标过程中各个环节发生的交易成本；③ 促进优胜劣汰的市场竞争机制的形成。在市场竞争中承包商想要中标并且能够形成一个长期的良性循环，就只能依靠加强管理、降低成本、提高工程质量和提高企业信誉等；④ 能够节省工程建设投资预算并仍然有效地保证工程建设质量；⑤ 当投标人数达到一定规模时，最低价中标法选择的承包商应该是生产成本最低的投标人，能够实现社会资源的有效配置。

最低价中标法是市场经济条件下的最优机制，只有完善的市场经济体制才能确保最低价中标实现它应有的功能。最低价中标法的适用条件包括：① 招标人对投标人进行严格的资格审查，确保投标人有能力完成工程；② 招标前期工作要求质量高，无论勘察还是设计都要达到一定深度和精度，特别是招标文件的编写、建筑物成果的定义要准确、周到；③ 招标人有足够的工程项目管理水平，特别是防范风险和防范承包商索赔的能力；④ 投标人要有独立的私人估价信息，可以按照它们自己的内部工程造价标准进行报价，而不能依靠国家或地区的定额、限价；⑤ 要求有完善的工程担保制度，如投标阶段递交投标保函，签订合同时提供履约保函，项目进入维修期提交维修保函等。这种选择承包商的方法在国外应用已有近百年的历史，其中以美国公共工程的最低价中标最为典型（注 7）。

在我国招标投标法实行中出现的问题，主要是忽视了几个前提条件，造成业主盲目利用甲方地位强加不合理合同条件、承包商利用信息不对称采用“低价中标、高价索赔”和多个主体围标等方式，造成招标投标手段失灵，业主没有找到优质和合格供应商，也造成国家投资的浪费。于是有人就不分原因去反对最低价中标，甚至提出高品质就需要高投入、高价格，工匠精神就需要不按市场竞争招标工程。其实，招标的核心就是形成价格，由于价格、质量、工期（资源条件）三大要素在项目中相互作用，如果不能固定其他条件比价就完全没有意义，反之，如果固定了成果建筑物、质量、工期之后，任何超过需求的投入都是一种社会资源的浪费，尤其对于国有投资项目而言。

有意思的是，在民间投资项目，尤其是房地产项目中，早已经自觉按照 FIDIC 的招标程序严格执行按价择优、严格定义并经过评审的最低价中标方式。其核心要点是：

（1）资格预审和短名单。必须保证投标人在相同的技术、规模、服务的水准上进行比选，各地政府和行业协会、设计咨询机构都可根据投标人的市场表现和合作经验推荐合格供应商目录，同时还都要进行承包商、供应商的考察和实施团队的面试，以确保投标人有能力、有意愿、保质保量完成任务。通过资格预审后形成合格投标人的短名单（3 ~ 5 家，最多不超过 7 家），必须是在同等的条件下的同类投标人，保证业主在可控的范围内、在进行充分沟通和评价的基础上进行优选，而不是漫无目标地海选，更不能依赖于只看投标文件和盲目依从不知情专家的盲选。这些都恰恰是我国工程领域招标的问题关键所在。

（2）工程产品精准定义。必须有严格完整的招标资料保证产品的性能、质量标准的一致性，以及实施的外部条件（合同条件），在此基础上的价格比较才有意义。我国以往工程往往采用设计院的施工图进行招标，而施工图又由不统合各个专业设计咨询、不对产品材料的性能价格负责、不对最后建筑物成果负责、仅对图纸深度负责的设计院完成，这样的不完整图纸无法控制最终成果。国际通用的工程定义至少包括：完整的能够指导施工的设计图纸，定义材料产品性能参数的技术规格书（specifications），工程量清单及不公布的底价（质量、造价、工期的项目三位一体的控制都是建筑师必须统合的内容）。

（3）严格的价格评审。为防止不合理低价和索赔陷阱，均要求承包商对清单全科目报价，防止不平衡报价，同时要对其报价文件进行评审，防止缺漏并一一确认；也可以要求采用总价报价的方式对施工方提出风险兜底的要求；对特别异常报价、低于底价 10% 以上的报价必须经过问询并得到合理解释；接受承包商结合技术特点的创新和价值工程，但对变更部分必须经过严格测算和价格换算，保证各个投标人的平等比价。美国在政府投资项目的招标中，并不要求业主制定底价，而是留出足够的时间、精力去审查各个投标人的报价，并对其可能的疏漏、异常报价、疑点问题等提出质询并要求解释，前提是整体报价不能改变并充分认识到项目的相关要求和潜在风险。若不能保证总价不变则直接取消承包商中标资格与下一家谈判。

（4）标准合同条件。工程的合同条件对价格影响很大，为了保证甲乙双方的公平并得到合理的价格，也便于公平比价，应采用政府或行业组织的被广泛认可，且覆盖投标人服务内容的标准合同条件。我国虽然有国家推荐的合同范本，但是由于行业组织不发达，甲方往往滥用其主导地位，使得投标个体都不得不屈服于甲方的不合理条款。这样既造成了合同中天然的不平等性，也为未来的纠纷埋下根源，最后还是甲方为其强势的不合理要求买单。由于工程项目低频高额的特点，需要政府和行业组织在基于保证市场公平竞争的基础上出台强制性的标准合同条件，以规范市场行为。

（5）保险保障。投标人提出保证保险或高保额的工程担保，保证合同的顺利履行，转移发包人的风险，保证项目顺利实施。

2）咨询服务招标——按质择优

国际咨询工程师联合会（FIDIC）《根据质量选择咨询服务》一书中，对工程业主如何选好工程咨询单位为他们提供咨询服务，提出了重要建议。FIDIC认为“根据质量选择”（Quality Based Seteetion，简称QBS）比根据“咨询服务价格”选择咨询服务单位具有明显的优越性。因为在设计阶段谁也无法准确定义建筑物，通过招标要找到一个最优的投标人来完成设计定义工作，而这项工作又是独特的、创造性的、多专业综合逐步形成的，对业主未来的项目具有决定性影响的，如何选择？就像如何选择医生和律师一样，也许是依据能力、经验、敬业等，但肯定不会以服务价格为主。

设计咨询服务收费（fee）体现的是咨询方和业主之间的委托代理关系，并不发生物权转移，咨询服务的质量也很难准确衡量，成功的咨询服务要靠完全合格的人员花费足够的时间才能实现。因此，选择方法不应强制地把费用降低，以致咨询人员不能支付指派合格人员工作足够时间的费用。费用少对项目花费的时间就少，这就导致服务范围减小、服务质量下降。不合格的咨询意见通常导致更高的工程项目费用，这些将远远超过节约的咨询费用。FIDIC认为，根据质量选择（QBS）可以提升项目的效益，对业主来说是最划算的方式：咨询人员的能力是工程项目省钱、高效的关键——采用最合适的技术、创新的解决方法和最低的项目周期费用。QBS方法鼓励咨询人员不断提高技能，努力创新，以为这是他们能否被选的基础所在，同时，客户是这些最优秀的、按有竞争性费用提供的咨询服务的最终受益者。

选择程序要能使咨询人员发挥创造力、创新精神、运用经验，合理判断，实现客户的最大利益，反过来咨询人员也获得公平合理的补偿。这样才是选择程序产生的最佳结果。咨询方是业主的代理和顾问，选择咨询人员是业主或客户做出的最重要的决定之一，任何项目的成功都要靠得到能力最强、最有经验、信誉最好的专业技术。客户和咨询人员之间有了绝对信任的业务关系，就能取得最好的项目结果。

FIDIC建议采用的根据质量选择（QBS）方式要求：① 筛选出合格咨询服务商短名单；② 要求投标方提供服务计划书，对其资格、能力、经验、质量保证体系等进行评价，排出优劣秩序；③ 与排名第一的公司进行合同谈判，无法达成协议则顺次和下一家谈判，同时明确谈判的唯一性不能反复谈判，以保证双方的公平和珍惜机会（表6-7）。

短名单咨询公司评价表 表6-7

资格标准	权重(最高分)	打分
公司的相关经验和证明		
主要人员的经验（可用性）		
工作方法		
其他方案的考虑		
技术创新／研究开发		
项目实施的细节		
项目全生命周期的控制技巧		
经营与管理		
主要的支持设备与系统		
质量保证体系		
效率／资源的节约利用		
对项目社会影响的敏感度		
总分合计		

FIDIC 强调，根据咨询服务价格的比较来选择工程咨询人员，对客户、项目都不会最有利的。一旦引入了价格因素，选择过程就会收到扭曲，往往倾向于最低价格而不是最好的质量。同时，FIDIC 也为考虑价格因素的业主提供了其他几种方法：双信封法（技术和商务标严格分开），加权评分法（价格所占权重小于 10%），预算法（告知项目的预算并调整服务范围），设计竞争法，价格谈判法。

世界银行、美洲开发银行、亚洲开发银行、国际建协 UIA、FIDIC 等国际组织以及美国、加拿大、澳大利亚、日本等国家，都明确了采用根据质量选择工程咨询服务（QBS）的方式。美国联邦政府于 1972 年通过立法要求所有工程项目的咨询服务按照 QBS 来选择。美国建筑师学会（AIA）还对美国马里兰州和佛罗里达州在 1975 ~ 1983 年之间的上千个工程项目的比较发现，按照 QBS 选择咨询服务比以价格为主选择服务，设计费用和管理费用都节省了一半（咨询费用与工程造价的比率），项目周期也只是后者的 3/4，最后的结论是按照价格选择咨询服务看似在招标时省钱了，但是实际整体投入反而更高。

3）设计竞赛与提案竞赛

国际建筑师协会（UIA）在《国际建协建筑师职业实践政策推荐导则》“取得委托—按质选择建筑师”中指出：为确保建筑环境的生态可持续发展、保护项目所在地的社会人居、文化和经济价值，政府应采用恰当的筛选程序，制定合格的建筑师筛选制度，为项目选择最为合适的建筑师。实现此目的的最佳方式有：

（1）设计竞赛（公开遴选建筑方案）：根据联合国教科文组织——国际建协（UNESCO-UIA）国际竞赛导则规定原则，在获得国家权威机构或建筑行业组织批准后，组织建筑设计竞赛；建筑竞赛的指导原则可从国际建协直接获取，或从国际建协成员单位获取；

（2）按照国际建协导则实施根据质量选择建筑师的程序（QBS）；

（3）按照界定建筑服务范围的完整项目概要（任务书）为基础进行直接谈判。

在 1970 年代的西方世界反垄断化过程中，废除了建筑师只能参加协会及学会承认的设计竞赛的规定以及对设计竞赛参加及优胜者报酬的强制性规定，以便业主更加自由地选择建筑师。但是，由于业主对建筑师及其组织的判断偏重于价格竞争并不能保证设计者的经验和能力，不符合业主的长久和根本利益。而设计竞赛方式不但耗资，而且由于建筑师为主进行评选，业主的干预有限，往往是建筑学的独创性优于业主的使用及造价要求。因此，英国、日本等国家在政府投资的公共建筑的设计者选定方式上出现了多种探索：

（1）设计竞赛方式。对设计者的具体设计方案进行审查从而确定设计者的方式。

（2）设计提案（构想竞赛）方式。对设计者提出的设计构想、解决方法等进行审查选定设计者的方式。

（3）文件审查（团队竞争）方式。对设计承担组织的工程计划、人员构成、人员的经验、素质等进行书面审查或面试，以确定设计者的方式。

（4）事业竞赛方式。一般用于复杂、大型项目，通过对最终建成环境或建筑物的品质、进度、成本、运营、融资、社会效益等指标进行全面优选的方式，选定设计、施工、管理咨询、供应商的联合体或项目公司。

参考：美国的政府采购招标流程

美国政府立法规定所有超过 10 万美元的政府工程必须采用最低价中标法进行公开招标。按照一级密封招标的方式，所有符合条件的投标人在指定时间和地点集中公开报价，报价最低者中标。经过近百年的实践和不断完善，形成了包括工程担保体系在内的一整套科学严谨的运作方法，保证了纳税人的金钱得到合理使用。

美国工程招标的特点和要点如下：

（1）信息发布。美国政府要求所有工程招标信息必须完全公开。招标方必须提前一个月在指定报纸和计算机互联网上向全社会公开披露招标信息和条件，并同时通知全国总承包商协会。我国工程建设主管机构目前正要求所有工程必须在建设工程交易服务中心公布招标信息，时间3～5天。

（2）资格预审。美国用定量标准来筛选投标者，工程担保保函金额是衡量投标人资格的主要标准，提高或降低保函金额也就改变了对投标者的资格要求。法律规定提供工程担保保函是参加政府工程投标的必要条件之一。我国用定性标准来筛选投标者，主要用企业等级来审定投标人的资格。

（3）标底编审。美国的工程施工招标全部不设定标底，投标报价的编制依据企业内部定额和当时市场价格信息。我国评标办法与标底有很大关系，因此，编制和审定标底是招标过程中非常重要的环节和内容，标底保密十分重要。并且根据国家和地方的定额进行编制，而不是根据市场价格。

（4）招标方式。美国的工程施工招标方式只有一种公开招标，政府通过立法规定所有政府工程超过10万美元必须进行公开招标。

（5）评定标方法。美国近百年来一直采用唯一的一种方法——最低价中标法。美国政府采用的最低价中标法，操作简便，对投标人公平。政府对建筑市场传递的信息非常清晰，投标者只有也只能依靠加强管理、提高技术水平、降低内部成本、保证工程质量和重视企业信誉，才能在市场中生存和发展，否则，将被市场无情地淘汰。这种明确的优胜劣汰的市场自由竞争机制，对建筑市场所起的正面引导作用很强，促进了建设行业健康良性发展。我国工程招标的评定标方法多种多样，例如评审法、抽签法、合理低价法、低价法、最接近标底法、最接近平均报价法、报价之后再评议和直接发包等方法。

（6）中标价复核。在美国，最低价中标法事前不编制也不审定标底，但在确定中标者之后，招标方必须对中标的最低报价进行复核。复核工作通常在招标之后第二天开始，由2～3名预算员同时分别进行复核，其目的在于检查中标者有无漏项或是计算错误，确保最低价已经包括所有工程内容，每项工程确实都能够完成。在与中标者核对发现错误时，报价不得修改。中标者可选择要么明知亏损也坚持完成，要么放弃正式签约，用投标保函赔偿招标方损失，保函赔偿额最多可达投标报价的5%。这种情况发生时次低报价者成为新的中标者，重复上述过程。我国无论哪种评标方法都没有中标价复核这个环节，结果在施工过程中发现严重漏项时，承包商要求重新计量，引起纠纷，影响工程进展。在采取实物量招标时，这种情况也屡屡发生。这也是国内低价中标法失败的主要原因之一。

（7）履约担保后签订合同。美国政府立法规定所有政府工程签约时，中标方必须提供履约保函和付款保函。履约保函是由工程担保公司向招标方（业主）保证中标方签约后能够按要求履约，否则由其承担继续执行合同的责任和赔偿业主有关经济损失。付款保函是保证中标方（总承包商）向分包商和材料设备供应付款的担保。履约保函的金额为合同金额的全部，这种100%的担保，使合约在受到正常的法律保护之外，增加了经济手段这种更加快速有效的保护措施。我国不要求采取工程担保的方式，采用担保方式的也多采用低保额担保，多用押金或施工单位垫资的方式进行。

最低价中标法的实施必须配合严格的资质审查、工程保证担保和对最低报价的复核（清标）等措施，否则不仅不能达到预期的目标，而且可能出现严重的负面效果（注8）。

从国际上看，世界各国都很重视《政府采购法》的立法，在《政府采购法》中规定一般情况下政府采购应当招标采购，并且规定招标的具体程序，不再单独制定《招标投标法》。因此，我国的《招标投标法》与《政府采购法》容易产生混淆，只有政府或公有资金投资的项目需要强制采用招投标法，而且我国政府投资项目在整个市场中占有重要地位，更应该区分两者的关系，充分放开非公有投资部分的招标投标行为管理。

本章注释

注 1：[美] Project Management Institute (PMI) 项目管理协会．项目管理知识体系指南 (PMBOK) [EB]. 第六版．Newtown Square: Project Management Institute, Inc, 2017. https://LCCN.loc.gov/2017032505

注 2：尹贻林．尹塾智库：第三讲中国项目管理的发展历程 [R/OL]. 2018-01-24[2020-07-11]http://mp.weixin.qq.com/s/c5AxajiT24TP20olc0IHZg

注 3：山本彩．为何日本的生产效率如此低下 [R/OL]. 2019-11-27[2020-07-11]. http://www.517japan.com/viewnews-110879.html

注 4：[美] 菲利普·科特勒．营销管理 [M]. 第 11 版．梅清豪，译．上海：上海人民出版社，2003.

注 5：韩国波．基于全寿命周期的建筑工程质量监管模式及方法研究 [D]. 北京：北京矿业大学，2013.

注 6：国际咨询工程师联合会．FIDIC 招标程序 [M]. 中国工程咨询协会译．北京：中国计划出版社，2000. 国际咨询工程师联合会．根据质量选择咨询服务；咨询专家工作成果评价指南 [M]. 中国工程咨询协会，译．北京：中国计划出版社，1998.

注 7：秦旋，何伯森．招投标机制的本质及最低价中标法的理论分析 [J]. 中国港湾建设，2006 (06)：61-64.

注 8：吴福良，胡建文．中美建设工程施工招标方法比较研究 [J]. 建筑经济，2001 (07)：11-13.

Chapter7

第7章 Business Administration of Architect's Firm 建筑师的经营与组织管理

7.1 设计企业的管理

管理（Management）是在特定的环境下，对组织所拥有的资源进行有效的计划、组织、领导和控制，以便达成既定的组织目标的过程。管理分为四项基本职能就是计划、组织、领导、控制。管理的任务是设计和维持一种环境，使在这一环境中工作的人们能够用尽可能少的支出实现既定的目标，或者以现有的资源实现最大的目标。

科学管理之父弗雷德里克·泰勒（Frederick W. Taylor）认为："管理就是确切地知道你要别人干什么，并使他用最好的方法去干"，管理就是指挥他人能用最好的办法去工作。

彼得·德鲁克（Peter F. Drucker）认为："管理是一种工作，它有自己的技巧、工具和方法；管理是一种器官，是赋予组织以生命的、能动的、动态的器官；管理是一门科学，一种系统化的并到处适用的知识；同时管理也是一种文化。"

企业管理按照职能可以划为人力资源管理、财务管理、生产管理、采购管理、营销管理等，通常的企业会按此来设置职能部门。企业管理在系统上可分为企业战略、业务模式、业务流程、组织结构、企业制度、企业文化等系统的管理。美国麦肯锡咨询公司总结出企业组织七要素（即麦肯锡 7S 模型，Mckinsey 7S Model）：硬件上的战略（Strategy）、结构（Structure）、制度（Systems），软件上的风格（Style）、人员（Staff）、技能（Skills）、共同价值观（Shared Values）（图 7-1）。

7.1.1 设计企业的企业战略

企业战略（Enterprise Strategy）是企业根据环境变化，依据本身资源和实力选择适合的经营领域和产品，形成自己的核心竞争力，并通过差异化在竞争中取胜的方略。企业战略是企业对于提供独特的消费者价值的主张和选择，是为确立和实现企业的根本长期目标而必须采取的行动序列和资源配置。

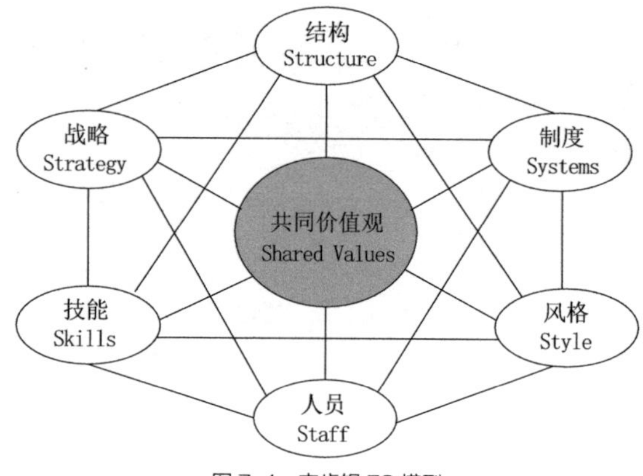

图 7-1 麦肯锡 7S 模型

因此，企业战略是企业为了实现战略目标、制定战略决策、实施战略方案、控制战略记下的一个动态管理过程，具有全局性、长远性、纲领性。与之对应的，企业的经营管理是企业对目前的投入产出的管理，是制定企业战略管理的基础条件，战略管理为经营管理提供了方向和纲领。

美国企业战略理论学者伊戈尔·安索夫（H. Igor Ansoff）将企业战略管理（Strategic Management）要素概况为四个方面：

（1）产品与市场领域。企业目前提供的产品和服务，以及未来应该提供的，或者市场未来的需求。企业生存的基础就是满足市场需求、适应环境及其变化。

（2）成长方向。企业在上述产品与市场领域中应该向什么方向发展，包括市场渗透、市场开发、产品研发、多元化等。

（3）竞争优势。是指在特定的产品与市场领域中，企业具有的比竞争企业具有优势的特征和条件，体现为资源的数量或质量上的有利差别。

（4）协同效应。指若干因素的有效组合带来的放大效应，如生产、销售、管理、投资的协同效应。

这四种要素可以在企业中产生一种合力，形成企业的共同经营主线，即企业当前和未来的产品与市场组合之间的联系。企业制定战略就是为企业确定出一条共同经营主线。

企业战略可以划分为公司战略、竞争战略和职能战略管理三个层次：

（1）公司战略。是一个企业的额整体战略总纲，是企业管理和控制一切行为的最高行动纲领。包括：① 企业的使命与任务，产品与市场领域；② 企业的成长方向以及不同单位之间的资源分配方式。

（2）竞争战略。主要是企业的产品和服务在市场上如何竞争的问题。

（3）职能战略。是企业为了贯彻、实施公司战略和竞争战略而在企业特定的职能管理领域制定的提高效益的方法，包括营销、人事、财物、生产、研发、公关等战略，核心就是企业内部的结构优化、流程调整、资源重配。

公司战略、竞争战略、职能战略三个层次相互配合共同形成企业战略体系，战略管理过程就是调查分析、制定策略、实施、评价并调整的循环往复的过程。

企业战略理论的发展中的重要理论有：

（1）以环境为基点的经典战略管理理论。美国学者艾尔弗雷德·钱德勒（Alfred D.Chandler）提出了企业战略应适应环境、满足市场需求，企业的组织结构有必须适应企业战略并随之改变，也就是环境——战略——结构的相互关系：企业战略的基点是适应环境；企业战略目标是提高市场占有率；企业战略的实施要求组织结构的变化与适应。

（2）以产业（市场）结构分析为基础的竞争战略理论。美国学者迈克尔·波特（Michael E.Porter）认为，企业盈利能力取决于其选择的竞争战略，竞争战略的核心在于：① 选择有吸引力的、高潜在利润的产业或市场；② 在其中确定自己优势的竞争地位。竞争模型由（新对手）进入威胁、替代（产品）威胁、现有对手的竞争、客户（买方）的议价能力、供应商（供方）的议价能力五方面压力组成，相互作用后产生赢得竞争优势的三种通用战略：成本领先战略、标新立异（差异化）战略、目标集聚（聚焦）战略（表 7-1）。

（3）以资源、知识为基础的核心竞争力理论。在外部环境相同的条件下，企业内部基于特有的资源形成的核心竞争力才是关键。核心竞争力是资源、知识、能力具有稀缺、独特、不可模仿、难以替代的特性时，才能形成企业持续的竞争优势。核心竞争力（或被称为核心能力，Core Competence）指的是公司拥有的一组独自擅长的技能，是公司为客户提供独特价值和利益的能力，其内在表现为组织的集体能力和综合化的能力，其外在表现为在充分竞争的市场上具有了对手无法复制的能力和竞争优势。

波特五力模型与竞争战略的关系　　表 7-1

行业内五种压力	竞争战略		
	成本领先	差异化	聚焦
进入威胁	具备杀价能力以阻止潜在对手的进入	培育客户的忠诚度以挫败潜在进入者的信心	通过聚焦建立核心能力以阻止潜在对手的进入
客户议价能力	具备向客户提供更低报价的能力	因选择范围小而削弱了客户的谈判能力	因没有其他选择而使客户丧失谈判能力
供应商议价能力	可将供应商的涨价部分影响降到最低	可将供应商的涨价部分转嫁给客户	能更好地将供应商的涨价部分转移给客户
替代威胁	能够利用低价抵御替代品	客户因习惯于独特的产品或服务而降低了替代品的威胁	特殊的产品和核心能力能防止替代品的威胁
现有对手的竞争	能更好地进行价格竞争	品牌忠诚度能使客户忽视竞争对手的产品	竞争对手无法按满足客户需求

企业战略的核心内容是企业的定位（企业战略，市场和企业在竞争生态中的位置选择）、模式（结合市场环境和企业资源形成核心竞争力的方法）、结构（企业的组织结构和资源分配）。

建筑师的设计服务就是一个典型客户价值创造的过程（Business Process）和价值链（Value Chain），是一个有明确的输入资源和输出成果的特定工作；而管理就是一个连续产生新的非标准化操作规范和新的非程序性决策并不断地把它们转化为标准化操作和程序性决策的过程。设计企业的核心竞争力和最终价值的提升就是通过对服务提供的流程、作业链的优化和再造而得以实现的。因此，以设计企业为主体，以设计服务过程为核心，就需要建立一套完整的、可操作的控制体系，通过企业定位和核心竞争力类型界定核心流程、价值链分析优化流程，形成程序化、标准化的流程控制和质量管理体系，形成一个可量、可控、可复制的设计服务工作手册和实施平台，服务于设计实践并提高整个行业的技术管理水平。这是一个循环往复的价值链和企业流程再造（Business Process Reengineering，BPR）、优化的过程。这是中国设计企业走向设计服务产业化、跨地域集团化、竞争国际化的关键，也是实现业主价值最大化和社会资产最优化的必备条件。

7.1.2 市场定位与竞争模式

根据建筑师事务所对上述企业战略的选择，特别是对企业核心价值观和自身服务市场的定位，即对建筑消费者和使用者（业主）的价值主张和组织目标的不同，建筑师的设计咨询企业（建筑事务所）大致可以分成两种类型：

（1）艺术家工作室（Atelier，Studio，画室，图坊）；

（2）组织型事务所（Firm，Corporation，设计企业，商业事务所）。

从建筑师的职业历史来看，自从文艺复兴中建立设计学院开始，建筑和其他视觉艺术努力脱离传统手工匠的束缚，强化建筑、绘画、雕塑的设计和艺术属性。法国古典主义的巴黎美术学院的画室、工作室（atelier）教育方式将建筑师的培养系统化、图案化，追求竞赛、展览等非实际项目的成果，关注建筑的视觉、空间效果和个性风格，而非建造工艺、材料、质量和成本的控制与管理。

19 世纪由于工业革命后社会经济的发展带来的建设量的激增，保护人制度（patronage）逐步瓦解和契约关系的形成，建造的匠师们被唯利是图的承包商所取代，建筑业的安全、健康的政府监管要求也被委托给建筑师，建筑师们以专业知识提供胜任任务能力的、诚信和正直的专业化服务并成为政府建筑业监管的助手（注册建筑师、国家认可的专业人士），承担起更大的社会责任。以服务社会、为业主提供高水准的建造设计和组织服务并获取相应报酬的建筑师组织和经济实体，称为组织型事务所或商业性事务所（公司）。组织型事务所不论规模，是建筑师提供建筑设计、监理服务的经济实体，其经营成效是以组织规模和经济效益为基准进行评价的，即以企业的经营活动和商业利益为基础的公司。因此组织型事务所有较为严密的组织结构和工业化的生产流程、质量保证体系，以业主需求和功能为中心、以实用经济美观工业设计化的建筑设计服务于社会，这是目前建筑学教育培养的目标和本书介绍的主要形式。

美国建筑师协会 AIA 在 2000 年的统计表明，建筑师或事务所获取项目的最主要的方式是来自客户的重复订单、推荐、客户与业主的私人关系、公司的声誉和独特性，其中相同业主的重复订单是建筑师项目的最主要来源，也就是说建筑师的绝大多数项目都来自于目前的业主（客户），因此与业主建立起良好的关系和设计者的信誉与美誉是职业建筑师的基本要求。在目前建筑的建造过程日趋复杂，特别是建筑的建造从满足需求到创造需求的转变、独立的业主向组合的业主的转变、建筑功能要求和与社会自然环境关系的日趋复杂，建筑师的设计服务也必然由作为建造过程主体三方中的一方（业主、承包商与建筑师）被动地接受业户的委托服务以完成设定的具体目标提供建造全过程服务（full service），发展到目前的建筑师作为核心和引领者领导、监管的咨询服务团队以提供整体化的环境解决方案（total solution），同时作为已见端倪的未来的发展趋势：建筑师与业主建立长期的战略合作伙伴、建筑师作为策划者和专业顾问（DM，PM，FM）参与到业主和项目要素的前期调研和整合中。这样，建筑师和设计公司就必须积极投入到社区的建设和更新中，实行以一种社区领导人模式的经营方式。这也可以说是建筑师回归了文艺复兴时期的传统，作为贵族和城市等保护人的环境顾问和御用建筑师，成为业主和地域的长期顾问和值得信赖的伙伴（图 7-2）。

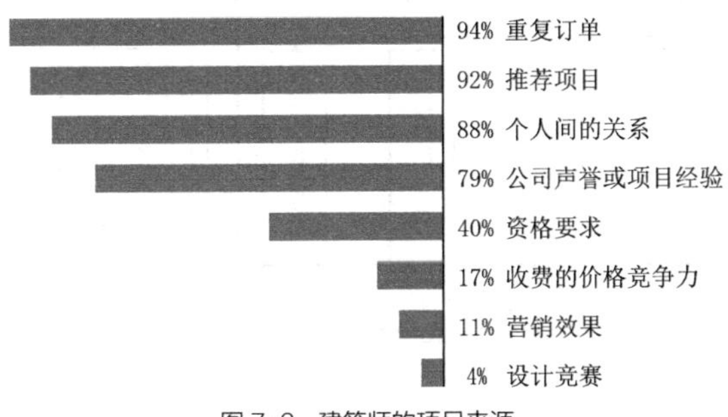

图 7-2　建筑师的项目来源

建筑师服务的重要内容或前提条件，就是获得业主委托的项目。因此建筑师经营企业的最重要内容之一就是业主的分析和市场营销技巧，因为市场营销是吸引客户、赢得项目、维持业务、扩大市场份额所必需的一系列措施。可以说，没有不营销的事务所和建筑师，只有没有成功地营销的事务所和建筑师。设计企业的营销与企业战略、组织经营模式密切相关，主要的设计营销策略有：

（1）巩固现有的客户基础，提高客户的满意度并排解不满——最有效、最经济的营销手段；

（2）引入附加的服务，尤其是设计的上下游延伸；

（3）引入导入式服务，例如可以创造未来需求的前期策划服务、地域或行业的义务性服务、讲座和辅导等；

（4）扩大服务的地理范围，简单的复制即可获得倍增的收益；

（5）采用创新，有效地降低客户对价格的敏感；

（6）拓展新项目及客户类型（注 1）。

设计企业同其他企业相同，都需要在市场竞争中取得优势，主要的竞争战略为成本领先、差异化和业务聚焦（或称为重点集中、精准化）。由于设计的项目性的特点和建筑服务的长期性和声望要求，因此设计企业的客户更多的是关系型客户而非简单的价格竞争的交易型客户。因此设计企业的竞争策略和经营战略中更多地需要考虑稳定的、长期的关系型客户。设计企业（机构）围绕核心竞争力所展开的发展战略主要包括成本领先战略、差异化（特色经营）战略和业务聚焦（重点集中）战略（表 7-2）。

设计机构的企业发展战略与竞争模式　表 7-2

竞争战略	成本领先	差异化（特色经营）			业务聚焦（重点集中）	
核心竞争力	成本 / 效率	个性	高完成度	策划 / 管理	地域化	行业化
模式	成本领先型	创新精英型	全能均衡型	管理专家型	地区主导型	行业主导型
特征	高效率低成本	特色与创意	品质均优	全局管理	地域聚焦	产业聚焦
客户动机	需要产品多样化，预算最大化	需要声誉、形象的提高	需要克服项目风险和不利因素	需要物流管理	需要市场进入和服务	值得信任的合伙人

续表

竞争战略	成本领先	差异化（特色经营）			业务聚焦（重点集中）	
客户价值	成本、质量和协调连贯性	新潮的创意或技术	在某一特殊领域内的卓越的领导地位	对于较大的、复杂的项目具有娴熟的管理能力	双方对于社区共同承担责任	在一个行业市场内的服务深度
项目获得	低成本的质量工作	以新潮的创意而闻名	在项目或服务的特殊性方面具有资深专长	大型工程、组织技能	对地区的贡献	在一个行业内的广泛经验
说明	主要专注于项目的优化和价值工程（value engineering）上，通过严格的造价控制和成熟的经验为客户节约建设资金，提供价廉物美的服务	依靠原创的创意和独特的设计手法，并将其作为品牌运用到设计项目中	以专家的组织和技术的适用化、全套的设计服务为核心竞争力的企业形态。着眼于建筑的实用、经济与美观的均衡和高品质、高完成度的设计经验和能力	集中于工程项目的全程管理上。利用自身的经验和专长专注于项目的速度、造价、品质的控制和协调管理	在一个集中的区域进行经营，同时与地域的各种组织形成经常性的紧密联系并积极参与社区事务的前期和运营管理工作，从而获得设计项目（即占地为王的阵地战术。适用于小型的设计事务所）	在某一或几个有限的行业保持领先地位，并集中设计和公关资源进行细分研发、设计和经营，成为某一行业领域的专家和市场的代表，从而获得设计项目

从建筑设计企业的经营战略和核心竞争力定位、设计组织上，可以把设计惬意细分为六种主要的经营模式和发展方向：

（1）创新精英型。其核心竞争力是原创的创意和独特的涉及哲学、设计手法，并将其作为品牌标签运用到各类和各地的设计项目中。值得注意的是，这种模式与前文提到的艺术家工作室模式可以说是基本相同。

创新精英型模式与各类大中型设计机构的竞争模式不同。这些个人建筑设计事务所（或称建筑家工作室）是独立的建筑师或有共同志向的建筑师的组合。因在本质上是以文化批判创新、个性化的探索实验为目的的建筑艺术创作团体，故其没有商业性经营的利润追求压力，也没有相应的严格的组织结构和商业流程。项目的控制依靠总建筑师的个人领导，项目的整体完成需要依赖和外部专业机构的合作。事务所的组织上更多的是以领衔建筑师的个人投入和个人风格所决定，强调明星建筑师（总建筑师）的个人风格和设计创新，其设计质量的保证是以个人的敬业和作品的美誉为基础的，组织结构一般比较简单（图 7-3）。

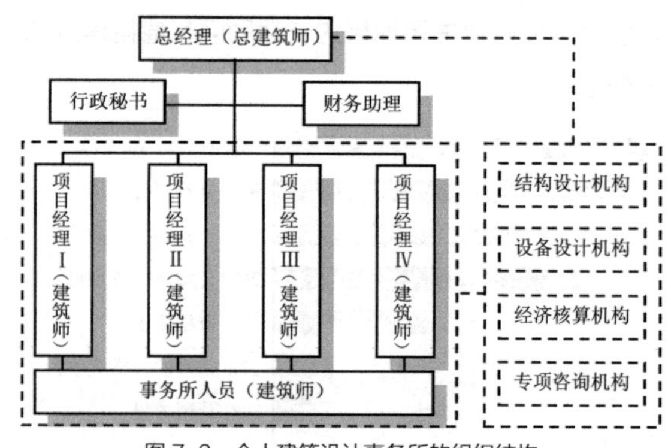

图 7-3　个人建筑设计事务所的组织结构

（2）全能均衡型。是前文提到的组织事务所的典型形态——以专家的组织和技术的适用化、全套的设计服务为核心竞争力的企业形态，其卖点是建筑的实用、经济与美观的均衡和高品质、高完成度设计经验和能力，也可以说下述的市场、地区专家、管理专家、成本领先等模式均为全能均衡模式的特化，是在较小的设计公司中的资源集中、优势强化的结果。

国内外的大型设计企业可作为全能均衡型的代表。一般以建院多年的经验为基础，追求建造的技术适用、成本控制、艺术审美的均衡实现，依靠组织化的服务结构、高素质的技术人员和规范化的服务流程来保证服务的高品质，以凸显其高完成度的设计服务能力。建筑设计的完成度体现在专业技术本身完成质量、不同专业协同的完成质量以及产品需求整合的完成质量上。大型企业一般通过质量管理体系从设计策划到方案设计直至施工图输出的各个环节上，对专业质量、协同质量和成品检验输出质量进行监督，通过全过程的持续控制达到最终完成质量的高品质，从而提供客户满意的服务，树立品牌，引领市场（图 7-4）。

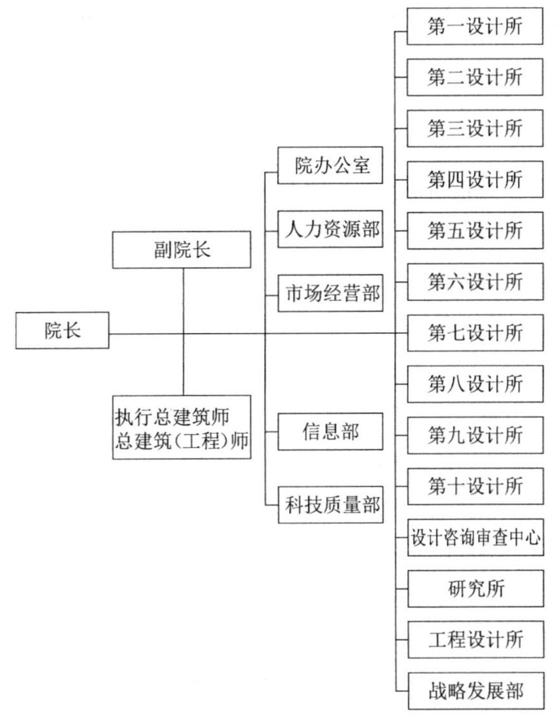

图 7-4　大型设计企业的组织结构

（3）行业专家型。即在某一或某几个有限的市场保持领先地位并集中设计和公关资源进行细分研发、设计和经营，成为某一领域的专家和市场的代表，从而获得设计的领先地位（即业务聚焦）。

（4）地区专家型。是市场合伙人的地域化模式，即在一个集中区域进行密集的企划、设计和经营，同时与地域的各种组织形成经常性的紧密联系并积极参与社区和地域事务的前期和运营管理工作，从而自然地获得设计项目。但由于各个社区的独特性和广泛的人脉要求，这种战略定位一般适于小型设计事务所，不宜形成普适的、跨区域的大型设计公司。

（5）管理专家型。主要集中精力于工程项目的全程管理上，利用自身的经验和专长专注于项目的速度、造价、品质的控制和协调管理上，即项目的管理上。

管理专家型的竞争模式以国际通行的职业建筑师全程服务为特色，强调建筑师在地段、造价、时间限制下的设计实现，通过设计团队和现场服务团队的配合实现对建筑项目的整体控制和全程管理，凸显自身的特色和服务竞争力。也有发展为咨询顾问、管理顾问为主的形式，相比设计服务更注重提供高附加值的管理顾问服务，特别在 EPC 项目、大型复杂项目中作为业主的技术和管理顾问，在特色类型建筑中作为专项设计管理顾问等方式提供服务（图 7-5）。

（6）成本领先型。主要专注于项目的优化和价值工程（VE，Value Engineering）上，通过严格的造价控制和成熟的经验为客户节约建设资金，提供价廉物美的特色化服务产品。

在为设计企业确定企业战略、经营方向时，以上的六种模式是一个参照体系，需要通过 SWOT 分析（企业内部条件的优势 Strengths 和劣势 Weaks，企业外部环境的机会 Opportunities 和威胁 Threats）、通过回答以下几个问题来明确自身的定位：

（1）与其他公司相比本公司的特色和有竞争力的资源是什么？

（2）公司的问题和劣势在何处？

（3）市场对公司认同的最大可能性、客户认同的最大价值在何处？

（4）相关设计领域如何细分？其中最有发展前途的部分是什么？

（5）有可能或已经获得前几位的细分市场是什么？

（6）公司文化最持久和重要的部分是什么？

（7）公司未来二十年后希望成为什么样子（表 7-3）？

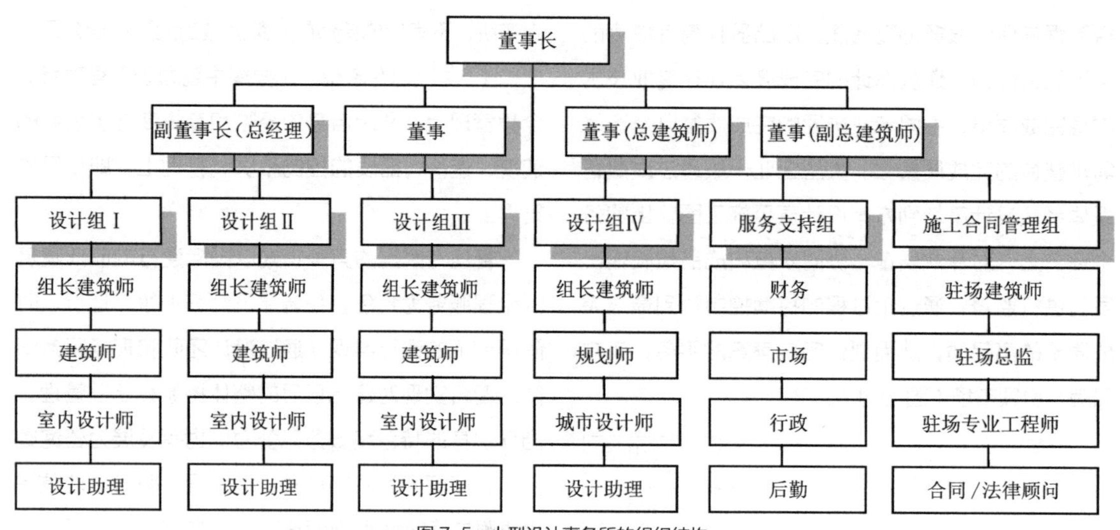

图 7-5 小型设计事务所的组织结构

企业经营的 SWOT 分析 表 7-3

	好处	坏处
企业内部条件	优势 Strengths	劣势 Weaks
企业外部环境	机会 Opportunities	威胁 Threats

7.1.3 设计企业的生产管理

1）科学管理

生产管理是计划、组织、指挥、监督调节生产活动的过程，是对企业生产系统的设置和运行的各项管理工作的总称，又称生产控制。目标以最少的资源损耗，获得最大的成果和效益，包括：① 确保生产系统的有效运作，全面完成产品的质量、数量、成本、进度等各项要求；② 有效地利用企业的资源，不断降低生产成本，缩短生产周期，以不断提高企业的经济效益和竞争能力；③ 不断提高生产系统的柔性和韧性，使企业能根据市场需求和资源条件灵活应对。建筑师的设计咨询服务就是以设计与条件（包括业主的需求和确认）、各专业技术人员的劳动时间为资源投入，以满足业主需求和技术法规的咨询服务为产品的多专业互为条件交叉影响、协同生产及时交付、订制化单品生产的流水线。因此，其生产过程特别需要从个人主导的非标准化操作的经验管理提升到计划与执行分离、流程标准化精益化的科学管理。

科学管理是以美国 F. W. 泰勒为代表、20 世纪初产生到 1930 年代、在汽车等大规模生产的消费品中大量应用的管理理论、方法和制度的统称，又称古典管理理论。主要通过对劳动时间、动作、组织、管理过程等的精确分析、科学统计，以达到管理的标准化、专业化、精确化，从而提高生产效率。其后，管理科学不断发展：行为科学理论产生于 1930 年代，以人的行为及其产生的原因为研究对象，从人的需要、动机、欲望等心理因素研究人的行为规律、预测和控制人的行为，依此来提高生产效率，实现组织目标；现代管理理论是利用现代系统论、信息论、统计学、经济学等研究方法丰富了管理科学研究。

泰勒被称为“科学管理之父”，他的科学管理理论主要内容有：

（1）通过分析研究工人的操作，制定出各种工作的标准操作方法。管理人员的首要责任是把过去工人长期实践积累的大量传统知识、技能和诀窍集中、记录下来，优化、概括成为规律和守则并全面推广。实行工具、操作、劳动动作、劳动环境标准化等高效的工作方法，从而达到提高劳动生产率的目的，同时也便于对其工作绩效进行公正合理的衡量。

（2）通过对工作工时消耗的研究，制定出劳动的时间定额。设立专门的劳动定额部门，通过对作业（操作 - 动作 - 动作要素的分解）和工时的研究和测量，依据经济合理的原则，加以改进和合并，形成标准的作业方法。在动作分解与作业分析的基础上进一步观察和分析工人完成每项动作所需要的时间，加上一些生理需要的时间和不可避免的情况而耽误的时间，为标准作业的方法制定标准的作业时间，提出合理的每日劳动定额和恰当的工资率。

（3）实行差别工资率的计件工资制。采用计件工资制，并根据完成工作量采用奖惩分明的差别工资率，实现多劳多得、奖勤罚懒，充分调动员工的积极性。

（4）按标准操作法对工人进行培训。使用标准化的工具、机器和材料，在标准化的工作环境中操作。

（5）进行计划管理职能和作业职能分工。把计划的职能和执行的职能分开，以科学工作方法取代经验工作方法，即找出标准，制定标准，然后按标准办事。要确保管理任务的完成，应由专门的计划部门来承担找出和制定标准的工作，并对员工发布工作指令。其主要任务是：① 进行调查研究并以此作为确定定额和操作方法的依据。② 制定有科学依据的定额和标准化的操作方法和工具。③ 拟订计划并发布指令和命令。④ 把标准和实际情况进行比较，以便进行有效的控制。在现场，员工或职能工长则从事执行的职能，按照计划部门制定的操作方法的指示，使用规定的标准工具，从事实际操作，不能自作主张、自行其是。

（6）实行职能工长制。一个工长负责一方面的职能管理工作，细化生产过程管理。

（7）管理控制中实行例外原则。即日常事务授权部下负责，管理人员只对例外事项或重大事项保留处置权，即管理上的授权原则、分权化原则。

（8）劳资双方合作共赢原则。科学管理使得每个员工的效率大为提高，获得更高的收入，企业也获得更多的利润。

在泰勒的科学管理的基础上，企业管理从经验走向科学，逐步发展出一系列的理论并取得丰硕成果。吉尔布雷斯夫妇（Frank &Lillian Gilbreth）在时间研究、动作研究、疲劳研究的基础上，根据动作分类体系，记录各种生产程序和流程模式，制定了生产程序图和流程图，提出了工作简化方法以使作业达到高效、省力和标准化的方法；亨利・甘特（Henry L. Gantt）发明了横道图（甘特图），用来编制作业计划和控制生产进度并达到可视化；亨利・福特（Henry Ford）于 1913 年创立了全世界第一条汽车流水装配线，在生产流程分解、优化的基础上实行标准化，通过运输线控制整体的工作节奏和速度，使一切作业机械化和自动化，流水线成为大工业生产代表性的高效生产组织形式。在此基础上福特工厂首次向工人支付行业两倍的工资和高福利，通过提升效率使得 T 型车降价到原来的 1/3，让工人买得起汽车，革命性地改变了美国工人的工作方式和生活方式；1980 年代提出的价值链理论（Value Chain）则是将生产作业的动作和客户价值联系起来，实现了企业客户导向、效率优先的原则，并将企业的外部环境和内部管理贯通起来；1990 年代的流程再造理论（Business Process Re-engineering，BPR）提出从组织过程重新出发，从根本上思考每一个活动的价值贡献，然后运用现代的信息技术，将人力及工作过程彻底改变及重新架构组织内各间关系。其核心是以客户满意度为目标，打破企业按职能设置部门的管理方式，代之以业务流程为中心，重新设计企业管理过程和作业流程，追求企业公司价值链的强度和效率。

建筑设计服务是面向客户的专业化技术、职业化精神、产业化管理、全程化过程的服务。设计是一个立足于现有资源条件下最适、最优的环境整体解决方案的推导、求解过程。设计是一个建筑师与客户及各种专业人士的团队协作、多解分析、整合资源的产品研发的过程。因此，设计服务就是一个典型客户价值创造的流程，是一个有明确的输入资源和输出成果的特定工作；而管理就是一个连续产生新的非标准化操作规范和新的非程序性决策，并不断地把它们转化为标准化操作和程序性决策的过程。设计企业的核心竞争力和最终价值的创造就是通过流程的优化和再造而得以实现的。因此，以设计企业为主体，以设计服务过程为核心，就需要建立一套完整的、可操作的控制体系，通过企业定位和核心竞争力类型界定核心流程、价值链分析优化流程，形成程序化、模板化的流程控制和质量管理体系，形成一个可量、可控、可复制的设计服务工作手册和实施平台，服务于设计实践并提高整个行业的技术管理水平。这是中国设计企业走向设计服务产业化、跨地域集团化、竞争国际化的关键，也是实现业主价值最大化和社会资产最优化的必备条件。

2）价值链与企业流程

价值链（value chain）概念首先由迈克尔·波特（Michael E.Porter）于 1985 年提出。每一个企业都是在设计、生产、销售、发送和辅助其产品的过程中进行种种活动的集合体。所有这些活动可以用一个价值链来表明。企业的价值创造是通过一系列活动构成的，这些活动可分为基本活动和辅助活动两类，基本活动包括内部后勤、生产作业、外部后勤、市场和销售、服务等；而辅助活动则包括采购、技术开发、人力资源管理和企业基础设施等。这些互不相通但又相互关联的生产经营活动，构成了一个创造价值的动态过程，即价值链。价值链是一种高层次的物流模式，由原材料作为投入资产开始，直至原料通过不同过程售给顾客为止，其中做出的所有价值增值活动都可作为价值链的组成部分。

价值链分析法（也称为波特价值链分析模型，Michael Porter's Value Chain Model）就是把企业内外价值增加的活动分为基本活动和支持性活动，基本活动包括企业生产、销售、进料后勤、发货后勤、售后服务五种；支持性活动包括研究与开发、采购与物料管理、人力资源管理、企业基础制度（会计、管理等）四种；基本活动和支持性活动构成了企业的价值链。不同的企业参与的价值活动中，并不是每个环节都创造价值，实际上只有某些特定的价值活动才真正创造价值，这些真正创造价值的经营活动，就是价值链上的战略环节。企业要保持的竞争优势，实际上就是企业在价值链某些特定的战略环节上的优势。运用价值链的分析方法来确定核心竞争力，就是要求企业密切关注组织的资源状态，要求企业特别关注和培养在价值链的关键环节上获得重要的核心竞争力，以形成和巩固企业在行业内的竞争优势。企业的优势既可以来源于价值活动所涉及的市场范围的调整，也可来源于企业间协调或合用价值链所带来的最优化效益（图 7-6）。

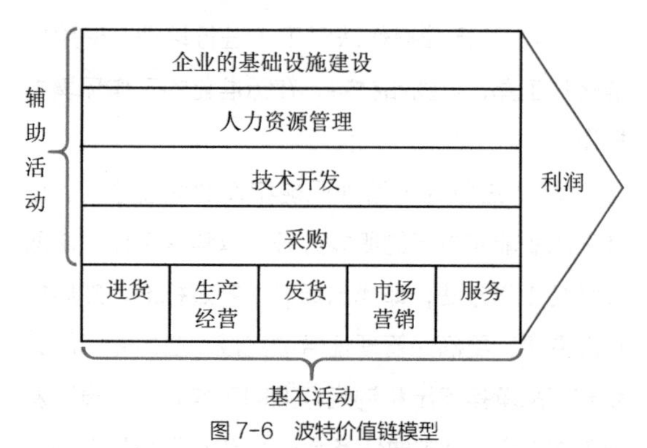

图 7-6 波特价值链模型

企业是一个为最终满足顾客的需要而设计的一系列作业的集合体，每完成一个作业就要消耗一定的资源，而作业的产出又创造一定的价值并将价值转移到下一个作业链，逐步推移，直到最终把产品提供给企业外部的顾客。最终产品既是企业内部一系列作业的集合，又凝聚了作业链上各项作业活动形成的价值，因此作业链同时也表现为价值链。

企业完整价值链是一个跨越公司边界的供应链中各节点企业所有相关作业的一系列组合。因此，完整的价值链分析步骤如下：

（1）从行业价值链、企业价值链、运营作业链、工序动作链四个层面进行价值链分析，将市场需求和每个员工的每项作业（活动、动作）联系起来；

把多层次的整个价值链分解为与企业战略相关的作业、成本、收入和资产，并把它们分配到有价值的作业中；

（2）确定引起价值变动的各项作业（关键性的有价值的工序、动作），并分析这些核心作业的成本及其差异的原因；

（3）分析整个价值链中各个节点企业之间的关系，确定核心企业与客户、供应商之间作业的相关性；

（4）在分析的基础上，重新组合或改进价值链，优化资源分配和成本控制，形成可持续的竞争优势。

价值链管理的作用在于：

（1）通过价值链分析确定组织的关键业务流程和关键成功因素，重新构建或培养企业的核心竞争力，使预算目标通过企业价值链分析与企业战略目标联系起来；

（2）通过企业流程优化整合，尽量减少不可控成本的影响因素，使得预算目标的制定更为科学、合理，预算控制更加有效；通过分析企业的价值驱动因素，尽可能地消除不增值作业，将资源分配给增值作业和必需的非增值作业，提高作业效率；

（3）通过对价值链的层层分析，将管理重心深入到作业层次，将责、权、利落实到每一个工作岗位，有利于提升企业管理效率和整体质量控制水平。

建筑设计咨询是个典型的基于客户需求条件（客户也是设计条件供应商）、多专业协作、最后汇聚完成一个产品的过程，类似汽车的生产方式。其特点是客户需求多样，最终产品是由繁多的零件、多专业的生产线组装而成，而且一次性完成交付没有试验验证，各单位之间协作要求高，质量控制困难。一般工业产品的生产都需要有核心的流程管理和生产计划部门，对生产线上的每个员工、每小时的作业均提出明确的要求，这些都是经过精心计算和排产后得到的最优方案。反观建筑设计界，还处于手工作业、个人随意操作的方式，生产效率和质量控制提升的空间很大。同时，如何面对定制化的产品、保证高品质的个性化定制生产？汽车工业历经手工作业—福特方式（科学方式）—丰田方式（精益方式）的发展，总结了很多方法值得借鉴：平台化（标准化、原型化）；模块化（零件 - 组建 - 部品结构体系）；菜单式订购（个性与共性的结合）；部品采购、集成；快速迭代、低比例创新；4S 店主动维护替代被动维修；质量及使用保险保障，等等。管理就是要将各种非标、不可控的因素、过程不断地导向标准化作业、程序化决策的过程，建筑师服务的管理还有工业化、数字化进步的巨大空间（图 7-7、表 7-4）。

建筑行业价值链	投资决策	设计咨询	招标采购	施工安装	运营维护	更新拆除
设计企业价值链	市场营销	方案设计	初步设计	施工图设计	施工配合	回访及使用后评价
专业协同价值链	建筑专业	结构专业	设备专业	电气专业	造价专业	室内、景观、照明专业
建筑师设计作业链	输入与条件评审	条件分析	设计生成	专业整合	设计验证	设计输出
条件分析动作链	分析设计任务书与上位成果	调研现场及当地技术措施、法规	搜集典型案例及竞品	提炼问题矛盾及焦点	形成技术措施及设计要点	

图 7-7 价值链分析的四个层次，最后落实到对企业每个作业环节、每项活动（动作）的分析：有哪些动作，哪些是关键的创造价值的？如何更好地分配资源？——工业产品生产的科学管理方式（福特方式）

建筑设计的方案设计价值链－动作链分析示例 表 7-4

系统/阶段名称	比例	子系统/步骤动作	比例	任务包	创意总监	技术总监	主创/设总	设计人	设计人	设计人	设计人
					***	***	***	***	***	***	
审图系统	10%	创意审查	5%	创意总监审查方案对规划的符合性、建筑功能的满足程度和方案表达的规范性							
		技术审查	5%	技术总监审查方案对标准规范的执行程度、规划要点的符合度、技术的合理性、投资的经济性							
创意负责人系统	8%	设计组织	2%	组织、会议、协调							
		设计说明	2%	方案设计说明							
		文本制作	2%	报批方案图册的排版和制作							
		效果制作	2%	效果图及模型监制							
技术负责人系统	10%	技术控制	4%	制定技术措施、协调控制专业							
		CAD 主管	2%	协同策划、制图标准							
		校对图纸	4%	校对建筑、消防、人防等文件、图纸、计算书							
计算统计系统	6%	节能计算	2%	节能计算文件							
		日照计算	2%	日照计算文件							
		主要经济技术指标统计	2%	主要经济技术指标统计表							
总图系统	14%	总平面规划	8%	满足报规划方案复函深度的要求，解决规划要点的符合度							
		绿化分析图	2%	满足报绿化咨询深度的要求，解决绿地率指标							
		交通分析图	2%	满足报交通咨询深度的要求，合理解决交通问题							
		消防分析图	2%	满足报消防咨询深度的要求，解决外部消防问题							
平面系统	30%	平面图系列	30%	地下平面图、地上平面图、屋顶平面图、组合平面图，解决功能、消防等技术问题							
立面系统	12%	立面图系列	12%	各向立面图及关键外檐节点							
剖面系统	5%	剖面图系列	5%	各向剖面图、特殊穿插空间及净高的实现							
其他系统	5%	防空地下室规划图	2%	满足报人防规划方案的深度需要							
		辅助分析图	3%	需要特殊分析的辅助图纸							
绩效分值					1.0		1.0	1.0	1.0	1.0	1.0
合计	100%		100%		0.0		0.0	0.0	0.0	0.0	0.0
最终比例（合计为100%）											

7.2　设计企业的组织结构

7.2.1　组织与职责

组织（Organization），从广义上说是指由诸多要素按照一定方式相互联系起来的系统。组织具有目的性、整体性、开放性的特点。从狭义上说，组织就是指人员为实现目标而相互作用的团体。在所有组织中都同时存在着两种结构：正式组织，即公开描述标准的上下级关系、需求链以及元素的细分和分组；非正式组织，即非公开地描述人们相互间不断演化的关系。正式组织描述人们应该如何关联的，非正式组织则是描述人们希望是如何关联的。一般研究的是正式组织结构，尤其是项目中可以采用的组织来类型。企业是指以盈利为目的、运用各种生产要素（土地、劳动力、资本、技术和企业家才能等），向市场提供商品或服务，实行自主经营、自负盈亏、独立核算的社会经济组织。

组织的核心就是组织结构、责权体系、管理流程。

组织管理就是运用人和物的相互作用方式，实现目标的规划、运作、控制乃至实现。组织管理狭义上是只针对人员的，组织管理就是通过建立组织结构，规定职务或职位，明确责权关系，以使组织中的成员互相协作、配合、有效实现组织目标的过程；广义上可以扩展到针对人力、物力等所有资源的管理，包括识别、获取和管理所需资源、以确保项目团队在正确的时间和地点使用正确的资源、以成功完成项目的各个过程，也就是资源管理。

资源管理过程包括人和物两方面：

（1）建设与管理团队（针对人）。这是提高工作能力、促进团队成员互动、改善团队整体氛围，以提高项目绩效的过程。项目团队由承担特定角色和职责的个人组成，他们为实现项目目标而共同努力。项目管理风格正在从管理项目的命令和控制结构，转向更加协作和提供支持的管理方法，通过将决策权分配给团队成员来提高团队能力。项目经理的角色也转换为主要是为团队创造环境、提供支持并信任团队可以完成工作。项目经理应该能够定义、建立、维护、激励、领导和鼓舞项目团队，使团队高效运行，并实现项目目标。团队协作是项目成功的关键因素，而建设高效的项目团队是项目经理的主要职责之一。项目经理应创建一个能促进团队协作的环境，并通过给予挑战与机会、提供及时反馈与所需支持，以及认可与奖励优秀绩效，不断激励团队。

（2）规划与管理资源（针对物）。这是定义如何估算、获取、管理和利用实物以及团队项目资源的过程，包括团队资源，以及材料、设备和用品的类型和数量的过程。确保按计划为项目分配实物资源，以及根据资源使用计划监督资源实际使用情况，并采取必要纠正措施的过程。实物资源包括设备、材料、设施和基础设施；团队资源、人力资源或人员指的是人力资源。现代的项目资源管理方法致力于寻求优化资源使用。应在所有项目阶段和整个项目生命周期期间持续开展控制资源过程，且适时、适地和适量地分配和释放资源，使项目能够持续进行。

资源估算和规划是用于确定、识别和配置可用资源以确保项目的成功完成。项目资源可能包括团队成员、用品、材料、设备、服务和设施。有效的资源规划需要考虑稀缺资源的可用性和竞争，并编制相应的计划。资源估算可以采用专家判断、类比估算、参数计算、分解汇总等方法。

根据工作分解结构（WBS）可以做出资源分解结构。资源分解结构是按资源类别和类型，对团队和实物资源的层级列表，用于规划、管理和控制项目工作。每向下一个层次都代表对资源的更详细描述，直到信息细到可以与工作分解结构（WBS）相结合，用来规划和监控项目工作。反之，则可以汇总项目需要的所有资源类型和数量。

根据工作的内容和参与人的职权，还要明确责任分配矩阵（Responsibility Assignment Matrix，RAM，职责分配矩阵）。责任分配矩阵展示项目资源在各个工作包中的任务分配，它显示了分配给每个工作包的项目资源，用于说明工作包或活动与项目团队成员之间的关系。在大型项目中，可以制定多个层次的 RAM。例如，高层次的 RAM 可定义项目团队、小组或部门负责 WBS 中的哪部分工作，而低层次的 RAM 则可在各小组内为具体活动分配角色、职责和职权。矩阵图能反映与每个人相关的所有活动，以及与每项活动相关的所有人员，它也可确保任何一项任务都只有一个人负责，从而避免职权不清，同时又不排斥多人协作共同完成复杂的任务。

责任分配矩阵（RAM）的典型方式是 RACI（负责或执行、问责或批准、咨询、通知）角色矩阵，矩阵最左列表示有待完成的工作任务（活动），最上行表示人员，用 RACI 来表示任务中不同角色、职权、责任：

• 谁负责或谁执行（R=Responsible），即负责执行任务的角色，由其具体负责操控任务、解决问题。执行的主体还可以细分出谁负责、谁协助，可以增加一个支持者或协助者（S=Support）角色，负责配合执行者完成任务，达到既定的目标。对于同一任务，执行者可指定多个支持者或协助者。

• 问责谁或谁批准（A=Accountable），即对任务负全责的角色，由其布置任务并经其同意或签署任务才能得以进行。

• 咨询谁（C = Consulted），拥有完成任务所需的信息或能力的人员。

• 通知谁（I = Informed），即拥有特权、应及时被通知任务结果的人员，却不必向其咨询、征求意见。

根据工作任务的不同，工作中的责任还可以增加协助者（S = Supported）角色，从 RACI 矩阵变成 RASCI 矩阵（图 7-8）。

RACI矩阵	人员				
活动	安	本	卡洛斯	迪娜	艾德
创建章程	A	R	I	I	I
收集需求	I	A	R	C	C
提交变更请求	I	A	R	R	C
制定测试计划	A	C	I	I	R
	R = 负责　A = 问责　C = 咨询　I = 通知				

图 7-8　责任分配矩阵示例：
竖向为工作分解任务包，横向为参加人员 RACI 形式

7.2.2　设计组织的结构类型

组织结构（organization structure）是指为了实现组织的目标，设计形成的组织内部各个部门、各个层次之间固定的排列方式，即组织内部的构成方式。组织结构主要为解决各个要素及其组织、协作方式以及职责、权利界定。

设计并创建组织结构的方法是首先进行组织结构分解，然后按照输出的产品或服务的特点、专业化分工、命令链等进行适当的组织结构设计。

进行组织结构分解或创建组织分解结构（Organization Breakdown Structure，OBS），主要考虑的几个关键因素是：

（1）工作专业化（work specialization）。工作专业化或劳动分工，指组织中把工作任务划分成若干步骤来降低从事工作人员的劳动强度和学习成本，从而提升质量和生产效率的方法。通过把工作分化成较小的、标准化的任务，然后给每一位员工分配特定的、重复性的任务（工作分解 WBS），生产效率得到大幅度提高，这是一种最有效地利用员工技能的方式。

（2）部门化（department alization）。在工作专门化完成任务细分后，按照类别对其进行分组以便使共同的工作、技术、标准等可以协调集中，实现规模化在、专业化的方法，就是部门化。工作活动分类（差别化）的依据有职能、产品、地理位置、客户、过程、项目等，就形成组织的各个部门。例

如，制造业通过按照工程、会计、制造、人事、采购、研发等不同部门来组织其工厂。例如，销售办公设备的公司按照客户分类，下设零售服务部、批发服务部、政府部门服务部；大型的法律事务所可根据其服务对象（客户分类）是公司还是个人来分设部门。

（3）命令链（chain of command）。命令链是一种不间断的权力路线，从组织最高层扩展到最基层，是垂直型组织架构的基石。命令链基于权威和命令统一性原则。权威是指管理职位所固有的发布命令并期望命令被执行的权力，每位管理者为完成自己的职责任务都要被授予一定的权威；命令统一性原则是一个人应该对一个且只对一个主管直接负责，如果没有命令链的统一性，一个下属可能就不得不疲于应付多个主管不同命令之间的冲突或优先次序的选择。

（4）控制跨度（span of control）。控制跨度是指一个主管可以有效地指导多少个下属的范围，它决定着组织要设置多少层次和管理人员的多少。在其他条件相同时，控制跨度越宽，层级越少，决策速度越快，组织效率越高。一般企业的控制跨度不超过 7 人，最多可达 10 ~ 12 人。加宽控制跨度，可降低成本、削减管理费用、加速决策过程、缩短与顾客的距离、授权给下属、激励员工自我管理。

（5）集权化（centralization）与分权化（decentralization）。集权化是指组织中的决策权集中于一点的程度。一般而言，如果组织的高层管理者不考虑或很少考虑基层人员的意见就决定组织的主要事宜，则这个组织的集权化程度较高。相反，基层人员参与程度越高，或他们能够自主地作出决策，组织的分权化程度就越高。

基于上述组织结构的要素和基本原则，可以形成多种多样的组织结构，并通过正规化方式固定下来，以便为了实现组织目标合理地配置资源。一般的组织结构类型有：直线型、职能型、项目型、矩阵型等。

（1）直线型（linear structure）

直线型是一种最早也是最简单的组织形式。它的特点是从上到下实行垂直管理，各级只接受一个上级的指令，各级主管对所属手下的一切问题负责，不设专门的职能机构。直线制组织结构的优点是结构简单、责任分明、命令统一、效率极高，主要用于军事组织和小型、简单的组织管理。

（2）职能型（Functional Structure）

职能型组织结构，在组织内部设置多个专门的部门，每个部门的负责人担负本部门相应的管理职责和权力，并向组织的总负责任负责。职能式组织是多条直线式的组合。职能制的优点是适应技术和管理分工的要求，部门内便于交流、学习和管理，是常用的组织模式。行政组织就是职能型的典型代表（图 7-9）。

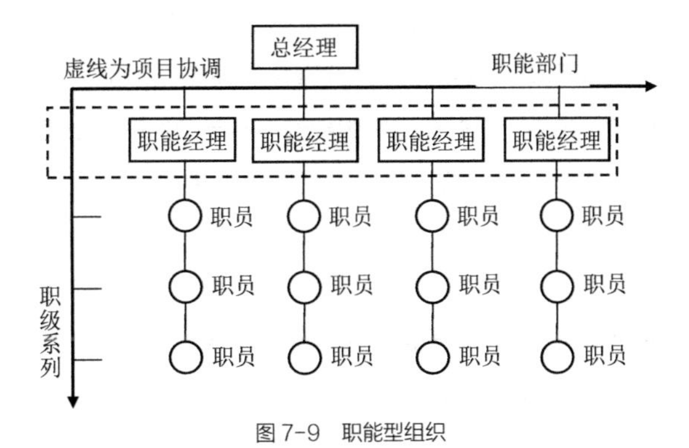

图 7-9　职能型组织

（3）项目型（Project Structure）

项目型组织完全按照产品或项目来划分资源，组织内部形成多个项目组，各自独立管理独立核算，可以看成是一个小型组织的“独立王国”，大组织更像一个“联邦”或平台。每个项目组内为完成项目配备完整的各类人员，配合熟练，效率高，对市场等外界环境变化反应灵活、适应性强。缺点是各个项目小组相对独立，技术分工不明确，不便于提升专业水平（图 7-10）。

事业部型（Divisional Structure）可以看成是项目型的大型化组织方式。事业部实行单独核算，独立经营，总部只保留人事决策，预算控制和监督大权，并通过利润等指标对事业部进行控制。事业部型是一种高度（层）集权下的分权管理体制，适用于规模庞大，品种繁多，技术复杂的大型企业。

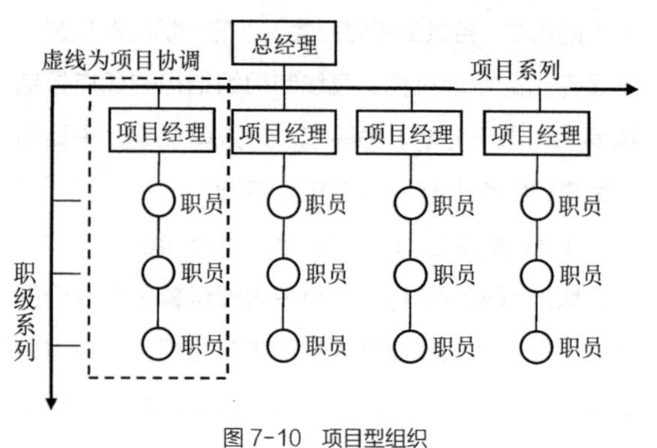

图 7-10　项目型组织

（4）矩阵型（Matrix Structure）

矩阵型组织结构是将职能型和项目型结合起来，既有按职能划分的垂直领导系统，又有按产品（项目）划分的横向领导关系的结构。矩阵型是为了改进职能型横向联系差、缺乏弹性的缺点而形成的，围绕某项专门任务成立跨职能部门的专门的产品（项目）小组，在研究、设计、试验、制造各个不同阶段，由有关部门派人参加，力图做到条块结合，以协调有关部门的活动，保证任务的完成。任务完成后就解散，有关人员回原职能部门进行学习和管理。

矩阵型的优点是机动、灵活，目的明确，任务清楚，可随项目的开发与结束进行组织或解散；平时的学习和管理在职能部门，完成任务在项目组，便于专业学习和多专业合作。其缺点是项目负责人的责任大于权力，参加项目的人员隶属原部门只是为项目而临时组合，缺乏足够的激励手段与惩治手段；人员同时听命于职能和项目领导，需要判断任务的优先次序；项目经理与职能经理争夺人力资源，等等。因此，根据职能和项目的纵横两个方向管理的强度不同，可以分为弱矩阵、平衡矩阵、强矩阵三种类型，以适应不同的产品或服务特点。军事组织的军政、军令两套系统，设计咨询企业的分专业部门和项目组的结合，都是典型的矩阵型管理（图 7-11、图 7-12）。

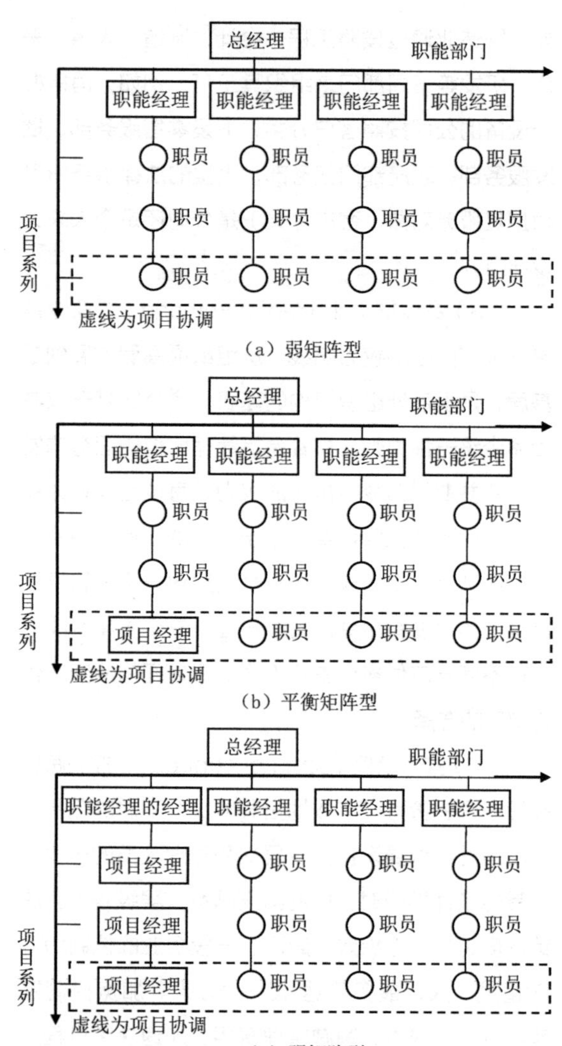

图 7-11　企业组织形式

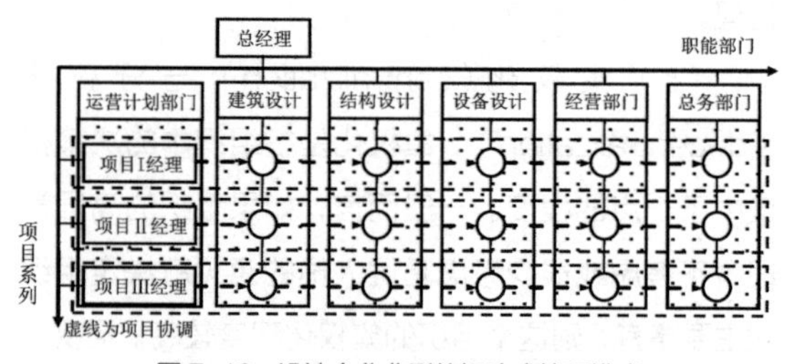

图 7-12　设计企业典型的矩阵式管理模式

设计机构通常按照职能分为经营、建筑设计、建筑技术（结构与设备设计）、总务（行政管理）等四大传统职能部门，同时根据业务需要设置相应的规划设计部门、室内设计部门、质量控制与 IT 技术支持部门、项目全程管理与策划部门等。各专业技术领域采用专业部（相当于国内的专业室）体制，同时形成相对稳定的专业小组和专业金字塔，有利于专业分工和专业内协调、学习和提高（图 7-13、图 7-14）。

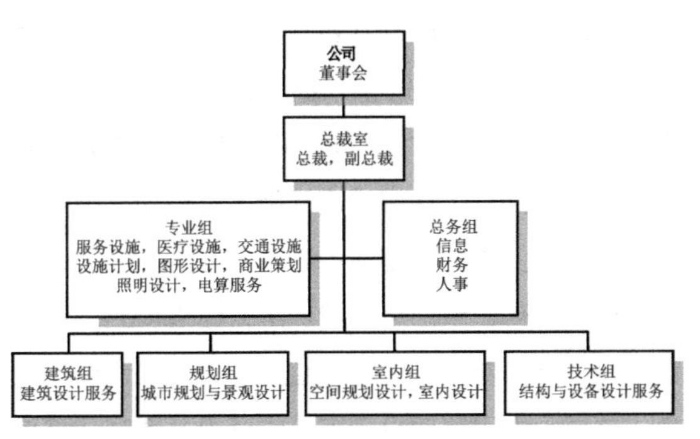

图 7-13　美国大型设计公司的专业部、组的组织结构

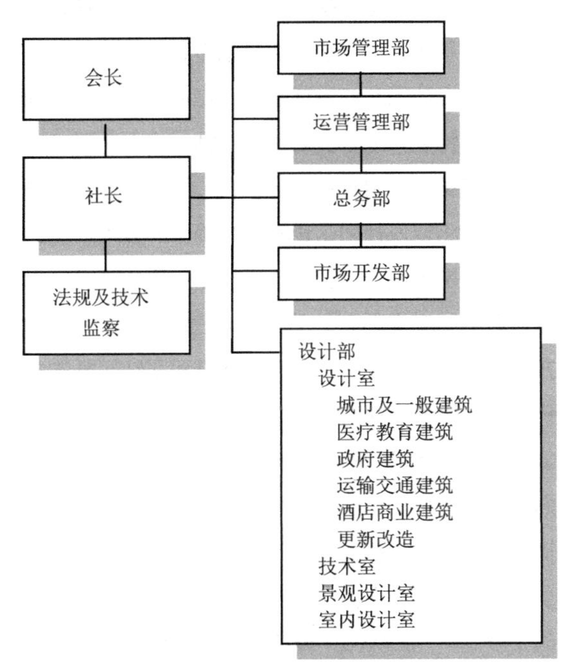

图 7-14　日本大型设计企业的专业部、室的组织结构

国内的设计机构在由国家事业单位向企业体制的转化中，为了便于管理和调动个人与小团队的积极性，采取了专业所（院）和综合所（院）为主的两类组织结构。专业所建制的组织结构类似前述的国外大型设计机构矩阵式结构模式，这种专业团队没有单独完成项目的能力。而综合所建制的组织结构则把前者的一个或几个横向项目组整合为实体团队，把项目组的临时性转化为固定性和永久性，整合后的综合团队形成能够独立对外经营和完成项目设计的能力。这种建制在组织结构上消解了专业划分，是大型机构小型化、项目化的结果（图 7-15、图 7-16）。

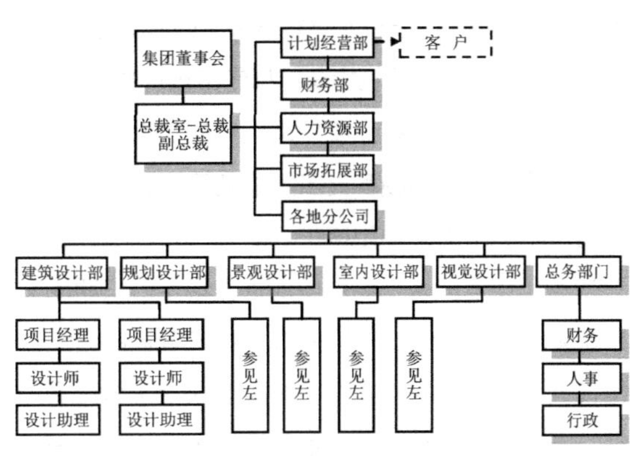

图 7-15　我国设计企业的专业部、院、所的组织结构

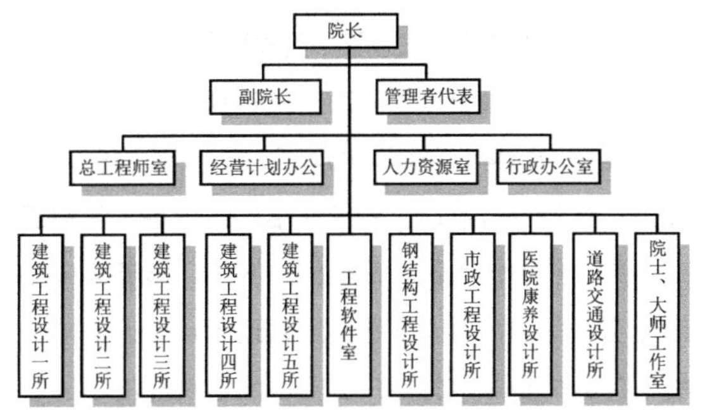

图 7-16　我国设计企业的综合院、所组织结构

建筑作为有形的社会化生产的产物，和其他产品（包括耐用品和非耐用品）的生产一样，必须采用标准的程序化控制保证质量，实现生产过程的程序化、组织化。这一过程中的设计服务同样必须在有计划的良好组织下进行，并且提供服务的每个员工的职业素质和态度是决定服务质量的关键。服务者与客户的相互作用是服务营销的重要特征，设计服务要通过高素质和高责任心的建筑师与工程师、规范化的服务程序来体现服务的高品质，让客户从中体验服务的规范与质量。服务过程中客户的被服务经历和口碑成为服务评价的重要途径，服务品牌的树立与否与这种程序化质量控制的结果密切相关。

在服务的市场营销学中，特别强调“外部营销”“内部营销”和“交互营销”。“外部营销”是指公司为客户的服务、分销和促销等常规工作。“内部营销”是公司对员工的培养和组织工作，以使其更好地为顾客服务。“交互营销”则指的是员工服务于客户的技能。公司营销部门可能作的最大贡献就是促使机构中的所有人都参与客户营销（注2）。

客户满意是设计机构获得稳定市场地位的保证。由于设计的项目性特点和建筑服务的长期性和品牌要求，设计机构的顾客更多的是关系型客户而非简单的价格竞争的交易型客户。因此，设计机构的经营战略和竞争策略中要更多地培养稳定、长期的关系型客户。在围绕针对客户进行服务营销的组织结构模式上，传统的直线型、职能型的金字塔形命令链，高层管理者在顶部，中层管理者在中间，一线设计人员在底部，他们专注“内务”，无缘客户，客户和机构内人员的接触限于中高管理层。

现在代表着更有效营销模式的客户导向型的倒金字塔组织结构，强调机构对个体的支撑服务，正逐渐取代传统金字塔。客户在结构的顶端，紧邻客户的是一线设计人员，他们面对客户、服务客户和满足客户需求；再向下是中层管理者，他们支持一线设计人员更好地为客户服务。而最底部的高层管理者支持中层管理者提供条件使得一线设计人员尽力提供令客户满意的服务，同时他们也和中层管理者一起亲自接触和服务客户，最终令客户对整个设计机构的服务质量达到认可和满意。在这种模式下，每一个设计人员都像“经理”，面对客户，兼顾全局，提供专业的技术服务。而真正的经理们则作为设计人员的支持和协调者，在尊重每个设计员的基础上提出建议和意见，同时承担责任。高层领导的重点在于负责企业全盘和未来的经营，调整和提供高效灵活的企业机制和组织创新（图7-17）。

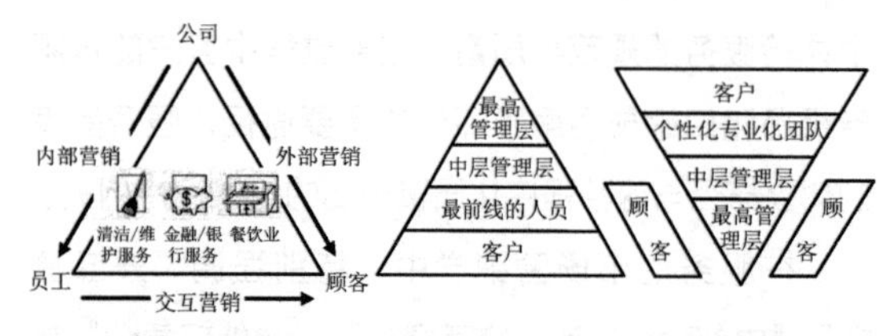

(a) 服务业三种营销类型　(b) 传统的组织图 (c) 现代的顾客导向组织图

图7-17　服务营销模式变革

另外，一些大型设计机构把改革的重点集中在组织结构末端，精简层次，变高度的集权管理为分散的较小规模的团队化分散管理。在这种由大化小组织结构创新中，大多采用以扁平的组织形态和矩阵式的水平加垂直的网状管理方式，把管理和营销权进一步下放、分散，形成小组化的设计/经营/研发单元，以实施“交互营销”。例如国内大型设计企业实行的“工作室（设计组）”制的改革——根据设计负责人的专业特色和合作团队，将原设计所分为小型化、专门化的设计组，让更多的技术及管理骨干带领专门化的团队直接面对市场、参与竞争。这样，中层管理骨干直接统领设计团队，直接向高层负责，高层和基层单元的关系更加直接，决策更加扁平化，设计小组更加精专化、市场化。组织结构中设计团队的责任建筑师和成员有了更明确的方向和特色，追求灵活性与弹性，求得对需求反应的快速灵活和设计的新颖独创。进而，设计工作室这样的小型设计团队也不再是简单的技术人员的集合，而是集设计、营销、研发于一体、独立经营与核算的一专多能型团队（阿米巴经营模式）。一方面确保设计组织的团队专业水准和团队服务的多样性，以增强企业的适应能力、应变能力及核心竞争力，为设计机构的扩展提供了基础动力；另一方面又强调了个性化设计和表现，突出产业聚焦和地域聚焦等个性化和多样性的服务，为设计者个人和小团队的发展、为人尽其才的企业大平台上的“特战小分队”“舰队化”提供了良好的舞台，形成有利激发团队潜质、类似公司内创业的机制或阿米巴虫模式。这种结构改革方式可看作是在原来差异化（特色经营）战略基础之上融合业务聚焦（重点集中）战略的结果，形成了全能均衡的大型团队和机动灵活、随机应变能力的小分队的整合。当然，这种模式改革一般是适合扩张期市场，与适合稳定建筑市场的专业化部门制组织架构完全不同（注3）（图7-18）。

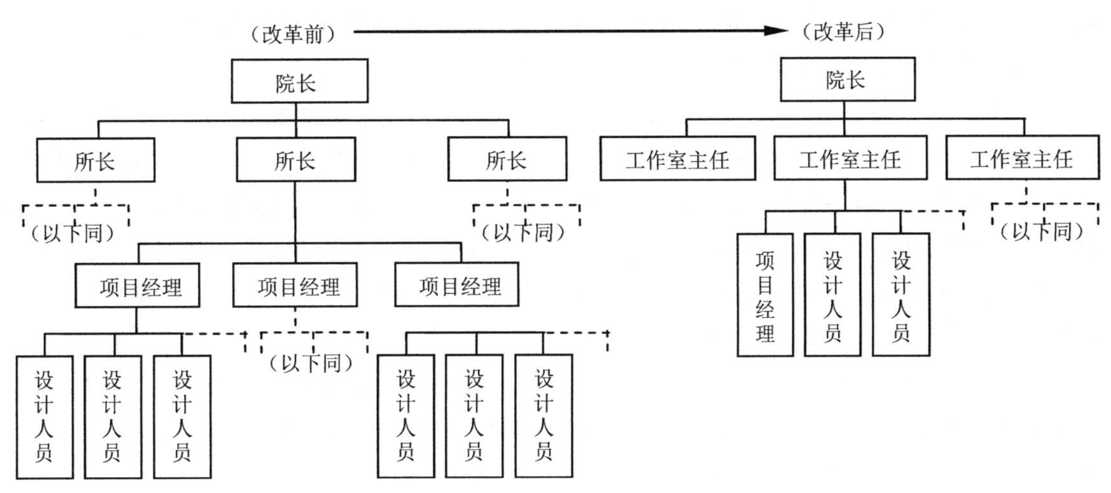

图 7-18　国内设计企业的机构改革：几个所扩展为数十个工作室，极大地扩大了市场营销能力，实现了在市场增长条件下的快速扩张

7.2.3　设计组织的企业类型

汉语中的企业（Enterprise）一词源自日语。企业是泛指一切从事生产、流通或者服务活动，以谋取经济利益的经济组织。在中国计划经济时期和社会主义商品经济阶段，"企业"是与"事业单位"平行使用的常用词语。企业是从事生产、流通或服务活动的独立核算经济单位，事业单位则是受国家机关领导、不实行经济核算的单位。企业是社会发展和社会分工的产物。企业作为生产的一种组织形式，在一定程度上是对市场的一种替代，也就是通过雇佣合同关系，将最小的生产单位固定在一个较大的组织中，从而提升整体的运作效率。就像综合设计院将建筑、结构、设备、电气等专业工程师以及高中低档的专业人员组合在一起，减少各个独立专业人士之间交易的中间环节和信息不对称，提升设计服务的效率，促进信息的充分交流，强化流程管理和质量控制，同时通过多人、多项目运行提升其市场风险抵御能力。因此，企业本质就是一个资源组织平台、生产要素配置平台、信息交流平台、风险管控和保障平台。

企业作为经济组织按照经济、法律责任划分为以下几种类型：

（1）独立（独资）经营（Sole Trader，Sole Proprietorship）——适于个人的独立开业和自主经营。企业主需要承担无限责任，是一种具有无限责任的企业。

（2）合伙经营（Partnership）——适于少数人的共同开业，是设计事务所的常见形式。企业主需要共同承担无限责任，是一种具有无限责任的企业。近年来，为了区别合伙人之间的责任，特别是保证追责链条的顺畅，产生了有限责任合伙形式。有限责任合伙制（Limited Liability Partnership，LLP）是采用合伙人和有限责任相结合的一种企业性质。例如，SOM LLP。LLP 仅适用于以专门知识以和技能（如法律知识与技能、医学和医疗知识与技能等）为客户提供有偿服务的机构，这些专门知识和技能通常只为少数的、受过专门知识教育与培训的人才所掌握，合伙人个人的独立性极强。因此，一个合伙人或数个合伙人在执业活动中因故意或者重大过失造成合伙企业债务的，应当承担无限责任或者无限连带责任，其他合伙人则仅以其在合伙企业中的财产份额为限承担责任。特殊的普通合伙企业的合伙人在因故意或者重大过失而造成合伙企业债务时，首先以合伙企业的财产承担对外清偿责任，不足时由有过错的合伙人承担无限责任或者无限连带责任，没有过错的合伙人不再承担责任。当以合伙企业的财产承担对外责任后，有过错的合伙人应当按照合伙协议的约定对给合伙企业造成的损失承担赔偿责任。这样非常适合各个独立的专业人士尽全力对客户负责，并以自己的身家做担保，同时也避免了部分专业人士的失职而让其他专家受损。我国2006年修订的《合伙企业法》中规定的“特殊的普通合伙企业”实质上是借鉴和移植了美国的有限责任合伙形式，将其改称为“特殊的普通合伙企业”。规定“以专业知识和专门技能为客户提供有偿服务的专业服务机构，可以设立为特殊的普通合伙企业。一个合伙人或者数个合伙人在执业活动中因故意或者重大过失造成合伙企业债务的，应当承担无限责任或者无限连带责任，其他合伙人以其在合伙企业中的财产份额为限承担责任。”

（3）公司经营（有限责任公司，Standard Limited Company）——适于多数人的经营并且限定经营风险，有限责任以公司出资额为限，是企业最常见形式。按照我国的《公司法》规定：有限责任公司系指由五十个以下的股东出资设立，每个股东以其所认缴的出资额为限对公司承担有限责任，公司以其全部资产对公司债务承担全部责任的经济组织。由于建筑学服务的合同主体是设计公司，建筑师是设计公司的雇员，一般只承担其过错造成损失1/10以内的赔偿责任，因此建筑师的雇员责任与专家责任有一定的矛盾。传统的个人职业，包括律师、医师、会计师、建筑师等，均被要求以个人财产为担保的个人无限责任，近年来趋向于采用公司制的企业制度和职业责任保险来规避和转移职业风险。

（4）股份有限公司经营（Public Limited Company）——有限责任公司，但向社会公开发行股份的办法筹集资金，股权分散，公司设立和解散有严格的法律程序。股份有限公司区别于有限责任公司，主要是其将全部注册资本分为等额股份，股东以其所持股份为限对公司承担责任。股份有限公司的注册资本的最低限额为人民币500万元，另外其可以向社会公开发行股票筹资，股票可以依法转让。

个人作为被企业雇佣的工作人员，即职员、雇员、员工，就要在企业的组织规则、行为规范的要求下完成企业赋予的职责。特别是有专业人士、专家雇员完成相应的本职的专业技术工作，就有了相应的职业责任。但是，如何将企业的责任渗透到员工个人、保证每个员工在独立工作中恪尽职守并防止员工的职业疏忽给企业带来的损失呢？如何通过分配机制实现个人与企业的良性互动，这是企业管理的一个重要课题。

一般通过奖惩实现正向激励，主要的核心纽带是经济收入，因此有：固定年薪或级别年薪，年薪加奖金，项目提成，企业内部创业自负盈亏，阿米巴虫模式等一系列为个人提供更大发展和控制空间、企业平台化发展的方式。

另外，就是通过强化职业责任的穿透，对职业疏忽进行经济追偿。职业责任是指人们在一定职业活动中所承担的特定的职责，它包括人们应该做的工作和应该承担的义务。从法律上讲，“职业责任”就是各种专业技术人员在从事职业活动中造成他人人身伤害或财产损失而依法承担的损害赔偿责任。职业责任的特点在于：① 属于技术性较强的工作所导致的责任事故与知识、技术水平及原材料等的欠缺有关；② 限于技术工作者从事本职工作中出现的责任事故。

国际通行的规则是，以专门知识和技能为客户提供有偿服务的专业服务机构多是采用合伙企业的方式，专家个人作为合伙人对合伙企业债务承担无限连带责任，以保证专家在执业过程中的尽职尽责。如律师事务所、会计师事务所、医师事务所、建筑师事务所等。同时，为了防止个别人的重大失误和故意行为带来其他合伙人的财产和职业信誉的损失，大多采用一种特殊的普通合伙企业形式——有限责任合伙（LLP），以区别于普通合伙企业。

中外设计企业有着明显的区别，国外以个人执业为主的合伙制组织模式为主，我国采用个人执业资格与企业资质双轨制的执业方式，以公司制组织模式为主。我国改革开放的几十年实践经验显示，改革和发展的核心是制度设计和人的积极性的调动。建筑行业的健康发展，建筑设计发展，核心是要调动设计师等专家的个人积极性，同时如何继承原有企业的历史和发挥其强大的支撑作用。因此，强化个人执业，同时兼顾企业平台的作用，国际通行的特殊的普通合伙企业（LLP）模式就是一个很好的选择（我国的会计师和律师的执业模式已经由公司为主转变为 LLP 模式为主，律师、会计师在重大失误中负有无限连带责任）。借鉴 LLP 模式的管理、责权利统一体的建设就成为未来设计企业制度改革的重点。各个设计企业在改革探索中出现的小型综合所、个人工作室制度就是一种在公司大平台基础上的合伙制管理模式。

7.2.4　设计企业的组织层级与项目组织

在建筑师服务的要求越来越精细化、专业化的同时，其人才也需要越来越专门化的专业知识和对项目整体的通才化的认识。因此，需要建筑师的设计机构不断在专业和人才的广度和深度上发展。一方面需要从投资咨询、规划策划、设计咨询、招标采购、造价咨询、合同管理等全过程的项目服务，另一方面又需要根据建筑类型不同而出现医疗建筑、体育建筑、交通建筑、会展建筑、旅游建筑、商店建筑、酒店建筑、办公建筑、超高层建筑、住宅建筑等类型化、专门化的设计团队和设计服务产品线。

企业的层级设计代表了企业管理的指令链条（命令链）的传递，也是工作和责任分解传递的结构，同时也代表了人才成长的职业规划。一般设计企业根据设计人员的经验和素质，实行分级与委派的管理方式，同时也为各个专业和职能的员工提供了职业成长的方向和途径。

设计人员的级别在各国各不相同，但基本原则相似：

（1）明确的岗位责权和指令链条（命令链）；

（2）多层次、细分化的职业发展规划；

（3）能力 + 态度 + 考勤并举的考评体系与绩效考核——各阶层技能要求明确化、细分化，每一级的责权利明确并逐级负责制。

建筑师事务所或设计公司等设计企业，特别是大型和正规化的组织型设计企业（不同于个人事务所的非正式化），一般都有职能化、专业化的部门和项目组、专门化组的灵活组织，形成矩阵式的组织结构类型。这样一方面保证各个专业人员在部门和专业内的集中和专门化的学习、提升，同时又保证跨专业、跨部门的项目团队灵活的组建和高质量的专业资源的适配。一般大型设计机构（企业）在行政上以事务人员和技术人员按级别或职业层级垂直排列，形成总经理→部门经理→项目经理→项目建筑师（设计主持人，项目负责人）→专业负责设计师→设计师及助理设计师→项目助理的层级排列和责任分解结构（OBS）。以部门经理为核心构成企业的基本行政单元和职能部门，负责设计师的日常管理、学习培训和考评。为了保证常态化的项目的顺利推进，设计企业一般均在专业部门内进行小型组团化，也就是 5 ~ 10 人（管理跨度）组成一个专业设计组，由专业负责人建筑师或专业工程师（具有图纸文件签字权并对外负责的专业人士）牵头，提高专业把控程度，也可在专业内分工协作，同时承接数个项目的设计咨询工作（表 7-5 ~ 表 7-7）。

由于建筑项目的综合性和项目性，在执行每一个项目时都会根据项目情况组织项目设计组，基本的业务实施方式为建筑项目的经营负责人—项目经理领导下的技术负责人—项目建筑师责任制。参与项目组的各专业技术人员统一归于项目经理的领导，在设计机构的各个部门之间形成临时性的横向项目小组。在项目经理领衔的项目设计组中，按建筑师在建筑项目中的作用和角色不同，分项目建筑师（项目负责人建筑师）、专业负责人建筑师、建筑师及助理等三个主要层次并横跨所有专业部门，且随项目的规模和复杂程度的增加而增加技术管理的层次。项目组主要职责是在项目经理的协调下，以项目建筑师为技术总负责人、各个专业负责人建筑师或工程师统领各个专业设计人形成的专业团队，协作完成项目的具体设计工作。这样，每位设计人员同时在职能的垂直管理体系和项目的水平管理体系中获得定位和考评，并在奖惩机制上向项目和项目经理倾斜，形成一个纵横交错的管理矩阵。

国内大型设计企业的技术层级 表 7–5

分类	角色	主要职责
部门管理人员	设计部门负责人	1. 合同管理：合同审批、分包审批。 2. 人员管理：人员聘任、设计岗位破格任用审批。 3. 质量管理：设计输出、交付审批
	设计总监	1. 解决专业技术质量问题，设计方案指导。 2. 设计输 出审批
项目管理人员	项目经理	1. 立项管理：与顾客沟通、合同评审。 2. 设计策划：选定设计团队、任命项目助理、制订控制计划并根据情况调整。 3. 分包管理：分包审批申请、分包方资料提供。 4. 设计接口：与顾客、合作设计方、分承包方联系和沟通。 5. 设计输出、归档和交付。 6. 现场服务：制订服务计划并组织实施
	项目助理	1. 设计过程中文件的收发及顾客资料的收集、整理，保管，同时扫描上传至工程设计管理系统供设计团队人员查阅。 2. 协助项目经理完成设计归档（设计文件及顾客资料）。 3. 协助项目经理及设计总负责人组织各团队设计工作
	CAD 主管	1. 协助各专业负责人进行有关协同设计的策划和管理。 2. 协助设计总负责人和各专业负责人协调和管理 CAD 软件的应用及电子文件的对外传递。 3. 依据公司制图标准对各专业设计人员的 CAD 应用和电子文件编制提出要求
设计人员	设计总负责人、咨询负责人	1. 对项目总体质量负有最终责任。 2. 组织各专业开展设计工作。 3. 进行设计过程的管理工作
	专业负责人	1. 制订本专业详细计划，如设计内容分解、专业设计进度等。 2. 协调本专业设计团队及与其他专业团队协同设计，如顾客资料验证、专业间互提资料、设计会审等。 3. 组织提交评审、验证并组织修改设计。 4. 现场服务的相关技术工作
	评审人	负责对设计项目进行评审（提供主审意见）
	验证人	负责对设计文件各阶段的验证
	设计人	完成本人设计内容并对其负责

美国建筑师学会 AIA 约定的建筑师职业分级 表 7–6

AIA 定义	职能定义
总裁	所有者，合伙人，董事
总监，经理	总经理，部门经理，项目经理，项目负责人（项目建筑师 PA，项目工程师 PE）
技术 1 级	高级专业职员，一般有专业执照，高级专家，项目组长；高级设计师，高级绘图员（draftsperson）；高级设计规程师（specifier）；高级现场经理（construction administrator）
技术 2 级	中级技术职员，一般无专业执照；与技术 1 级相应的中级职位；行政部门经理
技术 3 级	初级技术职员，无专业执照；与技术 2 级相应的初级职位；秘书及行政职员；办公助理

资料来源：AIA，1983 年事务所调查，AIA，1984。

日本大型设计公司的职位等级　表 7-7

总部	分部	办事处、事务所	职能定义
总裁、董事长			公司的代表
本部长、董事			董事会成员，负责全公司的管理与经营
总辖技师长（总工程师）、 总辖计划长、总辖业务长 统括部长 副统括部长、中心主任、理事	分部长 副分部长 理事	所长 理事	高级管理人员，负责整个部门的管理与经营
部长、副理事	部长、分部次长、副理事	部长、次长、副理事	中高级管理人员并参与经营
副部长	副部长、分部长代理	副部长、所长代理	作为上一层级的助手参与管理与经营
主席课长	主席课长	主席课长	项目负责人，作为公司代表与业主等的沟通
课长	课长	课长	设计小组的主管，日常业务的总负责
课长代理	课长代理	课长代理	高级专业职员，设计的中坚力量，有专业执照
主任	主任	主任	有一定经验的中级技术职员
一般职员	一般职员	一般职员	初级技术职员，无专业执照

建筑项目的建筑师服务一般分为经营（商务）、技术两大部分，国际通行的建筑项目管理方式为职业建筑师制度，建筑师负责设计、招标、监造全过程，因此建筑师服务一般划分为经营、设计、监造三大部分。我国建筑项目中的技术部分又分为投资咨询、规划策划、勘察设计、招标采购、造价咨询、工程监理、工程管理等几个阶段性咨询业务；勘察设计技术服务又分为规划、建筑、室内、景观、照明设计等几个专业的设计以及幕墙、消防、专业设计、勘察及岩土工程等专项设计；建筑设计中又分为建筑、结构、设备、电气、经济等几个专业；随着专业化的分工和服务效率的提升，建筑专业的设计也被划分为方案创作（创意设计）、技术或工程设计（施工图设计）、设计监理（现场服务）等几个专项工作，甚至在方案设计中还划分出总图设计、平面设计、立面设计、设计表现等专门人才与分工。因此，建筑师的项目服务本身就是在主导专业——建筑学专业的设计总负责人统领下的、多专业的团队协作完成的一个复杂项目。

在一般的专业垂直管理的基础上，也可以将设计工作进行分工和专业化管理，实行项目经理、设计总监、工程主持人的三元鼎立的管理模式。在项目总负责人和专业总师的组织协调和技术资源支援下，项目经理（PM）作为设计服务签约企业的商务代表，负责全程、全面的客户(客户)服务和接口管理，熟悉各个专业、各个环节的重要内容，对客户（客户）承担项目的全部责任；项目经理（PM）设计总监（PD）工程主持人（PA）的多元共管，对设计服务的运营管理、艺术品质、技术实施进行统筹控制（图 7-19）。

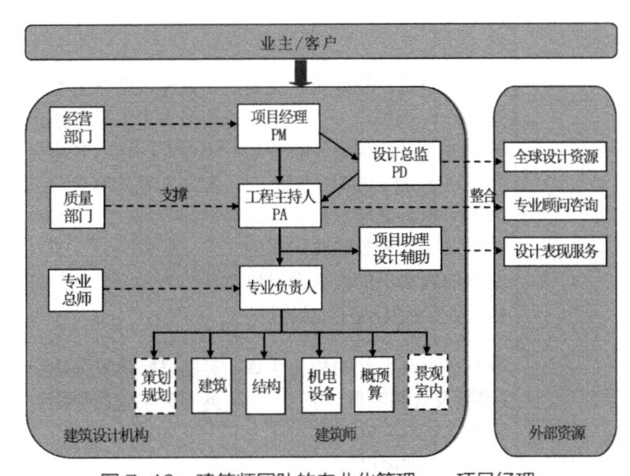

图 7-19　建筑师团队的专业化管理——项目经理、设计总监和工程主持人

7.3 建筑师的服务收费

7.3.1 建筑师服务收费方式与阶段比例

自从19世纪现代职业建筑师出现以来，建筑师的服务内容与收费标准就一直是行业组织关注的重点。1970年代以前，欧美和日本等发达国家都遵循英国建筑师学会的报酬规定，即设计、监造费用约为工程造价的6%，并严格禁止建筑师之间的价格竞争。

1970年代美国发起席卷西欧、日本早期的反垄断活动中，废止了行业协会或政府规定的强制性收费标准，改为推荐性的收费指导意见等方式。1972年，美国司法部对美国建筑师协会AIA的建筑师读物报酬规定的垄断性质提出质疑，并明令禁止统一报酬的规定及建筑师不得采用价格竞争的行规。以此为开端，欧美各国展开了对妨碍公平竞争的行业报酬规定的围剿。1975年，英国的垄断、合并委员会对RIBA的强制性行业报酬规定提出了劝告。1975年日本的公平交易委员会对建筑师的业务报酬的规定提出废除的警告与劝告，建筑师协会在抗议无效后，通过最高法院的22回法庭斗争，经历4年时间，以败诉终结了建筑师业务报酬的硬性规定，改为以建筑师业务量为基础的计算方式。但是在实际操作中人力成本的计算并不现实，各设计公司和业主还是以以往的设计费率为参考浮动的，由于报酬规定改为报酬计算的参考基准，设计价格竞争不被禁止，因此业主的选择自由度增大，建筑师及其事务所的价格竞争成为设计界的一种常态。我国于2015年全面废止设计收费标准，实行市场化调节（表7-8）。

美国、英国和日本的建筑设计服务领域的反垄断活动　　表7-8

国别	相关法律及机关，涉案内容	涉及的职业团体	主要经过
日本	禁止私营垄断和保护公平交易的相关法律（公平交易委员会） ·建筑职业团体是否为事业单位 ·设计监理报酬的规程 ·设计竞赛规则	日本建筑家协会 日本建筑士联合会 日本建筑士事务所联合会	1972 公平交易委员会对诸团体的调查开始 1975 诸团体的行政指导并提出事业单位的认可申请 1975 公平交易委员会对日本建筑家协会提出警告，规劝其改正 1976 对日本建筑家协会的诉讼开始 1979 日本建筑家协会等修改相应的职业规程 1979 建设部公布第1206号公告，修改对设计费的规定 1979 公平交易委员会胜诉
美国	反托拉斯法，Sherman法案第一条（司法部） ·建筑师伦理纲领、服务规程中禁止价格竞争的条款 ·在上述条款胜诉后，司法部又对ASCE等职业团体的伦理纲领实施细则中含对价格竞争实质限制的条款提诉	美国建筑师学会(AIA) 美国土木工程师学会(ASCE) 职业专门技术者协会(NSPE) 咨询工程师协会(ACEC)	1971 对ASCE的禁止价格竞争条款的提诉 1972 对AIA的禁止价格竞争条款的提诉 1973 对ASCE、AIA胜诉 1976ASCE修改伦理纲领 1978NSPE提起联邦最高法院裁决 1979 对AIA的暂定裁决 1980AIA强制性的伦理纲领的废止 1982 对ACEC胜诉
英国	限制垄断及合并的相关法规（垄断及合并委员会） ·建筑师的报酬规定 ·设计竞赛规程	英国皇家建筑师协会(RIBA) 英国皇家预算师协会(RICS)	1973 垄断及合并委员会开始调查 1977 垄断及合并委员会提出报告，指出建筑师的职业强制性规程妨害公共利益 1977RIBA、RICS修改规程
	消费者问题大臣	英国皇家建筑师协会(RIBA) 英国皇家预算师协会(RICS)	1981 对RIBA与RICS的规程修改不充分提出警告 1982RIBA将强制性的规程改为任意选择性规程

建筑师服务收费无疑是与服务内容密切关联的，以体现责权利对等原则，建筑师服务收费标准就是一个平衡各方权益、促进行业健康发展的核心问题。国际通行的建筑服务有以下几种服务收费的计算方法——总价比率法，时间单价法，直接成本推算（成本加酬金）法，固定收费法：

（1）总造价比率法。以总的建筑造价乘以一定的比率计算总的设计费用，这是建筑师计算费用的最传统的方法，也是英国建筑师学会 RIBA 在早期确立的建筑师收费准则。在 1970 年代西方反垄断浪潮之后，虽然废除了建筑师协会对于费用比率的垄断定价，但可以由委托人和建筑师协商决定费用比率，建筑师协会一般建议在约定比率时根据建筑的复杂程度、总造价、设计重复比率等综合商定比率。

（2）时间单价法。以建筑师的实际业务时间为基础，不同级别建筑师因薪金水平不同和投入时间不同而分别计算的方法。建筑师的成本计算以设计公司在正常运营和合理赢利范围内各级别建筑师的实际成本（直接工资加各种间接成本和费用），即设计人员的服务单价乘以服务时间。这也是与委托人交涉特殊服务费用时计算设计成本的重要依据。但需设计公司对全体经营状况和总体设计投入的把握。在西方成熟社会的微利时代里，这种单价总量的计算基本反映了公司利润和建筑师的实际收入，是经常采用的方法。特别适用于反复修改的项目，有利于保护建筑师的利益，但不利于提高效率和控制设计成本。

（3）直接成本推算法（成本加酬金法）。以直接投入建筑师的直接成本为基础乘以经验系数推算出总设计成本的方法。即以直接人力成本推算出间接成本和经营费用，得出总的设计成本（直接成本推算法）。直接人工包括建筑师及其员工为本项目工作的直接工资，以及相应的福利、保险、病假、带薪休假、节假日、雇员退休计划或其他相似支出。一般的设计企业是直接设计人员的工资成本乘以 3.0 即为各种成本和利润的总和：直接设计人员工作时段的工资为 1，则公司运营的间接成本也基本为 1，而公司的技术研发费用和利润、税金则为 1.0（总成本的 50%）左右。也可采用先计算出直接成本，再加上一定金额酬金的方式。这种直接成本推算法较为简洁实用，适宜于大的估算和及时决策。

（4）固定收费法。指由委托人和建筑师签订固定的设计费用总量，并不随工程总价和工程量而变化的方法。这种方法看起来使建筑师承担了较大的风险，但在实际操作中一般是根据上述方法由估算的工程总量、成本总量计算出设计费总量，然后加以调整固定，并一般签有对工程总量变动的限制条款，实际上是上述方法的一个变形，将项目变更产生的服务变更的风险归于建筑师；但是对于业主而言，固定总价有利于控制成本、减少建设项目的不确定性，因此受到业主的欢迎。

英美体制中建筑师的收费体现在其作为专业代理人的代理费用上，建筑师像律师一样以工作时间（服务时间）为基础计算费用并由委托人支付各种直接成本费用（用于本项目的交通费、复印打图费、表现图和模型费、职业保险费用等），交易的对象是建筑师的服务。而在东方的日本、中国，服务时间收费则是以提供设计成果为载体的，因此设计时间不被计量，而最终的成果才是委托人购买的标的，因此设计成果制作的各种直接费用也自然是由建筑师负担。近年来，建筑设计服务业在发生着深刻的变化，建筑设计从以产品化的设计文件和图纸为中心，逐步转换为以经验、知识和咨询为基础的服务，其核心价值从建筑学自身的完整性和建筑物产品的完成度，转换为以客户价值实现为基础的、客户与建筑师互动式的长期的战略伙伴关系的建立，建筑师也从设计和项目中走出来，为业主的环境设施提供综合性、协调整合的伙伴式长期服务。在这种形势下，建筑师的职业服务具有更加大的灵活性并随着项目服务内容和难度的变化、设计服务的核心竞争力而各不相同，建筑设计的一次性、设计文件为中心的收费变成服务式的以建筑师成本为基础的多角度、多次、长期收费（表 7-9）。

建筑设计各阶段费用及工作量的国际比较 表 7–9

<table>
<tr><th rowspan="2">设计阶段</th><th colspan="6">设计工作量 / 设计费用的分配（%）</th></tr>
<tr><th>中国内地</th><th>日本</th><th>中国香港</th><th>新加坡</th><th>美国</th><th>德国</th></tr>
<tr><td>概念设计 Basic evaluation/Conceptual Design– 任务书，基地分析，规范分析</td><td>—</td><td>5</td><td>10</td><td>—</td><td>—</td><td>3</td></tr>
<tr><td>方案设计 Outline Design– 技术要点，设计范围，估算，时间进度表</td><td>20</td><td rowspan="2">20</td><td>5</td><td>20</td><td>10</td><td>7</td></tr>
<tr><td>设计发展（初步设计）Design Development– 设计图纸，设备系统协调，规范核查</td><td>30</td><td>20</td><td>15</td><td>20</td><td>11</td></tr>
<tr><td>建设审批
Building Permit/Planning Permission</td><td>—</td><td rowspan="2">45</td><td rowspan="4">35</td><td>10</td><td>—</td><td>6</td></tr>
<tr><td>施工图设计 Construction Document– 项目手册，设计说明与工程做法调研，施工图，生产图（Shop Drawings），设计审查会签</td><td>50</td><td>17.5</td><td>40</td><td>25</td></tr>
<tr><td>施工招标文件 / 设计说明
Tender/Specifications</td><td>—</td><td rowspan="4">30</td><td rowspan="2">2.5</td><td rowspan="2">5</td><td rowspan="2">14</td></tr>
<tr><td>施工招标
Bidding/Negotiation Phase</td><td>—</td></tr>
<tr><td>施工现场配合 Site Coordination– 工地视察，验收，进度，生产图确认，签证</td><td>—</td><td rowspan="2">30</td><td>30</td><td rowspan="2">25</td><td>31</td></tr>
<tr><td>竣工图验收 / 结算 Site Coordination</td><td>—</td><td>5</td><td>3</td></tr>
</table>

注：1. 中国以建筑与室外工程三级为例。方案设计的审批未单独列出。
2. 日本分为基本设计和实施设计两大部分，表中为大致的对应关系。
3. 新加坡的建筑审批包括方案及初步设计审批，此费用为两次之和（各占 5%）。

7.3.2 国内外建筑师服务收费标准比较

1）英国建筑师的服务收费

在被公认为现代职业建筑师的发祥地的英国，在工业革命后的城市化建设高潮促使建筑行业内的技术不断分化、细化。1755 年《建筑法案》（*the Building Act*）出台后，独立的测绘行业开始成型，最终导致 1792 年测绘师俱乐部（the Surveyors' Club）成立，1869 年测绘师协会（the Surveyors' Institute）成立。土木工程业的情况也类似，1771 年土木工程师工会（the Society of Civil Engineers）成立，1818 年土木工程师协会（the Institution of Civil Engineers，ICE）成立。ICE 编写的传统的《ICE 合同条件》以及近年来新编制的 NEC/ECC 合同范本系列在世界范围内，尤其在英联邦国家和地区有很大的影响。《ICE 合同条件》也成为早期国际咨询工程师联合会 FIDIC 合同条件制定的基础。今天在国际工程市场上，影响力最大、使用最广泛的标准合同范本仍是 FIDIC 系列合同范本。

早在 1563 年，英国人 John Shot 自称为"建筑师"，第一次使用了这个词汇，1791 年开始成立了"建筑师俱乐部"（the Architects' Club），1834 年发展为英国建筑师协会（the Institute of British Architects，IBA），并于 1837 年得到威廉四世的敕许书获得国家认可，1866 年被维多利亚女皇授予"皇家"称号，成为英国皇家建筑师协会（Royal Institute of British Architects，RIBA）。它把会员建筑师的能力（Competence）和诚信（Integrity）的保证作为协会的工作重点，而非艺术的灵感和创造——如何向业主保证建筑师的专业技能和诚信，防止总承包商利用信息不对称损害业主的利益。

RIBA 于 1845 年认为收费比例定在工程总造价的 5% 是合理的。1862 年，RIBA 出版了《建筑实践和建筑师收费》（*Professional Practice and Charges of Architects*），才使得建筑师服务内容与收费标准深入人心。第一次世界大战后，建筑师服务收费占工程总造价的比例提高到了 6%。后经过 1970 年代西方的反垄断活动，协会的固定收费标准被废止，转而采用了推荐标准。根据英国 RIBA《业主聘用建筑师指南及设计收费》（2000 年版），按照建筑的负责程度规定了 5 个档次，中间难度的建筑造价在 500 万英镑以下时建筑师收费为 11% ~ 6%，500 万英镑以上时费率稳定在 6% ~ 5.9%。特别需要注意的是，西方国家的建筑师收费仅为建筑单专业的设计收费，结构、设备、电气、造价等专业还需另行收费。这与我国目前设计收费标准为多个专业的综合收费方式完全不同（图 7-20、表 7-10）。

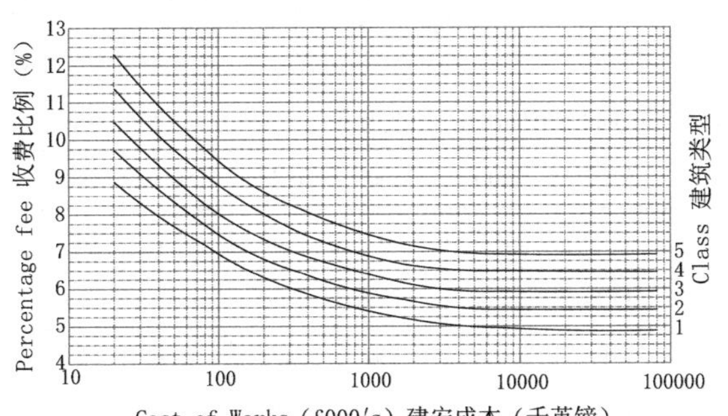

图 7-20　英国皇家建筑师学会推荐的新建建筑工程的收费比例标准（1 ~ 5 为建筑复杂系数）

英国皇家建筑师学会推荐的建筑师综合人力成本
(2000年RIBA指导性标准，目前为其1.5倍左右)　表 7-10

工作类型	普通	复杂	专家
合伙人 / 董事	£95	£140	£180
高级建筑师	£75	£105	£140
建筑师	£55	£75	£95

注：工时费率仅供参考，可根据谈判调整并反映工作的复杂程度。

2）日本建筑师的服务收费

日本在明治维新后大量的近代工业及政府建筑的建设催生了西方建筑师和西方近代建筑学在 19 世纪末的降生，而职业建筑师在社会上的普遍认同，即职业化、专业化建筑代理人的确立以及建筑市场的利益再分配，却经历了漫长的过程。建筑师的合理报酬一直作为日本建筑师的职业确立的核心问题受到建筑界的普遍关注。1910 年在日本建筑学会的年会上就制定了《建筑师报酬规定》，规定了行业的统一报酬率及禁止价格竞争的条款。随着日本建筑士会（1913 年以全国建筑士会的名称创立）的活动展开，于 1917 年制定了《建筑师的业务报酬规范》，形成了完整的建筑师业务内容及报酬体系。1960 年制定的《建筑师的业务及报酬规定》为这方面的集大成者，形成了完整的建筑师业务内容及报酬体系。

日本的 1960 年统一收费标准在 1970 年代的反垄断活动中被废止，随后 1979 年发布了昭和 54 年日本建设生告示第 1206 号，改为根据建筑设计服务的劳动时间计算设计收费的推荐标准。最新版为平成 21 年（2009 年）日本国土交通省告示第 15 号《建筑师事务所开设者向业主请求业务报酬的标准》，提供了一个完整的建筑师服务流程、提交成果标准和收费计算依据。

日本国土交通省告示第 15 号规定的设计费的简化计算公式为：

建筑设计服务报酬 = 直接人力成本 × 2.0 + 特别经费 + 技术费等经费 + 消费税

其中，直接人力成本 =（标准业务量 + 追加的业务量）× 人力成本单价

其中的标准业务量则由政府统计后公布各类建筑、各种面积、各个专业详细的工作投入时间列表。

日本在服务收费中区分了直接成本和间接成本，使得可以直接使用各个行业的实际收入标准测算，这样既保证了计算的简单明晰，也保证了各种间接费用的合理分摊。类似我国中设协的 2016 调研中的综合成本系数的作用。

建筑师业务报酬的计算以总造价比例方式进行，各阶段及各个专业的设计收费比例关系如图所示，服务阶段的收费比例大致为基本设计：实施设计：监理 = 22：43 ：31。各个专业之间的份额比例约为建筑 ：结构 ：设备：电气 = 63 ：17 ：10 ：10（图 7-21、表 7-11、表 7-12）。

基本设计　22.31%
实施设计　46.69%
（调整）
工程监理　31.00%
←阶段比例
↓ 专业比例
20.27%　20.27%　19.53%　建筑 63.11%
1.03%　10.28%　结构 17.50%
0.53%　5.25%　3.41%　暖通 9.98%
0.48%　4.81%　3.41%　电气 9.42%

图 7-21　日本建筑师服务收费的各阶段及各专业的工作量比例

日本建筑师报酬的总价比例法（已废止） 表 7-11

建筑设计监理报酬的计算——总造价比例 (%) 「建筑师的业务及报酬规定」日本建筑家协会 ,1960 年

类别	建筑种类	工程造价（日元）									
		500 万	1000 万	5000 万	1 亿	5 亿	10 亿	20 亿	30 亿	50 亿	100 亿
第一类	简易工场、车库，仓库，市场类	5.5	5.0	4.0	3.5	3.0	2.5	2.0	1.8	1.5	1.1
第二类	复杂的工场、车库，体育场馆，学校，机关，办公楼，商场，集合住宅	6.5	6.0	5.0	4.5	4.0	3.5	3.0	2.8	2.5	2.0
第三类	银行，美术馆，图书馆，影剧院，旅馆，饭店，电台，医院类	7.5	7.0	6.0	5.5	5.0	4.5	4.0	3.8	3.5	3.0
第四类	私人住宅	10.0	9.5	8.5	8.0	7.0	6.0	5.0	4.5	4.0	3.5
第五类	纪念建筑，宗教建筑，室内装修	11.0	10.5	9.5	9.0	8.0	7.0	6.0	5.5	5.0	4.5

日本现行的建筑师服务工作量标准[办公建筑第二类(中高难度),不同建筑面积对应的标准业务量](单位: 小时) 表 7-12

建筑面积（平方米）		500	750	1000	1500	2000	3000	5000	7500	10000	15000	20000
设计	建筑综合	2000	2400	2700	3300	3700	4400	5500	6500	7400	8800	10000
	结构	460	560	640	790	910	1100	1400	1700	2000	2500	2800
	设备	340	450	540	700	850	1100	1500	2000	2400	3100	3800
工程监理等	建筑综合	890	1000	1100	1200	1300	1500	1700	2000	2100	2400	2600
	结构	160	180	190	220	240	260	310	340	370	420	460
	设备	83	110	140	190	240	330	490	660	830	1100	1400

7.3.3 我国建筑师的收费标准变迁

我国近代的职业建筑师体制确立于 20 世纪 30 年代，当时的设计服务和收费基本沿袭了英国、美国等国际通行的方式，英资建筑师事务所的设计收费为英国皇家建筑师学会 RIBA 规定的造价 2000 英镑以上为 6%，2000 英镑以下为 10%。中资的设计事务所的设计收费一般为总造价的 5%，其中设计为 3%，监理为 2%。值得注意的是，这个收费标准是建筑单专业的收费标准，结构、设备等还要另行收费。但由于近代早期建筑大多采用砖木等混合结构、砌体墙承重，建筑设备简单，建筑专业收费远大于其他专业。

中国建筑师学会于 1946 年 10 月年会决议通过并实施的《建筑师业务规则》，该规则对设计收费规定颇为详细，分为五类情况：第一类是工厂、仓房、营房、市场、里弄，费率为 5% ~ 6%；第二类为银行、戏院、公寓、学校、医院等其他公共建筑，费率为 6% ~ 7%；第三类为住宅，费率为 7% ~ 8%；第四类为纪念建筑及旧房改造，费率为 8% ~ 10%；第五类为内部装修及木器设计，费率为 10% ~ 12%。较早的《业务规则》规定的收费更高。

业主应按建筑师工作进展的不同阶段分期给付酬劳：① 建筑师完成设计草图及工程造价估算并获得业主认可后，业主应支付议定酬劳费（计费基数为工程总造价的估算金额）的 20%（接近初步设计深度）；② 建筑师提交供招标用设计图样（不含详图）及建筑说明书后，业主应支付议定酬劳费（计费基数为工程总造价的估算金额）的 40%（相当于施工招标图完成）；③ 待业主与承揽人签订合同并工程开工两个月后，业主应支付议定酬劳费（计费基

数为业主与承揽人所签合同的承包金额）的 20%；④ 剩余 20% 的酬劳费（按发给承包人领款数目为计费基数）可分期给付，待房屋竣工时应全数付清。可以看出设计阶段与督造阶段大致 6∶4 的收费比例。很明显，行业组织规定的费率比政府限定的要高，且更加详细，可操作性更强（表 7-13）。

中国建筑师学会等的建筑师业务收费标准规定（1928-1946 年）　表 7-13

1928 年中国建筑师学会建筑师业务规则		1944 年内政部建筑师管理规则		1946 年中国建筑师学会建筑师业务规则	
建筑类型	收费标准	工作内容	收费标准	建筑类型	收费标准
一般建筑	6%	设计绘图及监理	4% ~ 9%	工厂、仓房、营房、市场、里弄	5% ~ 6%
纪念性建筑	10%	设计绘图	2% ~ 7%	银行、戏院、公寓、学校、医院等其他公共建筑	6% ~ 7%
住宅造价二万两	8%			住宅	7% ~ 8%
拆改旧物及装饰门面	10%			纪念建筑及旧房改造	8% ~ 10%
室内装修	15%			内部装修及木器设计	10% ~ 12%
园艺建筑	10%				

注：收费标准以建筑总造价为基数，总造价包括建筑材料费用、一切附属工程费用以及业主付给承包人的所有费用。

新中国成立后，我国全面学习苏联的社会主义计划经济体制，设计师作为国家公务员只领取相应的工资，并不根据工程项目收费。1970 年代末开始的改革开放，启动了国家建设体制从计划经济到市场经济的改革。随着 20 世纪 80 年代"工程必须经过设计"，确立了设计在可行性研究立项与建设施工的中间必经环节的地位以后，随着设计院由国家行政事业单位到企业化管理的市场化改革，设计收费成为勘察设计市场的价值体现。从 1979 年开始，勘察设计单位实施企业化管理并收取设计费；先后于 1979 年、1984 年、1992 年颁布过三次勘察设计收费标准，实施设计取费的政府定价。2002 年国家计划发展委员会和建设部发布了《工程勘察设计收费管理规定》，对各类建筑和各类工程的收费加权系数进行了详细的规定，基本覆盖了所有勘察设计项目，收费比率也由 1984 年的 1.5% 大幅提升到 3% 左右。为了进一步发挥市场在资源配置中的决定性作用、进一步放开建设项目专业服务价格、防止垄断，国家发改委于 2015 年全面放开设计咨询服务收费，实行市场调节价。但 2002 标准仍是目前我国设计市场通用的收费基准。

工程设计收费按照下列公式计算：

（1）工程设计收费 = 工程设计收费基准价 ×（1± 浮动幅度值）；

（2）工程设计收费基准价 = 基本设计收费 + 其他设计收费；

（3）基本设计收费 = 工程设计收费基价 × 专业调整系数 × 工程复杂程度调整系数 × 附加调整系数。

在实际的设计市场中，经常使用的是按照建筑面积的均摊设计收费标准，使得设计服务和设计难度开始脱钩，并在激烈的市场竞争中不断降低。例如在北京，住宅建筑按照 30 ~ 50 元 / 建筑平方米，公共建筑按照 60 ~ 120 元 / 建筑平方米的标准，折合至建筑造价，收费的总价比率约为 1.5% ~ 2.5%，远低于 2002 年的国家收费标准。当然，建筑师设计服务的范围也在不断缩小，室内、景观、标识、幕墙等专业、停车厨房等专项设计和供电、燃气等公共事业行业的设计均不在服务范围内（表 7-14、表 7-15）。

我国民用建筑工程设计收费费率控制表（1984年，已废止） 表 7-14

工程概算投资（万元）	工程等级					
	特级	一级	二级	三级	四级	五级
300 以下	2.2	2.0	1.8	1.6	1.4	1.2
301 ~ 1000	2.1	1.9	1.7	1.5	1.3	1.1
1001 ~ 3000	2.0	1.8	1.6	1.4	1.2	
3001 以上	1.9	1.7	1.5	1.3		

我国工程设计收费基价表（2002年，已废止） 表 7-15

序号	计费额（万元）	收费基价（万元）	收费比率（%）
1	200	9.0	4.5
2	500	20.9	4.2
3	1000	38.8	3.9
4	3000	103.8	3.5
5	5000	163.9	3.3
6	8000	249.6	3.1
7	10000	304.8	3.0
8	20000	566.8	2.8
9	40000	1054.0	2.6
10	60000	1515.2	2.5
11	80000	1960.1	2.5
12	100000	2393.4	2.4
13	200000	4450.8	2.2
14	400000	8276.7	2.1
15	600000	11897.5	2.0
16	800000	15391.4	1.9
17	1000000	18793.8	1.9
18	2000000	34948.9	1.7
19	> 2000000		1.6

为了确保建筑工程的设计质量和公平有序的竞争环境，中国勘察设计协会建筑设计分会于 2016 年组织开展了建筑设计服务成本要素信息统计分析工作，对全国百余家建筑设计单位 2013 ~ 2015 年三个年度建筑设计服务成本要素信息进行了调查、统计、测算和分析，并发布了《关于建筑设计服务成本要素信息统计分析情况的通报》，其附件《建安费与设计基本服务成本对应信息表》就是建筑设计收费的参考标准。中设协还根据统计提出了《建筑设计服务直接人工成本与人工日法综合成本系数信息表》，对于按照设计成本匡算设计收费具有很好的参考价值，同时也能根据各个设计企业的实际投入和每年人力成本的变化信息，对设计收费提出指导意见（表 7-16、表 7-17）。

建安费与设计基本服务成本对应信息表 表 7-16

序号	项目建安费额（万元）	设计基本服务成本基数（万元）	工程复杂程度影响系数			
			简单工程	一般工程	复杂工程	特别复杂工程
1	200	10.4	0.85	1.0	1.15	1.3
2	500	24.0				
3	1000	44.6				
4	3000	119.4				
5	5000	188.5				
6	8000	287.0				
7	10000	335.3				
8	20000	623.5				
9	40000	1159.4				
10	60000	1666.7				
11	80000	2156.1				
12	100000	2632.7				
13	200000	4673.3				
14	400000	8690.5				
15	600000	12492.4				
16	800000	16161.0				

注：1.“设计基本服务”指设计人根据发包人的委托，按国家法律、技术规范和设计深度要求向发包人提供编制方案设计、初步设计（含初步设计概算）、施工图设计（不含编制工程量清单及施工图预算）服务，提供相应设计技术交底、解决施工中的设计技术问题、参加竣工验收等服务。
2.“设计基本服务成本基数”（含税金），是设计单位实际发生的成本（含税金）的采样分析数据。
3.“工程复杂程度影响系数”是不同工程复杂程度对设计单位基本服务成本基数影响程度的调整系数的分析数据。
4.“工程复杂程度”详见《全国建筑设计劳动（工日）定额》（2014 年修编版）。

建筑设计服务直接人工成本与人工日法综合成本系数信息表 表 7-17

技术人员等级	直接人工成本（元／人工日）	人工日法综合成本系数
教授（研究员）级高级工程（建筑）师	2679	2.75
高级工程（建筑）师	2083	2.45

续表

技术人员等级	直接人工成本（元 / 人工日）	人工日法综合成本系数
工程（建筑）师	1765	2.15
初级技术人员	1176	2.00

注：1.“直接人工成本”是指建筑设计服务过程中人员的工资、津贴、社会保险和福利等支出。
2.“人工日”是参照《全国建筑设计劳动（工日）定额》（2014 年修编版）的劳动管理指标与相关规定而定。
3.“人工日法综合成本系数”是考虑直接人工成本以外的企业其他成本（含税金）等因素的影响，反映不同等级技术人员直接人工成本与企业综合成本的比例关系。
4.本表适用于建筑工程设计、工程咨询、驻场等服务。

参考：我国建筑师服务收费标准的国际比较分析

由于国际通行的职业建筑师服务是贯穿设计、招标、施工合同管理全过程，西方的建筑师收费仅为建筑单专业的收费，与我国基于综合设计企业的全专业设计收费、设计企业只提供设计服务有较大区别，均按照比例进行了调整。从总体上看，中国建筑师的设计工作量约为国际通行标准的 1/2，设计周期不足 1/2，设计收费约为 1/4（以国际通行的建筑单专业 6% 计算），设计成品图纸数目亦不足国际一般标准的 1/2（缺少展开图，厨厕、停车等设备，室内装修与环境景观，标识设计等）。

国外建筑师的设计范围较广，类似我国的设计总包服务，一般都涵盖了幕墙、设备设施（如厨具、机械停车、整体卫浴间等）、室内、景观、照明等全部专业和专项设计内容；建筑师设计研讨的时间和内容更加深入，投入的工时也远超我国。所以 6% 以上的设计阶段收费费率并不是数字上反映的巨大差距，也包括服务内容和深度的反向差异。

同时，国外建筑师设计服务中不同专业的分工比例、设计及施工合同管理部分的收费比例也值得我国借鉴。比如建筑专业作为龙头专业，从整个服务流程来说是决定性的，所以国际通行的标准是建筑专业要占据 2/3 以上的份额。另外，设计服务仅为建筑师全程服务的一大部分，还有 30% 左右的招标和施工合同管理也需要建筑师投入，这部分耗时长且现场作业多，效益自然低下，但对于建筑师完成对业主的承诺、提供完整的建筑物是至关重要的。同时，建筑师要对最终成果负责，所以在设计过程中也要反复地对技术、造价、产品、施工可能、进度等进行综合考量和反复调整，比仅仅提供不管造价和实现可能性的设计图纸，其难度和深度都要大很多。

我国目前的建筑设计市场中，常使用按照建筑面积的均摊设计收费标准，使得设计服务和设计难度开始脱钩，并在激烈的市场竞争中不断降低。例如在北京，住宅建筑按照 30 ~ 50 元 / 建筑平方米，公共建筑按照 60 ~ 120 元 / 建筑平方米的标准，折合至建筑造价，收费的总价比率约为 1.5% ~ 2.5%，远低于 2002 年的国家收费标准，更遑论中设协 2016 标准。尤其在建筑物的投资属性远远高于其使用属性时，建筑物的售价在地价的强力支撑和投资热潮下不断高涨，例如 21 世纪的前十五年，北京的住宅平均售价提升了 7 倍，平均工资水平上涨了 4 倍，而建筑物的建安成本和设计收费并没有明显上涨，呈现明显的价值背离状态。由此可以看出，我国较低的设计服务收费，为业主（建设方）节省了设计费，但是也换来了建筑师等专业人士在设计上更少的投入，最终受损的还是业主（建设方）的利益和建筑物的品质。

世界银行、美洲开发银行、亚洲开发银行、国际建协 UIA、国际咨询工程师联合会 FIDIC 等国际组织，都采用了根据质量选择（Quality Based Selection，简称 QBS）工程咨询服务的方式。美国联邦政府于 1972 年通过立法要求所有工程项目的咨询服务按照 QBS 来选择。美国建筑师学会（AIA）对美国马里兰州和佛罗里达州在 1975 ~ 1983 年之间的上千个工程项目的比较发现，按照 QBS 选择咨询服务比以价格为主选择服务，设计费用和管理费用都节省了一半（咨询费用与工程造价的比率），项目周期也只是后者的 3/4，最后结论是：按照价格选择咨询服务看似在招标时省钱，但是实际整体投入只会更高（注 4）。

有国外学者提到，中国的建筑师承担着世界上最庞大的房屋建设量……中国的建筑师人数为美国（15 万注册建筑师）的十分之一（2003 年底为 1 万 2 千余人），挣着只及美国十分之一的设计费，在只有美国设计的十分之一的时间里设计着比美国多5倍的工作量，这意味着其效率比美国大2500倍。其实，我国一直以来较低的收费倒逼着建筑师等专业人员压缩其在项目上的工作时间，使得我国建筑质量在设计环节就没有得到足够的投入和有效的控制，更不用说建筑师不对最终建筑物的质量与造价负责、不提供全程的技术主导服务所带来的建筑品质损失（表7-18）。

中外建筑师服务收费比较（以1万m^2钢筋混凝土办公楼建筑为例） 表7-18

	英国RIBA标准	日本国土交通省标准	中国勘察设计协会推荐标准	备注
收费标准性质	学会推荐，非强制	政府推荐，非强制	协会统计推荐，非强制	市场条件下
建安费总额	4000万英镑	40亿日元	5000万人民币	不计汇率则造价基本相同
建筑师全程服务全专业收费比例（约为建筑单专业收费的1.5倍）	9%	8%	尚无	即我国的建筑师负责制方式包含设计、招标、合同管理
设计阶段全专业收费比例（设计阶段收费占全程服务的70%～75%）	6.7%	6%	3.8%	收费比率相差近1倍
设计阶段收费金额	268万英镑（约2358万人民币）	24800万日元（约1513万人民币）	188.5万人民币	
建筑师及工程师的投入人力	4467人工日	3875人工日	943人工日	工作时间相差4倍
平均小时综合人力成本（每年工作250天2000小时）	75英镑/小时（年均收入6万英镑）	0.8万日元/小时（年均收入640万日元）	250元人民币/小时（年均收入20万人民币，与中设协统计相差1.5倍）	收入相差1倍，不计汇率则反差一倍

注：1. 1英镑约合142日元，1英镑约合8.8人民币。建筑建安费总额为咨询国外同行所得。

2. 根据英国的收费标准可进行一个简单的项目测算：以中等复杂程度的1万m^2高层写字楼为例，建安成本约为4000英镑/m^2，则总造价为4000万英镑，建筑专业的收费标准查表为6%。按照建筑专业的服务阶段划分，在施工图完成阶段完成了建筑师全程服务的75%（去掉招标和施工合同管理阶段），因此设计阶段建筑专业收费为6%×75%＝4.5%。

按照建筑专业占全部专业收费的67%计算（国内建筑专业一般只占50%，国外一般建筑专业占2/3），则设计阶段（不含招标及合同管理）全部设计收费为4.5%/67%＝6.7%。设计阶段全部收费为4000万×6.7%＝268万英镑。按照英国RIBA统计的中等复杂程度建筑、建筑师综合人力成本每小时75英镑为例，每天综合成本为600英镑。建筑师投入的人天数为：4000万×6.7%/600＝4467人工日。英国标准与中设协2016推荐标准比较，英国的收费虽然是国内的2倍，但英国建筑师在项目上投入的工时却是中国的4倍多（4467/943＝4.7倍）。虽然国内设计企业加班完成任务是常态，但与国际同行的工作状态普遍比较类似，因此加班时间均不予考虑。

3. 根据日本的收费标准可进行一个项目测算：以中等复杂程度的1万m^2高层写字楼为例，建安成本约为40万日元/m^2（日本一般高层办公建筑造价120万～150万日元每坪，即约为40万日元/m^2），则总造价为40亿日元。按照目前日本使用的工时费率标准计算，则1万m^2写字楼对应的设计阶段全专业标准业务量为12400小时。业务报酬即设计收费为标准业务量的2倍以上，取2.5，则总工时为31000小时，3875人工日。因此，设计阶段全专业的设计收费为31000×0.8＝24800万日元。约合建安成本的比率为6%。

根据日本厚生劳动省统计2018年2月28日发表的《2017薪资构造基本调查表》，日本的一级建筑师的平均年薪为642.6万日元。按照营业收入的40%为薪资的标准计算，则建筑师每小时的综合人力成本为642.6万/2000小时每年/40%＝0.8万日元。

这个收费标准比我国的2002收费标准和中设协2016标准高60%左右，是我国目前市场设计收费的2～3倍。但是，日本建筑师在项目上投入的工时也是我国的四倍（3875/943＝4.1倍）。

4. 根据中设协2016年的标准，可以进行一个简单的测算比较。以比较简单的城市高层写字楼为例，假设1万m^2，建安成本为5000元/m^2，则总造价为5000万元。按照中设协2016年的标准，全专业设计阶段的设计基本服务的成本基数为188.5万元，费率为188.5/5000＝3.8%。这个标准比2002标准高15%（按照5000万的建安费标准，188.5/163.9＝115%），为国内目前实际设计收费标准的2倍左右。

若按照中设协2016统计，目前建筑师、工程师的每日直接人工成本为1765元/人工日，综合人力成本为1765×2.15＝3795元，则1万m^2写字楼对应的设计阶段全专业设计业务量为1885000/3795＝497人工日（也就是2名建筑师及工程师工作一年的成果）。若按照目前建筑师平均产值及实际收入估算，建筑师每小时综合人工成本为250元，1个工作日的成本为2000元，则1万m^2写字楼对应的设计阶段为1885000/2000＝943人工日（也就是8名建筑师及工程师工作半年的工作量）。

7.3.4　设计企业的财务管理

1）财务管理

财务管理（Financial Management）是在一定的整体目标下，关于资产的购置（投资），资本的融通（筹资）和经营中现金流量（营运资金），以及利润分配的管理。财务管理是企业管理的一个组成部分，它是根据财经法规制度、按照财务管理的原则，组织企业财务活动、处理财务关系的一项经济管理工作。简单地说，财务管理是组织企业财务活动、处理财务关系的一项经济管理工作。

财务管理的主要环节包括：

（1）制定财务计划、预算和标准。针对企业的各种财务问题制定行动方案，针对计划期的各项生产经营活动拟定财务计划和标准。

（2）监测与分析。对企业实际的资金循环和周转进行记录，监测、对比、分析计划与实际的差距和原因。

（3）调整。根据产生问题的原因采取行动，纠正偏差，使活动按既定目标发展。

（4）评价与考核。根据差异及其产生原因，对执行人的业绩进行评价与考核。

企业的理财活动可分为生产经营、筹资、投资和利润分配四个部分。对于设计企业而言，一般均为轻资产、少投资、低利润、少盈余的特点，因此设计企业的财务管理主要是围绕营运资金的管理。

作为经济实体的设计事务所需要在健全的财务环境下进行职业活动，财务健全的基本要求是公司创造的收入大于支出，即收入大于成本，具有较好的流动性并具有一定的现金储备，有一定的抗风险能力。设计公司的收入主要是设计费收入，其支出主要是人员工资和其他办公成本，是一个典型的智力 / 头脑密集型产业而不需要很强的资金和劳动力支持，因此其财务状况相对简单。设计企业运营时需要实现其行业目标和经营目标，同时为投资创造利润或至少保持收支平衡，并保证维持企业运转的资金量和抗风险能力。因此，设计企业首先需要有一个基本的利润及收支计划，以决定事务所未来的规模、项目需求、设计竞争力等。常用的利润计划通常有两种方式或路线：

（1）项目本位（收入为主，量入为出）——即从可预测的项目量和设计收入开始以确定必要的人力成本；

（2）人力本位（支出为主，团队保证）——即以确定的员工数目和成本出发，确定相应的最低保本设计收入和项目量。

不管从那种方式和路线出发，都适时调整以确保设计收入和成本支出的平衡与盈利。在实际运营中，也会经常讲两种手段综合运用。例如，企业整体一般需要根据项目和收入预测调整整体的人力等成本，这也是企业运作的常态；具体到某个项目或专业团队，又要根据保证技术核心的专业人才，为其寻找项目和收入支撑，这更是一个专家型企业的常态。

由于建设周期一般较长，设计费的收入基本与人力投入相等，导致设计企业的现金留存较少，资金链紧张。虽然从会计制度上只要签约的设计项目均可在设计周期内分摊成本和收入，但实际的设计收入往往远远晚于设计成本的发生，即设计合同额（签约额）>基于形象进度的设计完成额>实际设计费收入额>设计成本（办公场所费用，员工按月支付的工资、奖金，外包费用，设计竞赛等前期投入，市场营销成本等），设计企业的成本支出现金流总是困扰设计企业的难题（图 7-22、图 7-23）。

在西方国家，由于有按时计费的传统和建筑师协会对付款进程的严格要求，这种矛盾并不突出，但在中国、日本等东方国家，设计合同多为以费率制和总价制为基础的图纸买卖，业主付款总是在每一设计进程完成并提交了得到业主认可的设计成果之后，设计付费与设计投入存在数月甚至一年以上的时间差，因此小型的设计企业常常会有入不敷出的窘迫时期，大型设计企业也需要往年储备的现金、银行贷款才能支撑运作（图 7-24）。

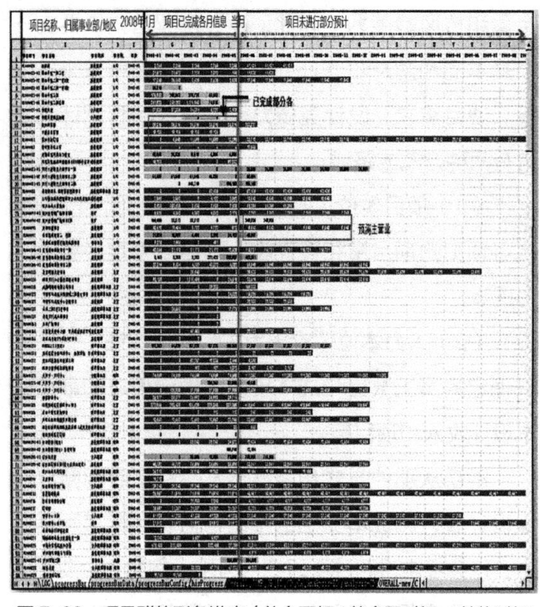

图 7-22　项目群的形象进度（总合同额 / 总合同时间 = 单位时间内的合同额，或按照设计阶段划分时间和合同额）

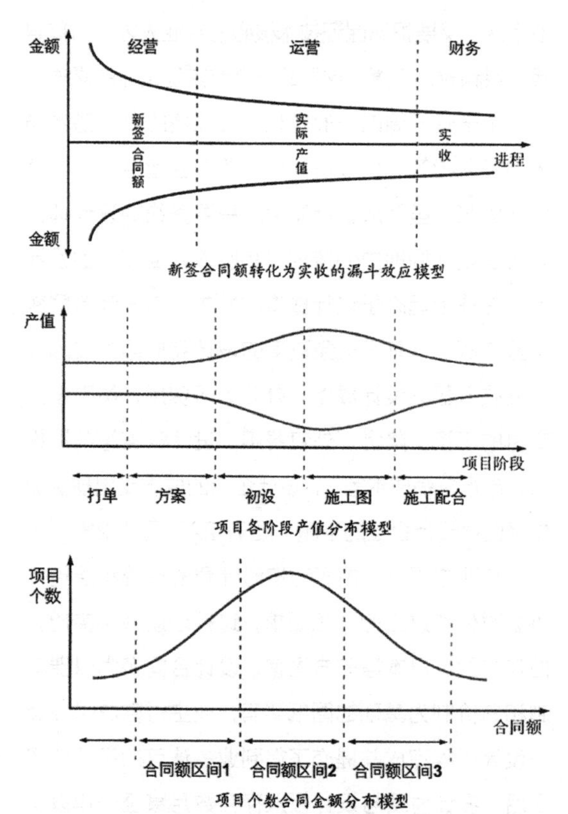

图 7-23　设计企业项目的合同转化为实收的漏斗效应模型（上图），项目各阶段产值分布模型（中图，上线为全过程设计项目，下线为方案设计为主施工图外包的项目），项目合同额区间的项目数量分布模型（下图）

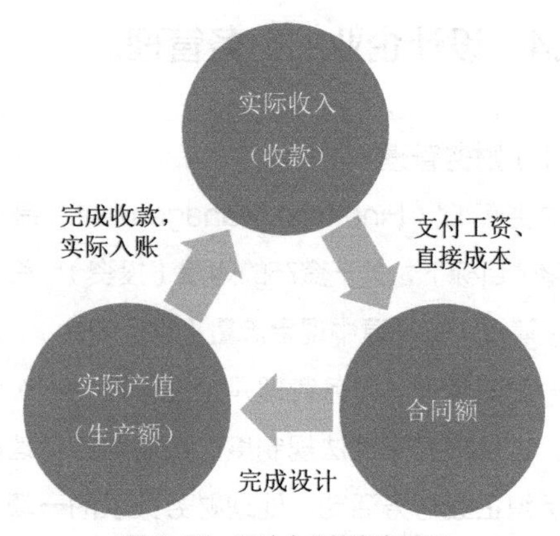

图 7-24　设计企业的资金循环

2）成本构成

成本核算是指将企业在生产经营过程中发生的各种耗费按照一定的对象进行分配和归集，以计算总成本和单位成本。成本核算通常以会计核算为基础，以货币为计算单位。成本核算是成本管理的重要组成部分，对于企业的成本预测和企业的经营决策等存在直接影响。

工程设计费收入的成本构成包括：

（1）生产成本，直接费用，包括工资、直接服务费用、工程保险等，以及与设计相关的图纸、资料等直接费用支出；

（2）管理费用，包括设计人员的工资、奖金、津贴、福利、办公费和差旅费、水电费等；还包括设计工作所需要的软件、工具等成本，研究开发费用等；

（3）销售费用，包括为取得项目的各种营销成本，设计前期、设计竞赛等投入；

（4）财务费用，银行等贷款的利息支出；

（5）企业税费，企业应缴纳的营业税、城建税、教育费附加、地方教育费附加等；

（6）利润，是企业产品和服务的总收益与总成本之间的差额，是企业在一定时期内生产经营的财务成果。包括营业利润、投资收益和营业外收支净额。一般主要是指企业营业利润（表 7-19、图 7-25）。

设计企业的成本构成示例　表 7-19

序号	成本费用类项目	金额（元）
一	直接人工	
1	职工薪酬	
	其中：工资	
	住房公积金	
	社会保险费	
	工会经费	
	职工教育经费	
	职工福利	
	非货币福利	
	辞退福利	
2	国际人才工资劳务费	
3	临时人员费用	
二	设计咨询分包	
三	其他直接成本	
1	其他咨询顾问	
2	中介机构费	
3	制作制图费	
4	差旅费	
5	交通费	
6	出国费	
7	办公费	
8	资料费	
9	会议费	
10	维修费	
11	保险费	
12	检测费	
13	材料费	
14	运费及快递费	
15	税金及附加	
16	分摊印花税	
17	手续费	
18	其他直接成本	
四	间接成本	
1	房租（自行租赁）	
2	分摊房租（院分摊）	
3	物业管理费	
4	水电气费	
5	分摊停车费	
6	供暖费	
7	分摊装修费	
8	固定资产及无形资产	
9	低值易耗品摊销	
10	宣传费	
11	业务招待费	
12	电话费	
13	公车运行费	
14	系统维护	
15	绿化卫生	
16	警卫消防	
17	诉讼费	
18	劳保	
19	所得税调整	
20	其他间接成本	
五	可回收成本	
1	押金	
2	投标保证金	
3	其他应收款	
4	待摊税金及附加	
六	拨外地办事处经费	
	成本费用合计	

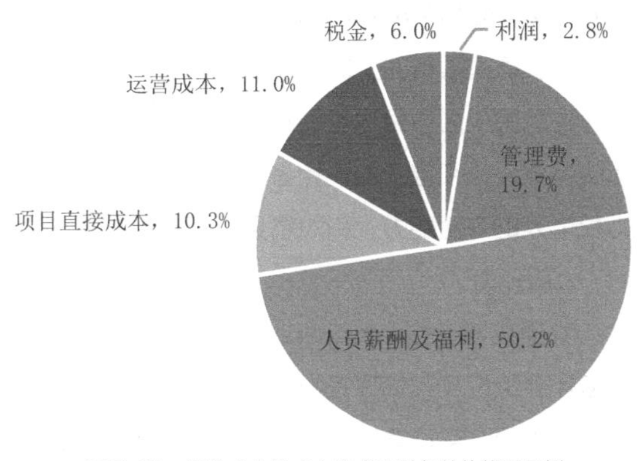

图 7-25　设计企业的成本构成及财务总体状况示例

设计事务所中专家的脑力劳动成本是企业运行中最重要的成本，也是企业存在和发展的基础，因此脑力劳动的时间是建筑设计乃至整个咨询行业最主要、最直接的成本标尺，脑力劳动时间乘以不同级别人员的平均工资就是设计人员成本。尤其在发达的建筑设计市场，设计咨询业的利润率很低甚至是勉强维持平衡，通常设计企业将所有成本通过综合成本系数分担到每个设计人、每个小时的成本中，成为每个人工・时的成本，以设计的人工・时（设计的人工时 = 设计者人数 × 设计时间）的综合成本，来测算设计取费和控制成本。也可以人工・日成本来进行更概括的简单核算。

7.4 建筑师的沟通与评价

7.4.1 沟通与沟通管理

沟通（communication），是人与人之间通过语言、文字、符号、行为、动作等方式进行信息传递和交换的过程。沟通是把一个组织中的成员联系在一起，以实现共同目标的手段。在设计企业和项目组内部，必然存在不同分工和不同层次间的信息和价值的障碍。成员不断地沟通、分享、传递和解释信息，才能有效地相互协作，达到信息和价值的协调，保障组织的健康与高效。

由于建筑项目的实施涉及各个利益团体，因此职业建筑师作为项目运营的管理者、带领各个专业团队完成设计和施工的设计者，必须具备与各个机构和个人的沟通能力，和对意见、利益相左者的谈判、说服能力。

沟通管理（Communication Management）是指社会组织及其管理者为了实现组织目标，在履行管理职责，实现管理职能过程中的有计划的、规范性的职务沟通活动和过程，以确保信息交换及相关方的信息需求得以满足的各个过程。沟通是实现其管理职能的主要方式。沟通管理的过程包括计划、执行、监督、调整的全过程。

沟通包括有意或无意、主动或被动、被传递或被接收的信息交换。沟通的内容包括信息、思想或情绪。沟通有信息交流、情绪表达、激励、控制等功能。

沟通活动可按多种维度进行分类，包括：

（1）沟通范围。内部沟通。针对项目或组织内部的相关方；外部沟通。针对外部相关方，如客户、供应商、其他项目、组织、政府，公众。

（2）沟通的正式程度：正式沟通。报告、正式会议（定期及临时）、会议议程和记录、相关方简报和演示；以及年报等呈交监管机构或政府部门的报告；非正式沟通。采用电子邮件、社交媒体、网站，以及非正式临时讨论的一般沟通活动。

（3）沟通层级：企业或项目组织内部由于管理层级而存在的信息传递的形式，包括向上（上行）沟通、向下（下行）沟通、横向（平行，同级）沟通。

（4）沟通媒介：语言沟通。主要是口头（用词和音调变化）和书面化语言（包括社交媒体和网站、媒体发布等）沟通；非语言沟通。肢体语言、行为、情绪等。

（5）沟通方式：互动沟通。在两方或多方之间进行的实时多向信息交换。它使用诸如会议、电话、即时信息、社交媒体和视频会议等沟通工件；推式沟通。向需要接收信息的特定接收方发送或发布信息。这种方法可以确保信息的发送，但不能确保信息送达目标受众或被目标受众理解。在推式沟通中，可以采用的沟通工件包括信件、备忘录、报告、电子邮件、传真、语音邮件、博客、新闻稿；拉式沟通。适用于大量复杂信息或大量信息受众的情况。它要求接收方在遵守有关安全规定的前提之下自行访问相关内容。这种方法包括门户网站、企业内网、电子在线课程、经验教训数据库或知识库。

基本的沟通模型是发送方到接收方的线性沟通过程，由发送方和接收方两方参与，其关注的是确保信息送达，而非信息理解。基本步骤为：

（1）编码。把信息编码为各种符号，如文本、声音或其他可供传递（发送）的形式。

（2）传递信息。通过沟通渠道发送信息。信息传递可能受各种物理因素的不利影响，如不熟悉的技术，或不完备的基础设施。可能存在噪声和其他因素，导致信息传递和（或）接收过程中的信息损耗。

（3）解码。接收方将收到的数据还原为对自己有用的形式。

互动沟通模型将沟通描述为由发送方与接收方参与的沟通过程，还强调确保信息理解的必要性，包括任何可能干扰或阻碍信息理解的噪声，以及影响双方的环境因素。如接收方注意力分散、接收方的认知差异，或缺少适当的知识或兴趣。互动沟通模型中的新增步骤有：

（4）确认已收到。收到信息时，接收方需告知对方已收到信息（确认已收到）。这并不一定意味着同意或理解信息的内容，仅表示已收到信息。

（5）反馈 / 反馈。对收到的信息进行解码并理解之后，接收方把还原出来的思想或观点编码成信息，再传递给最初的发送方。如果发送方认为反馈与原来的信息相符，代表沟通已成功完成。在沟通中，可以通过积极倾听实现反馈。

由于沟通是指组织中被理解的信息而非发出的信息，因此，作为沟通过程的一部分，发送方负责信息的传递，确保信息的清晰性和完整性，并确认信息已被正确理解；接收方负责确保完整地接收信息，正确地理解信息，并需要告知已收到或作出适当的回应。在发送方和接收方所处的环境中，都可能存在会干扰有效沟通的各种噪声和情绪、知识、文化、沟通方式、个人偏好等背景的障碍（图 7-26）。

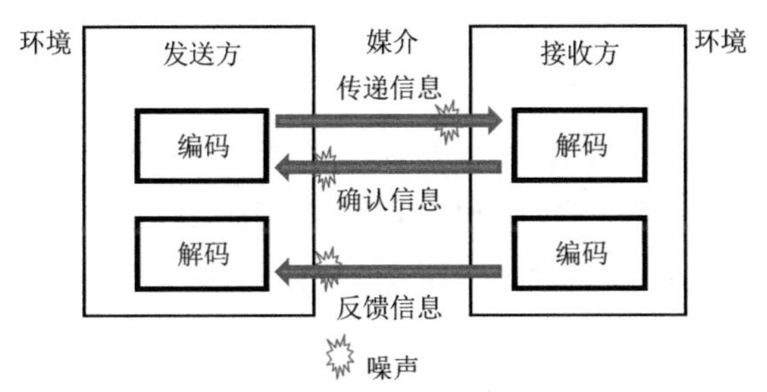

图 7-26　互动沟通模型

项目或企业组织中沟通的重要原则是：

（1）沟通是指组织中被理解的信息而非发出的信息；要注意沟通的漏斗效应，使得信息发送方传递到信息接收方的内容大打折扣，需要尽量减少信息传达的层次，以保证信息的准确、及时传达。

（2）沟通是一个涉及个体、组织和外部社会多个层面的过程；沟通是一个涉及思想、信息、情感、态度或印象的互动过程。

（3）组织是一个系统；组织中任何一个部分的变化或变动都会对整个系统产生连带影响。组织中的人不可能不进行沟通，即使沉默也传达了组织的态度；组织中的沟通氛围将会促成鼓励性或防御性沟通氛围：鼓励性沟通是与个体进行开放式的交流，促进组织和个体的发展；防御性沟通是与个体进行封闭式的交流，对个体是一种威胁，从而会降低组织的效率。

（4）管理者对组织内部沟通氛围有着重要的影响。通过强化沟通过程和沟通氛围，管理者不仅可以促进有效的沟通，而且还能提高管理的有效性（图 7-27）。

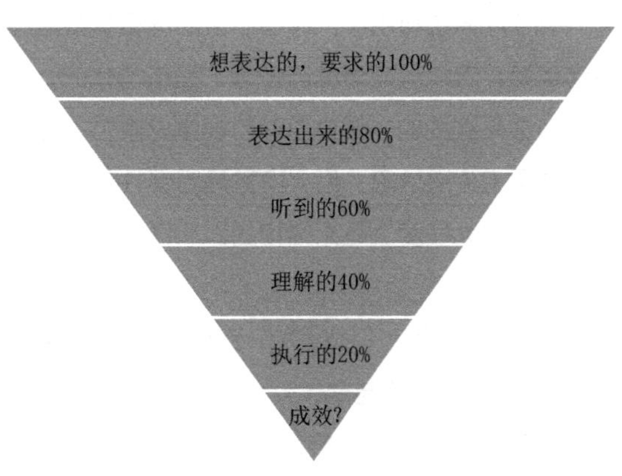

图 7-27　沟通漏斗：信息发送者和接受者之间的巨大信息差异

语言沟通（Verbal Communication）是指以语词符号为载体实现的沟通，主要包括口头沟通、书面沟通和电子沟通等。语言沟通的形式可以分为口头沟通和书面沟通：口头沟通是以口语为载体进行的信息传递与交流，如会谈、电话、会议、广播、演讲、留言等等；书面沟通是指借助文字进行的信息传递与交流，如通知、文件、通信、布告、报刊、备忘录、书面总结、汇报、公文函件等。

书面沟通本质上讲是间接的，这使得其有许多优点：

（1）书面材料传达信息的准确性高。

（2）可以使写作人能够从容地表达自己的意思。词语可以经过仔细推敲，而且还可以不断修改。

（3）一次性的定格，书面材料是准确而可信的证据，所谓“白纸黑字”。

（4）多次性的接收，书面文本可以复制，同时发送给许多人，传达相同的信息。

但是书面沟通的间接性也有一些障碍，如发文者的语气、强调重点、表达特色、发文的目的、环境等经常被忽略而使理解有误，同时附带的情感信息等隐含内容可能被加强或减弱。

在同一个场合的语言沟通往往伴随着非语言沟通同时进行，研究发现对话中传递信息的大部分是通过非语言方式传递的，这就是为何当面的对话、会议非常重要的原因，也是书面沟通缺乏语言沟通力度的主要原因。

语言沟通是利用声音或者固话的词语作为渠道传递信息，它能对词语进行控制，是结构化的；非语言沟通是连续的，通过声音、视觉、嗅觉、触觉等多种渠道传递信息，绝大多数是习惯性的和无意识的，在很大程度上是无结构的。非语言沟通的主要方式有：

（1）肢体语言（体语）：手势，点头、鞠躬、上身前倾等身体姿态与动作等；

（2）面部表情：微笑，眼神，目光，态度等；

（3）语音、语调、语气、停顿等；

（4）人体接触：握手、拥抱等；

（5）人际距离：有私人距离（0.5m以内、伸手可及）、常规距离（0.5～1.5m）、礼仪距离（1.5m以上）、公共距离（3m以上）等；

（6）仪表：个人服饰、外观等；

（7）环境：现场氛围、时间控制等。

值得注意的是，任何沟通的方式都是为了沟通的内容而存在的，真诚、友善、共赢的内在价值是成功沟通的基础，也能被外在的语言、体态、面部表情所传递的。

7.4.2 会议管理

1）会议及其管理

会议是人们为了解决某个共同的问题或出于不同的目的聚集在一起进行讨论、交流的活动。从字面含义上讲，“会”的基本意思是聚会、见面、集会等；“议”的基本意思是讨论、商议。现代意义上的会议，是有组织、有领导地召集人们商议事情的活动。它体现了会议的四个基本条件：有组织、有领导、商议和集会。一个会议的构成，包括会议名称、会议时间（含开始时间和终止时间）、会议地点、会议人员（出席人员、列席人员和工作人员）、会议组织、会议主题等。会议是沟通的主要形式，人类通过会议来商讨和决定群体的事务和行动，若要持续有效，必须以明确的规范和程序作为工具，来平衡和协调群体与个人之间的权责关系，使得会议能够真正集思广益、凝聚共识、推动行动。会谈、商讨、劝说、谈判、政策与法律的讨论与决策等，无一不需要有正式或简化的会议规则，以落实组织治理。

会议管理（Meeting Management）是为了保证会议的正常进行并提高会议的效率，而对会议的筹备、组织、保障等工作的一种有效的协调。会议管理包括会前准备、会中控制和会后跟踪三个环节：

（1）会前准备

① 确认会议的必要性。会议特别耗费时间、人力、财力、物力，也不是任何问题都可以通过开会来解决，因此要确认会议的必要性，减少不必要的会议。

② 明确会议的目标和会议材料。会议的目标越

明确越具体越好，这样会议讨论的效果会更好。同时应准备好会议材料并提前分发，使参会者了解情况，做好准备，带着问题开会，以提高效率。

③ 确定会议议题和程序。会议议题是指根据会议目的确定的要讨论的话题或决策的对象。议题必须紧扣会议目标，数量要适中，按照解决问题的逻辑顺序排列，明确各项议题所需的时间，同时注意重要议题前置。

④ 确定与会人员。确定与会人员的人数和结构。一般应邀请对会议主题有深入研究或对情况熟悉的人、对会议目标达成起关键性作用的人、能够客观理智发表见解和专业意见的人。

⑤ 安排会议时间、地点，并通知与会者、分发会议资料。

（2）会中控制

会中控制包括有效控制会议的议题和进程、有效控制会议成员的行为两个方面。

控制议题和进程包括：明确议题的目标，澄清对议题的误解，控制讨论进程，有效处理意见分歧，控制会议时间，总结议题成果并确认行动；

控制参会者的行为包括：严格要求准时开会，鼓励积极发言和思想交锋，避免压制建议，确保每位成员的发言（3 分钟以内、2 ~ 3 轮为宜），强调会议纪律防止中途离开和私下交流。

（3）会后跟踪

会议结束后应将会议内容整理成会议记录或会议纪要，会议纪要中应包括相关部门应承担的责任、责任人，完成时间及验收标准等内容。会议的关键在于落实，应根据会议纪要的内容检查会议决定的落实情况，使会议做到议而有决、决而有行、行必有果。

会议记录是实录会议情况和信息的书面材料，应注意同步性、实录性、规范性。其内容包括：

① 会议时间。要写清会议进行的年份、日期，必要时精确到分钟。

② 会议地点。要写清会议室名称。

③ 会议出席人姓名。人数多的会议可只写人数。会议双方或多方应分别列出参会的重要人物及职衔。

④ 缺席人、列席人。

⑤ 主持人、记录人。

⑥ 议题。议题是会议讨论或解决的问题，在议题不止一项时，应分条列项写。一般包括报告、讨论、决议（决定，后续的行动、时限、负责人等）三部分。

综上所述，有学者总结了成功会议的要素（GREAT）：

① Goals 会议的目标要明确、清晰、可度量，达到 Specific（具体）、Measurable（可测量）、Achievable（可实现）、Results-oriented（以结果为导向）、Timely（准时）的 SMART 标准。

② Roles and Rules 角色和规则应明确并被执行。

③ Expectations 期望应被明确定义。

④ Agendas 议事日程、会议材料要事先分发。

⑤ Time 时间就是金钱，会议要简短、准时、高效。

2）项目会议

在建筑项目推进过程中，设计咨询中涉及多个专业和专项，分为绘图人、设计人、专业负责人、项目主持人等不同层级，各个专业和层级的人员对项目的了解内容和深度各不相同，层级越高的人员经验越丰富越能预见问题和风向，但同时也参与的项目越多、在单个项目中投入的越少，因此会议成为不同专业和层级的交流沟通、达成跨专业的共识和统一标准、专业技术评审和确认、明确要求和责任的重要方式。常用的项目会议有项目启动会、项目条件或状况评审会、项目技术措施讨论和问题解决会议、项目技术评审和验证会议、技术交底与答疑会等。

（1）项目启动会议

项目启动会议是项目成立以后第一次召开的全

体会议，它是项目实施前的内部会议，由项目经理负责筹备和主持，要求所有项目参与者都应参加。会议的目的包括：为项目成员之间的相互了解和熟悉提供机会，为以后的合作打下基础；使项目成员全面深入地理解项目目标、意义；明确项目经理的权力职责范围；明确项目成员的工作任务、工作岗位和职责范围；统一项目团队及利益相关者对项目的组织结构、工作方式、管理方式等的认识；讨论项目工作的实施规则和项目实施中的管理控制方法；处理团队成员对现阶段工作的意见，并尽可能将其解决。

项目启动会议的内容涉及项目的基本情况（如目标、意义、规模、完成时间等）、主要成果、管理制度、主要任务及进度安排、项目所需资源的要求以及项目可能会遇到的困难及变化等。

（2）项目情况评审会议

项目情况评审会议是项目管理者获得信息、解决问题以及了解项目进展情况一种方式。项目情况评审会议应定期召开，通报项目进展情况、找出问题和明确下一步的行动计划。通常由项目经理主持召开，会议成员一般包括项目团队的全部成员以及项目业主的上级管理人员（根据需要）。

项目情况评审会议的内容涉及：自上次会议后已实现的项目目标和已完成的项目工作，以及以前会议的落实情况；已完成的任务、实现的实际质量和实际成本等方面与计划指标进行比较，分析各种计划的完成情况，找出存在的差异及其原因；根据项目的进展情况和发展趋势，分析预测项目完工日期和完成成本的情况，给出预测，提出各种需要采取的措施；确定出下一步具体的行动计划安排，明确每一项行动的负责人及预计的开始和完成日期。项目情况评审会议应定期召开，以便及早发现项目进展中存在的问题，防止危及项目目标实现的情况发生。

（3）项目技术评审、验证会议

项目的各个阶段都要召开项目技术评审会议，以确保项目业主同意项目提出的技术方案，明确前一阶段的工作完成和下一阶段工作的开展。一般包括项目团队内部对技术成果的评审、与业主需求的验证会议，以及对业主的详细汇报和业主评审会议。

（4）项目问题解决会议

项目问题解决会议是当项目团队发现项目进展中存在问题时召开的会议。项目问题解决会议通常涉及以下内容：描述和说明项目存在的问题；找出项目问题的原因和影响因素；找出解决项目问题的各种可行方案，并对这些方案进行评价，从中选出最有可能或满意的方案，作为解决项目问题的实施方案；若问题解决方案涉及计划变更问题，则会议还需要对项目计划进行修订。以上各项内容都需要相关方的共同与会与讨论、分析，明确解决方案及计划调整，并落实执行（图 7-28）。

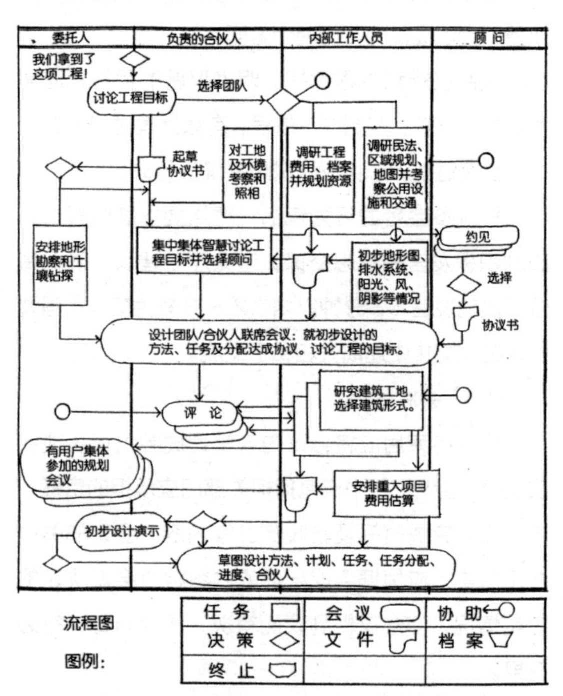

图 7-28 项目的设计流程图（垂直线表示工作流向，水平线显示工作责任的转移）

参考：罗伯特议事规则

美国准将的亨利·罗伯特（Henry M.Robert）根据美国的社团合作实践以及英国的议会程序，用系统工程的方法，于 1876 年编纂出版了《议事规则袖珍手册》（*Pocket Manual of Rules of Order*）。其后被广泛接纳为各类会议的议事准则，被称为《罗伯特议事规则》（*Roberts' Rules of Order*），至今已经出版十余版。其主要规则有：

（1）动议中心原则。动议是开会议事的基本单元。会议讨论的内容应当是一系列明确的动议，它们必须是具体、明确、可操作的行动建议。先动议后讨论，无动议不讨论。

（2）主持中立原则。会议主持人的基本职责是遵照规则来裁判并执行程序，尽可能不发表自己的意见，也不能对别人的发言表示倾向（主持人若要发言，必须先授权他人临时代行主持之责，直到当前动议表决结束）。

（3）机会均等原则。任何人发言前须示意主持人，得到其允许后方可发言。先举手者优先，但尚未对当前动议发过言者，优先于已发过言者。同时，主持人应尽量让意见相反的双方轮流得到发言机会，以保持平衡。

（4）立场明确原则。发言人应首先表明对当前待决动议的立场是赞成还是反对，然后说明理由。

（5）发言完整原则。不能打断别人的发言。

（6）面对主持原则。发言要面对主持人，参会者之间不得直接辩论。

（7）限时限次原则。每人每次发言的时间有限制（比如约定不得超过 2 分钟）；每人对同一动议的发言次数也有限制（比如约定不得超过 2 次）。

（8）一时一件原则。发言不得偏离当前待决的问题。只有在一个动议处理完毕后，才能引入或讨论另外一个动议（主持人对跑题行为应予制止）。

（9）遵守裁判原则。主持人应制止违反议事规则的行为，这类行为者应立即接受主持人的裁判。

（10）文明表达原则。不得进行人身攻击、不得置疑他人动机、习惯或偏好，辩论应就事论事，以当前待决问题为限。

（11）充分辩论原则。表决须在讨论充分展开之后方可进行。

（12）多数裁决原则。（在简单多数通过的情况下）动议的通过要求赞成方的票数严格多于反对方的票数（平局即没通过），弃权者不计入有效票。

议事规则的基本精神主要有五项：① 权利公正，② 充分讨论，③ 一时一件，④ 一事一议，⑤ 多数裁决。其中，第①项和第⑤项是现代社会的共识；第②、③、④则提供了议事规范落实的技术保障，能够有效地纠正或避免在会议常遇到的发散跑题或一言堂等现象。

孙中山先生曾推介《罗伯特议事规则》说：“（议学乃）教吾国人行民权第一步之方法也。倘此第一步能行，行之能稳，则逐步前进，民权之发达必有登峰造极之一日……苟人人熟习此书，则人心自结，民力自固。如是，以我四万万众优秀文明之民族，而握有世界最良美之土地、最博大之富源，若一心一德，以图富强，吾决十年之后，必能驾欧美而上之也。四万万同胞，行哉勉之！”（注 5）

7.4.3　营销与沟通

客户是千差万别的，在个性化时代，这种差异更加显著。不同客户购买同一产品或服务的核心价值可能完全不同。一个产品或服务对于客户而言至少有三个层次的功能或价值定位：① 核心功能（价值），它是产品之所以存在的理由，主要由产品的基本功能构成。如建筑物提供室内环境的使用功能、安全性；② 延伸功能（价值），即功能的延伸发展。如建筑物的技术经济性、绿色环保性；③ 附加功能（价值），如建筑物的美学功能、象征意义等。例如，同样是建筑物，有的业主盖房子主要是为了遮风避雨的实用，有的业主则主要是为了建展现自我的纪念碑，有的业主则是两者兼顾侧重不同。产品的功能是有层次和弹性的，需要根据客户需求进行精准的匹配，形成差异化的产品和服务，达到客户满意。

从生产者而言，产品是否为客户所欢迎，最主要的是能否把自己的产品与竞争对手区别开来，形成对手无法替代的核心竞争力。创造客户就是创造差异，有差异才有市场，差异化营销所追求的差异是产品的不完全替代性，即在产品功能、质量、服务、营销等方面对手的不可替代性，包括产品差异化、市场差异化和形象差异化等诸多方面。

自从1950年代开始建立市场营销理论以来，针对商品和客户的观念不断深化。针对早期的卖方市场，以大规模生产推动消费，提出了4P理论，即产品（Product）、价格（Price）、渠道（place）、促销（promotion）四要素，企业的营销活动就是以适当的产品、适当的价格、适当的渠道和适当的促销手段，将适当的产品和服务投放到特定市场的行为。

针对服务的特殊性，市场营销又提出了7P理论，即在4P的基础上加入了人员（People）、过程（Process）、实体证明或物质环境（Physical evidence）。这些因素中部分因素早已包含在4P理论中，只不过是其重要性增加而单独的将其列出而已，这些是典型的生产推动型市场营销。

1970年代石油危机之后、市场竞争激烈并进入买方市场，客户的需求变得多样化，这时提出了4C理论，即消费者（consumer）、成本（cost）、便利（convenience）、沟通（communication），根据消费者的需求和欲望来生产产品和提供服务，根据顾客支付能力来进行定价决策，从方便顾客购买及方便为顾客提供服务来设置分销渠道，通过企业同顾客的情感交流、思想融通，对企业、产品或服务更好的理解和认同，以寻求企业同顾客的契合点。这是典型的市场拉动型营销。

1980、1990年代随着全球范围内服务业兴起，出现了工业服务化和服务工业化的趋势，发现营销活动的目标应该是建立并维护长期客户关系并建立起客户忠诚的基础之上。忠诚的顾客不仅重复购买产品或服务，也降低了对价格的敏感性，而且能够为企业带来良好的口碑。着眼于客户关系和共赢的4R、4V营销理论，为建筑市场的项目制服务的优化提供了可供借鉴的思路。4R理论，即顾客关联（Relavancy）、市场反应（Reaction）、关系营销（Relationship）、利益回报（Reward）。4R理论着眼于企业与客户的互动与双赢，不仅积极地适应顾客的需求，而且主动地创造需求，通过关联、关系、反应等形式与客户形成独特的关系，企业为客户提供价值和追求回报相辅相成，形成竞争优势。也有学者提出4V理论，即差异化（variation）、功能化（versatility）、附加价值（Value）、共鸣（Vibration）的营销组合理论。即客户是差异化的，产品和服务也必须差异化，而商品的功能是弹性的，需要提供精准的功能匹配并增大价值感和满意度，达到客户价值最大化和企业利润最大化的双赢（注6）。

企业的产品和服务，核心是为客户提供某种价值。客户的千差万别，要求对市场进行细分、对客户的核心需求进行把握，通过为消费者提供价值创新使其获得最大程度的满足。针对顾客满意的价值提供需要强调聚焦客户核心需求的服务创新，这种能力是衡量企业能否实现客户价值最大化的标志，也是衡量企业自身能否实现利润最大化的指针。

作为服务业和人居价值提供者的建筑师，其核心能力就是把握客户核心需求、创造性地满足客户需求、发掘项目潜在价值实现客户效益最大化、从而实现客户目标与建筑师目标双赢的价值共鸣。正所谓“建筑服务社会，设计创造价值”：建筑师是客户战略合作伙伴和技术顾问，设计是用户价值发掘、定义、创造性实现的过程。这就是客户（市场）导向，而非专家（技术）导向；客户价值的沟通、分享，高于专业、技术的灌输；是与业主的战略结盟、让客户伟大（Make Others Best）的“大乘”的建筑学，而非自我中心的“小乘”的艺术观。建筑师特别需要克服的是以专业技巧为借口的自我中心意识、不做客户研究与方案优选的懒惰（表7-20）。

建筑师和业主的观念冲突及共赢可能　表 7-20

	建筑师眼中的业主	业主眼中的建筑师	沟通与共赢：价值共鸣
出发点与核心问题	建筑师：专家视角，专业技术优先。 认为业主是外行，不理解专业知识，应服从内行	业主：客户价值，项目效益优先。 认为建筑师是不关心项目效益，投入或经验不足，只关注项目效果	客户第一原则：专家运用专业技能和合理注意，实现项目价值、达成客户满意；建筑服务于客户和社会
目标	业主只关注盈利目标，总想突破法规和技术限制	建筑师关注效果和获奖，高于解决问题和项目收益	项目的终极目标一致，项目成功才能赢得信任，口碑才能带来项目和合作
权力	业主对建筑技术、外观、设计程序随意发号施令	建筑师设计投入和经验不足，没有充分比较分析	建筑师是业主的专业顾问，应尽职尽责并详细说明
决策	业主想法经常变化，优柔寡断，经常反复，让建筑师不断尝试做无用功	建筑师的专业建议不足，使得项目方向混乱，没有充分的分析建议无法决策	分层次逐步推进，每次讨论限定范围和问题，不反复拉锯讨论
成本	业主不了解建筑师的巨大投入和设计的重要性，总是觉得设计费贵； 业主不愿意为好效果多投入。好效果就要高投入	建筑师不关注成本投入，只要求效果；对技术和材料的经验和比选不足，技术措施有纰漏；建筑师设计定义不全面造成施工索赔	运用二八法则分析核心需求和限定条件，寻求性价比最高的解决方案，说服业主放弃不顾成本、效益的要求；精确设计定义并全程管控
进度	业主总是在决策上花费太多的时间，决策后就马上想看到结果；业主希望尽快开工并无理地压缩设计时间	建筑师个人和团队在项目上投入不足，项目设计过程是个黑箱，必须死盯才能保证投入	建筑师服务流程和范围管理应细分，明确阶段目标和决策要求，按照重要性从大到小逐一讨论确定
质量	工程质量由承包商的材料和施工决定，业主选好、控制好承包商、分包商就行	建筑师不关心材料和工艺，设计文件和节点构造上问题不少，造成施工失控	设计是施工的计划，设计的目标是施工；建筑师的技术统合和全程服务才能保证建筑实现；建筑师应参与招采和监理
外观与效果	业主喜欢对建筑外观评头论足，偏好强烈不听建筑师建议	建筑师总是喜欢新奇造型的试验，造成项目变成建筑师的试验品	业主和政府规划管理的偏好必须尊重，建筑师根据业主和项目特性提出合理建议

7.4.4　业绩评价

业绩评价（绩效评估，Performance Evaluation），是人力资源管理的核心职能之一，是指评定者（一般为上级）运用科学的方法、标准和程序，对绩效信息（业绩、成就和实际作为等）进行观察、收集、整合、评价的过程。绩效管理是管理双方就目标及如何实现目标达成共识的过程，以及增强员工成功地达到目标的管理方法，也是激励体系的核心环节。

为了保证设计人员的“人尽其才，人尽其用”，需要对员工的工作能力、工作态度、工作绩效等进行考评，这样一方面提供约束机制规范要求，另一方面也是奖励和惩罚的基础，同时也提供了一个员工和管理层之间交流的平台，有利于员工个人目标企业目标的和谐，激发员工的工作热情，培养卓越的专业人才。

常用的绩效评估、考核模式有以下几种：

（1）关键绩效指标（Key Performance Indicator，KPI）。考核 KPI 考核是通过对工作绩效特征的分析，提炼出的最能代表绩效的若干关键指标体系，并以此为基础进行绩效考核的模式。KPI 必须是衡量企业战略实施效果的关键指标，其目的是建立一种机制，将企业战略转化为企业的内部过程和活动，以不断增强企业的核心竞争力和持续地取得高效益。通过行为性的指标体系衡量企业绩效，不需要对所有的绩效指标都进行量化，为企业很难确定客观、量化的绩效指标提供了一个解决的办法。建立明确的切实可行的 KPI 体系，是做好绩效管理的关键。

（2）目标管理法（Management By Objective，MBO）。确立目标的程序必须准确、严格，以达成目标管理项目的成功推行和完成；目标管理应该与预算计划、绩效考核、工资、人力资源计划和发展系统结合起来；建立绩效与报酬的关系；要把明确的管理方式和程序与频繁的反馈相联系。

（3）平衡记分卡（The Balance Score-Card，BSC）。平衡记分卡是从财务、客户、内部业务过程、学习与成长四个方面来衡量绩效，考核了企业的产出（上期的结果）、企业未来成长的潜力（下期的预测）、再从顾客角度和从内部业务角度两方面考核企业的运营状况参数，充分把公司的长期战略与公司的短期行动联系起来，把远景目标转化为一套系统的绩效考核指标。

（4）360 度反馈（360° Feedback）。360 度反馈也称全视角反馈，是被考核人的上级、同级、下级和服务的客户等对他进行评价，通过评论知晓各方面的意见，清楚自己的长处和短处，来达到提高自己的目的。

（5）主管述职评价。述职评价是由岗位人员作述职报告，把自己的工作完成情况和知识、技能等反映在报告内的一种考核方法。主要针对企业中、高层管理岗位的考核。述职报告可以在总结本企业、本部门工作的基础上进行，但重点是报告本人履行岗位职责的情况，即该管理岗位在管理本企业、本部门完成各项任务中的个人行为，本岗位所发挥作用状况。

从绩效考核模式上看：KPI 模式强调抓住企业运营中能够有效量化的指标，提高了绩效考核的可操作性与客观性；MBO 模式将企业目标通过层层分解下达到部门以及个人，强化了企业监控与可执行性；BSC 模式是从企业战略出发，不仅考核当前的情况，还考核将来，不仅考核结果，还考核过程，适应了企业战略与长远发展的要求；360 度绩效反馈评价有利于克服单一评价的局限，但应主要用于能力开发；主管述职评价仅适用于中高层主管的评价。每一种绩效考核模式与方法都反映了一种具体的管理思想和原理，都具有一定的科学性和合理性；同时，不同的模式方法又都有自己的局限性与适用条件范围。

每一种绩效考核模式，都可以采用灵活的绩效考核评定方法：

（1）等级评定法：是根据一定的标准给被考核者评出等级，例如 A、B、C、D 等。

（2）排名法：是通过打分或一一评价等方式给被考核者排出名次。

（3）目标与标准评定法：是对照考核期初制定的目标标准对绩效考核指标进行评价。

知识型员工（Knowledge Workers）的概念是 1950 年代由美国学者彼得·德鲁克（Peter F. Drucker）提出的，指的是熟练掌握和运用专业符号、概念和术语，利用知识和信息工作的人。也可指以知识创造、传播和应用为主要工作目标，具有高学历和丰富经验的人。知识型员工可分为专业人士、专业技能辅助型人才和中高级管理人员三类。建筑师等设计人员是典型的知识型员工。设计企业对知识型员工（设计人员）的评价指标一般包括能力（专业技能）、业绩（职务绩效）、考勤等几个主要方面。业绩评价的项目标准应尽量客观化，通过工作分解、责任分解、提交成果分解等细分和模式化、标准化，客观地反映项目的执行情况和员工的贡献，包括项目的成果、效益、成本、每个员工的贡献度等。

由于设计行业的特点，一方面，由于每个项目的独特性，不具备难度、风险、投入程度、技术水平的可比性，设计项目的完成也必然依赖设计组全体员工的协作和努力，是团队工作的成果，员工的个人业绩不便于量化和细分，设计人员的评估必然以主观评价为主；另一方面，建筑工程的项目特性，使得每个人在项目中的职位、完成的工作量、成果又可以通过项目成果方便地衡量，如项目的收益、成本、时间、客户满意度等。因此，具有主观性和客观性、团队和个人、模糊和清晰的两重性。

目前国内设计企业以项目为主的分配模式实际上很好地将每个人的收入、业绩等通过参与的项目和贡献度很好地进行了客观评价，计件付酬，多劳多得；另一方面，评价标准被细分和模式化，除了直接的主管上级之外，相关的其他主管也从旁观者的角度予以评价。同时，为了充分尊重个人意愿和促进个人成长，需要建立起绩效沟通反馈机制，企业还应有个人述职（含个人诉求的申告）面谈制度，每个职员可以在尊重隐私的前提下，每年有两次直接与管理高层面谈的机会，就公司、上级对个人的评价、个人对上级的评价和对公司要求、个人意愿等与企业高层直接接触，保证人事评价的公正与公平，促进员工和企业的理解与和谐。绩效管理是激励体系的核心环节，不仅是一种确定激励强度的考评手段，更是一种在企业与员工间信息传递的渠道，是及时发现存在问题、提升员工能力和业绩的重要工具（表 7-21、表 7-22）。

英国设计企业的职员评价标准　表 7-21

分级	可以胜任的工作	知识和主动性	影响他人	责任心
A 级	很少或没有其他备选方法完成简单工作。 可对一些容易获得逻辑答案的问题进行简单分析	不需要主动性	能够理解并执行简单指示，最小程度地对他人工作产生影响	对次要决定负责。所有工作受到严密监督
B 级	以有限的备选方法进行工作。解决逻辑答案不十分明显的问题，并对工作的其他方面产生影响	需要有限的主动性。进行有限研究以获得一般性技术知识。具有对普通材料的认识	能够理解并执行有限领域里的指示。能够发出简单清楚的指示	对只影响自身工作的决定负责，并必须向上级汇报。部分工作受到严密监督
C 级	以丰富的备选方法进行工作。解决逻辑答案不十分明显的问题，并对工作的其他方面产生重大影响	需要主动性。进行很多关于所有技术知识的研究。具有对各种材料的一般认识	能够理解并执行较宽领域内的指示。能够发出在有其他 5～6 人的团队中分配工作并进行控制的指示，并配合他们的行动	在制定的框架下对他团队中所有的工作决定负责。接受一般性监督
D 级	以无限丰富的备选方法进行工作。解决需要严整思考获得逻辑答案的问题，对整个设计产生重大影响	需要很大的主动性。需要很多基础研究获得超出一般技术领域的知识。对各种材料拥有兼具深度和广度的知识	能够发起一项工作计划并检查其过程，能够将计划转化为实际的工作方法并发出必要的指示。能够控制并配合几个独立工作的团队的工作	负责在事务所制定的框架下，作为负责人提交和批准设计政策。只接受行政监督

日本设计公司的人事评价标准—德、才、勤　表 7-22

考评项目		考评要点	建筑师	副主任	主任	执行主任	设计总监	部门主管
职务能力	计划能力	· 根据适当的方法和程序、综合地制定计划 · 梳理多种多样的设计条件	◎	◎	◎	◎	◎	◎
	调查分析能力	· 进行必要的调查并分析出正确的结果 · 构筑必要的基础数据资料库	○	○	○	○	○	○
	设计创造能力	· 综合的造型能力，设计创新的能力 · 原创的提案和构想的形成能力	◎	◎	◎	◎	◎	◎
	表现力，说服力	· 能否将自己的提案、报告、想法向第三者正确地传达 · 利用文字、图表、图纸等方法的表现技巧 · 想法的条理化，理解对方并解决问题的能力	○	○	○	○	○	○
	技术能力	· 掌握专业的知识与技能，并在工作中有效地发挥	◎	◎	◎	◎	◎	○
	判断能力	· 掌握丰富的知识进行综合的、正确的评价的能力 · 对状况正确判断的能力	○	○	○	○	○	◎
	应变处理能力	· 能否迅速、及时地执行计划和上级指示 · 为解决问题采取适当的措施的能力	◎	◎	○	○	○	○
	危机意识及判别能力	· 对状况的把握和对未发生危机的预见、规避能力 · 经常进行必要的检查和反省，防范危机的能力	○	○	◎	◎	○	○

续表

考评项目		考评要点	建筑师	副主任	主任	执行主任	设计总监	部门主管
职务能力	危机管理能力	·对设计缺陷、投诉与索赔发生后，正确判断和行动的能力 ·对未发生的风险有意识地检查和规避的管理能力	—	—	○	○	◎	◎
职务绩效	质量的完成度	·工作的成果能够达到技术水准要求	◎	◎	◎	◎	◎	◎
	确实性，精确性	·能否完成信赖度要求高的工作 ·根据指示和计划进行正确的处理、贯彻的执行力	○	○	○	○	○	○
	数量的完成度	·能否完成较高的工作量	◎	◎	◎	◎	◎	◎
	业务的快速性	·依照工作的程序和计划、灵活迅速完成工作的能力	○	○	○	○	○	○
	效率和成本意识	·根据费效比和成本意识进行设计工作 ·考虑时间和成本因素，减少浪费的技巧	◎	◎	○	○	○	○
	项目管理成果	·充分执行设计项目的预算、工程管理 ·有效地利用设计团队的人力资源完成设计任务 ·为完成工作目的与公司内外协作的能力和成果 ·防范风险和规避风险的能力和成果	—	—	◎	◎	◎	○
	组织管理成果	·熟悉业务，根据工作量进行人员的有效配置和高效的管理 ·对下属的能力、业绩给予客观的评价并进行指导、支持等 ·向下级传达指示等并贯彻执行	—	—	—	○	—	◎
	顾客满意度	·在设计中正确反映客户的希望和条件，达到客户满意	○	○	○	○	○	○
	社会的评价	·项目实施对社会的影响力和贡献 ·参与公司外的活动对公司的贡献	—	—	○	○	○	○
	职责的完成度	·在项目团队中充分发挥本人的职责和作用	◎	◎	◎	◎	◎	◎
	自我能力的开发	·为提高自身的业务能力而积极拓展自身的能力 ·积极收集和学习最新的信息和技术并在工作中发挥作用	○	○	○	○	○	○
	技术指导和人才培养	·掌握下属的能力、性格并进行适当的指导和培养 ·有计划地培养人才的能力	—	—	○	○	○	○
勤务状况与工作态度	责任感，积极性	·责任意识和认真负责 ·面对困难的坚韧顽强	◎	◎	◎	◎	◎	◎
	协调性	·换位思考理解对方的立场和状况并积极协作 ·工作团队中的积极投入和协作	○	○	○	○	○	○
	勤务态度	·遵守考勤纪律 ·文明礼貌，体现良好的修养	○	○	○	○	○	○
	工作程序的执行	·对上级的报告、联络和沟通 ·根据公司规定的程序完成工作	◎	◎	◎	◎	◎	◎

注：各个职位对应的考评项目内容标注圆圈，双圆圈表示重点考评科目。

7.4.5 激励与薪酬

激励就是组织通过设计适当的外部奖酬形式和工作环境，以一定的行为规范和惩罚性措施，借助信息沟通，来激发、引导、保持和规范组织成员的行为，以有效地实现组织及个人目标的过程。激励理论是研究如何满足人的物质和精神需要从而调动其积极性的理论，激发正向行为和决策动机，以出色完成工作并实现业绩最大化。激励理论是行为科学和组织管理中用于分析需求、动机、目标、行为决策之间关联的核心理论，也是业绩考评的重要依据。

激励理论的基本思路，是针对人的需要来采取相应的管理措施，以激发动机、鼓励行为、形成动力。因为人的工作绩效不仅取决于能力，还取决于受激励的程度，让员工真正将动力转化为行动的重要衡量指标之一就是敬业度，即：工作绩效 = 工作能力 × 激励（敬业度）。每个个体的行为可以用其社会交往中获得的收益（回报）和付出的代价来解释，当个体从组织获得经济（薪酬）的和社会情感性的资源（回报）后，他们感觉对组织及其价值观持有积极的态度，并愿意为组织实现目标而提高自我绩效。因此，激励理论和人的需要理论密切相关。人的需要理论主要有内容型（下述前两者）、过程型和行为修正型理论：

（1）马斯洛的需要层次理论。心理学家亚伯拉罕 · 马斯洛（Abraham Harold Maslow）把人需要（需求）由低到高分为五个层次，即：生理需要、安全需要、社交和归属需要、尊重需要、自我实现需要。并认为人的需要有轻重层次之分，只有排在前面的那些属于低级的需要得到满足，才能产生更高一级的需要。当一种需要得到满足后，另一种更高层次的需要就会占据主导地位。从激励的角度看，如果希望激励某人，就必须了解其所处的需要层次，然后着重满足这一层次或在此层次之上的需要。

美国学者克雷顿 • 奥尔德弗（Clayton Alderfer）把马斯洛理论简化为三层次需要，把人的需求分为生存需求（Existence）、相互关系需求（Relatedness）和成长发展需求（Growth）三种，即 ERG 理论。

（2）双因素理论（激励 - 保健因素理论）。美国行为科学家弗雷德里克 • 赫茨伯格（Fredrick Herzberg）提出来的激励 - 保健因素理论，又称双因素理论（满意 - 不满意）。使职工感到满意的都是属于工作本身或工作内容方面的，被称为激励因素；使职工感到不满的都是属于工作环境或工作关系方面的，被称为保健因素。保健因素包括公司政策、管理措施、监督、人际关系、物质工作条件、工资、福利等，当这些因素恶化到人们认为可以接受的水平以下时，就会产生对工作的不满意；当人们认为这些因素很好时，它只是消除了不满意，并不会导致积极的态度。能带来积极态度、满意和激励作用的因素就叫作激励因素，主要是能满足个人自我实现需要的因素，包括：成就、赏识、挑战性的工作、增加的工作责任，以及成长和发展的机会。如果这些因素具备了，就能对人们产生更大的激励。从这个意义出发，传统的激励假设，如工资刺激、人际关系的改善、提供良好的工作条件等，即使达到最佳程度，也不会产生更大的激励。要调动人的积极性，不仅要注意物质利益和工作条件等外部因素，更重要的是要注意工作的安排、量才使用、个人成长与能力提升、给予表扬和认可、给人以成长和发展的机会等。

（3）期望理论。美国心理学家维克托 • 弗鲁姆（Victor H.Vroom）提出的期望理论认为激发的力量来自效价与期望值的乘积，即：激励的效用 = 期望值 × 效价。即推动人们去实现目标的力量，是两个变量的乘积，如果其中有一个变量为零，激励的效用就等于零。效价是企业和团队的目标达到后，对个人有什么好处或价值，及其价值大小的主观估计；期望值是达到企业目标的可能性大小，以及企业目标达到后兑现个人要求可能性大小的主观估计。这两种估计在实践过程中会不断修正和变化，管理者的任务就是要使这种调整有利于达到最大的激发力量。

（4）强化理论。强化理论是美国心理学家和行为科学家斯金纳（Burrhus F. Skinner）等人提出的一种理论，也叫操作条件反射理论、行为修正理论。认为人或动物为了达到某种目的，会采取一定的行为作用于环境。当这种行为的后果对他有利时，这种行为就会在以后重复出现，实现良性循环；后果不利时，这种行为就减弱或消失。凡是能增强反应概率的刺激和事件都叫强化物，反之，在反应之后紧跟一个讨厌的刺激，从而导致反应率下降，则是惩罚。人们可以用这种正强化或负强化的办法来影响行为的后果，从而修正其行为。最早提出强化概念的是俄国的生理学家巴甫洛夫的经典条件反射。

不同的激励类型对行为过程会产生程度不同的影响，激励类型包括：

（1）物质激励与精神激励。前者作用于人的生理方面，是对人物质需要的满足，后者作用于人的心理方面，是对人精神需要的满足。随着人们物质生活水平的不断提高，人们对精神与情感的需求越来越迫切。

（2）正激励与负激励。正激励就是通过奖赏的方式来鼓励符合组织需要的行为，负激励就是通过制裁、惩罚的方式来减少或消除不符合组织需要的行为。正激励与负激励都是要对人的行为进行强化，正激励起正强化、肯定的作用；负激励起负强化、否定的作用。

（3）内激励与外激励。内激励是指由内酬引发的、源自于工作人员内心的激励，即在工作进行过程中所获得的满足感，会产生一种持久性的作用，如追求成长、锻炼自己、获得认可、自我实现等；外激励是指由外酬引发的、与工作任务本身无直接关系的激励，它与工作任务不是同步的，如奖金及其他额外补贴，由外酬引发的外激励是难以持久的。

激励机制要发挥作用，还需要综合考虑时机、频率、程度、方向等因素。

知识型员工的专业性强、受教育程度高素质高、自主性和创新性强、工作过程和成果难以监督和评价等特征导致其具有鲜明的个性特征：① 追求自我价值，重视精神价值，具有内在需求多样化；② 有较强的自主性和独立意识；③ 具有独立的价值观和个性，追求个人成就和职业发展；④ 工作选择的流动性强（注 7）。

这些个性特征决定了知识型员工的激励特征：① 报酬激励（外部激励）：期望获得高薪酬和良好的福利待遇；② 工作设计激励：具有自主工作的需要和参与管理的需要；③ 工作任务激励：具有业务成就需要以及公平需要；④ 环境激励（周边）：渴望有良好、和谐的工作环境和人际关系；⑤ 个人（职业）发展激励（成长激励）：希望工作能够有助于个人成长并能激发足够的兴趣。其中②和③可以合并为工作激励，整合为工作激励。也可以整合为外部激励、工作激励、成长激励、环境激励四大维度。其中特别值得注意的是工作设计的激励，也就是工作自主、时间自由、个人兴趣等，这与生产的标准化、专业化具有一定的矛盾性，这是知识型员工特别关注的激励方式，也是在大工业生产中标准化、零件化发展的限定性条件（表 7-23）。

常用的激励指标体系的四大维度：外部激励、工作激励、成长激励、周边激励　　表 7-23

一级指标	二级指标	指标说明
外部激励	薪酬标准	薪酬标准在本地区具有吸引力
	福利条件	福利好（有薪假期、补贴、住房、医疗等福利）；工作条件和环境使人满意
	领导特征	领导能力强、素质高、亲和；领导认可、赏识、支持、指导；管理层经常与员工沟通
	企业前景	企业的发展目标、经营宗旨、行业地位和社会职责
工作激励	工作兴趣	工作有乐趣、有意义；在企业和行业发展上有空间，可预见自己的成长
	工作责任	职务上的责任感和担当，被信赖和依赖；各个岗位的职责、权限清晰明了
	工作自主	任务和时间管理有自主性和弹性；参与管理；工作与生活平衡，生活质量高
	工作挑战	能在工作中发挥能力，任务具有挑战性和成就感；可以解决问题，达到客户满意
成长激励	职业发展	公平的薪酬标准和晋升程序，专业能力能够提升

续表

一级指标	二级指标	指标说明
成长激励	工作辅导	新老员工都能得到有效的帮助和指导；企业有知识库和知识储备使工作容易上手
	培训学习	企业有多种内部、外部培训渠道，培训能有效提升员工能力
	职业规划	有明确的员工职业生涯规划，职业发展路线明确，有学习和奋斗的持续目标
环境激励（周边激励）	人际关系	同事间相互尊重，开放地沟通；与领导和直接上司关系良好
	制度环境	管理制度完善、科学，赏罚分明、公平，对所有员工都一视同仁
	团队合作	员工之间能顺利进行沟通，工作协作良好，具有团队精神
	奖励荣誉	重视精神奖励，提升员工的行业声誉、荣誉感、社会地位

因此，对知识型员工的激励应关注：

（1）建立起绩效沟通反馈机制，而非单项的简单评价。绩效管理是激励体系的核心环节，不仅是一种确定激励强度的考评手段，更是一种在企业与员工间信息传递的渠道，是及时发现存在问题、提升员工能力和业绩的重要工具。对于表现出良好工作绩效的员工，应及时传递正向信息，实施加薪、晋升、表彰等方面的综合激励，促使其维持高绩效； 对于存在低劣绩效的员工，在实施必要惩戒措施前，管理人员应根据员工个体情况，从员工角度出发予以负强化的绩效反馈，以协助者的身份提出针对性的改进意见并提供支持。

（2）工作的创新性、自主性与上级支持。知识型员工的工作具有创新性和复杂性。知识型员工从事的不是简单重复性的工作，而是在易变和不完全确定的系统中充分发挥个人的能力，应对各种可能发生的情况，利用各种技术能力和敬业精神，使产品和服务不断提升。知识型员工劳动复杂性主要体现为：知识型员工的工作主要是思维性活动，依靠大脑而不是体力，劳动过程以无形为主，而且不受时间和空间的限制。虽有工作流程和规则，但个人的投入和专注（专家的注意）对成果影响巨大，因此对劳动过程的监督和成果的一一核查几乎是不可能的；产品和服务大多是无形的，难以计量；成果大多是团队配合、分工协作的结果，使得个人的业绩考核难度较大。即，工作过程难以实行监督控制，工作成果不易加以直接测量和评价。

因此，与一般员工不同，知识型员工往往追求较强自主性，更强调工作中的自我引导，这种特性表现在工作场所、工作时间、工作程序等方面的灵活性要求以及宽松的组织气氛，不习惯于受指挥和控制，不喜欢上司把要做的每一件事的计划与措施都已安排得非常明确。知识型员工也更喜欢独自工作的自由和刺激，以及更具张力的工作安排。为了鼓励知识型员工进行创新性活动，企业应该建立一种宽松的工作环境，给予知识型员工以一定的权力，使他们能够在既定的组织目标和自我考核的体系框架下，自主地完成任务。知识型员工对工作自主性的较高要求，客观上也对其上司领导方式的转变提出要求：对知识型员工过分控制会扼杀创意，过于放任又不能控制结果，提高了风险。管理层应为工作定下目标，知识型员工用什么有创意的方法将它完成，则尽量少干预，而是多提供资金、人力、知识经验上的支持。

（3）成就性、晋升机会与职业生涯规划体系。与一般员工相比，知识型员工更在意自身价值的实现，强烈期望得到社会的承认与尊重，工作上并不满足于被动地完成任务，而是尽力追求完美的结果。这种员工热衷于具有挑战性的工作，把攻克难关看作一种乐趣、一种体现自我价值的方式。由于知识型员工掌握着某种特殊技能，可以对上级、同级和下属产生影响，因此，职位的权威对他们往往不具有绝对的控制力和约束力，他们执着地追求知识和真理，可能不会崇拜任何权威。

知识型员工对知识、个体和事业的成长不懈地追求，某种程度上超过了他对组织目标实现的追求。知识型员工看重个人的成长与发展，而非有保障和稳定的工作。因此，企业不仅要为员工提供一份与其贡献相称的报酬，使其分享到自己所创造的财富，而且要充分了解员工的个人需求和职业发展意愿，为其提供适合其要求的上升道路，给员工创造个体的发展空间，给员工更大的权利和责任。只有当员工能够清楚地看到自己在组织中的发展前途时，他才有更大动力为企业尽心尽力地贡献自己的力量，与组织结成长期合作、荣辱与共的战略伙伴关系。所以，企业必须根据自己的职位资源，为知识型员工提供足够大的机会空间，职业生涯规划是吸引、留住、管理人才的有效工具，是激励体系的重要组成部分。企业应以业务部门为单位，掌握各部门员工与岗位职责匹配的知识结构、业务技能、人格特质和发展潜力，通过持续的沟通制定出人岗匹配的职业规划，提供尝试新职位、发展新技能的机会以激发员工的高工作投入。同时，应根据不同岗位的技术含量和职位要求实行匹配度评估制度，及时调离职位匹配度持续较低的员工，以避免徒劳的生涯规划激励，保证激励内容与员工素质有效契合。

（4）流动性，人与组织匹配性。知识型员工的自主性很强，并且由于其在劳动力市场上有较强的竞争性使得其流动可能性较大。在知识经济时代，拥有特殊技能的知识型员工当然就成了人才竞争的热点，这就为他们提供了比一般员工多得多的职业选择权。知识型员工的最大特点是具有独特的价值观，忠于自己的职业追求高于忠于某个特定的企业，对于个人和组织之间的匹配、个人职业晋升与发展更为看重。因此，对知识型员工的保留不能仅仅依靠薪酬、福利等外在因素，促使他们的价值观、事业理想跟企业的使命与目标相一致显得更为重要。人与组织匹配强调个人和组织之间要达到两种匹配：一是互补匹配，即个人的知识、技能和能力与工作任务要求或职位的关键要求一致，这也是通常所强调的人与岗位的匹配；二是一致匹配，即个人的整体个性（如需求、兴趣和价值观）与组织的气氛、文化、价值观或目标相一致。人与组织匹配可以改善员工的态度、降低离职率、提高员工工作绩效。

国内外许多学者对知识型员工的激励因素进行了大量的调查与研究，美国学者的实证研究发现，知识型员工注重的四个激励因素及其比重依次为：个人成长（占 33.74%）、工作自主（占 30.51%）、业务成就（占 28.69%）和金钱财富（占 7.06%）；也有美国咨询公司发现激励知识型员工前四位的因素分别为：报酬、工作的性质、提升、与同事的关系。国内学者发现，激励中国企业知识型员工的前四位因素为：工资报酬与奖励（占 31.88%）、个人的成长与发展（占 23.91%）、有挑战性的工作（占 10.15%）、公司的前途（占 7.98%）。也有学者统计我国国有企业的知识型员工激励因素依次为：收入（占 48.12%）、个人成长（23.71%）、业务成就（22.30%）、工作自主（5.87%）（注 8）。

设计人员的需求和驱动力模式是员工绩效评估后激励机制制定的基础。由于设计企业的收入、福利等外激励无法达到各行各业中的最优，因此需要精心设计基于自主性、创新性的激励方式，尤其是基于工作本身的挑战与成就感、小型团队（自我管理式团队 SMT，Self-management team）的自我管理和归属感、个人成长与职业生涯规划、行业专家的荣誉感和专业声望等内激励。在物质需求的激励之外，细分的职工层级和晋升的可能性是体现公司公平制度和保证员工心理平衡的有力手段。例如日本大型设计企业细分的 13 级专业职位是满足员工制度需求的代表。国外的大型设计公司为提高公司管理层的责任感、留住核心的技术人才，一般采用合伙人制度或管理核心持股制度，即中层（核心层）以上的骨干均可以购买并持有一部分公司股票，直至退休时折成现金返换，股票再转卖给新的中层干部。少量的管理持股使个人利益与企业发展直接挂钩，按股分红，提高骨干的主人翁意识和积极性（图 7-29）。

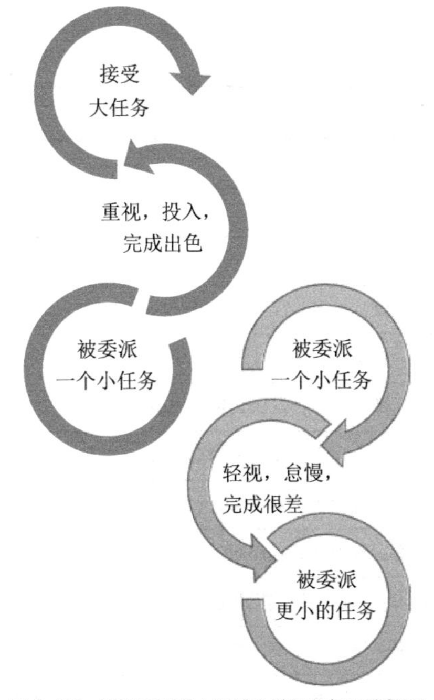

图 7-29　设计团队和人员的上升循环与下降循环

在低级职位时必然只能得到做小事的机会，但只有“不嫌其小”认真完成才能获得信任和好评，本人也得到工作的满足，于是获得更大的工作机会和提升，如此良性循环形成上升的气流获得事业的成就；反之，在开始时做小事不用心而失败，于是只能被委派更小的事情，个人灰心而更不努力，于是在公司的评价逐渐下滑，形成一个下降气流的恶性循环。因此对于每一份工作都要慎小、慎独、尽心、尽力。

本章注释

注 1：[美] 约瑟夫 · A · 德莫金．美国建筑师协会（AIA）：建筑师职业实务手册 [M]．第 13 版．葛文倩，等，译．北京：机械工业出版社，2005.

注 2：[美] 菲利普 · 科特勒．营销管理 [M]．第 11 版．梅清豪，译．上海：上海人民出版社，2003.

注 3：姜涌．设计事务所的两种模式：组织事务所与建筑家工作室——中国建筑设计制度之思考 1 [J]．世界建筑，2004，（11）：96-99.

注 4：国际咨询工程师联合会．根据质量选择咨询服务；咨询专家工作成果评价指南 [M]．中国工程咨询协会，译．北京：中国计划出版社，1998.

注 5：https://baike.so.com/doc/5417732-5655880.html 360 百科：罗伯特议事规则

注 6：http://baike.baidu.com/ 百度百科：4V 营销理论

注 7：陈涛．企业科技人员薪酬激励效应研究：基于江苏省调查数据的结构方程模型分析 科学学与科学技术管理 [J]．科学学与科学技术管理，2010，31（7）：163－169＋199.

注 8：张望军，彭剑锋．中国企业知识型员工激励机制实证分析 [J]．科研管理，2001，22（6）：90-96.

图表来源 Picture and Chart Source

表中未列图表均为作者自制或自摄。

图表号	来　源
图 1-4	姜涌．建筑构造：材料，连接，表现[M]．北京：中国建筑出版社，2011．
图 1-8	姜涌．建筑师职能体系与建造实践[M]．北京：清华大学出版社，2005．
图 2-1	姜涌．建筑师职能体系与建造实践[M]．北京：清华大学出版社，2005．
图 2-5	[法]Alain Erlande-Brandenburg．大教堂的风采[M]．徐波，译．上海：汉语大词典出版社，2003．
图 2-6	[美]尼尔·史蒂文森．世界建筑杰作[M]．南宁：接力出版社，2002．
图 2-7	[法]Alain Erlande-Brandenburg．大教堂的风采[M]．徐波，译．上海：汉语大词典出版社，2003．
图 2-8	[法]Alain Erlande-Brandenburg．大教堂的风采[M]．徐波，译．上海：汉语大词典出版社，2003．
图 2-10	[意]Bertrand Jestaz．文艺复兴的建筑[M]．王海波，译．上海：汉语大词典出版社，2003．
图 2-12	[意]Bertrand Jestaz．文艺复兴的建筑[M]．王海波，译．上海：汉语大词典出版社，2003．
图 2-14	[意]Bertrand Jestaz．文艺复兴的建筑[M]．王海波，译．上海：汉语大词典出版社，2003．
图 2-15	[意]Bertrand Jestaz．文艺复兴的建筑[M]．王海波，译．上海：汉语大词典出版社，2003．
图 2-17	[法]Frederic Dassas．巴洛克建筑风格：1600-1750年的建筑艺术[M]．方仁杰，金恩林，译．上海：世纪出版集团，上海人民出版社，2007．
图 2-18	[法]Frederic Dassas．巴洛克建筑风格：1600-1750年的建筑艺术[M]．方仁杰，金恩林，译．上海：世纪出版集团，上海人民出版社，2007．
图 2-19	[美]尼尔·史蒂文森．世界建筑杰作[M]．南宁：接力出版社，2002．
图 2-20	[美]Spiro Kostof．The Architect：Chapters in the History of the Profession [M]．Oxford：Oxford University Press，1977．
图 2-21	[美]Spiro Kostof．The Architect：Chapters in the History of the Profession [M]．Oxford：Oxford University Press，1977．
图 2-22	[美]Spiro Kostof．The Architect：Chapters in the History of the Profession [M]．Oxford：Oxford University Press，1977．
图 2-24	何蓓洁，王其亨．华夏意匠的世界记忆：传世清代样式雷建筑图档源流纪略[J]．建筑师，2015（03）：51-65．
图 2-25	[法]路易吉·戈佐拉．凤凰之家：中国建筑文化的城市与住宅[M]．刘临安，译．北京：中国建筑工业出版社，2003．
图 2-27	何蓓洁，王其亨．华夏意匠的世界记忆：传世清代样式雷建筑图档源流纪略[J]．建筑师，2015（03）：51-65．
图 2-32	刘宜靖．早期现代中国建筑规则创立初探[D]．重庆：重庆大学，2014．
图 3-1	童明．范式转型中的中国近代建筑——关于宾大建筑教育与美式布扎的反思[J]．建筑学报，2018（08）：68-78．
图 3-2	王旭．从包豪斯到AA建筑联盟[D]．天津：天津大学，2015．
图 3-3	童明．范式转型中的中国近代建筑－关于宾大建筑教育与美式布扎的反思[J]．建筑学报，2018（08）：68-78．

续表

图表号	来　源
图 3–4	童明．范式转型中的中国近代建筑——关于宾大建筑教育与美式布扎的反思 [J]．建筑学报，2018（08）：68–78．
图 3–5	王旭．从包豪斯到 AA 建筑联盟 [D]．天津：天津大学，2015．
图 3–6	王旭．从包豪斯到 AA 建筑联盟 [D]．天津：天津大学，2015．
表 3–1	杨波，刘巍，王锦辉，陈英．中美注册建筑师考试大纲对比分析与研究 [J]．工程建设，2020（01）：06–10．
表 3–2	王旭．从包豪斯到 AA 建筑联盟 [D]．天津：天津大学，2015．
表 3–3	刘巍．浅谈大陆与台湾建筑师考试的对比与分析 [J]．北京：工程建设与设计，2015（09）：22–24．
图 4–1	[意] 贝纳沃罗（Benevolo，L.）．世界城市史 [M]．薛钟灵，译．北京：科学出版社，2000．
图 4–2	[意] 贝纳沃罗（Benevolo，L.）．世界城市史 [M]．薛钟灵，译．北京：科学出版社，2000．
图 4–3	[意] 贝纳沃罗（Benevolo，L.）．世界城市史 [M]．薛钟灵，译．北京：科学出版社，2000．
图 4–4	程志军，李小阳．建筑技术法规概论 [J]．工程建设标准化，2015（08）：43–51．
图 4–5	唐莲，丁沃沃．城市建筑与城市法规 [J]．建筑学报，2015（S1）：146–151．
图 4–6	李慧民，马海聘，盛金喜．建筑工程保险制度基础 [M]．北京：科学出版社，2017．
图 4–8	方东平，邓晓梅，等．建设项目投资方式与组织实施方式研究 [R]．北京：住房和城乡建设部建筑市场监管司课题研究报告，2010．
图 4–9	巩剑．工程质量潜在缺陷保险探析：以上海市为例 [J]．保险理论与实践，2018（12）：101–112．
图 4–10	李慧民，马海聘，盛金喜．建筑工程保险制度基础 [M]．北京：科学出版社，2017．
图 4–11	李慧民，马海聘，盛金喜．建筑工程保险制度基础 [M]．北京：科学出版社，2017．
图 4–12	李慧民，马海聘，盛金喜．建筑工程保险制度基础 [M]．北京：科学出版社，2017．
图 4–13	钟逸．基于维修数据分析的物业管理优化研究 [D]．北京：清华大学，2020．
图 4–14	李慧民，马海聘，盛金喜．建筑工程保险制度基础 [M]．北京：科学出版社，2017．
图 4–15	郭振华．法国 IDI 保险制度的内在机理分析及其借鉴 [J]．上海保险，2006（04）：60–63．
图 4–16	巩剑．工程质量潜在缺陷保险探析：以上海市为例 [J]．保险理论与实践，2018（12）：101–112．
表 4–3	谯辉强．政府在建设工程质量监管中的职能研究 [D]．广州：华南理工大学，2010．
表 4–4	李健．中国建筑业政府规制研究 [D]．吉林：吉林大学，2009．
表 4–6	申琪玉，苏昳，王如钰，李忠，陈振．国内外工程质量潜在缺陷保险的对比研究 [J]．建筑经济，2019（10）：13–17．
表 4–7	巩剑．工程质量潜在缺陷保险探析：以上海市为例 [J]．保险理论与实践，2018（12）：101–112．
表 4–9	王伟．职业责任保险制度比较研究 [M]．北京：法律出版社，2016．
图 5–5	[美] 约翰・M・尼古拉斯．面向商务和技术的项目管理：原理与实践 [M]．蔚林巍，译．北京：清华大学出版社，2003．
图 5–9	[日] 日本建筑学会．建筑企划实务 [M]．黄志瑞，等，译．沈阳：辽宁科学技术出版社，2002．
图 5–15	张霄云．建筑设计标准化的实现路径探讨：基于建筑产品技术规格书应用 [J]．建筑经济，2019（09）：109–114．
图 5–17	注册咨询工程师考试教材编写委员会．现代咨询方法与实务 [M]．北京：中国计划出版社，2003．
表 5–8	[日] 彰国社．集合住宅实用设计指南 [M]．刘东卫，等，译．北京：中国建筑工业出版社，2001．

续表

图表号	来　源
图 6–2	[美]Project Management Institute (PMI) 项目管理协会. 项目管理知识体系指南 (PMBOK) [EB]. 第六版. Newtown Square：Project Management Institute, Inc, 2017. https://LCCN.loc.gov/2017032505.
图 6–3	[英] 罗德尼・特纳 . 项目管理手册：改进过程、实现战略目标 [M]. 第 2 版 . 任伟，等，译 . 北京：清华大学出版社，2002.
图 6–5	[英] 罗德尼・特纳 . 项目管理手册：改进过程、实现战略目标 [M]. 第 2 版 . 任伟，等，译 . 北京：清华大学出版社，2002.
图 6–14	[美] 约翰・M・尼古拉斯. 面向商务和技术的项目管理：原理与实践 [M]. 蔚林巍，译. 北京：清华大学出版社，2003.
图 6–17	[美]Project Management Institute (PMI) 项目管理协会. 项目管理知识体系指南 (PMBOK) [EB]. 第六版. Newtown Square：Project Management Institute, Inc, 2017. https://LCCN.loc.gov/2017032505.
图 6–18	[美]Project Management Institute (PMI) 项目管理协会. 项目管理知识体系指南 (PMBOK) [EB]. 第六版. Newtown Square：Project Management Institute, Inc, 2017. https://LCCN.loc.gov/2017032505.
图 6–21	[美]Project Management Institute (PMI) 项目管理协会. 项目管理知识体系指南 (PMBOK) [EB]. 第六版. Newtown Square：Project Management Insttute, Inc, 2017. https://LCCN.loc.gov/2017032505.
图 6–22	[美]Project Management Institute (PMI) 项目管理协会. 项目管理知识体系指南 (PMBOK) [EB]. 第六版. Newtown Square：Project Management Institute, Inc, 2017. https://LCCN.loc.gov/2017032505.
图 6–23	注册咨询工程师考试教材编写委员会. 现代咨询方法与实务 [M]. 北京：中国计划出版社，2003.
图 6–24	[美]Project Management Institute (PMI) 项目管理协会. 项目管理知识体系指南 (PMBOK) [EB]. 第六版. Newtown Square：Project Management Institute, Inc, 2017. https://LCCN.loc.gov/2017032505.
图 6–26	[日] 彰国社. 集合住宅实用设计指南 [M]. 刘东卫，等，译. 北京：中国建筑工业出版社，2001.
图 6–28	[美]Project Management Institute (PMI) 项目管理协会. 项目管理知识体系指南 (PMBOK) [EB]. 第六版. Newtown Square：Project Management Institute, Inc, 2017. https://LCCN.loc.gov/2017032505.
图 6–29	[美]Project Management Institute (PMI) 项目管理协会. 项目管理知识体系指南 (PMBOK) [EB]. 第六版. Newtown Square：Project Management Institute, Inc, 2017. https://LCCN.loc.gov/2017032505.
图 6–30	[美]Project Management Institute (PMI) 项目管理协会. 项目管理知识体系指南 (PMBOK) [EB]. 第六版. Newtown Square：Project Management Institute, Inc, 2017. https://LCCN.loc.gov/2017032505.
图 6–31	[英] 罗德尼・特纳. 项目管理手册：改进过程、实现战略目标 [M]. 第 2 版. 任伟，等，译. 北京：清华大学出版社，2002.
图 6–32	[美]Project Management Institute (PMI) 项目管理协会. 项目管理知识体系指南 (PMBOK) [EB]. 第六版. Newtown Square：Project Management Institute, Inc, 2017. https://LCCN.loc.gov/2017032505.
表 6–4	姜涌. 建筑师职能体系与建造实践 [M]. 北京：清华大学出版社，2005.
表 6–5	David Chappell, Andrew Willis. The Architect in Practice (9th edition) [M]. Oxford：Blackwell Publishing, 2005.
表 6–6	David Chappell, Andrew Willis. The Architect in Practice (9th edition) [M]. Oxford：Blackwell Publishing, 2005.
表 6–7	国际咨询工程师联合会. 根据质量选择咨询服务；咨询专家工作成果评价指南 [M]. 中国工程咨询协会，译. 北京：中国计划出版社，1998.
图 7–1	麦肯锡 7S 模型 –MBA 智库百科 . http://wiki.mbalib.com/wiki/ 麦肯锡 7S 模型 .
图 7–2	[美] 约瑟夫・A・德莫金. 美国建筑师协会 (AIA)：建筑师职业实务手册 [M]. 葛文倩，等，译. 北京：机械工业出版社，2005.

续表

图表号	来　源
图 7–6	波特五力分析模型 –MBA 智库百科 https://wiki.mbalib.com/wiki/.
图 7–8	[美]Project Management Institute（PMI）项目管理协会．项目管理知识体系指南（PMBOK）[EB]．第六版．Newtown Square：Project Management Institute，Inc，2017．https://LCCN.loc.gov/2017032505.
图 7–17	[美]菲利普・科特勒．营销管理[M]．第 11 版．梅清豪，译．上海：上海人民出版社，2003.
图 7–20	[英]Royal Institute of British Architects（RIBA）．A Client's guide to Engaging An Architect，including guidance on fees[S].Updated April 2000．英国 RIBA《业主聘用建筑师指南及　设计收费》2000 年 4 月版
图 7–21	姜涌，庄惟敏，曹晓东，马跃．我国建筑师服务收费及国际比较研究[J]．建筑经济，2020（06）：5–12.
图 7–22	中建国际 CCDI 公司内刊，新空间[R]．2008(03)，No18，200810.
图 7–23	中建国际 CCDI 公司内刊，新空间[R]．2008(03)，No18，200810.
图 7–26	[美]Project Management Institute（PMI）项目管理协会．项目管理知识体系指南（PMBOK）[EB]．第六版．Newtown Square：Project Management Institute，Inc，2017．https://LCCN.loc.gov/2017032505.
图 7–28	[美]詹姆斯・R・富兰克林．建筑师职业实用手册[M]．宋秀娟，译．北京：机械工业出版社，2002.
表 7–1	波特五力分析模型 –MBA 智库百科．https://wiki.mbalib.com/wiki/.
表 7–6	[美]约瑟夫・A・德莫金．美国建筑师协会(AIA)：建筑师职业实务手册[M]．葛文倩，等，译．北京：机械工业出版社，2005.
表 7–8	姜涌，庄惟敏，曹晓东，马跃．我国建筑师服务收费及国际比较研究[J]．建筑经济，2020（06）：5–12.
表 7–10	[英]Royal Institute of British Architects（RIBA）．A Client's guide to Engaging An Architect，including guidance on fees[S].Updated April 2000．英国 RIBA《业主聘用建筑师指南及设计收费》2000 年 4 月版．
表 7–11	[日]国土交通省．建筑师事务所开设者向业主请求业务报酬的标准[R]．(平成 21 年国土交通省告示第 15 号)，2009.
表 7–13	姜涌，庄惟敏，曹晓东，马跃．我国建筑师服务收费及国际比较研究[J]．建筑经济，2020（06）：5–12.
表 7–16	中国勘察设计协会．关于建筑设计服务成本要素信息统计分析情况的通报[J]．中国勘察设计，2017（02）：12–13.
表 7–17	中国勘察设计协会．关于建筑设计服务成本要素信息统计分析情况的通报[J]．中国勘察设计，2017（02）：12–13.
表 7–21	姜涌．建筑师职业实务与实践：国际化的职业建筑师[M]．北京：机械工业出版社，2007.

参考文献 References

[1] 姜涌. 建筑师职能体系与建造实践[M]. 北京：清华大学出版社，2004.

[2] 姜涌，汪克，刘克峰. 职业建筑师业务指导手册[M]. 北京：中国计划出版社，2010.

[3] 姜涌. 建筑师职业实务与实践：国际化的职业建筑师[M]. 北京：机械工业出版社，2007.

[4] 汪克，姜涌，刘克峰. 营建十书[M]. 北京：北京出版社，2009.

[5] 姜涌. 职业与执业：中外建筑师之辨[J]. 时代建筑，2007（02）：6-15.

[6] 庄惟敏，张维，黄辰晞. 国际建协建筑师职业实践政策推荐导则[M]. 北京：中国建筑工业出版社，2010.

[7] 庄惟敏.建筑策划导论[M]. 北京：中国水利水电出版社，2001.

[8] 许安之. 国际建筑师协会关于建筑实践中职业主义的推荐国际标准[M]. 北京：中国建筑工业出版社，2004.

[9] 修璐. 加入WTO对我国建筑设计影响的分析与思考[J]. 建筑学报，2001（12）：45-46.

[10] [美]约瑟夫·A·德莫金.美国建筑师协会（AIA）：建筑师职业实务手册[M]. 第13版.葛文倩，等，译. 北京：机械工业出版社，2005.

[11] [美]斯蒂芬·基兰，詹姆士·延伯莱克. 再造建筑：如何用制造业的方法改造建筑业[M]. 何清华，等，译. 北京：中国建筑工业出版社，2009.

[12] [美]詹姆斯·道格拉斯，比尔·兰塞姆. 解读建筑失效[M]. 北京：电子工业出版社，2014.

[13] [美]詹姆斯·R·富兰克林. 建筑师职业实用手册[M]. 宋秀娟，译. 北京：机械工业出版社，2002.

[14] [日]金本良嗣. 日本的建设产业[M]. 关柯，等，译. 北京：中国建筑工业出版社，2002.

[15] [日]松村秀一. 建筑再生学：理论，方法，实践[M]. 姜涌，李翥彬，译. 北京：中国建筑工业出版社，2019.

[16] 薛求理. 中国建筑实践[M]. 香港：Pace Publishing limited，1999.

[17] 杨德昭. 怎样做一名美国建筑师[M]. 天津：天津大学出版社，1997.

[18] AIA. The Architect's Handbook of Professional Practice（13th Edition）[M]. New York: John Wiley & Sons, Inc., 2001.

[19] David Chappell, Andrew Willis. The Architect in Practice（9th edition）[M]. Oxford: Blackwell Publishing, 2005.

[20] Sarah Lupton. Architect's Handbook of Practice Management（7th Edition）[M]. London: RIBA Publications, 2005.

[21] 维基百科. http://wikipedia.org

[22] MBA智库百科. http://wiki.mbalib.com/wiki/

[23] 百度百科. http://baike.baidu.com/

[24] 360百科. http://baike.so.com/

职业历史与建筑教育

[1] [美]Spiro Kostof. The Architect: Chapters in the History of the Profession[M]. Oxford: Oxford University Press, 1977.

[2] [意]贝纳沃罗（Benevolo，L.）. 世界城市史[M]. 薛钟灵，译. 北京：科学出版社，2000.

[3] [美]刘易斯·芒福德. 城市发展史：起源、演变和前景[M]. 宋俊岭，倪文彦，译. 北京：中国建筑工业出版社，1989.

[4] [英]S·劳埃德等著. 远古建筑[M]. 高云鹏，译. 北京：中国建筑工业出版社，1999.

[5] [法] Alain Erlande-Brandenburg. 大教堂的风采[M]. 徐波，译. 上海：汉语大词典出版社，2003.

[6] [意]Bertrand Jestaz. 文艺复兴的建筑[M]. 王海波，译. 上海：汉语大词典出版社，2003.

[7] [法] Frederic Dassas. 巴洛克建筑风格：1600-1750年的建筑艺术[M]. 方仁杰，金恩林，译. 上海：世纪出版集团，上海人民出版社，2007.

[8] [法]路易吉·戈佐拉. 凤凰之家：中国建筑文化的城市与住宅[M]. 刘临安，译. 北京：中国建筑工业出版社，2003.

[9] [古罗马]维特鲁威. 建筑十书[M]. 高履泰，译. 北京：知识产权出版社，2001.

[10] [英]汉诺－沃尔特·克鲁夫特. 建筑理论史：从维特鲁威到现在[M]. 王贵祥，译. 北京：中国建筑工业出版社，2005.

[11] [美]布鲁诺·雅科米. 技术史[M]. 蔓君，译. 北京：北京大学出版社，2000.

[12] [美]菲立普·威金森. 不可思议的剖面：大建筑[M]. 北京：生活·读书·新知三联书店，1996.

[13] [美]尼尔·史蒂文森. 世界建筑杰作[M]. 南宁：接力出版社，2002.

[14] 姜涌. 建筑构造：材料，连接，表现[M]. 北京：中国建筑工业出版社，2011.

[15] 李海清. 中国建筑现代转型[M]. 南京：东南大学出版社，2004.

[16] 李海清. 中国建筑现代转型之研究－关于建筑技术、制度、观念三个层面的思考（1840 ~ 1949）[D]. 南京：东南大学，2002.

[17] 唐方. 都市建筑控制：近代上海公共租界建筑法规研究（1845—1943）[D]. 上海：同济大学， 2006.

[18] 王俊雄. 国民政府时期南京首都计划之研究[D]. 台南：成功大学，2002.

[19] 钱海平. 以《中国建筑》与《建筑月刊》为资料源的中国建筑现代化进程研究[D]. 杭州：浙江大学，2011.

[20] 伍江. 近代中国私营建筑设计事务所历史回顾[J]. 时代建筑，2001（01）：12-15.

[21] 沙永杰. "西化"的历程：中日建筑近代化过程比较研究[M]. 上海：上海科学技术出版社，2001.

[22] 赖德霖. 中国近代建筑史研究[M]. 北京：清华大学出版社，2007.

[23] 赖德霖. 重构建筑学与国家的关系：中国建筑现代转型问题再思[J]. 建筑师，2008（02）：37-40.

[24] 徐苏斌. 比较、交往、启示：中日近现代建筑史之研究[D]. 天津：天津大学，1991.

[25] 钱锋. 现代建筑教育在中国（1920s-1980s）[D]. 上海：同济大学，2005.

[26] 顾大庆. 中国鲍扎建筑教育之历史沿革[J]. 北京：建筑师 2007（02）：97-107.

[27] 郑红彬. 近代在华英国建筑师研究（1840-1949）[D]. 北京：清华大学，2014.

[28] 王旭. 从包豪斯到AA建筑联盟[D]. 天津：天津大学，2015.

[29] 姜涌，包杰，王丽娜. 建造设计：材料、连接、表现：清华大学的建造试验[M]. 北京：中国建筑工业出版社，2009.

[30] 路中康. 民国时期建筑师群体研究[D]. 武汉：华中师范大学，2009.

[31] 范诚. 近代中国城市建筑管理机制的转型变迁（1840-1937）[D]. 南京：南京大学，2012.

[32] 邹涵. 香港近代城市规划与建设的历史研究（1841-1997）[D]. 武汉：武汉理工大学，2011.

[33] 吴启迪. 中国工程师史[M]. 上海：同济大学出版社，2017.

[34] 傅朝卿. 中国古典式样新建筑：二十世纪中国新建筑官制化的历史研究[M]. 台北：南天出版社，1993.

[35] 钱峰，伍江. 中国现代建筑教育史[M]. 北京：中国建筑工业出版社，2008.

[36] 彭长歆. 岭南建筑的近代化历程研究[D]. 广州：华南理工大学，2004.

[37] 卢永毅. 同济早期现代建筑教育探索[J]. 时代建筑，2012（03）：48-53.

[38] 张镈. 我的建筑创作道路[M]. 北京：中国建筑工业出版社，1994.

[39] 秦佑国. 建立有中国特色的建筑学专业学位制度[J]. 学位与研究生教育，2002（01）：16-18.

[40] 秦佑国. 堪培拉协议与中国建筑教育评估[J]. 建筑学报，2008（10）：61-62.

[41] 朱文一. 当代中国建筑教育考察[J]. 建筑学报，2010（10）：1-4.

[42] 詹笑冬. 建筑教育中的工作室教学模式研究[D]. 杭州：浙江大学，2013.

[43] 张颖. 中国工程建造模式的历史研究[D]. 南京：东南大学，2005.

[44] 曹焕旭. 中国古代的工匠[M]. 北京：商务印书馆，1996.

[45] 王蕾. 清代定东陵建筑工程全案研究[D]. 天津：天津大学，2005.

[46] 何蓓洁，王其亨. 华夏意匠的世界记忆：传世清代样式雷建筑图档源流纪略[J]. 建筑师，2015（03）：51-65.

[47] 姚蕾蓉. 公和洋行及其近代作品研究[D]. 上海：同济大学，2006.

[48] 张林. 近代外籍建筑师在北京的执业成果研究[D]. 北京：北京建筑大学，2017.

[49] 温玉清，王其亨. 中国近代建筑师注册执业制度管窥：以1929年颁布《北平市建筑工程师执业取缔规则》为例[J]. 建筑师，2009（01）：43-46.

[50] 黄元炤. 中国建筑近代事务所的衍生、形态及其年代

和区域分布分析 [J]. 世界建筑导报，2017（03）：51-55.
[51] 娄承浩. 近代上海的建筑业和建筑师 [J]. 上海档案工作，1992（02）：49-52.
[52] 刘宜靖. 早期现代中国建筑规则创立初探 [D]. 重庆：重庆大学，2014.
[53] 汪晓茜. 规划首都——民国南京的建筑制度 [J]. 中国文化遗产，2011（05）：19-25.
[54] 李武英. 注册建筑师制度在中国的建立及管理统计 [J]. 上海：时代建筑，2007（02）：16-17.
[55] 关晶. 西方学徒制研究 [D]. 上海：华东师范大学，2010.
[56] 孙华程. 城市与教堂：制度视野下欧洲中世纪大学的发生与演进 [D]. 成都：西南大学，2011.
[57] 邢莉. 文艺复兴意大利佛罗伦萨迪塞诺学院研究 [J]. 北京：美术研究，2002（04）：46-52.
[58] 童明. 范式转型中的中国近代建筑－关于宾大建筑教育与美式布扎的反思 [J]. 建筑学报，2018（08）：68-78.
[59] 单踊. 西方学院派建筑教育述评 [J]. 建筑师，2003（03）：92-96.
[60] 蒋春倩. 华盖建筑事务所研究（1931-1952）[D]. 上海：同济大学，2008.
[61] 杨波，刘巍，王锦辉，陈英. 中美注册建筑师考试大纲对比分析与研究 [J]. 工程建设，2020（01）：06-10.
[62] 蔡晨. 中、日、韩注册建筑师执业制度比较研究 [J]. 建筑，2013（15）：33-34.
[63] 刘巍. 浅谈大陆与台湾建筑师考试的对比与分析 [J]. 工程建设与设计，2015（09）：22-24.

政府监管与职业责任

[1] 清华大学土木水利学院课题组 方东平，邓晓梅，等. 建设项目投资方式与组织实施方式研究 [R]. 北京：住房和城乡建设部建筑市场监管司课题研究报告，2010.
[2] 陈东佐. 建筑法规概论 [M]. 北京：中国建筑工业出版社，2002.
[3] 王伟. 职业责任保险制度比较研究 [M]. 北京：法律出版社，2016.
[4] 陈津生. 建设工程责任保险与案例评析 [M]. 北京：中国建筑工业出版社，2011.
[5] 蔡颖文，郑晓鹏. 最高人民法院侵权责任司法及时精释精解 [M]. 北京：中国法制出版社，2016.
[6] 王宏新. 住宅建筑工程质量保险制度研究 [M]. 北京：中国建筑工业出版社，2015.
[7] 李慧民，马海骋，盛金喜. 建筑工程保险制度基础 [M]. 北京：科学出版社，2017.
[8] 王璟璇. 互联网相互保险产品设计：以建筑师职业责任险为例 [D]. 北京：清华大学，2017.
[9] 詹朝曦，王晨，祁神军，王玉芳. 建筑师负责制下的中国（福建）自由贸易试验区厦门片区建设工程项目招投标模式研究 [R]. 厦门：厦门建筑师负责制研究课题报告，2018.
[10] 罗成. 建筑工程质量潜在缺陷保险的风险管控 [N]. 中国保险报，2016-11-22（002）.
[11] 瞿富强，孙宇. 住宅质量责任保险：以施工企业投保为例 [J]. 土木工程与管理学报，2018（1）：60-65.
[12] 戴火红. 基于潜在缺陷保险的住宅工程质量评价方法及应用 [J]. 建筑经济，2017（11）：100-104.
[13] 陈兴海. 我国工程质量保证保险风险分担机制研究 [D]. 武汉：华中科技大学，2009.
[14] 孙境韩. 房屋质量潜在缺陷保险模式研究 [D]. 青岛：青岛理工大学，2016.
[15] 季如进. 国外住宅质量责任保险研究 [M]. 北京：中国建筑工业出版社，2007.
[16] 陈淑云，刘小瑜，邵典. 住宅专项维修资金的管理困境及其解决途径 [J]. 城市问题，2018（11）：75-80.
[17] 左洪福，蔡景，王华伟. 维修决策理论及方法 [M]. 北京：航空工业出版社，2008.
[18] 何井远. 建筑物维护与管理研究 [M]. 北京：北京理工大学出版社，2017.
[19] 刘金源. 工业化时期英国城市环境问题及其成因 [J]. 史学月刊，2006（10）：50-56.
[20] [美] 时代生活出版公司. 人类文明史图鉴：城市的进程 [M]. 长春：吉林人民出版社，吉林美术出版社，2000.
[21] 许志强. 应对“城市病”：英国工业化时期的经历与启示 [J]. 兰州学刊，2011（09）：177-181.
[22] 胡建文. 香港工程建设和建筑业管理体制的若干特点 [J]. 建筑经济，1998（09）：3-5.
[23] 李健. 中国建筑业政府规制研究 [D]. 吉林：吉林大学，2009.
[24] 宋巍巍. 建筑市场政府监管问题管窥 [J]. 建筑经济，2004（08）：71-73.
[25] 井润霞. 美国建筑工程设计和施工图审查质量的法律责任探析 [J]. 工程质量，2010（09）：13-16.
[26] 张媛，陆津龙，宋婕，顾泰昌. 发达国家建设工程的质量监督管理分析 [J]. 建筑经济，2017（02）：5-9.
[27] 李轩. 贸易技术壁垒问题与中国的对策研究 [D]. 成都:

西南财经大学，2006.

[28] 程志军，李小阳. 建筑技术法规概论 [J]. 工程建设标准化，2015 (08) : 43-51.

[29] 唐莲，丁沃沃. 城市建筑与城市法规 [J]. 建筑学报，2015 (S1) : 146-151.

[30] 汤朝晖，袁志，杨晓川. 巴黎老城区临街建筑外轮廓控制法规历史沿革的启示 [J]. 城市建筑，2012 (08) : 63-65.

[31] 田妮. 我国建筑技术法规体系改革研究 [D]. 重庆：重庆大学，2004.

[32] 戴霞. 市场准入法律制度研究 [D]. 成都: 西南政法大学，2006.

[33] 韩国波. 基于全寿命周期的建筑工程质量监管模式及方法研究 [D]. 北京：北京矿业大学，2013.

[34] 谯辉强. 政府在建设工程质量监管中的职能研究 [D]. 广州：华南理工大学，2010.

[35] 魏洋. 我国建筑业资质监管法律问题研究 [D]. 成都：西南大学，2013.

[36] 井润霞. 美国建筑工程设计和施工图审查质量的法律责任探析 [J]. 工程质量，2010 (09) : 13-16.

[37] 田韶华. 论建筑师的专家责任 [J]. 建筑经济，2005 (06) : 69-71.

[38] 陆文婷. 我国建筑师专家责任研究 [D]. 武汉：华中科技大学，2013.

[39] 张健. 合法性内涵及政府合法性问题 [J]. 理论与现代化，2008 (01) : 12-14.

[40] 巩剑. 工程质量潜在缺陷保险探析：以上海市为例 [J]. 保险理论与实践，2018 (12) : 101-112.

[41] 孟宪海. 建设工程保险制度相关法律问题研究 [J]. 保险研究，2001 (03) : 39-41.

[42] 孟宪海. 国际工程保险制度研究借鉴 [J]. 建筑经济，2000 (08) : 10-13.

[43] 孟宪海. 美国建设管理体制的特点及其研究 [J]. 建筑经济，1999 (08) : 3-5.

[44] 赵海鹏. 房屋质量保险制度的研究 [D]. 上海：同济大学，2006.

[45] 郭振华. 法国 IDI 保险制度的内在机理分析及其借鉴 [J]. 上海保险，2006 (04) : 60-63.

[46] 徐波，赵宏彦，高小旺，等. 法国建筑工程质量保险体系和实施情况 [J]. 工程质量，2004 (04) : 29-33.

[47] 申琪玉，苏昳，王如钰，李忠，陈振. 国内外工程质量潜在缺陷保险的对比研究 [J]. 建筑经济，2019 (10) : 13-17.

[48] 宿辉. 我国住宅专项维修资金制度存在的问题与对策 [J]. 建筑经济，2009 (07) : 63-65.

[49] 吴绍艳，赵朵，邓娇娇，朱派宗. 工程质量保险制度的运行机制及实施问题分析 [J]. 建筑经济，2018 (02) : 18-21.

[50] 钟逸. 基于维修数据分析的物业管理优化研究 [D]. 北京：清华大学，2020.

设计管理与合同收费

[1] 姜涌，庄惟敏，曹晓东，马跃. 我国建筑师服务收费及国际比较研究 [J]. 建筑经济，2020 (06) : 5-12.

[2] 沙凯逊. 建筑设计质量评价：国际经验的启示 [J]. 建筑经济，2004 (04) : 80-83.

[3] 金维兴，丁大勇，李培. 建设项目分解结构与编码体系的研究 [J]. 土木工程学报，2003 (09) : 7-11.

[4] 周静瑜. 国际化项目中 Specs 技术规格书的知识要点及应用 [J]. 建筑施工，2014 (05) : 608-610.

[5] 张霄云. 建筑设计标准化的实现路径探讨：基于建筑产品技术规格书应用 [J]. 建筑经济，2019 (09) : 109-114.

[6] 中华人民共和国住房和城乡建设部. 建筑工程设计文件编制深度规定 [S]. 北京：中国计划出版社，2008.

[7] 国家发展计划委员会，建设部. 工程勘察设计收费标准 [S]. 北京：中国物价出版社，2002.

[8] 中国勘察设计协会. 关于建筑设计服务成本要素信息统计分析情况的通报 [J]. 中国勘察设计，2017 (02) : 12-13.

[9] [英] Royal Institute of British Architects (RIBA). A Client's guide to Engaging An Architect, including guidance on fees[S]. Updated April 2000. 英国 RIBA《业主聘用建筑师指南及设计收费》2000 年 4 月版.

[10] [日] 国土交通省. 建筑师事务所开设者向业主请求业务报酬的标准 [S]. 东京：平成 21 年国土交通省告示第 15 号，2009.

[11] 国际咨询工程师联合会. 客户 / 咨询工程师 (单位) 服务协议书范本 [M]. 1998 年第 3 版. 中国工程咨询协会译. 北京：机械工业出版社，2004.

[12] [日] 日本建筑学会. 建筑企划实务 [M]. 黄志瑞，等，译. 沈阳：辽宁科学技术出版社，2002.

[13] [日] 彰国社. 集合住宅实用设计指南 [M]. 刘东卫，等，译. 北京：中国建筑工业出版社，2001.

项目管理与经营管理

[1] [美]Project Management Institute（PMI）项目管理协会. 项目管理知识体系指南（PMBOK）[EB]. 第六版. Newtown Square: Project Management Institute, Inc, 2017. https://LCCN.loc.gov/2017032505

[2] [英]罗德尼·特纳. 项目管理手册：改进过程、实现战略目标[M]. 第2版. 任伟，等，译. 北京：清华大学出版社，2002.

[3] [美]约翰·M·尼古拉斯. 面向商务和技术的项目管理：原理与实践[M]. 蔚林巍，译. 北京：清华大学出版社，2003.

[4] [美]菲利普·科特勒. 营销管理[M]. 第11版. 梅清豪，译. 上海：上海人民出版社，2003.

[5] [美]菲利普·科特勒. 专业服务营销[M]. 俞利军，译. 北京：中信出版社，2003.

[6] [美]克林·格雷. 建筑设计管理[M]. 黄慧文，译. 北京：中国建筑工业出版社，2006.

[7] [英]皇家特许建造学会（CIOB）. 业主开发与建设管理实用指南（第四版）[M]. 李世蓉，等，译. 北京：中国建筑工业出版社，2018.

[8] 丁士昭. 工程项目管理（第二版）[M]. 北京：中国建筑工业出版社，2014.

[9] 上海同济工程咨询有限公司，杨卫东等. 全过程工程咨询实践指南[M]. 北京：中国建筑工业出版社，2018.

[10] 智益春，等. 国外建筑师法[M]. 北京：中国建筑工业出版社，1992.

[11] 杨昌鸣，庄惟敏. 建筑设计与经济[M]. 北京：中国计划出版社，2003.

[12] 王璞，曹叠峰. 流程再造[M]. 北京：中信出版社，2005.

[13] 梅绍祖，邓（Teng，J.T.C）. 流程再造：理论、方法和技术[M]. 北京：清华大学出版社，2004.

[14] 李武英，支文军. 当代中国建筑设计事务所评析[J]. 时代建筑，2001（01）：25-28.

[15] [英]皇家特许建造学会（CIOB）. 建设项目监理实用规范[M]. 李世蓉，等，译. 北京：中国水利水电出版社，2001.

[16] 卢有杰. 经济全球化与国际建筑市场[M]. 北京：中国水利水电出版社，知识产权出版社，2005.

[17] 注册咨询工程师考试教材编写委员会. 现代咨询方法与实务[M]. 北京：中国计划出版社，2003.

[18] 成虎. 工程项目管理[M]. 北京：中国建筑工业出版社，1997.

[19] 陈劲. 研发项目管理[M]. 北京：机械工业出版社，2004.

[20] 国际咨询工程师联合会. FIDIC招标程序[M]. 中国工程咨询协会，译. 北京：中国计划出版社，2000.

[21] 国际咨询工程师联合会. 根据质量选择咨询服务；咨询专家工作成果评价指南[M]. 中国工程咨询协会，译. 北京：中国计划出版社，1998.

[22] 秦旋，何伯森. 招投标机制的本质及最低价中标法的理论分析[J]. 中国港湾建设，2006（06）：61-64.

[23] 吴福良，胡建文. 中美建设工程施工招标方法比较研究[J]. 建筑经济，2001（07）：11-13.

[24] 段勇，姜涌. 建筑设计企业的构成与竞争模式[J]. 时代建筑，2007（02）：16-21.

[25] 姜涌. 产业化——从房地产业、家装设计业的现在看建筑设计组织的未来[J]. 建筑学报，2008（06）：90-93.

[26] 姜涌，朱宁，邓晓梅，王强，袁汝海，刘明正. 互联网+与建筑师、建筑学的未来[J]. 建筑学报，2015（12）：107-110.

[27] 姜涌. 项目全程管理——建筑师业务的新领域[J]. 建筑学报，2004（05）：76-79.

[28] 姜涌. 设计事务所的两种模式：组织事务所与建筑家工作室：中国建筑设计制度之思考1[J]. 世界建筑，2004（11）：96-99.

[29] [日]内田祥哉. 建筑工业化通用体系[M]. 姚国华等译. 上海：上海科学技术出版社，1983.

[30] 秦姗，伍止超，于磊. 日本KEP到KSI内装部品体系的发展研究[J]. 建筑学报，2014（07）：17-23.

[31] 李桦. 住宅产业化的模块化设计原理及方法研究[J]. 建筑技艺，2014（06）：82-87.

[32] 王克峰. 建设工程招投标管理研究[D]. 天津：天津大学，2008.

[33] 张望军，彭剑锋. 中国企业知识型员工激励机制实证分析[J]. 科研管理，2001，22（11）：90-96.

[34] 朱翠玲. 基于委托代理理论的知识员工激励成本管理[J]. 会计之友，2012（35）：44-45.

[35] 梁镇，季晓燕，张维. 知识型员工激励方法比较研究[J]. 中国人力资源开发，2007（06）：102-105.

[36] 张术霞，范琳洁，王冰. 我国企业知识型员工激励因素的实证研究[J]. 科学与科学技术管理，2011，32（5）：144-149.

[37] 张伶，张正堂. 内在激励因素、工作态度与知识员工工作绩效[J]. 经济管理，2008（16）：39-45.

[38] 陈云娟. 知识型员工激励模式新探 [J]. 经济与管理研究，2004 (03)：67-69.
[39] 孔德议，张向前. 我国“十三五”期间适应创新驱动的科技人才激励机制研究 [J]. 科技管理研究，2015，35 (11)：45-49.
[40] 李鸿雁，吴小节. 基于SET理论的知识型员工敬业度、工作能力与绩效关系研究 [J]. 科技管理研究，2014，34 (7)：222-228.